과목	단원명	출제문항수	세부항목
철근콘크리트 및 강구조	1. 기본개념	1	성립이유, 콘크리트강도, 철근종류
	2. 설계방법	1	설계법 비교, 기본가정
	3. 강도설계법	4~5	단철근직사각형보, 복철근직사각형보, T형보, 처짐균열
	4. 전단설계법	3	전단철근종류, 철근량, 간격, 전단마찰
	5. 정착과 이음	1~2	철근상세, 부착, 정착, 이음
	6. 기둥	1~2	구조세목, 단주해석, 장주해석
	7. 슬래브	1	종류, 설계, 구조상세, 2방향슬래브
	8. 옹벽 확대기초	1	안정조건, 옹벽설계, 기초소요면적
	9. PSC	3	정의 특징, 재료, 분류, 기본개념, 손실
	10. 강구조 교량	3~4	리벳이음, 고장력볼트, 용접이음, 교량
계		20	

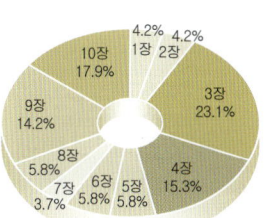

철근콘크리트 및 강구조

과목	단원명	출제문항수	세부항목
토질 및 기초	1. 흙의 기본적성질	2~3	상관관계, 단위무게, 연경지수, 통일분류법
	2. 흙의 투수성과 침투	2	다르시법칙, 투수계수, 유선망특성
	3. 유효응력	2~3	모관영역의 유효응력, 침투수압, 분사현상
	4. 흙의 압축성	1~2	압밀도, 선행압밀하중, 압밀시간계산, 침하량계산
	5. 흙의 전단강도	3~4	전단강도계산, 배수방법에따른 삼축압축, 전단특성, 간극수압계수
	6. 토압	1	랜킨의 토압이론, 정지토압계수, 토압계산
	7. 사면의 안정	1	유한사면의 안정, 무한사면의 안정
	8. 흙의 다짐	2	다짐곡선의 성질, 다짐특성, 현장다짐
	9. 기초	2~3	얕은기초지지력계산, 말뚝의 지지력, 부마찰력, 군말뚝, 공기케이슨
	10. 연약지반개량공법	2	개량공법의 종류, 샌드드레인, 페이퍼드레인, 컴포저 공법, 바이브로플로테이션, 사운딩
계		20	

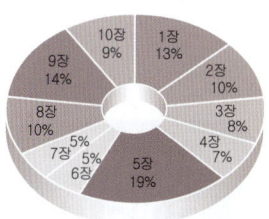

토질 및 기초

과목	단원명	출제문항수	세부항목
상하수도공학	1. 상수도시설계획	2~3	상수도 구성, 급수인구 급수량산정
	2. 수질관리	1~2	먹는 물 수질기준, 자정작용, 부영양화
	3. 수원과 취수	2	수원 및 취수지점 선정요건, 종류
	4. 상수관로시설	2~3	도수·송수·배수·급수계획, 관로설계공식
	5. 정수장시설	3	정수방법, 시설, 배출수처리시설
	6. 하수도시설계획	3~4	하수도구성 계통, 하수배제방식, 계획하수량산정
	7. 하수관로시설	2~3	하수관로계획, 하수도관, 우수조정지
	8. 하수처리장시설	3~4	하수처리방법, 처리시설, 오니처리시설
	9. 펌프장시설	2	계획, 종류, 관련식, 펌프특성곡선
계		20	

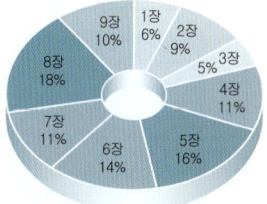

상하수도공학

200% 학습법

본 도서를 구매하신 분께 드리는 혜택

본 도서를 구매하신 후 홈페이지에 회원등록을 하시면 아래와 같은 학습 관리시스템을 이용하실 수 있습니다.

무료동영상 (3개월 제공)

토목기사 · 토목산업기사 합격은 출제경향 및 기출학습에서 갈린다

- 최근 3년간 기출문제 제공
- 2026년 대비 출제경향분석

전국 모의고사

토목기사 · 토목산업기사 시험일 2주전 실시 (세부일정은 인터넷 전용 홈페이지 참조)

- 전국 실전모의고사
- 토목기사 실기 동영상강좌 할인쿠폰
  모의고사 결과 상위 10% 이내 회원은 토목기사 실기 동영상 강좌 30,000원 할인쿠폰

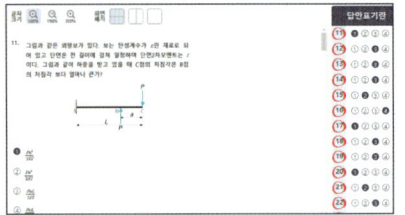

CBT 모의고사

토목기사 · 토목산업기사 CBT모의고사

- 토목기사 6회
  CBT대비 기사 6회 실전테스트
  • CBT 토목기사 6회분
    – 2023년, 2024년, 2025년 과년도

- 토목산업기사 6회
  CBT대비 산업기사 6회 실전테스트
  • CBT 토목산업기사 6회분
    – 2023년, 2024년, 2025년 과년도

[등록절차] 도서구매 후 뒷표지 회원등록 인증번호를 확인하세요.

포켓북 제공 — 일주일 완성! 핵심정리 120제

한솔아카데미가 답이다!
토목기사·토목산업기사 인터넷 강좌

한솔과 함께라면 빠르게 합격 할 수 있습니다.

단계별 완전학습 커리큘럼
기초핵심 – 정규이론과정 – 모의고사 – 마무리특강의 단계별 학습 프로그램 구성

기초핵심 (기초역학) ▶ **정규강의** (이론+문풀) ▶ **모의고사** (시험 2주전) ▶ **블랙박스 특강** (우선순위핵심)

토목기사·토목산업기사 유료 동영상 강의

구 분	과 목	담당강사	강의시간	동영상	교 재
필 기	응용역학	안광호	약 22시간		1
	측량학	고길용	약 31시간		2
	수리학 및 수문학	한웅규	약 20시간		3
	철근콘크리트	고길용	약 25시간		4
	토질 및 기초	박광진	약 29시간		5
	상하수도공학	이상도	약 17시간		6
	기사 과년도	과목별 교수님	약 62시간		1
	산업기사 과년도	과목별 교수님	약 41시간		

• 유료 동영상강의 수강방법 : www.inup.co.kr

HANSOL INFO

수험생이 알아야 할 출제경향

최근의 출제문제를 중심으로 분석한 출제빈도와 중요내용입니다.

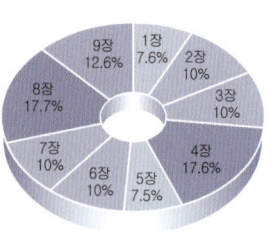

응용역학

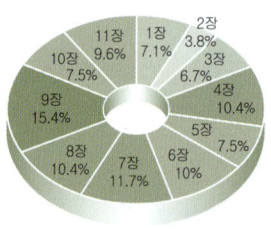

측량학

과목	단원명	출제문항수	세부항목
응용역학	1. 힘과 모멘트	1~2	평형해석, 부정정차수, sin법칙
	2. 단면의 성질	2	단면2차모멘트, 단면계수, 도심
	3. 재료의 역학적성질	2	프아송비, 변형량, 비틀림응력, 주응력
	4. 정정보	3~4	휨모멘트 계산, 반력계산
	5. 보의 응력	1~2	휨응력, 전단응력
	6. 라멘 아치 트러스	2	라멘의 휨모멘트, 3힌지의 수평반력, 트러스의 부재력
	7. 기둥	2	최대압축응력, 좌굴길이, 오일러 좌굴하중, 세장비
	8. 처짐 탄성변형	3~4	보의 처짐, 트러스처짐, 휨변형에너지
	9. 부정정구조	2~3	변위일치법, 모멘트분배법
계		20	
측량학	1. 측량학개론	1~2	측지학분류, 지구형상, 좌표계, 지구물리측정
	2. 거리측량	1	방법, 보정값, 관측값 해석
	3. 평판측량	1~2	3요소, 측량방법, 오차
	4. 수준측량	2~3	용어, 기포관감도, 교호, 지반고계산, 야장기입
	5. 각측량	1~2	측량방법, 트랜싯, 각오차
	6. 기준점측량	2	트래버스 종류, 관측오차, 계산문제, 조정, 삼각망, 조건식수, 삼변측량
	7. 스타디아지형측량	2~3	원리와 공식, 오차, 지성선, 등고선, 기입방법
	8. 면적체적측량	2	직선면적, 곡선면적, 체적계산, 면적분할
	9. 노선측량	3	단곡선, 설치방법, 완화곡선, 클로소이드, 종단곡선
	10. 하천측량	1~2	정의, 수위관측소, 유속측정방법
	11. 사진측량	2	특성, 특수3점, 항공사진축척, 시차차, 중복도, 사진매수, 입체시, 표정, 사진지도, 원격탐측
계		20	
수리학 및 수문학	1. 유체의 기본성질	1	표면장력, 비중, 공학단위, 차원
	2. 정수역학	2~3	전수압, 피토관, 부체상태
	3. 동수역학	3	연속방정식, 운동방정식, 항력, 마찰저항, 흐름상태
	4. 오리피스와 위어	2~3	위어의 유량, 오리피스 유속
	5. 관수로	2~3	마찰손실수두, 유속계수, 펌프마력
	6. 개수로	3	비에너지, 경심, 도수에너지, 최대유량조건
	7. 지하수	1~2	투수계수, 유량계산, 지하수유속, 여과수량
	8. 수문학 일반	2~3	수문기상, 물의순환과정
	9. 증발과 유출	2~3	단위도, 합리식
계		20	

수리학 및 수문학

THE PASS

2026

토목기사·산업기사 시리즈

상하수도공학

기출문제 무료동영상
핵심정리 120제
CBT 모의고사

6

한솔아카데미

머리말

오늘날 현대 사회에서의 물부족과 각종 환경오염은 한층 복잡하고 전문화된 사회구조와 각 지역간의 상이한 산업집중으로 인해 국지적인 오염이 아닌 광역적인 오염으로 번져가고 있습니다. 특히 국민생활과 경제활동에 필수적인 물의 오염을 통제하고 관리함에 있어서 많은 애로사항이 수반되고 있습니다.

과거 수질오염에 대한 사회의 인식은 어느 정도 있었으나 그다지 주목을 받지는 못하였습니다. 그러나 1991년 낙동강 페놀유출사고로 인한 수질오염에 대한 경각심과 물의 중요성이 국가적인 차원에서 인식되어 마침내 한국산업인력공단에서는 국가기술자격시험인 토목기사 및 토목산업기사에 1995년부터 상하수도공학을 추가하여 시행하게 되었습니다.

본서는 필자의 지식과 출제경험을 바탕으로 기본적이며 핵심적인 내용을 체계적으로 정리하였으며, 출제기준에 맞추어 다음과 같은 형식으로 구성하였습니다.

본 서의 특징을 요약하면 다음과 같다.

첫째 : 일부 단원에 수록되어 있는 「기초사항」은 상하수도 공학을 공부하는데 도움이 되는 기초적인 내용을 정리한 것이므로, 반드시 본 내용으로 들어가기 전에 학습하여 「요점정리」등의 내용을 이해하는데 도움이 되도록 하였습니다.

둘째 : 환경부 제정 "상수도 시설 기준"과 "하수도 시설 기준"을 참조하여 반드시 알고 있어야 하는 내용을 체계적으로 정리하였습니다.

셋째 : 「핵심문제」는 1995년부터 현재까지 출제된 기출문제 중에서 각 단원을 대표할만한 문제를 선정, 상세한 해설과 함께 수록하여 학습한 내용을 복습할 수 있게 하였습니다.

넷째 : 「기출 및 예상문제」는 기존에 출제된 문제 외에 "수질환경기사" 등에서 출제된 문제를 보강하여 앞으로 출제될 가능성이 있는 부분에 대하여 대비하도록 하였습니다.

다섯째 : 마지막으로 「과년도 문제」를 수록하여 공부한 것에 대한 최종 평가를 하도록 하였습니다.

이와 같이 온갖 노력을 기울여 완벽한 수험대비서의 면모를 갖추고자 노력하였으나 미흡한 부분에 대해서는 본서와 관련된 모든 분들의 고견과 충고를 들어가면서 더욱 완벽한 수험서가 되도록 노력하겠습니다.

끝으로 독자 여러분의 소기의 목적이 달성되길 바라며, 본서의 출간에 애쓰고 도와주신 여러분들께 진심어린 감사와 더불어 출판에 협조해 주신 한솔아카데미의 무궁한 발전을 기원합니다.

저자 드림

"한솔아카데미" 교재는 앞서갑니다.

교재구성 특징

각 항목별 단원에 학습방향을 두어 흐름을 파악할 수 있습니다.
본문에 들어가기전 핵심을 체크하면서 쉽고 간단하게 학습에 몰입할 수 있도록 해드립니다.

각 핵심문제를 통해서 시험의 유형을 파악할 수 있습니다.
본문내용의 흐름에 맞추어 핵심문제를 구성하여 핵심문제를 완벽하게 풀 수 있도록 해설을 명쾌하게 구성하였습니다.

각문제마다 출제비중을 알게 하였습니다
[09.21.22㉮] 출제횟수를 한눈에 파악할 수 있게 하여 출제경향을 파악할 수 있게 하였습니다.

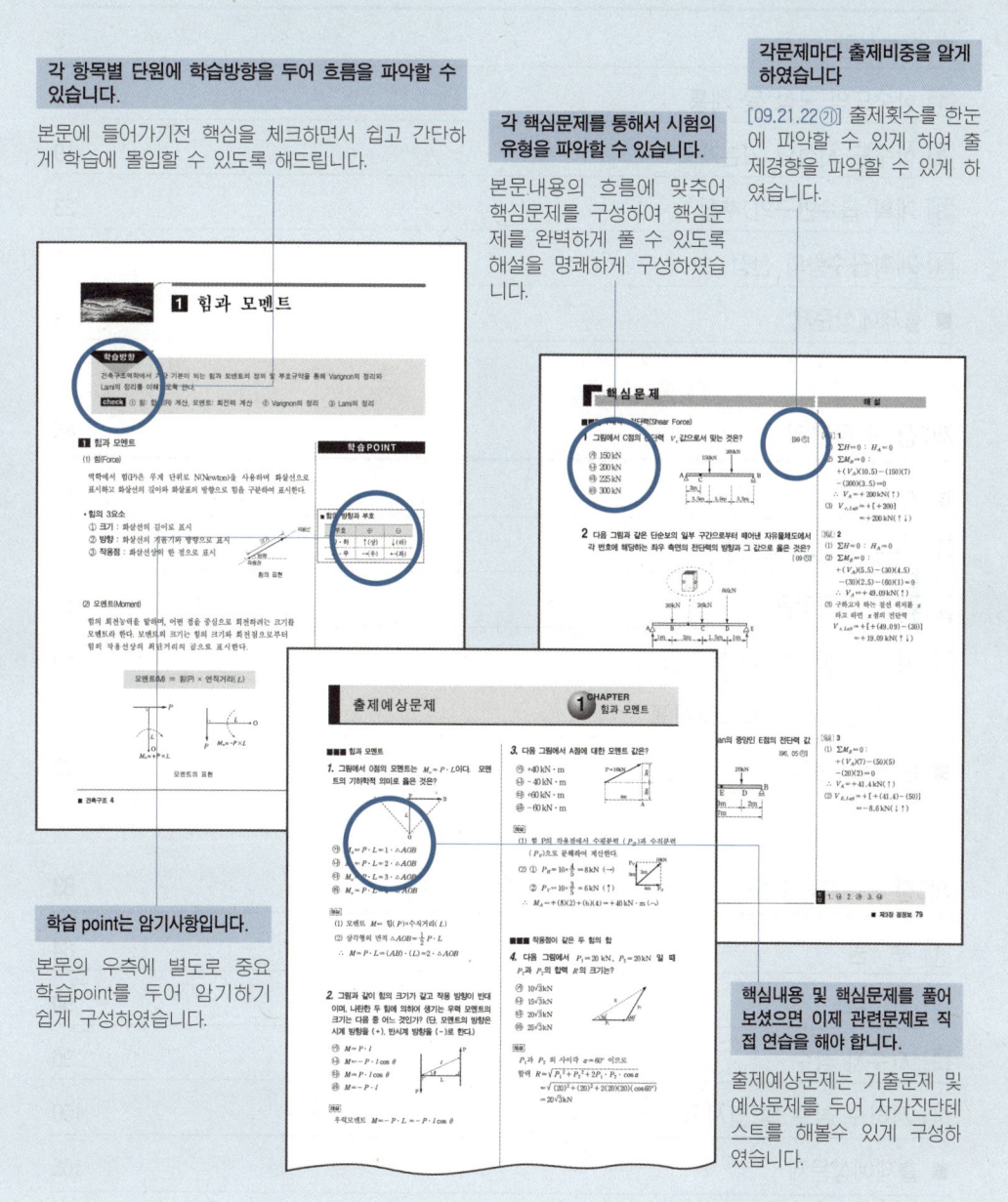

학습 point는 암기사항입니다.
본문의 우측에 별도로 중요 학습point를 두어 암기하기 쉽게 구성하였습니다.

핵심내용 및 핵심문제를 풀어 보셨으면 이제 관련문제로 직접 연습을 해야 합니다.
출제예상문제는 기출문제 및 예상문제를 두어 자가진단테스트를 해볼수 있게 구성하였습니다.

목 차

제1장 상수도시설 계획   3
- ■ 기초사항   4
- 1 상수도의 구성 및 계통   13
- 2 상수도 시설의 기본계획   19
- 3 계획 급수인구의 추정   23
- 4 계획급수량의 산정   29
- ■ 출제예상문제   35

제2장 수질관리   45
- ■ 기초사항   46
- 1 먹는 물의 수질기준   51
- 2 물의 자정작용   55
- 3 호소의 물순환 및 부영양화   60
- 4 수질검사 및 수질오염지표   66
- ■ 출제예상문제   72

제3장 수원과 취수   83
- 1 수 원   84
- 2 취 수   90
- 3 저수지 취수   96
- 4 지하수 취수 및 침사지   100
- ■ 출제예상문제   105

제4장 상수관로 시설　　　　　　　　　　　111

- 1 도수 및 송수계획　　　　　　　　　112
- 2 개수로 및 관수로　　　　　　　　　116
- 3 상수관로의 설계공식　　　　　　　120
- 4 상수도관　　　　　　　　　　　　125
- 5 배수계획　　　　　　　　　　　　129
- 6 급수계획　　　　　　　　　　　　135
- ■ 출제예상문제　　　　　　　　　　140

제5장 정수장 시설　　　　　　　　　　　151

- 1 정수장 계획　　　　　　　　　　　152
- 2 착수정 및 응집시설　　　　　　　157
- 3 침전이론　　　　　　　　　　　　163
- 4 침전지와 여과지　　　　　　　　　168
- 5 염소소독　　　　　　　　　　　　175
- 6 기타 정수처리법　　　　　　　　　182
- 7 정수장 배출수 처리　　　　　　　187
- ■ 출제예상문제　　　　　　　　　　192

제6장 하수도시설 계획　　　　　　　　　209

- ■ 기초사항　　　　　　　　　　　　210
- 1 하수도 계획　　　　　　　　　　　218
- 2 하수의 배제방식　　　　　　　　　223
- 3 하수관거 배치방식　　　　　　　　229
- 4 계획우수량　　　　　　　　　　　234
- 5 계획오수량　　　　　　　　　　　239
- ■ 출제예상문제　　　　　　　　　　243

제7장 하수관로 시설 　　　　　　　　　　　　　　257

1 하수관로 계획 　　　　　　　　　　　　　　258
2 하수도관 　　　　　　　　　　　　　　　　 262
3 하수관거의 접합 및 시공 　　　　　　　　　 268
4 관정부식 및 우수량 조절시설 　　　　　　　 272
5 기타 부대시설 　　　　　　　　　　　　　　 278
■ 출제예상문제 　　　　　　　　　　　　　　 282

제8장 하수처리장 시설 　　　　　　　　　　　　293

■ 기초사항 　　　　　　　　　　　　　　　　 294
1 하수처리 개요 　　　　　　　　　　　　　　 303
2 예비처리 및 최초침전지 　　　　　　　　　　308
3 최종침전지와 활성슬러지법 　　　　　　　　 313
4 활성슬러지법 설계공식 　　　　　　　　　　 317
5 활성슬러지법의 특징 　　　　　　　　　　　 323
6 기타 생물학적 처리법 　　　　　　　　　　　327
7 슬러지 처리시설 　　　　　　　　　　　　　 332
■ 출제예상문제 　　　　　　　　　　　　　　 339

제9장 펌프장 시설 　　　　　　　　　　　　　　357

1 펌프장 계획 　　　　　　　　　　　　　　　 358
2 펌프의 종류 　　　　　　　　　　　　　　　 362
3 펌프의 관련식 　　　　　　　　　　　　　　 366
4 펌프의 특징 　　　　　　　　　　　　　　　 370
■ 출제예상문제 　　　　　　　　　　　　　　 377

부 록 : 과년도 출제문제

■ 토목기사

1	2021 토목기사 과년도 출제문제	3
2	2022 토목기사 과년도 출제문제	18
3	2023 토목기사 과년도 출제문제	33
4	2024 토목기사 과년도 출제문제	48
5	2025 토목기사 과년도 출제문제	63

■ 토목산업기사

1	2023 토목산업기사 과년도 출제문제	78
2	2024 토목산업기사 과년도 출제문제	87
3	2025 토목산업기사 과년도 출제문제	95

CBT 대비 토목기사, 토목산업기사 실전테스트는 홈페이지 (www.inup.co.kr)에서 CBT 모의 TEST 로 함께 체험하실 수 있습니다.

■ CBT대비 기사 6회 실전테스트
- CBT 토목기사 제1회 (2025년 제1회 과년도)
- CBT 토목기사 제2회 (2025년 제3회 과년도)
- CBT 토목기사 제3회 (2024년 제1회 과년도)
- CBT 토목기사 제4회 (2024년 제3회 과년도)
- CBT 토목기사 제5회 (2023년 제1회 과년도)
- CBT 토목기사 제6회 (2023년 제3회 과년도)

■ CBT대비 산업기사 6회 실전테스트
- CBT 토목산업기사 제1회 (2025년 제1회 과년도)
- CBT 토목산업기사 제2회 (2025년 제3회 과년도)
- CBT 토목산업기사 제3회 (2024년 제1회 과년도)
- CBT 토목산업기사 제4회 (2024년 제3회 과년도)
- CBT 토목산업기사 제5회 (2023년 제1회 과년도)
- CBT 토목산업기사 제6회 (2023년 제4회 과년도)

제6과목

상하수도공학
(과년도 기출문제 분석수록)

상수도시설 계획 01
수질관리 02
수원과 취수 03
상수관로시설 04
정수장시설 05
하수도시설 계획 06
하수관로시설 07
하수처리장시설 08
펌프장 시설 09

출제기준

■ 토목기사 필기 (적용기간 : 2026. 1. 1 ~ 2027. 12. 31)

자격종목	주요항목	세부항목	세세항목	
상하수도 공학	1. 상수도계획	1. 상수도 시설 계획	1. 상수도의 구성 및 계통 3. 수원	2. 계획급수량의 산정 4. 수질기준
		2. 상수관로 시설	1. 도수, 송수계획 3. 펌프장 계획	2. 배수, 급수계획
		3. 정수장 시설	1. 정수방법 3. 배출수 처리시설	2. 정수시설
	2. 하수도계획	1. 하수도 시설 계획	1. 하수도의 구성 및 계통 3. 계획하수량의 산정	2. 하수의 배제방식 4. 하수의 수질
		2. 하수관로 시설	1. 하수관로 계획 3. 우수조정지 계획	2. 펌프장 계획
		3. 하수처리장 시설	1. 하수처리 방법 3. 오니(Sludge)처리 시설	2. 하수처리 시설

■ 토목산업기사 필기 (적용기간 : 2026. 1. 1 ~ 2027. 12. 31)

자격종목	주요항목	세부항목	세세항목	
수자원 설계 (전)상하수도 공학	1. 상수도계획	1. 상수도 시설 계획	1. 상수도의 구성 및 계통 3. 수원	2. 계획급수량의 산정 4. 수질기준
		2. 상수관로 시설	1. 도수, 송수계획 3. 펌프장 계획	2. 배수, 급수계획
		3. 정수장 시설	1. 정수방법 3. 배출수 처리시설	2. 정수시설
	2. 하수도계획	1. 하수도 시설 계획	1. 하수도의 구성 및 계통 3. 계획하수량의 산정	2. 하수의 배제방식 4. 하수의 수질
		2. 하수관로 시설	1. 하수관로 계획 3. 우수조정지 계획	2. 펌프장 계획
		3. 하수처리장 시설	1. 하수처리 방법 3. 오니(Sludge)처리 시설	2. 하수처리 시설

제1장 상수도시설 계획

출제경향분석

1. 상수도의 개념, 종류, 구성 및 계통도
2. 계획급수량 산정을 위한 급수인구 추정방법들의 특징과 추정공식, 특히 등차급수법과 등비급수법에 대한 정확한 이해 및 계산방법
3. 출제빈도가 매우 높은 계획급수량의 종류별 특징, 공식과 계산방법

단원별 경향분석

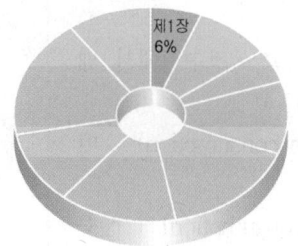

토목기사

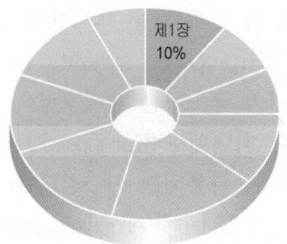

토목산업기사

항목별 경향분석

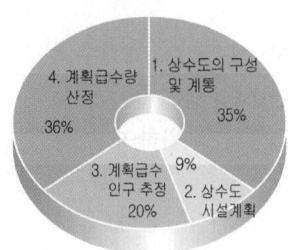

토목기사

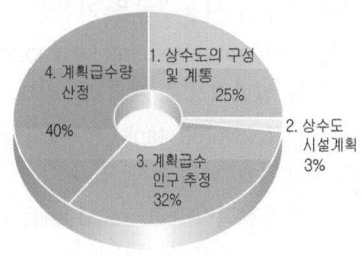

토목산업기사

제1장 기초사항

1 용어설명

【ㄱ】

- 강열감량(ignition loss) – 물을 증발시킨 후 다시 강열시켰을 때 감소되는 손실량으로서 대부분 유기물질임
- 개수로(open channel) – 고체성의 주벽에 의하여 완전히 폐합되지 않고 대기압을 받는 자유수면을 가지는 수로
- 건조중량(dry weight) – 건조된 시료의 무게
- 계획급수구역(area to be served) – 계획년도까지 배수관을 부설하여 급수할 구역
- 계획급수인구(population to be served) – 계획년도에 있어서의 급수인구
- 계획배수량(proposed quantity to be distributed) – 배수펌프나 배수관의 계획에 쓰이는 수량을 말하며, 일반적으로 평상시의 계획시간 최대배수량과 화재시의 계획1일 최대급수량에 소화용수를 가산한 수량 중 더 큰 수량을 채택한다.
- 계획송수량(proposed quantity to be transmitted) – 정수지에서 배수구역까지 송수하는 계획수량
- 계획시간 최대배수량(proposed hourly maximum consumption) – 배수관계획에 사용되는 시간최대급수량
- 계획1일 최대급수량(proposed daily maximum consumption) – 상수도시설의 규모를 결정하는데 사용되는 수량으로서 년간 1일 최대정수량에서 정수장 사용수량을 뺀 수량
- 계획1일 평균급수량(proposed mean water consumption per day) – 연간 총송수량을 365일로 나눈 수량
- 계획정수량(proposed treatment plant capacity) – 계획1일 최대급수량에 정수장 사용수량을 가산한 수량
- 계획취수량(proposed intake capacity) – 수원에서 취수하는 계획수량이며, 일반적으로 계획1일 최대급수량의 105~110%를 취수함
- 고가탱크(elevated tank) – 배수량이나 수압을 조절하기 위하여 높은 지대위에 설치한 탱크
- 고속 응집침전지(high rated solid contact unit) – 약품주입, 혼화, 응집 및 침전 등이 동일지내(池內)에서 이루어지게 하는 정수시설장치

학습POINT

■ 제1장 기초사항은 상수도공학을 공부하는데 있어 필요한 기초용어를 수록한 것으로 본 내용을 참고하기 바람

- 공공용수(public use) – 일반관공서, 학교, 병원, 병영의 급수, 도로의 분수, 살수, 하수세척용수, 소화용수 등의 일반 공공용수
- 공극비(void ratio) 혹은 간극비 – 흙 속의 흙 입자부분의 용적에 대한 공극용적의 비

$$e = \frac{V_v}{V_s}$$

  여기서, e : 공극비
  V_v : 공극의 용적
  V_s : 흙입자의 용적

- 공극률(porosity) 혹은 간극률 – 흙 전체의 용적에 대한 공극용적의 백분율

$$n = \frac{V_v}{V} \times 100(\%)$$

  여기서, n : 공극률
  V_v : 공극의 용적
  V : 흙의 용적

- 공기밸브(air valve) – 관로의 높은 곳에 설치하여 공기가 자동적으로 출입할 수 있도록 하는 밸브
- 공기물세척(backwashing by air and water) – 압축공기와 압력정수를 하부로부터 역류시켜서 여과층의 여과재를 세척하는 것
- 과망간산칼륨 소비량(oxygen consumed) – 과망간산칼륨($KMnO_4$)을 사용하여 원수 혹은 처리수내의 유기물질의 산화에 따른 $KMnO_4$의 소비량을 말하며, COD와 구별하여 산소소비량으로 불리어지며 대체로 5일간 BOD값보다 작다.
- 관망(pipe net, pipe line net) – 그물 형태로 조직된 관수로
- 관수로(pipe line) – 물이 충만해서 흐르며, 자유수면을 가지지 않는 수로
- 규조토(diatomaceous earth) – 바다밑 등에서 자라던 해초류의 퇴적물이 변질된 유기질 점토
- 균등계수(uniformity coefficient) – 입도곡선에 있어서 중량백분율이 10%의 점의 입경(D_{10})과 60%의 점의 입경(D_{60})과의 비, 즉

$$U_c = \frac{D_{60}}{D_{10}}$$

- 급속혼화지(flash mixer, rapid mixing basin) – 원수에 약품을 기계적으로 급속히 혼합하는 못
- 급수전(service connection tap) – 급수관의 말단에 설치하는 수도꼭지

【ㄴ】

- 누수(leakage) – 수도관에서 새는 물
- 누수율(leakage ratio) – 누수량과 배수량의 비

【ㄷ】

- 도류벽 – 물을 정체시키지 않고 흐르도록 하기 위하여 배수지 등의 내부에 설치하는 벽
- 도수(conveying raw water) – 취수설비에서 정수장까지 원수를 보내는 것
- 동점성계수(kinematic coefficient of viscosity) – 점성계수를 그 유체의 밀도로 나눈 값
- D.O(dissolved oxygen) – 수중에 용해되어 있는 산소량을 mg/L로 표시한 것으로 용존산소를 말함

【ㅁ】

- 마이크로스트레이너(microstrainer) – 원통에 가는 철망 또는 나이론망을 붙여 통수시 부유물질을 제거하는 장치
- 밀도율(density current) – 밀도가 다른 물들이 접촉할 때에 온도의 차로서 일어나는 물의 운동
- 무수수량(無收水量, unaccounted for water) – 배수량중 요금징수의 대상이 되지 않는 수량 즉, 수도사업용수량, 수도계량기 불감수량, 소화용수량 및 부정수량
- 무수율(無收率, rate of unaccounted for water) – 무수수량을 배수량으로 나누어 100분율로 나타낸 것
- 무효수량(無效水量, unaccounted for use) – 배수량중 누수 기타 손실된 수량

【ㅂ】

- 배수(drainage) – 지표수 또는 지하수를 배출시키는 것
- 배수관(distribution pipe) – 배수지 또는 배수펌프(pump)를 기점으로 하여 급수장치까지의 배수를 목적으로 부설한 관
- 배수시설(water distribution system) – 배수지 또는 배수펌프(pump)를 기점으로 하여 급수장치까지의 시설(배수지, 배수탑, 고가탱크, 배수관, 펌프 등)
- 배수지(distributing reservoir, service reservoir) – 정수를 저장하였다가 배수량의 시간적 변화를 조절하는 못

- 보통침전법(plain sedimentation) - 약품의 주입없이 수중의 입자를 자연침강만으로 침전시키는 방법
- 부수두(negative head) - 대기압 이하의 수두
- 브라운 운동(brownian movement) - 수중에 부유하고 있는 콜로이드(colloid)입자가 끊임없이 불규칙한 운동을 계속하는 현상
- B.O.D(biochemical oxygen demand) - 생화학적 산소요구량을 말하는 것이며 수중의 오염물질이 안정될 때까지 소비될 수중의 용존산소량을 mg/L로 표시한 것

【ㅅ】

- 사류펌프(mixed flow pump) - 베인(Vane)의 원심력 및 양력에 의하여 물이 베인의 축에 대하여 경사진 방향으로 흐르는 펌프
- 사이펀(siphon) - 관의 일부가 그 동수경사선 위에 있어도 물이 자연유하로서 흐르는 관수로
- 산기식(diffused aeration, air blower system) - 포기조(aeration tank)의 저부에 산기판 혹은 산기관을 설치하는 포기방식
- 색도(color) - 용해성 물질, 콜로이드상 물질에 의하여 나타나는 유황색 내지 유갈색의 정도(백금 1mg을 함유하는 색도표준액을 물 1L중에 녹였을 때 나타내는 색상을 1도라 함)
- 생석회(quick lime) - 석회석을 구워 물을 가하지 않은 석회로서 순도가 높은 것은 마그네슘 산화물(magnesium oxide)이 0.5~2.5% 정도 포함되어 있으며 순도가 낮은 것은 35~40% 가량 포함되어 있다. 화학분자식은 CaO임
- 석회(lime) - 석회석을 구워 만든 백색분말로서 화학반응에 적합하도록 불순물을 제거시킨 생석회나 소석회
- 세척밸브(flush valve) - 수세식 변소에서 손잡이나 버튼을 움직여 세척수를 분출시키는 기구
- 소석회(hydrated lime) - 석회석을 구워 만든 생석회에 물을 가한 것으로서 순도가 높은 것은 72~74%의 CaO와 23~24%의 물이 포함되어 있으며, 순도가 낮은 것은 40~48%의 CaO, 25~34%의 MgO, 15~27%의 물이 포함된 석회. 화학분자식은 $Ca(OH)_2$
- 손실수두(loss of head, head loss) - 물이 유하할 때 손실되는 수두
- 송수시설(transmission line) - 정수시설로부터 배수구역 시점까지 정수를 보내는 시설
- 스컴(scum:부사) - 하수로부터 발생하는 가스 등에 의하여 수면에 뜨는 고형물의 덩어리
- 스크레이퍼(scraper) - 침전지로부터 침전된 고형물질을 제거하는 기구

- 스트레이너(strainer)
  ㉠ 펌프의 흡입관의 하단 또는 관정의 측벽 채수부에 장치하여 자갈과 모래 또는 기타 협잡물을 들어오지 못하게 하는 장치
  ㉡ 급속여과지의 여과층 하부에 설치하여 여과수, 세척수를 균등하게 유출입시키는 장치
- 슬라임(slime) - 관 내면, 저수탱크 내면 등에 침적한 미생물에 의해 생기는 점액성 물질
- 슬러리(slurry) - 액성한계 이상의 수분을 내포하는 약품과 물과의 혼합체 혹은 슬러지와 물과의 혼합체
- 슬러지(sludge:오니) - 탱크 또는 못에 침전된 원수 혹은 하수중의 고형물덩어리
- 슬러지건조상(sludge drying bed) - 슬러지를 햇볕에 의해 건조하기 위하여 만든 상(bed)
- 시간 최대급수량(maximum hourly consumption) - 1일을 통하여 시간당의 급수량의 최대의 것
- C.O.D(chemical oxygen demand) - 주로 수중의 산화될 수 있는 유기물질이 $K_2Cr_2O_7$에 의하여 산화될 때 소비되는 산소량을 mg/L로 나타낸 것(주로 하수도에서 쓰임)

【ㅇ】

- 안전밸브(safety valve) - 이상수압이 발생하였을 때 자동적으로 물을 배수하여 관로의 안전을 꾀하는 밸브
- 알부미노이드 질소(albuminoid nitrogen) - 단백질이 부패하는 초기에 생기며 쉽게 산화되어 암모니아성 질소가 되는 유기성 질소화합물중의 질소
- 알칼리도(alkalinity) - 수중의 HCO_3^-, CO_3^{--}, OH^-의 농도를 탄산칼슘($CaCO_3$)으로 환산하여 mg/L로 표시한 것
- 알칼리제(alkaline chemical) - 물의 알칼리도를 높이거나 pH값을 조정하기 위하여 사용하는 약품
- 암거(culvert) - 토사로 덮은 비교적 작은 통수거
- 암모니아성 질소(ammonia nitrogen, NH_3-N) - 수중에 있는 암모늄염을 뜻한다. NH_3-N은 유기질소가 무기화되는 제1단계이며 산화되어 아질산성질소(NO_2-N)와 질산성질소(NO_3-N)로 된다.
- 압력수두(pressure head) - 정지 또는 흐르는 물이 지닌 압력에너지로 물기둥의 높이로 표시한 것
- 약품침전법(chemical sedimentation) - 약품을 가하여 응결 침전케 하는 화학적인 처리방법
- 양수정(gauging well) - 삼각 위어 등을 설치하여 유량을 측정하는 우물

- S.S(suspended solid) – 부유물질이라고 하며 물속에 부유하고 있는 입경 1㎛이상의 물질
- 여과속도(filtration rate) – 원수가 1일 또는 단위시간에 여과지의 사면을 통과하는 길이 또는 원수가 단위시간내에 사면의 단위면적을 통과하는 양
- 여과수두(filtration head) – 여과지 수면과 여과수 유출수면관의 수위 차
- 여과지속시간(filtration duration) – 여과를 개시하여 여과를 지속할 수 없는 상태까지의 시간
- 역사이펀(inverted siphon) – 하천, 운하, 철도, 도로 등 횡단장소에서 관거를 부분적으로 낮추어 땅속으로 지나가게 부설한 것
- 역세척(back wash) – 압력정수(또는 정수와 공기)를 여과 흐름방향과 반대방향으로 압송하여 여과층을 씻어내는 것
- 역지밸브(check valve) – 관로에 설치하여 물의 역류하는 것을 막는 밸브
- 연수(soft water) – 정수가 아닌 물, 즉 마그네슘, 칼슘염이 수중에 용해되어 있는 양이 70mg/L(CaO로 환산) 이하인 물($CaCO_3$로는 100mg/L 이하)
- 염소소비량(chlorine consumed) – 수중의 유기성물질, 무기물질 등으로 소비되는 염소량(일반적으로 1시간 접촉중에 소비되는 염소량)
- 염소요구량(chlorine demand) – 물에 염소제를 가해서 일정시간(일반적으로 1시간) 접촉 후 유리염소를 남기기에 필요한 염소량
- 영구경도(permanent hardness) – 수중의 칼슘, 마그네슘의 황산염, 질산염 등의 산화물에 의한 경도로 비탄산염 경도라고도 함
- 원수(raw water) – 정수 처리전의 물
- 유리염소(free available chlorine) – 물에 염소를 넣었을 때 하이포 클로라이트(hypochlorite) 이온 (OCl^-) 혹은 하이포 클로라스 애시드(hypochlorus acid) (HOCl)의 형태로 존재하는 유효염소
- 유리잔류염소(free available residual chlorine) – 물에 염소를 넣었을 때 일정시간 후 소멸되지 않고 남아있는 유리염소
- 유수수량(有收水量, accounted water) – 요금징수의 대상이 되는 수량(조정수량)
- 유수율(有收率, rate of accounted water) – 유수수량을 배수량으로 나누어 100분율로 나타낸 것
- 유효경(effective grain size) – 모래의 입도곡선에서 10% 통과율의 모래크기를 mm로 나타낸 것
- 응집보조제(coagulant aid) – 응집제의 효과를 향상시키기 위하여 첨가하는 약품

- 응집제(coagulant) - 수중의 콜로이드(colloid)를 응집시키기 위하여 가하는 약품
- 이토관(blow-off pipe) - 관로의 낮은 곳에 설치하여 관내의 토사를 배출하는데 사용되는 특수 T자관
- 이토밸브(drain valve, blow-off valve) - 이토관에 붙는 밸브
- 이형관(fitting pipe) - 관로의 곡선부에 설치하는 곡관, 관의 연결을 위한 T 및 Y자형 접속관 등을 총칭한 것
- 일반세균(general bacteria) - 수중에 서식하고 있는 세균으로서 보통 한천배지(寒天培地) 집락(集落, colony)을 형성하는 균
- 1인 1일 최대급수량(maximum consumption per day per capita) - 1일 최대급수량을 1인당으로 나타낸 것
- 1인 1일 평균급수량(average consumption per day per capita) - 1일 평균급수량을 급수인구 1인당으로 나타낸 것

【ㅈ】

- 자유수면(free water surface) - 대기와 경계를 이루는 물 표면
- 자정작용(self purification) - 물이 하천 또는 호수 등을 흐르는 동안 자연히 정화되는 작용
- 전양정(total dynamic head) - 펌프에 의하여 물에 가해지는 모든 수두의 합계 즉 실양정과 손실수두를 합산한 것
- 전염소처리(pre-chlorination) - 여과에 앞서 철, 망간, 냄새, 맛, 생물의 제거 또는 사멸시키기 위하여 염소를 주입시키는 것
- 접합정(junction well) - 종류가 다른 관 또는 도랑의 연결부, 관 또는 도랑의 굴곡부 또는 관로의 수두를 감쇄하기 위하여 도중에 설치하는 시설
- 정수지(clear well) - 여과수를 배수지에 양수할 경우에 여과지와 펌프장간에 설치하여 정수를 저장하여 여과 및 펌프 조작과의 조절을 하는 동시에 염소와 정수를 접촉케 하는 못
- 제수문(regulating gate) - 통수량을 가감하거나 단수하기 위하여 수로에 설치하는 수문
- 제수밸브(regulating valve) - 통수량을 가감하거나 통수의 개폐를 위하여 관로에 설치하는 기기로 여러가지 형태가 있음
- 정류벽(baffle wall) - 물을 정체하지 않도록 균등하게 흘리기 위하여 침전지 등의 내부에 설치하는 유공벽
- 조도계수(coefficient of roughness) - 유수에 접하는 면의 거치른 정도를 나타내는 계수
- 조압수조(surge tank) - 수압관 및 도수관에 발생하는 수압의 급격한 증감을 조정하는 수조

- 조절지(regulating well, regulating chamber) – 양수장이나 배수지에서 유입수의 수위조절과 양수를 위하여 설치한 작은 우물
- 진공여과(vacuum filter) – 슬러지를 탈수하는 방법의 일종이며, 진공드럼의 둘레에 면포, 모직물, 합성섬유 등으로 감고 회전시켜 탈수하는 기계
- 집수매거(infiltration gallery) – 복류수(subsurface water)를 취수하기 위하여 매설한 유공관거
- 집수면적(catchment area, drainage area) – 강수가 집중되는 구역의 면적

【ㅊ】

- 착수정(gauging well) – 정수장 혹은 배수지 등에 설치하여 유입수의 수위조절과 계량을 목적으로 한 구조물
- 천정(淺井, shallow well) – 제1 불투수층까지의 물을 집수하는 우물, 얕은 우물
- 체류시간(detention time, retention time) – 못의 유효용량을 단위시간당 유량으로 나눈 값
- 최확수(most probable number, MPN, 혹은 최확치) – 확률론의 원리를 응용하여 수학적으로 산출한 대장균군의 수를 나타내는 수치
- 축류펌프(axial flow pump) – 펌프의 축방향으로 흐르는 저양정 펌프
- 취수구(intake) – 하천, 수로 또는 저수지 등에서 물을 취입하는 설비를 한 장소
- 취수댐(intake weir, intake dam) – 하천의 물을 끌어오기 위하여 축조한 낮은 댐
- 취수문(intake gate) – 문 모양으로 된 지표수의 취수용 수문
- 취수탑(intake tower) – 하천, 저수지 또는 호소 등에서 취수하기 위하여 설치하는 탑 모양의 구조물
- 침사지(sand basin, grit chamber) – 수로에 유입한 토사류를 침전시켜서 이를 제거하기 위한 곳

【ㅋ】

- 캐비테이션(cavitation) – ㉠ 펌프에 있어서 임펠러 입구의 정압이 그 수온에 상당하는 포화증기압 이하로 될 때 발생하며 펌프의 성능이 저하하고 소음 및 진동이 발생하는 현상
  ㉡ 관로의 흐름이 고속일 경우 압력이 저하되기 때문에 저압부에 기포가 발생하여 공동(空洞)을 형성하는 현상

- 콜로이드(colloid) - 입경 0.1μ 이하, 0.001μ 이상의 입자
- 클로라민(chloramine) - 염소가 수중에서 암모니아와 결합되어 생성되는 화합물로서 살균력이 있으며 결합잔류염소라고도 함

【ㅌ】

- 탁도(turbidity) - 물의 흐린 정도를 표시하는 수질항목

【ㅍ】

- 파아샬 플륨(parshall flume) - 유출입 수량을 측정하는 계량설비
- 포기(aeration) - 액체중에 미세한 기포를 통하거나 또는 이와 유사한 방법으로하여 공기를 액체에 접촉시키는 것
- 표면세척(surface wash) - 압력정수를 분사하여 여과층의 표면을 세척하는 것
- 플록(floc) - 물에 응집제를 혼합시켰을 때 형성되는 응집물
- 플록형성지(flocculation basin) - 플록을 형성시키는 못
- pH - 수소이온 농도의 역수의 대수로 표시한 값
- P.P.M(parts per million) - 농도의 단위로 1/1,000,000 중량비

【ㅎ】

- 하부집수장치(filter underdrain)
  ㉠ 완속여과지에서는 여과수를 집수하기 위하여 설치하는 장치
  ㉡ 급속여과지에서는 균등한 여과 및 유효한 역류 세척을 하기 위해 설치하는 장치
- 혐기성(anaerobic) - 용존산소가 없는 상태의 뜻
- 호기성(aerobic) - 용존산소가 있는 상태의 뜻
- 혼화지(mixing basin) - 원수에 약품을 혼화시키는 못
- 후염소처리(post chlorination) - 흔히 여과시설 후에 행하는 염소처리로서 병원균을 사멸시키기 위한 처리

1 상수도의 구성 및 계통

> **학습방향**
> 상수도에서 사용되는 기본적인 용어와 구성요소를 파악하고 각 요소의 정확한 흐름순서를 이해한다.
> 1. 수도법상 규정되어 있는 상수도의 정의 및 종류
> 2. 상수도 3대 구성요소
> 3. 상수도의 구성 및 계통

1 상수도(上水道)의 정의

가정용수, 영업용수, 공업용수, 소화용수, 공공용수로 사용되는 물(상수)을 공급하기 위한 공공시설을 상수도라 한다.

※ 수도법 : 수도라 함은 "관로(管路), 그 밖의 공작물(工作物)을 사용하여 원수(原水) 또는 정수(淨水)를 공급하는 시설의 총체를 말하며, 일반수도·공업용수도 및 전용수도로 구분한다. 다만, 일시적인 목적으로 설치된 시설과 관개·배수시설 기타 농지의 보존이나 그 이용에 필요한 시설(농업생산기반시설)은 제외한다."

2 상수도의 목적

합리적인 건설비와 유지관리비를 투자하여 소비자에게 질적(質的)으로 안전하고, 양적(量的)으로 안정된 물을 공급하여 공중위생향상, 생활환경의 개선에 그 목적이 있다.

3 상수도에서의 주요 용어

(1) 원수(原水)
   음용, 공업용 등에 제공되는 정수처리전 자연상태의 물을 말한다. (단, 농어촌용수는 제외한다.)

(2) **상수원(上水源)**
   음용, 공업용 등에 제공하기 위해 취수시설을 설치한 지역의 하천, 호소 및 저수지, 지하수, 해수(海水), 빗물 등을 말한다.

(3) **광역(廣域)상수원**
   2이상의 지방자치단체에 제공되는 상수원을 말한다.

학습POINT

■ 상수도 기본 계획시 조사 및 유의사항 (고려사항)
① 수량의 안정성 확보
② 수질의 안전성 확보
③ 수압의 적정성 확보
④ 지진 등 비상대책
⑤ 시설의 개량 및 갱신
⑥ 환경대책 및 기타

▶10⑪
· 상수원의 정의
· 광역상수원의 정의

(4) 중수도(中水道 ; Wastewater reclamation)
   사용한 수돗물을 생활용수, 공업용수 등으로 재활용할 수 있도록 다시 처리하는 수도 시설을 말한다.

(5) 수도의 종류

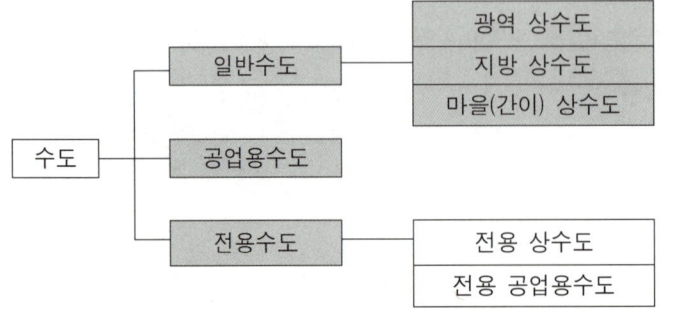

① 광역 상수도 : 국가, 지방자치단체, 한국수자원공사 또는 국토교통부장관이 인정하는 자가 2이상의 지방자치단체에 원수 또는 정수를 공급하는 일반수도를 말한다.
② 지방 상수도 : 지방자치단체가 관할지역 주민, 인근 지방자치단체 또는 그 주민에게 원수 또는 정수를 공급하는 일반수도를 말한다.
③ 마을(간이) 상수도 : 지방 자치단체가 대통령령으로 정하는 수도시설에 따라 100인 이상 2500인 이내의 급수인구에게 정수를 공급하는 일반수도로서 1일 공급량 20~500m³인 수도 또는 이와 비슷한 규모의 수도로서 특별·광역·특별자치 시장, 특별자치 도지사, 시장, 군수(광역시 군수는 제외함)가 지정하는 수도를 말한다.

4 상수도 구성의 3요소
① 풍부한 수량   ② 양호한 수질   ③ 적절한 수압

5 상수도의 구성 및 계통(System)

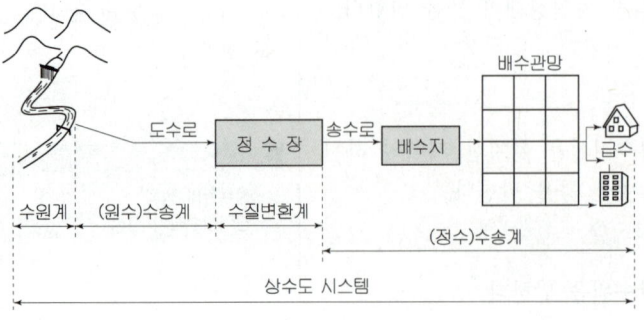

상수도시스템의 구성

▶04 ㈜
· 중수도의 정의

■ 공업용 수도
공업용 수도사업자가 원수 또는 정수를 공업용에 맞게 처리하여 공급하는 수도

■ 전용 상수도
100인 이상을 수용하는 기숙사, 요양소 등의 시설에서 사용되는 자가용 수도와 수도사업에서 제공되는 수도 외의 수도로서, 급수인구 100인 이상 5,000인 이내에서 원수 또는 정수를 공급하는 수도

■ 전용 공업용 수도
수도사업에서 제공되는 수도 외의 것으로 원수 및 정수를 공업용에 적합하게 처리하여 사용하는 수도

▶98, 99, 00, 06 ㈛
· 상수도의 기술적 3요소

▶95~11, 13, 14, 15, 18, 19 ㈜
95~08, 12, 14, 15, 16, 17, 19, 20 ㈛
· 상수도계통

■ 상수도의 구성단계(계통)
수원 → 취수 → 도수 → 정수 → 송수 → 배수 → 급수 → 수요지

■ 상수도 시설의 계통
① 수원시설계
② 수송시설계
③ 수질변환시설계
④ 정보관리시설계

(1) 수원(Water Source)
  ① 수돗물의 원료가 되는 물인 원수(原水)의 공급원을 의미한다.
  ② 수원의 종류에는 천수, 지표수, 지하수가 수원의 대부분을 차지하며 이 중에서 지표수를 가장 많이 이용한다.

(2) 취수(Intake)
  ① 수원에서 필요한 수량을 취입하는 과정으로 수원의 종류, 취수량 등에 따라 방법과 규모를 결정한다.
  ② 지표수 취수시설 : 취수탑, 취수문, 취수관, 취수언, 취수틀 등
  ③ 지하수 취수시설 : 집수매거(복류수), 천정호 및 심정호(자유수면 지하수), 굴착정(피압면 지하수) 등

(3) 도수(Conveyance)
  수원에서 취수한 원수를 정수처리 하기 위하여 관거(管渠)를 통해 정수장으로 이송하는 과정을 말한다.

▶ 04, 05, 06, 09, 16, 18 ㉮ 99, 05 ㉰
· 도수의 정의

(4) 정수(Purification)
  ① 원수의 수질을 사용목적에 적합하게 개선하는 과정을 말한다.
  ② 보통의 공공수도에서는 착수정 → 응집 → 약품침전 → 급속 여과 → 소독(염소, 오존 등)의 순으로 행하여진다.
  ③ 완속여과시에는 착수정 → 보통침전 → 완속 여과 → 소독의 순으로 행하여진다.

▶ 10, 16 ㉰
· 정수의 정의

(5) 송수(Transmission)
  ① 정수장(淨水場)에서 정수된 물을 배수지까지 보내는 과정을 말한다.
  ② 외부로부터의 오염을 차단하기 위해 원칙적으로 관수로(管水路)로 해야 하며, 부득이 한 경우에는 개수로(開水路)로 하더라도 암거(暗渠)로만 시설해야 한다.

▶ 15, 18 ㉮, 13, 15 ㉰
· 송수의 정의

(6) 배수(Distribution)
  ① 정수장에서 배수지로 송수된 물을 소요수압으로 소요수량을 배수관을 통해 급수지역으로 보내는 과정을 말한다.
  ② 배수시설에는 배수지(특별한 경우 배수탑, 고가수조 등으로 대체), 배수관 등이 있다.

(7) 급수(Service)
  배수관을 통해 운반된 물을 사용자 또는 소비지에 급수관을 통해 공급하는 과정을 말한다.

▶ 17 ㉰
· 급수시설의 정의

핵심문제

1 다음 중 일반 수도에 해당하는 것은? [98 ⑦]

㉮ 간이 상수도
㉯ 지름 25mm 이하의 도관수도
㉰ 길이 150mm 이하의 도관수도
㉱ 유효 용량의 합계가 100m³이하의 저수조의 수도

해설 1
일반수도의 종류
① 광역상수도
② 지방상수도
③ 간이(마을)상수도

2 다음 용어에 대한 설명 중 옳지 않은 것은?

㉮ 전용수도란 전용상수도와 전용공업용수도를 말한다.
㉯ 공업용수도란 공업용 수도사업자가 원수 또는 정수를 공업용에 적합하게 처리하여 공급하는 수도를 말한다.
㉰ 전용수도란 사용한 수돗물을 생활용수, 공업용수 등으로 재활용 할 수 있도록 다시 처리하는 시설이다.
㉱ 일반수도란 광역상수도, 지방상수도 및 마을상수도를 말한다.

해설 2
① **전용수도** : 전용 상수도와 전용 공업용 수도를 말한다.
② **중수도(中水道)** : 사용한 수돗물을 생활용수, 공업용수 등으로 재활용할 수 있도록 다시 처리하는 수도 시설을 말한다.

3 수원지에서부터 각 가정까지의 상수계통도를 나타낸 것으로 옳은 것은? [04, 13, 19 ⑦]

㉮ 수원 - 취수 - 도수 - 배수 - 정수 - 송수 - 급수
㉯ 수원 - 취수 - 배수 - 정수 - 도수 - 송수 - 급수
㉰ 수원 - 취수 - 도수 - 송수 - 정수 - 배수 - 급수
㉱ 수원 - 취수 - 도수 - 정수 - 송수 - 배수 - 급수

해설 3
상수계통도
수원 → 취수 → 도수 → 정수 → 송수 → 배수 → 급수

4 다음 중에서 상수시설의 배치 순서가 잘못된 것은? [96 ⑦]

㉮ 수원 → 취수 → 송수 → 정수 → 배수
㉯ 수원 → 취수 → 정수 → 배수 → 급수
㉰ 수원 → 취수 → 침전 → 여과 → 소독 → 배수
㉱ 침사 → 약품혼합 → 침전 → 급속여과 → 염소소독 → 배수

해설 4
상수도의 처리계통 : 수원 → 취수 → 도수 → 정수 → 송수 → 배수 순이다. 또한 정수과정은 침전(보통 또는 약품침전)→ 여과(완속 또는 급속여과) → 소독

정답 1. ㉮ 2. ㉰ 3. ㉱ 4. ㉮

5 지표수를 수원으로 하는 경우의 상수시설 배치 순서 중 가장 옳은 것은? [98, 10, 15, 19㉑]
㉮ 취수탑 - 침사지 - 응집침전지 - 정수지 - 배수지
㉯ 집수매거 - 응집침전지 - 침사지 - 정수지 - 배수지
㉰ 취수문 - 여과지 - 보통침전지 - 배수탑 - 배수관망
㉱ 취수구 - 약품침전지 - 혼화지 - 정수지 - 배수지

6 다음 중 상수도의 구성요소가 아닌 것은?
㉮ 송수   ㉯ 취수
㉰ 정수   ㉱ 절수

7 수원에서 취수한 원수를 정화하기 위해서 정수시설에 보내는 것을 무엇이라고 하는가? [99㉟]
㉮ 취수   ㉯ 송수
㉰ 정수   ㉱ 도수

8 상수도의 계통을 올바르게 나타낸 것은? [05, 10, 18㉑ 17, 19㉟]
㉮ 취수 - 송수 - 도수 - 정수 - 급수 - 배수
㉯ 취수 - 정수 - 도수 - 급수 - 배수 - 송수
㉰ 도수 - 취수 - 정수 - 송수 - 배수 - 급수
㉱ 취수 - 도수 - 정수 - 송수 - 배수 - 급수

9 다음 중 상수도의 목적을 달성하기 위한 기술적 3요소가 아닌 것은? [99㉟]
㉮ 수온   ㉯ 수질
㉰ 수압   ㉱ 수량

10 지표수를 수원으로 하는 상수도의 일반적 계통도이다. 가장 적당한 것은? [96㉟]
㉮ 침사지 - 침전지 - 여과지 - 정수지
㉯ 침전지 - 침사지 - 여과지 - 정수지
㉰ 응집지 - 침사지 - 여과지 - 정수지
㉱ 침전지 - 응집지 - 여과지 - 정수지

해 설

해설 5
상수시설의 계통
수원→취수→도수→정수→송수→배수→급수의 순서로 이루어져 있다. 취수탑, 취수문, 집수매거, 취수구는 취수시설이며, 침사지는 도수관거로 원수가 유입되기 전에 설치한다. 정수과정에서는 침전(보통 또는 약품침전)→여과(보통 또는 급속여과)→소독 순서로 이루어져 있다.

해설 6
상수도의 구성요소
취수, 도수, 정수, 송수, 배수, 급수 등이 있다.

해설 7
도수
취수한 원수를 정수시설로 보내는 과정을 말한다.

해설 8
상수도의 급수계통
수원 → 취수 → 도수 → 정수 → 송수 → 배수 → 급수 → 수요자 순으로 구성된다.

해설 9
상수도 구성의 3요소
상수도 시설이 제대로 기능을 발휘하기 위해서는 수량, 수질, 수압이 반드시 필요하다.

해설 10
침사지
도수시설의 일부이며 정수장내에서의 계통은 침전지 → 여과지 → 소독지 → 정수지 순으로 구성된다.

정답 5. ㉮ 6. ㉱ 7. ㉱ 8. ㉱ 9. ㉮ 10. ㉮

11 다음의 용어설명 중 옳지 않은 것은?

㉮ 원수라 함은 음용, 공업용 등에 제공되는 자연 상태의 물을 말한다.
㉯ 상수원이라 함은 음용, 공업용 등에 제공하기 위하여 취수시설을 설치한 지역의 하천, 호소, 지하수, 해수 등을 말한다.
㉰ 도수라 함은 도관, 기타의 공작물을 사용하여 원수 또는 정수를 공급하는 시설을 말한다.
㉱ 정수라 함은 원수를 음용, 공업용 등의 용도에 적합하게 처리한 물을 말한다.

해설 11
① 도수 : 수원에서 취수한 원수를 정수처리하기 위하여 정수장으로 이송하는 단계를 말한다.
② 상수도 : 도관, 기타의 공작물을 사용하여 원수 또는 정수를 공급하는 시설을 말한다.(수도법상의 정의)

12 취수장에서부터 가정에 이르는 상수도 계통을 올바르게 나열한 것은? [01, 08, 12, 14, 20 ㉤]

㉮ 취수시설 - 정수시설 - 도수시설 - 송수시설 - 배수시설 - 급수시설
㉯ 취수시설 - 도수시설 - 송수시설 - 정수시설 - 배수시설 - 급수시설
㉰ 취수시설 - 도수시설 - 정수시설 - 송수시설 - 배수시설 - 급수시설
㉱ 취수시설 - 도수시설 - 송수시설 - 배수시설 - 정수시설 - 급수시설

해설 12
상수도 계통
취수 → 도수 → 정수 → 송수 → 배수 → 급수 의 순서로 구성되어 있다.

13 다음 지형도의 상수계통도에 관한 사항 중 옳은 것은? [00, 04, 06, 14 ㉮]

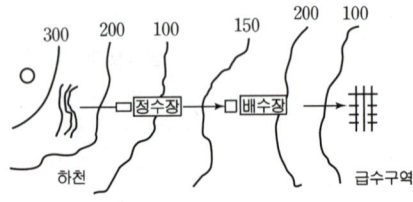

㉮ 도수는 펌프가압식으로 할 필요가 있다.
㉯ 수질을 생각하여 도수로는 개수로를 택하여야 한다.
㉰ 정수장에서 배수장은 펌프가압식으로 송수한다.
㉱ 도수와 송수를 자연유하식으로 하여 동력비를 절감한다.

해설 13 상수계통도
① 하천은 정수장보다 표고가 높아 도수는 자연유하식으로 한다.
② 정수장은 배수장보다 표고가 낮아 송수는 펌프 가압식으로 한다.
③ 배수장은 급수구역보다 표고가 낮기 때문에 펌프 가압식으로 배수를 해야 한다.
④ 도수로는 개수로가 원칙이나, 수질을 고려할 경우에는 관수로를 선택한다.

14 다음의 상수도시설 배치에서 순서가 잘못된 것은? [01 ㉮]

㉮ 수원-취수-침사-침전-여과-소독-배수
㉯ 수원-취수-정수-배수
㉰ 침사지-약품혼합-침전-급속여과지-염소소독조-배수지
㉱ 수원-취수-배수-소독-정수

해설 14 상수도시설의 계통
수원 - 취수 - 도수 - 정수 - 송수 - 배수 - 급수

15 사용한 수돗물을 생활용수, 공업용수 등으로 재활용할 수 있도록 다시 처리하는 시설은? [04 ㉮]

㉮ 광역상수도 ㉯ 중수도
㉰ 전용수도 ㉱ 공업용수도

해설 15
중수도
사용한 수돗물을 생활 및 공업용수 등으로 재활용하기 위해 재처리하는 수도시설

정답 11. ㉰ 12. ㉰ 13. ㉰ 14. ㉱ 15. ㉯

2 상수도 시설의 기본계획

> **학습방향**
>
> 상수도 시설 계획시 필요한 사항들을 정리한 내용들이다.
>
> 1. 상수도시설의 계획년도
> 2. 계획 급수인구의 정의 및 급수보급률 공식
> 3. Goodrich공식

1 상수도 시설의 계획년도

(1) 상수도 시설별 계획년도

① 상수도 시설의 신설 및 확장은 5~15년간의 경제성을 고려하여 각 시설들의 계획년도를 결정한다.
② 도시계획상 장래 발전 가능성을 고려하여 계획년도를 결정한다.
③ 상수도 기본계획시 계획(목표)년도 : 15~20년(표준)

상수도 시설별 설계 계획기간

시 설	내 용	계획기간(년)
큰 댐, 대구경 관로	확장이 어렵고 비싸다.	25~50년
여과지, 정호(井戶), 배수관로	확장이 쉬우나 ① 이자율이 3% 이하 ② 이자율이 3% 이상	20~25년 10~15년
관경 30cm 이상인 관	더 작은 관으로의 대체는 더 비싸다.	20~25년
관경 30cm 이하인 관	필요에 따라 단시일내에 대처한다.	수요에 따라 결정 (개발 완료)

(2) 계획년도 결정시 고려 사항

① 채용하는 구조물과 시설의 내용년수
② 시설확장의 난이도
③ 도시의 산업발전 정도와 인구증가에 대한 전망
④ 금융사정, 자금취득의 난이, 건설비
⑤ 수도수입의 연차별 예상

학습POINT

■ 상수도 기본계획시 조사사항
① 급수량의 현황과 추정
② 상수원의 수질 및 물이용 현황
③ 주변의 자연조건
④ 환경조건
⑤ 도로, 지하매설물 및 하천계획
⑥ 교통

▶ 97, 07, 13 ㉠ 97, 04, 09, 16 ㉠
· 상수도시설의 계획년도
· 큰댐, 대구경 관로의 계획설계 기간

■ 계획년도(계획년차)
수도시설 계획시 장기간에 걸친 급수수요의 예측이나 수자원 확보 등에 대한 확신이 어렵기 때문에 기본계획 책정이 완료된 시점부터 장래의 어떤 일정한 기간을 대상으로 한 계획을 실시하게 되는 기간

▶ 96, 97, 02 ㉠
· 계획년도 결정시 고려사항

2 계획 급수구역 및 인구

(1) 계획 급수구역
 ① 계획년도에 급수가 되는 지역을 말하며 지형, 거리 등에 따라 결정한다.
 ② 도시계획상 장래 발전가능성을 고려하여 경제적, 기술적으로 결정한다.

(2) 계획 급수인구
 ① 급수인구는 급수구역내의 상주인구만을 고려한다.
 ② 계획 급수인구 : 상수도의 물을 공급받는 인구
  (=급수구역내 총인구×상수도 보급률(%))
 ③ 계획 급수인구의 계획년한 : 보통 15~20년을 표준으로 한다.
 ④ 계획 급수인구별 1인 1일당 최대급수량

계획 급수인구	계획 1인 1일당 최대급수량
10,000명 이하	100~150 L
50,000명 이하	150~250 L
500,000명 이하	250~350 L
500,000명 이상	350 L 이상

■ 우리나라 상수도 현황
 (2011. 12. 기준)
 ① 급수 보급률 : 94.6%
 ② 1인 1일당 급수량 : 335 L

(3) 급수보급률
 ① $$급수보급률(\%) = \frac{급수인구}{급수구역내\ 총인구} \times 100$$

▶ 95, 00, 03, 08, 12, 14, 15, 19 ㉯
· 급수보급률 계산

 ② 대도시의 보급률이 소도시에 비해 높다.
 ③ 항만 및 공업도시가 일반도시보다 평균적으로 보급률이 높다.
 ④ Goodrich공식 (급수율 공식)

$$P = 180\, t^{-0.10}$$

여기서, P : 연평균 소비율에 대한 비율 (급수보급률, %)
 t : 시간(day)

핵심문제

1 상수도는 생활기반시설로서 영속성과 중요성을 가지고 있으므로 안정적이고 효율적으로 운영되어야 하며, 가능한 한 장기간으로 설정하는 것이 기본이다. 보통 상수도의 기본계획시 계획(목표)년도는 얼마를 표준으로 하는가? [07, 13㉠ 16㉡]

㉮ 3~5년 ㉯ 5~10년
㉰ 15~20년 ㉱ 25~30년

2 상수도 계획 수립시 계획년차(計劃年次) 결정에 고려할 주요 사항이 아닌 것은? [97㉠]

㉮ 금융사정
㉯ 자금취득의 난이
㉰ 건설비
㉱ 현지 주민의 요구도

3 총인구 20,000명인 어느 도시의 급수인구는 18,600명이며 일년간 총급수량이 2,000,000톤이었다. 급수 보급률과 1인 1일당 평균급수량(L)이 맞는 것은? [95, 08, 15㉡]

㉮ 0.93%, 295 L ㉯ 93%, 295 L
㉰ 107%, 274 L ㉱ 9.3%, 274 L

[해설] 급수보급률 및 1인 1일 평균급수량

① 급수보급률 = $\frac{급수인구}{급수구역내 총인구} \times 100 = \frac{18,600}{20,000} \times 100 = 93\,(\%)$

② 1인 1일 평균급수량 = $\frac{\frac{1년 총급수량}{365일}}{급수인구} = \frac{\frac{2,000,000}{365}}{18,600}$

$= 0.29459\,(\text{ton})$
$= 294.59\,(L)\ (\because 1\text{ton} = 1,000\,L)$

4 어느 도시의 연평균 상수 소비량은 240L/인/일 이다. Goodrich공식에 의한 1인 1일 월 최대 급수량은 얼마인가? [95㉠]

㉮ 192 L/인/일 ㉯ 264 L/인/일
㉰ 307 L/인/일 ㉱ 312 L/인/일

5 큰 댐이나 대규모 도수, 송수시설의 계획년한은 어느 정도가 좋은가?

㉮ 25~50년 ㉯ 20~25년
㉰ 15~20년 ㉱ 10~15년

해설

[해설] **1** 상수도 기본계획시 계획(목표)년도 15~20년(표준)

[해설] **2**
계획년차 결정시 고려 사항
① 채용하는 구조물과 시설의 내용년수
② 시설확장의 난이도
③ 도시의 산업발전 정도와 인구증가에 대한 전망
④ 금융사정, 자금취득의 난이, 건설비
⑤ 수도수입의 연차별 예상
문제의 보기 중 ㉮, ㉯, ㉰는 모두 ④에 해당되는 내용들이다.

[해설] **4**
Goodrich공식에서 t는 보통 30일로 간주한다.
$P = 180 \times t^{-0.1}$
$= 180 \times 30^{-0.1} = 128.1\,(\%)$
∴ 월 최대급수량
= 연평균 상수 소비량 × P
= $240 \times 1.281 ≒ 307\,(L/인/일)$

[해설] **5**
큰 댐이나 대규모 도수(큰 암거) 및 송수시설은 장래에 확장이 어렵기 때문에 25~50년의 계획년한으로 설계한다.

정답 1. ㉰ 2. ㉱ 3. ㉯ 4. ㉰ 5. ㉮

6 급수율의 변화를 나타내기 위하여 사용되는 Goodrich 공식은 $p = 180 \times t^{-0.1}$이다. 월 최대급수율은 연평균의 몇 %인가?

㉮ 96%
㉯ 104%
㉰ 128%
㉱ 180%

해설 6
Goodrich공식에서 t는 보통 30일로 간주한다.
$$P = 180 \times t^{-0.1}$$
$$= 180 \times 30^{-0.1} = 128.1(\%)$$

7 다음 중 급수보급률의 정의로 올바른 것은?

㉮ $\dfrac{급수인구}{총인구} \times 100\%$

㉯ $\dfrac{사용수량}{급수량} \times 100\%$

㉰ $\dfrac{총인구}{급수인구} \times 100\%$

㉱ $\dfrac{급수면적}{총면적} \times 100\%$

해설 7
급수보급률
계획 급수지역의 급수인구를 총인구로 나누어 백분율로 나타낸 값이다.

8 우리나라의 최근 급수 보급률(%)과 1일 1인당 급수량(L/인·일)으로 가장 가까운 값은 각각 얼마인가? [00 ㉑]

㉮ 80, 200
㉯ 85, 250
㉰ 90, 300
㉱ 95, 350

해설 8
상수도 현황(2011. 12 기준)
① 급수 보급률 : 94.6%
② 1인 1일당 급수량 : 335 L

9 상수도 계획에서 계획년차 결정에 있어서 고려해야 할 사항 중 틀린 것은? [02 ㉮]

㉮ 장비 및 시설물의 내구년한
㉯ 시설확장시 난이도와 위치
㉰ 도시발전 상황과 물사용량
㉱ 도시급수지역의 전염병 발생상황

해설 9
상수도 계획의 계획년차 결정시 고려사항
① 도시의 발전상황 및 인구증가의 전망
② 자금확보 및 시설확장의 난이도
③ 구조물의 내용년수
④ 수자원 상황
⑤ 금융사정 및 건설비
⑥ 수도수입의 연차별 예상

정답 6. ㉰ 7. ㉮ 8. ㉱ 9. ㉱

3 계획 급수인구의 추정

> **학습방향**
> 장래 급수인구 추정에 사용되는 방법들에 대한 내용으로, 특히 등차급수 및 등비급수법에 관련된 문제의 출제빈도가 높다.
> 1. 장래 급수인구 추정시 신뢰도에 영향을 미치는 요인들
> 2. 등차급수 방법
> 3. 등비급수 방법

1 계획급수인구의 추정

(1) 과거 약 **20년간**의 인구증감 자료와 도시의 특수성, 발전가능성 등을 고려하여 각 방법들 중에서 결정한다.

(2) 인구추정의 신뢰도
 ① 추정년도가 커질수록 낮아진다.
 ② 인구가 감소되는 경우가 많을수록 낮아진다.
 ③ 인구증가율이 높아질수록 낮아진다.

2 계획급수인구 추정법

(1) **등차급수 방법** (연평균 인구증가수에 의한 방법)
 ① 연평균 인구증가수가 일정하다는 가정하에 장래인구를 추정하는 방법을 말한다.
 ② 발전이 느린 도시에 적합하다.
 ③ 추정인구가 과소평가될 우려가 있다.
 ④ $$P_n = P_0 + na$$

 여기서, P_n : n년 후의 추정인구
  P_0 : 현재인구
  n : 현재부터 계획년도까지의 경과년수
  a : 연평균 인구증가수 $\left(= \dfrac{P_0 - P_t}{t} \right)$
  P_t : 현재부터 t년전의 인구

학습POINT

▶ 96, 02(산)
· 급수인구추정시 신뢰도

▶ 05, 08(기) 96, 98, 99, 00(산)
· 등차급수법

■ 등차급수법의 인구증가 경향선

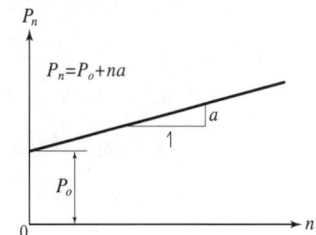

(2) **등비급수 방법** (연평균 인구증가율에 의한 방법)
① 연평균 인구증가율이 일정하다는 가정 하에 장래의 인구를 추정하는 방법을 말한다.
② 상당히 긴 기간동안 같은 인구증가율을 가진 발전가능성 있는 도시에 적용가능하다.
③ 인구증가율이 감소되는 도시에는 과대한 추정을 할 우려가 있다.
④ $P_n = P_0(1+r)^n$

여기서, r : 연평균 인구증가율 $\left(= \left[\dfrac{P_0}{P_t}\right]^{1/t} - 1\right)$

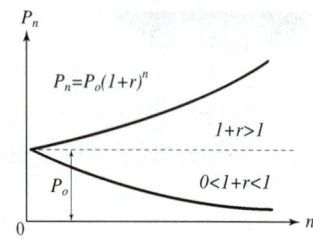

■ 등비급수법의 인구증가 경향선

① 대도시 : r = 2~3%
② 중소도시 : r = 0.5~1%
③ 읍·면 : r = 0~0.3%

(3) 최소자승법(最小自乘法)
① 과거의 인구통계 자료를 통계학적 방법을 이용하여 간단한 1차 함수로 만들어 예측하는 방법을 말한다.
② 단기간 인구추정에 적합하다.
③ $y = ax + b$

여기서, y : 기준년으로부터 x 년후의 인구
x : 기준년으로부터의 경과년수
a, b : 상수

$$\left[a = \dfrac{n\Sigma xy - \Sigma x \Sigma y}{n\Sigma x^2 - \Sigma x \Sigma x}, \quad b = \dfrac{\Sigma x^2 \Sigma y - \Sigma x \cdot \Sigma xy}{n\Sigma x^2 - \Sigma x \Sigma x} \right]$$

n : 인구 통계 자료수

(4) 지수곡선식에 의한 방법(Peggy 함수식법)
$y = y_0 + Ax^a$

여기서, y : 기준년으로부터 x 년후의 인구
y_0 : 기준년의 인구
x : 기준년으로부터의 경과년수
A, a : 상수

(5) 감소 증가율법
① 포화인구를 먼저 추정하고 장래인구를 예측하는 방법을 말한다.
② 인구가 매년 감소하는 비율로 증가한다는 가정에 기초한다.
③ 포화인구를 먼저 추정하기가 어려운 것이 단점이다.

④ $$P_n = P_0 + (K - P_0)(1 - e^{-bn})$$

여기서, K : 포화인구
  b : 감소증가율 상수
  e : 자연대수의 밑(=2.71…)

(6) Logistic Curve 방법(논리곡선법)

① 인구가 무한년 전에 0이고 경과년수에 따라 점증(漸增)하여 중간시점에서 증가율이 가장 크고 그 후 증가율이 점감(漸減)하여 무한년 후에 포화된다는 이론에 기초한 방법으로 감소증가율법처럼 포화인구를 추정하는 것이 어렵다.

② 인구 추정방법 중에서 가장 정확한 방법이다.

③ $\dfrac{dy}{dx} = ay(K-y)$

$$\therefore y = \dfrac{K}{1+me^{-ax}} = \dfrac{K}{1+e^{a-bx}}$$

여기서, y : 기준년으로부터 x년후의 인구
  x : 기준년으로부터의 경과년수
  K : 포화인구
  m, a, b : 상수(최소자승법으로 구함)

▶ 00, 04, 05, 08, 09, 10㉘
・로지스틱곡선법

■ Logistic 곡선의 인구증가 경향선(S곡선)

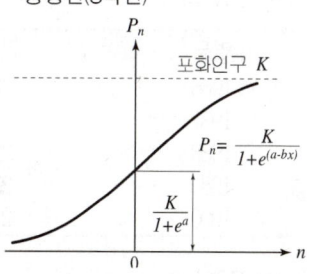

(7) 비상관법(比相關法, Ratio and Correlation method)

① 어떤 도시의 인구증가율이 다른 큰 도시의 인구증가율과 관계 있다는 가정하에 장래인구를 추정하는 방법

② $\dfrac{P_1}{P_1R} = \dfrac{P_2}{P_2R} = K_R$

여기서, P_1 : 현재인구, P_2 : 추정인구
  P_1R : 다른 지역의 현재인구
  P_2R : 다른 지역의 추정인구
  K_R : 비례(비율)상수

(8) 타도시와의 비교법

① 인구증가상황이 유사한 타도시와 인구-시간(년도) 곡선과 비교하는 방법
② 도표상에서 개략적 인구 추정
③ 실적비교 연장법

핵 심 문 제

1 장래 인구추정에 있어 신뢰도가 적어지는 이유에 해당되지 않는 것은?
[96, 02 ⓢ]

㉮ 인구 증가율이 높을수록
㉯ 추정 목표년도가 길수록
㉰ 인구가 감소하는 경우가 많을수록
㉱ 과거의 인구자료가 많을수록

2 어느 도시의 상하수도 계획을 수립하고 인구 추정을 하였다. 1986년부터 1990년 사이의 인구통계 자료를 이용하여 2001년의 인구를 등차급수법에 의하여 추정하면 얼마인가? [96 ⓢ]

인구 통계 자료

연도	인구(인)
1986	20,483
1987	22,317
1988	22,891
1989	23,566
1990	24,272

㉮ 24,272인 ㉯ 30,024인
㉰ 33,274인 ㉱ 34,689인

3 현재의 인구가 100,000명인 발전 가능성 있는 도시의 장래 급수량을 추정하기 위해 인구 증가 현황을 조사하니 연평균 인구 증가율이 5%로 일정하였다. 이 도시의 20년 후 추정 인구는? [95, 04 ㉮]

㉮ 15,050명 ㉯ 116,440명
㉰ 200,000명 ㉱ 265,330명

4 어떤 도시에 대한 다음의 인구통계표에서 1999년 현재로부터 5년 후의 인구를 추정하려 할 때 인구증가율(r)은? (단, 등비급수법에 의한 인구추정임) [99, 04 ㉮]

연도	1995	1996	1997	1998	1999
인구(명)	10,900	11,200	11,500	11,850	12,200

㉮ 1.028570 ㉯ 0.285700
㉰ 0.028570 ㉱ 0.022790

해 설

해설 1
인구추정의 신뢰도
① 추정년도가 커질수록 낮아진다.
② 인구가 감소되는 경우가 많을수록 낮아진다.
③ 인구증가율이 높아질수록 낮아진다.

해설 2
등차급수법
① $P_n = P_0 + n \cdot a$
② a (연평균 인구 증가수)
$= \dfrac{P_0 - P_t}{t}$
$= \dfrac{24,272 - 20,483}{4}$
$= 947.25$ (인) ≒ 947 (인)
③ 1990년도를 기준년으로 해서 2001년의 인구를 구한다.
$n = 2001 - 1990 = 11$ (년)
∴ $P_n = P_0 + n \cdot a$
$= 24,272 + (11 \times 947)$
$= 34,689$ (인)

해설 3
등비급수법
① $P_n = P_0(1+r)^n$
② $P_0 = 100,000$ 명,
$n = 20$ 년, $r = 0.05$
∴ $P_n = P_0(1+r)^n$
$= 100,000(1+0.05)^{20}$
≒ 265,330 명

해설 4
인구증가율
$r = \left(\dfrac{P_0}{P_t}\right)^{\frac{1}{t}} - 1$
$= \left(\dfrac{12,200}{10,900}\right)^{\frac{1}{4}} - 1 = 0.02857$

정답 1. ㉱ 2. ㉱ 3. ㉱ 4. ㉰

5 상수도계획에서 계획 급수인구를 추정할 때 대체로 과거 몇 년간의 인구증감을 고려하여 결정하는가? [99 ㉮]

㉮ 약 10년
㉯ 약 15년
㉰ 약 20년
㉱ 약 25년

6 1970년의 인구가 52,000명, 1990년의 인구가 70,000명이었다. 등차급수법으로 2010년의 인구를 추정하면? [99 ㉯]

㉮ 70,000명
㉯ 83,000명
㉰ 85,000명
㉱ 88,000명

7 상수도 시설계획의 급수인구 추정에서 연평균 증가율이 일정한 것으로 가정하여 계산하는 방법으로 장래 발전가능성이 있는 도시에 적용 가능한 방법은? [99 ㉯]

㉮ 감소증가율법
㉯ 비상관법
㉰ 등차급수법
㉱ 등비급수법

8 다음에 열거된 급수 인구추정법 중에서 장기간에 걸친 인구추정을 위하여 가장 정확한 방법은?

㉮ Logistic Curve법
㉯ 등차급수법
㉰ 등비급수법
㉱ 최소자승법

9 다음의 급수인구 추정법 중 논리곡선법(로지스틱곡선법)식으로 옳은 것은? [00, 05, 08, 09 ㉮]

㉮ $P_n = P_0 + An^a$
㉯ $P_n = P_0 + nq$
㉰ $P_n = \dfrac{K}{1+e^{(a-bn)}}$
㉱ $P_n = P_0(1+r)^n$

해 설

해설 5
상수도계획에서 계획 급수인구의 추정은 과거 약 20년간의 인구자료를 기초로 하여 결정한다.

해설 6
① a(연평균 인구증가수)
$= \dfrac{P_0 - P_t}{t} = \dfrac{70,000 - 52,000}{20}$
$= 900$(명)

② 1990년도를 기준년으로 해서 2010년의 인구를 구한다.
$n = 2010 - 1990 = 20$(년)
∴ $P_n = P_0 + n \cdot a$
$= 70,000 + (20 \times 900)$
$= 88,000$(명)

해설 7
등비급수법
① 매년의 인구증가율이 일정하다고 보고 연평균 인구증가율을 기준으로 추정하는 방법이다.
② 상당히 긴 기간동안 같은 인구 증가율을 가진 발전적인 도시에 적용 가능하다.

해설 8
인구추정법에 따라 각각의 특성을 가지고 있으나 이들 중에서 Logistic Curve법이 가장 정확하다.

해설 9
㉮ : 지수곡선식법
㉯ : 연평균 인구증가수에 의한 방법
㉱ : 연평균 인구증가율에 의한 방법

정답 5. ㉰ 6. ㉱ 7. ㉱ 8. ㉮ 9. ㉰

10 현재 인구가 20만 명이고 연평균 인구증가율이 4.5%인 도시의 10년 후의 인구를 등비급수법에 의하여 추정하면 얼마인가? [99, 01, 13, 19산]

㉮ 126,202명
㉯ 310,594명
㉰ 324,571명
㉱ 290,000명

11 어느 도시의 인구가 10년 전에 300만 명이었는데 현재는 550만 명이다. 등비급수법에 의해 인구가 증가하였다고 가정하면 연평균 증가율은 얼마인가? [00㉮]

㉮ 0.0527
㉯ 0.0625
㉰ 0.0723
㉱ 0.0833

12 한 도시의 인구자료가 다음 표와 같을 때 1995년도의 급수 인구를 등비증가법을 이용하여 구하면 몇 명인가? [03, 19㉮]

㉮ 약 12,000명
㉯ 약 24,000명
㉰ 약 36,000명
㉱ 약 48,000명

년도	인구(명)
1980	7,200
1985	8,800
1990	10,200

13 다음의 인구추정방법 중에서 대상지역의 포화인구를 먼저 추정한 후 계획기간의 인구를 추정하는 방법은? [04, 10㉮]

㉮ 등차급수법
㉯ 등비급수법
㉰ 최소자승법
㉱ 로지스틱 곡선법

14 상수도의 기본계획시 계획급수인구 결정에 있어서 계획(목표)년도는 통상 몇 년을 표준으로 하는가?

㉮ 2~3년
㉯ 5~10년
㉰ 15~20년
㉱ 25~30년

해 설

해설 10

① $P_0 = 200,000$명, $n = 10$년, $r = 0.045$

② $P_n = P_0(1+r)^n$
$= 200,000(1+0.045)^{10}$
$= 310,593.9$(명)

해설 11

$r = \left(\dfrac{P_o}{P_t}\right)^{\frac{1}{t}} - 1$

$= \left(\dfrac{5500000}{3000000}\right)^{\frac{1}{10}} - 1$

$= 0.0625$

해설 12

계획 급수인구 추정
등비증가(급수)법 :
① 현재인구 $P_o = 10,200$명
② 계획년도 $n = 5$년
③ 연평균 인구증가율

$r = \left(\dfrac{P_0}{P_t}\right)^{1/t} - 1$

$= \left(\dfrac{10,200}{7,200}\right)^{1/10} - 1$

$= 0.035$

④ 계획 급수인구
$P_n = P_o(1+r)^n$
$= 10,200(1+0.035)^5$
$= 12,114 ≒ 12,000$ 명

해설 13

로지스틱 곡선법
① 대상지역의 포화인구를 먼저 추정한후 계획기간의 인구를 추정하는 방법
② 가장 정확한 방법

해설 14

계획급수인구의 계획년도
15~20년(표준)

정답 10. ㉯ 11. ㉯ 12. ㉮ 13. ㉱ 14. ㉰

4 계획급수량의 산정

> **학습방향**
>
> 이 단원은 제 1장에서 가장 출제빈도가 높은 단원으로 계획급수량의 내용과 각 급수량간의 상관관계 등으로 구성되어 있다.
>
> 1. 계획급수량의 정의와 급수량의 구성
> 2. 계획급수량의 종류별 공식과 사용목적, 특징
> 3. 각종 상수도 시설의 설계기준이 되는 급수량

1 계획급수량의 정의

(1) 급수량은 **상수 소비량** 또는 **상수 요구량**이라 하며 단위는 lpcd(liter per capita day)이다.

(2) 우리나라의 경우 1인 1일당 급수량은 300~450lpcd 정도이다.

(3) 급수량 결정시 고려사항
 ① 기후조건 ② 생활수준
 ③ 상수도의 설비정도 ④ 산업의 발달정도
 ⑤ 사용목적에 따른 수질관계 ⑥ 배수관망의 수압

2 급수량의 구성(사용목적에 따른 분류)

(1) 가정용수
 가정에서 사용되는 취사, 세탁, 청소 등에 사용되는 물을 말한다.

(2) 영업용수
 음식점, 호텔, 백화점, 오락장 등 영업용에 사용되는 물을 말한다.

(3) 공업용수
 수돗물을 공업용에 사용하는 곳은 비교적 소규모 공장이며, 대규모 공장은 공업용수를 별개의 전용수도를 통해 사용한다.

(4) 공공용수
 관공서, 일반사무소, 학교, 병원, 도로의 살수 등에 사용되는 물을 말한다.

(5) **불명수량**
 배수관 및 급수관의 접합부분의 누수, 시공불량 등으로의 누수 및 소화전과 공공시설에서의 **누수** 등으로 인한 수량을 말한다.

학습POINT

■ lpcd

 (liter per capita day) :
 L/人/日 또는 L/人·日
 을 의미한다.

■ 급수량의 변동
 ① 하루 중 오전 7~10시, 오후 5~8시가 peak이다.
 ② 1주일중 일요일 및 월요일이 peak이다.
 ③ 1년중 여름이 peak이다.
 ④ 우리나라는 누수 및 파손에 의해 겨울이 peak일 때도 있다.

■ 상수도의 급수량 종류에서 농업용수는 제외된다.

■ 급수대상에 따른 급수량

종류	1인 1일 최대급수량(L)
가정용수	50
영업용수	15~20
공업용수	15~20
공공용수	20~30
불명수량	15~25
소화용수	-

(6) 소화용수
① 소화용수는 수량이 작지만 화재시 단기간에 많은 수량이 요구되므로 소도시의 경우 급수시설의 규모가 소화용수에 의해 결정된다.
② 소화용수 추정방법
　㉠ NBFU(National Board of Fire Underwriter)공식
　　$Q = 3.86\sqrt{P}\,(1 - 0.01\sqrt{P})$
　　여기서 Q : 소화용수량(m³/min)
　　　　　　P : 인구수를 1,000으로 나눈 값(1,000명 단위)
　㉡ 그외에 Kuichling공식, Freeman공식 등이 있다.

3 계획급수량의 종류

(1) 계획 1일 평균급수량
① 계획 1일 평균급수량은 계획 1일 최대급수량의 70~85%를 표준으로 하여야 한다.
② 약품, 전력사용량의 산정, 유지관리비, 상수도요금의 산정 등에 사용되므로 재정계획(財政計劃)에 필요한 수량이다.
③ 계획 1일 평균급수량 = $\dfrac{1년간\ 총급수량}{365}$
④ 계획 1일 평균급수량
　　= 계획 1일 최대급수량 × [0.7(중소도시), 0.85(대도시, 공업도시)]

⑤ 계획 1인 1일 평균급수량의 특징
　㉠ 도시규모가 클수록 평균급수량은 증가한다.
　㉡ 생활수준이 높을수록 평균급수량은 증가한다.
　㉢ 공업이 발달한 도시일수록 평균급수량은 증가한다.
　㉣ 정액제(定額制)의 급수가 정률제(定率制, 즉 종량제)에 의한 것보다 평균급수량이 증가한다.
　㉤ 수압이 높을수록 평균급수량은 증가한다.
　㉥ 기온이 높은 지방일수록 평균급수량이 증가한다.
　㉦ 누수량이 많을수록 평균급수량은 증가한다.

(2) 계획 1일 최대급수량
① 상수도시설 규모 결정의 기준이 되는 수량이다.
② 계획 1일 최대급수량은 계획 1인 1일 최대급수량에 계획 급수인구를 곱하여 결정한다.
③ 계획 1일 최대급수량
　　= 계획 1인 1일 최대급수량 × 계획 급수인구
　　= 계획 1일 평균급수량 × [1.3 (대도시, 공업도시), 1.5 (중소도시)]

▶ 97, 03, 06, 11, 13, 14 ㉠
▶ 98, 00, 03, 12, 15 ㉣
・계획1일평균급수량의 표준비율 및 계산
■ 부하율(0.7, 0.85)
　$\dfrac{일\ 평균\ 급수량}{일\ 최대\ 급수량} < 1$

▶ 96, 99, 11, 17, 18 ㉠
▶ 02, 04, 11, 19 ㉣
・1인1일평균급수량 특징
■ 첨두부하율(1.3, 1.5)
　$\dfrac{일\ 최대\ 급수량}{일\ 평균\ 급수량} > 1$

▶ 06, 07, 09, 14, 15, 16 ㉠
▶ 07, 08, 09, 11, 13, 18 ㉣
・계획1일최대급수량의 설계기준
■ 1일 최대급수량
통상 1일 평균급수량의 1.5배에 해당하는 수량을 말한다.

▶ 04, 05, 07, 09, 13, 16 ㉠
▶ 98, 08, 12, 19 ㉣
・계획1일최대급수량과 계산

④ 계획 1인 1일 최대급수량은 몇 년간을 통한 최대의 사용수량을 급수인구와 365일로 나눈 수량을 말한다.
⑤ 월 최대급수량 = 월 평균급수량 × (1.2~1.5)

(3) 계획 시간 최대급수량

① 1일 중에 사용수량이 최대가 될 때의 1시간당의 급수량을 말한다.
② 아침과 저녁시간이 최대이고, 활동이 없는 오전(1시에서 4시)에 최소이다.
③ 월(月)변화는 계절에 따라 다르지만 여름철(7~8월)이 최대이고, 겨울철(1~2월)이 최소이다.
④ 계획 시간 최대급수량

$$= \frac{계획\ 1일\ 최대급수량}{24} \times \begin{cases} 1.3\ (대도시,\ 공업도시) \\ 1.5\ (중소도시) \\ 2.0\ (농촌,\ 주택단지,\ 소도시) \end{cases}$$

⑤ 배수시설 중 배수본관의 구경(직경)과 배수펌프의 용량 결정시 기준이 되는 수량이다.

■ 시간 최대급수량
통상 1일 최대급수량의 1.5배, 즉 1일 평균급수량의 2.25배 (=1.5×1.5)에 해당하는 수량을 말한다.

▶ 96, 99, 01, 02, 09 ㉯
· 계획 시간 최대급수량 계산 및 특징

계획급수량과 수도시설의 규모계획

계획 급수량 종류	연평균 1일 사용 수량에 대한 비율(%)	수도 구조물의 명칭
1일 평균급수량	100	수원지, 저수지, 유역면적의 결정
1일 최대급수량	150	취수, 도·송수, 정수, 배수시설 (여과지 면적, 송수관구경, 배수지)의 결정
시간 최대급수량	225	배수본관의 구경, 배수펌프의 용량 결정

▶ 97, 99, 03㉮ 97, 99, 03㉯
· 계획 시간 최대급수량 설계기준

핵 심 문 제

1 다음 중 계획급수량을 산정하는데 이용되지 않는 항목은? [96㉮ 02㉰]

㉮ 계획 급수구역내 인구
㉯ 계획 1인 1일 급수량
㉰ 계획년도에서의 급수보급률
㉱ 계획년에서의 누수율

해설 1
계획급수량 산정시의 항목
계획 급수구역내의 총인구, 1인 1일당 급수량 및 급수보급률이 필요하다.

2 급수인구 20만 명의 도시에 상수도 급수시설 계획을 하고자 한다. 계획 1인 1일 최대 급수량을 300L라 할 때, 계획 1일 평균 급수량은?(단, 이 도시의 급수 보급률은 85%, 급수량 산출계수는 0.7이다.) [96㉮]

㉮ 76,500m³   ㉯ 66,300m³
㉰ 40,800m³   ㉱ 35,700m³

해설 2
계획 1일 평균급수량
= 계획 1일 최대급수량 × 0.7(중소도시)
= 계획 1인 1일 최대급수량 × 계획 급수인구 × 급수보급률 × 0.7
= 200,000 × 300 × 0.85 × 0.7
= 35,700,000(L) = 35,700(m³)

3 인구 10만의 도시에 계획 1인 1일 최대급수량 600L, 급수보급률 80%를 기준으로 상수도 시설을 계획하고자 한다. 이 도시의 계획 1일 최대급수량은? [04, 09㉮]

㉮ 32,000m³   ㉯ 40,000m³
㉰ 48,000m³   ㉱ 60,000m³

해설 3
계획 1일 최대급수량
= 계획 1인 1일 최대급수량 × 급수인구 × 급수보급률
= 600 × 100,000 × 0.8 = 48,000,000L/일
= 48,000m³/일

4 계획 시간 최대급수량은 계획 1일 최대급수량의 1시간 양에 대도시와 공업도시에서는 몇 %를 증가시키는가? [96㉰]

㉮ 20   ㉯ 30
㉰ 40   ㉱ 50

해설 4
계획 시간 최대급수량
= $\dfrac{계획\ 1일\ 최대급수량}{24}$ ×
[1.3(대도시, 공업도시), 1.5(중소도시) 2.0(농촌, 주택단지, 소도시)]
∴ 30%를 증가시킨다.

5 계획급수량에 대한 다음 설명 중 틀린 것은? [14㉮]

㉮ 계획 1일 최대급수량은 계획 1인 1일 최대급수량에 계획급수인구를 곱하여 결정할 수 있다.
㉯ 계획 1일 평균급수량은 계획 1일 최대급수량의 60%를 표준으로 한다.
㉰ 송수시설의 계획송수량은 계획 1일 최대급수량을 기준으로 한다.
㉱ 취수시설의 계획취수량은 계획 1일 최대급수량을 기준으로 한다.

해설 5
계획 1일 평균급수량
= 계획 1일 최대급수량의 70~85%(표준)

정답 1. ㉱ 2. ㉱ 3. ㉰ 4. ㉯ 5. ㉯

6 시간 최대급수량 또는 화재시 수량을 계획 기준수량으로 하여 결정되는 것은? [99㉮]

㉮ 취수시설
㉯ 배수관망
㉰ 정수장
㉱ 도수로

해 설

해설 6

배수관망의 계획배수량
① 평상시에는 계획 시간 최대급수량을 기준으로 하고,
② 화재시에는 계획 1일 최대급수량의 1시간당 수량과 소화용수량의 합을 기준으로 한다.

7 상수도 정수시설의 규모 결정시 사용되는 설계정수량은? [99, 01, 14㉮ 13㉯]

㉮ 계획 1일 평균급수량
㉯ 계획 1일 최대급수량
㉰ 계획 시간 최대급수량
㉱ 계획 시간 평균급수량

해설 7

계획 1일 최대급수량
상수도시설의 규모결정의 기초가 되는 수량

8 다음은 1인 1일 평균급수량이 증가하는 경우를 나타낸 것이다. 틀린 것은? [99㉮]

㉮ 생활수준이 높을수록 증가한다.
㉯ 공업이 발달한 도시일수록 증가한다.
㉰ 수도요금을 정액제로 할 경우 메타(meter)에 의한 종량제보다 증가한다.
㉱ 수압이 낮을수록 증가한다.

해설 8

수압이 낮으면 수량이 부족하여 평균급수량이 증가할 수 없다.

9 상수의 계획급수량에서 대도시 및 공업도시의 시간 최대급수량은 다음 중 어느 것인가? [96㉯]

㉮ $\dfrac{1일\ 총급수량}{24} \times 1.3$

㉯ $\dfrac{1일\ 총급수량}{24} \times 1.5$

㉰ $\dfrac{1일\ 총급수량}{24} \times 1.8$

㉱ $\dfrac{1일\ 총급수량}{24} \times 2.0$

해설 9

계획 시간 최대급수량

$= \dfrac{계획\ 1일\ 최대급수량}{24}$
$\times 1.3$(대도시, 공업도시)

$= \dfrac{1일\ 총급수량}{24}$
$\times 1.3$(대도시, 공업도시)

정답 6. ㉯ 7. ㉯ 8. ㉱ 9. ㉮

10 "A"시의 2004년 인구는 588,000명이며 년간 약 3.5%씩 증가하고 있다. 2010년도를 목표로 급수시설의 설계에 임하고자 한다. 1일 1인 평균급수량은 250L이고 급수율을 70%로 가정할 때 계획일평균급수량은 약 얼마인가? (단, 인구추정식은 등비증가법으로 산정한다.) [06, 13 ㉮]

㉮ 387,000m³/day
㉯ 258,000m³/day
㉰ 129,000m³/day
㉱ 126,500m³/day

11 상수도의 취수, 도수, 정수, 송수시설의 용량산정에 사용 되는 수량은? [01, 15 ㉮]

㉮ 계획 1일 최대 급수량
㉯ 계획 1일 평균 급수량
㉰ 계획 1인 1일 최대 급수량
㉱ 계획 1인 1일 평균 급수량

12 물의 사용목적에 따라 분류한다면 누수는 어느 종류에 속하겠는가?

㉮ 소화용수
㉯ 공공용수
㉰ 영업용수
㉱ 불명수량

13 다음은 상수를 사용목적에 따라 분류하였다. 해당되지 않는 것은?

㉮ 가정용수
㉯ 공업용수
㉰ 공공용수
㉱ 농업용수

14 소화용수(消火用水)의 양을 계산하기 위한 공식으로 미국 화재보험협회(NBFU)에서는 다음과 같은 $Q = 3.86\sqrt{P}(1-0.01\sqrt{P})$를 추천하고 있다. 이 식에서 P는 인구수를 1,000으로 나눈 값이며 Q는 m³/min의 단위를 갖는다. 인구 150,000명인 도시에서 요구되는 소화용수의 양을 계산하면 얼마인가?

㉮ 41.48 L/sec
㉯ 38.60 L/sec
㉰ 48.60 L/sec
㉱ 691.33 L/sec

해 설

해설 10
계획1일 평균 급수량 계산
① 등비급수법의 급수인구추정
$P_n = P_o(1+r)^n$
$= 588,000(1+0.035)^{2010-2004}$
≒722802인
② 계획1일 평균급수량
= 계획1인1일 평균급수량×급수인구×급수보급률
= 250L/인·일×722802인×0.70
= 126,490,350L/day
= 126,490.350m³/day
≒ 126,500m³/day

해설 11
계획 1일 최대 급수량은 취수, 도수, 정수, 송수시설의 설계시 기준이 되는 급수량이다.

해설 12
누수는 불명수량에 속한다.

해설 13
상수급수량의 종류
① 가정용수   ② 영업용수
③ 공업용수   ④ 공공용수
⑤ 불명수량   ⑥ 소화용수
농업용수
상수 급수량에 포함되지 않는 수량이다.

해설 14
$P = \dfrac{150,000}{1,000} = 150$
$\therefore Q = 3.86\sqrt{150}(1-0.01\sqrt{150})$
$= 41.48(m^3/min)$
$= 691.33(L/sec)$

정답 10. ㉱ 11. ㉮ 12. ㉱ 13. ㉱ 14. ㉱

출제예상문제

CHAPTER 1 상수도시설 계획

1. 다음에 열거한 시설물이 일반적 상수도의 시설계통에 맞는 것은?

㉮ 하천수 - 도수관 - 취수탑 - 정수지 - 송수관 - 배수지 - 급수관
㉯ 호소수 - 취수탑 - 도수관 - 배수지 - 여과지 - 송수관 - 급수관
㉰ 하천수 - 취수탑 - 도수관 - 여과지 - 송수관 - 배수지 - 급수관
㉱ 호소수 - 도수관 - 정수지 - 취수문 - 송수관 - 배수관 - 급수관

[해설]
상수도 처리 계통순서에 관한 문제로 처리계통은 수원 → 취수 → 도수 → 정수 → 송수 → 배수 → 급수 의 순서로 진행되는데, 이것을 각 처리단계의 구체적인 시설을 예로 들어 출제한 문제이다.

2. 다음은 지표수를 수원으로 한 일반적인 상수도 급수계통도를 나타낸 것이다. 맞는 것은?

㉮ 수원 - 취수탑 - 착수정 - 침사지 - 약품침전지 - 완속여과 - 배수지 - 급수
㉯ 수원 - 취수구 - 침사지 - 착수정 - 보통침전지 - 급속여과 - 배수관 - 급수
㉰ 수원 - 취수탑 - 침사지 - 착수정 - 약품침전지 - 급속여과 - 배수지 - 급수
㉱ 수원 - 취수구 - 착수정 - 침사지 - 고속응집침전 - 완속여과 - 배수지 - 급수

[해설]
상수도의 처리계통과 각 단계의 구체적인 시설을 모두 알고 있어야 하며, 일반적으로 침사지는 취수된 물이 도수관거로 보내기 전에 거쳐가는 시설이다. 착수정, 약품침전지, 보통침전지는 정수시설의 일부분으로 착수정 → 응집시설 → 침전지 → 여과지 → 소독지 순이다. 또한 보통침전지 다음에는 완속여과지, 약품침전지 다음에는 급속여과지의 순서로 구성된다.

3. 상수도 시설 중 원수를 취수지점으로부터 정수장까지 수송하는 시설은?

㉮ 배수시설
㉯ 급수시설
㉰ 도수시설
㉱ 송수시설

[해설]
취수지점에서 정수장까지 원수를 수송하는 시설을 도수시설이라 한다.

4. 도시 상수도의 공급계통이 바르게 나열된 것은?

㉮ 취수 - 도수 - 정수 - 배수 - 급수
㉯ 취수 - 도수 - 정수 - 급수 - 배수
㉰ 취수 - 정수 - 도수 - 배수 - 급수
㉱ 취수 - 정수 - 도수 - 급수 - 배수

[해설]
상수의 공급과정은 수원 → 취수 → 도수 → 정수 → 송수 → 배수 → 급수 의 순서로 이루어진다.

5. 다음 용어의 해설 중 틀린 것은?

㉮ 도수 : 지표수 또는 지하수를 배출시키는 것
㉯ 송수시설 : 정수시설로부터 배수구역 시점까지 정수를 보내는 시설
㉰ 배수시설 : 배수지 또는 배수펌프를 기점으로 하여 급수장치까지의 시설
㉱ 급수 : 소비자에게 직접 물을 공급하는 것

[해설]
도수 : 수원에서 취수한 원수를 정화하기 위해 정수시설(정수장)에 보내는 과정

해답 1. ㉰ 2. ㉰ 3. ㉰ 4. ㉮ 5. ㉮

6. 다음 지형도의 상수계통도에 관한 사항 중 옳은 것은?

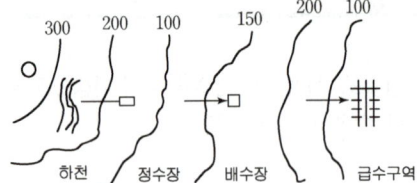

㉮ 도수는 펌프 가압식으로 할 필요가 있다.
㉯ 수질을 생각하여 도수로는 개수로를 택하여야 한다.
㉰ 정수장에서 배수장은 펌프 가압식으로 송수한다.
㉱ 도수와 송수를 자연 유하식으로 하여 동력비를 절감한다.

해설
① 하천은 정수장보다 표고가 높아 도수는 자연유하식으로 한다.
② 정수장은 배수장보다 표고가 낮아 송수는 펌프 가압식으로 한다.
③ 배수장은 급수구역보다 표고가 낮기 때문에 펌프 가압식으로 배수를 해야 한다.
④ 도수는 개수로가 원칙이나 수질을 고려할 경우에는 관수로로 해야 한다.

7. 상수도 시스템에서 수원의 원수가 우리 가정까지 도달되는 과정을 올바르게 나열한 것은?

㉮ 취수시설 - 도수시설 - 정수시설 - 배수시설 - 송수시설 - 급수시설
㉯ 취수시설 - 도수시설 - 송수시설 - 정수시설 - 배수시설 - 급수시설
㉰ 취수시설 - 송수시설 - 정수시설 - 배수시설 - 도수시설 - 급수시설
㉱ 취수시설 - 도수시설 - 정수시설 - 송수시설 - 배수시설 - 급수시설

해설
상수도의 처리계통은 수원 → 취수 → 도수 → 정수 → 송수 → 배수 → 급수 순이다.

8. 다음 중 상수도의 기본계획을 세우기 위한 기초자료가 아닌 것은?

㉮ 방류수역 조사자료
㉯ 하천조사자료
㉰ 지하매설물 계획자료
㉱ 도로교통 및 환경자료

해설
상수도의 기본계획수립시 기초조사 내용
① 상수원에 대한 조사
② 주변의 자연조건 조사
③ 도로 및 교통, 환경조건조사
④ 하천, 지하매설물 등 관련된 각종 조사

9. 우리나라의 상수도 시설을 설계, 계획할 때 그 계획년도는 통상 몇 년을 기준으로 하는가?

㉮ 2~3년   ㉯ 5~15년
㉰ 15~20년 ㉱ 30년 이상

해설
① 상수도 시설의 신설이나 확장 : 장래 5~15년간의 경제성 등을 고려하여 계획년한을 결정한다.
② 상수도 기본계획시 계획(목표)년도 : 15~20년

10. 어느 도시에서 연평균 급수량이 300ℓpcd 일 때 이 도시의 월 최대급수량은? (단, Goodrich공식의 적용에서 $P = 180\,t^{-0.10}$ 이다.)

㉮ 384.3 ℓ pcd
㉯ 461.0 ℓ pcd
㉰ 5,461 ℓ pcd
㉱ 7,640 ℓ pcd

해설
Goodrich공식에서 t는 보통 30일로 간주한다.
$P = 180 \times t^{-0.1} = 180 \times 30^{-0.1} = 128.1(\%)$
∴ 월 최대급수량 = $P \times$ 연평균 상수소비량
$= 300 \times \dfrac{128.1}{100} = 384.3\,(\ell\,pcd)$

해답 6. ㉰ 7. ㉱ 8. ㉮ 9. ㉰ 10. ㉮

11. 어느 도시의 인구가 10년 전에 10만 명이였는데 현재는 20만 명이다. 등비급수법에 의한 인구증가를 보였다고 하면 연평균 인구증가율은 얼마인가?

㉮ 0.03589 ㉯ 0.06251
㉰ 0.07177 ㉱ 1.07177

해설

$$r = \left(\frac{P_o}{P_t}\right)^{\frac{1}{t}} - 1 = \left(\frac{200,000}{100,000}\right)^{\frac{1}{10}} - 1$$
$$= 0.07177$$

12. 연평균 인구증가율이 일정하며 장래 발전가능성 있는 도시의 계획급수량 산정을 위해 인구조사한 결과 다음 표와 같았다. 2,000년도의 인구를 추정하면 약 얼마인가?

연도	인구(명)	연도	인구(명)
1990	177,800	1994	194,500
1991	182,500	1995	199,200
1992	187,000	1996	203,700
1993	192,300		

㉮ 223,000명 ㉯ 222,000명
㉰ 221,000명 ㉱ 220,000명

해설
① 연평균 인구증가율이 일정하고 장래 발전가능성 있는 도시의 인구추정은 등비급수법을 이용한다.
② $P_n = P_0(1+r)^n$ 에서 연평균 인구증가율 r을 1996년을 기준으로 구해야 하므로 $P_t = 177,800$, $P_0 = 203,700$, $t = 1996 - 1990 = 6$ 이다.
∴ $r = \left(\frac{P_0}{P_t}\right)^{1/t} - 1 = \left(\frac{203,700}{177,800}\right)^{1/6} - 1 = 0.023$
③ r을 결정하였으므로 2000년도의 인구는 다음과 같다.
$P_0 = 203,700$, $r = 0.023$, $n = 2000 - 1996 = 4$
∴ $P_n = 203,700(1+0.023)^4 = 223,097 ≒ 223,000$(명)

13. 어떤 도시의 10년 전 인구는 25만 명, 현재의 인구는 50만 명이다. 현재의 인구가 도시인구의 추정방법 중 등비급수법에 의한 인구증가를 보였다고 가정하면 연평균 인구증가율은 얼마인가?

㉮ 0.072 ㉯ 1.072
㉰ 1.085 ㉱ 1.080

해설

$$r = \left(\frac{P_o}{P_t}\right)^{\frac{1}{t}} - 1$$
$$= \left(\frac{500,000}{250,000}\right)^{\frac{1}{10}} - 1 = 0.072$$

14. 어느 도시의 1975년~1984년(10개년)의 인구통계는 표와 같다. 30년 후 2014년의 인구를 등차급수적 방법으로 추정하면 몇 명인가? (단, 1984년을 현재로 한다.)

연도	인구	연도	인구(명)
1975	71,944	1980	76,592
1976	73,613	1981	77,364
1977	74,077	1982	78,940
1978	74,690	1983	79,983
1979	75,884	1984	80,909

㉮ 110,792명 ㉯ 110,969명
㉰ 121,379명 ㉱ 125,619명

해설
① 등차급수 인구추정법 $P_n = P_0 + n \cdot a$
② a(연평균 인구 증가수) $= \frac{P_0 - P_t}{t}$
$= \frac{80,909 - 71,944}{9} = 996.1$(명)
∴ $P_n = P_0 + n \cdot a = 80,909 + 30 \times 996.1 = 110,792$(명)

15. 상수를 사용목적에 따라 분류하였다. 해당되지 않는 것은?

㉮ 가정용수 ㉯ 공업용수
㉰ 공공용수 ㉱ 농업용수

해답 11. ㉰ 12. ㉮ 13. ㉮ 14. ㉮ 15. ㉱

해설
상수급수량의 종류
① 가정용수
② 영업용수
③ 공업용수
④ 공공용수 : 관공서, 일반사무소, 학교, 병원, 도로의 살수 등에 사용되는 물
⑤ 불명수량 : 배수관 및 급수관의 접합부분의 누수, 시공불량 등으로의 누수 및 소화전과 공공시설에서의 누수 등으로 인한 수량
⑥ 소화용수 : 시간 최대급수량과 배수시설의 규모 결정에 밀접한 관련이 있음

16. 상수시설의 계획 송수량은 계획 1일 최대 급수량의 몇%를 기준으로 하는가?
㉮ 70% ㉯ 80%
㉰ 90% ㉱ 100%

해설
송수시설은 계획 1일 최대급수량을 기준으로 삼고 있기 때문에 계획송수량은 계획 1일 최대급수량의 100%를 송수해야 한다.

17. 인구 10만의 도시에 계획 1인 1일 최대 급수량 600L, 급수 보급률 80%를 기준으로 상수도 시설을 계획하고자 한다. 이 도시의 계획 1일 최대 급수량은 얼마인가?
㉮ 312,000m³ ㉯ 40,000m³
㉰ 48,000m³ ㉱ 60,000m³

해설
계획 1일 최대급수량
= 계획 1인 1일 최대급수량×계획급수인구×급수보급률
= 600×100,000×0.8 = 48,000,000(L)
= 48,000(m³)

18. 다음 시설 중 1일 최대급수량을 계획급수량의 기준으로 설계되지 않는 것은?
㉮ 송수시설 ㉯ 도수시설
㉰ 저수시설 ㉱ 정수시설

해설
수원지와 저수시설은 계획 1일 평균급수량을 기준으로 정하여 설계한다.

19. A시의 장래 2010년의 인구추정 결과 85,000명으로 추산되었다. 계획연도의 1인 1일당 평균 급수량을 380L, 급수 보급률을 98%로 가정할 때 계획년도의 계획 1일 평균 급수량은 얼마인가?
㉮ 30,654m³/day ㉯ 31,300m³/day
㉰ 31,654m³/day ㉱ 32,300m³/day

해설
계획 1일 평균급수량=계획 1인 1일 평균급수량×계획급수인구×급수보급률
∴ $Q = 380 \times 85,000 \times 0.98 = 31,654,000\,(L/day)$
$= 31,654\,(m^3/day)$

20. 어느 소도시의 20년 후의 인구는 35,000명으로 측정되었다. 현재 인구는 28,000명이고 평균 물 소비량은 16,000m³/day이며 현재의 상수공급시설은 19,000m³/day의 설계용량을 가지고 있다. 등차급수적 추정법에 의해서 대략 몇 년후에 상수공급시설이 설계용량에 도달하는가? (단, 1일1인당 물 소비량은 변화가 없는 것으로 가정)
㉮ 5년 ㉯ 7년
㉰ 10년 ㉱ 15년

해설
① 등차급수법 : $P_n = P_o + n \cdot a$ 에서
연평균인구증가수
$a = \dfrac{P_n - P_o}{n} = \dfrac{35,000 - 2,8000}{20} = 350$명
② 설계용량의 추정인구 (x)
28,000명 : 16,000m³/day = x명 : 19,000m³/day
∴ $x = 33,250$명
③ 설계용량의 계획년수(n)
$P_n = P_o + n \cdot a$ 에서 $33,250 = 28,000 + n \times 350$
∴ $n = 15$년

해답 16. ㉱ 17. ㉰ 18. ㉰ 19. ㉰ 20. ㉱

21. 일평균 급수량은 다음 중 어느 것에 의하여 산출되는가?

㉮ 소화용수량 ㉯ 연간 급수량
㉰ 일최대 급수량 ㉱ 시간최대 급수량

해설
1일 평균급수량 = $\dfrac{연간\ 총급수량}{365}$ 이므로,
일평균 급수량은 연간 급수량에 의해 산출된다.

22. 상수도시설의 규모 결정에 기초가 되는 계획 1일 최대급수량이 40,000m³ 이라 할 때 약품, 전력 사용량의 산정이나 유지관리비와 수도요금의 산정 등에 사용되는 급수량의 표준은?

㉮ 28,000~34,000m³ ㉯ 2,800~3,400m³
㉰ 280~340m³ ㉱ 28.0~34.0m³

해설
계획 1일 평균 급수량은 약품사용량 및 전력 사용량의 산정, 유지관리비나 수도요금의 산정에 이용된다.
계획 1일 평균급수량 = 계획 1일 최대급수량 × 0.7 (중소도시) 또는 0.85(대도시, 공업도시)
∴ 계획 1일 평균급수량 = 40,000 × (0.7~0.85)
= 28,000 ~ 34,000(m³)

23. 어떤 중소도시에 계획급수인구가 50,000명일 때 급수본관을 설계하기 위한 계획시간 최대급수량은? (단, 계획 1인 1일 최대급수량은 300L, 시간계수는 1.5로 한다)

㉮ 22,500m³ ㉯ 15,000m³
㉰ 937.5m³ ㉱ 416.7m³

해설
계획시간 최대 급수량
= $\dfrac{계획\ 1일\ 최대급수량}{24}$ × 1.5
= $\dfrac{계획\ 1인\ 1일\ 최대급수량 × 계획급수인구}{24}$ × 1.5
= $\dfrac{300L/(인·일) × 50,000인}{24}$ × 1.5
= 937,500L = 937.5 m³

24. 정수시설의 설계기준이 되는 계획 정수량은 다음 중 어느 것인가?

㉮ 계획 1일 최소 급수량
㉯ 계획 1일 최대 급수량
㉰ 계획 1일 평균 급수량
㉱ 계획 1시간 최대 급수량

해설
정수시설의 계획 정수량은 계획 1일 최대급수량을 기준으로 설계한다.

25. 계획 1일 최대 급수량과 계획 1일 평균 급수량의 비율을 설명한 내용이다. 옳지 않은 것은?

㉮ 계획 1일 최대 급수량과 계획 1일 평균 급수량의 비율은 대략 불규칙한 관계이다.
㉯ 계획 1일 최대 급수량과 계획 1일 평균 급수량의 비율은 일반적으로 대도시가 될수록 증가한다.
㉰ 계획 1일 최대 급수량과 계획 1일 평균 급수량의 비율은 누수량이 큰 도시에서 증가한다.
㉱ 계획 1일 최대 급수량과 계획 1일 평균 급수량의 비율은 공업용수의 점유율이 높은 도시에서 증가한다.

해설
계획 1일 최대 급수량과 계획 1일 평균 급수량의 비율은 급수구역에 따라 규칙적인 관계를 형성하고 있다. 인구규모가 작은 지역보다 대도시 및 공업도시일수록 최대 급수량에 대한 평균 급수량의 비율은 증가한다.(중소도시 70%, 대도시 및 공업도시 85%) 또한 누수량은 급수량의 10~30%정도로 급수구역이 클수록 비례해 증가한다.

해답 21. ㉯ 22. ㉮ 23. ㉰ 24. ㉯ 25. ㉮

26. 급수량에 관한 다음 설명 중 옳은 것은?

㉮ 일평균 급수량은 연간 급수량을 365로 나누어 정한다.
㉯ 일 최대 급수량은 일평균 급수량에 부하율을 곱해 산정한다.
㉰ 시간 최대 급수량은 일 최대 급수량보다 작게 나타난다.
㉱ 소화용수는 일 최대 급수량에 포함되므로 별도로 산정하지 않는다.

[해설]
급수량 산정
① 1일 최대급수량은 과거 몇년간의 실적중 최대값를 연간 최대급수량으로 하여 365일로 나눈 값이다.
② 1일 평균급수량은 연간 총급수량을 365로 나눈 값이다.
③ 소화용수량 = 계획 1일 최대 급수량의 1시간당 수량 + 소화 용수량
④ 계획 시간 최대급수량 = $\dfrac{계획\ 1일\ 최대급수량}{24}$ × 1.3(대도시, 공업도시)
1.5(중소도시)
2.0(농촌, 주택지, 소도시)
∴ 시간 최대 급수량은 1일 최대 급수량보다 크게 나타난다.

27. 급수시설의 설계 유량을 설명한 것 중 부적당한 것은?

㉮ 배수본관의 구경 결정에는 1일 최대 급수량이 기준이 된다.
㉯ 수원지, 저수지, 유역면적의 결정에는 1일 평균 급수량이 기준이 된다.
㉰ 정수장의 설계 유량은 1일 최대 급수량이 기준이 된다.
㉱ 송수관 구경의 결정에는 1일 최대 급수량이 기준이 된다.

[해설]
배수시설 중 배수본관의 구경은 시간 최대급수량을 기준으로 설계하며 배수지, 고가수조 등은 1일 최대급수량을 기준으로 설계한다.

28. 다음 급수량에 관한 설명 중 옳지 않은 것은?

㉮ 계획 1일 최대 급수량 = 계획 1인 1일 최대 급수량 × 계획 급수인구
㉯ 계획 1일 평균급수량 = 계획 1일 최대 급수량 × 0.5
㉰ 1인 1일 평균급수량 = 1년간 총급수량/(급수인구 × 365일)
㉱ 1인 1시간 평균급수량 = 1일 평균급수량/24시간

[해설]
계획 1일 평균 급수량 = 계획 1일 최대급수량 × [0.7(중소도시), 0.85(대도시)]

29. 다음 중 물의 수요를 변경시키는 요인이 아닌 것은?

㉮ 하루중의 시간   ㉯ 기후 조건
㉰ 물의 외관   ㉱ 일년중의 계절

[해설]
물의 수요는 계절에 따라 겨울철보다 여름철이 더 많고, 맑고 건조한 날이 비가 오고 습한 날씨보다 수요량이 많다. 또한 하루 중 아침과 저녁시간에 수요량이 많다.

30. 상수도의 취수, 도수, 정수, 송수시설의 용량 산정에 사용되는 수량은?

㉮ 계획 1인 1일 최대 급수량
㉯ 계획 1인 1일 평균 급수량
㉰ 계획 1일 최대 급수량
㉱ 계획 1일 평균 급수량

[해설]
계획 1일 최대 급수량은 취수, 도수, 정수, 송수 시설의 설계시 기준이 되는 급수량이다.

해답 26. ㉮ 27. ㉮ 28. ㉯ 29. ㉰ 30. ㉰

31. 정수를 위한 약품, 전력 등의 산정이나 유지관리비, 수도요금 산정 등의 수도재정 계획에 기준이 되는 급수량은?

㉮ 1일 최대 급수량
㉯ 1일 평균 급수량
㉰ 시간 최대 급수량
㉱ 월 최대 급수량

[해설] 계획 1일 평균 급수량은 약품, 전력사용량의 산정, 유지관리비, 수도요금의 산정에 사용된다.

32. 계획급수 인구가 50,000명인 도시에 상수도를 설치하려 한다. 계획 1인 1일 평균급수량이 300L라면 계획 1일 최대급수량은?

㉮ 19,500m³/day   ㉯ 22,500m³/day
㉰ 15,000m³/day   ㉱ 27,000m³/day

[해설] 계획 1일 최대급수량
= 계획 1인 1일 평균급수량 × 급수인구 × 1.5
= 300 (L/인·day) × 50,000(명) × 1.5
= 22,500,000 (L/day) = 22,500(m³/day)
(∵ 인구 50,000명은 중소도시 규모이므로 부하율을 1.5로 산정하였다.)

33. 다음은 1인 1일 평균 급수량이 증가하는 경우를 나타낸 것이다. 틀린 것은?

㉮ 생활수준이 높을수록 증가한다.
㉯ 공업이 발달한 도시일수록 증가한다.
㉰ 수도요금을 정액제로 할 경우 메타(meter)에 의한 종량제보다 증가한다.
㉱ 수압이 낮을수록 증가한다.

[해설] 1인 1일 평균급수량은 수요자에게 물이 공급되기 전에 없어지는 누수량이 많을수록 많아지며, 수압이 높을수록 관의 파손 등으로 인해 누수량이 증가한다.

34. 어느 도시의 1987년부터 1991년까지의 인구통계표를 참고하여 2000년의 인구를 최소자승법에 따라 구하면 얼마인가?(단, $a = \dfrac{n\Sigma xy - \Sigma x \Sigma y}{n\Sigma x^2 - \Sigma x \Sigma x}$, $b = \dfrac{\Sigma x^2 \Sigma y - \Sigma x \cdot \Sigma xy}{n\Sigma x^2 - \Sigma x \Sigma x}$)

(인구통계표)

년도	인구(명), y	x	x²	xy
1987	20,483	-2	4	-40,966
1988	22,317	-1	1	-22,317
1989	22,891	0	0	0
1990	23,566	1	1	23,566
1991	24,272	2	4	48,544
합계	113,529	0	10	8,827

㉮ 30,653명   ㉯ 31,536명
㉰ 32,419명   ㉱ 34,185명

[해설] 계산의 간편함을 위해 중앙년도인 1989년을 기준년도로 설정한다.

① $a = \dfrac{n\Sigma xy - \Sigma x \Sigma y}{n\Sigma x^2 - \Sigma x \Sigma x}$,
$b = \dfrac{\Sigma x^2 \Sigma y - \Sigma x \Sigma x \cdot y}{n\Sigma x^2 - \Sigma x \Sigma x}$

∴ $a = \dfrac{5 \times 8,827 - 0 \times 113,529}{5 \times 10 - 0 \times 0} ≒ 883$

$b = \dfrac{10 \times 113,529 - 0 \times 8,827}{5 \times 10 - 0 \times 0} ≒ 22,706$

② $x = 2000 - 1989 = 11$
∴ $y = ax + b = 883 \times 11 + 22,706$
$= 32,419$(명)

35. 다음은 등비급수법에 의한 인구추정을 하려고 한다. 연평균 증가율은 얼마이겠는가? (단, 현재 인구: 450,000명, 10년 전 인구: 200,000명)

㉮ 0.225   ㉯ 0.084
㉰ 1.084   ㉱ 0.075

[해설] 연평균 인구증가율
$r = \left(\dfrac{P_0}{P_t}\right)^{\frac{1}{t}} - 1$
$= \left(\dfrac{450,000}{200,000}\right)^{\frac{1}{10}} - 1 = 0.0845$

해답 31. ㉯ 32. ㉯ 33. ㉱ 34. ㉰ 35. ㉯

36. 1일 평균급수량을 100으로 하였을 때 중소도시의 시간 최대급수량은 얼마인가?

㉮ 100 ㉯ 125
㉰ 225 ㉱ 150

[해설]
① 계획 1일 최대급수량 = 계획 1일 평균급수량 × [1.5 (중소도시)]
② 계획 시간 최대급수량
$= \dfrac{\text{계획 1일 최대급수량}}{24} \times 1.5 (\text{중소도시})$

그러므로 중소도시의 계획 시간 최대급수량은 계획 1일 평균급수량의 2.25배 즉, 225가 된다.

37. 다음 중 1일 최대급수량을 시설 기준으로 하지 않는 것은?

㉮ 도수시설 ㉯ 배수시설
㉰ 정수시설 ㉱ 취수시설

[해설]
배수시설 중에서 배수(본)관은 계획 1일 최대급수량이 발생하는 날의 시간적 변화, 즉 계획 시간 최대급수량을 설계기준으로 간주한다.

38. 다음 중 상수도 시설의 규모를 결정하는데 기초가 되는 수량은?

㉮ 계획 1일 평균급수량
㉯ 계획 1일 최대급수량
㉰ 계획 1인 평균급수량
㉱ 계획 시간 최대급수량

[해설]
상수도 시설의 규모는 계획 1일 최대급수량을 기준으로 결정한다.

39. 계획인구 150,000명인 도시의 수도계획에서 계획급수인구가 142,500명일 때 1인 1일의 최대급수량을 450L 로 하면 1일 최대급수량은?

㉮ 6,750,000m³/day
㉯ 67,500m³/day
㉰ 333,333m³/day
㉱ 64,125m³/day

[해설]
계획 1일 최대급수량=1인 1일 최대급수량×계획급수인구
∴ 계획 1일 최대급수량=450(L/인·일)×142,500(인)
=64,125,000(L/일)=64,125(m³/일)

40. 저수지를 수원으로 하는 경우 상수시설의 배치순서로서 가장 옳은 것은?

㉮ 취수탑 - 도수관로 - 여과지 - 정수지 - 배수지
㉯ 취수관거 - 여과지 - 침사지 - 정수지 - 배수지
㉰ 취수문 - 여과지 - 침전지 - 배수지 - 배수관망
㉱ 취수구 - 약품침전지 - 혼화지 - 정수지 - 배수지

[해설]
상수도의 계통은 수원 → 취수 → 도수 → 정수 → 송수 → 배수 → 급수 순서로 구성된다.
그러므로 취수탑(취수시설) → 도수관로(도수시설) → 여과지(정수시설) → 정수지(정수시설) → 배수지(배수시설) 의 순서가 가장 적당하다.

41. A도시에서 현재 인구는 200만 명인데 과거 30년 간에 년 평균 25,000명씩 증가되어 왔다고 할 때 30년 후의 인구를 등차급수법으로 추정한 값으로 옳은 것은?

㉮ 2,250,000명 ㉯ 2,500,000명
㉰ 2,750,000명 ㉱ 3,000,000명

[해설]
등차급수법에 의한 급수인구 추정
$P_n = P_o + n \cdot a = 2,000,000 + 30 \times 25,000$
$= 2,750,000$명

해답 36. ㉰ 37. ㉯ 38. ㉯ 39. ㉱ 40. ㉮ 41. ㉰

42. 중소도시의 1시간 최대급수량을 산출하는 공식은 다음 중 어느 것인가?

㉮ $\dfrac{1일\ 평균급수량}{24} \times 1.5$

㉯ $\dfrac{월\ 평균급수량}{24} \times 30 \times 1.5$

㉰ $\dfrac{1일\ 최대급수량}{24} \times 1.5$

㉱ $\dfrac{1일\ 최대급수량}{24} \times 1.5 \times 1.5$

[해설]
계획1시간 최대급수량 = $\dfrac{1일\ 최대급수량}{24} \times 1.5$ (중소 도시)

43. 급수율의 변화를 나타내기 위하여 사용되는 Goodrich공식을 사용하여 계산할 때 주(週) 최대급수율은 연평균의 몇 %가 되는가? (단, $P = 180\,t^{-0.10}$)

㉮ 110% ㉯ 148%
㉰ 132% ㉱ 156%

[해설]
① $P = 180\,t^{-0.10}$
 여기서
 P : 연평균 소비율에 대한 비율(급수 보급률 %)
 t : 시간(day)
② t = 7day (∵1주일)
 ∴ $P = 180\,t^{-0.10} = 180 \times 7^{-0.10} = 148(\%)$

44. 계획 1일 평균급수량은 계획 1일 최대급수량의 몇 %를 표준으로 하는가?

㉮ 60~75   ㉯ 65~80
㉰ 70~85   ㉱ 75~90

[해설]
계획 1일 평균 급수량은 계획 1일 최대 급수량의 70~85%정도를 차지한다.

45. 다음 인구 통계표를 이용하여 5년 후의 인구를 추정한 값은? (단, 등차급수법 $P_n = P_0 + na$ 에 의함)

연도	1991	1992	1993	1994	1995
인구(명)	20,100	22,400	24,300	27,300	30,400

㉮ 20,750명 ㉯ 31,400명
㉰ 43,275명 ㉱ 54,278명

[해설]
$P_n = P_0 + na = 30,400 + 5 \times \dfrac{30,400 - 20,100}{4} = 43,275(명)$

46. 어느 도시의 1975년도의 인구는 32,500명이었고, 1994년 인구는 73,300명이었다. 20년 후의 연평균 인구 증가율에 의한 인구수는 약 몇 명인가?

㉮ 172,500명
㉯ 165,300명
㉰ 132,400명
㉱ 153,500명

[해설]
$r = \left(\dfrac{P_0}{P_t}\right)^{\frac{1}{t}} - 1 = \left(\dfrac{73,300}{32,500}\right)^{\frac{1}{19}} - 1 = 0.044$

∴ $P_n = P_0(1+r)^n = 73,300(1+0.044)^{20} ≒ 172,500(명)$

47. 다음은 상수도수가 갖추어야 할 조건이다. 틀린 것은?

㉮ 적절한 수압
㉯ 풍부한 수량
㉰ 적절한 수온
㉱ 안전한 수질

[해설]
상수도시설이 제대로 기능을 발휘하기 위해서는 풍부한 수량, 안전한 수질, 적절한 수압 등이 반드시 필요하다.

해답 42. ㉰ 43. ㉯ 44. ㉰ 45. ㉰ 46. ㉮ 47. ㉰

48. 다음 중 상수도의 설계기준이 되는 것은?

㉮ 1일 최대 강우량
㉯ 1일 최대 급수구역
㉰ 1일 최대 급수인구
㉱ 1일 최대 급수량

해설
상수도 시설은 1일 평균급수량, 1일 최대급수량, 시간 최대급수량 등을 기준으로 설계한다.

49. 계획급수량에 대한 설명으로 옳지 않은 것은?

㉮ 계획 1일 평균급수량은 계획 1일 최대급수량의 50%이다.
㉯ 계획 1일 최대급수량은 계획 1일 평균급수량×계획첨두율로 나타낼 수 있다.
㉰ 계획 1일 평균급수량은 계획 1인 1일 평균급수량×계획급수인구로 나타낼 수 있다.
㉱ 계획 1일 최대급수량을 구하기 위한 첨두율은 소규모의 도시일수록 급수량의 변동폭이 커서 값이 커진다.

해설
계획 1일 평균급수량
계획 1일 최대급수량의 70~85%를 표준으로 한다.

50. 계획급수량에 대한 다음 설명 중 틀린 것은?

㉮ 계획 1일 최대급수량은 계획 1인 1일 최대급수량에 계획급수인구를 곱하여 결정할 수 있다.
㉯ 계획 1일 평균급수량은 계획 1일 최대급수량의 60%를 표준으로 한다.
㉰ 송수시설의 계획송수량은 계획 1일 최대급수량을 기준으로 한다.
㉱ 취수시설의 계획취수량은 계획 1일 최대급수량을 기준으로 한다.

해설
계획급수량의 결정
계획 1일 평균급수량 : 계획 1일 최대급수량의 70~85% (표준)

51. 급수보급률 90%, 계획 1인 1일 최대급수량 440L/인, 인구 10만의 도시에 급수 계획을 하고자 한다. 계획 1일 평균급수량은? (단, 계획유효율은 0.85로 가정한다.)

㉮ 374,000m³/day   ㉯ 33,660m³/day
㉰ 39,600m³/day   ㉱ 44,000m³/day

해설 계획 1일 평균급수량
계획 1일 평균급수량 = 계획 1일 최대급수량
　　　　　　　　　　× 0.85 × 0.90
　　　　　　　　= 계획 1인1일 최대급수량 × 급수인구 × 0.85 × 0.90
　　　　　　　　= 0.44m³/인·일 × 100,000인 × 0.85 × 0.90 = 33,660m³/day

52. 계획급수인구를 추정하는 이론곡선식은 $y = \dfrac{K}{1+e^{a-bx}}$ 로 표현된다. 식 중의 K가 의미하는 것은? (단, y : x년 후의 인구, x : 기준년부터의 경과년수, e : 자연대수의 밑, a, b : 정수)

㉮ 현재인구   ㉯ 포화인구
㉰ 증가인구   ㉱ 상주인구

해설 Logistic 곡선법의 급수인구 추정식
$y = \dfrac{K}{1+e^{a-bx}}$ 에서 K : 포화인구

해답 48. ㉱ 49. ㉮ 50. ㉯ 51. ㉯ 52. ㉯

제2장 수질관리

출제경향분석

1. 제5장 정수장시설과 제8장 하수처리장시설에 관한 내용의 이해를 위한 농도 등의 기초적인 단위에 대한 사항
2. 먹는물(음용수) 수질 기준 항목 및 각종 기준치 또는 허용치
3. 원수(상수원수)의 수질 기준치 및 정수 처리방법
4. 자정작용에서 자정계수 산출공식, 자정작용인자, 용존산소(DO)의 변화상태, 하천의 수질변화단계별 특성
5. 호소의 물순환관계와 부영양화의 특성
6. 수질검사항목 및 검사빈도, BOD의 정의 및 산출공식 등에 의한 계산 문제풀이

단원별 경향분석

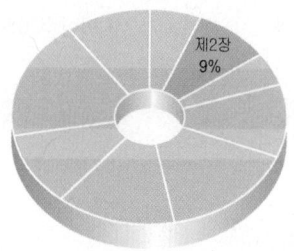

토목기사

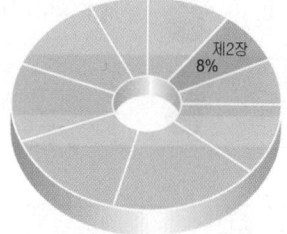

토목산업기사

항목별 경향분석

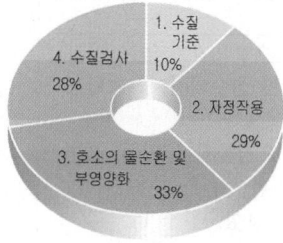

토목기사

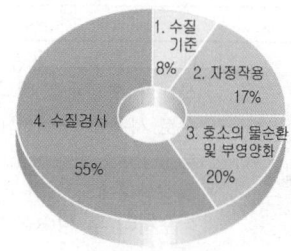

토목산업기사

제2장 기초사항

1 원수의 수질기준 [환경정책기본법, 시행규칙(2009.7.7, 12.15 개정)]

학습POINT

(1) 하천

등급 및 수질상태		상태 (캐릭터)	기준							
			수소이온농도 (pH)	생물화학적산소요구량(BOD) (mg/L)	화학적산소소요구량(COD) (mg/L)	부유물질량(SS) (mg/L)	용존산소량(DO) (mg/L)	총인(T-P) (mg/L)	대장균군 (군수/100mL)	
									총대장균군	분원성대장균군
매우좋음	Ia		6.5~8.5	1 이하	2 이하	25 이하	7.5 이상	0.02 이하	50 이하	10 이하
좋음	Ib		6.5~8.5	2 이하	4 이하	25 이하	5.0 이상	0.04 이하	500 이하	100 이하
약간좋음	II		6.5~8.5	3 이하	5 이하	25 이하	5.0 이상	0.1 이하	1,000 이하	200 이하
보통	III		6.5~8.5	5 이하	7 이하	25 이하	5.0 이상	0.2 이하	5,000 이하	1,000 이하
약간나쁨	IV		6.0~8.5	8 이하	9 이하	100 이하	2.0 이상	0.3 이하	-	-
나쁨	V		6.0~8.5	10 이하	11 이하	쓰레기 등이 떠있지 아니할 것	2.0 이상	0.5 이하		
매우나쁨	VI		-	10 초과	11 초과	-	2.0 미만	0.5 초과		

구분	등급	기준
사람의 건강 보호	전수역	카드뮴(Cd) : 0.005mg/L 이하, 비소(As) : 0.05mg/L 이하 시안(CN) : 검출되어서는 안 됨, 수은(Hg) : 검출되어서는 안 됨 유기인 : 검출되어서는 안 됨, 납(Pb) : 0.05mg/L 이하 6가크롬(Cr^{6+}) : 0.05mg/L 이하 폴리크로리네이티드비페닐(PCB) : 검출되어서는 안 됨, 음이온 계면활성제(ABS) : 0.5mg/L 이하
비고 : 등급별 수질 및 수생태계 상태		1. 매우 좋음(Ia) : 용존산소가 풍부하고 오염물질이 없는 청정상태의 생태계로 여과·살균 등 간단한 정수처리 후 생활용수로 사용할 수 있음(상수원수 1급) 2. 좋음(Ib) : 용존산소가 많은 편이고 오염물질이 거의 없는 청정상태에 근접한 생태계로 여과·침전·살균 등 일반적인 정수처리 후 생활용수로 사용할 수 있음(상수원수 1급)

■ 제2장 기초사항은 원수의 수질기준과 기초단위에 대한 내용을 정리한 것으로 과거 출제된 내용도 있으므로 세심한 주의를 가지고 정리할 필요가 있다.

비고 : 등급별 수질 및 수생태계 상태	3. 약간 좋음(Ⅱ) : 약간의 오염물질은 있으나 용존산소가 많은 상태의 다소 좋은 생태계로 여과·침전·살균 등 **일반적인 정수처리 후 생활용수** 또는 수영용수로 사용할 수 있음(상수원수 2급) 4. 보통(Ⅲ) : 보통의 오염물질로 인하여 용존산소가 소모되는 일반 생태계로 여과, 침전, 활성탄 투입, 살균 등 고도의 정수처리 후 **생활용수**로 이용하거나 **일반적 정수처리 후 공업용수**로 사용할 수 있음(상수원수 3급) 5. 약간 나쁨(Ⅳ) : 상당량의 오염물질로 인하여 용존산소가 소모되는 생태계로 **농업용수**로 사용하거나, 여과, 침전, 활성탄 투입, 살균 등 고도의 **정수처리 후 공업용수**로 사용할 수 있음 6. 나쁨(Ⅴ) : 다량의 오염물질로 인하여 용존산소가 소모되는 생태계로 산책 등 국민의 일상생활에 불쾌감을 유발하지 아니하며, 활성탄 투입, 역삼투압 공법 등 특수한 **정수처리 후 공업용수**로 사용할 수 있음 7. 매우 나쁨(Ⅵ) : 용존산소가 거의 없는 오염된 물로 물고기가 살기 어려움

(2) 호소

등급 및 수질상태		상태 (캐릭터)	기 준								
			수소 이온 농도 (pH)	화학적산 소요구량 (COD) (mg/L)	부유 물질량 (SS) (mg/L)	용존 산소량 (DO) (mg/L)	총인 (T-P) (mg/L)	총질소 (T-N) (mg/L)	클로 로필-a (Chl-a) (mg/m³)	대장균군 (군수/100mL)	
										총 대장균군	분원성 대장균군
매우 좋음	Ia		6.5~8.5	2 이하	1 이하	7.5 이상	0.01 이하	0.2 이하	5 이하	50 이하	10 이하
좋음	Ib		6.5~8.5	3 이하	5 이하	5.0 이상	0.02 이하	0.3 이하	9 이하	500 이하	100 이하
약간 좋음	Ⅱ		6.5~8.5	4 이하	5 이하	5.0 이상	0.03 이하	0.4 이하	14 이하	1,000 이하	200 이하
보통	Ⅲ		6.5~8.5	5 이하	15 이하	5.0 이상	0.05 이하	0.6 이하	20 이하	5,000 이하	1,000 이하
약간 나쁨	Ⅳ		6.0~8.5	8 이하	15 이하	2.0 이상	0.10 이하	1.0 이하	35 이하	-	-
나쁨	Ⅴ		6.0~8.5	10 이하	쓰레기 등이 떠있지 아니할 것	2.0 이상	0.15 이하	1.5 이하	70 이하	-	-
매우 나쁨	Ⅵ		-	10 초과	-	2.0 미만	0.15 초과	1.5 초과	70 초과	-	-

구 분	등급	기 준
사람의 건강보호	전수역	• 카드뮴(Cd) : 0.005mg/L 이하, 비소(As) : 0.05mg/L 이하 • 시안(CN) : 검출되어서는 안 됨, 수은(Hg) : 검출되어서는 안 됨 • 유기인 : 검출되어서는 안 됨 • 납(Pb) : 0.05mg/L 이하, 6가크롬(Cr^{6+}) : 0.05mg/L 이하 • 폴리크로리네이티드비페닐(PCB) : 검출되어서는 안 됨 • 음이온 계면활성제(ABS) : 0.5mg/L 이하

(3) 지하수

지하수 환경기준 항목 및 수질기준은 수도법 제4조 또는 제18조 및 먹는 물 관리법 제5조의 규정에 의하여 환경부령이 정하는 수질기준을 적용한다. 다만, 환경부장관이 고시하는 지역 및 항목은 적용하지 아니한다.

(4) 해역

등급	기 준								
	수소이온농도 (pH)	화학적산소요구량 (COD) (mg/L)	부유물질량 (SS) (mg/L)	용존산소량 (DO) (mg/L)	대장균군 수 (군수/100mL)	용매추출유분 (mg/L)	총질소 T-N (mg/L)	총인 T-P (mg/L)	무기물질 등 (mg/L)
I	7.8~8.3	1이하	1이하	7.5이상	1,000이하	0.01이하	0.3이하	0.03이하	6가크롬(Cr^{6+}) : 0.05이하 비소(As) : 0.05이하 카드뮴(Cd), 시안(CN) : 0.01이하
II	6.5~8.5	2이하	5이하	5이상	1,000이하	0.01이하	0.6이하	0.05이하	납(Pb) : 0.05이하 아연(Zn) : 0.1이하 구리(Cu) : 0.02이하
III	6.5~8.5	4이하	15이하	2이상		-	1.0이하	0.09이하	유기인·수은(Hg) : 0.0005 폴리크로리네이티드비페닐(PCB) : 0.0005

비고 :
1. DO를 농도로 표시하는 경우에는 등급 Ⅰ은 6mg/L, 등급 Ⅱ와 등급 Ⅲ은 5mg/L 이상이어야 한다.
2. 등급 Ⅰ은 참돔·방어 및 미역 등 수산생물의 서식, 양식 및 해수욕에 적합한 수질을 말한다.
3. 등급 Ⅱ는 해양에서의 관광 및 여가선용과 숭어 및 김 등 등급Ⅰ의 해역에서 서식·양식에 적합한 수산생물 외의 수산생물의 서식·양식에 적합한 수질을 말한다.
4. 등급 Ⅲ은 공업용냉각수, 선박의 정박 등 기타 용도로 이용되는 수질을 말한다.
5. 총질소는 NO_2-N, NO_3-N, NH_3-N의 합계를 말한다.
6. 총인은 PO_4-P의 형태를 말한다.

2 기초단위

(1) 계량단위 및 기호

① 길이 : $1\,m = 10^2\,cm = 10^3\,mm = 10^6\,\mu m$

$1cm = 10^{-2}m$

$1mm = 10^{-1}cm = 10^{-3}m$

$1\mu m(:\mu) = 10^{-3}mm = 10^{-6}m$

② 무게 : $1\,kg = 10^3\,g = 10^6\,mg = 10^9\,\mu g$

$1g = 10^{-3}kg$

$1mg = 10^{-3}g$

$1\mu g = 10^{-3}mg = 10^{-6}g$

③ 넓이 : $1\,m^2 = 10^4\,cm^2 = 10^6\,mm^2$

$1cm^2 = 10^{-4}m^2$

$1mm^2 = 10^{-2}cm^2 = 10^{-6}m^2$

④ 부피 : $1\,m^3 = 10^6\,cm^3 = 10^9\,mm^3$

$1cm^3 = 10^{-6}m^3$

$1mm^3 = 10^{-3}cm^3 = 10^{-9}m^3$

⑤ 용량 : $1\,kL(=m^3) = 10^3\,L = 10^6\,mL$

$1L = 10^{-3}kL$

$1mL = 10^{-3}L = 10^{-6}kL$

■ 1ha=100m×100m
　　=$10^4\,m^2$
　　=$10^{-2}\,km^2$

⑥ 압력단위
- 1atm(표준대기압) $= 1.033kg/cm^2 = 760mmHg = 10.33mH_2O$
　　　　　　　　$= 14.7\,PSI = 1,013mbar = 101,300N/m^2$
　　　　　　　　$= 101.3KP$
- 1ata(공학기압) $= 1kg/cm^2 = 735.6mmHg = 10mH_2O$
　　　　　　　　$= 14.2\,PSI = 980.7mbar = 0.9679atm$

(2) 미량 성분의 농도

① ppm(parts per million : 백만분율)

$$1\text{ppm} = \frac{1}{10^6} = \frac{1\text{mg}}{10^6\text{mg}} = 1\text{mg/kg} \fallingdotseq 1\text{mg/L} = 10^{-3}\text{kg/m}^3 = 1\text{g/m}^3$$

② ppb(parts per billion : 10억분율)

$$1\text{ppb} = \frac{1}{10^9} = \frac{1\mu g}{10^9 \mu g} = 1\mu g/\text{kg} \fallingdotseq 1\mu g/L = \text{mg/m}^3$$

참고   1ppm = 1000ppb
      1ppb = 10^{-3}ppm

③ 1%(parts per hundred : 백분율) = $\frac{1}{10^2}$

④ 1‰(parts per thousand : 천분율) = 1ppt = $\frac{1}{10^3}$

참고 ㉠ 1% = 10‰ = 10,000ppm = 10,000mg/L
     ㉡ 용액 = 용매 + 용질
       • 용매 : 용해에 사용된 액체 즉, 용질을 녹이는 물질로서 용매가 물일 때는 수용액이라 한다.
       • 용질 : 용해되어 있는 물질 즉, 녹아 들어가는 물질

(3) 밀도와 비중

① 밀도(density) : 단위 부피당의 질량을 밀도라 한다. 단위는 g/cm³, g/mL 또는 kg/m³을 사용한다. 밀도는 원래 CGS단위이고 보통 비중량(단위 중량)의 MKS 단위를 사용한다. 물의 밀도는 1g/cm³이고 비중량은 1000kg/m³이다.

$$\text{밀도} = \frac{\text{질량(g)}}{\text{부피(cm}^3)}$$

② 비중(specipic weight) : 표준물질의 밀도에 대한 어떤 물질의 밀도의 비로 한다. 표준물질로는 액체, 고체에 대하여는 4℃의 순수한 물을, 기체에 대하여는 공기가 사용된다.

$$\text{즉, 물체의 비중} = \frac{\text{물체의 무게}}{\text{같은 부피의 4℃의 물의 무게}}$$

$$= \frac{\text{물체의 밀도(g/cm}^3)}{\text{4℃의 물의 밀도(1g/cm}^3)}$$

$$\text{증기(가스)의 비중} = \frac{\text{증기(가스)의 무게(g)}}{\text{증기와 같은 부피의 0℃ 1기압의 공기의 무게(g)}}$$

$$= \frac{\text{증기(가스)의 밀도}(g/L)}{\text{0℃, 1기압의 공기의 밀도}(1.293g/L)}$$

참고 밀도는 단위가 있으나 비중은 단위가 없다. 또한 액체나 고체에 있어서는 비중이나 밀도의 수치가 같다. 따라서 계산에 있어서는 비중이 주어지면 밀도단위를 빌어서 사용한다. 그리고 기체에 있어서는 비중과 밀도의 수치가 다르다.

1 먹는 물의 수질기준

학습방향

먹는 물(음용수) 수질기준 즉, 수요자에 공급되는 상수도의 수돗물 수질 기준치에 대한 내용들이다.
1. 먹는 물 중에서 수돗물 수질기준의 각 항목 및 기준값
2. 수질기준 각 항목을 미생물에 관한 기준, 건강상 유해영향 무기물질에 관한 기준, 건강상 유해영향 유기물질에 관한 기준, 소독제 및 소독부산물질에 관한기준, 심미적 영향물질에 관한 기준 등으로 구분하여 정리한다.

1 먹는 물(수돗물)의 수질기준

― 먹는 물 관리법 및 규칙(2015.12.2 개정) ―

구 분		수 질 항 목	기 준 치
1. 미생물에 관한 기준		(1) 일반세균	1mL중 100CFU 이하
		(2) 총대장균군	100mL 중 검출 불가
		(3) 분원성 대장균군	
		(4) 대장균	
2. 건강상 유해영향 무기물질에 관한 기준		(1) 납 (Pb)	0.01mg/L 이하
		(2) 불소 (F)	1.5mg/L 이하
		(3) 비소 (As)	0.01mg/L 이하
		(4) 셀레늄 (Se)	0.01mg/L 이하
		(5) 수은 (Hg)	0.001mg/L 이하
		(6) 시안 (CN)	0.01mg/L 이하
		(7) 크롬(Cr^{+6})	0.05mg/L 이하
		(8) 암모니아성 질소 (NH_3-N)	0.5mg/L 이하
		(9) 질산성 질소 (NO_3-N)	10mg/L 이하
		(10) 카드뮴 (Cd)	0.005mg/L 이하
		(11) 보론(붕소 ; B)	1.0mg/L 이하
3. 건강상 유해영향 유기물질에 관한 기준	휘발성 유기 물질	(1) 페놀	0.005mg/L이하
		(2) 1.1.1 트리클로로 에탄	0.1mg/L 이하
		(3) 테트라클로로 에틸렌	0.01mg/L 이하
		(4) 트리클로로 에틸렌	0.03mg/L 이하
		(5) 디클로로 메탄	0.02mg/L 이하
		(6) 벤젠	0.01mg/L 이하
		(7) 톨루엔	0.7mg/L 이하
		(8) 에틸 벤젠	0.3mg/L 이하
		(9) 크실렌	0.5mg/L 이하
		(10) 1.1 디클로로 에틸렌	0.03mg/L 이하
		(11) 사염화 탄소	0.002mg/L 이하

학습POINT

■ 세계 각국에서는 수질기준을 법률로 정하는 나라도 있고, 미국과 같이 권고사항으로 정하고 있는 나라도 있다.

▶06㉠ 97㉝
· 질산성 질소와 암모니아성 질소의 기준치

▶04㉠
· 페놀의 문제점

■ 간이 급수시설
색도, 탁도, 냄새, 맛, 암모니아성 질소, 질산성 질소, 일반세균, 대장균군 등 8가지 항목만으로 음용적부의 판정을 할 수 있다.

3. 건강상 유해영향 유기물질에 관한 기준	농약	(12) 다이아지논	0.02mg/L 이하
		(13) 파라티온	0.06mg/L 이하
		(14) 페니트로티온	0.04mg/L 이하
		(15) 카바릴	0.07mg/L 이하
		(16) 1.2 디브로모-3-클로로프로판	0.003mg/L 이하
		(17) 다이옥산	0.05mg/L 이하
4. 소독제 및 소독부산 물질에 관한 기준		(1) 유리잔류염소	4.0mg/L 이하
		(2) 총트리할로메탄 (THMs)	0.1mg/L 이하
		(3) 클로로포름	0.08mg/L 이하
		(4) 클로랄 하이드레이트	0.03mg/L 이하
		(5) 디브로모 아세토니트릴	0.1mg/L 이하
		(6) 디클로로 아세토니트릴	0.09mg/L 이하
		(7) 트리클로로 아세토니트릴	0.004mg/L 이하
		(8) 할로아세틱 에시드 (HAA)	0.1mg/L 이하
		(9) 브로모 디클로로메탄	0.03mg/L 이하
		(10) 디브로모 클로로메탄	0.1mg/L 이하
		(11) 포름알데히드	0.5mg/L 이하
5. 심미적 영향물질에 관한 기준		(1) 경도	300mg/L 이하
		(2) 과망간산 칼륨소비량	10mg/L 이하
		(3) 냄새	소독으로 인한 냄새 이외에는 없을 것
		(4) 맛	소독으로 인한 맛 이외에는 없을 것
		(5) 동 (Cu)	1mg/L 이하
		(6) 색도	5도 이하
		(7) 세제(음이온 계면활성제 ; ABS)	0.5mg/L 이하
		(8) 수소이온농도 (pH)	5.8 ~ 8.5
		(9) 아연 (Zn)	3mg/L 이하
		(10) 염소이온 (Cl^-)	250mg/L 이하
		(11) 증발 잔류물 (TS)	500mg/L 이하
		(12) 철 (Fe)	0.3mg/L 이하
		(13) 망간 (Mn)	0.3mg/L 이하 (수돗물:0.05mg/L 이하)
		(14) 탁도	1NTU 이하(수돗물 : 0.5 NTU 이하)
		(15) 황산이온 (SO_4^{-2})	200mg/L 이하
		(16) 알루미늄 (Al)	0.2mg/L 이하

▶ 13㉮, 99, 16㉯
· THM 기준치, 특성

■ 상수원수(하천) 수질기준

상수원수	1급	2급	3급
pH	6.5~8.5	6.5~8.5	6.5~8.5
BOD	1mg/L 이하	3mg/L 이하	5mg/L 이하
SS	25mg/L 이하	25mg/L 이하	25mg/L 이하
DO	7.5mg/L 이상	5mg/L 이상	5mg/L 이상
대장균 군수 (MPN/100mL)	50이하	1,000 이하	5,000 이하

▶ 00, 03㉮
· 경도의 기준치

■ 환경정책 기본법상 원수 수질에 따른 정수처리방법
① 상수원수 1급 : 여과 등에 의한 간이 정수처리 후 생활용수로 사용한다.
② 상수원수 2급 : 침전, 여과 등 일반적 정수처리 후 생활·수영용수로 사용한다.
③ 상수원수 3급 : 전처리 등을 거친 고도의 정수처리 후 생활·공업용수로 사용한다.

▶ 95㉮
· 색도의 기준치

▶ 14㉮ 12㉯
· 탁도의 기준치, 단위

2 수도전에서 먹는 물의 잔류염소

구 분	유리잔류염소	결합잔류염소
평상시	항상 0.2mg/L이상 유지	1.5mg/L 이상 유지
비상시 (수인성 전염병 유행 등)	0.4mg/L 이상 유지	1.8mg/L 이상 유지

▶ 00, 10㉮ 03, 08㉯
· 먹는 물의 잔류염소 유지농도

핵 심 문 제

해 설

1 우리나라 상수원수 1급의 BOD 기준치는 얼마인가?

㉮ 1mg/L 이하 　　㉯ 2mg/L 이하
㉰ 3mg/L 이하 　　㉱ 6mg/L 이하

해설 1

상수원수	1급수	2급수	3급수
BOD	1mg/L 이하	3mg/L 이하	5mg/L 이하

2 다음은 우리나라 음용수 수질기준이다. 잘못된 내용은 어느 것인가? [95 ㉮]

㉮ 일반세균은 1mL 중 100을 넘지 아니할 것
㉯ 암모니아성 질소는 0.5mg/L를 넘지 아니할 것
㉰ 페놀은 0.005mg/L를 넘지 아니할 것
㉱ 색도는 2도를 넘지 아니할 것

해설 2
색도
5도를 넘지 말아야 한다.

3 먹는물의 수질기준으로 적합하지 않은 것은?

㉮ 암모니아성 질소와 아질산성 질소는 동시에 검출되지 아니할 것
㉯ 수소이온 농도는 pH 5.8 내지 8.5
㉰ 탁도는 1NTU를 초과하지 아니할 것
㉱ 비소는 0.01mg/L를 초과하지 아니할 것

해설 3
먹는 물 수질기준
암모니아성 질소는 0.5mg/L이하로만 검출되면 먹는물로 적합하다.

4 다음 중 심미적 영향 물질은? [98 ㉰]

㉮ 시안(CN) 　　㉯ 수은(Hg)
㉰ 카드뮴(Cd) 　　㉱ 동(Cu)

해설 4
심미적 영향 물질 : 동(Cu)
건강상 유해영향무기물질 :
시안(CN), 수은(Hg), 카드뮴(Cd)

5 트리할로메탄(THM)은 발암물질로 알려져 있어서 음용수 수질기준에 의하여 규제하고 있다. 음용수에서 트리할로메탄의 기준농도는 얼마인가?

[99 ㉰]

㉮ 0.01ppm 이하 　　㉯ 0.05ppm 이하
㉰ 0.1ppm 이하 　　㉱ 1.0ppm 이하

해설 5
음용수 수질기준
트리할로메탄(THM)은 0.1mg/L 이하이어야 한다.

6 먹는 물 수질기준에 대한 다음 설명 중 틀린 것은 어느 것인가?

㉮ 먹는 물의 수질기준이 설정되는 주목적은 인체에 해로운 오염물의 농도를 규제하는 데 있다.
㉯ 불소는 1.5mg/L를 넘지 않도록 규정하고 있다.
㉰ 일반세균은 1mL 중에서 100을 넘어서는 안 된다.
㉱ 수은은 0.5mg/L 이하로 검출되어야 한다.

해설 6
수은(Hg)은 0.001mg/L 이하

정답　1. ㉮　2. ㉱　3. ㉮　4. ㉱　5. ㉰　6. ㉱

7 먹는 물의 수질기준 중 증발잔류물에 대한 한도는?

㉮ 200mg/L이하
㉯ 300mg/L이하
㉰ 400mg/L이하
㉱ 500mg/L이하

해설 7
증발잔류물
500mg/L를 넘지 말아야 한다.

8 우리나라 먹는 물의 수질기준으로 옳은 것은? [00 ㉮]

㉮ 페놀은 0.03mg/L를 넘지 않을 것
㉯ 일반세균은 1mL중 200를 넘지 않을 것
㉰ 경도가 300mg/L를 넘지 않을 것
㉱ 염소이온을 50mg/L를 넘지 않을 것

해설 8
㉮ 페놀 : 0.005mg/L를 넘지 않을 것
㉯ 일반세균 : 1mL당 100을 넘지 않을 것
㉱ 염소이온 : 250mg/L를 넘지 않을 것

9 수돗물에서 페놀류를 문제삼는 가장 큰 이유는 무엇인가? [04 ㉮]

㉮ 불쾌한 냄새와 암을 유발하기 때문에
㉯ 경도가 높기 때문에
㉰ 물거품을 일으키기 때문에
㉱ 물이 탁하게 되고 색을 띠기 때문에

해설 9
페놀
인체에 해로운 맛과 냄새를 유발시키며, 또한 암을 유발시키는 요인이기도 하다.

10 다음 오염물질과 인체에 관한 영향을 설명한 것 중 옳지 않은 것은? [03 ㉯]

㉮ 페놀 – 물에 냄새유발
㉯ 인 – 부영양화
㉰ 카드뮴 – 이타이이타이병
㉱ 호스겐 – 간염

해설 10
오염물질과 인체와의 영향
호스겐(Phosgene) : 염화카르보닐 ($COCl_2$)이라고도 하며, 무색의 질식성 유독가스. 재채기, 호흡곤란 등의 급성증상을 나타내며 몇 시간 후에 사망함.

11 다음 중 먹는 물의 수질기준으로 틀린 것은?

㉮ 암모니아성 질소가 0.5mg/L를 넘지 않을 것
㉯ 질산성 질소가 10mg/L를 넘지 않을 것
㉰ 일반세균은 1cc 중 100CFU를 넘지 않을 것
㉱ 대장균은 50cc 중에서 검출되지 않을 것

해설 11
대장균은 100cc(또는 100mL)중에서 검출되지 않아야 한다.

정답 7. ㉱ 8. ㉰ 9. ㉮ 10. ㉱ 11. ㉱

2 물의 자정작용

> **학습방향**
> 자정작용은 물이 스스로 어느 정도의 오염물질을 제거하여 깨끗한 물로 회복되는 현상을 말한다.
> 1. 자정작용의 정의
> 2. 자정작용에 영향을 미치는 각 인자들
> 3. 자정계수 공식 및 자정계수에 영향을 미치는 인자
> 4. Whipple의 수질변화 4단계에서 각 단계별 특징

1 자정 작용

(1) 자정작용(自淨作用)의 정의
① 생활하수, 공장폐수 등에 의해 오염된 하천, 호소(湖沼) 등의 물이 인공(人工)을 가하지 않고도 상당기간이 지나면서 <u>자연히 깨끗한 물로 회복되는 현상</u>을 말한다.
② 오염된 물은 BOD가 높고 용존산소(DO)가 낮지만, 자정작용으로 <u>BOD가 낮아지고 DO가 높아진다.</u>
③ 일반적으로 하천 등의 자정작용은 물리적, 화학적 자정작용보다는 미생물 등에 의한 <u>생물학적 자정작용이 주된 역할</u>을 한다.
④ 자정작용은 겨울보다 여름이 더 활발하며, 수심이 얕고 급류인 하천과 하상(하천 바닥)이 자갈, 돌, 모래질인 하천 등에서 공기와 잘 접촉하므로 자정작용이 활발하다.

(2) 자정작용의 인자
① 물리적 작용
  ㉠ 희석, 확산, 혼합, 침전, 여과, 흡착메카니즘 등으로 구성된다.
  ㉡ 침전작용이 물리적 작용 중에서 가장 중요한 요소를 차지한다.
② 화학적 작용
  ㉠ 용존산소(DO)에 의해 철, 망간 등이 수산화물로 되어 자연적으로 응집된 후 침전되는 것을 산화(oxidation)라 하는데 가장 일반적인 화학작용이다.
  ㉡ 산화 외에도 환원, 중화(中和), 응집 등의 작용이 있다.
③ <u>생물학적 작용</u>
  ㉠ 호기성 및 혐기성 세균류가 유기물질을 무기물질로 분해하는 것을 말한다.
  ㉡ 자정작용 중에서 <u>오염물질 제거에 가장 큰 역할을 담당</u>하고 있다.

학습POINT

■ BOD
생물화학적 산소요구량으로 물에 포함된 유기물질의 함유정도를 표시하기 위해 가장 많이 사용되는 지표이다.

■ COD
화학적 산소요구량으로 BOD와 같이 물의 오염정도를 나타내기 위한 지표이다.

■ DO
용존산소로 물속에 녹아 있는 산소의 양을 나타낸다.

▶ 95㉮ 97, 99, 01, 02, 05, 15㉲
· 생물학적 자정작용

■ 자정작용 중에서 가장 큰 역할을 하는 것은 생물학적 작용이다.

(3) 자정계수
① 자정계수(f)

$$f = \frac{재폭기계수}{탈산소계수} = \frac{k_2(day^{-1})}{k_1(day^{-1})}$$

㉠ 재폭기 > 탈산소 : 자정작용이 유지된다.
㉡ 재폭기 < 탈산소 : 자정작용 파괴 즉, 물이 오염되기 시작한다.

② 자정계수에 영향을 크게 미치는 인자

영향인자	항목	k_1 (탈산소계수)	k_2 (재폭기계수)	f (자정계수)	비고
수온	높아지면	커진다	작아진다	작아진다	
	낮아지면	작아진다	커진다	커진다	
수심	깊을수록	–	작아진다	작아진다	
	얕을수록	–	커진다	커진다	
유속, 난류, 구배	클수록	–	커진다	커진다	구배가 커지면 유속과 난류가 커진다.
	작을수록	–	작아진다	작아진다	

2 하천의 수질변화 (Whipple의 4단계)

① 오염물질 유입에 따른 하천의 수질변화 상태를 Whipple이 4단계로 구분하여 설명하였다.
② **수질변화단계** : 분해지대 → 활발한 분해지대 → 회복지대 → 정수지대

지대(Zone)	변화 과정
분 해 지 대	• 오염된 물의 물리적, 화학적 성질이 나빠지며 오염에 약한 고등생물은 오염에 강한 미생물로 대체된다. • **호기성 미생물의 활동에 의해 BOD(유기물질)가 감소**한다. • 미생물 활동으로 인해 용존산소(DO)량이 크게 줄어드는 대신에 탄산가스(CO_2)의 양은 많아진다. • 유기물질 분해가 심해짐에 따라 곰팡이류(fungi)가 심하게 번식한다.
활발한 분 해 지 대	• **용존산소가 없어 부패상태에 도달**해 H_2S에 의한 냄새 등 **악취가 발생**한다. • 혐기성 분해가 진행되어 수중의 CO_2 농도나 암모니아성 질소(NH_3-N)가 증가한다. • 혐기성 세균이 호기성 세균을 교체하며 fungi는 사라진다.
회 복 지 대	• 분해지대와 반대현상이 일어나 용존산소의 증가에 따라 물이 점차 깨끗해진다. • 용존산소가 거의 포화농도까지 증가하고 NO_2^-, NO_3^-의 농도가 증가한다. • 혐기성 세균에서 호기성 세균 및 원생동물로 생물들이 교체된다.
정 수 지 대	• 오염되지 않은 자연수처럼 보이며, 많은 물고기가 다시 번식하기 시작한다. • 물의 탁도 및 색도가 거의 사라지며 냄새가 없다. • 위의 4단계를 거치는 동안 대장균과 병원균은 그 수가 줄어드나 완전히 없어지는 것은 아니므로 한번 오염된 물은 적당한 처리를 해야 음료수로 사용할 수 있다.

▶ 95, 96, 00, 04, 05, 13㉠
• 자정계수의 계산 및 특성

▶ 00, 05㉠
• 자정계수의 영향인자 및 특징

■ Kolkwitz와 Marson은 하천의 수질변화를 강부수성 수역 → α-중부수성 수역 → β-중부수성 수역 → 빈부수성 수역의 4지대로 구분하였다.

▶ 95, 01㉠ 95, 98, 05, 09, 13, 16, 19㉣
• 분해지대의 특성

▶ 96㉣
• 활발한 분해지대의 특성

핵 심 문 제

1 용존산소에 대한 설명 중 옳지 않은 것은? [96, 03, 06, 18 ㉳]

㉮ 오염된 물은 용존산소량이 낮다.
㉯ BOD가 큰 물은 용존산소도 높다.
㉰ 용존산소량이 적은 물은 혐기성 분해가 일어나기 쉽다.
㉱ 용존산소가 극히 적은 물은 어류의 생존에 적합하지 않다.

2 하천수의 자정작용에서 유기물의 분해과정에 가장 중요한 지위를 차지하는 작용은? [97, 05, 15 ㉳]

㉮ 생물학적 작용
㉯ 화학적 작용
㉰ 물리적 작용
㉱ 희석 작용

3 하천의 재폭기(reaeration) 계수가 0.2/day, 탈산소 계수가 0.1/day이면 이 하천의 자정계수는 얼마인가? [95, 04 ㉮]

㉮ 0.1
㉯ 0.2
㉰ 0.5
㉱ 2.0

4 하천의 자정작용에 관한 다음 기술 중 틀린 것은?

㉮ 수심이 얕고, 하천바닥에 자갈이 깔려 있는 하천은 유입BOD보다 낮아지게 한다.
㉯ 수심이 얕고, 하천바닥에 실트질이 깔려 있는 하천은 자갈 깔린 하천보다 산소공급률이 더 좋다.
㉰ 자정작용의 강약을 판단하는 하나의 지표로서 자정계수가 있다.
㉱ 오수의 유입에 의해 하천에 공급된 유기물은 박테리아에 의해 분해되어 CO_2와 H_2O로 되어 박테리아의 구성성분이 된다.

5 하천의 자정작용에 긍정적인 영향을 주지 않는 것은 다음 중 어느 것인가?

㉮ 용존산소
㉯ 중금속
㉰ 미생물(박테리아)
㉱ 희석작용

해 설

해설 1

용존산소의 특징
① 오염된 물은 용존산소량이 낮다.
② BOD가 큰 물은 용존산소량이 낮다.
③ 수중의 염류농도가 증가할수록 용존산소 농도는 감소한다.
④ 수중의 온도가 높을수록 용존산소 농도는 감소한다.
⑤ 수면의 교란상태가 클수록, 수압이 낮을수록 용존산소량은 증가한다.
⑥ 용존산소량이 적은 물은 혐기성 분해가 일어나기 쉽다.

해설 2

하천의 자정작용
미생물에 의한 생물학적 작용이 자정과정에서 가장 중요한 역할을 한다.

해설 3

$$f = \frac{재폭기계수}{탈산소계수} = \frac{k_2}{k_1}$$

① $f > 1$, 재폭기 계수 > 탈산소 계수
: 자정작용 유지된다.
② $f < 1$, 재폭기 계수 < 탈산소 계수
: 자정작용 파괴 즉, 물이 오염되기 시작한다.

$$\therefore f = \frac{재폭기계수}{탈산소계수} = \frac{k_2}{k_1}$$
$$= \frac{0.2}{0.1} = 2.0$$

해설 4

난류가 심한 하천
대기로부터의 산소공급량이 크므로, DO가 높아져 자정작용이 강하다. 실트질보다는 자갈이 난류를 더욱 잘 일으킨다.

해설 5

용존산소와 미생물
하천의 자정작용 중 가장 큰 역할을 담당하는 생물학적 작용에서 아주 중요한 요소이며, 희석작용은 물리적 자정작용의 일종이다. 중금속은 오히려 자정작용에 악영향을 미치는 요소이다.

정답 1. ㉯ 2. ㉮ 3. ㉱ 4. ㉯ 5. ㉯

6 하천의 자정계수에 대한 변화를 설명한 것 중에서 틀린 내용은?

㉮ 수온이 높아지면 자정계수는 감소한다.
㉯ 유속이 빨라지면 자정계수는 커진다.
㉰ 수심이 깊어지면 자정계수는 작아진다.
㉱ 구배가 크면 자정계수는 작아진다.

7 하천의 재폭기 계수가 0.3/day, 탈산소 계수가 0.2/day이면 이 하천의 자정상수는 얼마인가? [00 ㉮ 12 ㉰]

㉮ 0.66
㉯ 1.00
㉰ 1.50
㉱ 2.00

8 하천의 자정작용은 통상 겨울보다 여름이 더 활발하다. 그 원인은 무엇인가?

㉮ 여름에는 겨울보다 햇빛이 강해서 살균작용이 크다.
㉯ 겨울에는 수면이 결빙되어 공기가 물속으로 녹아 들어가는 비율이 낮기 때문이다.
㉰ 여름에는 유량이 크므로 폭기량이 증가하기 때문이다.
㉱ 여름의 높은 수온은 미생물의 성장을 촉진시키기 때문이다.

9 하천의 자정 단계 중 DO가 가장 낮은 단계는?

㉮ 분해지대
㉯ 활발한 분해지대
㉰ 회복지대
㉱ 정수지대

10 하천의 자정계수(self-purification factor)에 대한 설명으로 옳은 것은? [00, 05, 13 ㉮]

㉮ 재폭기계수에 대한 탈산소계수의 비로 표시된다.
㉯ 저수지보다는 하천에서 그 값이 작게 나타난다.
㉰ DO에 대한 BOD의 비로 표시된다.
㉱ 유속이 클수록 수온이 낮을수록 그 값이 커진다.

해설

해설 6
자정계수를 크게 해 주는 조건
① 수온이 낮을 것
② 하천의 유속이 급류일 것
③ 하상이 자갈, 모래 등으로 바닥 구배가 클 것
④ 하천의 수심은 얕을 것

해설 7
$$\text{자정 상수}(f) = \frac{\text{재폭기 계수}(k_2)}{\text{탈산소 계수}(k_1)}$$
$$= \frac{0.3}{0.2} = 1.50$$

해설 8
하천의 자정작용
여러 가지 요인에 의해서 결정되지만 그 중에서도 미생물의 역할이 가장 크다. 여름에는 수온이 높아지고 그만큼 미생물의 번식이 활발해져 오염물질을 많이 섭취, 분해하게 된다.

해설 9
하천의 수질변화 단계
① 분해지대 : 오염물질의 유입으로 세균이 증가하고 용존산소(DO)가 크게 줄어든다.
② 활발한 분해지대 : 용존산소(DO)가 없으며 부패상태에 도달하게 된다.
③ 회복지대 : 용존산소가 증가하고 물이 차츰 깨끗해지며 CO_2 농도는 감소한다.
④ 정수지대 : 용존산소량이 많아서 오염된 물속에서는 살 수 없는 생물이 번식한다.

해설 10
자정계수
자정계수는 탈산소계수에 대한 재폭기계수의 비로 표시된다. 또한 유속이 클수록, 수온이 낮을수록 자정계수값은 커진다.

정답 6. ㉱ 7. ㉰ 8. ㉱ 9. ㉯ 10. ㉱

11 하천의 자정작용 중 최초의 분해지대에서 발생하는 BOD 감소는 주로 어떤 작용에 그 원인이 있는가? [01 ㉮ 09, 13, 16, 19 ㉯]

㉮ 침전
㉯ 탁도
㉰ 미생물의 번식
㉱ 온도변화

12 하천에서의 용존산소의 값을 높이기 위한 공학적인 제어방법 중 옳지 못한 것은? [02 ㉮]

㉮ 하천의 유량 증가
㉯ 수중의 폭기시설 설치
㉰ 유속감소에 따른 퇴적의 촉진
㉱ 비점원 오염원의 감소

해 설

해설 **11**
분해지대
최초의 분해지대에서의 BOD 감소는 활발한 미생물 번식과 이에 따른 오염물질 분해활동에 그 원인이 있다.

해설 **12**
하천의 용존산소량 증가방법
① 하천의 유량 증가
② 수중에 폭기시설 설치
③ 하천의 유속이 빠를 것
④ 하상 퇴적물의 준설
⑤ 비점원 오염원의 감소

정답 11. ㉰ 12. ㉰

3 호소의 물순환 및 부영양화

학습방향

호소(湖沼)에서 발생하는 물의 순환현상과 최근 문제시되고 있는 부영양화에 대한 것으로 상당히 시사적(時事的)인 내용이다.
1. 호소의 정체 및 전도현상의 정의와 발생원인
2. 호소의 계절별 상태 및 특징
3. 부영양화 현상

1 호소의 물순환

(1) 호소(湖沼)의 정체와 전도현상
 ① 정체(성층)현상
  ㉠ 호소의 물이 수심에 따라 여러 개의 층으로 분리되는 현상을 말한다.
  ㉡ **물의 온도**가 원인이며, **여름과 겨울**에 발생한다.
 ② 전도(turn over) 현상
  ㉠ 호소의 물이 수직으로 혼합되는 현상을 말한다.
  ㉡ 혼합물의 온도와 밀도차가 주원인이며, **봄과 가을**에 발생한다.

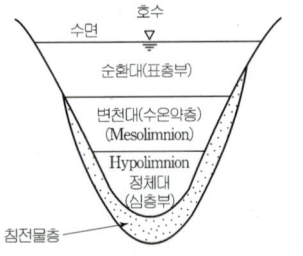

호소의 성층

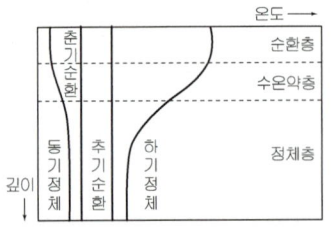

계절별 수심에 따른 수온변화

(2) 호소의 계절별 상태
 ① 겨울의 정체현상
  ㉠ 수면이 결빙되어 표면부근은 0℃ 이하가 되나, 깊은 곳의 물은 4℃부근에서 최대밀도를 가진다.
  ㉡ 전체적으로 안정한 상태의 구조를 가지며 수직적인 혼합이 없어 수질이 양호한 편이다.
 ② 봄의 전도현상(부분순환)
  ㉠ 수면온도가 상승, 4℃에 도달하면 상층부의 물이 최대밀도가 되어 하층부로 하강한다.

학습 POINT

■ 표층부(epilimnion)
재폭기가 활발하여 용존산소가 많아 호기성 상태를 유지한다.

▶ 04, 17㉮ 97, 05, 06, 16㉰
· 성층현상의 발생원인·계절

■ 심층부(hypolimnion)
재폭기 작용이 없어 용존산소가 부족하여 혐기성 상태를 유지한다.
(H_2S, CO_2 발생)

■ 물의 밀도는 4℃부근이 가장 크며, 그 전후로는 작아진다. 그리고, 밀도가 커진다는 것은 무게가 무거워지는 것을 의미한다.

ⓒ 하층부의 물은 밀도가 작아 상층부로 이동하여 순환이 발생하지만, 주로 표면에서 부분적으로 발생한다.
③ 여름의 정체현상
　㉠ 수면온도가 높아져 상층부의 물은 밀도가 작아지지만 물의 열전도율이 낮아 심층부의 수온은 거의 변하지 않으므로 밀도가 상대적으로 크다.
　㉡ 물이 안정되어 다시 겨울과 같이 정체현상을 이룬다.
④ 가을의 전도현상(대순환)
　㉠ 표층수의 수온이 하강, 밀도증가로 인해 다시 물이 순환된다.
　㉡ 표층부의 물이 심층부까지 도달, 모든 물의 혼합순환으로 등온 상태인 완전순환이 발생한다.

(3) 취수시 계절별 특징
① 여름, 겨울 : 정체현상으로 물의 상·하층부 이동이 없어 비교적 **깨끗한 물의 취수가 가능**하다.
② 봄, 가을 : 전도현상 발생으로 수질교란이 일어나 물이 혼탁해져 양질의 물을 취수하기 어렵다.
③ **여름은 겨울보다 수심에 따른 수온차이가 더 커서 호소가 가장 안정된 성층현상**을 이룬다.

▶ 95, 02, 19㉠
· 정체수역의 계절 특성

2 부영양화(Eutrophication)

(1) 정의
　가정하수, 공장폐수 등이 호소 또는 저수지 등에 유입하여 **질소(N), 인(P)** 등 각종 영양물질의 농도 증가로 인하여 **조류(algae)**가 과도하게 번식되어 호소의 **수질이 악화되는 현상**을 말한다.

(2) 부영양화 형성조건
① 질소(N) : 0.2~0.3mg/L 이상
② 인(P) : 0.01~0.02mg/L 이상
③ 조류번식 : 5,000~50,000 cells/mL정도

(3) **부영양화의 현상**
① 탁도증가
② 용존산소(DO) 감소
③ 색도증가
④ COD증가(BOD 증가)
⑤ 투명도 저하
⑥ pH증가(조류에 의한 CO_2 흡수로 발생하며 pH 9~10까지 상승함)
⑦ 상수원으로 사용하기 어려움

▶ 07, 09, 10, 13, 14, 16, 18㉠
05, 07, 08, 12, 14, 16㈃
· 부영양화 원인 물질
· 부영양화 현상·특징

■ 부영양화 판정의 중요한 지표항목
총질소(T-N), 총인(T-P), Chlorophyll-a 농도, 투명도 등이다. 이 중에서 총질소와 총인, 클로로필-a농도는 호소 수질환경기준에 포함되어 있지만, 투명도는 아직 수질환경 기준항목이 아니다.

■ 투명도(Secchi depth)
부영양화를 판단할 수 있는 가장 일반적인 지표기준

(4) 부영양화의 방지대책

① 질소, 인의 유입을 방지한다.
② 하수내 조류의 영양원인 질소, 인을 제거하기 위해 3차 처리(고도처리)를 실시한다.
③ 질소, 인 등을 함유한 합성세제의 사용금지 또는 사용량을 감소시킨다.
④ 조류의 이상번식시 **황산동($CuSO_4$)** 또는 염산동($CuCl_2$)을 투입하여 제거한다.

▶ 99, 01, 13, 19㈎ 97, 99, 00, 04㈑
· 부영양화 방지대책
· 부영양화 방지약품

3 적조 및 녹조현상(Red Tide)

(1) 정의

호소나 해역(海域) 등에서 산업폐수, 도시하수의 유입으로 영양염류가 풍부해져 생기는 부영양화를 기반으로 플랑크톤이 이상증식(異常增殖)하여 적색, 갈색, 녹색 등으로 변색되는 현상을 말한다.

(2) 적조의 영향

① 적조생물의 호흡으로 수중의 용존산소가 고갈되어 다른 생물(특히 어패류)의 생존이 어렵다.
② 적조생물에서 분비되는 독성으로 어패류를 폐사시킨다.
③ 적조생물의 급격한 사후(死後)분해로 용존산소를 결핍시키고, 황화수소 등의 유해물질이 발생하여 어패류를 폐사시킨다.

핵 심 문 제

1 다음의 호수 및 저수지에 대한 설명 중 옳지 않은 것은? [95 ⑦]

㉮ 저수지에서 수질이 가장 좋은 곳은 보통 수심의 밑부분이다.
㉯ 얕은 호수에서는 조류의 번식이 심할 우려가 있다.
㉰ 깊은 호수에서는 봄과 가을에 물의 수직운동에 의해서 바닥의 침전물이 수중으로 다시 떠올라 수질이 나빠지기 쉽다.
㉱ 작은 호수에서는 큰 호수에 비하여 자정이 덜 이루어진다.

2 호수, 저수지 등 정체된 수원에 대한 다음 설명 중 틀린 것은? [95, 11 ⑦]

㉮ 하천수에 비해 부영양화 현상이 나타나기 쉽다.
㉯ 봄철과 가을철에 연직방향의 순환이 일어난다.
㉰ 상층과 하층의 수온 차이는 겨울철이 여름철보다 크다.
㉱ 여름철에는 중간층 부근에서 취수하는 것이 좋다.

3 깊은 호수에서 성층현상이 가장 두드러지게 나타나는 계절로 알맞게 짝지어진 것은? [05 ⓢ]

㉮ 봄, 여름
㉯ 여름, 겨울
㉰ 가을, 겨울
㉱ 봄, 가을

4 호수의 부영양화에 대한 설명 중 틀린 것은? [97, 02, 09, 18 ⑦]

㉮ 부영양화는 정체성 수역의 상층에서 발생하기 쉽다.
㉯ 부영양화된 수원의 상수는 냄새로 인해 음료수로 부적당하다.
㉰ 부영양화로 식물성 플랑크톤의 번식이 증가되어 투명도가 저하된다.
㉱ 부영양화로 생물활동이 활발하여 깊은 곳의 용존산소가 풍부하다.

해 설

해설 1
호수 및 저수지의 물순환
① 저수지나 호수에서 수질이 가장 좋은 곳은 수심의 중간부분이다.
② 호수 및 저수지는 수심이 얕고 규모가 작을수록 조류가 번식할 가능성이 높다.
③ 전도현상은 봄과 가을에 호소의 물이 수직으로 혼합되는 현상으로 수질이 교란되어 수질악화가 발생할 위험이 있다.

해설 2
정체수역의 계절별 특성
① 여름, 겨울 : 정체현상 발생으로 물의 상·하층부 이동이 없어 물이 안정된다.
② 봄, 가을 : 전도현상 발생으로 수질교란이 일어난다.
③ 여름이 겨울보다 수심에 따른 수온차이가 더 많아 정체현상이 더욱 강하게 나타난다.

해설 3
성층현상
표층부와 저층부의 온도차이에 의해 일어나는 현상이며 주로 여름과 겨울에 나타난다. 특히 온도차의 정도가 클수록 성층현상이 두드러지게 나타나는데 여름철이 겨울철보다 수심에 따른 수온차가 심하다.

해설 4
부영양화
① 하수 및 폐수 등이 호소 등에 유입되어 질소(N), 인(P) 등 각종 영양물질의 농도증가로 인해 조류(algae)가 과도하게 번식되어 호소의 수질이 악화되는 현상이다.
② 부영양화의 현상 : 탁도증가, 용존산소 감소, 색도증가, COD증가, 투명도 저하
③ 문제점 : 부영양화된 수원의 상수는 조류로 인해 맛·냄새가 발생하며, 부영양화가 계속되면 생태계가 파괴되어 결국 죽음의 호수가 된다.

정답 1. ㉮ 2. ㉰ 3. ㉯ 4. ㉱

5 현재의 호소 수질 환경기준에는 설정되어 있지 않으나 부영양화의 지표 항목으로서 장래에 추가되어야 할 항목으로 적당한 것은? [99 ㉮]

㉮ T-N과 T-P
㉯ BOD와 수온
㉰ COD와 수온
㉱ 투명도

6 호수나 저수지를 상수도의 수원으로 사용할 경우 수질이 악화될 우려가 있는 시기는?

㉮ 봄과 여름
㉯ 봄과 가을
㉰ 여름과 겨울
㉱ 가을과 겨울

7 호소에서 발생하는 성층현상(成層現象)의 설명 중 옳지 않은 것은?

㉮ 성층을 이룰 때 수심에 따른 수온(水溫)차는 전도현상때와는 다르다.
㉯ 물의 대류작용이 억제된다.
㉰ 수온차가 심할 때 성층이 생긴다.
㉱ 봄과 가을에 잘 일어난다.

8 호소에 조류(Algae)가 많이 번식하면 부영양화를 발생시키므로 제거해야 하는데 응급적 조류제거에 흔히 쓰이는 약품은 무엇인가?

㉮ 염소
㉯ $CuSO_4$
㉰ $KMnO_4$
㉱ $K_2Cr_2O_7$

9 호수나 저수지의 성층현상과 가장 관계가 깊은 요소는 다음 중 어느 것인가? [04 ㉮]

㉮ 적조현상
㉯ 유기물에 의한 오염정도, 미생물
㉰ 부영양화, 질소(N), 인(P)
㉱ 수온

해 설

해설 5
부영양화의 가장 중요한 지표항목 T-N과 T-P이지만, 두 항목은 이미 호소 수질 환경기준에 포함되어 있다. 그외에 부영양화의 판단기준으로 현재 부각되고 있는 것은 투명도로 장래에 지표항목으로 추가될 가능성이 매우 높다.

해설 6
호소는 봄과 가을에 물의 전도현상(turnover)으로 인해 호수의 바닥부에 침전되어 있던 오염물질 등이 상층부로 이동되어 수질이 악화될 수 있다.

해설 7
성층현상
수심에 따른 물의 온도차에 의해 발생되며 여름과 겨울철에 일어난다. 전도(대류작용)현상은 봄과 가을에 발생한다.

해설 8
조류제거에 사용되는 약품
황산동($CuSO_4$) 또는 염산동($CuCl_2$) 등이 일반적으로 많이 사용된다.

해설 9
정체(성층)현상
호소의 물이 수심에 따라 여러 개의 층으로 분리되는 현상으로 물의 온도, 즉 수온이 원인이며 여름과 겨울에 발생한다.

정답 5. ㉱ 6. ㉯ 7. ㉱ 8. ㉯ 9. ㉱

10 해수의 적조(red tide)현상은 수중에 어떤 물질이 존재할 때 일어나는가?
㉮ 인, 질소
㉯ 산소, 탄소
㉰ 질소, 수소
㉱ 인, 칼륨

11 저수지에서 식물성 플랑크톤의 과도성장에 따라 부영양화가 발생될 수 있는데 이에 대한 가장 일반적인 지표기준은? [00 ㉮]
㉮ Chlorophyll - a
㉯ 투명도(Secchi disk depth)
㉰ BOD와 DO 농도
㉱ COD 농도

12 수원지에서 조류(algae)의 발생을 방지하기 위해 주로 쓰이는 약품 중 가장 많이 쓰이는 약품은? [01 ㉮]
㉮ 황산동
㉯ 액체염소
㉰ 황산반토
㉱ 유기응집제

13 호소의 부영양화에 관한 다음 설명 중 틀린 것은? [03, 10 ㉮]
㉮ 부영양화의 원인물질은 질소와 인 성분이다.
㉯ 부영양화된 호소에서는 조류의 성장이 왕성하여 수심이 깊은 곳까지 용존산소 농도가 높다.
㉰ 조류의 영향으로 물에 맛과 냄새가 발생된다.
㉱ 부영양화는 수심이 낮은 호소에서도 잘 발생된다.

14 호수 내에 조류(algae)가 많이 있을 때 pH는? [04 ㉯]
㉮ 하강한다.
㉯ 상관관계가 없다.
㉰ 상승한다.
㉱ 상승하다가 하강한다.

15 저수지의 수원에서 부영양화를 방지하는데 대책이 잘못된 것은? [04 ㉯]
㉮ 영양염류 공급
㉯ 황산구리 투여
㉰ N, P 유입 방지
㉱ 고도 하수처리 도입

해 설

해설 10
적조현상
해역(海域)에 적갈색 색조를 갖는 식물성 플랑크톤의 과도한 번식을 말하며, 주된 원인은 질소, 인 등이 함유된 유기물질의 유입 때문이다.

해설 11
부영양화의 판정지표가 되는 기준 총질소(T-N), 총인(T-P), Chlorophyll - a, 투명도 등으로 판단하나, 일반적으로 신속히 판단할 수 있는 기준은 투명도이다.

해설 12
조류제거에 주로 사용되는 약품 황산동($CuSO_4$)과 염산동($CuCl_2$) 등이 있다.

해설 13
호소의 부영양화
수심이 깊은 곳 : 조류의 사체(死體) 등으로 인한 침전물로 용존산소의 농도가 감소함

해설 14
호수내의 조류(algae)
수소이온농도(pH)를 증가시킴

해설 15
부영양화 방지대책
① 질소(N), 인(P)등의 영양염류의 유입방지
② 황산구리 또는 염산동 투입
③ 고도(3차)처리 실시

정답 10. ㉮ 11. ㉯ 12. ㉮ 13. ㉯ 14. ㉰ 15. ㉮

4 수질검사 및 수질오염지표

학습방향

수질검사 항목들에 대한 일반적인 내용과 특히 중요도가 높은 BOD, COD, DO, pH에 대한 내용들이다.
1. 대장균군 검사에 대한 내용 및 수질기준
2. 정수장 및 수도전에서의 검사빈도에 따른 검사항목 분류
3. BOD 정의와 공식. 특히, BOD잔존량 공식과 BOD소모량 공식의 차이점
4. DO곡선에 대한 이해

1 수질검사 방법

(1) 물리적 검사 : 온도, 탁도, 색도, 냄새, 맛, 외관 등을 검사한다.

(2) 화학적 검사 : pH, 알칼리도, 산도, 경도, 각종 중금속, 증발잔류물 등을 검사한다.

(3) 세균학적 검사
  ① 일반세균 : 검수 1cc(또는 1mL)속에 함유된 세균수로 보통 한천 배지에 생육하는 모든 종류의 세균을 의미한다.
  ② 대장균 : 대장균 및 대장균군과 닮은 성질을 가진 균의 총칭으로, 그 자체는 인체에 해가 없지만, 항상 수인성 전염병균과 함께 존재하고, 살균에 대한 저항력이 강하다. (병원균 유무판단의 간접지표)

(4) 생물학적 검사

※ 정기 수질검사 항목

정수장에서의 검사		수도전에서의 검사	
검사항목	검사빈도	검사 항목	검사 빈도
색도, 탁도 잔류염소 맛, 냄새 pH	매일 1회 이상	일반세균 대장균군 잔류염소	매월 1회 이상
NH_3-N, NO_3-N $KMnO_4$ 소비량 일반세균 대장균군 증발잔류물	매주 1회 이상		
상기외의 수질검사항목	매월 1회 이상		

학습POINT

■ 탁도(濁度)
물의 혼탁정도를 나타내는 지표로서, 증류수 1L에 백색점토 1mg을 현탁시켰을 때를 탁도 1도(NTU)라 한다.

■ 색도(色度)
물의 색의 정도를 나타내는 지표로서, 증류수 1L에 백금 1mg을 녹였을 때의 색깔을 색도 1도라 한다.

▶ 06, 09, 10, 20㉠ 04, 07, 08, 18, 19㉢
· 대장균 특성

▶ 98, 00, 03㉠ 95㉢
· 수질검사항목 검사빈도

2 주요 수질 오염지표 및 항목

(1) 생물화학적 산소요구량 (Biochemical Oxygen Demand : BOD)

① 수중의 유기물질이 20℃에서 호기성 미생물의 작용으로 일정기간(보통 5일간) 분해될 때 소비되는 용존산소량을 말한다.
  ㉠ 1단계 BOD(Carbonaceous BOD) : 탄소화합물을 호기성 조건에서 미생물에 의해 분해(산화)시키는데 필요한 산소량을 말한다.
  ㉡ 2단계 BOD(Nitrogenous BOD) : 질소화합물을 호기성 조건에서 미생물에 의해 분해시키는데 필요한 산소량을 말한다.

② 계산식
  ㉠ BOD 잔존량 공식

$$L_t = L_a \cdot e^{-k_1 \cdot t} \fallingdotseq L_a \cdot 10^{-k_1 \cdot t}$$

  여기서, L_t : t일후 잔존하는 BOD(mg/L)
  L_a : 최초 BOD(mg/L) 또는 최종BOD($= BOD_u$)
  k_1 : 탈산소계수 (day^{-1})
  t : 경과시간 (day)
  e : 자연대수의 밑(2.71…)

  ㉡ BOD 소비량 공식

$$Y = L_a - L_t = L_a(1 - 10^{-k_1 \times t}) = L_a(1 - e^{-k_1 \times t})$$

  여기서, Y : t일동안 소비된 BOD(mg/L) (예 : BOD_5, BOD_u 등)

(2) 화학적 산소요구량 (Chemical Oxygen Demand : COD)

① 유기물 및 무기물을 $KMnO_4$, $K_2Cr_2O_7$ 등의 산화제로 산화시킬 때 소요되는 산화제의 양을 산소량으로 치환한 것을 말한다.
② 측정 소요시간이 2시간 정도로 BOD보다 훨씬 단축되며 일반적으로 COD값이 BOD값보다 높다.
③ COD = BD COD(분해가능 COD)+NBD COD(분해불가능 COD)
       = BOD_u(최종 BOD)+NBD COD
       = $BOD_5 \times k$+NBD COD
④ 해양오염, 공장폐수의 오염지표로 사용된다.

(3) 용존산소 (Dissolved Oxygen : DO)

① 수중에 용해되어 있는 산소의 양을 말한다.
② 물이 오염되면 물속에 있는 미생물들이 유입된 유기물질을 분해, 제거하면서 산소를 소비해 용존산소량이 최저(임계점)가 된 후 재폭기에 의해 다시 용존산소량이 증가(변곡점)한다.
③ 순수한 물의 용존산소
  14mg/L(1기압, 0℃), 8.38mg/L(1기압, 25℃)

■ TOD(Total Oxygen Demand) : 총산소요구량

■ 용존산소부족 곡선 (DO Sag Curve) : 재폭기 있을 경우

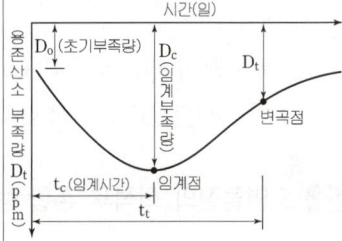

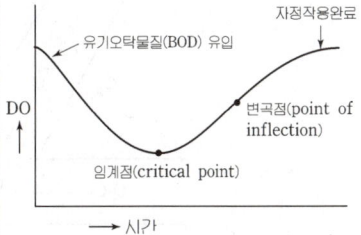

■ 유기물질의 유입에 의한 DO의 변화

(4) 수소이온 농도 (pH)
① 물의 액성인 알칼리성, 중성, 산성의 배합을 수치로 나타낸 것이다.
pH < 7 : 산성, pH = 7 : 중성, pH > 7 : 알칼리성
② 계산식

$$pH = \log \frac{1}{[H^+]} = -\log [H^+] = \log \frac{10^{-14}}{[OH^-]}$$

(5) 경도(Hardness)
① 수중의 **칼슘**(Ca^{2+}), **마그네슘**(Mg^{2+}) 등을 탄산칼슘으로 환산하여 나타낸 것으로 물의 세기를 나타낸다.
② 종류
  ㉠ 일시경도 : 물을 끓일 때 제거되는 경도(탄산경도)
  ㉡ 영구경도 : 물을 끓일 때 제거되지 않는 경도(비탄산경도)
  ㉢ 총경도 : 일시경도+영구경도
③ 경도성분의 영향 및 문제점
  ㉠ 공업용수로 사용할 경우 관내에 **관석(Scale)이나 Slime층이** 형성된다.
  ㉡ 먹는 물로 사용할 경우 위장장해나 설사 등을 유발한다.
  ㉢ 세탁시 세제사용량을 증가시키고, 수세효과가 감소한다.
④ 제거법
  ㉠ **일시(탄산)경도 : 소석회**($Ca(OH)_2$)첨가하여 침전제거
  ㉡ 영구(비탄산)경도 : 소다회(Na_2CO_3)첨가하여 침전제거

3 오염물질의 희석후 혼합 농도

일정한 수질의 하수가 하천에 일정 유량으로 유입할 때 하천의 하류에서 완전히 혼합된다면 오염물질은 희석되어 농도가 낮아진다. 이때 혼합후의 농도는 mass balance에 의해 다음과 같이 구할 수 있다.

$$\text{혼합 농도 } C_m = \frac{Q_1C_1 + Q_2C_2}{Q_1 + Q_2}$$

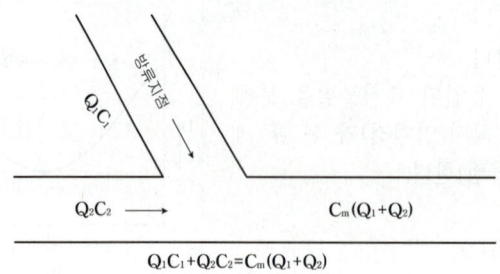

■ TOC(Total Organic Carbon ; 총 유기탄소)
  ① 유기물을 함유한 시료를 고온에서 유기물중의 탄소를 CO_2로 산화시켜 측정함
  ② 농도가 높을수록 수질이 저하되어 물이 오염됨

▶97, 04, 07㉮
· pH 계산

▶01, 05㉮ 00㉯
· 경도 유발물질 문제점
· 일시경도 제거법

▶00, 03, 04, 05, 17㉮
  05, 08, 12, 14, 16㉯
· 혼합 후 BOD 농도 계산

핵심문제

1 대장균에 대한 다음 설명 중 틀린 것은? [96㉮]

㉮ 인체에 해로운 균이다.
㉯ 외계에서는 24시간 이내에 사멸하는 것으로 본다.
㉰ 수인성 전염병균의 존재 여부를 간접적으로 나타낸다.
㉱ 수도수 100cc중 검출되어서는 안 되는 것으로 수도법에 규정되어 있다.

2 용존산소 부족곡선(DO Sag Curve)에서 산소의 복귀율(회복속도)이 최대로 되었다가 감소하기 시작하는 점은? [04, 06, 08, 10, 17㉮]

㉮ 임계점 ㉯ 변곡점
㉰ 오염직후점 ㉱ 포화직전점

3 다음 설명 중 옳지 않은 것은? [96, 09, 13, 19㉮]

㉮ BOD는 유기물에 의해서 호기성 상태에서 분해 안정화시키는데 요구되는 산소량이다.
㉯ BOD는 보통 20℃에서 5일간 시료를 배양했을 때 소비된 용존산소량으로 표시된다.
㉰ BOD가 과도하게 높으면 DO는 감소하고 메탄, 암모니아 등이 생성되어 악취가 난다.
㉱ BOD, COD는 오염의 지표로서 폐수중의 용존산소량을 나타낸다.

4 어떤 수원의 검수에서 수소이온 농도가 2.5×10^{-6} mole/L로 측정되었다. 수질 검사결과에 관한 다음 사항 중 옳은 것은? [97㉮]

㉮ 산성의 수질이다.
㉯ 중성의 수질이다.
㉰ 알칼리성의 수질이다.
㉱ 음용수로 적합하다.

해 설

[해설] 1

대장균
인체에 해로운 균은 아니지만 일반적으로 수인성 전염병균과 같이 존재할 가능성이 높아 병원균 추정의 간접지표로 이용된다. 그러므로 먹는 물에서 100cc 중 검출되어서는 안 된다.

[해설] 2

용존산소 부족곡선(DO sag curve)
① 변곡점 : 산소의 복귀율(회복속도)이 최대로 되었다가 감소하기 시작하는 점
② 임계점 : 용존산소(DO)의 농도가 가장 낮은 점

[해설] 3

생물화학적 산소요구량(BOD)
① 수중의 유기물질이 호기성 미생물의 작용으로 분해될 때 소비되는 용존산소량을 말한다.
② BOD는 보통 20℃에서 5일간 시료를 배양했을 때 소비된 용존산소량으로 표시한다.
③ 측정
 ㉠ 1단계 BOD(Carbonaceous BOD) : 탄소화합물을 호기성 조건에서 미생물에 의해 분해(산화)시키는데 필요한 산소량
 ㉡ 2단계 BOD(Nitrogenous BOD) : 질소화합물을 호기성 조건에서 미생물에 의해 분해시키는데 필요한 산소량
∴ 공장폐수는 독성(毒性), 고온(高溫) 등으로 인해 미생물이 생존하기 힘든 환경이 대부분이므로 BOD가 아닌 산화제의 산화된 정도로 오염도를 측정하는 화학적 산소요구량(COD)으로 측정하는 경우가 많다.

[해설] 4

수소이온농도(pH)

$$pH = \log \frac{1}{[H^+]} = -\log [H^+]$$
$$= -\log (2.5 \times 10^{-6}) = 5.6$$

∴ pH < 7 이므로 수질이 산성이다.

정답 1. ㉮ 2. ㉯ 3. ㉱ 4. ㉮

5 도시하수가 하천으로 유입할 때 하천내에서 발생하는 변화 중 틀린 것은? [99, 13, 14 산]

㉮ 부유물의 증가
㉯ COD의 증가
㉰ BOD의 증가
㉱ DO의 증가

6 물의 용존산소(DO)농도에 대한 설명으로 옳은 것은? [08 ㉮]

㉮ 수온이 떨어지면 DO 농도는 증가한다.
㉯ 오염된 물은 DO 농도가 높다.
㉰ 기압이 낮을수록 DO 농도가 증가한다.
㉱ BOD가 클수록 DO 농도가 증가한다.

7 탈산소계수가 0.1/day인 어느 폐수의 5일 BOD가 300mg/L이었다고 한다. 이 폐수의 3일 후에 남아 있는(미처리된 유기물) BOD는 얼마인가?

㉮ 100mg/L
㉯ 150mg/L
㉰ 180mg/L
㉱ 220mg/L

8 탈산소계수가 0.1/day인 하천의 어떤 지점에서의 평균 BOD가 30ppm 이었다. 그 지점에서 3일 지난 후의 BOD는? [02, 06 ㉮]

㉮ 5ppm
㉯ 10ppm
㉰ 15ppm
㉱ 20ppm

9 배수관으로부터 정수시료를 채수하여 수질시험을 해야 할 항목 중 일반적으로 우선 순위가 가장 높은 것은? [98, 00 ㉮]

㉮ pH
㉯ 질산염
㉰ 탁도
㉱ 잔류염소

해 설

해설 5
도시하수
일반적으로 하천보다 오염된 물이므로, 하수가 하천으로 유입되면 하천은 수질오염이 진행된다. 오염이 진행되면 BOD 및 COD의 증가, 부유물의 증가, DO의 감소 등이 나타난다.

해설 6
용존산소(DO)
유기물(BOD) 및 염류가 많을수록 감소하고, 수온이 낮고 기압이 높을수록 증가한다.

해설 7
BOD 잔존량
① BOD 소비량 공식에서
$$Y = L_a - L_t = L_a(1 - 10^{-k_1 t})$$
$Y = 300\text{mg/L}$, $k_1 = 0.1$, $t = 5\text{day}$
$$\therefore L_a = \frac{300}{1 - 10^{-0.1 \times 5}}$$
$$= 439(\text{mg/L})$$
② BOD 잔존량 공식에서
$$L_t = L_a \times 10^{-k_1 t}$$
$$\therefore L_3 = 439 \times 10^{-0.1 \times 3}$$
$$= 220(\text{mg/L})$$

해설 8
BOD 잔존량 산정
$$L_t = L_a \times 10^{-k_1 t}$$
$$= 30 \times 10^{-0.1 \times 3}$$
$$= 15\,\text{ppm}$$

해설 9
배수지의 정수(淨水)
병원균의 부활 등에 대비하여 잔류염소를 우선 순위에 두고 검사하여야 한다.

정답 5. ㉱ 6. ㉮ 7. ㉱ 8. ㉰ 9. ㉱

10 다음 수질의 오염지표에 관한 설명 중 옳지 않은 것은?

㉮ pH : 산성 또는 알칼리성의 정도를 나타내며 생물의 안전한 범위는 대체로 5.8~8.6이다.
㉯ COD : 값이 높을수록 유기물질에 의한 오염이 큰 것을 뜻하며 보통 생물화학적 산소요구량이라 부른다.
㉰ SS : 수중에 부유하고 있는 물질로 하천바닥에 퇴적 또는 부착한다.
㉱ DO : 수중에 용존하고 있는 산소량으로 물고기는 보통 최저 5.6mg/L가 필요하다.

11 경도가 높은 물을 보일러 용수로 사용할 때 발생되는 문제점은? [01 ㉮]

㉮ Slime과 Scale생성
㉯ Priming생성
㉰ Foaming생성
㉱ Cavitation

12 하수의 최종 BOD가 5일 BOD의 1.8배라면 상용대수(밑수10)를 사용할 때의 탈산소계수는 약 얼마인가? [96, 03, 06 ㉮]

㉮ 0.05/일
㉯ 0.07/일
㉰ 0.09/일
㉱ 0.11/일

13 대장균군(coliform group)이 수질 지표로 이용되는 이유의 설명 중 적합하지 않은 것은? [03, 06, 10 ㉮]

㉮ 소화기 계통의 전염병균이 대장균군과 같이 존재하기 때문에 적합하다.
㉯ 병원균보다 검출이 용이하고 검출속도가 빠르기 때문에 적합하다.
㉰ 소화기 계통의 전염병균보다 저항력이 조금 약하므로 적합하다.
㉱ 시험이 간편하며 정확성이 보장되므로 적합하다.

14 하천유량이 200,000m³/day이고 BOD가 1mg/L인 하천에 유량이 6,250m³/day이고 BOD가 100mg/L인 하수가 유입될 때, 혼합 후의 BOD는? [04 ㉮]

㉮ 2mg/L ㉯ 4mg/L
㉰ 6mg/L ㉱ 8mg/L

해 설

해설 10
COD(Chemical Oxigen Demand)
① 화학적 산소요구량을 의미한다.
② 해양오염, 공장폐수의 오염지표로 사용된다.

해설 11
경도의 문제점
경도가 높은 물을 보일러 용수로 사용할 경우, 배관 등에 Ca 및 Mg침전물 등이 발생하여 스케일(scale)이나 slime층이 형성된다.

해설 12
BOD 소비량 공식
$Y = L_a - L_t$
$= L_a(1 - 10^{-k_1 \times t})$에서
$\dfrac{Y}{L_a} = 1 - 10^{-k_1 \times t}$,
$\dfrac{1}{1.8} = 1 - 10^{-k_1 \times 5}$
$0.44 = 10^{-k_1 \times 5}$,
$\log 0.44 = \log 10^{-k_1 \times 5}$
$-0.3565 = -5k_1 \times \log 10$,
∴ $k_1 ≒ 0.07$/일

해설 13
대장균군(Coliform group)이 수질지표로 이용되는 이유
: 소화기 계통의 전염병균보다 살균에 대한 저항력이 크므로 대장균의 유무에 의해 다른 병원균의 유무를 판단하는 간접지표로 사용됨

해설 14
하천의 혼합 BOD농도(C_m)
질량평형 방정식(Mass Balance)에 의해
$C_m = \dfrac{(Q_1 \times C_1) + (Q_2 \times C_2)}{Q_1 + Q_2}$
$= \dfrac{(200,000 \times 1) + (6,250 \times 100)}{200,000 + 6,250}$
$= 4\,mg/L$

정답 10.㉯ 11.㉮ 12.㉯ 13.㉰ 14.㉯

출제예상문제

2 CHAPTER 수질관리

1. 수도전에서 평상시 먹는 물의 잔류 염소농도는 얼마 이상 유지되어야 하는가?
㉮ 0.1mg/L
㉯ 0.2mg/L
㉰ 0.3mg/L
㉱ 0.4mg/L

[해설]
수도전의 잔류염소농도
① 평상시 : 0.2mg/L 이상
② 비상시 : 04.mg/L 이상

2. 하천에 오수가 유입될 경우에 최초의 분해지대에서 BOD가 감소하는 원인은 무엇인가?
㉮ 미생물의 번식
㉯ 유기물질의 침전
㉰ 온도의 변화
㉱ 탁도의 증가

[해설]
하천의 자정 단계는 분해지대 → 활발한 분해지대 → 회복지대 → 정수지대의 과정을 거치며 오염된 물의 수질이 회복된다. 최초의 분해지대에서 오염도 감소는 미생물의 번식에 의한 활발한 오염물질 분해활동으로 BOD를 감소시킨다.

3. 하천에서 용존산소의 값을 높이기 위한 공학적인 제어방법 중 옳지 못한 것은?
㉮ 하천의 유량증가
㉯ 수중의 폭기시설 설치
㉰ 유속감소에 따른 퇴적의 촉진
㉱ 비점원 오염원의 감소

[해설]
용존산소를 크게 해 주는 인자
① 유량의 증가
② 수중에 강제 폭기시설을 설치할 것
③ 하천의 유속이 급류일 것
④ 하천의 수심이 얕을 것
즉, 하천의 재폭기는 수심이 얕을수록, 유속이 클수록 증가한다. 하천에서 유속감소에 따른 퇴적을 촉진시키면 탈산소계수가 커져 용존산소량이 줄어든다.

4. 하천의 재폭기 계수가 0.3/day, 탈산소 계수가 0.2/day이면 이 하천의 자정상수는 얼마인가?
㉮ 0.66
㉯ 1.00
㉰ 1.50
㉱ 2.00

[해설]
$$\text{자정 계수}(f) = \frac{\text{재폭기 계수}(k_2)}{\text{탈산소 계수}(k_1)} = \frac{0.3}{0.2} = 1.50$$

5. 하천의 자정 단계중 DO가 가장 낮은 단계는?
㉮ 분해지대
㉯ 활발한 분해지대
㉰ 회복지대
㉱ 정수지대

[해설]
① 분해지대 : 오염물질의 유입으로 세균이 증가하고 용존산소(DO)가 크게 줄어든다.
② 활발한 분해지대 : 용존산소(DO)가 없으며 부패상태에 도달하게 된다.
③ 회복지대 : 용존산소가 증가하고 물이 차츰 깨끗해지며 CO_2 농도는 감소한다.
④ 정수지대 : 용존산소량이 많아서 오염된 물속에서는 살 수 없는 생물이 번식한다.

해답 1. ㉯ 2. ㉮ 3. ㉰ 4. ㉰ 5. ㉯

6. 다음 그림은 정체수역에 있어서 물의 순환상태를 나타낸 것이다. 어느 계절에 이와같은 순환이 발생하겠는가?

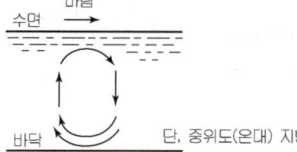

㉮ 봄, 여름
㉯ 가을, 겨울
㉰ 봄, 가을
㉱ 여름, 겨울

단, 중위도(온대) 지방

[해설]
문제에서 제시된 그림은 물의 수직운동(turnover)을 말하며 봄, 가을에 발생한다.

7. 급수시설에 조류(Algae)가 많이 유입되면 여과지를 폐쇄하거나 물에 맛과 냄새를 유발시키기 때문에 제거해야 하는데 응급적 조류제거에 흔히 쓰이는 약품은?

㉮ 염소
㉯ $CuSO_4$
㉰ $KMnO_4$
㉱ $K_2Cr_2O_7$

[해설]
조류제거를 위한 약품처리에는 황산동($CuSO_4$)이나 염산동($CuCl_2$)을 주입하여 처리한다.

8. 다음 중 COD에 대한 설명으로 틀린 것은?

㉮ 공장폐수나 해양오염의 수질지표로 사용된다.
㉯ 생물학적 분해 가능한 유기물도 측정 가능하다.
㉰ SO_2, $NaNO_2$와 영향이 있다.
㉱ 유기물 농도의 크기순서는 COD > TOD > TOC > BOD이다

[해설]
유기물 농도의 크기 순서
TOD > COD > TOC > BOD

9. 수돗물 속에서 나는 냄새의 원인은 다음 중 어느 것인가?

㉮ pH
㉯ 온도
㉰ 용존산소
㉱ 조류(Algae)

[해설]
수돗물에서 냄새가 발생하는 원인은 조류(algae)의 과다 유입 때문이다.

10. 다음의 부영양화 현상에 대한 특징 중 잘못 설명된 내용은 어느 것인가?

㉮ 사멸된 조류의 분해 작용에 의해 표층수로부터 용존산소가 줄어든다.
㉯ 조류합성에 의한 유기물의 증가로 COD가 증가한다.
㉰ 수심이 낮은 곳에서 나타나며, 한번 부영양화가 되면 회복되기 힘들다.
㉱ 영양염류인 인(P), 질소(N) 등의 유입을 방지하면 이 현상을 방지할 수 있다.

[해설]
사멸된 조류의 분해작용에 의해 호소 바닥부분의 심층수는 용존산소가 줄어든다.

11. 다음 중 부영양화(Eutrophication)를 촉진시키는 주요 원인물질은 어느 것인가?

㉮ 질소 및 인
㉯ 탄소 및 유황
㉰ 중금속
㉱ 염소 및 질산화물

[해설]
부영양화를 발생 및 촉진시키는 물질은 영양염류인 질소(N)와 인(P)이다.

12. 부영양(Eutrophic)상태의 호수에서 크게 번식하는 생물은 어느 것인가?

㉮ 식물성 플랑크톤 및 조류
㉯ 식물성 플랑크톤 및 박테리아
㉰ 동물성 플랑크톤 및 조류
㉱ 동물성 플랑크톤 및 박테리아

[해설]
부영양화 상태 즉, 영양염류(N, P)가 풍부하면 조류(Algae)가 크게 증식되고 이로 인해 식물성 플랑크톤이 번식한다.

해답 6. ㉰ 7. ㉯ 8. ㉱ 9. ㉱ 10. ㉮ 11. ㉮ 12. ㉮

13. 하천에서의 수질관리해석을 위하여 수식을 구성하고자 할 때 산소 소모의 원인이 되는 성분이 아닌 것은?

㉮ 유기물의 분해과정
㉯ 하상퇴적물의 분해과정
㉰ 조류(Algae)의 광합성 과정
㉱ 조류(Algae)의 호흡과정

[해설] 조류(Algae)의 광합성작용으로 인해 산소(O_2)가 생산되기 때문에 오히려 조류가 과잉번식된 호소의 주간(晝間)에는 용존산소농도가 물의 실제 포화농도(약 9.8mg/L)보다 높을 경우가 있다.

14. 정수관으로부터 정수시료를 채수하여 수질시험을 해야 할 목록 중 일반적으로 우선순위가 가장 높은 것은?

㉮ pH   ㉯ 질산염
㉰ 탁도   ㉱ 잔류염소

[해설] 정수처리된 물은 일반세균, 대장균군, 잔류염소 등을 검사한다.

15. 다음 중 환경정책 기본법상 상수원수 1급수에 해당하는 정수처리법은?

㉮ 여과 등에 의한 간이 정수처리후 사용
㉯ 침전여과 등에 의한 일반적 정수처리후 사용
㉰ 전처리 등을 겸한 고도의 정수처리후 사용
㉱ 특수 정수처리후 사용

[해설]
① 상수원수 1급 : 여과 등에 의한 간이 정수처리후 생활용수로 사용
② 상수원수 2급 : 침전, 여과 등에 의한 일반 정수처리후 생활·수영용수로 사용
③ 상수원수 3급 : 전처리 등을 겸한 고도 정수처리후 생활·공업용수로 사용

16. 배수관으로부터 정수시료를 채수하여 수질시험을 해야 할 항목 중 일반적으로 우선 순위가 가장 높은 것은?

㉮ pH   ㉯ 질산염
㉰ 탁도   ㉱ 잔류염소

[해설] 배수지에 저류되어 있는 정수는 특히 잔류염소에 대하여 수시로 측정하여야 한다.

17. 질소계 유기물에 의한 BOD를 무시할 때 20℃에서 5일 동안 사용된 BOD값이 300mg/L, BOD극한값이 475mg/L인 폐수의 탈산소계수(base e)값은? (단, 단위 = d^{-1})

㉮ 0.087   ㉯ 0.500
㉰ 0.100   ㉱ 0.200

[해설]
BOD소비량 공식 $Y = L_a - L_t = L_a(1 - e^{-k_1 t})$에서
$Y = 300\,mg/L,\ L_a = 475\,mg/L,\ t = 5$일 이므로
$300 = 475 \times (1 - e^{-k_1 \times 5}),\ 1 - \dfrac{300}{475} = e^{-k_1 \times 5}$
$\ln(1 - \dfrac{300}{475}) = \ln(e^{-5k_1}),\ -5k_1 = \ln 0.368$
∴ $k_1 = 0.199 ≒ 0.20$

18. 다음 하수수질에 관한 설명 중 틀린 것은?

㉮ pH는 물의 액성을 뜻하며 수소이온 농도에 의해 산출된다.
㉯ 부유물질은 증발 잔류물에 용해성 물질을 더한 것이다.
㉰ 산소는 수온이 낮을수록 수중 용존율이 높다.
㉱ SDI란 SVI의 역수에 100을 곱한 것이다.

[해설] 증발 잔류물 = 부유물질 + 용해성 물질 로 즉, 물을 105℃에서 가열한 뒤에 남아 있는 성분을 말한다. 강열(작열)잔류물은 약 650℃에서 강열한 뒤에 남아 있는 성분으로 거의 무기물질로 이루어져 있다.

해답 13. ㉰ 14. ㉱ 15. ㉮ 16. ㉱ 17. ㉱ 18. ㉯

19. 표준 BOD시험은 몇 도에서 며칠간 배양하는가?

㉮ 15℃에서 3일
㉯ 15℃에서 5일
㉰ 20℃에서 3일
㉱ 20℃에서 5일

[해설]
BOD는 BOD병(300mg)에 검사할 시료수를 채취하여 5일동안 20℃에서 배양한 후 용존산소(DO)량의 변화를 측정하여 구한다.

20. 하천 유량이 200,000m³/day이고, BOD = 1mg/L 일 때 유량이 6,250m³/day이고, BOD = 100mg/L인 하수가 혼합된다. 혼합 후의 BOD 농도는 얼마인가?

㉮ 2mg/L
㉯ 4mg/L
㉰ 6mg/L
㉱ 8mg/L

[해설]
Mass Balance에 의해
$Q_1 \cdot C_1 + Q_2 \cdot C_2 = Q_3 \cdot C_3 = (Q_1 + Q_2) \cdot C_m$

$\therefore C_m = \dfrac{Q_1 \cdot C_1 + Q_2 \cdot C_2}{Q_1 + Q_2}$

$\therefore$ 혼합BOD농도 $C_m = \dfrac{Q_1 C_1 + Q_2 C_2}{Q_1 + Q_2}$

$= \dfrac{200,000 \times 1 + 6,250 \times 100}{200,000 + 6,250}$

$= 4 \text{(mg/L)}$

21. 도시의 하수가 하천으로 유입할 때 하천 내에서 발생하는 변화 중 옳지 않은 것은?

㉮ 부유물질의 증가
㉯ DO의 증가
㉰ COD의 증가
㉱ BOD의 증가

[해설]
도시의 하수는 오염농도가 하천보다 높아 하수가 하천에 유입되면 하천의 수질이 나빠진다. 수질이 나빠지면 부유물질, BOD, COD 등이 증가하며 반면에 용존산소(DO)는 감소한다.

22. 어느 하수처리장에서 BOD가 50mg/L인 하수를 4,000m³/day의 비율로 하천에 방류하였다. 하수가 방류되기 전의 하천의 BOD는 4mg/L이고, 유량은 30,000 m³/day이었다. 하수처리장의 방류수가 완전 혼합되었을 때 하천의 BOD농도는 얼마인가?

㉮ 0.94mg/L
㉯ 9.41mg/L
㉰ 94.1mg/L
㉱ 941mg/L

[해설]
Mass Balance에 의해

혼합BOD농도 $C_m = \dfrac{Q_1 C_1 + Q_2 C_2}{Q_1 + Q_2}$

$= \dfrac{50 \times 4,000 + 4 \times 30,000}{4,000 + 30,000}$

$= 9.41 \text{(mg/L)}$

23. 다음 하수의 수질에 관한 설명 중 틀린 것은?

㉮ DO란 용존 산소량을 말하며 산소 용존에는 수온 등의 영향을 받는다.
㉯ BOD란 생화학적 산소 요구량이며 수중의 유기물량을 나타내는 수질지표이다.
㉰ SVI란 활성오니의 침전 특성을 나타내는 지표이다.
㉱ 작열 잔유물은 회분 또는 무기물질이라 할 수 있다.

[해설]
BOD란 생물화학적 산소 요구량으로 수중의 유기물 함량을 간접적으로 나타낸다. SVI는 하수처리의 대표적 방법인 활성슬러지법에서 활성슬러지의 침전특성을 나타내는 지표이다.

24. 하수의 20℃, 5일 BOD가 200mg/L일 때 최종 BOD에 가장 가까운 값은 다음 중 어느 것인가? (단, 자연대수(e)를 사용할 때의 반응계수 k = 0.20/day)

㉮ 296mg/L
㉯ 306mg/L
㉰ 316mg/L
㉱ 326mg/L

해답 19. ㉱ 20. ㉯ 21. ㉯ 22. ㉯ 23. ㉯ 24. ㉰

해설

$Y = L_a(1 - e^{-k_1 \times t})$

$Y = 200\,\text{mg/L},\ t = 5\,일,\ k_1 = 0.20$

$\therefore L_a = \dfrac{200}{1 - e^{-0.2 \times 5}} = 316.4\,(\text{mg/L})$

25. 자연 하천에 BOD 2mg/L의 유량 5m³/sec가 흐르고 있는 곳에 공장폐수 BOD 500mg/L의 유량 5,000 m³/day를 처리하여 방류할 계획이다. 방류 후 이 하천의 BOD를 3mg/L이하로 유지시키는데 필요한 공장폐수의 BOD제거율 R(%)은 얼마인가?

㉮ 77.12%
㉯ 82.12%
㉰ 87.12%
㉱ 92.12%

해설

물질수지식(Mass balance)에 의해

① $C_m = \dfrac{432{,}000 \times 2 + 5{,}000 \times x}{432{,}000 + 5{,}000} = 3\,(\text{mg/L})$

$\therefore$ 공장폐수 배출농도 $x = 89.4\,(\text{mg/L})$

($\because 5\,\text{m}^3/\text{sec} = 432{,}000\,\text{m}^3/\text{day}$)

② $BOD\ 제거율 = \dfrac{500 - 89.4}{500} \times 100 = 82.12\,(\%)$

26. 활성슬러지법으로 하수를 처리한 결과 BOD₅제거 반응이 1차 반응(밑수 = 10)을 따르며, 90% 제거에 5시간이 소요되었다. 반응속도 상수 K는 얼마인가?

㉮ 0.3hr⁻¹ ㉯ 0.6hr⁻¹
㉰ 0.1hr⁻¹ ㉱ 0.2hr⁻¹

해설

BOD 소비량 공식

$Y = L_a - L_t = L_a(1 - 10^{-k_1 t})$ 에서

$(-k_1 \times t)\log 10 = \log(1 - \dfrac{Y}{L_a})$,

$-5\,k_1 \log 10 = \log(1 - \dfrac{0.9}{1}) = \log 0.1$,

$-5k_1 = -1$

$\therefore k_1 = 0.2\,(hr^{-1})$

27. 다음은 하수의 수질시험 항목을 설명한 것이다. 옳지 못한 것은?

㉮ 방류수역이 해수역인 경우는 COD가 중요한 시험항목으로 된다.
㉯ 강열감량이란 증발 잔류물을 약 600℃로 강열했을 때 감량한 중량을 말하고 증발 잔류물에서 강열 잔류물을 뺀 값이다.
㉰ DO란 수중에서 용해되어 있는 분자상태의 산소를 말한다.
㉱ 염소이온이란 수중에 용해되어 있는 잔류염소를 말한다.

해설

수중에 용해되어 있는 잔류염소에는 유리염소인 OCl⁻, HOCl과 결합염소인 클로라민을 의미하며 염소이온은 Cl⁻를 말한다.

28. BOD가 80mg/L인 하수처리장 유출수가 4,200m³/day의 비율로 하천에 방류된다. 하수가 방류되기 전의 하천의 BOD는 2mg/L이며 유량은 0.4m³/sec이다. 하수처리장 유출수가 방류되어 완전히 혼합된다고 가정할 때 합류지점의 BOD농도(mg/L)는 얼마인가?

㉮ 8.2
㉯ 9.4
㉰ 10.5
㉱ 12.6

해설

① 하수처리장 유출수 : $Q_1 = 4{,}200\,\text{m}^3/\text{day}$,
   $C_1 = 80\,\text{mg/L}$

② 하수가 방류되기 전 하천수
   $Q_2 = 0.4\,\text{m}^3/\text{sec} = 34{,}560\,\text{m}^3/\text{day},\ C_2 = 2\,\text{mg/L}$

③ Mass Balance에 의해 혼합된 물의 BOD농도 C_m

$C_m = \dfrac{Q_1 C_1 + Q_2 C_2}{Q_1 + Q_2}$

$= \dfrac{4{,}200 \times 80 + 34{,}560 \times 2}{4{,}200 + 34{,}560}$

$= 10.5\,(\text{mg/L})$

해답 25. ㉯ 26. ㉱ 27. ㉱ 28. ㉰

29. 원수중에 조류발생이 많으면 정수과정에서 여과지를 폐쇄하거나 냄새를 유발시켜 수질상 문제가 된다. 다음 중 조류제거에 가장 많이 쓰이는 약품은 어느 것인가?

㉮ $MgCO_3$
㉯ $CuSO_4$
㉰ $Al_2(SO_4)_3$
㉱ $Ca(OH)_2$

[해설] 조류제거에 가장 많이 사용되는 약품은 황산동($CuSO_4$)이다.

30. 하천에 오수가 유입될 때 용존산소 곡선이 임계점에서 가장 낮아졌다가 다시 상승하는 이유는 무엇인가?

㉮ 오염물질의 확산
㉯ 유기물질의 분해
㉰ 무기 부유물질의 분해
㉱ 용해성 물질의 희석 및 확산

[해설] 하천에 오수(汚水)가 유입되면 하천속의 미생물이 오수에 함유된 유기물질을 분해시키면서 용존산소를 소비한다. 유기물질이 완전히 분해되면 더 이상 산소의 소비가 없으므로 하천의 용존산소농도가 다시 증가한다.

31. 다음 수중의 용존산소(DO)에 대한 설명 중 틀린 것은?

㉮ 수온이 높을수록 용존산소량은 감소한다.
㉯ 용존염류의 농도가 클수록 용존산소량은 감소한다.
㉰ 같은 수온 하에서는 해수가 담수보다 용존산소량이 많다.
㉱ 대기압이 높을수록 용존산소량은 증가한다.

[해설] 같은 온도에서 해수(海水)는 염류농도(Na^+, Cl^- 등)를 가지므로 담수보다 DO가 상대적으로 낮다.

32. 다음 지역 중 부영양화(eutrophication)는 주로 어느 곳에서 발생하는가?

㉮ 표층부(epilimnion)
㉯ 심층부(hypolimnion)
㉰ 수온약층(thermocline)
㉱ 분해지대

[해설] 표층부(epilimnion)는 조류의 광합성에 있어서 필수요건인 태양광선이 충분히 투과될 수 있는 수심이므로 조류가 많이 발생한다. 그러므로 이곳에서 주로 부영양화가 발생한다.

33. 어떤 지하수에서 수질검사 결과 검수 100mL당 대장균이 5로 나타났다. 다음 중 옳은 것은?

㉮ 인체에 해를 끼치는 독성이 있음을 나타낸다.
㉯ 인체에 해를 끼치진 않지만 음용수로 적합하지 않다.
㉰ 병원균의 존재를 의심할 필요가 없다.
㉱ 철관에 균의 번식으로 침식의 염려로 세정용수로 사용할 수 없다.

[해설] 대장균은 인체에 직접적인 해를 끼치지는 않지만 병원균이 함께 존재할 가능성이 높아 병원균 유무판단의 간접지표가 된다. 그러므로 음용수는 수질기준상 검수 100mL당 대장균이 검출되지 않아야 하는데 여기서는 검출이 되었으므로 음용수로 적합하지 않다.

34. 용존산소 곡선(DO sag curve)의 정의에 대하여 정확히 설명한 것은?

㉮ BOD실험 중의 DO감소를 나타낸 곡선
㉯ 유기성 오염물이 방출되는 하천에서 발생하는 DO의 감소를 나타낸 곡선
㉰ 폐수처리장에서의 BOD감소를 나타낸 곡선
㉱ 소화조에서의 유기물 감소를 나타낸 곡선

[해설] 용존산소 곡선은 용존산소량을 Y축, 시간을 X축으로 하여 그린 곡선으로 시간변화에 따른 물속의 용존산소량의 변화를 나타낸 곡선이다.

해답 29. ㉯ 30. ㉯ 31. ㉰ 32. ㉮ 33. ㉯ 34. ㉯

35. 다음은 물의 알칼리도에 대한 설명이다. 가장 옳지 않은 것은?

㉮ 알칼리도는 수중에 수산화물 탄산염, 중탄산염으로 존재하는 알칼리를 $CaCO_3$로 환산한 값이다.
㉯ 자연수의 알칼리도는 지질(주로 석회암층)에 의해 변화할 수 있다.
㉰ 공장폐수로 인한 오염도 무시할 수 없다.
㉱ 응집과 무관하다.

해설
물의 알칼리도는 응집시 pH조정에 사용되는 약품(알칼리제)의 투입량 결정에 중요한 변수이다.

36. 원수의 경도가 360mg/L이다. 이 물의 경도가 Ca에 의해서 생긴다고 가정하면 이 물의 Ca^{2+} 농도는 얼마인가?

㉮ 750mg/L ㉯ 240mg/L
㉰ 144mg/L ㉱ 125mg/L

해설
① 경도(mg/L) = 경도 유발물질의 농도(mg/L)
$\times \dfrac{CaCO_3 \text{당량}}{\text{경도 유발물질의 당량}}$

② 각 물질의 당량 비교

양이온	물(M^{2+})당량	$CaCO_3$ 당량
Ca	20	50
Mg	12.2	50

∴ Ca^{2+} (mg/L) = 경도(mg/L)
$\times \dfrac{\text{경도 유발물질의 당량}}{CaCO_3 \text{당량}}$
$= 360 \times \dfrac{20}{50} = 144 \text{ (mg/L)}$

37. COD에 대한 다음 설명 중 옳은 것은?

㉮ 유기물을 호기성 상태 하에서 미생물에 의해 분해시키는데 요구되는 산소량
㉯ 유기물을 화학적으로 산화시킬 때 요구되는 산소량
㉰ 수중에 용존하고 있는 산소량
㉱ 수중의 탄소화합물을 질산화하는데 요구되는 산소량

해설
COD(Chemical Oxygen Demand)란 피산화물질을 화학약품인 산화제($KMnO_4$ 또는 $K_2Cr_2O_7$)로 산화시킬 때 필요한 산소량을 말하며, 현재 수질공정시험법에는 $KMnO_4$를 이용하여 COD를 측정하도록 규정해 놓고 있다.

38. 용존산소가 풍부한 수중에서 미생물에 의해 단백질이 분해될 때 옳은 과정은?

㉮ Amino acid → NH_3-N → NO_2-N → NO_3-N
㉯ NH_3-N → NO_2-N → NO_3-N → Amino acid
㉰ NO_3-N → NO_2-N → NH_3-N → Amino acid
㉱ Amino acid → NO_3-N → NO_2-N → NH_3-N

해설
단백질이 함유된 오수(汚水)가 배출되면 자연에서 가수분해(加水分解)되어 아미노산(Amino acid)으로 되고 질산화균에 의해 암모니성 질소(NH_3-N, 또는 NH_4^+), 아질산성 질소(NO_2-N, 또는 NO_2^-), 질산성 질소(NO_3-N, 또는 NO_3^-)의 과정을 거쳐 산화되며, 이것을 질산화 (nitrification)라 한다.

39. 하천의 상황(狀況)이 다음 표와 같다. 정화능력이 가장 큰 것은 다음 중 어느 지점인가?

지점	A	B	C	D
탈산소계수 k_1	0.14	0.12	0.11	0.14
재폭기계수 k_2	0.28	0.19	0.10	0.61

㉮ A지점 ㉯ B지점
㉰ C지점 ㉱ D지점

해설
정화능력이 가장 큰 지점은 자정계수 $f(=\dfrac{k_2}{k_1})$가 가장 큰 D지점이다.

해답 35.㉱ 36.㉰ 37.㉯ 38.㉮ 39.㉱

40. 다음 그래프는 하천의 자정작용을 나타낸 용존산소 수하곡선(垂下曲線)이다. 다음 중 어느 물질이 하천으로 유입되었다고 볼 수 있는가?

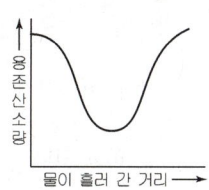

㉮ 광산폐수(鑛山廢水)
㉯ 농도가 매우 낮은 폐산(廢酸)
㉰ 하수(下水)
㉱ 농도가 매우 낮은 폐알칼리(Alkali)

[해설] 하천에서 용존산소(DO)를 소비하는 물질유입은 유기성 오수(汚水)로서 하수, 유기성 공장폐수 등이 여기에 속한다.

41. 하천의 용존산소곡선(DO sag curve)에서 DO농도가 가장 낮은 곳은?

㉮ 변곡점
㉯ 임계점(critical point)
㉰ 하수 방출지점
㉱ 하수 방출지점으로부터 대략 5km 하류지점

[해설] 변곡점(point of inflection)은 산소회복율이 가장 큰 지점이며, 임계점에서 용존산소농도가 가장 낮다.

42. 어떤 지하수에서의 수질 검사결과 수소이온 농도가 2.5×10^{-7} mole/L로 측정되었다. pH값은?

㉮ 2.5   ㉯ 6.6
㉰ 7.7   ㉱ 9.0

[해설]
$$pH = \log \frac{1}{[H^+]} = -\log [H^+]$$
$$= -\log (2.5 \times 10^{-7}) = 6.6$$

43. 음료수의 정수과정 중 침전지나 배수지의 조류(Algae)의 발생을 억제하기 위하여 사용하는 약품은?

㉮ 염소
㉯ $CuSO_4$
㉰ $K_2Cr_2O_7$
㉱ $KMnO_4$

[해설] 조류의 약품처리방법은 황산동($CuSO_4$)이나 염산동($CuCl_2$)를 주입하여 처리한다.

44. 음용수 중에 암모니아성 질소가 존재하면 위생적으로 어떤 뜻이 있는가?

㉮ 자정작용의 지표가 된다.
㉯ 용존산소의 증가기준이 된다.
㉰ 냄새발생의 원인이 된다.
㉱ 분뇨, 하수, 폐수의 오염지표가 된다.

[해설] 암모니아는 인간 및 가축의 배설물에 의한 오염으로 발생하는 경우가 많아 유기물질의 오염지표로 사용되며, 시간이 경과됨에 따라 NO_2^- 와 NO_3^- 등의 형태로 변해간다.

45. 다음은 물의 탁도에 관한 설명이다. 옳지 않은 것은?

㉮ 염소 소독시 세균이 탁질에 쌓이면 살균이 잘 되지 않는다.
㉯ 우리나라의 수질기준은 0.5NTU(수돗물)이다.
㉰ 여과지에서 탁도가 높을수록 잘 여과된다.
㉱ 1ppm이란 1L의 증류수에 백색점토 1mg이 혼탁되어 있는 것이다.

[해설] 탁도는 주로 점토성분의 물질로서 탁도가 높을수록 불순물의 함유량이 많으므로 여과과정에서 제거가 잘 되지 않는다.

해답 40. ㉰ 41. ㉯ 42. ㉯ 43. ㉯ 44. ㉱ 45. ㉰

46. 생물학적 하수처리에서 미생물에 의해 유기성 질소의 분해, 산화되는 과정을 순서적으로 적은 것 중 올바른 것은?

㉮ 유기성 질소 → NH_3-N → NO_2-N → NO_3-N
㉯ 유기성 질소 → NO_3-N → NO_2-N → NH_3-N
㉰ 유기성 질소 → NH_3-N → NO_3-N → NO_2-N
㉱ 유기성 질소 → NO_3-N → NH_3-N → NO_2-N

[해설] 유기성 질소는 질산화균에 의해 암모니성 질소 (NH_3-N, 또는 NH_4^+), 아질산성 질소(NO_2-N, 또는 NO_2^-), 질산성 질소(NO_3-N, 또는 NO_3^-)의 과정을 거치며 이것을 질산화(nitrification)라 한다.

47. 먹는 물의 수질기준 중에서 옳지 않은 항목은?

㉮ 암모니아성 질소는 0.5mg/L를 초과하지 아니할 것
㉯ 수소이온 농도가 pH 5.8 내지 8.5
㉰ 탁도는 3NTU를 초과하지 아니할 것
㉱ 비소는 0.01mg/L를 초과하지 아니할 것

[해설] 먹는물 수질기준에서 탁도는 먹는물의 경우 1NTU, 수돗물의 경우 0.5NTU이하, 암모니아성 질소는 0.5mg/L 이하, 수소이온농도(pH)는 5.8~8.5, 비소(As)는 0.01mg/L 이하이어야 한다.

48. 하천의 자정작용 중 최초의 분해지대에서 발생하는 BOD의 감소는 주로 어떤 작용에 그 원인이 있는가?

㉮ 침전 ㉯ 탁도
㉰ 미생물의 번식 ㉱ 온도변화

[해설] Whipple의 4단계 수질변화에 의하면 ① 분해지대 → ② 활발한 분해지대 → ③ 회복지대 → ④ 정수지대의 단계를 거쳐 오염된 물이 회복된다. 여기서, 분해지대에서의 BOD감소 즉, 오염농도의 저하는 미생물의 번식에 의해서 오염도를 감소시킨다.

49. 하천의 자정작용 중에서 가장 큰 작용을 하는 것은?

㉮ 침전 ㉯ 일광
㉰ 화학적 작용 ㉱ 생물학적 작용

[해설] 하천은 물리적, 화학적, 생물학적 작용 등에 의해 자정이 되고 있으며, 특히 생물학적 작용은 자정작용중에서 가장 큰 역할을 하고 있다.

50. 부영양화에 대한 설명으로 옳지 않은 것은?

㉮ COD가 증가한다.
㉯ 식물성 플랑크톤인 조류가 대량 번식한다.
㉰ 영양염류인 질소, 인 등의 감소로 발생한다.
㉱ 최종적으로 용존산소가 줄어든다.

[해설]
부영양화 현상
① 질소(N), 인(P) 등 각종 영양염류의 증가
② 식물성 플랑크톤인 조류의 대량 번식
③ BOD, COD, 색도, 탁도의 증가
④ DO의 감소로 수질악화

51. BOD(Biochemical Oxygen Demand)에 관한 설명 중 옳지 않은 사항은?

㉮ BOD는 시료수를 20℃에서 5일간의 산소 소비량으로써 표시한다.
㉯ BOD는 제1단계 BOD와 제2단계 BOD로 구분된다.
㉰ BOD란 수중의 유기물질을 호기성 미생물이 산화할 때 사용되는 용존산소의 양을 나타낸 것이다.
㉱ 제1단계 BOD는 질소계 유기물의 산화이고, 제2단계 BOD는 탄소계 유기물의 산화 완료까지 소비하는 산소량이다.

[해설] 제1단계 BOD는 탄소계 유기물의 산화이며, 제2단계 BOD는 질소계 유기물의 산화 완료까지 소비하는 산소량을 의미한다.

해답 46. ㉮ 47. ㉰ 48. ㉰ 49. ㉱ 50. ㉰ 51. ㉱

52. 하수의 최종 BOD가 5일 BOD의 1.8배라면 상용대수(밑수 10)를 사용할 때의 탈산소계수는 약 얼마인가?

㉮ 0.05/일   ㉯ 0.07/일
㉰ 0.09/일   ㉱ 0.11/일

[해설]
$Y = L_a - L_t = L_a(1 - 10^{-k_1 \times t})$ 에서
$\dfrac{Y}{L_a} = 1 - 10^{-k_1 \times 5}$, $\dfrac{1}{1.8} = 1 - 10^{-k_1 \times 5}$
∴ $10^{-k_1 \times 5} = 0.44 \Rightarrow \log 0.44 = -5k_1 \times \log 10$
∴ $k_1 = 0.07/일$

53. 우리나라 상수원수 2급의 BOD 기준치는 얼마인가?

㉮ 1mg/L 이하   ㉯ 2mg/L 이하
㉰ 3mg/L 이하   ㉱ 6mg/L 이하

[해설]

상수원수	1급수	2급수	3급수
BOD	1mg/L 이하	3mg/L 이하	5mg/L 이하

54. 다음 중 하천의 자정작용에 대한 설명 중 적당하지 않은 것은?

㉮ 하천의 자정작용은 일반적으로 유기물이 희석, 침전, 분해되어 정화되는 것을 말한다.
㉯ 하천의 자정작용은 유기물이 미생물의 영양원이 되며, 그 결과 혐기성 미생물이 이상번식하여 오염이 진행되는 것을 말한다.
㉰ 하천의 자정작용 중에는 희석이나 침전과 같은 물리적 작용과 미생물에 의한 분해와 같은 생물학적 작용이 있다.
㉱ 유량이 많고, 또한 유역에 살고 있는 인구가 적으며, 유입하는 오염물질량이 적을 때에는 하천물이 유하하는 동안 오염물이 분해, 제거되어서 하천 자체는 청정한 상태로 복원될 수가 있다.

[해설]
하천의 자정작용은 호기성 미생물에 의해 유기물이 분해, 제거되어 감소되는 현상이다.

55. 호수나 저수지 등에 오염된 물이 유입될 경우 수온에 따른 밀도차에 의하여 형성되는 성층현상(stratification)에 대한 설명 중 옳지 않은 것은?

㉮ 표수층(epilimnion)과 수온약층(thermocline)의 깊이는 대개 7m 정도이며, 그 이하는 저수층(hypolimnion)이다.
㉯ 이러한 물의 성층현상은 여름이나 겨울보다 봄이나 가을에 뚜렷하다.
㉰ 호수나 저수지 내에서의 세균 제거율은 유기물이 파괴되는 율보다 느리다.
㉱ 성층현상과 반대개념으로 전도(turnover)는 수질에 나쁜 영향을 미친다.

[해설]
성층현상(成層現象)은 여름과 겨울에 형성되며 이는 수온차에 의한 상하부의 밀도차가 뚜렷하여 일어나고 봄, 가을에는 상하부의 수온차가 없으므로 물의 수직운동(turnover)에 의하여 상하부의 질이 균일해지지만 반면에 상부의 수질이 나빠진다.

56. BOD 값이 크다는 것이 의미하는 것은?

㉮ 미생물 분해가 가능한 물질이 많다.
㉯ 영양염류가 풍부하다.
㉰ 용존산소가 풍부하다.
㉱ 무기물질이 충분하다.

[해설]
BOD(생화학적 산소요구량)는 수중 유기물질의 함유 정도를 나타내는 간접적 지표로서 그 값이 크다는 것은 미생물 분해가 가능한 물질이 많음을 의미한다.

해답 52. ㉯ 53. ㉰ 54. ㉯ 55. ㉯ 56. ㉮

57. BOD₅가 250mg/L이고 COD가 446mg/L인 경우, 생물학적 분해가 불가능한 COD는 얼마인가? (단, 탈산소계수 $k_1 = 0.1/day$ (밑수10)임)

㉮ 60mg/L
㉯ 80mg/L
㉰ 100mg/L
㉱ 120mg/L

[해설]
① BOD소비량 공식
$Y = L_a - L_t = L_a(1 - 10^{-k_1 t})$
$Y = 250 \,mg/L$, $t = 5$일, $k_1 = 0.1$
$250 = L_a \times (1 - 10^{-0.1 \times 5})$
$\therefore L_a = 366 \,(mg/L) \rightarrow$ 최종 BOD(BOD_u)

② BOD와 COD의 관계
COD = BDCOD(분해가능 COD)
　　　+ NBD COD(분해 불가능 COD)
　　= BODu (최종 BOD) + NBD COD 에서
446 mg/L = 366mg/L + NBD COD
$\therefore$ NBD COD (분해불가능 COD)
　　= 446 − 366 = 80 (mg/L)

즉, COD와 최종 BOD(BOD_u)의 차이는 생물학적으로 분해가 불가능한 오염물질의 양을 의미한다.

58. 대장균은 인체에 해롭지는 않으나 먹는 물에 검출될 경우 오염수로 판정된다. 그 이유는?

㉮ 대장균은 번식시 독소를 분비하여 인체에 해를 끼치기 때문이다.
㉯ 대장균은 병원균이기 때문이다.
㉰ 사람이나 동물의 체내에 서식하므로 병원성 세균의 존재 추정이 가능하기 때문이다.
㉱ 대장균은 반드시 병원균과 공존하기 때문이다.

[해설]
① 인체에 무해한 균
② 사람이나 동물의 체내에 서식하므로 병원성 세균의 유무(존재) 판단의 간접적 지표
③ 먹는 물 수질기준에서 100mL 중 검출 불가

59. 대장균 군의 수를 나타내는 MPN(최확수)에 대한 설명으로 옳은 것은?

㉮ 검수 1mL 중 이론상 있을 수 있는 대장균군의 수
㉯ 검수 10mL 중 이론상 있을 수 있는 대장균군의 수
㉰ 검수 50mL 중 이론상 있을 수 있는 대장균군의 수
㉱ 검수 100mL 중 이론상 있을 수 있는 대장균군의 수

60. BOD 200mg/L, 유량 600m³/day인 어느 식료품 공장폐수가 BOD 10mg/L, 유량 2m³/sec인 하천에 유입한다. 폐수가 유입되는 지점으로부터 하류 5km 지점의 BOD(mg/L)는? (단, 다른 유입원은 없고, 하천의 유속 0.05m/sec, 20℃ 탈산소계수(K_1)=0.1/day, 상용대수, 20℃ 기준이며 기타 조건은 고려하지 않음)

㉮ 6.26mg/L　　㉯ 7.21mg/L
㉰ 8.16mg/L　　㉱ 4.39mg/L

[해설]
하천의 BOD농도 (C_m)계산
① 질량평형 방정식(mass balance)에 의해
$C_m = \dfrac{(Q_1 \times C_1) + (Q_2 \times C_2)}{Q_1 + Q_2}$
$= \dfrac{(2 \times 24 \times 60 \times 60 \times 10) + (600 \times 200)}{(2 \times 24 \times 60 \times 60) + 600}$
$= 10.657 \,mg/L$

② 유하시간, $t = \dfrac{L}{V}$
$= \dfrac{5000m}{(0.05 \times 24 \times 60 \times 60) m/day}$
$= 1.157 \,day$

③ 따라서, 1.157day 후 BOD농도는
BOD 잔존량 공식
$C_t = C_m \times 10^{-k_1 \times t}$ 에서
$C_{1.157} = 10.657 \times 10^{-0.1 \times 1.157} = 8.16 \,mg/L$

해답　57. ㉯　58. ㉰　59. ㉱　60. ㉰

제3장 수원과 취수

출제경향분석

1. 상수도시설의 최초 단계인 수원의 종류 및 특징
2. 수원별 취수시설의 종류 및 특징, 침사지의 제원
3. 계획취수량의 기준수량
4. 저수지의 용량 결정 방법과 특징, 계산공식 및 문제풀이
5. 지하수의 취수시설인 우물의 종류 및 특징

단원별 경향분석

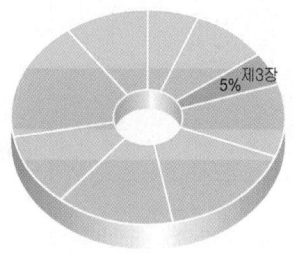

토목기사

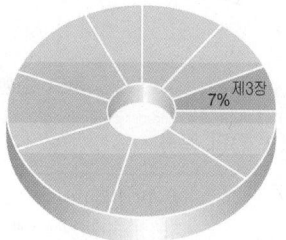

토목산업기사

항목별 경향분석

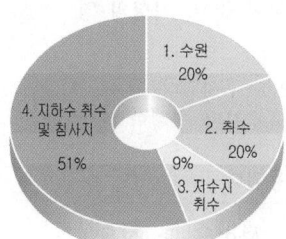

토목기사

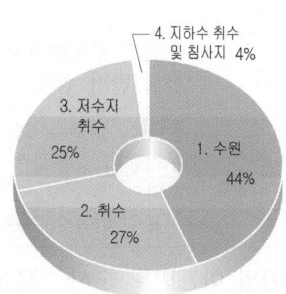

토목산업기사

1 수원

> **학습방향**
>
> 상수도의 수원은 크게 천수(天水), 지표수(地表水), 지하수(地下水)로 구분된다.
>
> 1. 수원의 이용빈도 순서
> 2. 수원을 선정할 때 고려해야 할 사항
> 3. 지하수의 종류와 각각의 특성

1 수원(Water Source)

(1) 물의 순환과정

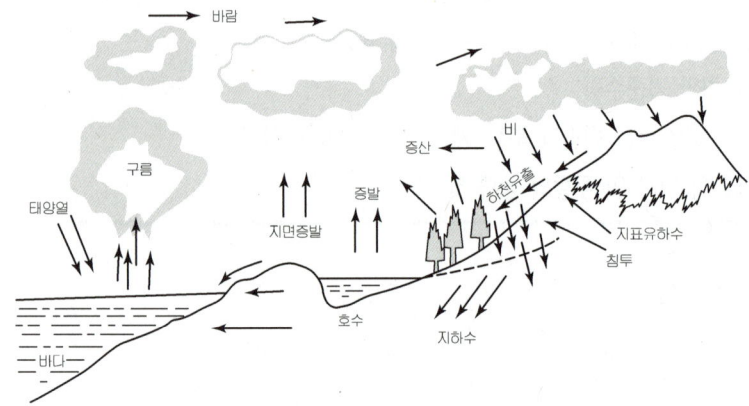

물의 순환 모식도

학습POINT

■ 물순환 과정의 인자
① 증발 및 증산
② 강수
③ 차단 및 저류
④ 침투 및 침루
⑤ 유출

▶ 09㉮ 00, 03, 07, 08, 09, 14, 18㉱
· 수원 종류 및 특성

■ 상수도 수원이용 분포
 (우리나라, 2008년 기준)

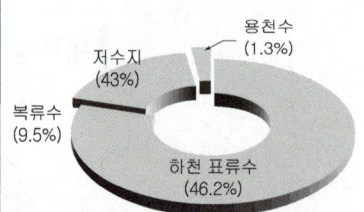

(2) 수원(水源)의 종류

수원		
	천수 (天水)	· 우수(빗물)가 천수의 주종을 이룬다. · 가장 순수(純水)에 가까우나, 최근 대기오염으로 수질이 악화되고 있다 · 상수원으로는 수량이 적고 일정하지 못하여 **부적합**하다. (도서지방 등 특수지역에서 사용한다.)
	지표수 (地表水)	· 하천수, 호소수, 저수지수 등으로 구성된다. · 수원으로 가장 널리 이용되며 그 중 하천수를 가장 많이 사용한다. · 주위의 오염원으로 인해 **오염가능성**이 높고, 기상의 영향을 받기 쉽다.
	지하수 (地下水)	· 천층수, 심층수, 복류수, 용천수 등으로 구성된다. · 무기질이 풍부하며 경도가 높고 지표수보다 수질이 깨끗하다. · 지표수 다음으로 수원으로 많이 이용된다.

※ 수원의 이용빈도 순서 : 지표수(하천수) > 지하수 > 천수

(3) 수원(水源)선정시 고려사항
① 계획 취수량이 최대갈수기에도 확보될 수 있도록 수량(水量)이 풍부해야 한다.
② 가능한 한 수질(水質)이 양호하여 정수작업(淨水作業)이 용이해야 한다.
③ 수리권(水利權)이 확보될 수 있어야 한다.
④ 가능한 한 주위에 오염원이 없는 곳이어야 한다.
⑤ 소비지로부터 가까운 곳에 위치해야 한다.
⑥ 건설비 및 유지관리비가 저렴해야 한다.
⑦ 장래 수도시설의 확장이 가능한 곳이어야 한다.
⑧ 수리학적으로 가능한 한 자연유하식을 이용할 수 있는 높은 곳이어야 한다.
⑨ 계절적으로 수량 및 수질의 변동이 적고, 유속은 완만하여야 한다.

2 지하수(地下水)

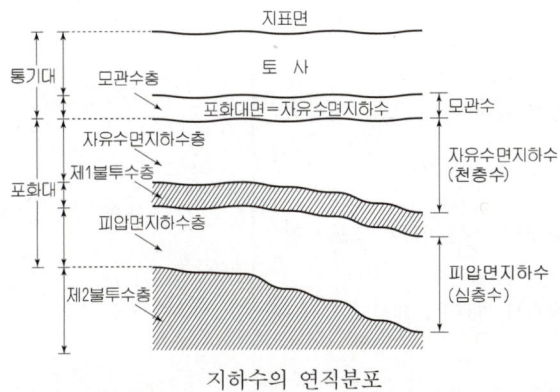

지하수의 연직분포

(1) 자유수면 지하수 (천층수)
① 강수(降水)가 지하로 침투한 뒤 제 1불투수층 위에 고인 물로 자유수면 지하수를 말한다.
② 지층이 얕아 정화가 부족하여 위생상 위험한 경우가 있고 대장균이 발생할 수 있다.
③ 지표면에서 깊지 않아 공기의 투과가 양호하므로 산화작용이 활발하게 진행된다.

(2) 피압면 지하수 (심층수)
① 제 1불투수층과 제 2불수투층 사이의 피압면 지하수를 말한다.
② 대지의 정화작용이 활발하여 무균 또는 이에 가까운 상태의 수질을 유지한다.
③ 수온도 연간 일정하고 물의 성분변화도 적다.
④ 산소가 부족하기 때문에 환원작용을 받을 수가 있다.

- 수원선정시 고려사항

- 지하수 종류 및 특성

■ 지하수의 가장 일반적인 형태는 간극수(間隙水)로 토사(土砂)의 간극을 채우고 있는 물로서 주로 Darcy법칙을 이용하여 지하수의 유동(流動)을 해석하고 있다.

■ Darcy법칙

$$v = k\frac{dh}{dl} = k\,I$$

여기서,
v : 지하수 유속(cm/sec)
k : 투수계수(cm/sec)
dh : 지하수위차(cm)
dl : 흐름방향의 거리(cm)
I : 동수경사

- 심층수의 특성

(3) 복류수(伏流水)
① 하천 및 호소의 바닥이나 변두리의 자갈·모래층에 함유되어 있는 물을 말한다.
② 철(Fe), 망간(Mn) 및 부유물질의 함유량이 적고 수량(水量)도 풍부해 수원으로 가장 적합하다.
③ 수원으로 이용할 경우 수질이 양호하여 침전과정을 생략할 수 있다.

▶ 99㉆ 96, 12, 14, 18, 20㉓
· 복류수의 특성

(4) 용천수(湧泉水)
① 피압 지하수면이 지표면 상부에 있을 경우 지하수가 자연스럽게 지표로 용출되는 지하수를 말한다.
② 성질이 피압면 지하수와 비슷해 깨끗하고 세균도 적다.
③ 한 곳에서 대량의 물을 얻을 수 없어 상수도의 수원으로 이용되는 경우가 희박하다.

▶ 15, 19㉆ 95, 03, 08, 11, 13, 19㉓
· 용천수의 특성

3 미래의 수자원 및 수원

(1) 중수도(中水道 : Wastewater reclamation)
① 정의 : 한번 사용한 수돗물을 생활용수, 공업용수 등으로 재활용할 수 있도록 다시 처리하는 수도시설
② 형태 및 분류
 ㉠ 개방순환식 : 자연유하식, 유황(流況)조정식, 지표면의 산포·침투식
 ㉡ 폐쇄순환식 : 개별순환식, 지구(지역)순환식, 광역순환식

(2) 해수의 담수화(Desalting)
① 지구상의 물 중에서 98%를 차지하고 있는 해수의 담수화는 장차 수자원 개발에 큰 기대를 모으고 있으며 관심사항이다.
② 방법
 ㉠ 증류법(증발법 : 증기압축법)
 ㉡ 냉각법(LNG 냉열이용법)
 ㉢ 역삼투법(Reverse Osmosis)
 ㉣ 이온삼투법
 ㉤ 전기투석법
 ㉥ 투과기화법
 ㉦ 탈광화법(이온교환법)

▶ 14, 15㉆ 10, 13㉓
· 해수의 담수화 방법

■ 역삼투법
① 역삼투막을 이용하여 해수 중의 염분(용해성 물질)을 제거하는 막 여과공법
② 염화나트륨 제거율 : 99% 이상

핵 심 문 제

1 다음 상수도 수원에 관한 설명 중 틀린 것은? [97 ㉮]

㉮ 수원은 일반적으로 지표수, 지하수, 천수 등으로 대별할 수 있다.
㉯ 저수지수는 부영양화 현상에 의한 조류의 발생이 하천수보다 많다.
㉰ 현재 공공 상수도 수원으로서 지표수 이용량이 지하수 이용량보다 적다.
㉱ 복류수는 지표수에 비하여 수질면에서 일반적으로 양호하다.

2 다음 수원 중 수질의 변화가 계절적인 요인에 의해 가장 크게 영향을 받는 것은? [99 ㉮]

㉮ 하천수
㉯ 호소수
㉰ 지하수
㉱ 천수

3 각종 수원에 관한 다음의 비교 설명 중 옳은 것은? [97 ㉰]

㉮ 천수는 수질이 좋고 수량확보도 쉽다.
㉯ 지표수는 오염피해를 받기 쉬운 단점이 있다.
㉰ 복류수는 하천 상류에서 크게 확보할 수 있다.
㉱ 용천수는 지표수에 속한다.

4 수량이 풍부하면서 수질도 양호하고, 철분, 망간 등의 광물질 함량도 적어 수원(水源)으로 가장 적합한 것은? [96 ㉰]

㉮ 용천수
㉯ 심층수
㉰ 천층수
㉱ 복류수

5 취수원으로서 하천이나 호수의 바닥 또는 측면부의 자갈 및 모래층에 포함되어 있는 물로서 지표수에 비해 수질이 양호하며 보통 침전지를 생략하는 지하수는? [99 ㉮]

㉮ 천층수
㉯ 심층수
㉰ 용천수
㉱ 복류수

해 설

해설 1
지표수
현재 공공 상수도 수원으로 가장 많이 이용되고 있는 것으로 지하수 이용량보다 훨씬 크다.

해설 2
하천수의 수질
기상, 기후의 영향을 가장 크게 받는다. 보통 가뭄시에는 최소유량이 되어 수질이 악화되며, 홍수시에는 최대유량이 되어 탁도가 아주 높아지는 등 계절에 따라 수질이 많이 변한다.

해설 3
수원별 특징
㉮ 천수 : 상수원으로는 수량이 적고 일정하지 못하여 적당하지 않다.
㉰ 복류수 : 하천이나 호수의 바닥 또는 변두리의 자갈, 모래층에 함유되어 있는 물이다.
㉱ 지하수 : 복류수, 용천수, 천층수, 심층수

해설 4
복류수
철(Fe), 망간(Mn) 등의 광물질 함유량이 적고 수량도 천층수에 비해 양호하여 수원으로 가장 적합하다. 그러나 우리나라에는 복류수를 수원으로 하는 경우가 많지 않다.

해설 5
복류수
하천이나 호수의 바닥 또는 측면부의 자갈 및 모래층에 포함되어 있는 물로서 지표수에 비해 수질이 양호해 보통 침전지를 생략할 수 있으며 수원으로 가장 적합하다.

정답 1. ㉰ 2. ㉮ 3. ㉯ 4. ㉱ 5. ㉱

6 우리나라 상수도 원수의 대부분을 차지하는 것은 다음 중 어느 것인가?
[99 산]

㉮ 강수
㉯ 저수지수
㉰ 복류수
㉱ 하천수

7 수원을 선택할 때 갖추어야 할 구비요건에 해당되지 않는 것은?
[99, 05, 07, 13, 14, 19 ㉮ 11, 13, 16, 17, 18 산]

㉮ 수량이 풍부하여야 한다.
㉯ 수질이 좋아야 한다.
㉰ 가능한 한 낮은 곳에 위치하여야 한다.
㉱ 상수 소비지에서 가까운 곳에 위치하여야 한다.

8 수원의 종류를 구분할 때 지표수에 해당하지 않는 것은? [08, 18 산]

㉮ 용천수
㉯ 하천수
㉰ 호소수
㉱ 저수지수

9 천수(天水)에 관한 다음 설명 중 옳지 않은 것은?

㉮ 자연수 중에서 가장 깨끗하다
㉯ 지표수, 지하수는 모두 천수에 기인된다.
㉰ 천수는 지면에서 강하하여 증발, 삼투, 유출의 부분으로 나뉜다.
㉱ 천수는 대기오염으로 인해서 알칼리성이다.

10 다음 지하수에 대한 설명 중 적당하지 않은 것은?

㉮ 지하수는 우수나 지표수가 지층(地層)을 침투하여 지하로 스며든 물이다.
㉯ 지하수는 부유물질, 유기물 등이 지표수에 비해 높다.
㉰ 지하수의 수온은 연중 거의 일정하게 유지된다.
㉱ 지하수는 천층수, 심층수, 복류수 등으로 구분한다.

해 설

해설 6
수원의 이용순서
지표수(하천수) > 지표수(저수지수) > 지하수 > 천수

해설 7
수원의 구비요건
① 계획수량을 확실히 취수할 수 있을 것
② 수질오염을 받을 우려가 적을 것
③ 유지관리가 용이할 것
④ 장래의 시설확장에 유리할 것
⑤ 수리권확보가 가능할 것
⑥ 상수 소비지에서 가까운 곳에 위치할 것
⑦ 가능한 한 높은 곳에 위치하여 자연유하에 필요한 높이를 확보해야 할 것

해설 8
지표수(地表水)
하천수, 호소수, 저수지수 등이 있다.

해설 9
천수
우수(雨水)가 대부분이며 우수는 최근에 대기오염으로 인해 대기중에 섞여 있는 SO_2 등의 용해로 산성(酸性)인 상태, 즉 산성비가 많이 내리고 있는 실정이다.

해설 10
지하수
지표수에 비해 오염정도가 작아 수질이 상당히 깨끗하지만 광물질(鑛物質), CO_2, NH_3 등을 많이 함유하고 있다.

정답 6. ㉱ 7. ㉰ 8. ㉮ 9. ㉱ 10. ㉯

| | 해 설 |

11 상수원 선정시 고려사항 중 적합하지 않은 것은? [00, 17 ㈛]

㉮ 계획취수량은 평수기에 확보할 수 있다면 된다.
㉯ 수리권이 확보될 수 있어야 한다.
㉰ 건설비 및 유지 관리비가 저렴하여야 한다.
㉱ 장래 수도시설의 확장이 가능한 곳이 바람직하다.

해설 **11**
상수원 선정시 계획취수량
갈수기에도 확보할 수 있어야 한다.

12 상수도의 수원이 갖추어야 할 조건으로 부적합한 것은? [00 ㈛]

㉮ 계획수량이 장래에까지 확보 가능할 것.
㉯ 수질이 양호하고 장래 오염의 우려가 적을 것.
㉰ 유속이 매우 빠를 것.
㉱ 수리권의 획득이 용이할 것.

해설 **12**
수원의 조건
유속이 너무 빠르면 하상에 침전되어 있는 퇴적물들이 함께 취수될 가능성이 있으므로 원수의 수질이 악화될 염려가 있다.

13 다음 중 하천 표류수를 수원(水源)으로 할 경우 기준이 되는 하천수량은? [01 ㈎]

㉮ 홍수량
㉯ 갈수량
㉰ 평수량
㉱ 최대홍수량

해설 **13**
하천 표류수를 수원으로 할 경우
하천유량 상황이 좋지 않은 갈수량을 기준으로 수원을 결정한다.

14 다음 중 수원 선정시 고려하지 않아도 무방한 것은? [02 ㈎]

㉮ 갈수기의 수량
㉯ 갈수기의 수질
㉰ 장래 예측되는 수질의 변화
㉱ 홍수시의 수량

해설 **14**
수원선정시의 고려사항
① 갈수기의 수량과 수질
② 장래의 수질변화
③ 수리권

15 수원(水源)에 관한 설명 중 틀린 것은? [03, 15, 19 ㈎ 11, 13, 19 ㈛]

㉮ 용천수는 지하수가 자연적으로 지표로 솟아난 것으로 그 성질은 대개 지표수와 비슷하다.
㉯ 심층수는 대지의 정화작용으로 인해 무균 또는 거의 이에 가까운 것이 보통이다.
㉰ 복류수는 어느 정도 여과된 것이므로 지표수에 비해 수질이 양호하며, 대개의 경우 침전지를 생략할 수 있다.
㉱ 천층수는 지표면에서 깊지 않은 곳에 위치함으로써 공기의 투과가 양호하므로 산화작용이 활발하게 진행된다.

해설 **15**
용천수(湧泉水)
피압 지하수면이 지표면 상부에 있을 경우 지하수가 자연적으로 지표로 솟아나는 지하수로서 그 성질은 피압면 지하수와 대개 비슷함

정답 11. ㉮ 12. ㉰ 13. ㉯ 14. ㉱ 15. ㉮

2 취 수

학습방향

취수란 원수(原水)를 수원에서 필요한 수량(水量)만큼 취입하는 과정을 말한다.
1. 계획취수량 설정시 기준이 되는 급수량 및 여유수량
2. 취수지점 선정시 조사 및 고려사항
3. 취수시설의 종류 및 특성
4. 수원별 취수시설의 종류

1 취수

(1) 계획취수량

① 기준수량 : **계획 1일 최대급수량**을 기준으로 한다.
② 여유수량 : 각종 상수도시설에서의 손실과 세척수 등 생산용수를 고려하여 5~10%정도 추가한다.(원칙 : 10%)

(2) 취수지점 선정
① 취수지점의 선정요건
㉠ 계획수량을 확실히 취수할 수 있어야 한다.
㉡ 수질오염을 받을 우려가 적어야 한다.
㉢ 유지관리가 용이해야 한다.
㉣ 해수의 영향이 없어야 한다.
㉤ 수리권 확보가 가능해야 한다.
㉥ 건설비와 유지비가 저렴해야 한다.
㉦ 장래의 시설확장에 유리해야 한다.

② 취수지점 선정시 조사사항
㉠ 최대홍수량, 최대갈수량, 홍수량, 갈수량, 평수량
㉡ 최대홍수수위, 평수위 및 최대갈수위
㉢ 강우와 탁도 및 기타 수질과의 상관관계
㉣ 최대탁도, 염분농도
㉤ 계절에 따른 수질의 변동
㉥ 수리권

학습POINT

▶ 98, 00, 08, 12㉠
96, 98, 08, 09, 14, 15, 16, 17㉣
· 계획취수량의 기준수량

■ 평수량(平水量)과 평수위(平水位)
1년중 185일간 이보다 내려가지 않는 수량과 수위를 말한다.

■ 갈수량(渴水量)과 갈수위(渴水位)
1년중 355일간 이보다 내려가지 않는 수량과 수위를 말한다.

▶ 95㉠ 99, 01, 02, 13㉣
· 취수지점 선정시 조사사항, 요건

2 수원별 취수지점의 선정

(1) 하천표류수의 취수지점
① 수심의 변화, 하상의 상승 및 하저에 대비해 유속이 완만한 곳이어야 한다.
② 취수지점 및 그 주위지역의 지질이 견고하고 비상사태에 의한 취수의 방해 및 시설 피해가 없는 곳이어야 한다.
③ 하수에 의한 오염, 바닷물 역류에 영향을 받지 않는 곳이어야 한다.
④ 장래의 하천개수 계획을 고려하여 그 실시에 영향을 받지 않는 곳이어야 한다.

▶ 02㉠ 09㈜
· 하천수 취수지점 조건

(2) 호소수의 취수지점
① 하수의 유입이 있는 곳을 피하고 바람, 물의 흐름으로 인한 침전물이 교란될 가능성이 적은 곳이어야 한다.
② 항로에 가까이 위치한 곳은 피해야 한다.

▶ 97, 99㉠ 98㈜
· 취수깊이

■ 얕은 호수나 저수지에서의 취수는 수면으로부터 3~4m, 큰 호수는 10m 이상 깊은 곳에서 취수해야 한다.

(3) 지하수의 취수지점
① 해수의 영향을 받지 않고, 부근의 우물이나 집수매거에 영향을 적게 미치는 곳이어야 한다.
② 천층수나 복류수의 경우에는 오염원에서 15m 이상 떨어져 장래의 오염에 영향을 받지 않는 곳이어야 한다.
③ 복류수는 유로(流路)의 변화, 하상(河床) 등을 고려하여 하천개수계획에 지장이 없는 곳이어야 한다.

3 수원별 취수시설

(1) 하천지표수의 취수시설
① 취수관(Intake Pipe)
  ㉠ 수중(水中)에 관을 부설하여 취수하며 수위변화에 영향을 받지 않고 안전하게 취수할 수 있는 지점에 설치한다.
  ㉡ 취수구에 스크린(screen)을 설치하여 부유물 등의 유입을 방지한다.
  ㉢ 유입속도 : 0.8m/sec 이하

▶ 05, 07, 14, 19㈜
· 하천수 취수시설의 종류

■ 하천수 취수시설
① 취수문
② 취수언(取水堰)=취수보
③ 취수탑
④ 취수관(거)
⑤ 취수틀 : 제외 되기도 함

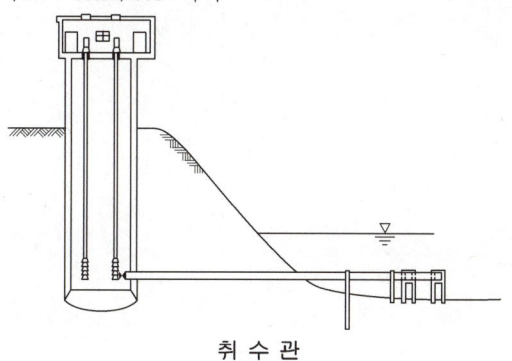

취 수 관

② 취수문(Intake Gate)
  ㉠ 직접 하안(河岸)에 **취수구를 설치**하며 콘크리트 암거구조로 구성된다.
  ㉡ 하천의 중·상류부 지반이 견고한 지점에 설치하는 경우가 많다.
  ㉢ 지반의 부등침하나 암거시공시 이음, 균열 등으로 누수발생의 우려가 있다.
  ㉣ 일반적으로 **농업용수의 취수**나 하천유량이 안정된 곳의 취수에 사용된다.
  ㉤ 유입속도 : 0.8m/sec 이하

▶ 97, 09, 11 ㉎ 97, 99, 10, 16 ㉑
· 농업용수의 취수시설(취수문)

■ 취수문
① 취수구에 스크린, 수문, 수위 조절판 설치
② 토사나 부유물의 유입방지가 불가능함

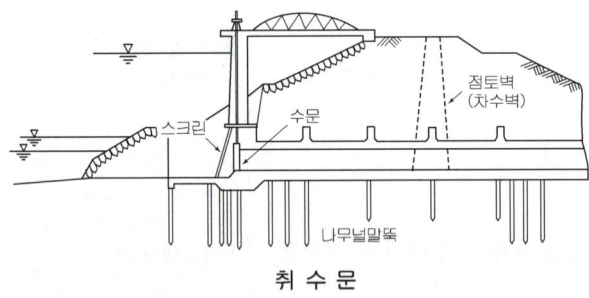
취 수 문

③ 취수탑(Intake Tower)
  ㉠ **대량 취수**시 유리하며, 여러 수위(水位)에서 취수가 가능하도록 각각 다른 높이에 여러 개의 취수구를 설치하여 양질의 물을 취수할 수 있다.
  ㉡ **연간 수위변화가 큰 지점**에서 안정된 취수를 가능하게 한다.
  ㉢ 하천의 중·하류부, 저수지 및 호소 등에서 널리 사용된다.
  ㉣ 최소 수심 : 2m 이상
  ㉤ 토사유입이 큰 하천 : 유입속도 15~30cm/sec 정도
  ㉥ 호소, 댐 : 유입속도 1~2m/sec

▶ 09, 16 ㉎ 02, 04, 06, 07, 08, 09 14, 15, 16, 18, 19 ㉑
· 취수탑의 특성

■ 취수탑
① 갈수기에도 일정 이상의 수심이 확보가능
② 유지관리가 용이하나 건설비가 많이 듬
③ 제내지의 도수방식은 자연유하식과 펌프압송식 모두 가능
④ 지형의 제약받지 않음

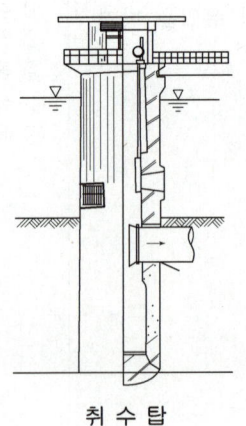
취 수 탑

④ 취수언(취수보)

㉠ 하천의 흐름방향에 직각방향으로 댐을 축조하여 물을 막아 하천의 수위를 높여서 수문에 의하여 조절되는 취수구를 통하여 물을 취수하는 시설이다.
㉡ 고정보(전폭위어)일 경우 홍수시 취수구의 주변수위가 상승할 우려가 있으므로 하천의 협곡부를 피하여 설치한다.
㉢ 대하천에 적당한 시설이다.
㉣ 유입속도 : 0.4~0.8 m/sec

▶ 09, 19㉠ 99, 10㉺
· 취수언의 특성

■ 취수언
① 하천유량(유황)의 불안정시 적합
② 대량 취수에 적합한 가장 안정된 취수시설

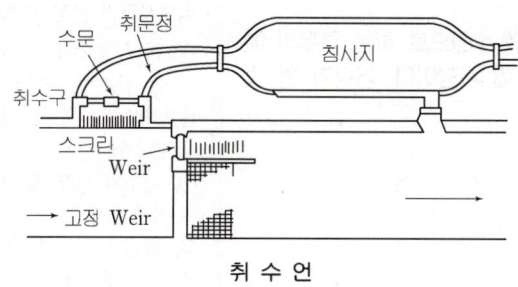

취 수 언

⑤ 취수틀(Intake Cribs)

㉠ 하천이나 호소 등의 수중에 설치되는 시설로서 소량취수시 적당하다.
㉡ 하상이나 호소바닥의 변화가 큰 곳에서는 부적절하며, 안정된 하상의 경우에 적합하다.
㉢ 최소 수심이 3m이상인 장소에 사용된다.
㉣ 유입속도 : 하천의 경우에 15~30cm/sec, 호소 및 저수지의 경우는 1~2m/sec가 되도록 한다.

(2) 호소(湖沼) 및 저수지수(貯水池水)의 취수시설

① 하천수와 마찬가지로 취수관, 취수탑, 취수문 등을 많이 이용한다.
② 비교적 수심이 깊지 않은 자연호소에서는 취수틀을 많이 사용한다.
③ 인공저수지에서는 주로 댐의 본체에 취수시설이 설치되어 있다.
④ 하천수 취수시설 중 취수언은 사용하지 않는다.

▶ 09, 13㉠ 99㉺
· 호소·저수지수의 취수시설 종류

■ 호소 및 저수지수 취수시설
① 취수문
② 취수탑
③ 취수관(거) : 제외되기도 함
④ 취수틀

핵 심 문 제

1 상수도시설 계획시 계획취수량의 결정은 다음 중 어느 것에 기준을 두는가? [98㉮ 14, 17㉯]

㉮ 1일 최대급수량
㉯ 시간 최대급수량
㉰ 1일 평균급수량
㉱ 시간 평균급수량

2 다음은 상수도 시설 계획 중에서 하천표류수를 수원으로 하는 경우의 예정 취수지점에 대해서 장기적으로 조사되어야 할 사항이다. 거리가 먼 것은? [95㉮]

㉮ 수량과 수위
㉯ 수리권
㉰ 수질
㉱ 유속

3 저수지나 호소를 수원으로 할 경우 수면으로부터 약간 깊은 곳에서 취수해야 하는 가장 중요한 이유는? [98㉯]

㉮ 수표면에는 부유물질이 많기 때문이다.
㉯ 성층현상과 계절에 따른 전도로 인한 수질을 고려하기 때문이다.
㉰ 겨울철에는 결빙으로 인하여 표면수의 취수가 곤란하기 때문이다.
㉱ 물맛이 좋고, 냄새가 없기 때문이다.

4 취수탑에 대한 설명으로 잘못된 것은? [04㉯]

㉮ 년중 수위변화의 폭이 큰 지점에는 부적합하다.
㉯ 취수탑의 취수구 전면에는 스크린을 설치한다.
㉰ 최소 수심이 갈수기에도 2m 이상 확보되어야 한다.
㉱ 토사유입의 가능성이 큰 하천에서는 유입속도를 15~30cm/sec 정도로 한다.

5 얕은 호수나 저수지로부터 취수하는 경우 취수지점은 수면으로부터 몇 m 정도 떨어져 있어야 가장 좋은가? [97, 99㉮]

㉮ 0~1m
㉯ 1~2m
㉰ 3~4m
㉱ 5~6m

해 설

해설 1
상수도시설 계획시 계획취수량
1일 최대급수량을 기준으로 하며, 그외에 각종 시설에서의 손실과 정수장내에서의 세척수 등 생산용수 포함하여 5~10%정도 여유를 둔다.

해설 2
취수지점의 선정시 조사해야 할 사항
① 최대 홍수량, 최대 갈수량, 홍수량, 갈수량, 평수량
② 최대 홍수수위, 평수위 및 최대 갈수위
③ 강우와 탁도 및 기타 수질과의 상관관계
④ 최대 탁도, 염분농도
⑤ 계절에 따른 수질의 변동
⑥ 수리권

해설 3
외부의 온도변화, 난류(수질교란), 결빙 등의 영향을 받지 않기 위해 얕은 호수나 저수지에서의 취수는 수면으로부터 3~4m, 큰 호수는 10m 이상 깊은 곳에서 취수해야 한다. 특히, 우리나라는 겨울에 저수지나 호소가 결빙될 가능성이 높아 취수량 확보차원에서 수면에서 약간 깊은 곳에서 취수해야 한다.

해설 4
취수탑(Intake Tower)
① 대량 취수시 유리하다.
② 연간 수위변화가 큰 지점에서 사용된다.
③ 하천의 중·하류부, 저수지 및 호소 등에서 사용된다.

해설 5
얕은 호수나 저수지에서의 취수 수면으로부터 3~4m, 큰 호수는 10m 이상 깊은 곳에서 취수해야 한다.

정답 1. ㉮ 2. ㉱ 3. ㉯ 4. ㉮ 5. ㉰

6 하안에 직접 취수구를 설치하는 방식으로 일반적인 농업용수의 취수에 쓰여지는 구조와 유사한 취수시설은? [99 ㈛]

㉮ 취수탑 ㉯ 취수조
㉰ 취수문 ㉱ 취수관거

해설 6
취수문
직접 하안(河岸)에 설치하며 농업용수 및 하천유량이 안정된 곳의 취수에 사용된다.

7 호수나 저수지를 수원으로 사용할 경우 취수방법으로 적절하지 않은 것은? [99 ㈛]

㉮ 취수언에 의한 방법
㉯ 취수탑에 의한 방법
㉰ 취수관에 의한 방법
㉱ 취수문에 의한 방법

해설 7
취수언
하천수를 취수할 때 이용된다.

8 계획취수량의 결정에 대한 설명으로 옳은 것은? [15 ㈛]

㉮ 계획1일 평균급수량에 10%정도 증가된 수량으로 한다.
㉯ 계획1일 최대급수량에 10%정도 증가된 수량으로 한다.
㉰ 계획1일 평균급수량에 30%정도 증가된 수량으로 한다.
㉱ 계획1일 최대급수량에 30%정도 증가된 수량으로 한다.

해설 8
계획취수량
계획 1일 최대급수량을 기준으로 하며 그외에 상수도시설 등에서의 손실과 세척수 등 생산용수를 고려해서 10%정도 여유를 둔다.

9 급수인구가 5,000명인 도시에 1일 1인 최대급수량이 200L일 때 계획취수량은 얼마인가?

㉮ 1,000m³/day
㉯ 1,100m³/day
㉰ 1,200m³/day
㉱ 1,300m³/day

해설 9
① 계획 1일 최대급수량(Q)=계획 1인 1일 최대급수량×급수인구
∴ Q = 200×5,000
　 = 1,000,000(L/day)
　 = 1,000(m³/day)
② 계획취수량 = Q+(Q×10%)
　 = 1,000m³/day
　 　+(1,000×0.1)m³/day
　 = 1,100(m³/day)

10 취수탑에 관한 다음 사항 중 맞지 않는 것은?

㉮ 취수관에 비해 건설비가 많이 든다.
㉯ 수위의 변화가 적은 곳에 적합하다.
㉰ 취수관에 비해 양질의 물을 취수할 수 있다.
㉱ 하천수 취수방법으로 비교적 널리 사용되고 있다.

해설 10
수위변화가 작은 곳에는 취수관을 설치하며 취수탑은 수위변화가 큰 곳에 설치한다.

11 하천수의 취수지점으로 적당하지 않은 곳은? [00 ㈎]

㉮ 상류에서 공장폐수, 하수의 유입이 없는 곳
㉯ 계획취수량을 확실히 취수할 수 있는 곳
㉰ 빠른 유속으로 충분한 유량을 확보할 수 있는 곳
㉱ 하상침하, 지반침하, 유량감소 등에 의하여 해수의 혼입이 되지 않는 곳

해설 11
취수지점의 유속이 빠를 경우 하상(河床)에 침전되어 있던 탁질 등이 부상할 수 있으므로 양질의 물을 취수하기 어렵다.

정답 6.㉰ 7.㉮ 8.㉯ 9.㉯ 10.㉱ 11.㉰

3 저수지 취수

학습방향

저수지 용량을 결정할 때에는 가정법과 유량누가곡선법 등을 이용한다.
1. 저수지 위치 선정시 고려해야 할 사항
2. 가정법
3. 유량누가곡선법

1 저수지 위치 및 용량

(1) 저수지 위치 선정시 고려사항
① 작은 댐으로 필요한 저수량을 확보할 수 있어야 한다.
② 저수지바닥의 지질이 좋아야 한다.
③ 저수지 축조로 인한 용지의 지가보상 대상이 적어야 한다.
④ 집수면적이 넓고 수원보호가 유리해야 한다.
⑤ 수요지에 가까울수록 좋고 가급적 **자연유하식**으로 도수할 수 있어야 한다.
⑥ 수심이 비교적 깊어야 한다.
⑦ 댐의 건설재료를 얻기 쉬운 장소이어야 한다.

(2) 저수지 용량 결정
① 하천유량의 저류량, 계획취수량, 방류수량, 손실수량(증발, 침투) 등을 고려하여 결정한다.
② **저수지의 유효저수량**은 과거 기록들 중에서 **최대갈수년(最大渴水年)** 을 기준으로 산출하는 것이 이상적이지만 경제적인 면을 고려하여 **10년 빈도정도의** 갈수년을 기준으로 정한다.
③ 용량 결정방법에는 **가정법, 유량 누가곡선법, 강우자료 이용법, 물수지 계산법, 유량 도표법**이 있다.
  ㉠ 강우량이 많은 지방은 총강우량의 120일분을 기준으로 용량을 결정한다.
  ㉡ 강우량이 적은 지방은 총강우량의 200일분을 기준으로 용량을 결정한다.

2 저수지 용량(유효 저수량) 결정방법

(1) 가정법(假定法)
① 연평균 강우량으로부터 계획 1일 평균 급수량의 배수(倍數)로 표현되는 저수용량을 결정하는 방법을 말한다.

학습 POINT

■ 집수구역(集水區域)
하나의 하천(河川)에 강수(降水)가 집중하는 유역을 말하며 하천유역이라고도 한다.

■ 분수계(分水界, water shed)
집수구역의 외곽선을 말하며, 상류의 산지에서는 대개 산맥으로 갈라지나 하류의 평지에서는 지표유역과 지하수의 집수구역과 일치하지 않으므로 유역을 명확히 판정하기가 어렵다.

▶ 01, 20㉮
· 저수지 유효저수량의 빈도, 결정방법

▶ 96, 99, 00㉮
· 가정법의 저수지 용량 계산

② $C = \dfrac{5,000}{\sqrt{0.8R}}$

여기서 C : 저수지 용량(계획 1일 평균 급수량의 배수)
R : 연평균 강우량(mm)

(2) 유량 누가곡선법(Ripple's Method)
① 하천의 유출량 누가곡선(累加曲線)을 그려서 이론적으로 저수지 용량을 산출하는 방법을 말한다.
② 과거 수년간에 걸친 매월(每月) 우량을 조사한 후 증발(蒸發) 등에 의한 손실수량을 조사하여 매월의 유출량을 계산하여 유출량 누가곡선을 구한다.
③ 매월의 소요수량, 즉 소비량의 누가곡선을 구하는데 매월 소비량은 시간에 따른 유량변화가 극히 적어 거의 직선을 나타낸다.

■ 유역면적(流域面積)
분수계 내의 면적을 말하고, 구적기(planimeter)로 측정하여 구한다.

▶ 99, 05, 07, 09, 12, 14, 15, 16, 19 ㉮
96, 02, 06, 16, 17 ㉱
· 유량 누가곡선법의 특성

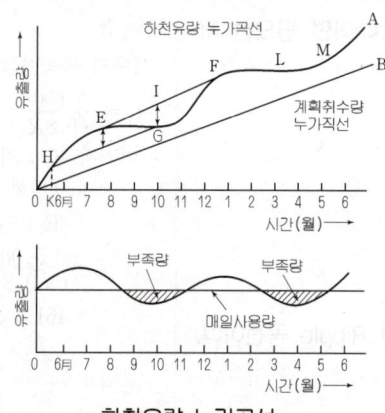

하천유량 누가곡선

④ 그래프 작성 순서
㉠ OA곡선 : 조사자료를 이용하여 하천 유출량 누가곡선(저수지로의 유입 누가수량) OA를 그린다.
㉡ OB직선 : 계획 취수량 누가곡선(저수지로부터의 유출 누가수량)인 OB를 그리는데, 대개 직선으로 간주한다.
㉢ EG, LM구간 : 저수지로의 유입수량이 소요수량보다 적은 기간(저수지 수위가 낮아짐)을 나타낸다.
㉣ EG기간의 부족수량 : E점에서 OB직선에 평행하게 EF직선을 긋고, 여기서 최대 세로길이 IG를 구할 수 있는데 이 IG가 구하고자 하는 부족수량(유효저수량)이 된다.
㉤ LM기간의 부족수량도 같은 방법으로 구할 수 있으며, 이러한 여러 개의 구간 최대 세로길이 중에서 가장 큰 것을 택하면 이것이 바로 이상적인 소요저수지용량(所要貯水池容量)이 된다.
㉥ 저수를 시작하는 날 : 만약 IG가 구하고자 하는 저수지용량 이라면 G점에서 OB직선에 평행하게 그어 OA곡선과 만나는 점 H에 해당하는 날, 즉 K날부터 저수를 시작한다.

핵심문제

1 얕은 호수나 저수지로부터 취수하는 경우 취수지점은 수면으로부터 몇 m정도 떨어져 있어야 가장 좋은가? [97, 99 ㉮]

㉮ 0~1m ㉯ 2~3m
㉰ 3~4m ㉱ 4~5m

2 저수지의 용량을 결정할 때 강우량이 많은 지방과 적은 지방에서는 각각 몇일분씩을 계획용량으로 하는가?

㉮ 120일, 200일 ㉯ 160일, 220일
㉰ 180일, 230일 ㉱ 200일, 250일

3 어떤 도시의 집수 수역에서 연평균 강우량이 1,200mm이면 필요한 저수 용량은? (단, 가정법에 의한 산출임) [96 ㉰]

㉮ 1일 계획 급수량의 162일분
㉯ 1일 계획 급수량의 200일분
㉰ 1일 계획 급수량의 267일분
㉱ 1일 계획 급수량의 365일분

4 다음은 급수용 저수지의 유효저수량을 결정하기 위한 Ripple 곡선이다. 저수지의 수위가 가장 높아지는 때는? [02, 06, 16 ㉰]

㉮ 0시점
㉯ L시점
㉰ M시점
㉱ N시점

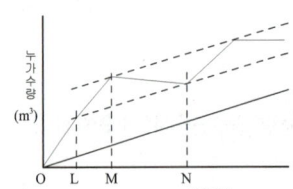

5 상수의 수원으로 저수지를 사용하려고 한다. 저수지 용량을 결정방법인 가정법에서 mm단위로 나타낸 연평균 강우량 R로부터 계획1일급수량의 배수 C를 얻었다. 이 C를 구하는 식은 어느 것인가?

㉮ $C = \dfrac{200}{\sqrt{0.8R}}$ ㉯ $C = \dfrac{5,000}{\sqrt{0.8R}}$

㉰ $C = \dfrac{800}{\sqrt{0.8R}}$ ㉱ $C = \dfrac{1,000}{\sqrt{0.8R}}$

해설

해설 1
얕은 호수나 저수지에서의 취수 수면으로부터 3~4m, 큰 호수는 10m 이상 깊은 곳에서 취수해야 한다.

해설 2
강우자료에 의한 저수용량 결정
먼저 강우량이 많은 지방은 총강우량의 120일분, 강우량이 적은 지방은 총강우량의 200일분으로 정한다.

해설 3
저수지 용량결정(가정법)
$$C = \dfrac{5,000}{\sqrt{0.8R}}$$
여기서 C : 저수지의 크기
(계획 1일 급수량의 배수)
R : 연평균 강우량(mm)

∴ $C = \dfrac{5,000}{\sqrt{0.8R}} = \dfrac{5,000}{\sqrt{0.8 \times 1,200}}$
= 161.4 일분 ≒ 162일분

해설 4
Ripple의 유량누가 곡선도
① L시점 : 저수지의 수위 상승시점
　　　　 (저수시작시점)
② M시점 : 저수지의 수위 최대시점
　　　　 (만수시점)

해설 5
저수지 용량결정(가정법)
$$C = \dfrac{5,000}{\sqrt{0.8R}}$$
여기서 C : 저수지의 크기(용량)
(계획 1일 급수량의 배수)
R : 연평균 강우량(mm)

정답 1. ㉰ 2. ㉮ 3. ㉮ 4. ㉰ 5. ㉯

6 어느 도시의 연평균 강우량이 2,000mm이고, 1인 1일 계획급수량을 300L로 할 때 상수원으로 필요한 저수지 용량은 얼마인가? (단, 이 도시의 계획인구는 60,000명임) [99 산]

㉮ 18,000m³
㉯ 180,000m³
㉰ 2,250,000m³
㉱ 2,500,000m³

7 다음은 급수용 저수지의 필요수량을 결정하기 위한 유량 누가곡선도이다. 틀린 설명은? [99, 05, 07, 16 기]

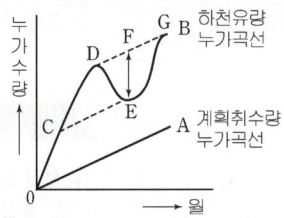

㉮ 유효저수량은 $\overline{EF}$ 이다.
㉯ 저수시작점은 C 이다.
㉰ $\overline{DE}$ 구간에서는 저수지의 수위가 상승한다.
㉱ 이론적 산출방법으로 Ripple's method라 한다.

8 저수지 유효저수량의 결정에 이용되는 기준갈수면의 선정은 몇 년에 한 번 정도의 빈도를 갖는 갈수년을 표준으로 하는가? [01 기]

㉮ 30년
㉯ 25년
㉰ 10년
㉱ 5년

9 다음 중 Ripple's Method 란 무엇을 말하는가?

㉮ 강우량을 산정하는 방법
㉯ 인구를 추정하는 방법
㉰ 하천유량을 측정하는 방법
㉱ 저수지의 용량을 결정하는 방법

10 다음 중 저수지의 설계기준이 되는 수량은 어느 것인가?

㉮ 사용수량의 시간변화
㉯ 사용수량의 일변화
㉰ 사용수량의 월변화
㉱ 사용수량의 1년변화

해 설

해설 6
가정법
① $C = \dfrac{5,000}{\sqrt{0.8R}} = \dfrac{5,000}{\sqrt{0.8 \times 2,000}}$
   $= 125(일분)$
② 계획급수량
   $= 60,000(명) \times 300(L/명 \cdot day)$
   $= 18,000,000(L/day)$
   $= 18,000(m^3/day)$
∴ 저수지 용량 = 계획급수량 × C
   $= 18,000(m^3/day) \times 125(day)$
   $= 2,250,000(m^3)$

해설 7
Ripple의 유량누가곡선도
$\overline{DE}$ 구간에서는 하천유량이 줄어들기 때문에 저수지의 수위도 낮아진다.

해설 8
저수지의 유효저수량 결정
저수지 유효저수량을 결정할 때, 10년 빈도정도의 갈수년을 기준으로 결정함이 경제적이다.

해설 9
Ripple's Method
저수지의 용량을 결정하는 방법이다.

해설 10
저수지나 수원의 용량
계획 1일 평균급수량을 기준으로 설계한다.

정답 6. ㉰ 7. ㉰ 8. ㉰ 9. ㉱ 10. ㉯

4 지하수 취수 및 침사지

> **학습방향**
> 지하수의 종류에 따른 취수시설의 특징 및 관련공식, 그리고 침사지의 제원에 대한 내용들이다.
>
> 1. 지하수 취수시설의 특징 및 양수량 공식
> 2. 집수매거의 구조 및 제원
> 3. 침사지의 제원

1 지하수의 취수시설

(1) 자유수면 지하수(천층수) 취수시설

① 천정호(Shallow Well) : 얕은 우물
  ㉠ 관정(管井)이 제 1불투수층 바닥까지 도달하지 않은 우물을 말하며 관정바닥 및 관측벽(管側壁)으로 취수된다.
  ㉡ 취수된 물의 수질이 양호하지 못하다.

② 심정호(Deep Well) : 깊은 우물
  ㉠ 관정이 제 1불투수층 바닥까지 완전히 도달되므로 관측벽으로만 물을 취수한다.
  ㉡ 천정호에 비해 취수된 물의 수질이 양호하다.

(2) 피압면 지하수(심층수) 취수시설

① 굴정호(Artesian Well) : 굴착정
  ㉠ 제 1불투수층을 뚫고 들어가 2개의 불투수층 사이에 있는 피압지하수를 양수한다.
  ㉡ 양질(良質)의 물을 취수할 수 있다.

(3) 복류수 취수시설

① 집수매거(集水埋渠) : 집수암거(Infiltration Galleries)
  ㉠ 제내지(堤內地) 또는 사구(砂丘) 등의 얕은 곳에 있는 복류수를 취수할 때에는 개거식(open channel)구조로 저부(底部) 또는 측벽(側壁)으로부터 집수하는 구조로 되어 있다.

학습POINT

■ 천정호 양수량(관정 바닥으로만 유입) 공식

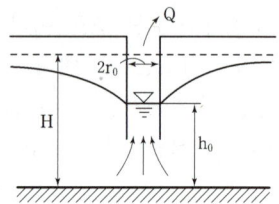

$$Q = 4kr_0(H - h_0)$$

여기서,
Q : 양수량(m^3/sec)
k : 투수계수(m/sec)
r_0 : 우물의 반경(m)
H : 최초 지하수 수위(m)
h_0 : 양수후의 수위(m)

▶ 98, 01, 02㉮
· 굴착정

■ 지하수의 경제적 양수량
 : 양수시험으로부터 구한 최대 양수량의 70%이하

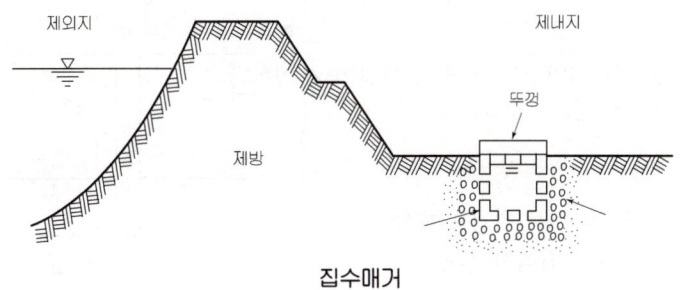

집수매거

ⓒ 하상(河床)밑이나 제내지 등의 비교적 깊은 곳으로부터 취수하는 경우에는 터널식으로 하며 유공(有孔)철근콘크리트관이 주로 사용된다.

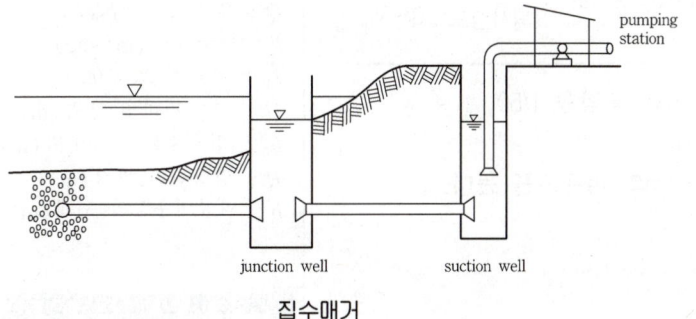

집수매거

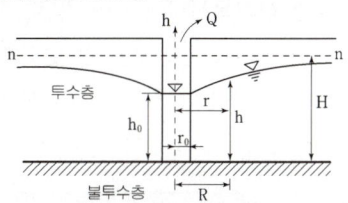

▶ 04, 10 ㉮
· 심정호 양수량 공식

■ 심정호 양수량 공식

$$Q = \frac{\pi k(H^2 - h_0^2)}{2.3 \log(R/r_0)}$$

$$= \frac{\pi k(H^2 - h_0^2)}{\ln(R/r_0)}$$

여기서,
Q : 양수량(m^3/sec)
k : 투수계수(m/sec)
r_0 : 우물의 반경(m)
H : 최초 지하수 수위(m)
h_0 : 양수후의 최종수위(m)
R : 영향원의 반경(m)

② 집수매거의 구조
㉠ 관거의 매설 깊이 : 지표수의 영향을 직접 받지 않도록 복류수의 흐름방향에 직각으로 깊이 **5m 이상 매설**해야 한다.
㉡ 집수공의 유입속도 : 모래가 유입되어 집수공을 폐쇄시키지 않도록 하기 위해 3cm/sec 이하로 설정한다.(직경 : 10~20mm, 수 : 관거표면적 1m² 당 20~30개)
㉢ 집수매거내 유속 : 집수매거 유출단에서 1m/sec 이하가 되도록 한다.
㉣ 집수매거의 경사 : 수평하거나 1/500 이하의 완만한 경사로 한다.
㉤ 접합정(接合井) : 집수매거의 종점 또는 중간 적당한 지점에 손실수두의 감소를 위해 설치된 침사지 겸용의 시설이다.

▶ 98, 01, 03, 08, 09, 15, 17 ㉮
99, 15 ㉯
· 집수매거의 구조

(4) 용천수의 취수시설
① 한 지점에서 집중적으로 용출하는 경우
용출지점에 집수정(集水井)을 축조한 후 도수관(導水管)을 이 집수정내에 설치하여 취수한다.
② 산등성이, 산기슭 등 등고선을 따라 연속적으로 용출하는 경우
집수매거를 설치하여 취수한다.

2 침사지

(1) 취수된 물 속의 모래가 도수관거 내에서 침전하는 것을 방지하기 위해 취수구 바로 하류에 즉, 취수펌프 유입전에 설치한다.

(2) 설치목적
① 취수펌프의 보호 및 도수관에서의 모래침전을 방지하기 위해서이다.
② 정수장의 침전지로의 모래유입을 방지하기 위해서이다.

(3) 제원

구분	용량(체류시간)	평균유속	유효수심	여유고	길이
기준	계획 취수량을 10~20분간 저류할 수 있는 크기(장방형)	2~7cm/sec	3~4m	0.5~1.0m (퇴사심도)	폭의 3~8배

※ • 침사지 바닥구배 : 종방향 1/100, 횡방향 1/50
 • 표면부하율 : 200~500mm/min
 • 상단 높이 : 고수위보다 0.6~1m의 여유고를 둔다.

■ 굴착정 양수량 공식

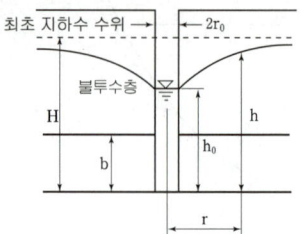

$$Q = \frac{2\pi bk(H - h_0)}{2.3 \log (R/r_0)}$$
$$= \frac{2\pi bk(H - h_0)}{\ln (R/r_0)}$$

여기서,
Q : 양수량 (m^3/sec)
k : 투수계수 (m/sec)
r_0 : 우물의 반경 (m)
H : 최초 지하수 수위 (m)
h_0 : 양수후의 최종수위 (m)
R : 영향원의 반경 (m)
b : 피압대수층의 두께 (m)

▶ 96, 03, 08, 09, 12, 15, 16, 18, 20㈎
98, 15㈛
· 침사지의 제원

■ 제거 가능한 모래입자
① 크기 : 0.1~0.2mm
② 체류시간 : 10~20분

핵심문제

1 자유수면 지하수를 양수하는 우물로서 수질이 상당히 양호한 것은?

㉮ 심정(깊은 우물)
㉯ 굴착정
㉰ 취수탑
㉱ 천정(얕은 우물)

2 피압면 지하수를 양수하는 우물은 다음 중 어느 것인가? [98, 01, 02 ㉮]

㉮ 굴착정
㉯ 심정(깊은 우물)
㉰ 천정(얕은 우물)
㉱ 집수암거

3 복류수(伏流水)를 취수할 때 가장 흔히 쓰이는 취수 방법은 다음 중 어느 것인가? [17 ㉯]

㉮ 취수탑
㉯ 취수문
㉰ 취수틀
㉱ 집수매거

4 상수도 취수시설에 있어서 침사지의 유효수심은 다음 중 어느 것을 표준으로 하는가? [96, 08, 12 ㉮]

㉮ 5~6m
㉯ 4~5m
㉰ 3~4m
㉱ 2~3m

5 하천바닥에 집수매거(集水埋渠)를 매설하여 복류수를 취수할 때 많이 사용되는 흄(Hume)관의 표면에 있는 집수공(集水孔)에 퇴사(堆砂)의 침입을 방지하기 위한 적당한 유입속도는 얼마인가? [99 ㉯]

㉮ 3cm/sec 이내
㉯ 5cm/sec 이내
㉰ 7cm/sec 이내
㉱ 10cm/sec 이내

해설

해설 1
자유수면 지하수의 우물
천정호(shallow well)와 심정호(deep well)가 있다. 이 중에서 심정호가 천정호보다 취수되는 물의 수질이 양호하다.

해설 2
피압면 지하수를 양수하는 우물 굴착정(굴정호, Artesian Well)이다.

해설 3
집수매거
하천 또는 호수바닥 아래에 복류수를 취수하기 위해 구멍 뚫린 유공 철근콘크리트관을 매설한 취수시설

해설 4
침사지의 제원

구 분	기 준
용량	계획취수량을 10~20분간 저류할 수 있는 용량
침사지내의 유속	2~7cm/sec
유효수심	3~4m
여유고	0.5~1m
바닥의 구배	종방향 1/100, 횡방향 1/50

해설 5
집수매거의 구조
① 집수공의 유입속도 : 3cm/sec 이하
② 집수매거내 유속 : 1m/sec 이하
③ 집수매거의 경사 : 1/500 이하

정답 1. ㉮ 2. ㉮ 3. ㉱ 4. ㉰ 5. ㉮

6 다음 중 수원의 취수방법이 잘못 연결된 것은?

㉮ 하천수-취수관 ㉯ 천층수-심정호
㉰ 복류수-취수문 ㉱ 심층수-굴정호

7 우물의 수리에서 자유수면 우물의 평형공식은? (Q=양수량, k=투수계수)

[04, 10 ㉮]

㉮ $Q = \pi k \dfrac{H^2 - h_o^2}{\ln \dfrac{R}{r_o}}$

㉯ $Q = \pi k \dfrac{H^2 - h_o^2}{\log_{10} \dfrac{R}{r_o}}$

㉰ $Q = \dfrac{1}{\pi k} \cdot \dfrac{H^2 - h_o^2}{\ln \dfrac{R}{r_o}}$

㉱ $Q = \dfrac{1}{\pi k} \dfrac{H^2 - h_o^2}{\log_{10} \dfrac{R}{r_o}}$

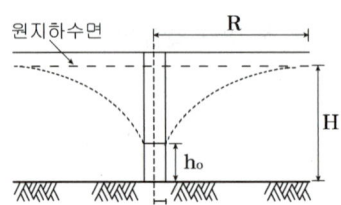

8 다음 그림과 같은 굴착정에서 우물의 취수량은?

(단, $Q = \dfrac{2\pi k b (H - h_0)}{2.3 \log (R/r_0)}$, $k = 0.04 \, \text{m/sec}$)

㉮ 0.152m³/sec
㉯ 0.457m³/sec
㉰ 0.638m³/sec
㉱ 0.847m³/sec

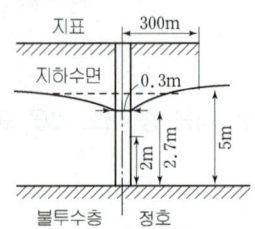

9 다음 설명 중 틀린 것은?

㉮ 복류수는 대체로 양호한 수질이어서 정수처리시 침전지를 생략하는 경우가 많다.
㉯ 용천수의 근원 깊이를 아는 데는 주로 수온으로 측정한다.
㉰ 심층수는 굴정호를 통해 취수한다.
㉱ 천층수를 피압면 지하수라고 한다.

10 다음 중 지하수의 취수시설에 해당하지 않는 것은? [17 ㉮]

㉮ 취수 틀 ㉯ 집수매거
㉰ 얕은 우물 ㉱ 깊은 우물

해 설

해설 6
복류수
보통 집수매거를 통해 취수한다.

해설 7
자유수면 우물의 평형공식
심정호(깊은 우물)
$Q = \dfrac{\pi K (H^2 - h_0^2)}{\ln \dfrac{R}{r_0}}$
$= \dfrac{\pi K (H^2 - h_0^2)}{2.3 \log \dfrac{R}{r_0}}$

해설 8
① $k = 0.04 \, \text{m/sec}$, $H = 5\text{m}$
$h_0 = 2.7\text{m}$, $R = 300\text{m}$
$r_0 = \dfrac{0.3}{2} = 0.15\text{m}$
$b = 2.0\text{m}$

② $Q = \dfrac{2\pi k b (H - h_0)}{2.3 \log (R/r_0)}$
$= \dfrac{2\pi \times 0.04 \times 2 \times (5 - 2.7)}{2.3 \log (300/0.15)}$
$= 0.152 \, (\text{m}^3/\text{sec})$

해설 9
심층수를 피압면 지하수라고 하며 천층수는 자유수면 지하수라 한다.

해설 10
지하수의 취수시설
얕은 우물, 깊은 우물, 굴착정, 집수매거

정답 6. ㉰ 7. ㉮ 8. ㉮ 9. ㉱ 10. ㉮

출제예상문제

CHAPTER 3 수원과 취수

1. 수원에 관한 설명 중 옳지 않은 것은?

㉮ 복류수는 어느정도 여과된 것이므로 지표수에 비해 수질이 양호하며 대개의 경우 침전지를 생략할 수 있다.
㉯ 용천수는 지하수가 자연적으로 지표로 솟아 나온 것으로 그 성질은 대체로 지표수와 비슷하다.
㉰ 천층수는 지표면에서 깊지 않은 곳에 위치하므로 공기의 투과가 양호하므로 산화작용이 활발하게 진행된다.
㉱ 심층수는 대지의 정화작용으로 무균 또는 거의 이에 가까운 것이 보통이다.

[해설]
용천수는 지하수가 자연적으로 지표로 솟아나온 것으로 그 성질은 대체로 지하수와 비슷하다.

2. 다음 중 표류수원이 아닌 것은?

㉮ 피압 대수층 ㉯ 호수
㉰ 저수지 ㉱ 강

[해설]
표류수원에는 하천, 호수, 저수지 등이 있으며, 피압대수층은 지하수에 속한다.

3. 하천수량에 관한 다음 조건 중 수원의 선정 대상으로 적당한 것은?

㉮ 현재 수량은 풍부하나 상류 도시에 공업 생산단지의 조성이 예측된다.
㉯ 현재 수량은 갈수기에 계획 취수량의 확보가 가능하나 상주인구가 많은 공업도시에서 주간이동 인구가 많은 교육·행정도시로의 전환 조성이 예정된다.
㉰ 현재 수량은 풍부하여 하류의 하천 개수공사로 수위의 저하와 하상변동의 예측되며 하류 도시의 발달로 인구가 급증할 것으로 예측된다.
㉱ 현재 수량은 갈수기에 계획 취수량의 확보가 가능하나 주간이동 인구가 많은 교육·행정도시에서 상주인구가 많은 공업 도시로의 개발이 예상된다.

[해설]
㉮ 장래에 공업단지 조성으로 물소비량이 많아지며, 또한 수질악화가 우려되어 수원으로 부적합하다.
㉯ 상주인구는 계획 취수량 계산에 포함되지만 주간이동인구는 계획 취수량 인구에 포함되지 않아 공업도시에서 교육, 행정도시로의 전환은 물소비량이 감소하므로 수원으로 적합하다.
㉰ 하류도시의 발달은 물 소비량의 증가를 초래하므로 수원으로 적합하지 않다.
㉱ 상주인구가 많은 공업도시로의 전환은 물부족을 초래한다.

4. 취수시설 중 취수탑에 대한 설명이다. 틀린 것은?

㉮ 큰 수위변동에 대응할 수 있다.
㉯ 다른 취수시설에 비해 유지관리가 간편하다.
㉰ 유속이 큰 곳에는 설치를 피한다.
㉱ 하수 방류점 부근에는 설치를 피한다.

[해설]
취수탑은 다른 취수시설에 비해 시공과 유지관리가 어렵다.

5. 계획 취수량 산정시에 고려하지 않아도 될 사항은?

㉮ 도수시설에서의 손실
㉯ 송수시설에서의 손실
㉰ 정수장에서의 역세척수
㉱ 누수된 수량

해답 1.㉯ 2.㉮ 3.㉯ 4.㉯ 5.㉱

[해설] 계획 취수량은 계획 1일 최대 급수량이 설계 기준이며 도수, 송수시설에서의 손실, 정수장에서의 역세척수 등의 청소용수가 계획취수량에 추가로 포함된다. 누수에 의한 손실수량은 이미 계획 1일 최대급수량에 포함되어 있으므로 별도로 고려하지 않아도 된다.

6. 취수에 관한 다음 설명 중 틀린 것은?
㉮ 취수문은 하천의 상류에 적합한 취수방식이다.
㉯ 취수탑은 수위변화가 큰 경우에 적합하다.
㉰ 취수량은 일 최대급수량에 10%의 여유를 더해 정한다.
㉱ 자연 유하식은 펌프 압송식에 비해 신뢰성이 떨어진다.

[해설] 자연유하식은 자연적인 압력차에 의해 물을 수송하므로 강제적인 압력을 가하는 펌프 압송식에 비하여 안전하게 물을 수송할 수 있기 때문에 신뢰성이 높다.

7. 하천의 유량은 다음 중 어느 경우가 취수에 가장 바람직한가?
㉮ 하천의 연평균 유량 < 계획 취수량
㉯ 하천의 연평균 유량 > 계획 취수량
㉰ 하천의 최대 갈수량 < 계획 취수량
㉱ 하천의 최대 갈수량 ≥ 계획 취수량

[해설] 하천유량이 가장 부족할 때인 갈수기에도 하천의 최대 갈수량 ≥ 계획 취수량 인 경우이어야만 안정적으로 취수할 수 있다.

8. 연간 수위변화가 크거나 적당한 깊이에서의 취수가 요구될 때 사용되며, 제수 밸브에 의해 취수관을 자유로이 개폐할 수 있는 취수시설은?
㉮ 취수관
㉯ 취수탑
㉰ 취수문
㉱ 취수틀

[해설] 취수탑은 유량이 안정되고, 갈수기에도 일정 이상의 수심이 있으면 연간의 수위변화가 큰 하천이나 호소, 저수지에 적합하다.

9. 하천 표류수를 수원으로 할 경우 기준이 되는 하천 수량은?
㉮ 홍수량
㉯ 갈수량
㉰ 평수량
㉱ 최대 홍수량

[해설] 하천 표류수를 수원으로 할 때의 하천수량의 기준은 하천유량 상황이 좋지 않은 갈수량을 기준으로 수원을 정한다.

10. 다음은 수원의 수량과 수위에 대한 설명이다. 잘못된 항목은?
㉮ 갈수량은 1년 중에서 355일 동안 이보다 이하로 내려가지 않는 수량이다.
㉯ 평수위는 1년 중에서 180일 이상 유지되는 수위이다.
㉰ 홍수량은 홍수기간 중에 지속되는 하천의 유량이다.
㉱ 최대 갈수량은 하천의 유량에 관한 자료 중에서 가장 낮은 값을 말한다.

[해설] 평수위는 1년 중에서 하천의 수위가 185일 이상 유지되는 수위를 말한다.

11. 계획 취수량의 계산으로서 옳은 사항은?
㉮ 계획 1일 평균 급수량의 10%정도 가산
㉯ 계획 1일 최대 급수량의 10%정도 가산
㉰ 계획 1일 평균 급수량의 30%정도 가산
㉱ 계획 1일 최대 급수량의 30%정도 가산

[해설] 계획 취수량은 계획 1일 최대급수량에서 10%정도 증가된 수량을 말한다.

해답 6. ㉱ 7. ㉱ 8. ㉯ 9. ㉯ 10. ㉯ 11. ㉯

12. 수위의 변화가 심한 하천이나 호수에서 취수가 요구될 때 사용하는 취수방법은?

㉮ 취수틀에 의한 방법
㉯ 취수문에 의한 방법
㉰ 취수탑에 의한 방법
㉱ 취수관거에 의한 방법

[해설] 수위변화가 심할 때 안정적으로 취수가 가능한 방법이 취수탑에 의한 취수이다.

13. 침사지의 용량은 계획 취수량을 몇 분간 저류시킬 수 있어야 하는가?

㉮ 10~20   ㉯ 20~30
㉰ 30~40   ㉱ 40~50

[해설] 침사지 제원

침사지의 내용	침사지의 제원
용량	계획취수량을 10~20분간 저류할 수 있는 용량
침사지내의 유속	2~7cm/sec
유효수심	3~4m
여유고	0.5~1m
바닥의 구배	종방향 1/100, 횡방향 1/50

14. 복류수를 취수하는 집수매거에 있어서 일반적으로 유공관을 사용하는데 모래가 집수공으로 유입되는 것을 방지하기 위한 유입속도는 얼마인가?

㉮ 3cm/sec 이내
㉯ 4cm/sec 이내
㉰ 5cm/sec 이내
㉱ 6cm/sec 이내

[해설] 집수공이 폐쇄되지 않도록 유입속도를 3cm/sec 이하로 제한한다.

15. 다수의 구멍을 통하여 복류수나 자연 지하수를 취수하는 시설물은?

㉮ 집수매거   ㉯ 취수관거
㉰ 접합정   ㉱ 취수틀

[해설] 집수매거는 주로 복류수를 취수하기 위한 시설로 집수공은 직경 10~20mm로 하며, 집수공수는 관거 표면적 1m²당 20~30개 정도이다.

16. 하안에 직접 취수구를 설치하는 방식으로 일반적이 농업용수의 취수에 쓰여지는 구조와 유사한 취수시설은?

㉮ 취수탑   ㉯ 취수조
㉰ 취수문   ㉱ 취수관거

[해설] 취수문은 하천의 고수부지에 직접 취수구를 설치하는 방식으로 콘크리트 암거구조로 구성되어 있으며, 일반적으로 농업용수 등의 취수나 하천유량이 안정된 곳의 소규모 취수에 사용된다.

17. 하천 표류수를 수원으로 할 경우 예정 취수지점에 대하여 장기적으로 조사하여야 할 사항 중 옳지 않은 것은?

㉮ 수량과 수위   ㉯ 수리권
㉰ 수질   ㉱ 수압

[해설] 예정 취수지점에서의 조사사항
① 수량과 수위, ② 수리권, ③ 수질

18. 다음 설명 중 틀린 것은 어느 것인가?

㉮ 심층수 : 지하수로 침투한 물이 제 1투수층 위에 고인 물을 심층수라 한다.
㉯ 복류수 : 하천이나 저수지 혹은 호수의 바닥 또는 변두리의 자갈 모래층 중에 함유되어 있는 물을 복류수라 한다.
㉰ 용천수 : 지하수가 자연적으로 지표로 솟아오른 물을 말한다.
㉱ 지하수 : 천층수, 심층수, 복류수, 용천수로 나눈다.

해답 12.㉰ 13.㉮ 14.㉮ 15.㉮ 16.㉰ 17.㉱ 18.㉮

[해설] 심층수(深層水)는 지하수로 제 1불투수층과 제 2불투수층 사이의 피압면 지하수를 말하며, 제 1불투수층 위에 고인 물을 천층수(淺層水) 또는 자유수면 지하수라 한다.

19. 다음은 지하수의 특성에 관한 기술이다. 틀린 것은?
㉮ 토양여과 과정에서 씻겨 내려온 유기물 분해 산물인 가스들을 많이 함유하고 있다.
㉯ 약한 알칼리성을 띠므로 우수한 용매능력을 가진다.
㉰ 각종 미생물의 존재가 발견되지 않는 것이 보통이다.
㉱ 대체로 지표수보다 경도가 높다.

[해설] 지하수는 유기물이 분해되어 발생하는 CO_2를 많이 함유하여 낮은 pH가 유지되고, 이로 인해 용해능력이 증대하여 광물질 등을 용존시켜 경도가 높다. 또한 지하수는 지표수 등이 지층(地層)을 통해 스며들어 지하수를 이루는데 지층은 여과작용을 하므로 부유물, 미생물 등을 제거하는 역할을 한다.

20. 다음 중 오염이 가장 많이 이루어져 있을 가능성이 높은 수원은?
㉮ 천수　　㉯ 지하수
㉰ 지표수　㉱ 복류수

[해설] 지표수는 우수가 지표면에 떨어졌을 경우 하천, 호수, 저수지 등 지표수를 이루는데 지표수는 가정하수, 공장폐수 등의 영향을 받아 자연수 중 가장 오염될 우려가 높다.

21. 지하수의 취수에 있어서 투수계수가 2.5×10^{-3}m/sec이고, 구배가 0.02일 때 Darcy법칙을 이용하여 유속을 계산하면 얼마인가?
㉮ 5×10^{-5}m/sec　㉯ 3×10^{-3}m/sec
㉰ 5×10^{-3}m/sec　㉱ 3×10^{-5}m/sec

[해설]
$$v = KI = 2.5 \times 10^{-3} \times 0.02 = 5 \times 10^{-5} (\text{m/sec})$$

22. 물의 경도는 지질 및 수원의 종류에 따라 다르다. 일반적으로 경도가 다른 물보다 높은 것은 다음 중 어느 것인가?
㉮ 지표수　㉯ 우수(雨水)
㉰ 지하수　㉱ 하천수

[해설] 분해성 유기물질이 풍부한 토양을 통과하게 되면 물은 유기물의 분해산물인 CO_2 가스 등을 용해한다. 이렇게 하여 산성이 된 물은 석회질과 기타 광물질에 대하여 우수한 용매(溶媒)작용을 갖게 되며 이로 인해 지하수는 지표수에 비해 경도(硬度)가 높고 용해된 광물질을 많이 함유하게 된다.

23. 다음 중 상수도의 수원으로서 가장 많이 이용되는 것은?
㉮ 천층수　㉯ 하천수
㉰ 우수 및 저수지　㉱ 복류수

[해설] 수원의 이용순서 : 지표수(하천) > 지하수 > 천수

24. 다음 상수도의 수원에 관한 설명 중 틀린 것은?
㉮ 수원은 일반적으로 천수, 지표수, 지하수 등으로 대별할 수 있다.
㉯ 지표수는 양적으로 풍부하고 취수비용이 지하수보다 적다고 볼 수 있다.
㉰ 지표수원인 하천수의 자정작용은 일어나지 않는다.
㉱ 어느 수원을 택하든 수량, 수질, 경제성을 고려하여야 한다.

[해설] 하천에서는 침전, 희석, 미생물의 활동 등으로 인해 어느정도의 오염물질이 유입되더라도 스스로 오염물질을 제거, 원상태로 회복하는 자정작용이 활발하게 일어난다.

해답　19. ㉯　20. ㉰　21. ㉮　22. ㉰　23. ㉯　24. ㉰

25. 다음 중 수원 선정시 고려하지 않아도 가장 무방한 것은?

㉮ 갈수기의 수량
㉯ 갈수기의 수질
㉰ 장래 예측되는 수질의 변화
㉱ 홍수시의 수량

해설
수원을 선정하기 위해서는 충분한 수량, 안전한 수질, 그리고 수리권(水利權) 등이 우선적으로 확보할 수 있는지를 고려하여야 한다. 홍수시에는 수량보다 수질에 문제가 있으므로 수질만 고려하면 된다.

26. 저수지의 저수량 산출법으로 다음 그림과 같은 곡선에서 직접 저수량을 산출하는 방법을 무슨 방법이라 하는가?

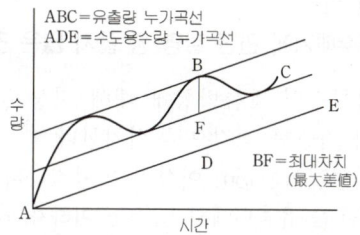

㉮ Ripple's method   ㉯ QAR method
㉰ Reservoir method ㉱ Directed method

해설
저수지 용량결정법의 일종인 Ripple's method는 하천의 유출량 누가곡선을 그려서 이론적으로 저수지 용량을 산출하는 방법이다.

27. 다수의 구멍을 통하여 복류수나 자연 지하수를 취수하는 시설물은?

㉮ 집수매거   ㉯ 취수관거
㉰ 접합정   ㉱ 취수틀

해설
지하수인 복류수를 취수하는 시설은 집수매거로서 구멍 뚫린 철근콘크리트관을 매설하여 취수한다.

28. 침사지 내에서의 유속은 얼마가 되도록 하는 것이 적당한가?

㉮ 1~5cm/sec   ㉯ 5~7cm/sec
㉰ 2~7cm/sec   ㉱ 7~9cm/sec

해설
침사지내에서의 유속은 2~7cm/sec 이다.

29. 취수지점의 결정에 있어서 고려할 사항으로 해당되지 않는 것은 다음 중 어느 것인가?

㉮ 이용가능하고 수질이 가장 좋은 위치
㉯ 바람과 파고높이
㉰ 취수시설의 안전을 위협하는 흐름
㉱ 주변의 경치

해설 취수지점 선정시 고려할 사항
① 이용가능하고 수질이 가장 좋은 위치
② 바람과 파고높이
③ 취수시설의 안전을 위협하는 흐름
④ 얼음에 의한 위협
⑤ 배 등의 항로 위치
⑥ 이용가능하고 믿을 수 있는 동력원
⑦ 양수장으로부터의 거리
⑧ 접근가능성
⑨ 부유물에 의한 피해 가능성

30. 취수하는 방법으로 해당되지 않는 것은 어느 것인가?

㉮ 취수관에 의한 방법   ㉯ 취수펌프에 의한 방법
㉰ 취수문에 의한 방법   ㉱ 취수탑에 의한 방법

해설
취수펌프는 취수방법이 아니라 취수시설이다.

31. 상수도 저수지에서 가장 흔히 사용되는 취수방법은 다음 중 어느 것인가?

㉮ 취수틀   ㉯ 취수관
㉰ 취수문   ㉱ 취수탑

해설
호소, 저수지, 유심이 안정되어 있는 하천의 중·하류부로부터의 취수에는 취수탑이 많이 사용된다.

해답 25. ㉱ 26. ㉮ 27. ㉮ 28. ㉰ 29. ㉱ 30. ㉯ 31. ㉱

32. 하천을 수원으로 하는 경우의 취수시설과 가장 거리가 먼 것은?

㉮ 취수탑 ㉯ 취수틀
㉰ 집수매거 ㉱ 취수문

[해설]
하천수의 취수시설 : 취수탑, 취수관, 취수문, 취수언, 취수틀
*집수매거 : 지하수(복류수)의 취수시설

33. Ripple's method에 의하여 저수지 용량을 결정하려고 할 때 그림에서 최대 갈수량을 대비한 저수 개시 시점은? (단, $\overline{AB}$, $\overline{CD}$, $\overline{EF}$, $\overline{GH}$ 직선은 $\overline{OX}$ 직선에 평행)

㉮ ①시점
㉯ ②시점
㉰ ③시점
㉱ ④시점

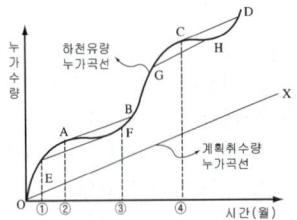

[해설]
Ripple의 유량누가곡선법에 의한 저수지용량 결정
① 저수개시시점 : ①시점
② 저수개시점 : E점

34. 갈수시에도 일정이상의 수심을 확보할 수 있으며, 연간 수위 변화가 심한 하천이나, 호소, 댐에서의 취수시설로서 적합하고 유지관리도 비교적 용이한 취수방법은?

㉮ 취수틀에 의한 방법
㉯ 취수문에 의한 방법
㉰ 취수탑에 의한 방법
㉱ 취수관에 의한 방법

[해설]
취수탑
① 갈수시에도 일정이상의 수심 확보 가능
② 연간 수위변화가 심한 하천, 호소, 저수지에서 적합하고 유지관리가 용이함

35. 다음의 하천수 취수시설에 대한 설명 중 틀린 것은?

㉮ 취수탑은 최소수심이 2m 이상인 장소에 위치하여야 한다.
㉯ 취수문은 유속이 큰 지역에 주로 설치되므로 토사의 유입위험이 거의 없다.
㉰ 취수보는 일반적으로 대하천에 적당하다.
㉱ 취수문은 지반이 견고한 지점에 위치하여야 한다.

[해설]
취수문
① 하천의 중·상류부에 설치하고 토사 및 부유물의 유입방지가 불가능하다.
② 지반이 견고한 지점에 위치할 것

36. 집수매거에 관한 설명 중 옳지 않은 것은?

㉮ 복류수의 흐름방향에 대해 지형 등을 고려하여 가능한 직각으로 설치한다.
㉯ 매설깊이는 5m 이상이 바람직하다.
㉰ 유속은 유출단에서 1m/sec 이하가 되도록 한다.
㉱ 집수개구부(집수공)의 직경은 10~15cm를 표준으로 하고, 그 수는 표면적 1m²당 40~50개로 한다.

[해설]
집수매거의 구조
① 집수공의 직경 : 10~20mm (표준)
② 개수 : 관거 표면적 1m²당 20~30개

해답 32. ㉰ 33. ㉮ 34. ㉰ 35. ㉯ 36. ㉱

제4장 상수관로 시설

출제경향분석

1. 도·송수계획에서 도·송수방식의 특징, 도수로 및 송수로 선정시의 유의사항 및 유속의 범위, 도·송수관로 형식의 결정
2. 개수로 및 관수로의 특징(차이점), 관수로 부속설비들의 목적 또는 용도
3. 상수관로의 설계 및 계산공식의 숙지 및 문제풀이
4. 상수도관의 종류별 장·단점 및 특징
5. 배수계획에서 계획 배수량의 기준수량, 배수방식, 배수시설의 종류별 특징, 배수관 배치방식의 장단점
6. 급수계획에서 급수방식의 특징

단원별 경향분석

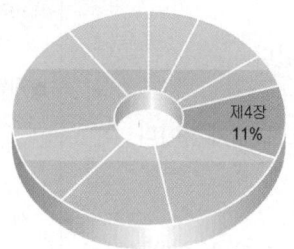

토목기사

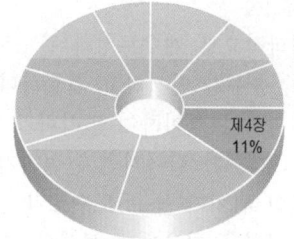

토목산업기사

항목별 경향분석

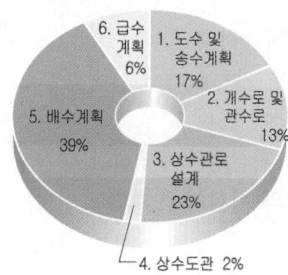

토목기사

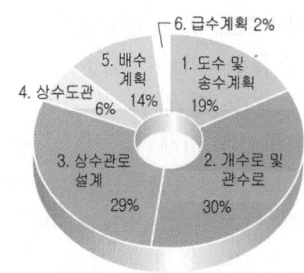

토목산업기사

1 도수 및 송수계획

> **학습방향**
> 취수 및 정수된 물을 이송하는 도·송수방식의 종류와 각 방식의 특징들에 대한 내용이다.
> 1. 계획도수량 및 계획송수량의 기준이 되는 급수량
> 2. 도·송수방식의 종류와 각 방식의 특징
> 3. 도·송수관로의 선정시 주의사항
> 4. 도·송수관로의 최대 및 최저유속값과 한계를 설정하는 이유

1 계획 도·송수량

(1) **계획도수량**

계획취수량을 기준으로 하되 장래 확장에 대한 수원의 취수량의 증가 가능성과 장래의 확장분을 고려하여야 한다.

(2) **계획송수량**

계획 1일 최대급수량을 기준으로 하되 누수 등의 손실량을 고려하여 5~10%를 여유수량으로 추가한다.(원칙 : 10%)

2 도수 및 송수방식

(1) **자연유하식**
① 수리학적으로 개수로식과 관수로식으로 분류된다.
② 도수, 송수가 안전하고 확실하다.
③ 유지관리가 용이하여 관리비가 적게 소요되므로 경제적이다.
④ 수로(水路)가 길어지면 건설비가 많이 든다.
⑤ 수원의 위치가 높고 도수로가 길 때 적당하다.
⑥ 급수구역을 자유롭게 선택할 수 없고, 평상시 수량과 수압조절이 불가능하다.
⑦ 오수(汚水)가 침입할 염려가 있다.

(2) **펌프압송식**
① 수리학적으로 전부 관수로식이다.
② 수원이 급수지역과 가까운 곳에 있을 경우에 적당하다.
③ 수로(水路)를 짧게 할 수 있어 건설비의 절감이 가능하다.
④ 자연유하식에 비해 전력비 등 유지관리비가 많이 든다.
⑤ 정전, 펌프 고장 등으로 도수 및 송수의 안정성과 확실성이 부족하다.
⑥ 관수로에만 이용할 수 있고, 수압으로 인한 누수의 위험이 존재한다.
⑦ 지하수가 수원일 경우 적당하다.

학습POINT

00, 07, 15㉠
00, 01, 10, 13, 16, 20㉣
· 계획도수량의 기준수량
· 계획송수량의 기준 및 여유수량

97, 03, 04, 14㉠
97, 99, 04, 15㉣
· 도·송수방식의 특징

■ **자연유하식**
낙차(落差)를 최대한 이용하여 유속을 가급적 크게 하고 관경(管徑)을 최소화하는 것이 경제적이다.

■ **펌프압송식**
자연유하식이 불가능할 때 사용되는데 수원과 배수지의 고저차를 강제적으로 극복하는 방식이다.

3 도수 및 송수방식 선정

(1) 도수 및 송수방식 선정시 고려사항
 ① 수원에서 정수장 또는 정수장에서 배수지간의 고저차를 고려해야 한다.
 ② 계획도수량 및 송수량의 대소를 비교해야 한다.
 ③ 노선의 입지조건을 고려해야 한다.
 ④ 송수관은 오염방지를 위해 설계시 관수로를 원칙으로 한다.

(2) 도수 및 송수관로의 선정시 유의사항
 ① 계획취수량 전량을 유입시킬 수 있어야 한다.
 ② 최소 동수구배선 이하가 되게 하고 가급적 단거리로 한다.
 ③ 수평, 수직의 급격한 굴곡은 피해야 한다.(수평 및 종단방향 모두 45° 이상의 급격한 굴곡은 피하고 직선으로 해야 한다.)
 ④ 장래의 예상 증가량을 감안해야 한다.
 ⑤ 하부성토 등 지반이 불안전한 장소는 피해야 한다.
 ⑥ 이상(異常)수압을 받지 않도록 한다.
 ⑦ 관내의 마찰손실수두가 최소가 되도록 한다.
 ⑧ 관수로의 경우 관내면에 작용하는 최대 정수두가 관의 최대 사용 정수두 이하가 되도록 한다.
 ⑨ 공사비를 최소한도로 줄일 수 있는 곳을 택한다.
 ⑩ 노선은 가능한 한 공공도로 또는 수도용지를 이용한다.
 ⑪ 하천, 도로, 철도를 횡단하는 경우에는 경제적인 면을 고려하여 선정한다.
 ⑫ 양수연장이 길 경우 관로에 안전밸브 또는 압력조절탱크를 설치하여 수격작용에 대비하여야 한다.
 ⑬ 사고를 대비하여 관을 2조로 매설하고 중요한 장소에 연결관을 설치한다.

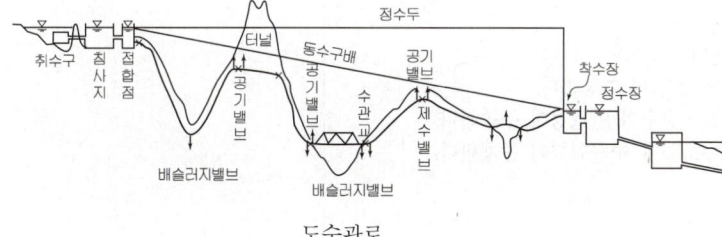

도수관로

(3) 도·송수관로의 평균 유속
 ① 최대한도 : 수로내면의 마모방지를 위해 3.0m/sec로 설정한다.
 ② 최소한도 : 도수관거에 모래가 침전되는 것을 방지하기 위해 0.3m/sec로 설정한다.
 ③ 송수관거는 정수된 물을 수송하므로 관거내에 토사의 퇴적 등을 고려할 필요가 없다.

■ 도수(導水) 및 송수(送水)
물을 수송한다는 점에서는 서로 같지만 송수는 정수(淨水)를 수송하므로 내·외부에서 오염을 받지 않도록 주의해야 한다.

■ 관로(管路)의 선정
우선 지도상에 도상배치(圖上配置)를 한 후 현지답사를 통해 보정을 하는데, 가능한한 가장 경제적인 평탄지를 선정하도록 한다.

▶ 97, 98, 05, 10, 12, 15, 19㉮
04, 12, 18, 20㉯
· 도·송수관로 유의사항

■ 원수조정지
① 취수시설과 정수시설 사이에 설치
② 도수관거 부근에 선정
③ 용량 : 갈수시나 수질사고 고려하여 적절한 용량으로 함
④ 필요에 따라 펌프 및 그 외 부속설비 설치
⑤ 오염 및 위험방지를 위해 조치강구함

▶ 03, 04, 07, 09, 11, 14, 15, 16, 19㉮
02, 03, 07, 13, 16, 17, 19㉯
· 도·송수관로의 유속범위

■ 도·송수관 평균유속의 최대 한도

관의 내면상태	최대 유속(m/sec)
① 모르터, 콘크리트	3.0
② 모르터라이닝 쉬일드 도장	5.0
③ 강관, 덕타일 주철, 경질 염화 비닐	6.0

핵 심 문 제

1 다음의 도수 및 송수에 관한 내용 중 옳지 않은 것은? [95②]

㉮ 도수는 수원에서 취수한 원수를 정수장까지, 송수는 정수를 정수장에서 배수지까지 수송하는 것이다.
㉯ 도수 및 송수방식에는 자연유하식과 펌프압송식이 있고, 유지관리면에서 자연유하식이 좋다.
㉰ 펌프압송식은 수원이 급수 구역에서 장거리에 있고, 특히 지하수를 수원으로 하는 경우에 적당하다.
㉱ 자연유하식은 수리학적으로 개수로식과 관수로식으로 분류할 수 있고 송수로에서는 개수로식으로 사용하지 않는 것이 좋다.

2 다음 상수의 도수 및 송수에 관한 설명 중 틀린 것은? [96, 03, 05, 14 ②]

㉮ 도수 및 송수방식은 에너지의 공급원 및 지형에 따라 자연 유하식과 펌프 압송식으로 나누어진다.
㉯ 송수관로는 수리학적으로 수압과의 관계로부터 개수로식과 관수로식으로 분류 가능하다.
㉰ 펌프 압송식은 수원이 급수구역과 가까울 때와 지하수를 수원으로 할 때 적당하다.
㉱ 자연 유하식은 평탄한 지형과 도수로가 짧을 때 이용되며, 송수 작업이 간편하다.

[해설] 도수 및 송수방식
① 자연유하식
  ㉠ 도수, 송수가 안전하고 확실하다.
  ㉡ 유지관리가 용이하여 비용이 적게 든다.
  ㉢ 수로가 길면 건설비가 많이 든다.
  ㉣ 수원의 위치가 높고 도수로가 길 때 적당하다.
② 펌프압송식
  ㉠ 수원을 급수지역 가까운 곳으로 선택가능하다.
  ㉡ 도수로를 짧게 할 수 있어 건설비의 절감이 가능하다.
  ㉢ 전력 등 유지관리비가 많이 들고 도·송수의 안정성이 부족하다.
  ㉣ 관수로에만 이용할 수 있고 수압으로 인한 누수위험이 존재한다.
  ㉤ 지하수가 수원일 경우 적당하다.

3 상수도 계통에 있어서 도수 및 송수관로를 선정할 때 고려하여야 할 사항 중 적당하지 않은 것은? [98, 19 ②]

㉮ 가급적 단거리가 되어야 한다.
㉯ 이상수압(異常水壓)을 받지 않도록 한다.
㉰ 공사비를 최소한 줄일 수 있는 곳을 택한다.
㉱ 수평, 수직의 급격한 굴곡을 많이 이용하여 자연유하식이 되도록 한다.

해 설

[해설] **1**
도·송수방식의 특징
㉯ 도·송수방식에는 자연유하식과 펌프압송식이 있으며 초기공사비는 자연유하식이 많지만 유지관리가 쉽고 관리비용도 펌프압송식에 비해 적게 소요된다.
㉰ 펌프압송식은 전기료 등 유지관리비가 많이 소요되므로 수원이 급수구역에서 단거리에 있는 경우에 적합하다.
㉱ 자연유하식은 대기압 작용의 유무에 따라 개수로 및 관수로로 분류할 수 있으며 도수로는 어느 쪽을 사용해도 관계없지만 송수로는 정수된 물의 오염을 막기 위해 개수로(암거 제외)를 사용해서는 안된다.

[해설] **3**
도·송수관로의 선정시 고려사항
수평, 수직의 급격한 굴곡을 많이 이용하면 마찰 등으로 인한 불필요한 에너지 소모발생 및 도·송수관의 파손 등이 발생할 수 있다.

[정답] 1. ㉰ 2. ㉱ 3. ㉱

4 도수 및 송수관거 설계시에 평균유속의 최대한도는? [04, 14, 15, 19㉮ 13㉰]

㉮ 0.3m/sec ㉯ 3.0m/sec
㉰ 13.0m/sec ㉱ 30.0m/sec

5 도수거의 설계시 평균 유속의 최소한도는 얼마인가? [99, 16㉮]

㉮ 5.0m/sec ㉯ 3.0m/sec
㉰ 0.3m/sec ㉱ 0.1m/sec

6 다음 설명 중 옳지 않은 것은? [99㉰]

㉮ 가압식은 일반적으로 수원이 소비지에서 멀리 떨어져 있을 때 적당하다.
㉯ 송수관로는 수압과의 관계에서 개수로식과 관수로식으로 분류할 수 있다.
㉰ 송수방식에는 자연유하식과 가압식이 있는데 되도록 자연유하식으로 하는 것이 바람직하다.
㉱ 취수시설에서 정수장까지 가는 관거를 도수관로라고 한다.

7 도·송수관로내 최대 유속을 정하는 이유로 타당한 것은? [00, 19㉮]

㉮ 관로 내면의 마모를 방지하기 위하여
㉯ 관로내 침전물의 퇴적을 방지하기 위하여
㉰ 양정에 소모되는 전력비를 절감하기 위하여
㉱ 수격작용이 발생할 가능성을 낮추기 위하여

8 도수, 송수에 관한 다음 설명 중 틀린 것은? [02㉮]

㉮ 개수로의 수면은 동수경사선과 일치한다.
㉯ 관수로는 동수경사선 이하에 설치하는 것이 원칙이다.
㉰ 배기밸브(공기밸브)는 관내의 퇴적물을 배출하는 목적으로도 사용된다.
㉱ 여수토구는 비상시 관내의 물을 배출하는 목적으로 쓰인다.

9 도수 및 송수시설의 설계에서 사용수량은 어느 것을 기준으로 하는가?

㉮ 시간 변화 ㉯ 일 변화
㉰ 주 변화 ㉱ 월 변화

10 도수시설의 계획도수량은 무엇을 기준으로 계획하여야 하는가? [99, 01㉯]

㉮ 계획 취수량 ㉯ 계획 1일 최대급수량
㉰ 계획 1일 평균급수량 ㉱ 계획 시간 최대급수량

해 설

해설 4
도·송수거의 평균유속
최대한도는 수로내면의 마모를 방지하기 위하여 3m/sec로 하고, 도수거에서 가는 모래가 침전되지 않도록 최소한도 0.3m/sec로 정한다.

해설 5
도수거의 평균유속
도수거에서 가는 모래가 침전되지 않도록 평균 유속의 최소한도를 0.3m/sec로 하며, 최대한도는 수로 내면의 마모를 방지하기 위하여 3m/sec로 한다.

해설 6
펌프압송식(가압식)
일반적으로 수원이 급수지역에서 가까운 곳일 때 적당하다.

해설 7 도·송수관로의 유속
① 평균 유속의 최소한도 : 모래 입자의 침전을 방지하기 위하여 0.3m/sec로 한다.
② 평균 유속의 최대한도 : 관로 내면의 마모를 방지하기 위하여 3.0m/sec로 한다.

해설 8
배기(공기)밸브
관내의 공기를 자동적으로 배출 또는 흡입하는 목적으로 사용된다.

해설 9
취수, 도수, 송수, 정수시설
1일 최대급수량을 설계수량으로 한다. 1일 최대급수량은 일 변화에 따른 최대 사용수량이다.

해설 10
계획도수량
계획취수량을 기준으로 설계, 계획한다.

정답: 4. ㉯ 5. ㉰ 6. ㉮ 7. ㉮ 8. ㉰ 9. ㉯ 10. ㉮

2 개수로 및 관수로

학습방향
대기압의 적용유무에 따라 개수로와 관수로로 분류하며 이들의 특성 및 각종 밸브의 사용목적에 대한 내용이다.

1. 개수로 및 관수로의 특징
2. 관수로에서 동수구배선의 조정방법
3. 개수로의 부대설비
4. 관수로의 부대설비(특히, 각종 밸브의 사용목적)

1 관로(管路)형식의 결정

(1) 도수로
자연유하식인 개수로(開水路)를 적용하는 것이 유리하다.

(2) 송수로
정수(淨水)된 물의 오염방지 때문에 자연유하식인 암거(暗渠)가 유리하지만 긴급이송 등에 대비하여 펌프압송식인 관수로(管水路)를 보통 선택한다.

2 관로의 종류

(1) 개수로(開水路)
① 수면이 대기(大氣)와 접하고 경사로 인한 중력작용으로 유하하며 자유수면을 가진다.
② 개수로내의 흐름을 지배하는 힘과 흐름을 지속시키는 요소는 중력(重力)과 관성력(慣性力)이다.
③ 분류
  ㉠ 개거(open channel) : 원수(原水)수송에 사용하며 구조상 외부로부터의 오염가능성이 많다.
  ㉡ 암거(closed conduit) : 원수나 정수(淨水)수송에 이용하며 단면의 형태에 따라 원형, 계란형, 구형 등으로 분류하며 이 중 원형이 가장 많이 이용된다.

(2) 관수로(管水路)
① 관이 항상 만수(滿水)로 되어 압력에 의해 흐르는 수로를 말하며 자유수면이 없다.
② 관수로내의 흐름을 지배하는 힘과 흐름을 지속시키는 요소는 점성력과 두 단면의 압력차이다.
③ 관로의 결정시 고려사항
  ㉠ 수평 또는 수직방향의 급격한 굴곡을 피하고 항상 최소 동수구배선 이하가 되도록 한다.

학습POINT

▶ 01, 07, 09, 19㉠ 00, 02, 04, 12㉠
· 개수로·관수로 구분기준
· 최대통수량 조건

■ 개수로식
수면 기울기가 1/1,000 ~ 1/3,000인 수로를 만들어야 한다.

■ 수량(水量)이 많을 경우나 관로 구간의 손실수두를 작게 할 경우에는 개수로식이 적합하다.

■ 오염방지를 위해서는 관수로식이 좋다.

ⓒ 관로가 최소 동수구배선 위에 있을 경우 이 지점을 경계로 해서 상류측 **관경(管徑)**을 크게 해서 **동수구배선을 상승**시킨다.
ⓒ 관로가 최소 동수구배선 위에 있을 경우에 해결할 수 있는 다른 방법은 그 지점에 **접합정(接合井)**을 설치하는 것이나 비경제적이다.
ⓔ 펌프의 양수연장이 길 경우 필요에 따라 관로에 **안전밸브** 또는 **조압수조**를 설치하여 수격작용에 대비해야 한다.

▶ 95, 02, 14, 17㈎ 95, 96, 18㈛
· 동수구배선 상승방법

3 부속설비(附屬設備)

(1) 개수로의 부속설비
① 스크린 : 개거(開渠)의 경우에 낙엽 등의 유입을 방지하기 위해 수로의 도중에 설치한다.
② 신축이음 : 개수로에는 온도변화에 따른 콘크리트의 신축을 위해 대개 30~50m 간격으로 시공이음을 겸한 신축이음을 설치한다.
③ 여수토구 : 정수장 등의 사고에 의해 급히 물의 흐름을 차단해야 할 필요가 있을 때 수로 도중에서 물을 배수하기 위해 하천 등의 적당한 위치에 설치한다.

(2) 관수로의 부속설비
① **제수밸브**(Gate Valve) : 유지관리 및 사고시에 있어서 통수량을 조절하는 장치로 도수·송수관의 시점, 종점, 분기장소, 연결관, 중요한 니토관 또는 그 이외의 중요한 관로 구조물의 전후에 설치한다.
② **공기밸브**(Air Valve) : 관내 공기를 자동적으로 배제 또는 흡입하는 시설로 배수본관의 凸부에 설치한다.
③ **역지밸브**(Check Valve) : 펌프압송중에 정전이 되면 물이 역류하여 펌프를 손상시킬 수 있어 **물의 역류를 방지**하는 장치로 높은 저수지의 입구, 펌프 유출간의 시점, 배수관에서 분기되는 급수관의 시점 등에 설치한다.
④ **안전밸브**(Safety Valve)
ⓐ 관수로내에 **이상수압**이 발생하였을 때 관의 파열을 막기 위하여 자동적으로 물을 배출하여 관로의 안전을 도모하기 위한 밸브이다.
ⓑ **수격작용이 일어나기 쉬운 곳에 설치**하는데, 주로 배수펌프나 증압펌프의 급정지, 급시동때 수격작용이 잘 일어나는 곳에 설치한다.
⑤ 배슬러지밸브(니토밸브, Drain Valve) : 관로내에 퇴적하는 찌꺼기를 배출하고 유지관리를 위해 관내를 청소하거나 정체수를 배출하기 위해 관로의 凹부에 설치한다.
⑥ 감압밸브 : 관로가 최소동수구배선 위에 있을 경우에 상류부의 고압을 저압으로 변경시켜 물을 하류로 보내는 밸브이다.
⑦ **접합정** : 물 흐름의 원활함과 **손실수두의 감소**를 위하여 수로의 분기, 합류 및 관수로로 변하는 곳에 설치한다.
⑧ 맨홀 : 암거의 경우 내부의 점검, 보수, 청소를 위해 100~500m 간격으로 설치한다.

▶ 97, 02, 05, 09, 15, 17 ㈎
07, 08, 09, 14, 15, 17, 19 ㈛

· 공기밸브의 목적
· 역지밸브의 목적
· 안전밸브의 목적
· 접합정의 목적과 구조

■ 관수로의 신축이음
① 신축이 되지 않는 보통이음을 사용하는 관로의 노출부에는 20~30m의 간격에 신축이음을 설치해야 한다.
② 매설한 원심력 철근콘크리트관 등에는 20~30m 마다 신축이음을 설치하고, 지반이 나쁜 장소에는 4~6m 마다 휨성이 큰 신축이음을 설치해야 한다.
③ 그외의 경우에는 상수도 시설기준에 준하여 신축이음을 설치해야 한다.

핵심문제

1 다음 도수시설과 송수시설에 관한 설명 중 틀린 것은? [95 ㉮]

㉮ 도수 및 송수를 관수로로 하였을 때 가장 큰 손실수두는 마찰에 의한 손실수두이다
㉯ 도수시설, 송수시설의 내구 연한 계획은 급수시설보다 길다.
㉰ 도수시설은 송수시설보다 유송량이 많다.
㉱ 송수시설은 정수에 의한 소독수의 유송이므로 외부로부터 수질오염은 고려하지 않아도 좋다.

2 도수로의 일부가 최소 동수구배선 위로 매설되어 있다. 최소 동수구배선을 상승시키는 방법은 어느 것인가? [95, 02 ㉮ 95 ㉯]

㉮ 단일 동수구배에 대한 관경에 비하여 상류측 관경을 작게 한다.
㉯ 단일 동수구배에 대한 관경에 비하여 상류측 관경을 크게 하고, 하류측 관경을 작게 한다.
㉰ 단일 동수구배에 대한 관경에 비하여 상류측 관경을 적게 하고, 하류측 관경을 크게 한다.
㉱ 단일 동수구배에 대한 관경에 비하여 하류측 관경을 크게 한다.

3 다음은 급수시설에 설치되는 각종 밸브들이다. 역류를 방지하기 위한 밸브는 어느 것인가? [97 ㉮]

㉮ stop valve
㉯ check valve
㉰ safety valve
㉱ gate valve

4 수격 작용이 일어나기 쉬운 곳에 설치하여 배수관의 파열을 방지하기 위하여 사용하는 밸브는? [97, 02 ㉯]

㉮ 제수 밸브(sluice valve)
㉯ 공기 밸브(air valve)
㉰ 안전 밸브(safety valve)
㉱ 역지 또는 압력 조정밸브

5 관로를 개수로와 관수로를 구분하는 기준은 무엇인가? [01, 19 ㉮ 04 ㉯]

㉮ 지하매설 유무
㉯ 콘크리트관과 주철관
㉰ 하수관과 상수관
㉱ 자유수면 유무

해설

해설 1
도수 및 송수시설
㉮ 관수로에서의 손실수두는 대부분 마찰에 의한 손실이다.
㉯ 도·송수시설은 장래에 시설확장의 어려움 등으로 시설계획년도가 급수시설보다 훨씬 길다.
㉰ 도수량은 계획취수량을 기준으로 하며 송수량은 계획급수량을 기준으로 한다.
㉱ 송수시설은 정수된 물을 수송하므로 외부로부터 수질오염을 방지해야 한다.

해설 2
최소 동수구배선 상승방법
① 접합정을 설치한다.
② 관경을 이 지점을 경계로 하여 상류측을 크게 하고 하류측을 작게 하도록 한다.

해설 3
역지밸브(check valve)
관의 파열, 정전 등으로 대량의 물이 역류하는 것을 방지하기 위한 시설이다.

해설 4
안전 밸브(safety valve)
수격작용이 일어나기 쉬운 곳에 설치하여 배수관의 파열을 방지한다.

해설 5
개수로와 관수로 흐름의 구별 자유수면의 유무로 결정한다.

정답 1. ㉱ 2. ㉯ 3. ㉯ 4. ㉰ 5. ㉱

6 다음은 공기 밸브(배기 밸브, air valve)에 관한 설명이다. 틀린 것은?
[97⑤]
㉮ 고개 접합부에 설치한다.
㉯ 관내의 공기를 배출시키기 위해 설치한다.
㉰ 관내 부압의 발생을 막기 위해 설치한다.
㉱ 관내의 압력이 클 때 밸브가 열린다.

7 다음 설명 중 틀린 것은 어느 것인가?
㉮ 도수 및 송수방식은 동력의 사용유무에 따라 자연유하식과 가압식으로 분류된다.
㉯ 자연유하식은 가압식보다 경제적이나 유량이나 수압을 임의로 조절할 수 없다.
㉰ 자연유하식은 취수시설의 위치가 정수장보다 낮은 위치에서 사용할 수 있다.
㉱ 자연유하식은 일반적으로 거리가 길게 되고 건설비가 많이 든다.

8 상수도에서 펌프가압으로 배수할 경우에 펌프의 급정지, 급기동 등으로 수격작용이 일어날 경우 배수관의 손상을 방지하기 위하여 설치하는 밸브는?
[08, 15⑤]
㉮ 안전밸브
㉯ 배수밸브
㉰ 가압밸브
㉱ 자동지밸브

9 도수 및 송수시 가압식을 사용하는 경우에 대한 설명 중 틀린 것은?
㉮ 가압식은 일반적으로 수원이 비교적 도시에서 원거리일 때 사용한다.
㉯ 지하수를 수원으로 사용할 경우 적당하다.
㉰ 송수관로의 건설비를 절약할 수 있다.
㉱ 자연유하식에 비해 작업이 복잡하다.

10 송수관로를 결정할 때 고려해야 될 사항과 관련이 적은 것은?
㉮ 송수관로의 공사비가 최소인 지점을 선정할 것
㉯ 송수관로는 최소의 저항으로 송수할 수 있을 것
㉰ 송수관로는 되도록 급격한 굴곡을 피하도록 설치할 것
㉱ 송수관은 자연유하식보다 가압식을 적용함이 좋다.

해 설

[해설] **6**
공기밸브
관로의 돌출부에 설치한다.

[해설] **7**
자연유하식
중력에 의해 물이 수송되므로 시점(始點)이 종점(終點)보다 높은 위치에 있어야만 사용할 수 있다. 그러므로 도수의 시작점인 취수시설이 정수장보다 위치가 높아야 한다.

[해설] **8**
안전밸브(Safety Valve)
수격작용이 심하거나 이상수압이 발생하기 쉬운 곳에 설치하여 배수관의 손상을 방지한다.

[해설] **9**
가압식
수원이 급수구역에서 가까운 곳일 때 선택한다.

[해설] **10**
상수도시설
가능한 가압식보다 자연유하식이 되도록 설계하는 것이 원칙이다.

정답 6. ㉮ 7. ㉰ 8. ㉮ 9. ㉮ 10. ㉱

3 상수관로의 설계공식

> **학습방향**
> 상수관로 설계시 필요한 각종 공식들에 대한 내용이다. 이 단원은 수리학 과목과 중복된 내용이 많으므로 서로 연계하여 학습하도록 한다.
>
> 1. 각종 평균유속 공식
> 2. 마찰손실수두 공식
> 3. 외향력의 크기 및 관의 두께 공식

1 상수관로의 설계공식

(1) 수로 내의 평균유속 공식

※ 상수도시스템에서 널리 사용되는 수리공식
상수도의 유속설계는 관수로에 많이 이용되는 Hazen-Williams공식을 주로 사용한다.

① Hazen-Williams공식(관수로)

$$v = 0.84935\, C R^{0.63} I^{0.54} = 0.35464\, C D^{0.63} I^{0.54}$$

여기서, v : 평균유속(m/sec)
C : 평균유속계수
(주철관 및 강관 = 110, 콘크리트관 = 130)
R : 동수반경(m)
I : 동수경사

> **참고** 동수반경(Hydraulic Radius), R
> ① 직경 D인 원형관[만수시(滿水時)]
> $$R = \frac{\text{유수단면적}(A)}{\text{윤변}(P)} = \frac{\frac{\pi D^2}{4}}{\pi D} = \frac{D}{4}$$
> ② 높이 h, 밑변 b인 직사각형 개수로[만수시(滿水時)]
> $$R = \frac{\text{유수단면적}(A)}{\text{윤변}(P)} = \frac{bh}{b+2h}$$
>
> **참고** 동수경사, I
> $$I = \frac{\text{마찰 손실수두}}{\text{관거 길이}} = \frac{h_L}{l}$$

학습POINT

■ Hazen-Williams 공식의 C값

관의 재료	유속계수 (C)
보통 주철관 (부설후 20년)	110
강관	110
흄관 (직경 100~600mm)	150
흄관 (직경 100mm 이하)	120~140
보통 콘크리트관	120~140
PVC관	110

06, 09, 10, 13㉠
05, 07, 09, 12, 17㉣

· Hazen-Williams 공식 및 계산
· Manning공식의 계산
· Chezy공식의 계산

② Manning공식(개수로)

$$v = \frac{1}{n} R^{2/3} I^{1/2}$$

여기서, n : 조도계수(0.013~0.015)

③ Chezy공식(개수로, 관수로 공통)

$$v = C\sqrt{RI}$$

여기서, $C = \frac{1}{n} R^{1/6} = \sqrt{\frac{8g}{f}}$: (평균유속 계수)
    여기서, f : 마찰손실계수
            g : 중력가속도(m/sec²)

④ 그 외에 Ganguillet-Kutter 공식이 개수로에 많이 사용된다.
(제7장 하수관로 시설을 참고할 것)

(2) 관수로의 손실수두

① 마찰손실수두

$$h_L = f \cdot \frac{l}{D} \cdot \frac{v^2}{2g}$$ (Darcy-Weisbach공식)

여기서 h_L : 마찰손실수두(m), l : 관수로의 길이(m)
       D : 관의 직경(m),   v : 유속(m/sec)
       g : 중력가속도(m/sec²),
       f : 마찰손실계수 ($= \frac{124.5 n^2}{D^{1/3}}$)

㉠ 층류 ($R_e \leq 2,000$) 일 경우

$$f = \frac{64}{R_e}$$ (R_e : 레이놀즈 수)

㉡ 난류 ($R_e > 4,000$) 일 경우

$$f = 0.3164 Re^{-\frac{1}{4}} = \frac{0.3164}{R_e^{\frac{1}{4}}}$$

$$f = \Phi(\frac{1}{R_e}, \frac{e}{D})$$

② 미소손실수두 : 관의 단면변화나 방향변화, 입구, 출구 등에 의한 손실을 말한다.

$$h_m = f_m \cdot \frac{v^2}{2g}$$

여기서, f_m : 미소손실계수

③ 동수구배

$$I = \frac{h_L}{l} = f \cdot \frac{1}{D} \cdot \frac{v^2}{2g} = f \cdot \frac{8}{\pi^2 g} \cdot \frac{Q^2}{D^5}$$

▶ 02, 04, 06, 08㉠ 00, 04, 12㉢
· 마찰손실수두공식 및 계산

■ $f = \frac{124.5 n^2}{D^{1/3}}$ ⇐ Manning 공식에서 유도되었다.
(n : Manning의 조도계수, D : 관의 직경으로 단위는 m이다.)

(3) 이형관 보호

① 곡관, T자관 등의 이형관은 수평, 수직방향에서 관내의 수압과 유속에 의해 외향력이 발생한다.
② 관이 이탈할 우려가 있어 방호공을 설치하여 보호해야 한다.
③ 수압에 의해 곡선부에 작용하는 외향력의 크기(P)

$$P = 2pA \sin \frac{a}{2}$$

여기서, p : 관내의 수압(kg/cm²)
   A : 관 단면적(cm²)
   a : 곡선 각도

(4) 관의 두께 결정

① 관내의 수압에 의한 파손을 방지하기 위해 수압에 견딜 수 있게 관두께를 결정한다.

②
$$t = \frac{pD}{2\sigma_{ta}}$$

여기서, t : 관의 두께(cm)
   p : 관내 수압(kg/cm²)
   D : 관의 내경(cm)
   σ_{ta} : 관의 허용인장응력(kg/cm²)

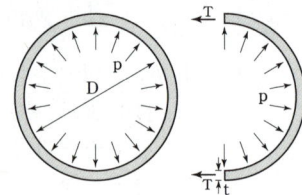

■ 관의 두께

(5) 수압시험에 의한 누수량 산정(미국 수도협회)

$$L = \frac{ND\sqrt{p}}{3290}$$

여기서, L : 허용 누수량(L/hr)
   N : 관의 이음수
   D : 관의 내경(mm)
   p : 시험 수압강도(kg/cm²)

▶ 96, 19㉠ 97, 00, 04, 20㉣
· 관두께 계산

▶ 02㉣
· 누수량 산정 공식

핵심문제

1 관거의 내경이 100cm, 길이가 500m, 관내유속이 3m/sec일 때 발생하는 손실수두는 얼마인가? (단, 관의 마찰계수는 0.0020이다.) [00 ㉮]

㉮ 46cm ㉯ 9.2cm
㉰ 4.6cm ㉱ 92cm

2 배수지에서 2,500m 거리에 있는 A지점에 내경 800mm의 원형관으로 시간당 3,000톤의 정수를 배수하려 한다. 배수지 유출부에서의 수압이 3.5kg/cm²이면 A지점의 수압이 맞는 것은? (단, 손실은 마찰손실만 고려하고 마찰 손실계수 $f= 0.035$) [96 ㉮]

㉮ 15.4kg/cm² ㉯ 1.54kg/cm²
㉰ 1.66kg/cm² ㉱ 1.98kg/cm²

[해설]
① 유량 $(Q) = 3,000(\text{t/hr}) = 3,000(\text{m}^3/\text{hr}) = 0.83(\text{m}^3/\text{sec})$
② 내경 $(D) = 800(\text{mm}) = 0.8(\text{m})$
③ 유속 $v = \dfrac{Q}{A} = \dfrac{0.83}{\dfrac{3.14 \times 0.8^2}{4}} = 1.65(\text{m/sec})$
④ 손실수두 $h_L = f \cdot \dfrac{l}{D} \cdot \dfrac{v^2}{2g} = 0.035 \times \dfrac{2,500}{0.8} \times \dfrac{1.65^2}{2 \times 9.8}$
  $= 15.2(\text{m}) = 1,520(\text{cm})$
⑤ 수압 $p = wh = 0.001\,\text{kg/cm}^3 \times 1,520\,\text{cm} = 1.52(\text{kg/cm}^2)$

∴ A지점 수압 = 배수지 유출부 수압 − 마찰손실 = 3.5 − 1.52 = 1.98(kg/cm²)

3 직경이 40cm인 주철관에 0.25m³/sec의 유량이 흐르고 있다. 이 관로 700m에서 생기는 손실수두를 Manning의 식에 의해 구하면 얼마인가? (단, n=0.012 이다) [04 ㉯]

㉮ 2.1m ㉯ 4.2m
㉰ 8.6m ㉱ 12.6m

4 내경 600mm인 원형 주철관에 수두 100m의 수압이 작용하고 주철관의 허용 인장응력 $\sigma_{ta} = 120\,\text{kg/cm}^2$ 일 때 강관의 소요두께는? [96 ㉮]

㉮ 0.4cm ㉯ 25.0cm
㉰ 1.5cm ㉱ 2.5cm

5 원형관에서 단면적당 최대 통수량은 어떤 조건에서 일어나는가? [00, 07 ㉮]

㉮ 수심이 직경의 50% 일 때 ㉯ 수심이 직경의 80% 일 때
㉰ 수심이 직경의 94% 일 때 ㉱ 만관으로 흐를 때

해설

[해설] 1

마찰손실수두 (h_L)
$$h_L = f \cdot \dfrac{l}{D} \cdot \dfrac{v^2}{2g}$$
$$= 0.002 \times \dfrac{500}{1.0} \times \dfrac{3^2}{2 \times 9.8}$$
$$= 0.46(\text{m}) = 46(\text{cm})$$

[해설] 3

관수로의 손실수두 (h_L)
$$h_L = f\dfrac{l}{D}\dfrac{v^2}{2g}$$
$$= 0.0244 \times \dfrac{700\text{m}}{0.4\text{m}} \times \dfrac{(1.99\,\text{m/sec})^2}{2 \times 9.8\text{m/sec}^2}$$
$$\fallingdotseq 8.63\,\text{m}$$

여기서,
$$f = \dfrac{124.5n^2}{D^{1/3}} = \dfrac{124.5 \times 0.012^2}{0.4^{1/3}}$$
$$\fallingdotseq 0.0244$$
$$v = \dfrac{Q}{A} = \dfrac{0.25}{\pi D^2/4} = \dfrac{0.25}{\pi \times 0.4^2/4}$$
$$\fallingdotseq 1.99\,\text{m/sec}$$

[해설] 4

관두께(t)
$$t = \dfrac{pD}{2\sigma_{ta}} = \dfrac{10 \times 60}{2 \times 120} = 2.5(\text{cm})$$

여기서,
  t : 관두께 (cm)
  p : 관내의 수압 (kg/cm²)
  D : 관의 내경 (cm)
  σ_{ta} : 관의 허용인장응력 (kg/cm²)
  (∵ 수두 h = 100m → 수압 p = 10kg/cm²)

[해설] 5

최대유량의 조건
원형관에서 유량은 수심이 직경의 90~95%일 때, 유속은 수심이 직경의 약 81%일 때 최대가 된다.

정답 1. ㉮ 2. ㉱ 3. ㉰ 4. ㉱ 5. ㉰

6 내경 300mm, 유량 0.09m³/sec인 급수관이 있다. 이 급수관의 직선거리 100m에서 생기는 손실수두는 얼마인가? (단, $v = 0.84935\,C \cdot R^{0.63} \cdot I^{0.54}$ 이고, C = 100 으로 가정함) [99, 03, 06 ㉮]

㉮ 0.61m
㉯ 0.72m
㉰ 0.86m
㉱ 0.97m

7 폭 2m인 직사각형 상수도 도수로에 수심 1m로 물이 흐르고 있다. Manning의 조도계수는 0.015이고 관로의 경사가 1/1,000일 때 도수로에 흐르는 유량은? [99, 04, 07 ㉯]

㉮ 2.11m³/sec
㉯ 2.66m³/sec
㉰ 1.33m³/sec
㉱ 4.22m³/sec

8 상수도의 배수관 직경을 2배로 증가시키면 유량은 몇 배로 증가되는가? [02, 16 ㉮]

㉮ 1배
㉯ 2배
㉰ 3배
㉱ 4배

9 상수도 관로설계시 가장 많이 이용되고 있는 공식은? [07, 09, 14 ㉯]

㉮ Hazen-Williams 공식
㉯ Colebrook 공식
㉰ Darcy-Weisbach 공식
㉱ Hardy-Cross 공식

10 관수로 내에서 직관의 수두손실은 원칙적으로 어떻게 나타내는가? (단, 직관의 길이 : ℓ, 관경 : D, 마찰계수 : f, 유속 : V, 중력가속도 : g) [01 ㉮]

㉮ $H_f = \dfrac{1}{f} \cdot \dfrac{D}{\ell} \cdot \dfrac{V^2}{2g}$ ㉯ $H_f = f \cdot \dfrac{D}{\ell} \cdot \dfrac{2g}{V^2}$

㉰ $H_f = f \cdot \dfrac{\ell}{D} \cdot \dfrac{V}{2g}$ ㉱ $H_f = f \cdot \dfrac{\ell}{D} \cdot \dfrac{V^2}{2g}$

해 설

해설 6
관로의 손실수두(h_L)
① $Q = A \cdot v$
$\Rightarrow v = \dfrac{Q}{A} = \dfrac{0.09}{\dfrac{\pi \times 0.3^2}{4}}$
$= 1.273\,(m/\sec)$
② $v = 0.84935\,C \cdot R^{0.63} \cdot I^{0.54}$
$= 0.84935\,C \cdot \left(\dfrac{D}{4}\right)^{0.63}$
$\cdot \left(\dfrac{h_L}{\ell}\right)^{0.54}$
$\therefore 1.273 = 0.84935 \times 100 \times$
$\left(\dfrac{0.3}{4}\right)^{0.63} \times \left(\dfrac{h_L}{100}\right)^{0.54}$
$\therefore h_L \fallingdotseq 0.86\,(m)$

해설 7
도수로의 유량(Q)
① $R = \dfrac{\text{단면적}}{\text{윤변}} = \dfrac{(\text{폭} \times \text{수심})}{(\text{폭} + 2 \times \text{수심})}$
$= \dfrac{2 \times 1}{2 + 2 \times 1} = 0.5\,(m)$
② $v = \dfrac{1}{n} R^{2/3} I^{1/2}$
$= \dfrac{1}{0.015} \times (0.5)^{2/3} \times \left(\dfrac{1}{1,000}\right)^{1/2}$
$= 1.33\,(m/\sec)$
$\therefore Q = A \times v = (2 \times 1) \times 1.33$
$= 2.66\,(m^3/\sec)$

해설 8
유량(Q)
$Q = AV = (\pi D^2 / 4) \times V$ 에서
직경(D) : 2배 → 유량(Q) : 4배

해설 9
상수관로의 설계
Hazen-Williams 공식을 많이 이용한다.

해설 10
관수로의 손실수두
$H_f = f \cdot \dfrac{\ell}{D} \cdot \dfrac{V^2}{2g}$

정답 6. ㉰ 7. ㉯ 8. ㉱ 9. ㉮ 10. ㉱

4 상수도관

학습방향

이 단원은 상수도관의 종류 및 특성에 대한 내용들로 구성되어 있다. 또한 상수관의 각 접합방법은 그림을 통해 특징을 파악하도록 한다.

1. 상수도관의 종류 및 특성
2. 관의 종류를 선택할 때 고려해야 할 사항
3. 상수도관의 각종 접합방법
4. 관경(管徑)에 따른 매설깊이

1 상수도관

① 도수 및 송수관 : 주철관, 강관, PS콘크리트관, 원심력 철근콘크리트관(Hume관) 등을 사용한다.
② 배수관 : 주철관, 강관, PVC관을 사용한다.
③ 급수관 : 주철관, 스테인레스 강관, PE관, PVC관, 동관 등을 사용한다.

2 상수도관의 선정

(1) 관종의 선정조건
① 내·외압에 대하여 안전해야 한다.
② 관경에 대하여 적당해야 한다.
③ 수질에 나쁜 영향을 미치지 않아야 한다.

(2) 관경의 결정
① 최저 동수구배를 기준으로 계획유량이 충분히 흐를 수 있어야 한다.
② 주철관, 덕타일 주철관, 강관은 통수(通水)년 수에 따른 통수능력의 감퇴를 고려해야 한다.

(3) 상수도관의 종류별 특징

종 류	장 점	단 점
주철관	· 내식성(耐蝕性)이 크다. · 강도가 크고 내구성이 강하다. · 시공이 간단하고 확실하다. · 이형관의 제작이 용이하다.	· 강관에 비하면 충격에 약하고, 무겁고 운반비가 많이 든다. · 접합부 이탈이 용이하다. · 관내면에 스케일이 발생한다.
덕타일 주철관	· 강도와 인성이 크다. · 충격에 강하다. · 시공성이 용이하다. · 신축성, 휨성, 지반변동에 유연하다.	· 중량이 비교적 크다. · 대구경관은 휘어지기 쉽다. · 부식에 약하다.

학습POINT

▶ 12, 15㉮
· 노후관 세관(갱생)공법

■ 노후관 세관(갱생)공법
① 관석(Scale)제거
② 녹물방지
③ Scraper공법,
Jet Scraper공법,
Polly-Pig공법,
Air-Sand공법,
Rotary공법.

▶ 96, 99, 06㉮
· 주철관의 특징

■ 각 상수도관에는 직관(直管)과 120°, 90°, 60°, 45°등의 곡관(曲管), T자관 같은 이형관(異形管)이 있다.

종류	장점	단점
강관	· 내외압 및 충격에 강하다. · 가볍고 시공이 용이하다. · 지반변형에 적응도가 높다.	· 처짐이 크고 부식되기 쉽다. · 전식(電蝕)에 약하다. · 스케일이 많이 발생한다.
경질염화 비닐관 (PVC관)	· 내식성, 내전식성이 크다. · 가볍고 시공이 용이하다. · 가격이 저렴하다.	· 강도가 작다. · 충격에 약하다. · 유기용제, 열, 자외선에 약하다.
콘크리 트관	· 부식에 강하다. · 가격이 저렴하다.	· 강도가 작으며 무겁다. · 인장력, 충격에 약하다. · 시공성이 좋지 못하다.
석면 시멘트관	· 내식성, 내전식성이 크다. · 가볍고 신축성이 있다. · 시공성이 양호하다.	· 충격에 약하다. · 수질, 토질에 따라 부서지기 쉽다.

▶ 14⑦
· 강관의 특징

3 상수도관의 접합

(1) 소켓접합(socket joint)
 ① 철근콘크리트관, PVC관 등의 접합에 이용된다.
 ② 지진 등의 횡방향력에 강하나 교통하중에 의한 진동이 심한 연약지반에는 접합이 느슨해져 누수가 생기기 쉽다.

(2) 칼라접합(collar joint)
 ① 흄관의 접합에 주로 사용된다.
 ② 수밀성이 부족하고 하중 재하시 접합부분의 균열 등의 문제가 있으며 많은 인력작업이 소요된다.

(3) 미케니컬접합(mechanical joint)
 ① 덕타일주철관에 이용된다.
 ② 소켓접합과 비슷하나 플랜지가 달려 있는 것이 다르다.

(4) 플랜지접합(flange joint)
 ① 펌프의 주위 배관, 제수밸브, 공기밸브 등의 특수장소에 사용된다.
 ② 관단의 플랜지와 플랜지 사이에는 고무패킹을 넣고 볼트로 조여 접합한다.

(5) 타이튼접합(tyton joint)
 ① 250mm 이하의 소구경관에 이용된다.
 ② 접합에 고무링이 들어가며 간단, 신속하며 접합부의 신축성이 크다.

(6) 내면접합
 ① 관경 1,000mm 이상의 대구경에만 사용되는 특수접합이다.
 ② 터널내에 관을 부설하는 경우, 굴착단면과 폭을 최소로 할 때 적합하다.

4 도·송수관의 매설깊이

① 관경 900mm이하 : 120cm이상 정도의 깊이로 매설한다.
② 관경 1,000mm이상 : 150~200cm 정도의 깊이로 매설한다.
③ 한랭지에서는 동결깊이보다 20cm 이상 깊게 매설해야 한다.

■ 소켓접합
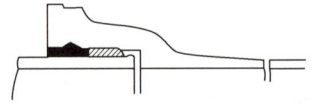

■ 칼라접합
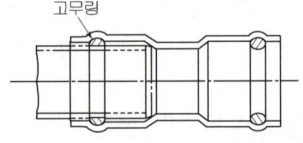

■ 미케니컬접합
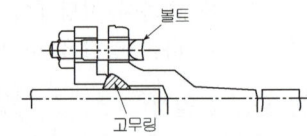

■ 플랜지접합
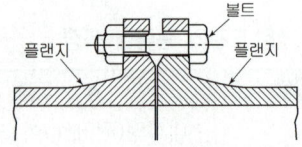

■ 관의 매설깊이 결정시 고려사항
① 수압
② 도로 하중의 크기(토압)
③ 차량에 의한 윤하중
④ 동결깊이
⑤ 지하수의 상황

핵심 문제

1 다음 중 배수관(配水管)으로 사용되는 관은?

㉮ 원심력 철근콘크리트관
㉯ 목관
㉰ 주철관
㉱ 도관

해설 1

배수관
① 도·송수관용인 원심력 철근 콘크리트관 : 외압에는 강하나 정수압(3.0kg/cm²)이 비교적 낮으며 접합부의 결함으로 누수가 발생하기 쉬워 배수관으로 부적당하다.
② 목관 및 도관은 내압 및 외압에 약하므로 압력관인 배수관에는 적절하지 못하다.

2 상수도관이 설치 초기에 비해 수송능력이 저하되는 이유로 가장 타당한 것은? [96 ㉮]

㉮ 펌프가 문제가 있다.
㉯ 누수가 많기 때문이다.
㉰ 관경이 작기 때문이다.
㉱ 부식이 많이 진행되었기 때문이다.

해설 2

상수도관
매설 후 시간이 흐를수록 관석(scale)이 생겨 관의 단면이 축소되고 조도가 증가하여 통수능력이 점차 감소한다.

3 그림과 같은 구조로서 관의 접합을 할 때 수밀을 고무링에 의하는 방법을 무엇이라 하는가? [98 ㉮]

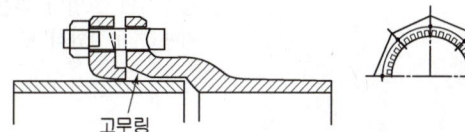

㉮ 소켓 접합
㉯ Mechanical 접합
㉰ 무볼트 고정이음
㉱ Flange 접합

해설 3

Mechanical 접합
소켓접합과 같이 고무링에 의해 누수를 방지하지만 플랜지가 달려 있는 점이 다르다.

4 상수도 배수관의 최소 매설 깊이를 결정할 때에 고려할 사항 중 가장 거리가 먼 것은? [97 ㉮]

㉮ 급수관과의 연결
㉯ 동결 깊이
㉰ 지하수위에 의한 부상
㉱ 차량에 의한 윤하중

해설 4

관의 매설 깊이 결정시 고려할 사항
① 수압
② 도로 하중의 크기(토압)
③ 차량에 의한 윤하중
④ 동결 깊이
⑤ 지하수에 의한 관거의 부상

5 배수관(配水管)으로 이용되는 주철관의 특징 중에서 틀린 것은? [99 ㉮]

㉮ 두께가 얇으므로 중량이 적어 운반비가 적다.
㉯ 재질이 약해서 파열되기 쉽다.
㉰ 이음부가 비교적 굴곡성이 풍부하다.
㉱ 주형에 의하여 직관이나 이형관을 임의로 주조할 수 있다.

해설 5

주철관
재질이 약해서 파열되기 쉬우므로 보통 관의 두께를 크게 하여 내구성을 좋게 하지만 관의 중량이 무거워져 운반비가 많이 드는 단점이 있다.

정답 1. ㉰ 2. ㉱ 3. ㉯ 4. ㉮ 5. ㉮

6 배수관로의 계획시 통수 년 수의 경과에 따른 통수능력의 감소가 없고 스케일(scale)이 적은 재질의 관은?

㉮ 주철관
㉯ 경질 염화비닐관
㉰ 강관
㉱ 덕타일 주철관

해설 6

경질 염화비닐관(PVC관)의 특징

완전한 전기 불량도체로서 스케일 부착이 없으며 내면이 평활(平滑)하여 마찰계수가 작아 동일 구경에서 통수능력이 크다.

7 상수도관의 매설에 있어서 1,000mm 이상의 대관경일 때 어느 정도의 매설 깊이가 적당한가? [96 ㉮ 14 ㉰]

㉮ 1.5~2.0m
㉯ 2.0~3.5m
㉰ 1.0~1.5m
㉱ 0.6~1.5m

해설 7

상수도관의 매설

관경 1,000mm 이상인 송수관은 150~200cm의 깊이로 매설한다.

8 다음 중에서 도수 및 송수관으로 사용되지 않는 관은?

㉮ 주철관
㉯ 덕타일 주철관
㉰ PS콘크리트관
㉱ PVC관

해설 8

PVC관

강도가 작고 충격에 약해 도수 및 송수시의 고압의 많은 물을 수송하기에는 부적합하다.

9 다음 배수관 중에서 조직이 균등하고 치밀하며 고압에 잘 견디고 화학 작용과 전해를 받지 않는 특성을 갖는 관은?

㉮ 주철관
㉯ 석면 시멘트관
㉰ 강관
㉱ Hume관

해설 9

석면 시멘트관

고압에 잘 견디고 화학작용과 전해를 받지 않는 특성을 가진다.

10 배수관으로 사용하는 덕타일 주철관의 장점이 아닌 것은? [06 ㉮]

㉮ 강도가 크고 내식성이 있다.
㉯ 이음의 종류가 풍부하다.
㉰ 이음에 신축 휨성이 있고 지반의 변동에 유연하다.
㉱ 중량이 가볍고 시공성이 좋다.

해설 10

덕타일 주철관

강도와 인성이 크고 시공성이 용이하나 중량이 무겁다.

정답 6. ㉯ 7. ㉮ 8. ㉱ 9. ㉯ 10. ㉱

5 배수계획

학습방향

배수(配水)는 정수장에서 배수지로 송수된 물을 소요수압으로 소요수량을 배수관을 통해 급수지역으로 보내는 과정을 말한다.

1. 평상시 및 화재시의 계획배수량
2. 배수지의 위치 및 유효용량
3. 배수관의 설계기준이 되는 급수량과 최소 및 최대 관말수압
4. 등치관법 및 Hardy Cross법

1 계획배수량 및 배수방식

(1) 계획배수량
① 평상시 : 계획 시간 최대급수량을 기준으로 한다.
② 화재시 : [계획 1일 최대급수량의 1시간당 수량＋소화용수량]을 기준으로 한다.

(2) 배수방식
배수구역과 배수지의 고저차를 고려하여 ① 자연유하식 ② 펌프가압식 ③ 병용식(자연유하식＋펌프가압식)중에서 선택한다.

2 배수시설

(1) 배수지(配水池)
① 정수(淨水)를 저장하였다가 배수량의 시간적 변화를 조절하는 저류시설을 말한다.
② 위치 및 높이 : 가능한한 배수구역 중앙에 위치하여 관말에서 압력이 **최소동수압 이상 유지**할 수 있는 높이로 만들어야 한다.
③ 급수구역 내의 지반 고저차가 30m 이상이고, 지역이 넓을 경우에는 고지구, 중지구, 저지구의 2~3개의 급수구역으로 분할하여 각 구역마다 배수지나 감압밸브, 증압펌프를 설치하여야 한다.
④ 유효용량 : 계획 1일 최대급수량의 12시간분 이상을 표준으로 하며, **최소 6시간분 이상**으로 해야 한다.
⑤ 유효수심 : 3~6m를 표준으로 한다.
⑥ 소화용수량 : 배수지 용량에 인구별로 정해진 소화용수량을 더한다.
　　　　　(인구 5만 명 이상의 경우에는 무시함)

학습POINT

■ 배수시설중 배수(본)관만 계획 시간 최대급수량을 설계기준으로 한다.

> 99, 00, 03, 12, 19 ㈜
> 98, 10, 17, 18, 19 ㈛

· 계획배수량의 기준수량
· 배수방식의 종류

> 97, 99, 00, 01, 11, 13, 16 ㈜
> 96, 03, 06, 14, 16, 17 ㈛

· 배수지의 위치·높이
· 배수지의 유효용량
· 배수지의 유효수심

■ 인구별 소화용수량

인구(명)	소화용수량(m³)
5000 이하	50
10000 이하	100
20000 이하	200
30000 이하	300
40000 이하	350
50000 이하	400

■ 제4장 상수관로 시설 129

(2) 배수탑과 고가탱크
① 자연유하에 의한 배수를 가능하게 하는 배수지를 설치할 적당한 고지(高地)가 없거나 배수구역 말단의 급수불량을 보완하기 위해 설치한다.
② 용량 : 배수지 용량에 준하나 공사비 등의 관계로 계획 1일 최대 급수량의 1~3시간분 정도로 한다.
③ 수심 : 배수탑의 총수심은 20m 정도로, 고가탱크의 수심은 3~6m 정도로 설정한다.

■ 배수탑과 고가탱크
① 펌프가압식에 비해 경제적이나 건설비가 많이 듦
② 수격작용의 방지가 가능함

(3) 배수관
① 배수관의 수압과 유속
  ㉠ 관말수압 : 최소 동수압은 1.53kg/cm² 또는 150KPa (≒ 수두 15m), 최대 동수압은 5.1kg/cm² 또는 500KPa (≒수두 50m)로 한다.
  ㉡ 유속 : 1~2.5m/sec 이며 Hazen-Williams공식으로 주로 설계한다.
② 배수관 매설위치 및 깊이
  ㉠ 매설위치 : 본관(本管)은 도로 중앙에, 지관(支管)은 도로 양측에 다른 지하매설물과 30cm 이상 간격을 유지해야 한다.
  ㉡ 매설깊이
    • 관경 350mm 이하 : 100cm 정도의 깊이로 매설한다.
    • 관경 400~900mm : 120cm 정도의 깊이로 매설한다.
    • 관경 1,000mm 이상 : 150~200cm의 깊이로 매설한다.
③ 배수관의 배치시 주의할 점
  ㉠ 수송, 분배의 기능이 원활해야 한다.
  ㉡ 등압성, 응급성, 개량의 편의를 도모해야 한다.
④ 배수관의 배치방식(격자식, 수지상식, 종합식)

▶ 00, 02, 08, 10, 12㉮ 04, 18㉠
• 배수관의 최소·최대 동수압
• 배수관의 매설간격

■ 배수관의 최대정수압
$7.1 kg/cm^2 (700 KPa)$

■ 압력 $p = w \cdot h$
∴ 수두 $h = \dfrac{p}{w}$
$= \dfrac{1.5 \, kg/cm^2}{0.001 \, kg/cm^3}$
$= 1500 \, cm = 15 \, m$

■ $1pa = 1N/m^2$
$1kg_f = 9.8N$
$1kPa = 0.0102 kg/cm^2$

구분	장점	단점
격자식	• 물이 정체하지 않는다. • 수압의 유지가 용이하다. • 화재시 등 사용량 변화에 대한 대처가 용이하다. • 단수시 대상지역이 좁아진다.	• 시공이 어렵다. • 관망의 수리계산이 복잡하다. • 건설비가 많이 소요된다. • 제수밸브가 많이 필요하다.
수지상식	• 관망 수리계산이 간단하다. • 제수 밸브가 적게 설치된다. • 시공이 용이하다.	• 수량의 상호보충이 불가능하다. • 관 말단에 물이 정체되어 맛, 냄새, 적수(赤水) 등이 발생한다.

▶ 04, 05, 06, 13, 15, 18㉮
04, 05, 06, 07, 16㉠
• 배수관 망의 특징

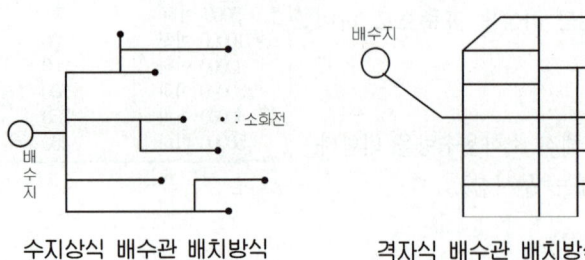

수지상식 배수관 배치방식   격자식 배수관 배치방식

3 배수관망의 계산

(1) 등치관법(等値管法)

① Hardy Cross법에 의하여 관망을 설계하기 전에 복잡한 관망을 좀더 간단한 관망으로 골격화시키기 위한 예비작업에 적용하는 방법을 말한다.

② 관 내부에 일정한 유량의 물이 흐를 때 생기는 손실수두가 같은 유량에 대하여 동일한 손실수두를 주도록 한 관을 등치관이라 한다.

③
$$L_2 = L_1 \left(\frac{D_2}{D_1}\right)^{4.87}, \quad Q_2 = Q_1 \left(\frac{L_1}{L_2}\right)^{0.54}$$

▶ 09, 10, 16㉠ 09㉣
· 등치관법의 계산

여기서, L : 관의 길이
D : 관의 직경
Q : 유량

(2) Hardy-Cross법

① 관망이 복잡한 경우에 사용하며, 가정된 유량을 적용하면 관망에서의 유량, 손실수두 및 보정유량을 정확히 계산할 수 있다.

② Hazen-Williams 공식을 이용하여 배수관망의 유량을 계산하는 반복근사해법

▶ 03, 05, 07, 11㉠ 10, 14, 15㉣
· Hardy-Cross법의 특성
· Hardy-Cross법의 기본가정
· 마찰손실수두 산정식

③ 기본가정
㉠ 각 분기점(합류점)의 유입유량은 정지하지 않고 전부 유출된다.
  ($\Sigma Q_{in} = \Sigma Q_{out}$)
㉡ 각 폐합관에 대한 마찰손실수두의 합은 흐름의 방향에 관계없이 0이다.
  ($\Sigma h_L = 0$)
㉢ 마찰 이외의 손실은 무시한다.

④ 마찰손실수두(h_L)산정의 일반식
㉠ $h_L = kQ^n$
㉡ Hazen-Williams 공식 : $h_L = kQ^{1.85}$
㉢ Manning공식 : $h_L = kQ^2$

핵 심 문 제

1 상수도 배수관 설계시 계획 배수량은 평상시에는 무엇을 기준으로 하는가? [95 ㉮]

㉮ 계획 1일 평균 급수량
㉯ 계획 1일 최대 급수량
㉰ 계획 1시간 평균 급수량
㉱ 계획 1시간 최대 급수량

2 배수지에 관한 다음 설명에서 잘못된 것은? [95 ㉮]

㉮ 배수지의 위치는 급수구역의 중앙에 있는 것이 바람직하다.
㉯ 자연유하식 배수지의 높이는 최소 동수압이 확보되도록 한다.
㉰ 배수지의 구조는 우수나 기타 오염물질, 일광의 입사를 방지하기 위해 복개한다.
㉱ 배수지의 유효용량은 계획 1일 최대급수량과 동일하게 취한다.

3 상수도 시설중 배수관로 설계시 요구되는 최소 동수압 기준은 얼마인가? [95 ㉮]

㉮ $0.5 kg/cm^2$
㉯ $1.5 kg/cm^2$
㉰ $3.0 kg/cm^2$
㉱ $5.1 kg/cm^2$

4 배수관망 계산시 Hazen-Williams 공식에 의해서 반복조사 계산법으로 관망의 유량을 계산하는 방법은? [98, 05, 07 ㉮]

㉮ Hardy Cross 법
㉯ Kutter 법
㉰ Horton 법
㉱ Newman 법

5 상수도 시설의 용량설계에서, 물 사용량의 변동이나 화재발생시 물 사용량이 고려되어야 하는 시설은? [99 ㉮]

㉮ 도수
㉯ 배수
㉰ 정수
㉱ 취수

해 설

[해설] 1

계획배수량
① 평상시 : 계획 1시간 최대급수량
② 화재시 : 계획 1일 최대급수량의 1시간당 수량 + 소화용수량

[해설] 2

배수지(配水池)
① 위치 및 높이 : 가능한한 배수구역 중앙에 위치하여 관말에서 최소동수압 이상 유지할 수 있는 높이를 유지해야 한다.
② 배수지의 구조는 우수나 기타 오염물질, 일광의 입사를 방지하기 위해 복개한다.
③ 유효용량 : 계획 1일 최대급수량의 12시간분을 표준으로, 최소 6시간분 이상으로 한다.

[해설] 3

배수관의 수압
① 최소 동수압 : $1.5 kg/cm^2$
② 최대 동수압 : $5.1 kg/cm^2$

[해설] 4

배수관망의 수리계산에서 Hardy Cross법

Hazen-Williams공식을 기초로 등치관법을 거쳐 관망을 단순화한 후 배수관망을 설계, 해석하는 방법이다.

[해설] 5

배수시설의 계획배수량

평상시와 화재시로 구분하여 정한다.

정답 1. ㉱ 2. ㉱ 3. ㉯ 4. ㉮ 5. ㉯

6 상수도의 배수관 설계시에 사용하는 계획급수량은? [99, 03, 12 ㉮]

㉮ 계획평균급수량
㉯ 계획최대급수량
㉰ 계획시간 최대급수량
㉱ 계획시간 평균급수량

7 상수도 계통에서 배수지로 적당한 위치는? [96 ㉯]

㉮ 충분한 수압을 가지고 취수시설에 가까운 곳
㉯ 충분히 정화시킬 수 있는 정수시설에서 가까운 곳
㉰ 충분한 수량을 취수할 수 있는 수원지에서 가까운 곳
㉱ 급수구역에서 가깝고 적당한 수두를 얻을 수 있는 곳

8 배수관(配水管)의 관말(管末)에 있어서 수압은 어느 정도 이상을 유지하도록 하여야 하는가? [99, 08 ㉮]

㉮ $0.5 kg/cm^2$
㉯ $1.5 kg/cm^2$
㉰ $5.5 kg/cm^2$
㉱ $7.0 kg/cm^2$

9 상수도 배수관망 중 격자식 배수관망에 대한 설명으로 틀린 것은? [04, 06, 18 ㉮]

㉮ 물이 정체하지 않는다.
㉯ 사고시 단수구역이 작아진다.
㉰ 수리계산이 복잡하다.
㉱ 제수밸브가 적게 소요되며 시공이 용이하다.

10 배수탑이나 고가탱크가 갖는 특징이 아닌 것은? [99 ㉯]

㉮ 펌프직송식에 비하여 펌프의 운전이 경제적이다.
㉯ 펌프의 수격작용을 방지할 수 있다.
㉰ 급수구역과 배수시설 간의 적당한 고저차가 없을 때 설치한다.
㉱ 배수지에 비하여 단위용적당 건설비가 낮다.

해설

해설 6

배수관의 기준급수량
상수도 배수관의 설계시 기준이 되는 급수량은 계획 시간 최대급수량이다.

해설 7

배수지의 위치
배수지는 급수구역에서 가깝고 적당한 수두를 얻을 수 있는 곳에 설치한다.

해설 8

배수관의 관말수압
① 최소동수압 : $1.5 kg/cm^2$
② 최대동수압 : $5.1 kg/cm^2$

해설 9

격자식 배수관망
① 장점 : 물이 정체하지 않음, 사고시 단수구간의 최소화, 수압의 균등유지 용이함
② 단점 : 수리계산이 복잡함, 건설비용이 많이 소요됨, 제수밸브가 많이 필요하고 시공이 어려움

해설 10

배수탑과 고가수조
모두 배수지에 비해 건설비가 많이 들기 때문에 대용량의 것을 건설하기에는 곤란하며, 펌프가압식과 병용해서 수압(水壓)의 평균화를 목적으로 펌프를 경제적으로 운용하도록 하는 경우가 대부분이다.

정답 6. ㉰ 7. ㉱ 8. ㉯ 9. ㉱ 10. ㉱

11 다음 배수(配水)시설에 관한 사항으로 옳지 않은 것은? [00 ㉮]

㉮ 배수지의 유효수심은 3~6m를 표준으로 한다.
㉯ 배수탑의 총수심은 20m 정도를 한계로 하여야 한다.
㉰ 배수지의 유효용량은 급수구역의 계획 1일 최대급수량의 8~12 시간분을 표준으로 한다.
㉱ 배수관의 계획배수량은 평상시에는 해당 배수구역의 계획 1일 최대급수량으로 하고 화재시에는 계획1일 최대급수량과 소화용 수량을 합한 것으로 한다.

12 다음 중 배수방식으로 부적당한 것은? [00 ㉮]

㉮ 자연 유하식
㉯ 펌프가압식
㉰ 병용식
㉱ 감압식

13 다음 중 배수관망법의 종류에 속하지 않는 것은? [01 ㉮]

㉮ 격자식
㉯ 수지상식
㉰ 가압식
㉱ 종합식

14 배수지가 가져야 할 최소 동수압의 크기는? [02 ㉮]

㉮ 1.5kg/cm²
㉯ 3.0kg/cm²
㉰ 15kg/cm²
㉱ 30kg/cm²

15 Hardy-Cross 방법에 의해 상수 배수관망을 해석할 때에 각 폐합관의 마찰손실수두 h의 산정식은? (단, Q는 유량, k는 상수) [03 ㉮]

㉮ Hazen-Williams 식 사용시 h = kQ$^{1.85}$
㉯ Hazen-Williams 식 사용시 h = kQ^3
㉰ Darcy-Weisbach 식 사용시 h = kQ$^{1.85}$
㉱ Darcy-Weisbach 식 사용시 h = kQ^3

해 설

해설 11

배수관의 계획배수량
① 평상시 : 계획 시간 최대급수량을 기준으로 한다.
② 화재시 : [계획 1일 최대급수량의 1시간당 수량+소화용수량]을 기준으로 한다.

해설 12

상수도의 배수방식
① 자연유하식
② 펌프가압식
③ [자연유하식+펌프가압식]의 병용식으로 분류할 수 있다.

해설 13

배수관망의 형식
격자식, 수지상식, 종합식(격자식+수지상식) 등이 있다.

해설 14

배수지의 동수압
① 최소동수압 : 1.5 kg/cm²
② 최대동수압 : 5.1 kg/cm²

해설 15

Hardy-Cross 방법의 마찰손실수두(h) 산정식
① 손실수두(h)와 유량(Q)과의 관계식 : $h = kQ^n$
② Hazen-Williams 공식 : n=1.85 이므로, $h = kQ^{1.85}$

정답 11. ㉱ 12. ㉱ 13. ㉰ 14. ㉮ 15. ㉮

6 급수계획

학습방향

급수(給水)는 배수관을 통하여 운반된 정수를 사용자에게 급수관을 이용하여 공급하는 과정이다.
1. 직결식 및 탱크식 급수방식의 특징
2. 관경(管徑)에 따른 급수관의 마찰손실수두 공식
3. 교차연결의 원인 및 방지대책

1 급수계획

① 정의 : 공공도로 밑에 부설한 배수관에서 분기하여 각 가정의 급수전까지 급수장치에 의해 물을 보내는 것을 말한다.
② 급수장치 : 급수관, 계량기, 저수조, 수도전 등이 있다.

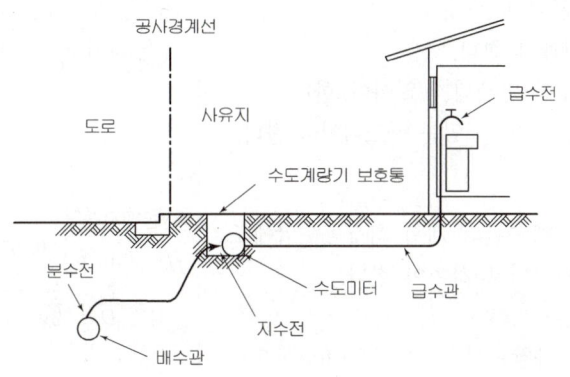

직결식 급수장치

2 급수방식

(1) **직결식(直結式) 급수방식(직결 직압식, 직결 가압식)**
① 배수관의 수압을 이용하여 급수한다.
② 배수관의 관경과 수압이 급수장치의 사용수량에 대해 충분한 경우 적용하며, 보통 2층건물까지 가능하다.

(2) **탱크식(저수조식) 급수방식(고가 수조식, 압력 수조식, 펌프 직송식)**
① 수압이 낮아 직접 급수가 불가능할 경우 급수장치 중간에 저수조 탱크, 고수조 탱크 또는 가압탱크를 설치해 물을 일단 여기에 저수했다가 급수하는 간접적인 방식을 말한다.

학습 POINT

■ 급수설비 및 기구
① 급수관 및 급수전
② 수도전 및 수도계량기
③ 분수전
④ 지수전 및 지수밸브
⑤ 역류방지 기구 및 보호 기구 : 역지밸브, 공기밸브, 안전밸브, 감압밸브, 정유량밸브 등
⑥ 절수기구 및 특수기구

02, 04, 09, 14, 15, 17 ㉠
04, 08, 13, 14, 15, 18, 19 ㉡
· 급수방식의 종류·특징

■ 탱크식 급수방식

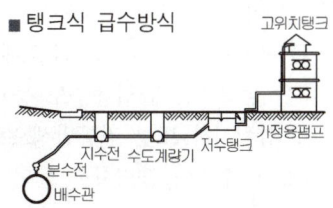

② 탱크식(저수조식) 급수방식을 적용하는 경우
  ㉠ 배수관의 수압이 소요수압에 비해 부족할 경우
  ㉡ 일시에 많은 수량 또는 항상 일정한 수량을 필요로 하는 경우
  ㉢ 급수관의 고장에 따른 단수시에도 어느 정도의 급수를 지속시킬 필요가 있을 경우
  ㉣ 배수관 수압이 과대하여 급수장치에 고장을 일으킬 염려가 있을 경우
  ㉤ 역류에 의해 배수관의 수질오염 우려가 있을 경우

(3) 직결·저수조 병용식 급수방식

3 급수시설

(1) 급수장치의 구조와 재질(구비요건)
  ① 수압, 토압, 부등침하 등에 대해 안전하고 내구성이 크며 누수가 없어야 한다.
  ② 사용목적의 용도에 구조와 성능이 적합해야 한다.
  ③ 물이 오염되거나 역류할 위험이 없어야 한다.
  ④ 유지관리가 용이하며 위생상 안전해야 한다.
  ⑤ 손실수두가 작고, 과대한 수격작용이 발생되지 않아야 한다.
  ⑥ 한랭지용은 정체수를 용이하게 배출시킬 수 있는 구조이어야 한다.

(2) 급수관(給水管)
  ① 급수관의 관경 : 급수관의 관경은 배수관의 계획 최소동수압에도 설계수량을 충분히 공급할 수 있는 크기로 하여야 한다.
  ② 급수관의 마찰 손실수두
    ㉠ 직경 50mm 이하의 급수관은 마찰손실수두를 Weston식으로 구한다.(매설심도 : 60cm 이상)
    ㉡ 직경 80mm 이상의 급수관은 송·배수관의 경우에 준한다.
  ③ 급수관의 종류 : 주철관, 경질염화비닐(PVC)관, 스테인레스강관, 폴리에틸렌관, 동관 등이 있다.

4 교차연결(Cross Connection)

(1) 정의
  ① 음용수를 공급하는 수도에 위생관리가 불충분하고 부적당한 물을 공급하는 공업용수도 등과 배수관을 서로 연결한 것을 말한다.
  ② 압력저하 또는 진공발생으로 연결된 관이나 용기로부터 공공상수도에 수질이 불명확한 물의 유입이 가능하게 되는 현상을 말한다.

■ 소규모 급수시설
주민이 공동으로 설치·관리하는 급수인구 100명 미만 또는 1일 공급량 20m³ 미만인 급수시설 중에서 특별·광역·특별자치시장, 특별 자치 도지사, 시장, 군수(광역시의 군수는 제외)가 지정하는 급수시설

■ Weston공식
$$H = (0.0126 + \frac{0.01739 - 0.1087D}{\sqrt{v}}) \times \frac{L}{D} \cdot \frac{v^2}{2g}$$

여기서, H : 마찰손실수두(m)
  v : 관내의 평균유속(m/sec)
  L : 급수관의 길이(m)
  g : 중력가속도(m/sec²)
  D : 급수관의 내경(m)

■ 교차연결

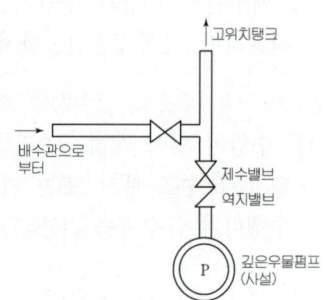

(2) 교차연결의 발생 원인
 ① 물의 사용량 변화가 심할 때
 ② 화재 등으로 소화전을 열었을 때
 ③ 배수관의 수리나 청소를 위하여 니토관을 열었을 때
 ④ 지반의 고저차가 심한 급수구역의 고지구에서 압력저하가 발생할 때
 ⑤ 배수관에 직접 연결된 가압 펌프의 운전에 따라 상류측에 압력저하가 일어날 때

(3) **교차연결의 방지 대책**
 ① 수도관과 공업용 수도관, 하수관 등을 같은 곳에 매설하지 않는다.
 ② 수도관의 진공의 발생을 방지하기 위한 공기밸브를 부착한다.
 ③ 연결관에 제수밸브, 역지밸브 등을 설치한다.
 ④ 오염된 물의 유출구를 상수관보다 낮게 설치한다.
 ⑤ 급수시 물의 역류를 방지하기 위해 저수탱크를 설치한다.

▶ 00㉑, 06㉔
· 교차연결의 정의, 원인, 방지대책

핵 심 문 제

1 급수방식에 대한 다음 설명중 맞지 않는 것은? [04 ㉮]

㉮ 급수방식은 직결식과 저수조식으로 나누며 이를 병행하기도 한다.
㉯ 배수관의 관경과 수압이 충분할 경우는 직결식을 사용한다.
㉰ 수압은 충분하나 수량이 부족할 경우는 직결식을 사용하는 것이 좋다.
㉱ 배수관의 수압이 부족할 경우 저수조식을 사용하는 것이 좋다.

2 다음 중 저수탱크를 설치하여 급수하는 방식이 아닌 것은? [98, 02 ㉮]

㉮ 배수관의 수압이 소요량에 충분한 경우
㉯ 일시에 많은 수량을 필요로 하는 경우
㉰ 항시 일정한 수량을 필요로 하는 경우
㉱ 배수관의 수압이 과대하여 급수장치에 영향을 줄 염려가 있는 경우

3 관경 50mm 이하의 급수관의 마찰손실수두를 계산하는데 많이 사용되는 공식은? [96 ㉯]

㉮ 맨닝(Manning)공식
㉯ 하젠-윌리암스(Hazen-Williams)공식
㉰ 웨스턴(Weston)공식
㉱ 쿠터(Kutter)공식

4 다음 교차연결(cross connection)의 방지책 중 옳지 못한 것은? [00 ㉮]

㉮ 상수관과 하수관을 분리시켜 매설한다.
㉯ 소화용 급수관을 별도로 설치한다.
㉰ 오염된 물의 유출구를 상수관의 위치보다 높게 밸브를 설치한다.
㉱ 수도 본관에 진공을 제거할 수 있는 공기밸브를 설치한다.

5 주택지역에서 필요로 하는 급수전의 수두는? [99 ㉮]

㉮ 6~9m
㉯ 4~6m
㉰ 9~12m
㉱ 15~20m

해 설

해설 1

직결식 급수방식
배수관의 관경과 수압이 급수장치의 사용수량에 대하여 충분한 경우에 적용한다.

해설 2

탱크식 급수방식을 적용하는 경우
① 배수관의 수압이 소요수압에 비해 부족할 경우
② 일시에 많은 수량을 필요로 하는 경우
③ 항상 일정한 수량을 필요로 하는 경우
④ 급수관의 고장에 따른 단수시에도 어느 정도의 급수를 지속시킬 필요가 있을 경우
⑤ 배수관의 수압이 과대하여 급수장치에 고장을 일으킬 염려가 있을 경우

해설 3

급수관의 마찰손실수두 계산
① 관경 50mm 이하 : Weston공식으로 계산한다.
② 관경 80mm 이상 : 송·배수관의 경우에 준한다.

해설 4

교차연결 방지책
오염된 물의 유출구를 상수관보다 높게 설치하면 상수관내로 오염된 물이 유입될 수 있다.

해설 5

급수관의 적정 동수압
$1.5 \sim 2.0$ kg/cm²이며, 수두로 환산하면 $15 \sim 20$m이다.
[∵ p(압력)=w(물의 단위중량)×h(수두)]

정답 1. ㉰ 2. ㉮ 3. ㉰ 4. ㉰ 5. ㉱

6 급수탑 내의 수위가 지표면에서 20m이면 탑밑 지면에 위치하는 급수전에서의 수압은 얼마인가? (단, 급수의 비중은 1이다.)

㉮ 2kg/cm²
㉯ 5kg/cm²
㉰ 10kg/cm²
㉱ 20kg/cm²

7 급수(給水)장치용 기구가 구비해야할 요건으로 적합하지 않은 것은? [99 ㉮]

㉮ 누수가 생기지 않는 구조와 재질일 것
㉯ 위생상 무해(無害)할 것
㉰ 물이 역류할 수 있으므로 정체수를 쉽게 배출할 수 있을 것
㉱ 사용상 편리하고 외관이 아름다울 것

8 상수용 급수관에 대한 기술 중 틀린 것은?

㉮ 급수용관은 내구성이 좋아야 한다.
㉯ 누수가 생기지 않도록 알맞은 연결법을 선택해야 한다.
㉰ 대부분의 상수관은 PVC관이나 Plastic관이 가장 많이 사용된다.
㉱ 관의 재료가 수질을 악화시켜서는 안된다.

9 고층 아파트단지의 급수방법으로 널리 사용되고 있는 방식은?

㉮ 탱크식
㉯ 직결식
㉰ 상향배관식
㉱ 중력식

10 다음 관의 종류 중에서 급수관으로 부적당한 관은 어느 것인가?

㉮ 주철관
㉯ PVC관
㉰ PE관
㉱ 원심력 철근콘크리트관

해 설

해설 6

$p = w \cdot H$

∴ $p = 1,000(kg/m^3) \times 20(m)$
    $= 20,000(kg/m^2)$
    $= 2.0(kg/cm^2)$

해설 7

급수장치의 구비요건
① 수압, 토압, 부등침하, 동파 등에 대해 안전하고 내구성이 크며 누수가 없어야 한다.
② 물이 오염되거나 역류할 위험이 없어야 한다.
③ 유지관리가 용이하며 위생상 안전해야 한다.
④ 정체수를 용이하게 배출시킬 수 있어야 한다.

해설 8

상수용 급수관

충분한 강도를 가지며 내식성이 크고 수질에 나쁜 영향을 주지 않는 재질을 사용해야 한다. 그러므로 보통 주철관, 강관 등을 많이 사용된다.

해설 9

탱크식 급수방식

수압이 낮아 직접 급수가 불가능할 경우 급수전에서 나온 물을 미리 건물의 높은 곳에 퍼올려 일정한 수위를 유지하여 물을 급수하는 방식이다.

해설 10

원심력 철근콘크리트관
급수관으로는 부적당하고 도·송수관, 하수관으로 적당하다.

정답 6. ㉮ 7. ㉱ 8. ㉰ 9. ㉮ 10. ㉱

출제예상문제

CHAPTER 4 상수관로 시설

1. 도·송수관의 설계시 평균 유속의 최소 한도는 다음 중 어느 것인가?

㉮ 5.0m/sec   ㉯ 3.0m/sec
㉰ 0.3m/sec   ㉱ 0.1m/sec

[해설] 도수·송수관의 평균 유속의 최소 한도는 모래 입자의 침전을 방지하기 위하여 0.3m/sec로 한다.

2. 도수 및 송수관로 결정에 있어서의 고려 사항으로 부적당한 것은?

㉮ 비정상적 수압을 받지 않도록 한다.
㉯ 수평 및 수직의 급격한 굴곡을 많이 이용하여 자연유하식이 되도록 한다.
㉰ 가능한 한 단거리가 되도록 한다.
㉱ 최소한 공사비가 소요되는 곳을 택한다.

[해설] 도수 및 송수관로의 선정시 유의할 사항
① 계획취수량 전량을 유입시킬 수 있을 것
② 동수구배선 이하가 되게 하고 가급적 단거리로 할 것
③ 수평, 수직의 급격한 굴곡은 피할 것
④ 장래의 예상 증가량을 감안할 것
⑤ 하부성토 등 지반이 불안전한 장소는 피할 것
⑥ 이상(異常)수압을 받지 않도록 할 것
⑦ 관내의 마찰손실수두가 최소가 되도록 할 것
⑧ 관수로의 경우 관내면에 작용하는 최대정수두가 관의 최대 사용 정수두 이하로 할 것

3. 다음 도수 및 송수시설에 관한 설명 중 맞는 것은?

㉮ 도수는 취수시설에서 배수지까지의 시설이고 송수는 배수시설에서 급수전까지의 시설이다.
㉯ 도수 및 송수시설은 반드시 관수로로 해야 한다.
㉰ 도수시설은 지형에 따라 개수로도 가능하다.
㉱ 다량의 물이 유송되므로 이음부에서 소량의 누수나 오염은 별문제 되지 않는다.

[해설]
① 도수관로는 일반적으로 개수로로 하며, 송수관로는 관수로를 원칙으로 한다.
② 어떠한 경우라도 도수 및 송수시설에서 이음부에서의 누수나 오염이 발생해서는 안된다. 특히 송수시설에서의 오염은 절대 발생해서는 안된다.

4. 도·송수관의 설계시 평균 유속의 최대 한도는 다음 중 어느 것인가?

㉮ 5.0m/sec   ㉯ 3.0m/sec
㉰ 1.0m/sec   ㉱ 0.3m/sec

[해설] 도·송수관 평균유속의 최소 한도는 0.3m/sec, 최대 한도는 3.0m/sec이다.

5. 어떤 정수장에서 3km 떨어진 배수지로 5m³/sec의 유량을 송수할 때 관로의 손실수두(또는 관로경사)가 2‰라면 송수관의 직경은 얼마가 적당한가? (단, 마찰손실만 고려하고 손실계수 f = 0.030이다.)

㉮ 1.92m   ㉯ 1.99m
㉰ 2.06m   ㉱ 2.13m

[해설]
① $Q = A \times v = \dfrac{\pi D^2}{4} \times v$, $\therefore v = \dfrac{4Q}{\pi D^2}$

② $h_L = f \cdot \dfrac{l}{D} \cdot \dfrac{v^2}{2g} = f \cdot \dfrac{l}{D} \cdot \dfrac{(\dfrac{4Q}{\pi D^2})^2}{2g}$

$\therefore D = \left(\dfrac{8f \cdot l \cdot Q^2}{g \cdot \pi^2 \cdot h_L}\right)^{\frac{1}{5}}$

$= \left(\dfrac{8 \times 0.03 \times 3000 \times 5^2}{9.8 \times \pi^2 \times 6}\right)^{\frac{1}{5}} \fallingdotseq 1.99(m)$

여기서, 관로경사 = $\dfrac{손실수두}{길이}$, $2‰ = \dfrac{2}{1,000}$

∴ 손실수두 = 길이 × 관로경사
$= 3,000 \times \dfrac{2}{1,000} = 6(m)$

해답 1. ㉰ 2. ㉯ 3. ㉰ 4. ㉯ 5. ㉯

6. Hazen-Williams 공식에 의한 유량 Q는 계수 C, 관경 D와 동수경사 I에 의해 다음 식으로 표시된다. 이 식에서 사용되는 계수 C의 범위는 다음 중 어느 것에 해당되는가?

$$유량\ Q = 0.27853\ C\ D^{2.63}\ I^{0.54}$$

㉮ 1.0~1.5
㉯ 10~15
㉰ 100~150
㉱ 1,000~1,500

[해설]
Hazen-Williams공식의 유속계수 C값은 관의 종류에 따라 다음과 같다.

관의 재료	유속계수(C)
보통 주철관(부설후 20년)	100
강관	100
흄관(직경 100~600mm)	150
흄관(직경 100mm이하)	120~140
보통 콘크리트관	120~140

7. 직경 100cm인 원형 관로에 물이 1/2 정도 차서 흐르고 있다. 이 관수로의 경심은 얼마인가?

㉮ 40cm   ㉯ 30cm
㉰ 25cm   ㉱ 20cm

[해설] 동수반경(경심)

$$R = \frac{면적}{윤변} = \frac{A}{P} = \frac{\frac{1}{2}\left(\frac{\pi \times 100^2}{4}\right)}{\frac{\pi \times 100}{2}} = 25\,(\text{cm})$$

8. 직경이 D인 1개 관으로 송수하던 유량을 직경 d인 4개관으로 송수하고자 할 때 D/d의 비는 얼마인가? (단, Chezy공식을 사용한다.)

㉮ 1.74   ㉯ 0.87
㉰ 1.31   ㉱ 2.61

[해설]
① Chezy 공식 (유속공식) $v = C\sqrt{RI}$
   여기서 C : 상수,   R : 경심(Hydraulic Radius)
           I : 동수경사
② 직경 D인 관의 유량 Q와 d인 관의 유량 q의 합은 같다.
∴ $Q = 4q$
$A \cdot v_1 = 4a \cdot v_2$

$$\frac{\pi D^2}{4} \times C\sqrt{\frac{D}{4} \cdot I} = 4 \times \frac{\pi d^2}{4} \times C\sqrt{\frac{d}{4} \cdot I}$$

∴ $D^{\frac{5}{2}} = 4d^{\frac{5}{2}}$

∴ $\frac{D}{d} = 4^{\frac{2}{5}} = 1.74$

9. 도수 및 송수계획에서 관경이 1,000mm이상일 때 흙덮개를 몇 cm 이상으로 해야 하는가?

㉮ 90cm   ㉯ 100cm
㉰ 150cm   ㉱ 180cm

[해설]
흙덮개는 관경이 1,000mm이상인 관은 150~200cm 정도로 한다.

10. 다음 그림은 어떤 도시에서 급수량의 시간적 변화를 나타낸 것이다. 그림에서 급수비율이 1.0 이상인 사선부분 면적이 5.68시간이다. 이 도시에서 1일 최대급수량이 12,000m³/day일 때 배수지의 용량은?

㉮ 138m³
㉯ 2,840m³
㉰ 12,000m³
㉱ 16,864m³

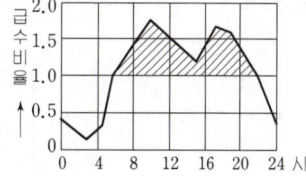

[해설]
배수지의 저수시간=급수비율 1.0이상인 시간분
∴ 배수지 용량(m³)=계획 1일 최대급수량(m³/day) ×
$\frac{1\,(\text{day})}{24\,(\text{hr})}$ ×배수지 저수시간(hr)
$= 12,000 \times \frac{1}{24} \times 5.68 = 2,840\,(\text{m}^3)$

해답 6. ㉰ 7. ㉰ 8. ㉮ 9. ㉰ 10. ㉯

11. 다음 배수 및 급수시설에 관한 설명 중 틀린 것은?

㉮ 배수지의 건설에는 토압, 벽체의 균열, 지하수의 부상, 환기 등을 고려한다.
㉯ 배수구역내의 고저차가 30m 이상이면 고저구역으로 구분한 배수시설이 필요하다.
㉰ 급수구역내 최고지나 관말에서의 최소동수압은 1.0~1.2kg/cm²이상으로 고려한다.
㉱ 관로 공사가 끝나면 시공의 양부를 알기 위하여 수압시험 후 통수한다.

[해설] 상수도 배수관의 동수압은 최소 1.53kg/cm²이며 최대 5.1kg/cm²이다.

12. 배수지의 저수위와 배수구역 관말(管末)까지의 관로 길이가 3km이고, 관로 경사가 3‰ 일 때 두 지점간의 고저차는? (단, 배수관말의 적정 수압을 고려한다.)

㉮ 9m ㉯ 14m
㉰ 24m ㉱ 29m

[해설]
① 경사 $= \dfrac{\text{고저차}}{\text{길이}}$,

경사 $I = 3(‰) = \dfrac{3}{1,000}$ 이므로 $\dfrac{3}{1,000} = \dfrac{h_1}{3,000}$

∴ $h_1 = \dfrac{3 \times 3,000}{1,000} = 9(\text{m})$

② 관말의 적정수압 $p = 1.53(\text{kg/cm}^2)$이므로 수두
$h_2 = 15\,m$
∴ 관말의 고저차 $H = 9 + 15 = 24(\text{m})$

13. 배수지의 유효 용량은 계획 1일 최대급수량의 몇 시간분을 표준으로 하는가?

㉮ 6 ㉯ 8
㉰ 12 ㉱ 16

[해설] 배수지의 유효용량은 계획 1일 최대급수량의 12시간분을 표준으로 한다.

14. 다음 배수 및 급수시설에 관한 설명 중 틀린 것은?

㉮ 배수시설에는 배수지, 배수탑, 고가수조 등이 있다.
㉯ 배수탑과 고가수조는 일반적으로 배수구역내 적당한 고지가 없을 때 설치한다.
㉰ 배수지의 유효수심은 3~6m를 표준으로 하여야 한다.
㉱ 배수지의 용량은 계획 1일 평균급수량을 기준으로 한다.

[해설] 배수지의 유효용량은 계획 1일 최대급수량의 12시간분을 표준으로 한다.

15. 격자식 배수관망이 수지상식 배수관망에 비해 갖는 장점을 다음 중 어느 것인가?

㉮ 단수구역이 좁아진다.
㉯ 수리계산이 간단하다.
㉰ 관의 부설비가 작아진다.
㉱ 제수밸브를 적게 설치해도 된다.

[해설] 배수관망 배치 종류

구분	장 점	단 점
격자식	① 물이 정체하지 않는다. ② 수압을 유지하기 쉽다. ③ 단수시 그 대상 지역이 좁아진다. ④ 화재시등 사용량의 변화에 대처하기 쉽다.	① 관망의 수리계산이 복잡하다. ② 관거의 포설시 건설비가 많이 소요된다. ③ 시공이 어렵다 ④ 제수밸브가 많이 필요하다.
수지상식	① 관망의 수리계산이 간단하다. ② 제수밸브가 적게 설치된다. ③ 시공이 쉽다.	① 수량을 서로 보충할 수 없다. ② 관의 말단에 물이 정체하여 수질을 악화시킨다. ③ 관경이 커야 하므로 비경제적이다.

해답 11. ㉰ 12. ㉰ 13. ㉰ 14. ㉱ 15. ㉮

16. 높은 압력이 걸리는 관에서 제수 밸브를 개폐시킬 때 가장 옳은 방법은?

㉮ 가능한 한 빨리 열고 빨리 닫는다.
㉯ 가능한 한 천천히 열고 빨리 닫는다.
㉰ 가능한 한 빨리 열고 천천히 닫는다.
㉱ 가능한 한 천천히 열고 천천히 닫는다.

[해설] 제수 밸브는 관내에서의 급격한 압력변화를 막기 위해 천천히 열고 천천히 닫아야 한다.

17. 배수시설의 설계기준은 어느 것인가?

㉮ 사용수량의 시간변화
㉯ 사용수량의 일변화
㉰ 사용수량의 월변화
㉱ 사용수량의 연변화

[해설] 배수시설의 설계는 사용수량의 시간변화에 대처하기 위한 시설이다.

18. 상수도의 배수에 관한 다음 설명 중 틀린 것은?

㉮ 간선과 지선의 구분을 명확히 하는 것이 좋다.
㉯ 배수관 내에 부압이 생길 경우 외부로부터의 오염이 발생하기 쉽다.
㉰ Hardy-Cross법은 격자식 관망의 해석에 적합하다.
㉱ 격자식은 수지식보다 계산식은 복잡하나 계산량은 적다.

[해설] 격자식은 수지(상)식보다 계산식이 복잡하고 계산량도 훨씬 많다.

19. 배수관의 계획 배수량을 결정한 것이다. 맞는 것은?

㉮ 평시에는 계획 1일 최대 급수량으로 한다.
㉯ 평시에는 계획 시간 최대 급수량으로 한다.
㉰ 화재시에는 계획 시간 최대 급수량과 소화용 수량과의 합으로 한다.
㉱ 화재시에는 계획 1일 최대 급수량으로 한다.

[해설]
① 평상시의 계획배수량 : 계획 시간 최대급수량
② 화재시의 계획배수량 : 계획 1일 최대급수량의 1시간당 수량 + 소화용수량

20. 어느 마을의 고지대 일부에서 상수도 수압이 너무 낮아서 물이 잘 나오지 않고 있다. 수압을 높여주기 위한 다음의 조치 중에서 옳지 않은 것은?

㉮ 근처에 배수탑을 설치한다.
㉯ 주위 지역의 관경을 줄여준다.
㉰ 배수 펌프를 설치한다.
㉱ 관망을 수지형에서 격자형으로 연결한다.

[해설] 최소 동수압을 유지하기 위해서는 배수본관의 직경을 크게 하거나 가압펌프를 설치한다. 또한 배수탑을 설치하거나 관망을 격자식으로 연결하는 것도 하나의 방법이 된다.

21. 수도시설의 전체적인 배열에 있어서의 배수방식 중 가장 경제적이며 안전한 방식은?

㉮ 수원으로부터 중력에 의한 자연유하에 의하는 방식
㉯ 높은 곳에 설치한 배수지까지 펌프양수해서 자연유하로 하는 방식
㉰ 배수탑, 고가탱크에 양수해서 자연유하하는 방식
㉱ 펌프직송 방식

[해설] 수도시설의 전체배열은 에너지 및 비용측면에서 가장 경제적인 배수방식인 자연유하식을 기본원칙으로 한다.

해답 16. ㉱ 17. ㉮ 18. ㉱ 19. ㉯ 20. ㉯ 21. ㉮

22. 배수지(配水池)에 관한 설명 중 사실과 다른 것은?

㉮ 배수지의 위치는 될 수 있는 대로 급수구역 내 또는 이와 인접한 곳이 좋다.
㉯ 배수지의 깊이가 지나치게 깊으면 수밀성이 나쁘고 누수를 발생시킬 우려가 있다.
㉰ 배수지의 유효용량은 소규모 수도일수록 저류시간을 작게 취한다.
㉱ 배수지에서 하류의 배수관은 시간 최대수량을 기준으로 취한다.

해설
소규모 수도의 경우는 각 시간별로 물의 수요량 차이가 심하므로 어느정도 예비수량이 저류되어 있어야 한다. 그러므로 배수지에서의 저류시간은 소규모일수록 크게 설계한다.

23. 마을 전체의 수압을 안정시키기 위해서는 급수탑 바로 밑의 관로계기 수압이 2.5kg/cm²가 되어야 한다. 급수탑은 관로로부터 몇 m높이에 수위를 유지하여야 하는가?

㉮ 5m   ㉯ 10m
㉰ 20m   ㉱ 25m

해설
$p = w \cdot H,\ w = 1,000 \text{kg/m}^3 = 10^{-3} \text{kg/cm}^3$

$\therefore H = \dfrac{p}{w} = \dfrac{2.5 \text{kg/cm}^2}{10^{-3} \text{kg/cm}^3} = 2,500 \text{cm} = 25 \text{m}$

24. 다음 도수시설과 송수시설에 관한 설명 중 틀린 것은?

㉮ 도수 및 송수를 관수로로 하였을 때 가장 큰 손실수두는 마찰에 의한 손실수두이다
㉯ 도수시설, 송수시설의 내구 연한 계획은 급수시설보다 길다.
㉰ 도수시설은 송수시설보다 유송량이 많다.
㉱ 송수시설은 정수에 의한 소독수의 유송이므로 외부로부터 수질오염은 고려하지 않아도 좋다.

해설
㉮ 관수로에서의 손실수두는 대부분 마찰에 의한 손실이다.
㉯ 도·송수시설은 장래에 시설확장의 어려움 등으로 시설 계획년도가 급수시설보다 훨씬 길다.
㉰ 도수량은 계획취수량(계획급수량의 110%정도)을 기준으로 하며 송수량은 계획 1일최대급수량을 기준으로 한다.
㉱ 송수시설은 정수된 물을 수송하므로 외부로부터 수질오염을 방지해야 한다.

25. 내경 200mm의 관내에 60L/sec의 유량이 흐르고 있다. 관의 길이가 50m 일 때 Manning공식을 사용하여 마찰손실수두를 계산하면? (단, n = 0.012)

㉮ 1.23m   ㉯ 1.33m
㉰ 1.43m   ㉱ 1.53m

해설
① 내경 D = 200mm = 0.2m
   유량 Q = 60L/sec = 0.06m³/sec
② 유속 $v = \dfrac{Q}{A} = \dfrac{Q}{\dfrac{\pi \times D^2}{4}} = \dfrac{0.06}{\dfrac{\pi \times 0.2^2}{4}}$
   $= 1.91 \,(\text{m/sec})$
③ 마찰손실계수 $f = \dfrac{124.6\, n^2}{D^{1/3}} = \dfrac{124.6 \times 0.012^2}{0.2^{1/3}}$
   $= 0.031$

$\therefore h_L = f \cdot \dfrac{l}{D} \cdot \dfrac{v^2}{2g} = 0.031 \times \dfrac{50}{0.2} \times \dfrac{1.91^2}{2 \times 9.8}$
$= 1.44 \,(\text{m})$

26. 상수도 배수관 설계시 계획 배수량은 평상시에는 무엇을 기준으로 하는가?

㉮ 계획 1일 평균 급수량
㉯ 계획 1일 최대 급수량
㉰ 계획 1시간 평균 급수량
㉱ 계획 1시간 최대 급수량

해설 계획배수량
① 평상시 : 계획 1시간 최대급수량
② 화재시 : 계획 1일 최대급수량의 1시간당 수량 + 소화용 수량

해답 22. ㉰ 23. ㉱ 24. ㉱ 25. ㉰ 26. ㉱

27. 상수도 시설중 배수관로 설계시 요구되는 최소 동수압 기준은 얼마인가?

㉮ $0.5kg/cm^2$　　㉯ $1.5kg/cm^2$
㉰ $3.0kg/cm^2$　　㉱ $5.1kg/cm^2$

해설 배수관의 수압
① 최소 동수압 : $1.53kg/cm^2$ (≒ 수두 15m)
② 최대 동수압 : $5.1kg/cm^2$ (≒ 수두 50m)

28. 상수도 배수관의 최소 매설 깊이를 결정할 때에 고려할 사항 중 가장 거리가 먼 것은?

㉮ 급수관과의 연결
㉯ 동결 깊이
㉰ 지하수위에 의한 부상
㉱ 차량에 의한 윤하중

해설 관의 매설 깊이 결정시 고려할 사항
① 수압
② 도로 하중의 크기(토압)
③ 차량에 의한 윤하중
④ 동결 깊이
⑤ 지하수에 의한 관거의 부상

29. 상수도의 도수 및 송수관로의 일부분이 동수경사선보다 높을 경우에 취할 사항으로서 부적당한 것은?

㉮ 감압밸브를 설치하는 방법
㉯ 접합정을 설치하는 방법
㉰ 터널을 설치하는 방법
㉱ 상류측 관로의 관경을 크게 하는 방법

해설 도·송수관로의 동수경사선 상승방법
도수 및 송수관로가 동수경사선보다 높으면 압력이 낮아져 물속에 용해되어 있던 공기가 분리되어 물의 흐름을 방해한다. 그러므로 관로가 동수경사선 이하가 되도록 할 수 없을 때에는 ㉮, ㉯, ㉱와 같은 방법을 이용하여 동수경사선을 상승시킨다.

30. 배수지의 유효용량은 계획 1일 최대 급수량의 최소 몇시간분으로 하는 것이 바람직한가?

㉮ 3시간　　㉯ 6시간
㉰ 9시간　　㉱ 12시간

해설 배수지의 유효용량은 계획 1일 최대급수량의 12시간을 표준으로, 최소 6시간분으로 정한다.

31. 상수도에서의 관경 설계시 일반적으로 가장 많이 사용되는 공식은?

㉮ Kutter 공식　　㉯ Horton 공식
㉰ 이케다 공식　　㉱ Hazen-Williams 공식

해설 상수도의 관로는 Hazen-Williams공식을 이용하여 설계한다.

32. 도·송수거에 대한 설명 중 틀린 것은?

㉮ 개거(開渠)의 경우에는 대개 30~50m 간격으로 신축이음을 설치한다.
㉯ 거(渠) 내의 평균유속 공식은 Ganguillet - Kutter 공식 또는 Manning 공식을 사용한다.
㉰ 거(渠) 내의 평균유속의 최대한도는 5m/sec로 한다.
㉱ 도수거의 최소유속은 0.3m/sec로 한다.

해설 도·송수거의 평균유속의 범위는 0.3~3.0m/sec이다.

33. 철관의 부식을 방지하는 데 도움이 되지 않는 것은?

㉮ 음극보호법　　㉯ 폭기법
㉰ 부식방지제 사용법　　㉱ 막형성법

해설 폭기법은 공기를 공급해 주는 방식으로 철관의 부식 방지에 이용되지만, 물의 용존산소가 증가하면 오히려 산소가 산화제역할을 하여 부식을 촉진시키는 역효과를 낼 수 있다.

해답　27. ㉯　28. ㉮　29. ㉰　30. ㉯　31. ㉱　32. ㉰　33. ㉯

34. 다음 중 배수지를 설치하는 이유는 어느 것인가?

㉮ 물을 저장하기 위한 것
㉯ 수원의 변화를 방지하기 위한 것
㉰ 충분한 물을 확보하기 위한 것
㉱ 물을 가장 많이 소비할 때 시간적 변화에 대응하기 위한 것

[해설] 배수지(配水池)는 정수를 저장하였다가 배수량의 시간적 변화를 조절하는 시설물로서 물의 소비가 많을 경우를 대비하여 물의 공급이 많을 때 미리 부족분을 저장해두는 시설이다.

35. 배수탑의 일반적인 수심으로 적당한 것은?

㉮ 3~4m ㉯ 3~6m
㉰ 10m   ㉱ 20m

[해설] 배수지 및 고가수조의 유효수심은 3~6m이며, 배수탑의 총수심은 20m정도이다.

36. 관망(管網)에서 등치관이란 무엇인가?

㉮ 관경이 같은 관망이다.
㉯ 한 관의 수두손실이 대치된 관의 수두손실과 같은 관을 말한다.
㉰ 유속이 서로 같고 관경이 다른 관을 말한다.
㉱ 수원과 수질이 같은 주관과 지관을 말한다.

[해설] 등치관(等値管)은 한 관의 수두손실이 대치된 관의 수두손실과 같은 관을 말한다.

37. 다음 Hardy Cross법에 대한 설명 중 틀린 것은?

㉮ 관망이 대단히 복잡한 경우 관망의 유량과 수두손실을 계산하기 위해 적용된다.
㉯ 각 관로의 유량을 가정하고 계산을 반복해서 해를 구하는 반복근사해법이다.
㉰ 보정유량을 정확히 구할 수 없다는 것이 단점이다.
㉱ 이 법의 적용은 관망의 연결성과 교차점에서 수압이 일정한 값을 가진다는 조건이 있다.

[해설] 관망(管網) 해석방법인 Hardy Cross법의 가장 큰 특징은 대단히 복잡한 관망을 해석할 수 있으며 보정유량을 정확히 구할 수 있다는 것이다.

38. 배수지의 경제성과 유지관리의 안전성면에서 볼 때 급수구역 내의 고저차는 얼마 범위가 가장 적절한가?

㉮ 10~20m   ㉯ 20~30m
㉰ 30~40m   ㉱ 40~50m

[해설] 배수관의 경제성과 유지관리의 안전성면에서 볼 때 급수구역 내의 고저차는 30~40m이내가 가장 좋다.

39. 배수본관의 凹에 설치하는 밸브는 다음 중 어느 것인가?

㉮ check valve   ㉯ drain valve
㉰ safety valve ㉱ air valve

[해설] 배슬러지밸브(drain valve)는 관로 내에 퇴적하는 침전물을 배출하고 유지관리를 위해 관내를 청소하거나 정체수를 배출하기 위해 관로의 요(凹)부에 설치한다.

40. 지름이 20cm이고 길이가 100m인 관을 지름 30cm인 등치관으로 바꾸면 길이는 얼마인가?

㉮ 710.38m   ㉯ 720.38m
㉰ 730.38m   ㉱ 740.38m

[해설]
$$L_2 = L_1 \left(\frac{D_2}{D_1}\right)^{4.87} = 100 \times \left(\frac{30}{20}\right)^{4.87} = 720.38 \, (m)$$

해답 34. ㉱ 35. ㉱ 36. ㉯ 37. ㉰ 38. ㉰ 39. ㉯ 40. ㉯

41. 배수지(配水池)에 관한 사항 중 잘못된 것은?

㉮ 배수구역에서 멀리 위치할수록 좋다.
㉯ 용량은 일반적으로 1일 최대급수량의 6~12시간분으로 한다.
㉰ 외부 오염을 방지하기 위하여 배수지의 상부에 덮개를 설치한다.
㉱ 경우에 따라서는 비상시를 위한 용량도 확보해야 한다.

[해설]
배수지는 일반적으로 배수구역의 중앙부에 설치하는 것이 바람직하다.

42. 다음 중 상수도 계통의 배·급수시설에 해당되지 않는 것은?

㉮ 배수탑　　　㉯ 고가탑
㉰ 배수관　　　㉱ 착수정

[해설]
착수정은 정수장에서 제일 먼저 원수(原水)가 거쳐야 하는 시설로 정수시설에 해당된다.

43. 배수본관의 철(凸)부에 설치해야 하는 밸브는 다음 중 어느 것인가?

㉮ check valve　　㉯ safety valve
㉰ air valve　　　㉱ drain valve

[해설]
공기밸브(air valve)는 관내 공기를 자동적으로 배제 또는 흡입하는 시설로 배수본관의 철(凸)부에 설치한다.

44. 개수로와 관수로의 근본적인 차이점은 무엇인가?

㉮ 수압의 고저
㉯ 자유수면의 유무
㉰ 지상매설과 지하매설
㉱ 수로의 덮개 유무

[해설]
개수로와 관수로 흐름의 구별은 중력작용에 의한 자유수면의 유무로 결정한다.

45. 다음의 배수지(配水池)에 관한 설명 중 틀린 내용은?

㉮ 배수지는 급수구역의 중앙에 위치시키는 것이 좋다.
㉯ 배수지의 유효수심은 일반적으로 3~6m 정도이다.
㉰ 배수지의 용량은 최저의 경우에도 평균 1시간 급수량의 6배가 필요하다.
㉱ 배수지의 유효용량은 계획 1일 최대급수량과 동일하게 하여야 한다.

[해설]
배수지의 유효용량은 계획 1일 최대급수량의 12시간분을 원칙으로 하며 최소 6시간분 이상이 되어야 한다.

46. 상수의 도수방식에 관한 설명 중 옳지 않은 것은?

㉮ 자연 유하식은 지형이 평탄하면서 도수로가 짧을 때 이용한다.
㉯ 펌프 압송식은 송수의 안정성이 떨어지며 조작이 복잡하면서 비경제적이다.
㉰ 도수란 수원에서 취수한 물을 정수장까지 수송하는 것이다.
㉱ 도수방식은 지형에 따라 자연 유하식과 펌프 압송식, 수리학적으로 개수로와 관수로, 지표면 관계에 따라 지표식과 지하식으로 각각 나눌 수 있다.

[해설]
자연유하식은 지형의 고저차(高低差)를 이용하는 수송방법이므로, 가급적 수원의 위치가 높고 도수로가 길 경우에 적당하다.

해답　41. ㉮　42. ㉱　43. ㉰　44. ㉯　45. ㉱　46. ㉮

47. 도수관 내 평균 유속의 최소 한도는 초당 몇 m 인가?

㉮ 0.2 ㉯ 0.3
㉰ 0.4 ㉱ 0.5

[해설] 도·송수관로내의 유속은 0.3~3.0m/sec 의 범위이다.

48. 어떤 수원지에서 2km 떨어진 곳에 5m³/sec 의 유량을 송수할 때 두 수조의 수면차가 15m이면 송수관의 지름은 얼마인가? (단, 마찰손실만 고려하고 f = 0.03 임)

㉮ 1.47m ㉯ 1.53m
㉰ 1.68m ㉱ 1.84m

[해설]
① 마찰손실수두 $h_L = f \cdot \dfrac{l}{D} \cdot \dfrac{v^2}{2g}$

② 유량 $Q = A \cdot v \rightarrow v = \dfrac{Q}{A} = \dfrac{Q}{\dfrac{\pi \times D^2}{4}}$

③ 동수구배 $I = \dfrac{h_L}{l} = f \cdot \dfrac{1}{D} \cdot \dfrac{v^2}{2g}$
$= f \cdot \dfrac{8}{\pi^2 g} \cdot \dfrac{Q^2}{D^5}$, $I = \dfrac{15(m)}{2,000(m)} = 0.0075$

∴ $D = \left(\dfrac{8fQ^2}{0.0075\,\pi^2 g}\right)^{1/5} = 1.53(m)$

49. 상수도 배수관 내의 수압은 다음 중 어느 범위로 유지시키는 것이 가장 좋은가?

㉮ 1.0~4.0kg/cm²
㉯ 1.0~10.0kg/cm²
㉰ 1.5~5.0kg/cm²
㉱ 1.5~10.0kg/cm²

[해설] 배수관(配水管)의 수압
① 최소 동수압 : 1.53kg/cm²(≒ 수두 15m)
② 최대 동수압 : 5.1kg/cm²(≒ 수두 50m)

50. 다음은 배수관망의 구성방법에서 격자식(grid system)이 수지상식(branching system)보다 유리한 점을 기술한 내용이다. 틀린 것은?

㉮ 물이 정체(停滯)되지 않는다.
㉯ 수압을 유지하기 쉽다.
㉰ 관로의 설비비가 적게 든다.
㉱ 단수시(斷水時) 그 대상지역이 좁아진다.

[해설] 격자식은 수지상식에 비해 관을 많이 매설하므로 관로의 설비비가 많이 소요되는 단점이 있다.

51. 접합정(junction well)이란 무엇을 말하는가?

㉮ 복류수를 취수하기 위해 매설한 유공 관거설비
㉯ 상부를 개방하지 않은 수로설비
㉰ 배수지 등의 유입수의 수위조절과 양수를 위한 설비
㉱ 관로의 수두를 감소하기 위한 설비

[해설] 관수로의 수압이 현저하게 높게 되어 관의 허용수두를 넘을 경우에 관의 파손 등을 막기 위해 관의 도중에 손실수두의 감소 및 감압을 위해 접합정을 적당한 위치에 설치한다.

52. 송수관의 분지점에 설치하는 밸브로 적합한 것은?

㉮ Gate Valve
㉯ Glove Valve
㉰ Check Valve
㉱ Air Valve

[해설] 제수밸브(Gate Valve)는 개폐가 빈번한 곳(분지점)에 설치하는 장치이다.

해답 47. ㉯ 48. ㉯ 49. ㉰ 50. ㉰ 51. ㉱ 52. ㉮

53. 다음과 같은 원형 원심력 철근콘크리트관에 만수된 상태로 송수된다고 할 때 Manning공식에 의한 유속을 구하면 얼마인가? (단, $n = 0.013$, $I = 0.001$, 관지름 $D = 400\,mm$)

㉮ 0.048m/sec
㉯ 0.86m/sec
㉰ 0.669m/sec
㉱ 0.524m/sec

해설
$D = 400mm = 0.4m$
$\therefore v = \dfrac{1}{n} \cdot R^{\frac{2}{3}} \cdot I^{\frac{1}{2}} = \dfrac{1}{0.013} \times \left(\dfrac{0.4}{4}\right)^{\frac{2}{3}} \times 0.001^{\frac{1}{2}}$
$= 0.524(m/sec)$

54. 안지름 5cm의 원형 강관에 18kg/cm²의 수압이 작용할 때 강관의 적당한 두께는? (단, 허용 인장응력은 300kg/cm²이다.)

㉮ 6.7mm
㉯ 67mm
㉰ 15mm
㉱ 1.5mm

해설
두께 $t = \dfrac{pd}{2\sigma_{ta}} = \dfrac{18 \times 5}{2 \times 300} = 0.15(cm) = 1.5(mm)$

55. 외기(外氣)와 관 내부의 물의 온도변화에 의한 관로의 신축이나 지반의 불균등 침하에 의한 관로의 변위 등에 대응하기 위하여 설치해야 하는 것은?

㉮ 맨홀
㉯ 공기밸브
㉰ 역지밸브
㉱ 신축이음

해설
신축이음은 온도(외기와 관 내부의 물 사이)변화에 따른 관로의 신축(伸縮)에 대응하기 위하여 개거(開渠)의 경우 30~50m 간격으로 설치한다.

56. 상수도 관망계산방법 중 Hardy-Cross법에서 가정사항이 아닌 것은?

㉮ 합류점에서 유입하는 유량은 그 점에서 일단 정지 후 유출된다.
㉯ 각 폐합관에 대한 손실수두의 합은 0이다.
㉰ 마찰이외의 손실은 무시한다.
㉱ 분기점에서 유입하는 유량은 그 점에서 정지하지 않고 전부 유출한다.

해설
Hardy-Cross방법의 기본가정
① 분기점 또는 합류점에서 유입하는 유량은 정지하지 않고 전부 유출된다.($\sum Q_{in} = \sum Q_{out}$)
② 각 폐합관에 대한 마찰손실수두의 합은 흐름방향에 관계없이 0이다.($\sum h_L = 0$)
③ 마찰이외의 손실은 무시한다.

57. 만류로 흐르는 수도관에서 조도계수(n) 0.012, 동수경사 1/1200, 관경 600mm일 때 Manning 공식에 의한 유량은?

㉮ 0.12m³/s
㉯ 0.19m³/s
㉰ 0.23m³/s
㉱ 0.68m³/s

해설
$Q = A \cdot V = \dfrac{\pi D^2}{4} \cdot \dfrac{1}{n} \cdot R^{\frac{2}{3}} \cdot I^{\frac{1}{2}}$
$= \dfrac{\pi \times 0.6^2}{4} \times \dfrac{1}{0.012} \times \left(\dfrac{0.6}{4}\right)^{\frac{2}{3}} \left(\dfrac{1}{1200}\right)^{\frac{1}{2}}$
$= 0.192\,m^3/sec$
(여기서, 경심 $R = \dfrac{D}{4}$)

해답 53. ㉱ 54. ㉱ 55. ㉱ 56. ㉮ 57. ㉯

58. 상수관망 설비중 공기밸브의 설명으로 틀린 것은?

㉮ 설치목적은 관내 공기의 배제 또는 흡입을 위함이다.
㉯ 관로의 종단도상에서 상향돌출부의 하단에 설치해야 하지만 돌출부가 없는 경우는 낮은 쪽의 제수밸브 밑에 설치한다.
㉰ 관경 400mm 이상의 관에는 반드시 쌍구공기밸브 또는 급속공기밸브를 설치한다.
㉱ 한랭지에서는 공기밸브의 동결방지 대책을 강구한다.

[해설]
공기밸브(Air Valve)
① 관로의 상단부에 설치하나 제수밸브 중간에 상단부가 없는 경우에는 높은 쪽의 제수밸브 바로 밑에 설치한다.
② 2개의 제수밸브 중간에 돌출부가 없는 경우에는 특별히 설치할 필요는 없다.

59. 도수시설 중 접합정에 대한 설명으로 옳지 않은 것은?

㉮ 원형 또는 사각형의 콘크리트 또는 철근콘크리트로 축조한다.
㉯ 수압이 높은 경우에는 필요에 따라 수압제어용 밸브를 설치한다.
㉰ 유출관의 유출구 중심높이는 저수위에서 관경의 3배이상 낮게 하는 것을 원칙으로 한다.
㉱ 유입속도가 큰 경우에는 접합정 내에 월류벽 등을 설치하여 유속을 감쇄시킨다.

[해설]
접합정(Junction well)
① 관로의 수압 또는 손실수두의 경감(감소) 목적으로 설치하는 부속설비이다.
② 계획도수량의 1.5분 이상의 용량으로 함이 바람직하다.
③ 유출관의 유출구 중심높이는 저수위에서 관경이 2배 이상 낮게 설치함이 원칙이다.

60. 도수관에서 유량을 Hazen-Williams 공식으로 다음과 같이 나타내었을 때, a, b의 값은? (단, D : 관의 직경, I : 동수경사)

$$Q = K \cdot C \cdot D^a \cdot I^b$$

㉮ a = 0.63, b = 0.54
㉯ a = 0.63, b = 2.54
㉰ a = 2.63, b = 2.54
㉱ a = 2.63, b = 0.54

[해설]
Hazen-Williams 공식
① 유속 $V = 0.35464 \, CD^{0.63} \, I^{0.54}$
② 유량 $Q = AV$
$= \dfrac{\pi D^2}{4} \times 0.35464 \, CD^{0.63} \, I^{0.54}$
$= 0.27853 \, CD^{2.63} \, I^{0.54}$
∴ a = 2.63, b = 0.54

61. 계획 시간최대 배수량 $q = K \times \dfrac{Q}{24}$ 에 대한 설명으로 틀린 것은?

① 계획 시간최대 배수량은 배수구역내의 계획 급수인구가 그 시간대에 최대량의 물을 사용한다고 가정하여 결정한다.
② Q는 계획 1일평균 급수량으로 단위는 [m³/day]이다.
③ K는 시간계수로 주야간의 인구변동, 공장, 사업소 등의 계절적 인구이동에 의하여 변한다.
④ 시간계수 K는 1일최대 급수량이 클수록 작아지는 경향이 있다.

[해설]
계획 시간최대 배수량
① 산정공식, $q = K \times \dfrac{Q}{24}$
② Q : 계획 1일최대 급수량 (m³/day)

해답 58. ㉯ 59. ㉰ 60. ㉱ 61. ②

제5장 정수장 시설

출제경향분석

1. 계획 정수량의 기준수량 및 여유수량
2. 정수처리의 계통도 및 정수방법
3. 정수처리 시설중 침전지, 여과지 등의 역할과 시설의 제원 및 특징
4. 침전지와 여과지에 관련된 계산문제 풀이를 위한 관련공식의 완전 숙지
5. 응집시설에 관련된 원리 및 반응단계의 특징
6. 염소 소독의 원리 및 특징, 효과, 염소요구량 계산
7. 기타 정수처리법의 종류 및 주요특징
8. 정수장 배출수 처리

단원별 경향분석

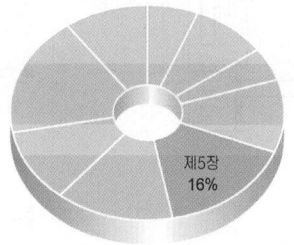

토목기사

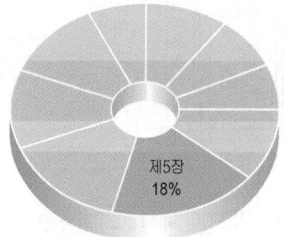

토목산업기사

항목별 경향분석

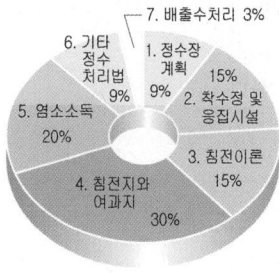

토목기사

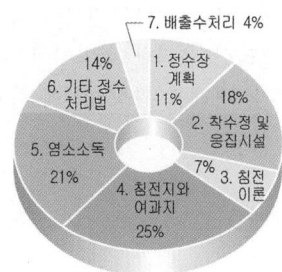

토목산업기사

1 정수장 계획

학습방향

일반적인 정수처리 흐름순서와 원수(原水)수질에 따라 선택되는 정수처리 방법에 대한 개론적인 내용들이다.

1. 계획정수량 설계에 기준이 되는 급수량 및 여유수량
2. 일반적인 정수처리의 흐름순서(특히 완속여과 및 급속여과일 때의 차이점)
3. 원수(原水)수질에 따라 선택되는 각각의 정수처리 방법

1 정수장 계획

(1) 계획정수량(計劃淨水量)

① 기준수량 : 계획 1일 최대급수량을 기준으로 정한다.
② 여유수량 : 작업용수, 잡용용수, 기타 손실수량을 고려하여 계획 1일 최대급수량의 5~10%를 추가한다.(원칙 : 10%)

(2) 일반적인 정수처리장

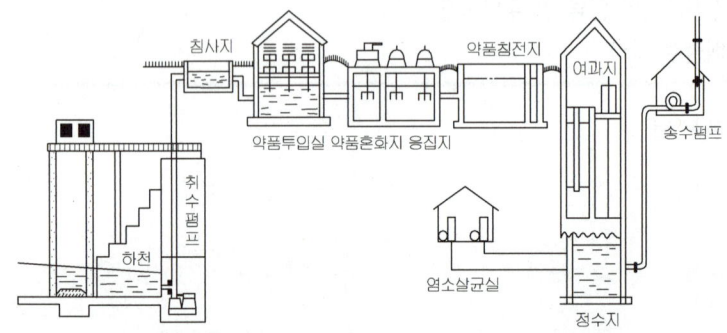

(3) 정수장 입지계획시 고려사항

① 시설 전체의 배치와 고저를 고려, 경제적이고 관리하기 좋은 위치이어야 한다.
② 오염의 염려가 적은 위생적인 환경이어야 한다.
③ 재해를 받을 염려가 적고 배수하기 좋은 환경이어야 한다.
④ 형상이 좋고 충분한 면적의 용지가 확보되어야 한다.
⑤ 유지관리상 유리한 위치이어야 한다.
⑥ 건설 및 장래에 확장하기에 유리한 곳이어야 한다.

학습 POINT

▶ 99, 01, 03, 06, 14㈎ 97, 02, 14㈛
· 계획정수량의 기준수량

■ 작업용수
침전지 슬러지, 여과지 세척수, 세사(洗砂) 배출수, 약품 용해수, 냉각수 등이 있다.

■ 잡용수
정수장 내 급수, 정수장 내 청소용수, 분수용 등이 있다.

■ 손실수량
월류수, 배제 슬러지 등이 있다.

▶ 02㈎ 99㈛
· 정수장 계획시 고려사항

2 정수처리의 개념

(1) 정수처리 계통도

① 완속여과의 경우

② 급속여과의 경우 (일반적으로 많이 이용)

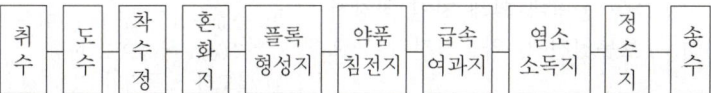

③ 고도정수처리의 경우

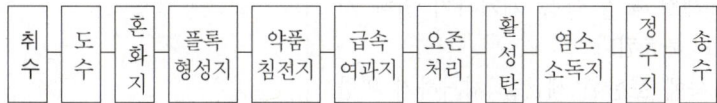

※ 고도정수처리 시스템은 종류가 굉장히 많으며 위 처리과정은 그 중의 하나를 예로 든 것이다.

(2) 정수처리 대상물질

① 부유물질(Suspended Solids) : 직경 10μ(0.01mm)이하 부유물질로 탁도를 유발하며 침전, 여과 등으로 제거한다.

② 용해성 물질(Dissolved Solids) : 이온, 콜로이드 등으로 탁도 및 색도를 유발하며, 약품침전 등을 통해 불용성물질로 전환시켜 제거한다.

③ 세균, 미생물 : 병원성 미생물 등은 침전, 여과로도 일부 제거되지만 주로 소독으로 제거한다.

(3) 정수방법(淨水方法)의 선정

① 간이처리 방식(염소소독만의 처리) : 지하수(특히 용천수)에 적당한 방법으로 원수의 수질이 안정, 양호하여 다른 정수 처리과정을 거치지 않고 염소소독만으로 처리하는 방법이다.
(대장균군 : 50MPN/100mL 이하, 일반세균 : 500MPN/1mL 이하)

② 완속여과 방식 : 원수의 수질이 비교적 양호한 지표수, 호소수 등에 적당한 방법으로, 원수 중의 소량의 탁질 및 미량의 유기물질 제거를 목적으로 한다. (대장균군 : 1000MPN/100mL 이하, BOD : 2mg/L 이하, 최고탁도 : 10도 이하)

③ 급속여과방식 : 원수 수질이 간이처리 및 완속여과방식으로 정화할 수 없는 경우에 사용되지만, 용해성 물질의 제거능력이 부족하므로 고도정수시설을 추가할 필요가 있다.

④ 고도정수처리 : 침전 → 여과 → 소독 만으로는 수질기준에 적합한 처리수를 얻을 수 없는 경우에 추가로 활성탄 또는 오존처리 등을 부가하는 방법이다.

02, 05, 08, 16, 19㉮
03, 04, 05, 08, 13, 15㉯
· 정수처리계통

■ 고도정수처리의 예
① 원수 → 생물처리 → 응집침전 → 급속여과 → 염소소독 → 송수
② 원수 → 생물처리 → 응집침전 → 중(中) 오존처리 → 급속여과 → 입상 활성탄 → 염소소독 → 송수
③ 원수 → 생물처리 → 전(前) 오존처리 → 응집침전 → 급속여과 → 후(後) 오존처리 → 입상활성탄 → 염소소독 → 송수

■ 직접여과
저탁도 원수를 대상으로 소량의 응집제를 주입한 후 플록형성과 침전 처리를 하지 않고 여과하는 방법

09㉮ 19㉯
· 직접여과

(4) 각종 정수처리 시설
① 착수정 : 도수시설에서 유입되는 원수를 정수처리장에서 최초로 도입하는 공정의 시설로서 원수의 수위를 안정시키고 원수량을 조절한다.
② 응집지 : 약품응집 조작에 의해 콜로이드성 물질을 침전성이 양호한 플록으로 형성시키는 시설을 말하며 혼화지 → 플록형성지로 구성되어 있다.
③ 침전지 : 물보다 무거운 수중 고형물을 중력에 의해 자연 침강시켜 물로부터 분리하기 위한 시설로 보통침전지, 약품침전지 등으로 분류된다.
④ 여과지 : 원수를 인공 모래층으로 침투 유하시켜 원수중에 있는 부유물질, 콜로이드, 세균 및 용해성 물질 등을 제거하기 위한 시설로 완속여과지와 급속여과지로 분류된다.
⑤ 소독지 : 여과지에서 나온 물 속에 포함된 세균을 제거하기 위한 시설로 염소소독지, 클로라민 소독지, 이산화염소 소독지 등이 있다.
⑥ **정수지** : 정수처리 운전관리상 발생하는 여과수량과 송수량의 불균형을 조절 완화하며, 고장시 대응, 시설점검시 대비, 주입된 염소를 균일화하는 시설로 정수장의 최종단계 정수저류시설이다.

(5) **정수시설의 배치 및 계획**
① 착수정 : 후속공정인 응집·침전·여과와 계속되는 처리공정을 원활하게 하는 위치에 선정한다.
② 응집·플록형성·침전지 : 일련의 연속된 처리공정으로서 분리배치하면 거리가 멀어지고 유하시간이 길어져서 양호한 플록의 형성을 방해하고 수로도중에 플록의 침전이 일어나므로 각기 분리배치하는 것은 바람직하지 못하다.
③ 여과지 : 여과수로, 유입관, 역세척관 등 여러 개의 관을 배치하여야 하므로 배관실을 설치하여 배관의 연락, 밸브설치, 유량조절장치 등의 설치를 용이하게 한다.
④ 소독지 : 여과지 유입전과 후에 여과수가 모이는 곳에 혼화지(접촉지)를 설치하여 염소제 등 소독제를 주입한다.
⑤ 정수지 : 넓은 면적이 필요하고 수위가 낮은 위치에 설치하므로 지하구조로 되는 경우가 많다.
⑥ 고도정수시설 : 어떤 방식을 채택하느냐에 따라 고도정수공정의 배치가 다르게 된다.
⑦ 배출수처리시설 : 정수처리공정과는 직접 관계가 없으므로 다소 떨어진 장소에 설치하든가 별도의 용지에 설치하는 경우도 있다.
⑧ 정수시설의 청소, 보수, 부품교체, 사고 등으로 인한 정수처리공정의 장시간 정지를 고려하여 처리계열은 시설규모 등에 따라 기능이 발휘되도록 가능한한 독립된 2계열 이상으로 분할하는 것이 바람직하다.

■ 정수지(淨水池)
① 정수처리 운전관리상 발생하는 여과수량과 송수량의 불균형을 조절, 완화하며, 주입된 염소를 균일화하는 시설로 정수장의 최종단계 시설이다.
② 유효용량은 계획 정수량의 2시간분 이상이다.
③ 유효수심은 3~6m, 여유고는 30cm 이상으로 한다.
④ 별도의 소독지가 없을 경우, 소독지의 역할을 대신한다.

▶00, 10 ㉠
· 정수지의 목적

▶10 ㉠
· 정수시설의 배치

핵 심 문 제

1 다음 중 계획정수량은 어떤 급수량을 기준으로 하는가?

㉮ 시간 최대급수량
㉯ 시간 최대 평균급수량
㉰ 일 최대급수량
㉱ 일 평균급수량

2 정수장 시설을 계획할 때 먼저 실시하는 입지계획에서 고려해야할 사항이 아닌 것은?

㉮ 경제적이고 관리하기 좋을 것
㉯ 오염의 염려가 적은 위생적일 것
㉰ 장래에 확장하기 유리할 것
㉱ 배수하기가 어려울 것

3 정수장에서 가장 널리 사용되고 있는 정수방식인 급속여과 시스템의 5개 과정으로 가장 옳은 것은? [96, 02 ㉮ 13 ㊂]

㉮ 응결 → floc 형성 → 침전 → 살균 → 심층여과
㉯ floc 형성 → 응결 → 침전 → 살균 → 심층여과
㉰ 응결 → floc 형성 → 침전 → 급속여과 → 살균
㉱ floc 형성 → 응결 → 침전 → 급속여과 → 살균

4 다음 중 상수의 정수과정 순서로서 가장 옳은 것은? [97, 05, 16 ㉮ 04 ㊂]

㉮ 여과 → 침전 → 살균
㉯ 침전 → 여과 → 살균
㉰ 살균 → 침전 → 여과
㉱ 침전 → 살균 → 여과

5 다음 중 일반적인 정수과정으로서 가장 타당한 것은? [05, 08, 11, 19 ㉮]

㉮ 스크린 - 응집침전 - 여과 - 살균
㉯ 이온교환 - 응집침전 - 스크린 - 살균
㉰ 응집침전 - 이온교환 - 살균 - 스크린
㉱ 스크린 - 살균 - 이온교환 - 응집침전

해 설

해설 1

계획정수량

계획 1일 최대급수량을 기준으로 하며 작업용수, 잡용수, 손실수량을 고려하여 계획 1일 최대급수량의 5~10%를 여유수량으로 추가한다.

해설 2

정수장 입지계획시 고려사항

① 수도시설 전체의 배치와 고저를 고려하여 경제적이고 관리하기 좋은 위치일 것
② 오염의 염려가 적은 위생적인 환경일 것
③ 재해를 받을 염려가 적고 배수하기 좋은 환경일 것
④ 형상이 좋고 충분한 면적의 용지를 확보할 것
⑤ 유지관리상 유리한 위치일 것
⑥ 건설 및 장래에 확장하기에 유리한 곳일 것

해설 3

급속여과 처리

수원 → 취수시설 → 도수시설 → 착수정 → 혼화지(응결) → floc형성지 → 약품 침전지 → 급속여과지 → 염소소독지 → 정수지 → 송수

해설 4

상수의 일반적인 정수과정

침전 → 여과 → 소독(살균) 공정을 거쳐 정수(淨水)를 생산한다.

해설 5

상수의 일반적 정수과정

스크린 → 응집침전 → 여과 → 소독(살균) 공정을 거치며, 이를 통해 정수(淨水)를 생산한다.

정답 1. ㉰ 2. ㉱ 3. ㉰ 4. ㉯ 5. ㉮

해 설

6 일반적인 상수처리 계통은 다음 어느 것인가?

㉮ 취수 - 침전지 - 여과지 - 배수지 - 소독설비
㉯ 취수 - 착수정 - 침전지 - 여과지 - 소독설비 - 배수지
㉰ 착수정 - 취수 - 침전지 - 여과지 - 소독설비 - 배수지
㉱ 취수 - 침전지 - 여과지 - 소독설비 - 배수지

[해설] **6**
일반적인 상수처리 계통
수원 → 취수 → 착수정 → 침전지 → 여과지 → 소독지 → 배수지 순으로 되어 있다.

7 정수장에서 미생물, 특히 조류의 증식을 방지하기 위하여 주입하는 약품은? [99 ㉴]

㉮ 염소
㉯ 황화수소(H_2S)
㉰ 황산구리($CuSO_4$)
㉱ 황산반토

[해설] **7**
황산구리($CuSO_4$)
정수장에서 조류제거를 위해 주입하는 대표적인 약품

8 정수장의 입지조건으로 고려할 사항이 아닌 것은? [02 ㉮ 99 ㉴]

㉮ 시설 및 약품 등의 반입을 위하여 교통이 발달한 곳
㉯ 건설 및 유지관리에 유리한 곳
㉰ 충분한 면적의 용지를 확보할 수 있는 곳
㉱ 재해를 받을 염려가 적고 위생적인 환경을 가질 수 있는 곳

[해설] **8**
정수장 입지계획시 고려사항
① 수도시설 전체의 배치와 고저를 고려하여 경제적이고 관리하기 좋은 위치일 것
② 오염의 염려가 적은 위생적인 환경일 것
③ 재해를 받을 염려가 적고 배수하기 좋은 환경일 것
④ 형상이 좋고 충분한 면적의 용지를 확보할 것
⑤ 유지관리상 유리한 위치일 것
⑥ 건설 및 장래에 확장하기에 유리한 곳일 것

9 다음 중 정수시설이 아닌 것은?

㉮ 침전지
㉯ 여과지
㉰ 소독설비
㉱ 배수관

[해설] **9**
정수시설
침전지, 여과지, 소독지 등의 설비로 구성되어 있다.
배수관은 배수시설에 포함된다.

10 정수장시설의 계획정수량은 무엇을 기준으로 하여야 하는가? [03, 14 ㉮ 02, 13, 14 ㉴]

㉮ 계획 1일 최대급수량
㉯ 계획 1일 평균급수량
㉰ 계획 시간 평균급수량
㉱ 계획 취수량

[해설] **10**
계획정수량
계획 1일 최대급수량을 기준으로 하며 여기에 약 5~10%정도의 여유수량을 둔다.

정답 6. ㉯ 7. ㉰ 8. ㉮ 9. ㉱ 10. ㉮

2 착수정 및 응집시설

학습방향

1. 응집원리에 대한 이해
2. 응집지(혼화지 및 플록형성지)의 시설 제원
3. 응집제의 종류와 특성
4. Jar Test

1 착수정(着水井)

(1) 도수시설에서 유입되는 원수(原水)를 정수처리장에서 최초로 도입하는 공정의 시설로서 원수의 수위를 안정시키고 원수량을 조절한다.

(2) 정류설비(整流設備 : 수위를 안정시킴), 계량설비(計量設備 : 원수량을 조절, 파악함), 월류위어 및 월류관(고수위 방지) 등으로 구성된다.(2조 이상으로 분할함이 원칙)

(3) 제원(諸元)
① 형상은 장방형 또는 원형으로 하며 정류(整流), 월류(越流), 양수(揚水), 유출(流出)의 순서로 2~3실로 구성된다.
② 용량은 체류시간이 1.5분 이상으로 하며 수심은 3~5m로 한다.
③ 부속설비로 월류관(또는 월류위어), 측관, 계량장치 등이 있다.
④ 유입구에는 제수밸브를 설치한다.
⑤ 고수위와 주변 벽체 상단간에는 60cm 이상의 여유를 두어야 한다.

2 응집(凝集)

(1) 응집원리
① 원수의 현탁물질 중 0.01mm이하, 특히 콜로이드성 입자(10^{-6}~10^{-4} mm)는 비중이 물과 비슷하여 잘 가라앉지도 않고 표면에 떠오르지도 않아 매우 안정된 상태로 있다.
② 또한 입자주위가 '−' 전하를 띠고 있어 입자들끼리 서로 반발하므로 더욱 침전이 어려워 응집제를 주입, 전기적 중화에 의한 반발력을 감소시켜 입자들을 뭉치게 하여 침전시키는 것을 응집이라 한다.

(2) 응집반응(2단계)
① **혼화단계**(급속교반단계, 응결단계) : 응집제를 투입한 후 급속교반에 의해 탁질성분을 **미세한 플록으로 응결**시킨다.
② **플록형성단계**(완속교반단계, 응집단계) : 혼화단계에서 생성된 미세한 플록을 완속교반으로 **한층 큰 입자의 플록으로 응집**시킨다.

학습POINT

■ 응결(coagulation)

응결은 콜로이드의 표면전하의 중화(中和)로 입자가 결합하는 것을 말하며 혼화단계에서 주로 이루어진다.

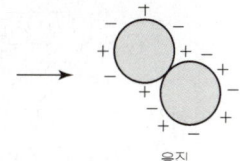
응집

▶ 07, 10, 16㉮ 02㉯
· 착수정의 제원

■ 응집(flocculation)

응집은 응결된 입자가 가교현상(架橋現象)에 의하여 서로 결합하는 것을 말하며 플록형성단계에서 주로 이루어진다.

▶ 95, 04, 07, 09, 13㉮ 95, 02, 13, 18㉯
· 완속교반의 이유

3 응집시설(응집지)

(1) 혼화지(응결단계)
① 혼화시간 : 계획 정수량에 대하여 1~5분을 표준으로 한다.
② 속도 : 유속은 1.5m/sec 정도로 급속교반한다.
③ 혼화지는 수류 전체가 동시에 회전하거나 단락류를 발생하지 않는 구조로 한다.

(2) 플록형성지(플록형성단계)
① 혼화지에서 약품과 혼화되어 제 1차 응결을 일으킨 원수를 플록의 입경이 작은 초기에는 교반강도를 크게 하며 플록이 점차 크게 됨에 따라 3~4단계로 나누어 점차 감소시킨다.
② 용량 : 계획 정수량의 20~40분간을 체류할 수 있는 용량으로 한다.
③ 속도 : 평균 유속은 15~30cm/sec를 표준으로, 교반기 회전날개의 주변속도는 15~80cm/sec를 표준으로 한다.
④ 교반조건
　㉠ 플록형성은 응결된 미소플록을 크게 성장시키기 위하여 적당한 교반이 필요하다.
　㉡ 속도경사(G)는 10~75m/sec정도가 적당하다.

$$G = \sqrt{\frac{P\eta}{\mu \cdot V}}$$

여기서, G : 속도경사 ($\sec^{-1}$)
　　　　P : 축동력 ($watt$)
　　　　η : 효율
　　　　μ : 물의 점성계수 (kg/m·sec)
　　　　V : 응집지 부피 (m^3)

　㉢ 급속교반단계에서 [속도경사(G) × 체류시간(t)] 값은 $10^4 \sim 10^6$ 이 양호한 조건이다.
⑤ 교반강도
　㉠ 플록형성지내의 교반은 하류로 갈수록 그 강도를 점차 감소시킨다.
　㉡ 플록의 입경이 작은 초기에는 교반강도를 크게 하며 플록이 점차 크게 됨에 따라 3~4단으로 나누어 교반강도를 점차 감소시킨다.
⑥ 교반구조 : 플록형성지에서 발생한 슬러지나 스컴(scum)의 제거가 가능한 구조로 한다.

4 응집제(凝集劑) 및 응집보조제

(1) 응집제
① 황산알루미늄(황산반토; 명반 $Al_2(SO_4)_3 \cdot 18H_2O$)
　㉠ 저렴, 무독성때문에 대량첨가가 가능하고 대부분의 수질에 적합하다.

▶ 96, 00㉮ 96, 99, 01, 16㈜
· 플록형성지의 용량
· 속도경사 계산

■ 교반방식
① 수류(水流)자체의 에너지에 의한 방식
② 외부로부터 기계적 에너지를 작용시키는 방식
　㉠ 믹서(mixer)를 이용하는 방식
　㉡ 펌프의 임펠러(impeller)를 이용하는 방식
　㉢ 공기를 이용하는 방식

▶ 02, 03, 07, 09, 15, 19, 20㉮
06, 08, 09, 11, 12, 15, 19㈜
· 응집제의 종류·특징, 계산

■ Schulze-Hardy법칙
반대하전(反對荷電) 이온의 응집력은 그 원자의 이온가가 클수록 급속히 증대하는 것을 말하는데, 예를 들어 2가 이온은 1가 이온의 20~50배, 3가 이온은 1가 이온의 500~1,000배의 응집효과가 뛰어나다.

ⓒ 결정(結晶, Al(OH)₃ 덩어리)은 부식성, 자극성이 없어 취급이 쉽다.
  ⓒ 탁도, 색도, 세균, 조류 등 대부분의 현탁물 또는 부유물에 대해 제거효과가 있다.
  ⓔ 황산반토의 수용액은 강산성이므로 취급에 주의가 요망된다.
  ⓜ 철염에 비해 생성된 플록이 가볍고 적정 pH(pH 7부근)의 폭이 좁은 것이 단점이다.(pH = 5.5 ~ 8.5)
  ⓗ 반응식 : $Al_2(SO_4) \cdot 18H_2O + 3Ca(HCO_3)_2 \rightarrow$
  $2Al(OH)_3 \downarrow + 3CaSO_4 + 6CO_2 + 18H_2O$
 ② 폴리염화알루미늄(Poly Aluminium Chloride; PAC) : 고분자 응집제
  ㉠ 플록형성이 황산알루미늄보다 현저히 빨라 응집효과도 뛰어나며, 생성된 플록이 대형이므로 침강속도가 빠르다.
  ㉡ pH, 알칼리도의 저하는 황산알루미늄의 1/2 이하로 작다.
  ㉢ 적정 주입률의 폭이 크며 과잉주입하여도 효과가 떨어지지 않는다.
  ㉣ 탁도제거 효과가 탁월하다.
  ㉤ 수온(水溫)이 낮아도 응집효율이 쉽게 떨어지지 않는다.
 ③ 기타 응집제
  ㉠ 알루민산나트륨(Sodium Aluminate; NaAlO₂)
  ㉡ 철염계
   • 플록이 황산반토에 비해 무겁고 저온이나 pH변화에 의한 영향이 적다.
   • 염화제2철(FeCl₃), 황산제1철(Ferrous Sulfate; $FeSO_4 \cdot 7H_2O$), 황산제2철(Ferric Sulfate; $Fe_2(SO_4)_3$) 등이 있다.

(2) 응집보조제
 ① 한층 무겁고 신속히 침강하는 플록을 만들고 플록의 결합강도를 증가시키기 위해 사용되며 결국 응집제의 사용량을 절감할 수 있다.
 ② 알긴산나트륨, 활성규산($Na_2SiO_3 \cdot nSiO_2$) 등이 있다.

(3) 알칼리제(pH 조절·첨가제)
 ① 응집반응을 실시하면 많은 OH⁻기가 소모되어 pH가 저하되므로 알칼리제를 투입, 보충하지 않으면 응집효율은 점차 떨어진다.
 ② 생석회(CaO), 소석회(Ca(OH)₂), 소다회(Na₂CO₃), 가성소다(NaOH) 등이 있다.

5 Jar-Test(약품교반시험)

(1) 플록생성이 빠르고 가장 응집상태가 좋은 최적의 응집제량이나 응집조건을 찾는 응집반응 실험을 말한다.
(2) 응집반응에 영향을 미치는 인자
 ① pH   ② 알칼리도
 ③ 수온(水溫)   ④ 피응집성분의 종류 및 농도
 ⑤ 응집제 종류   ⑥ 교반조건(속도경사)

▶ 13, 17㉠
· 폴리염화알루미늄의 특성

■ 소다회(Na₂CO₃) ▶ 13㉠
알칼리도가 부족한 원수에 적합하며 경도를 증가시키지 않고, 용해도를 증가시키는 알칼리제 응집보조제

■ 수원의 부영양화 등으로 pH가 높아졌을 경우 pH를 낮추기 위해 황산 등의 산성약품을 사용할 수 있다.

02, 04, 07, 18㉠
99, 02, 03, 07, 11, 15, 17㉠
· Jar-Test의 정의, 목적
· 영향인자

■ 응집반응의 영향인자
속도경사 G값도 포함된다.

핵 심 문 제

1 다음은 정수장시설의 착수정에 관한 설명이다. 틀린 것은? [02 산]

㉮ 2이상으로 분할하는 것이 원칙이다.
㉯ 체류시간은 1.5분 이상으로 한다.
㉰ 수심은 3~5m 정도로 한다.
㉱ 고수위와 주변벽체 상단간에는 30cm 이상의 여유고를 두어야 한다.

2 명반을 사용해서 상수를 침전 처리하는 경우 약품 주입후 응집조에서 완속교반을 하는 이유는? [95 ㉮ 13, 18 산]

㉮ 명반을 용해시키기 위하여
㉯ 플록(Floc)의 크기를 증가시키기 위하여
㉰ 플록이 고르게 퍼지도록 하기 위하여
㉱ 플록을 공기와 접촉시키기 위하여

3 플록(floc) 형성지 내에서의 플록형성 시간은 계획 정수량에 대하여 몇 분간을 표준으로 하는가? [96 산]

㉮ 10~30   ㉯ 20~40
㉰ 30~50   ㉱ 40~60

4 다음 상수도에 널리 사용되는 응집제인 황산알루미늄($Al_2(SO_4)_3 \cdot 18H_2O$)에 대한 설명 중 옳지 않은 것은? [96 ㉮]

㉮ 저렴, 무독성
㉯ 수중 탁질에 적합
㉰ 부식성, 자극성이 없음
㉱ 적정 pH는 3.5~5.0

5 화학적 응집침전으로 정수처리에 오히려 역효과를 유발시킬 수 있는 것은? [99 산]

㉮ 색도제거   ㉯ 세균제거
㉰ 탁도제거   ㉱ 경도제거

[해설]
$Al_2(SO_4) \cdot 18H_2O + 3Ca(HCO_3)_2$
$\rightarrow 2Al(OH)_3 \downarrow + 3CaSO_4 + 6CO_2 + 18H_2O$
반응식에서 일시경도인 $3Ca(HCO_3)_2$가 영구경도인 $3CaSO_4$로 되므로 응집반응을 하면 경도를 제거하기가 어려워진다.

해 설

[해설] **1**
정수장 시설의 착수정 제원
① 형상 : 장방형 또는 원형
② 2실 이상의 분할(원칙)
③ 체류시간 : 1.5분 이상
④ 수심 : 3 ~ 5m 정도
⑤ 고수위와 주변벽체 상단간의 여유고 : 60cm 이상

[해설] **2**
응집반응 2단계
① 혼화단계 : 응집제를 투입한 후 급속교반에 의해 탁질성분을 미세한 플록으로 응결시킨다.
② 플록형성단계 : 생성된 미세한 플록을 완속교반으로 한층 큰 입자의 플록으로 응집시킨다.

[해설] **3**
플록형성시간
플록형성지 내에서의 플록형성 시간은 계획정수량의 20~40분간을 표준으로 한다.

[해설] **4**
황산알루미늄(명반)
① 저렴, 무독성 때문에 대량 첨가가 가능하고 거의 모든 수질에 적합하다.
② 결정(結晶, $Al(OH)_3$ 덩어리)은 부식성과 자극성이 없어 취급이 용이하다.
③ 황산반토의 수용액은 강산성이므로 취급에 주의가 요망된다.
④ 탁도, 색도, 세균, 조류 등 거의 모든 현탁물 또는 부유물에 대해 효과가 있다.
⑤ 철염에 비해 생성된 플록이 가볍고 적정 pH(pH 7부근)의 폭이 좁은 것이 단점이다. (pH=5.5~8.5)

[정답] 1. ㉱ 2. ㉯ 3. ㉯ 4. ㉱ 5. ㉱

6 응집반응을 지배하는 인자로 볼 수 없는 것은? [99 ⓢ]

㉮ 수온
㉯ 맛
㉰ pH
㉱ Alkali도

7 다음은 상수도에 널리 사용되는 응집제인 황산알루미늄에 대하여 설명한 것중 옳지 않은 것은?

㉮ 저렴, 무독성 때문에 대량첨가가 가능하고 거의 모든 수질에 적합하다.
㉯ 결정은 부식성, 자극성이 없고 취급이 용이하다.
㉰ 황산반토의 수용액은 강산성이므로 취급에 주의를 요한다.
㉱ 철염에 비해 생성되는 플록이 비교적 무겁고 적정 pH폭이 좁다.

8 약품침전시 점토(clay)와 같은 콜로이드를 넣어 주는 이유는 무엇인가?

㉮ 콜로이드 농도를 증가시켜 응집효율을 높인다.
㉯ pH를 높게 유지시켜 준다.
㉰ 점토는 비중이 커서 다른 입자를 응집시킨다.
㉱ 점토는 응집제로서 작용한다.

9 Jar-Test는 적정 응집제의 주입량과 적정 pH를 결정하기 위한 시험이다. Jar-Test 시 응집제를 주입한 후 급속교반 후 완속교반을 하는 이유는? [04, 07, 09, 13, 18 ㉮]

㉮ 응집제를 용해시키기 위해서
㉯ 응집제를 고르게 섞기 위해서
㉰ 플록이 고르게 퍼지게 하기 위해서
㉱ 플록을 깨뜨리지 않고 성장시키기 위해서

10 탁질을 제거하기 위한 응집제로서 정수처리 공정에서 사용되지 않는 약품은? [20 ㉮, 02 ⓢ]

㉮ PAC(폴리염화알루미늄)
㉯ 황산반토
㉰ 황산철
㉱ 활성탄

해 설

해설 6
응집반응에 영향을 미치는 인자
① 응집제의 종류
② 수온
③ pH 및 알칼리도
④ 콜로이드 종류와 농도
⑤ 교반조건

해설 7
황산알루미늄
철염에 비해 생성되는 플록이 가볍고, 적정 pH의 폭이 좁은 것이 단점이다.

해설 8
콜로이드 주입 이유
응집반응을 할 경우, 점토 등을 사용하면 콜로이드의 농도가 증가되어 응집효율을 높일 수 있다.

해설 9
Jar-Test의 응집반응 2단계
① 혼화단계 : 응집제를 투입한 후 급속교반에 의해 탁질성분을 미세한 플록으로 응결시킨다.
② 플록형성단계 : 생성된 미세한 플록을 완속교반으로 한층 큰 입자의 플록으로 응집 성장시킨다.

해설 10
응집제의 종류
① 황산알루미늄(황산반토, 명반)
② 폴리염화알루미늄(PAC)
③ 황산 제1철
④ 황산 제2철
⑤ 염화 제2철
⑥ 알루민산 나트륨

정답 6. ㉯ 7. ㉱ 8. ㉮ 9. ㉱ 10. ㉱

11 속도경사 $G = 400 \sec^{-1}$, 혼화조의 용적 $V = 150 m^3$, 물의 점성계수 $\mu = 1.31 \times 10^{-2} g/cm \cdot \sec$, 효율 n = 70% 인 급속 혼화조 내의 교반기 축동력은? [00 ㉮]

㉮ 31.4 kw ㉯ 44.9 kw
㉰ 314.4 kw ㉱ 449.1 kw

해설

$$G = \sqrt{\frac{P\eta}{\mu V}} \Leftrightarrow \therefore P = \frac{G^2 \cdot \mu \cdot V}{\eta}$$

여기서, G : 속도경사($\sec^{-1}$), P : 구동장치의 축동력($Watt$)
  μ : 점성계수 (kg/m·sec), V : 응집장소의 용량 (m^3)
  η : 교반기 효율

$$\therefore P = \frac{400^2 \times 1.31 \times 10^{-3} (kg/m \cdot \sec) \times 150}{0.7} = \frac{31,440}{0.7}$$
$$= 44,914 (Watt) = 44.9 (KW)$$

12 정수시설의 응집용 약품에 대한 설명이다. 틀린 것은? [00, 15 ㉮]

㉮ 응집제로는 명반 등이 있다.
㉯ 알칼리제(pH조절제)로는 소다회 등이 있다.
㉰ 보조제로는 활성규산 등이 있다.
㉱ 첨가제로는 소금($NaCl_2$) 등이 있다.

13 급속여과방식의 정수방법에서는 전처리로서 응집제의 투입이 불가피하다. 다음중 응집제로 적절하지 않은 것은? [04 ㉯]

㉮ 염화제2철 ㉯ 황산알루미늄
㉰ 수산화나트륨 ㉱ 황산제1철

14 응집·침전을 실시할 때 기온이 현저히 낮게 되면 유출수의 수질이 악화되는데 이의 원인으로 해당되지 않는 것은 어느 것인가?

㉮ 입자의 계면특성이 변한다.
㉯ 공기의 용해량이 증가한다.
㉰ 응집제 등의 용해도가 변한다.
㉱ 액체의 점성도가 변한다.

15 상수처리시 혼화지 다음의 설비로서 완속교반을 행하는 설비를 무엇이라고 하는가? [01 ㉯]

㉮ 여과지 ㉯ 침전지
㉰ 침사지 ㉱ floc 형성지

해 설

해설 12

정수시설의 응집용 약품
① 응집제 : 명반(황산알루미늄), 폴리염화알루미늄(PAC), 황산제1철, 황산제2철, 유기고분자 응집제 등
② 알칼리제(pH조절제) : 소석회, 소다회, 액체 가성소다 등
③ 응집보조제 : 활성규산, 알긴산 소다 등

해설 13

응집제의 종류
① 황산알루미늄(황산반토, 명반)
② 폴리염화알루미늄(PAC)
③ 황산 제 1철
④ 황산 제 2철
⑤ 염화 제 2철
⑥ 알루민산 나트륨

해설 14

응집침전시의 수온
수온이 낮으면 입자의 계면특성이 변하고 응집제의 용해도가 떨어지며 유체의 점성도가 증가한다. 그러므로 플록형성에 요하는 시간이 길어지고 응집제의 사용량도 많아진다.

해설 15

플록형성지
혼화지에서 응집제와 혼화되어 1차 응결을 일으킨 원수를 완속교반을 하면서 플록을 크게 만드는 시설이다.

정답 11. ㉯ 12. ㉱ 13. ㉰ 14. ㉯ 15. ㉱

3 침전이론

> **학습방향**
> 입자의 침전원리에 대한 내용들로 이루어져 있으며 출제빈도가 굉장히 높은 단원이다.
> 1. 입자의 침전특성에 따른 공정 및 형태
> 2. Stokes법칙
> 3. 침전지설계 관계식

1 침전종류

(1) 침전공정(沈澱工程) 방식

① **보통침전**
응집제를 사용하지 않고 **독립**된 별개의 **입자**로 **침전**시키며 후속공정인 완속여과 공정으로 보내어진다.

② **약품침전**
응집제의 사용으로 미세한 입자가 **플록**을 **형성**하여 침전되며 후속공정인 급속여과 공정으로 보내어진다.

(2) 입자의 침전형태

① **Ⅰ형 침전(독립침전)**
비응집성 입자의 침전으로 입자 상호간에 간섭이 없는 형태로 침사지, 보통침전지 등에서 이루어진다.

② **Ⅱ형 침전(응집침전)**
응집성 입자들이 침전하면서 주변의 입자들과 충돌, 결합하여 더 큰 입자로 침전하는 형태로 약품침전지 등에서 이루어진다.

③ **Ⅲ형 침전(지역·방해·간섭침전)**
입자의 농도가 높을 경우 입자간에 방해(간섭)를 일으켜 침전속도가 점차 감소하게 되며 침전하는 부유물과 상등액 간에 뚜렷한 경계면이 형성하는 경계면 침전(Zone Settling)형태로 하수처리장의 2차 침전지 등에서 나타난다.

④ **Ⅳ형 침전(압축침전)**
침전되어 쌓여 있는 입자의 무게에 의해 계속 압축을 가하여 입자들이 서로 접촉한 사이로 물이 빠져나가 계속 농축이 되는 현상으로 하수처리장의 2차 침전지 및 농축조의 저부(底部)에서 발생된다.

학습 POINT

▶ 03㈎ 98, 03, 04㈛
· 보통침전의 적용법칙·특성

■ 입자의 침전형태

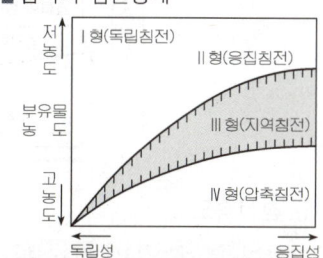

▶ 94, 04㈛
· 독립침전의 형태

2 Stokes 법칙

① R_e(Reynolds Number)값이 0.5보다 작은 **층류흐름상태**이고, **구형(球形) 독립입자**의 경우에 사용한다.

② $$v_s = \frac{g(\rho_s - \rho)d^2}{18\mu}$$

여기서, v_s : 독립입자의 침강속도,   g : 중력가속도
ρ_s : 독립입자의 밀도, ρ : 액체의 밀도
μ : 액체의 점성계수,   d : 독립입자의 직경

③ 기본가정 및 조건
㉠ 원수중의 입자는 물의 흐름방향의 직각단면에 균등하게 분포한다.
㉡ 입자는 크기가 일정하며, **구형**으로서 **비응집성 독립입자**이다.
㉢ 퇴적부에 유입한 입자는 움직이지 않는다.

▶ 01, 03, 06, 08, 19㉮ 04㉯
· Stokes 법칙의 공식·계산
· Stokes 법칙의 기본가정

■ 침전이론에서 각 항목의 단위들은 반드시 일치시켜야 한다.

3 침전지 관계식

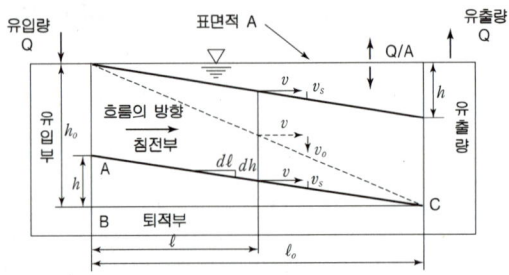

(1) 침전속도(v_0)

① $$v_0 = \frac{h_0}{t} = \frac{h_0}{\frac{l_0}{v}} = \frac{h_0}{\frac{l_0}{(\frac{Q}{B \times h_0})}} = \frac{Q}{B \times l_0} = \frac{Q}{A}$$

여기서, v_0 : 모든 입자가 100% 제거되는 침전속도
v : 물의 흐름방향의 유속
Q : 유량
t : 침전지 체류시간(침전시간) $= \frac{V}{Q}$
B : 침전지의 폭
l_0 : 침전지 길이
h_0 : 침전지 높이(유효수심)
V : 침전지 체적 ($= B \times l_0 \times h_0$)
A : 침전지 표면적 ($= B \times l_0$)
a : 침전지 단면적 ($= B \times h_0$)
$\frac{Q}{A}$: 표(수)면적 부하율 ($m^3/m^2 \cdot day$)

▶ 02, 05, 07, 11, 12, 14, 16, 19㉮
00, 03, 06, 09, 12, 13, 14, 18, 20㉯
· 침전지 설계·계산

■ 표면적 부하(율)
침전지에서 입자가 100% 제거되기 위하여 요구되는 침전속도 ($= v_0$)를 의미한다.
그러므로 표면적 부하 ($m^3/m^2 \cdot day$)와 침전속도 $v_0 (m/day)$는 동일한 값이다.

② v_s (독립입자 침강속도) $\geq v_0$: 모든 퇴적부에 침전된다.
③ $v_s < v_0$: 유출부로 유출된다.

(2) 침전제거율(E)

$$E = \frac{h}{h_0} = \frac{v_s \times t}{v_0 \times t} = \frac{v_s}{v_0} = \frac{v_s}{\frac{Q}{A}} = \frac{v_s \cdot A}{Q}$$

> 00, 03, 12, 13, 14, 20㉮
> 05, 07, 08, 10, 14㉯
> · 침전제거율 계산
> · 침전효율증가방법

① v_s는 독립입자의 침강속도로 간주하므로 Stokes법칙으로 구해야 한다.
② 침전지의 제거효율을 향상시키기 위한 방법
  ㉠ 침전지의 침전면적 A를 크게 한다.
  ㉡ 플록(floc)의 침강속도 v_s를 크게 한다.
  ㉢ 유량 Q를 적게 한다.
  ㉣ 표면적 부하율 $\frac{Q}{A}$를 적게 한다.
  ㉤ 2층식(다층식) 또는 경사판 침전지를 사용한다.
  ㉥ 유입부에 정류벽을 설치한다.
  ㉦ 지(池)의 길이에 비해 폭을 좁게 한다.

핵심문제

1 Stokes 법칙이 가장 잘 적용되는 침전형태는? [04 ⓢ]

㉮ 단독침전 ㉯ 응집침전
㉰ 지역침전 ㉱ 압축침전

2 다음 중 폐수내의 입자들이 다른 입자들의 영향을 받지 않고 독립적으로 침전하는 유형은? [96 ⓢ]

㉮ 제 1형 침전 ㉯ 제 2형 침전
㉰ 제 3형 침전 ㉱ 제 4형 침전

[해설] 침전의 유형
① 제 1형 침전(독립침전) : 비응집성 입자의 단독침전
② 제 2형 침전(응집침전) : 응집성 입자의 플록응집침전
③ 제 3형 침전(지역, 간섭침전) : 입자의 농도에 의한 경계면 침전(Zone Settling)
④ 제 4형 침전(압축침전) : 물리적인 경계면에 의한 기계적 압축, 탈수 침전

3 입자의 침강속도에 대한 다음 설명 중 맞는 것은? [97 ⓢ]

㉮ 수온이 높을수록 침강속도가 느리다.
㉯ 침강속도가 입자의 직경에 비례한다.
㉰ 입자의 밀도가 클수록 침강속도는 느려진다.
㉱ 점성도가 낮을수록 침강속도는 빨라진다.

4 침전지의 유효수심이 4m, 침전시간 8시간, 1일 최대사용수량이 500m³일 때 침전지의 소요 표면적은 얼마인가? [98, 01 ㉮]

㉮ 32.3m² ㉯ 41.7m²
㉰ 50.8m² ㉱ 61.2m²

5 유효수심 4.3m, 체류시간 4시간인 최종 침전지의 수면적 부하는 얼마인가? [99 ㉮]

㉮ 17.2m³/m²·day
㉯ 25.8m³/m²·day
㉰ 56.0m³/m²·day
㉱ 103.2m³/m²·day

해 설

[해설] **1**
Stokes 법칙
독립(단독) 침전형태에서 적용하는 보통 침전지의 설계법칙

[해설] **3**
Stokes 법칙
① 침강속도
$$v_s = \frac{g(\rho_s - \rho)d^2}{18\mu}$$
② 수온이 높을수록 온도함수인 점성도(μ)는 작아지므로 침강속도는 빠르다.
③ 침강속도는 입자 직경의 제곱에 비례한다.
④ 입자의 밀도(ρ_s)가 클수록 침강속도는 빨라진다.

[해설] **4**
표면적 부하율
v (침전속도) = 표면적 부하율
$$= \frac{Q(유량)}{A(표면적)}$$
$$= \frac{h(유효수심)}{t(침전시간)}$$
$$\therefore A = \frac{Q \cdot t}{h}$$
$$= \frac{500(\text{m}^3/\text{day}) \times 8/24(\text{day})}{4(\text{m})}$$
$$= 41.7\text{m}^2$$

[해설] **5**
수면적 부하 $= \frac{Q}{A} = \frac{h}{t}$

$\therefore \frac{Q}{A} = \frac{4.3\text{m}}{4\text{hr}} \times 24\,(\text{hr/day})$
$= 25.8(\text{m/day})$
$= 25.8(\text{m}^3/\text{m}^2 \cdot \text{day})$

정답 1. ㉮ 2. ㉮ 3. ㉱ 4. ㉯ 5. ㉯

6 다음 중 Stokes 법칙의 기본 가정이 아닌 것은? [01 ㉮]

㉮ 입자의 크기가 일정하다.
㉯ 입자가 구형이다.
㉰ 물의 흐름은 층류상태이다.
㉱ 입자간 응집성을 고려한다.

7 유입수량이 100m³/min, 침전지 용량이 5000m³, 침전지 유효수심이 4m 일 때 수면부하율(m³/m²·day)은? [05 ㉮]

㉮ 115.2
㉯ 125.2
㉰ 12.52
㉱ 11.52

8 1,000m³/day 유량의 오수가 침전지에 유입되고 있다. 이 침전지에서 10m/day 이상의 침전속도를 갖는 입자를 100% 제거하려 한다면 이 침전지의 용량은 얼마가 되어야 하는가? (단, 침전지의 계획 유효수심은 3m이다.) [99, 13 ㉯]

㉮ 100m³
㉯ 200m³
㉰ 300m³
㉱ 400m³

9 침사지의 직경 0.01mm인 토립자의 침강속도가 0.008cm/sec일 때 같은 침사지에 밀도가 같고 토립자의 직경이 0.02mm인 토립자의 침강속도는? [00 ㉮]

㉮ 0.032cm/sec
㉯ 0.016cm/sec
㉰ 0.008cm/sec
㉱ 0.064cm/sec

10 지(池)의 제거율을 크게 하기 위한 사항으로 옳은 것은? [00 ㉮ 14 ㉯]

㉮ 표면부하율을 크게 한다.
㉯ 유량 Q를 적게 한다.
㉰ Floc의 침강속도를 작게 한다.
㉱ 지(池)의 침강면적 A를 작게 한다.

해 설

해설 6
Stokes법칙은 독립입자의 침전(독립침전)을 가정 하에 설명할 수 있는 공식으로 입자간의 응집성을 고려하지 않는다.

해설 7
수면(표면)부하율
$$\frac{Q}{A} = \frac{Q}{\frac{V}{h}} = \frac{Qh}{V}$$
$$= \frac{(100 \times 24 \times 60)\,m^3/day \times 4m}{5000\,m^3}$$
$$= 115.2\,m^3/m^2 \cdot day$$

해설 8
침전속도 (v_o)
= 표면부하율 ($\frac{Q}{A}$)
= $\frac{유량(Q)}{\frac{용량(V)}{유효수심(h)}} = \frac{Qh}{V}$
∴ 용량 $V = \frac{Qh}{v_o} = \frac{1,000 \times 3}{10}$
= 300(m³)

해설 9
$v = \frac{g(\rho_s - \rho)d^2}{18\mu}$ ← 직경을 제외한 모든 조건이 같다.
∴ $v_1 : d_1^2 = v_2 : d_2^2$
∴ $v_2 = v_1 \times \frac{d_2^2}{d_1^2}$
$= 0.008 \times \frac{0.02^2}{0.01^2}$
$= 0.032(cm/sec)$

해설 10
입자의 제거율, 즉 침전효율을 크게 하기 위해서는 침전효율 $E = \frac{v_s}{Q/A}$ 에서 침강면적 A와 Floc의 침강속도 v_s를 크게 하거나 표면부하율 Q/A를 작게 해야 한다.

정답 6. ㉱ 7. ㉮ 8. ㉰ 9. ㉮ 10. ㉯

4 침전지와 여과지

학습방향

침전지 및 여과지 시설에 대한 각종 제원에 대한 내용들로 출제빈도가 매우 높은 단원이다.

1. 보통침전지 및 약품침전지 제원
2. 완속여과지 및 급속여과지 제원
3. 완속 및 급속여과에 사용되는 모래의 품질
4. 여과면적 공식

1 침전지

(1) 보통침전지(普通沈澱池)

① 직경 약 0.01mm 이상, 비중 2.65정도인 부유물질이 제거되며 세균 등도 상당히 제거된다.

② 구성 및 구조 : 약품침전지의 기준에 준한다.

③ 용량은 계획정수량의 **8시간분(침전 또는 체류시간)**, 평균유속은 **0.3m/min 이하**, 표면부하율은 **5~10mm/min**을 표준으로 한다.

(2) 약품침전지(藥品沈澱池)

① 보통침전으로 제거하지 못하는 미세한 부유물질, 콜로이드성 물질, 미생물 및 비교적 분자가 큰 용해성 물질의 제거에 약품을 투입하여 제거한다.

② 구성 및 구조
  ㉠ 보통 2지로 설치하며, 지(池)의 형상은 직사각형으로 하고 길이는 폭의 3~8배를 표준으로 한다.
  ㉡ 유효수심은 3~5.5m, 슬러지의 퇴적 심도로서 30cm 이상을 두어야 하며, 편류와 밀도류를 방지하기 위해 정류설비를 설치한다.
  ㉢ 유출부에서 월류부하(유출수량/위어전장)는 **500㎥/m·day 이하**가 바람직하나 350~400㎥/m·day 정도가 한계이다.

③ 용량은 계획정수량의 **3~5시간분**, 평균유속은 **0.4m/min 이하**를 표준으로 한다.

④ 침전효율을 증대시키기 위해 경사판 침전지, 고속응집 침전지 등 변형된 약품침전지도 있다.

학습POINT

▶ 02, 09㉠ 97, 02, 13㉠

· 보통침전지 용량
· 약품침전지 구조(용량)

■ 경사판 침전지
① 경사각 : 60도
② 지내 평균유속 : 0.6m/분 이하
③ 체류시간 : 20~40분
④ 경사판 하단과 침전지 바닥과의 간격 : 1.5m 내외

■ 고속응집 침전지
① 1개의 지내(池內)에서 약품혼화, 응집, 침전이 동시에 달성된다.
② 원수 탁도는 10NTU 정도가 바람직하며 최고 1,000NTU 이내이어야 한다.
③ 용량 : 계획 정수량의 1.5~2.0시간분
④ 지내 평균상승속도 : 40~50mm/min
⑤ 탁도, 수온, 처리수량의 변동 적을 것

2 여과지

(1) 완속여과지(緩速濾過池)
  ① 원리
    ㉠ 보통침전지를 통과한 침전수를 모래층에 의해 수중의 현탁물질, 세균을 제거함은 물론 모래층 표면에 증식된 미생물군에 의해 유기물질 등을 산화 분해시켜 제거한다.
    ㉡ 완속여과는 표면여과(表面濾過)작용을 한다.
    ㉢ 완속여과의 주기능
      • 여별작용(체거름작용, straining) : 여재층의 공극크기에 의해 입자를 제거한다.
      • 흡착 및 침전 : 여재층을 통과하면서 플록을 형성하여 공극내에서 침전, 모래표면에 흡착된다.
      • 생물학적 작용 : 여재층 표면 또는 내부에 생물막이 형성되어 콜로이드, 세균, NH_3 등을 흡착시켜 분해, 제거한다.
      • 산화작용 : 여재층 표면의 미생물에 의해 철, 망간 등을 산화시켜 제거한다.
  ② 구조
    ㉠ 형상 : 직사각형으로 하며 1열 또는 2열로 축조하여 배치한다.
    ㉡ 면적

$$A = \frac{Q}{v}$$

    여기서, A : 여과지 면적(m^2)
           Q : 계획정수량 (m^3/day)
           v : 여과속도(m/day)
    ㉢ 여과속도 : 4~5m/day
    ㉣ 완속여과지 제원
      • 모래층 및 자갈층 두께 : 유효경 0.3~0.45mm의 모래를 70~90cm 두께로 하며, 자갈층은 40~60cm 두께로 설치한다.
      • 모래의 최대경은 2.0mm 이하, 균등계수는 2.0 이하로 한다.
      • 수심 : 90~120cm이며 여유고는 30cm 정도로 한다.
      • 총 깊이 : 2.5~3.5m
  ③ 세척방법 : 삭토

(2) 급속여과지(急速濾過池)
  ① 원리
    ㉠ 약품응집 및 침전을 전제로 침전지를 통과한 침전수를 모래 여과하여 물을 정화하는 시설을 말한다.
    ㉡ 급속여과는 내부여과(內部濾過) 작용을 한다.
    ㉢ 전처리로 반드시 응집침전이 요구되며 탁도는 잘 제거되나 세균, NH_3, 망간(Mn), 냄새 등은 잘 제거되지 않는다.

▶ 14, 19㈎ 96, 00, 09, 13, 14㈛
• 완속여과 작용

■ 완속여과
① 표면여과작용
② 저탁도수의 유입수에 적합
③ 유출수의 수질 양호
④ 여과지 면적 넓고, 건설비 고가
⑤ 유지관리비 저렴
⑥ 세균제거에 탁월함 (99.5% 정도)
⑦ 약품처리 불필요
⑧ 여재청소시 인력으로 하므로 경비가 많이 들고, 오염의 염려가 있음
⑨ 소규모 용량 처리에 적합

▶ 01, 03, 06, 08, 11, 15, 16㈎
00, 10, 16㈛
• 완속여과지의 구조
• 완속여과지의 면적계산

■ 유효경
① 모래 입경분포의 균일정도
② 모래의 입경가적곡선상에서 10% 통과 입경

■ 균등계수
= $\frac{60\% \text{ 통과율의 입경}}{10\% \text{ 통과율의 입경}}$

■ 급속여과
① 내부여과작용
② 중력식(표준), 압력식

■ 급속여과의 주기능
① 여별작용(straining)
② 응결 및 흡착

② 구조
  ㉠ 형상 : **직사각형**이 표준이며 2지 이상으로 한다.
  ㉡ **면적** : 여과지 1지의 면적이 150m² 이하이어야 한다. (면적공식은 완속여과와 동일하나 여과지 면적이 작으므로 건설비가 저렴함)
  ㉢ **여과속도 : 120~150m/day**
  ㉣ 급속여과지 제원
   • 모래층 : **유효경** 0.45~0.7(0.9~1.0)mm 모래를 **60~70(90~100)cm 두께**로 설치한다.
   • 자갈층 두께 : 자갈층 두께와 입경은 하부집수장치[strainer, wheeler, 유공관, 유공블록형(200mm)]에 적합하도록 설치한다.
   • 모래의 최대경 2.0mm 이하, 최소경 0.3mm 이상, **균등계수 1.7 이하**로 한다.
   • 수심 : 100~150cm이며 여유고는 30cm 정도가 표준이다.

③ 세척방법 및 세척수량
  ㉠ 세척방법 : 역세척과 표면세척을 합한 방식을 표준으로 한다.
   • 표면세척 : 여과층 표면부에 억류된 탁질을 세척한다.
   • 역세척 : 역세척수에 의한 여과재의 상호 충돌, 마찰 등으로 부착탁질을 떨어뜨린 후 여재층상에 배출된 탁질을 배출시키는 방법으로 보통 20~30%정도 팽창된다.
  ㉡ 세척수량 : 염소가 잔류되어 있는 물로 0.6m/min 속도로 세척한다.

④ 여과유량조절
  ㉠ 급속여과지에서는 여과지의 유입 및 유출량의 평형에 필요한 모래표면상의 수심을 유지하고 각 여과지의 여과유량의 배분을 가능한한 동일하게 유지함과 동시에 여과조건의 급격한 변화를 피하기 위해 유량조절기를 설치해야 한다.
  ㉡ 유량조절방법
   • **정압(정수위)여과** : 여과를 지속하면 여재층에 탁질이 억류됨에 따라 여재층 내의 유로단면적이 감소하고 투수성이 낮아지므로 여재층의 상류측 수위와 하류측 수위, 즉 여재층에 걸리는 압력차가 일정하면 여재층의 폐쇄에 따라 여과유량은 점차 감소하는 여과방식이다.
   • 정속(정률)여과 : 여재층의 폐쇄가 진행됨에 따라 상류측 수위를 높이거나 또는 하류측 유량제어계의 저항을 낮추어(밸브를 염) 여재층에 걸리는 압력차를 증가시키면 여과수량의 감소를 보충할 수 있어 일정한 여과유량을 유지할 수 있는 여과방식이다.
   • 감쇄여과 : 정압여과 중에서 수량관리상 초기 여과속도를 제한하여 운용하는 여과방식이다.

▶ 99, 02, 07, 14, 15, 18㉮
  03, 08, 09, 10, 12, 14, 15, 16㉯
• 급속여과지의 구조·제원
• 면적계산

■ 모래품질 비교

항 목	완속여과사	급속여과사
유효경	0.3~0.45 mm	0.45~1.0 mm
균등계수	2.0 이하	1.7 이하
모래층두께	70~90cm	60~120cm
최대경	2.0mm 이하	2.0mm 이하
최소경	–	0.3mm 이상
비중	2.55~2.65	
산 가용율	3.5% 이내	
마모율	3.0% 이내	
세척탁도	30도 이하	
강열 감량	0.7% 이내	

▶ 00, 17㉮
• 정수위 여과곡선

■ 유량조절방법

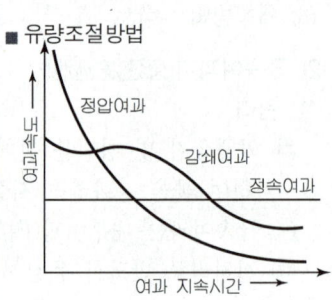

⑤ 공기장애(Air Binding)

　㉠ 급속여과에서 여과가 어느 정도 진행되면 모래층 내에 대기압보다 낮은 압력인 부(-)수압으로 되면 수중에 용존한 공기가 기포로 되어 모래층간에 누적되어 공중에 남는 현상을 말한다.

　㉡ 공기장애는 물을 통과시키지 않으므로 모래층의 여과면적을 감소시키고 또 수중의 용존공기가 물로부터 유리되어 여재상을 팽창시켜 여과를 방해하여 결국 탁질누출(Breakthrough)을 발생시킨다.

⑥ 탁질누출(Breakthrough)

　㉠ 공기장애 현상이 일어나면 모래층 내의 간극(間隙)이 폐쇄되거나 모관의 단면이 작아져 여과유속이 빨라지게 되고, 결국 어느 한도 이상으로 되면 모래에 흡착되어 있던 탁질이 세류(scour)된다.

　㉡ 이때 여재층 속에 억류되어 있던 플록이 파괴되어 여과수와 같이 유출되는 현상을 탁질누출현상이라 한다.

⑦ Mud Ball 현상 [니구(泥球)현상]

　㉠ 여과 및 역세정 조작을 계속 반복하면 세정이 완전히 되지 않고 여과지표면에 여재입자와 탁질, 점착성 물질이 서로 붙어 점차로 크게 성장하여 작은 덩어리가 발생하게 되는데, 이 작은 덩어리를 mud ball라 한다.

　㉡ 조류 등의 유기물을 포함한 원수나 여재가 작을 경우, mud ball의 발생이 빈번하다.

　㉢ mud ball은 여재의 표층에 있을 경우에는 큰 장해가 없지만, 성장하여 세정시에 여재층 심부로 들어가게 되면 여과수의 수질을 악화시키는 등 저해작용을 하게 된다.

　㉣ 방지책으로는 강력한 압력수로 표면을 세정하거나 기계교반을 통해 입자들 간의 충돌을 일으켜 오염물질을 여재입자에서 오염물질을 분리시키는 등 완전한 표면세정을 해야 한다.

(3) 여과지의 손실수두

① 여과층의 깊이가 클수록 증가한다.
② 모래입자의 크기가 클수록 감소한다.
③ 여과속도가 클수록 증가한다.
④ 물의 점성도가 클수록 증가한다.
⑤ 여과층의 공극률이 클수록 감소한다.

▶ 00, 01 ㉠
· 탁질누출현상의 순서·억제대책

■ 탁질누출현상 억제대책
① 여과지속기간 : 짧게 한다.
② 역세척수의 수압 : 높게 한다.
③ 여과지 내부에 부압 발생하지 않게 한다.
④ 균등계수 : 작게 한다.

▶ 95, 98, 99 ㉠ 98, 06 ㉣
· 여과지의 손실수두 영향인자

■ 급속여과의 변법
① 다층여과법 : 입경이 크고 비중이 작은 여재는 상층부에 채우고, 입경이 작고 비중이 큰 여재는 하층부에 두는 2개 이상의 여과층으로 구성한 방법으로서 여과지속시간 길어지고 여과저항의 상승을 작게 하는 장점이 있음
② 상향류 여과법
③ 수평류 여과법
④ 2방향류 여과법
⑤ 이동상(床) 여과법

핵심문제

1 정수시 보통 침전지의 용량은 계획 정수량에 대하여 몇 시간 분을 표준으로 하는가? [02 ㉮]

㉮ 3시간분 ㉯ 5시간분
㉰ 8시간분 ㉱ 10시간분

해설 1
보통 침전지의 용량(체류시간)
계획 정수량의 8시간분(표준)

2 약품 침전지의 용량은 용량 효율 등을 고려하여 계획 정수량의 몇 시간 분을 표준으로 하는가? [97 ㉯]

㉮ 1~3 ㉯ 2~4
㉰ 3~5 ㉱ 4~6

해설 2
약품 침전지의 용량(체류시간)
계획 정수량의 3~5시간분(표준)

3 여과모래 선정시 주요 고려사항이 아닌 것은? [05 ㉯]

㉮ 균등계수
㉯ 유효경
㉰ 마멸률
㉱ 인장강도

해설 3
여과모래 선정시의 주요 고려사항
균등 계수, 유효경, 마멸(마모)률, 최대경, 최소경, 비중, 강열감량 등

4 어떤 도시의 계획급수인구가 200,000명이며, 계획 1일 최대급수량이 60,000 m³ 일 때 여과속도를 4m/day로 하려고 하는 여과지의 소요면적 (A)와 여과지의 폭을 30m, 길이를 50m의 장방형으로 할 경우 지(池)의 수(N)를 구한 것 중 옳은 것은? [95 ㉮]

㉮ A=35,000m², N=12개
㉯ A=50,000m², N=11개
㉰ A=44,000m², N=10개
㉱ A=15,000m², N=10개

해설 4
① 여과지 소요면적(m²)
$= \dfrac{\text{계획 1일 최대급수량}(m^3/day)}{\text{여과속도}(m/day)}$
$= \dfrac{60,000(m^3/day)}{4(m/day)} = 15,000(m^2)$
② 여과지 수(개)
$= \dfrac{\text{필요면적}}{\text{1지당 면적}}$
$= \dfrac{15,000(m^2)}{30(m) \times 50(m)} = 10 (개)$

5 완속여과에 대한 설명 중 옳지 않는 것은? [03, 11 ㉮]

㉮ 완속여과지의 여과속도는 보통 120m/day로 한다.
㉯ 여과사의 균등계수는 2.0 이하, 유효경은 0.3~0.45mm가 일반적이다.
㉰ 완속여과지의 모래층의 두께는 70~90cm로 한다.
㉱ 완속여과지의 정화기능은 생물여과막의 체분리 작용, 흡착 및 생물산화 등의 작용에 의하여 이루어진다.

해설 5
완속여과지의 구조
여과속도 : 4~5m/day

정답 1. ㉰ 2. ㉰ 3. ㉱ 4. ㉱ 5. ㉮

6 모래여과시 여과의 수두손실에 가장 영향을 미치지 않는 인자는? [99 ㉮]

㉮ 여과속도
㉯ 여과지의 표면적
㉰ 모래층의 두께
㉱ 물의 점성도

7 어떤 도시의 계획 급수인구가 4,600명이고 계획 1인 1일 최대급수량이 150L 이다. 정수장에서 급속여과지를 설치하려 할 때 소요면적은? (단, 여과속도는 급속여과 표준속도의 최소속도로 한다.) [99 ㉮]

㉮ 5.75m²
㉯ 6.40m²
㉰ 136.0m²
㉱ 575.0m²

8 급속여과지의 여과면적, 지수 및 형상에 대한 다음 설명 중 적합하지 않은 것은? [99, 02 ㉮ 14 ㉯]

㉮ 여과면적은 계획정수량을 여과속도로 나누어 구한다.
㉯ 1지의 여과면적은 150m² 이하로 한다.
㉰ 지수는 예비지를 포함하여 2지 이상으로 한다.
㉱ 형상은 원형을 표준으로 한다.

9 침전지에 대한 다음 설명 중 틀린 것은?

㉮ 침전지는 보통침전지와 약품침전지로 구분한다.
㉯ 일반적으로 보통침전지는 완속여과지의 전처리용으로서 침전시간은 24시간 이상이 보통이므로 지(池)의 면적이 크다.
㉰ 약품침전지는 완속여과지의 전처리로서는 사용하지 않는다.
㉱ 약품침전지는 급속여과지의 전처리용으로서 침전시간은 보통 4시간 전후이다.

10 여과사의 입도분석 결과가 다음과 같을 때 이 여과사의 균등계수는? [01, 05 ㉮]

체통과율(%)	5	10	20	40	60	80
입경(mm)	0.2	0.3	0.38	0.6	0.85	1.3

㉮ 1.7
㉯ 2.8
㉰ 3.2
㉱ 3.5

해 설

해설 6
여과지의 손실수두
① 여과층의 깊이가 클수록 수두손실은 크다.
② 모래입자의 크기가 클수록 수두손실은 작다.
③ 여과속도가 클수록 수두손실은 크다.
④ 물의 점성도가 클수록 수두손실은 크다.
⑤ 공극률이 클수록 수두손실은 작다.

해설 7
① 급속여과지의 표준여과속도는 120~150m/day
∴ $v = 120$m/day(최소속도)
② 계획 1일최대급수량(Q) = 4,600(명) × 150(L/명·day) × 10^{-3}(m³/L) = 690(m³/day)
③ 여과지 소요면적(A)
$= \dfrac{\text{계획 1일최대급수량}(Q)}{\text{여과속도}(v)}$
$= \dfrac{690(\text{m}^3/\text{day})}{120(\text{m/day})} = 5.75(\text{m}^2)$

해설 8
완속 및 급속여과지
형상은 직사각형(표준)

해설 9
보통침전지의 침전시간(용량)
8시간(표준)

해설 10
균등계수 $= \dfrac{60\% \text{통과율 입경}}{10\% \text{통과율 입경}}$
$= \dfrac{0.85}{0.3} = 2.8$

정답 6. ㉯ 7. ㉮ 8. ㉱ 9. ㉰ 10. ㉯

11 정수장에서 혼화, 플록형성, 침전이 하나의 반응조내에서 이루어지는 침전지는? [00, 13 ㉮]

㉮ 고속응집 침전지
㉯ 약품 침전지
㉰ 보통 침전지
㉱ 경사판 침전지

12 여과지 수위가 일정하도록 유입 또는 유출밸브를 조절하는 정수위 여과에서 여과시간과 여과수량의 관계를 나타낸 곡선은? [00, 17 ㉮]

㉮ a 곡선
㉯ b 곡선
㉰ c 곡선
㉱ d 곡선

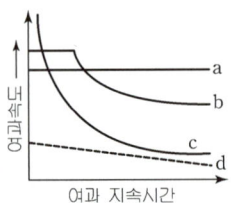

13 급속여과에서 탁질누출현상이 일어나기까지의 순서로 옳은 것은? [00 ㉮]

㉮ airbinding - 부수압 - scour - 탁질누출현상
㉯ airbinding - scour - 부수압 - 탁질누출현상
㉰ 부수압 - scour - airbinding - 탁질누출현상
㉱ 부수압 - airbinding - scour - 탁질누출현상

14 완속여과에 대한 설명 중 틀린 것은? [99, 06 ㉮]

㉮ 부유물질외에 세균도 제거가 가능하다.
㉯ 급속여과에 비해 일반적으로 수질이 좋다.
㉰ 여과속도는 4~5m/day를 표준으로 한다.
㉱ 전처리로서 응집침전과 같은 약품처리가 필수적이다.

15 표면세정은 역세정과 함께 여재표면에 고압으로 정수를 분사시키는 방법이다. 그 주된 목적은? [00 ㉮]

㉮ 여과수에 잔존하는 기포제거
㉯ 여재의 팽창효과 증대
㉰ 여층내의 교상물질로 된 mud-ball 현상 저하
㉱ 여재 입자간의 상호 충돌 감소

[해설]
여과가 어느정도 진행된 후의 여재표면은 각종 오염물질(주로 탁질성분)로 인해 덩어리가 형성되어 여과를 더욱 어렵게 만든다. 이것이 mud-ball현상이라 하며, 세정시 고속분사를 실시하여 제거한다.

해 설

[해설] **11**
고속응집침전지
정수장에서 하나의 반응조 내에서 혼화, 플록형성, 침전이 이루어지는 시설

[해설] **12**
여과유량 조절방법
㉮ a 곡선 : 정속여과곡선으로 일정한 여과수량을 유지하는 방식이다.
㉯ b 곡선 : 감쇄여과곡선으로 수량 관리상 초기 여과속도를 일정한 도로 억제하고 어느 정도의 여과속도로 저하할 때까지 여과를 지속하는 방식이다.
㉰ c 곡선 : 정압(정수위)여과곡선으로 여과지 수위를 일정하게 유지시키는 방식으로 여과가 어느 정도 진행되면 여층의 폐쇄로 인해 점차 여과유량이 감소한다.

[해설] **13**
탁질 누출현상
급속여과에서는 여과가 어느 정도 진행하면 모래층 내에 ① 부수압이 생기고, 그 다음에 부수압의 범위가 확대되어 결국에는 모래층 전부가 부수압이 된다. 부수압이 되면 물속에 용존되어 있던 공기가 기포로 되어 모래층 공극에 남는다. 이것을 ② Air Binding 이라 한다. 이 현상이 일어나면 모래층내의 무수한 모관의 일부가 폐색되거나 모관의 단면이 작아져 모관 내를 흐르는 물의 유속이 커진다. 이리하여 유속이 어느 한계를 넘으면 모래에 흡착되어 있던 탁질이 ③ 세류(scour)되며, 이때 여재층속에 억류된 floc 이 파괴되어 여과수와 같이 유출하는 것을 ④ 탁질누출(Break throuh)현상이라 한다.

[해설] **14**
완속여과의 특징
완속여과는 일반적으로 응집제를 사용하지 않는 보통침전의 후속공정으로 많이 이용된다.

정답 11. ㉮ 12. ㉰ 13. ㉱ 14. ㉱ 15. ㉰

5 염소 소독

학습방향

최종 정수단계인 소독과정에 대한 내용으로 출제빈도가 매우 높은 단원이다.
1. 전염소처리와 염소소독의 차이점
2. 잔류염소의 정의 및 종류
3. 염소요구량의 정의 및 염소요구량 공식
4. 염소처리효율에 영향을 미치는 인자
5. 불연속점 염소처리법

1 전염소처리(prechlorination)

① 염소를 침전지 이전에 주입하는 것으로 소독작용이 아닌 산화분해작용이 주목적이다.
② 조류, 세균 등이 다수 서식하고 있을 때 이들의 번식을 방지하고자 할 경우에 사용된다.
③ 암모니아성 질소(NH_3 - N), 아질산성 질소(NO_2 - N), 황화수소(H_2S), 페놀류, 철, 망간, 맛, 냄새, 기타 유기물 등을 산화시켜 제거할 경우에 사용된다.
④ 완속여과에서는 염소가 여과막 생물에 좋지 않은 영향을 주므로 원칙적으로 전염소처리를 피해야 한다.

학습POINT

▶ 05, 06, 07, 09, 14, 19㉮ 01, 09, 10㉯
· 전염소처리의 목적

2 중간염소처리

원수 중에 부식질(humic substances) 등의 유기물이 존재하면 유리잔류염소와 반응하여 트리할로메탄(THM)이 생성되므로 이러한 우려가 높은 경우에는 응집, 침전으로 부식질을 어느 정도 제거한 후 염소처리를 하는 것을 말하며 침전지와 여과지 사이에 염소를 주입한다.

▶ 18㉮
· 중간염소처리의 특징

3 염소소독(Chlorination) (후염소처리)

(1) 원리

① 염소는 살균제인 동시에 강력한 산화제이기 때문에 수중에 유기물, 세균 등이 존재하면 염소는 살균 및 산화가 종료될 때까지 소비가 계속된다.
② 세균의 부활을 막기 위해 급수관에서는 항상 0.2mg/L 이상, 소화기 계통의 전염병 유행시에는 0.4mg/L의 잔류염소가 남도록 염소를 주입한다.
③ 소독효과가 완전하고 대량의 물에 대해서도 쉽게 소독할 수 있으며, 잔류성이 있는 것이 특징이다.

▶ 04, 09, 10, 14㉮ 06, 07, 08, 12, 18㉯
· 염소소독의 특징

■ 살균(Disinfection)
① 소독과 같은 의미로 사용되며 수중의 세균, 바이러스, 원생동물 등의 단세포 미생물을 죽여 무해화(無害化)하는 것을 말한다.
② 살균은 병원성 미생물 즉, 유해균은 사멸되고 무해한 일반세균은 감소되나 완전히 제거되지는 않는 선택적인 파괴과정이다.

④ 가격이 저렴하며, 조작이 간단하지만 염소가스가 누출될 염려가 있다.
⑤ 페놀과 반응하여 냄새, 맛 등을 발생시킨다.
⑥ THM을 생성시키고, 암모니아성질소와 반응하여 소독의 효과를 감소시킨다.
⑦ 염소주입은 건식(乾式)과 습식(濕式)이 있으며, 액화염소를 사용할 경우 고압가스 관련법령이나 기준의 적용을 받는다.
⑧ 염소의 성질
  ㉠ 염소를 물에 주입할 경우(염소의 가수분해)
  $Cl_2 + H_2O \Leftrightarrow HOCl$ (차아염소산) $+ H^+ + Cl^-$ [낮은 pH에서]
  ㉡ $HOCl \Leftrightarrow H^+ + OCl^-$ (차아염소산 이온)   [높은 pH에서]
  ㉢ $HOCl$ 과 OCl^- 를 유리잔류염소라 한다.
  ㉣ 염소를 주입하면 계속 H^+ 가 발생하여 pH가 저하된다.
  ㉤ 살균력의 세기는 O_3(오존) > $HOCl$ > OCl^- > 클로라민 순이다.

(2) 잔류염소와 염소요구량
① 염소주입량과 잔류염소의 관계
  ㉠ Ⅰ형 : 증류수에 염소를 주입할 때, 즉 염소요구량이 0일 경우이며 주입량에 비례해서 주입량과 같은 잔류염소가 발생한다.
  ㉡ Ⅱ형 : 물이 일정량의 유기물이나 산화가능한 무기물을 포함하는 경우, 이 물질들이 염소와 반응해 모두 산화, 분해될 때까지는 잔류염소가 존재하지 않으며 파괴점(break point)를 지나면서 유리 잔류염소가 나타나는 특성을 가지는데 일반적으로 수돗물이 Ⅱ형에 해당된다.
  ㉢ Ⅲ형 : 전(前)염소처리시에 나타나는 형으로 유기 및 무기성분과 함께 암모니아 화합물 또는 유기성 질소화합물을 많이 포함한 물에서 볼 수 있다.

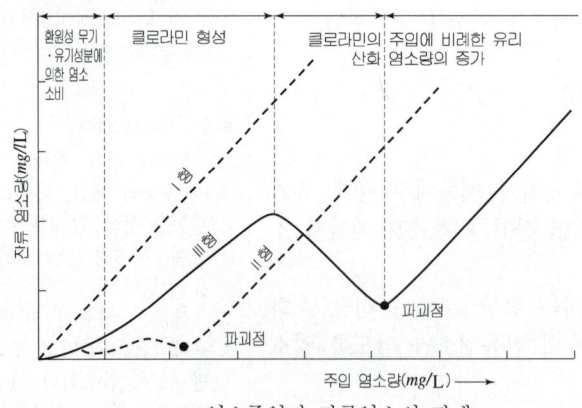
염소주입과 잔류염소의 관계

☞ [불연속점 염소처리법]을 참고할 것

01, 04, 05, 10, 14㉠
06, 07, 09, 15, 20㉡
· THM의 생성 및 특성
· HOCl의 생성조건
· 유리잔류염소의 종류
· 살균력의 세기

■ 멸균(Sterilization)
살균과는 달리 모든 세균과 생물을 완전히 사멸시키는 것을 말한다.

■ HOCl
OCl^- 보다 약 80배 정도 살균력이 크다.

■ 잔류염소(Residual Chlorine)]
① 일정량의 염소를 물속에 주입하여 유기물의 분해 및 세균의 살균 등에 사용되고 남아 물속에 잔존하고 있는 염소를 말한다.
② 잔류염소에는 유리잔류염소($HOCl$, OCl^-)와 결합잔류염소(클로라민류)로 구분된다.

■ 유리 잔류염소의 존재비
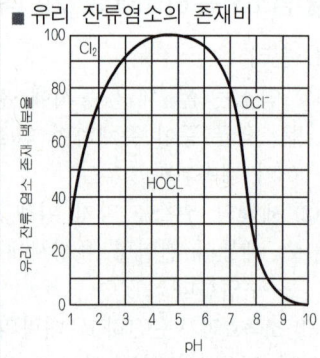

② 염소요구량
  ㉠ 물 속의 유기물 및 무기물을 산화·분해하는데 필요한 주입 염소량을 말한다.
  ㉡ 염소요구량 농도 = 염소주입량 농도 − 잔류염소농도
  ㉢ 염소요구량 = 염소요구량 농도 × 유량 × $\dfrac{1}{염소의\ 순도}$

▶ 01, 05, 08, 14, 15㉮
  02, 07, 08, 09, 14, 15, 17, 18㉯
· 염소요구량 계산

(3) 염소처리의 효과
① pH가 낮은 쪽(pH 4~5 정도)이 살균효과가 가장 높다.
② 접촉시간이 길수록 살균력도 증가한다.
③ 염소의 농도가 증가하면 살균력도 증가한다.
④ 염소는 기화열이 필요하므로 **수온이 높을수록** 염소 및 클로라민의 살균력은 증대된다.
⑤ 알칼리도는 낮을수록 살균력 증가한다.

▶ 00, 04, 10, 12, 20㉮ 04, 05, 06㉯
· 염소의 살균효과

(4) 불연속점 염소처리법(break point chlorination)
① 불연속점(break point)
  ㉠ 일정량의 염소를 주입할 때까지 결합염소농도가 증가하다 최대점에 도달한 후에는 염소주입량을 증가시켜도 잔류염소농도는 반대로 감소하여 거의 0으로 저하되는데, 그것은 과잉염소가 클로라민과 반응하여 클로라민을 N_2와 NO_2 등으로 가스화 시키기 때문이다.
  ㉡ 잔류염소가 거의 0이 된 점에서 염소를 계속 주입하면 유리 잔류염소가 나타나기 시작해 **염소의 살균작용이 비로소 진행되는데 이 점을 파괴점 또는 불연속점(break point)**이라 한다.
② 불연속점(파괴점) 염소처리법
  수중에 암모니아성 질소가 있어 클로라민을 생성하는 경우에 생성된 클로라민을 모두 파괴하고 유리잔류염소에 의하여 소독을 행하는 방법을 말하는데, 즉, 파괴점(break point)보다 넘어서 유리잔류염소가 존재하도록 염소를 주입하는 것을 **불연속점 염소처리**라 한다.

▶ 04, 05, 06㉮ 96㉯
· 파괴점의 특성

■ 세균의 부활현상 (After Growth)
  소독에 의해 일단 매우 감소된 물 속의 세균수가 시간의 경과와 함께 재차 증식하는 현상으로, 그 원인은 염소가 아포(cyst)를 갖는 균에 대해서는 효력이 없기 때문인 것으로 추정된다.

4 기타 소독법

(1) 클로라민(Chloramine)
① 암모니아가 함유된 물에 염소를 주입하면 염소와 암모니아성 질소가 결합하여 클로라민(결합잔류염소)이 생성된다.

▶ 00, 10, 12㉮ 15㉯
· 클로라민의 특성·목적

$NH_3 + HOCl \Rightarrow NH_2Cl\ (Monochloramine) + H_2O$
$NH_2Cl + HOCl \Rightarrow NHCl_2\ (dichloramine) + H_2O$
$NHCl_2 + HOCl \Rightarrow NCl_3\ (trichloramine) + H_2O$

② 차아염소산이온보다 살균력이 약해 주입량이 많이 요구된다.
③ 접촉시간이 30분 이상 필요하다.
④ 살균 후 물에 맛과 냄새를 주지 않고 살균작용이 오래 지속된다.
⑤ 초기에는 물속에 페놀이 있을 경우 발생하는 냄새를 제거할 목적으로 사용되다가, 최근 염소살균시 발생하는 THM 등으로 인해 염소를 대신하는 대체 소독제로 평가되고 있다.
⑥ 휘발성이 약하다.

■ THM(Trihalomethane)
① 염소소독의 경우 염소가 물속에 존재하는 유기물(휴민질)과 반응하여 생성되는 발암성 물질을 말한다.
② THM발생을 억제하기 위해서는 가능한 염소주입을 억제하거나 대체 소독제를 사용해야 한다.

(2) 이산화염소(ClO_2)

① 불안정한 가스이므로 처리현장에서 직접 만들어 사용하며 강력한 산화제로서 클로라민을 생성하지 않고, 페놀(phenol)에 대해 염소와 같이 클로로페놀을 생성함이 없이 분해하므로 유용하다.
② 폭발성이 있고, 부식성 및 독성이 강하므로 취급에 주의를 요한다.
③ 미생물에 대한 소독력이 크고 잔류효과도 양호하다.
④ 맛·냄새 제거에도 효과적이며 THM생성반응을 하지 않는다.
⑤ 염소와 같은 효과를 얻기 위해서는 염소주입량의 1/2만 주입하면 되므로 경제적이다.

▶ 00(산)
・이산화염소의 효용

(3) 자외선 소독법

① 약품을 주입하지 않는 청정 소독법이지만 고가(高價)이며 잔류효과가 없어 일반화되어 있지 않다.
② 주로 호텔수영장, 청량음료 식품공장 등에서 사용되기도 한다.
③ 화학적 부작용이 적어 안전하고, 인체에 무해하다.
④ 접촉시간이 짧다.

▶ 15(기) 13(산)
・자외선 소독법의 특징

(4) 기타 소독법

은(Ag), 요오드(I_2), 브롬 등을 이용한 소독법

참고 정수처리시의 소독능(CT)값
① 소독능(CT, mg·min/L)
　＝잔류 소독제 농도(mg/L) × 소독제 접촉시간(min)
② 소독제 접촉시간 ＝ $\dfrac{정수지 용량}{정수 유량}$ × 장폭비에 따른 환산 계수

▶ 16(기)
・소독능값 계산

핵 심 문 제

1 다음 중 전염소처리법의 목적에 적합하지 않은 것은? [07 기]

㉮ 원수 중 철, 망간을 제거한다.
㉯ 이취미(異臭味)의 원인인 유기물을 제거한다.
㉰ 세균이나 NH_3-N 등을 제거한다.
㉱ 적정 잔류염소를 유지한다.

2 정수 처리에서 염소소독을 실시할 경우 물이 산성일수록 살균력이 커지는 이유는? [04, 12, 20 기]

㉮ 수중의 OCl^- 증가
㉯ 수중의 OCl^- 감소
㉰ 수중의 $HOCl$ 증가
㉱ 수중의 $HOCl$ 감소

3 처리 수량이 6,000m³/day인 정수장에서 염소를 6mg/L의 농도로 주입한다. 잔류 염소농도가 0.2mg/L이었다면 염소 요구량은 얼마인가? (단, 염소의 순도는 75%이다.) [96, 08 기]

㉮ 36kg/day
㉯ 46.4kg/day
㉰ 100kg/day
㉱ 480kg/day

4 다음은 보통 수돗물에서 염소(Cl_2)처리 후 살균효과를 설명한 내용이다. 틀린 것은? [96 기]

㉮ pH가 증가하면 살균력이 증가한다.
㉯ 온도가 높아질수록 살균력이 증가한다.
㉰ 접촉시간이 길수록 살균력이 증가한다.
㉱ 염소농도가 증가하면 살균력이 증가한다.

5 염소살균의 장점이 아닌 것은? [99, 06 산]

㉮ 살균력이 뛰어나다.
㉯ 설비 및 주입방법이 비교적 간단하다.
㉰ 가스가 발생된다.
㉱ 비용이 비교적 저렴하다.

해 설

해설 1

전염소처리

조류 및 세균번식 방지, NH_3-N, NO_2^--N, 황화수소(H_2S), 페놀류, 유기물을 산화시켜 제거할 목적으로 사용된다. 그러므로 전염소처리는 소독작용이 아닌 산화분해작용이 주목적이다.

해설 2

염소소독의 성질

낮은 pH(산성)의 경우:

$Cl_2 + H_2O \leftrightarrow HOCl + H^+ + Cl^-$

∴ 물이 산성일수록 수중의 $HOCl$(차아염소산)증가로 살균력이 커짐

해설 3

염소요구량 계산

① 염소요구량 농도
 = 염소주입농도 − 잔류염소 농도
 = 6.0 − 0.2
 = 5.8(mg/L) = 5.8(g/m³)

② 염소요구량(kg/day)
 = 염소요구량 농도(g/m³)
  × 유량(m³/day) × $\dfrac{1}{염소의 순도}$ × 10^{-3} (kg/g)
 = 5.8(g/m³) × 6,000(m³/day)
  × $\dfrac{1}{0.75}$ × 10^{-3} (kg/g)
 = 46.4(kg/day)

해설 4

염소처리

pH가 낮은 쪽이 살균효과가 높다. 즉, pH 5정도에서 살균력이 강한 $HOCl$의 비율이 가장 높고 상대적으로 살균력이 약한 OCl^-의 비율이 낮아 살균효과가 가장 좋다.

해설 5

염소(Cl_2)

살균력이 뛰어나고 경제적이며 운전조작이 간단하여 소독제로 널리 이용되지만, 염소가스가 발생할 염려가 있다.

정답 1. ㉱ 2. ㉰ 3. ㉯ 4. ㉮ 5. ㉰

6 다음 중 전염소처리로 제거할 수 없는 것은? [99, 09, 14 ㉮]

㉮ 철(Fe)
㉯ 조류
㉰ 암모니아성 질소
㉱ 트리할로메탄

7 1일 물 공급량은 5,000m³/day이다. 이 수량을 염소처리하고자 60kg/day의 염소를 주입한 후 잔류염소 농도를 측정하였더니 0.2mg/L이었다. 염소요구량(농도)은 얼마인가? [99, 08 ㉮]

㉮ 10.8mg/L
㉯ 11.2mg/L
㉰ 11.8mg/L
㉱ 12.0mg/L

8 다음 중 살균력이 가장 강한 것은?

㉮ O_3
㉯ OCl^-
㉰ NH_2Cl
㉱ $HOCl$

9 전염소처리의 목적 중 틀린 것은? [01 ㉯]

㉮ 세균을 제거한다.
㉯ 암모니아성 질소를 제거한다.
㉰ 철, 망간 등을 제거한다.
㉱ 수중의 불순물을 침전시킨다.

10 다음 염소처리에 관한 사항 중 올바른 것은?

㉮ 암모니아와 염소가 결합하면 클로라민이 생성된다.
㉯ 살균능력은 클로라민 > OCl^- > $HOCl$ 이다.
㉰ 염소의 주입은 BOD 증가의 원인이 된다.
㉱ 살균능력은 물의 pH와는 관계가 없다.

해설

해설 6

전염소처리
조류 및 세균번식 방지, NH_3-N, 철 및 망간, 황화수소(H_2S), 페놀류, 유기물을 산화시켜 제거할 목적으로 사용된다. 트리할로메탄(THM)은 염소소독으로 인해 발생되는 소독부산물로서 발암성물질이다.

해설 7

염소요구량 농도
① 염소 주입농도 = $\dfrac{염소의\ 양}{유량}$
= $\dfrac{60(kg/day) \times 10^3(g/kg)}{5,000(m^3/day)}$
= $12(g/m^3) = 12(mg/L)$
② 염소 요구량 농도 = 염소 주입농도 − 잔류염소 농도 = 12−0.2
= 11.8(mg/L)

해설 8

살균력의 세기
오존(O_3) > 차아염소산($HOCl$) > 차아염소산이온(OCl^-) > 클로라민 순이다.

해설 9

전염소처리
소독제의 산화력을 이용하여 철, 망간, 세균, 조류, 암모니아성 질소 및 각종 유기물의 제거가 주목적이다.

해설 10

염소처리
암모니아와 염소가 반응하여 클로라민을 생성시킨다. 또한 염소는 산화제 역할도 하므로 물속에 있는 오염물질을 산화, 분해시킨다.

정답 6. ㉱ 7. ㉰ 8. ㉮ 9. ㉱ 10. ㉮

11 정수의 소독과정에서 이산화염소에 의한 소독의 효용이 아닌 것은?
[00 ⓒ]

㉮ 잔류효과가 양호
㉯ 맛과 냄새의 제거효과
㉰ THM의 생성 감소
㉱ 약품이 다량 필요

12 다음의 염소소독에 관한 사항 중 옳은 것은?
[00, 10 ㉮]

㉮ 살균능력은 클로라민 〉 OCl⁻ 〉 HOCl 이다.
㉯ 암모니아 질소가 많으면 클로라민이 형성된다.
㉰ 살균능력은 온도가 낮고 pH가 높을수록 강하다.
㉱ 배수지에서의 잔류염소는 0.2ppm 이상을 유지하도록 한다.

13 불연속점(파괴점 : break point) 염소주입에 의하여 파괴점 이후에 일어나는 현상은 다음 중 어느 것인가?

㉮ 맛과 냄새가 제거된다.
㉯ 클로라민(chloramine)이 형성된다.
㉰ 살균작용이 비로소 활발히 시작된다.
㉱ 독성작용이 심해져서 파괴현상이 발생한다.

14 음용수 소독시 클로라민(Chloramine)을 이용한 소독방법이 유리염소보다 더 좋은 점은 다음 중 어느 것인가?

㉮ 소독력이 강하다.
㉯ 잘 휘발한다.
㉰ 취미(臭味)가 강하다.
㉱ 살균작용이 오래 지속된다.

15 유량이 8000m³/day인 처리수에 평균 9.0mg/L의 비율로 염소를 주입시켰다. 이때 잔류염소량이 2mg/L이였다면 이 처리수의 염소요구량은?
[01 ㉮]

㉮ 50kg/day
㉯ 56kg/day
㉰ 62kg/day
㉱ 72kg/day

해 설

해설 11

이산화염소(ClO_2)

염소와 같은 소독효과를 얻기 위해서는 염소주입량의 1/2정도만 주입한다.

해설 12

염소

암모니아와 반응하여 클로라민류를 형성한다. 잔류염소는 급수관에서 0.2ppm 이상 유지되어야 한다.

해설 13

불연속점 염소처리법

① 일정량의 염소를 주입할 때까지 결합염소농도가 증가하다 최대점에 도달한 후에는 염소주입량을 증가시켜도 잔류염소농도는 반대로 감소하여 거의 0으로 저하되며 이 점을 불연속점(파괴점)이라 한다.
② 불연속점을 지나 다시 염소주입을 계속하면 유리 잔류염소가 출현하기 시작해 염소의 살균작용이 비로소 시작된다.

해설 14

클로라민

살균(소독) 후에 물에 취미(臭味)를 주지 않고 살균작용이 오래 지속되는 특징이 있다. 그러나 소독력은 유리염소보다 약한 단점이 있다.

해설 15

염소요구량

염소요구량=(염소주입량농도 −잔류염소 농도)×유량
=(9−2)g/m³×8000m³/day
=56000g/day=56kg/day

정답 11. ㉱ 12. ㉯ 13. ㉰ 14. ㉱ 15. ㉯

6 기타 정수처리법

> **학습방향**
>
> 기존의 (응집)침전 → 여과 → 소독 과정으로 해결하기 힘든 오염물질을 제거하는데 이용되는 각종 처리법에 대한 것으로 상당히 시사적(時事的)인 내용들이다.
>
> 1. 오존처리의 특징 및 장·단점
> 2. 활성탄처리의 특징 및 장·단점
> 3. 조류제거 방법
> 4. 경수의 연수화 처리

1 고도정수처리

(1) 정의

① 일반 정수처리과정인 침전, 여과, 소독만으로 먹는 물 수질기준을 만족시키지 못할 경우, 제거대상이 되는 특수성분의 물질을 처리할 목적으로 도입된 정수처리방법을 말한다.
② 대표적인 방법으로 **활성탄 처리, 오존처리, 생물학적 전처리** 등이 있다.

(2) 오존(O_3)처리법

① 강력한 **산화제**이며 바이러스에 대해서도 매우 유효한 **소독제**이다.
② 색도, 냄새, 맛, 철, 망간, 유기물, 세균, 바이러스, 페놀, THM 등을 처리대상으로 한다.
③ 특징

장 점	단 점
① 물에 화학물질이 남지 않는다.	① 경제성이 낮다.
② 물에 염소와 같은 맛, 냄새가 남지 않는다.	② 소독의 잔류효과(지속시간)가 없다.
③ 유기물에 의한 이취미(異臭味)가 제거된다.	③ 복잡한 오존 발생장치가 필요하다.
④ 철, 망간의 제거능력이 크다.	④ 수온이 높아지면 오존소비량이 많아진다.

(3) 활성탄처리법

① 정의

㉠ 통상의 정수처리로 제거되지 않는 맛, 냄새, 색도, THM, 페놀, 유기물, 합성세제 등을 **흡착반응**을 통해 제거하는 것을 말한다.
㉡ 종류 : 분말활성탄(PAC), 입상활성탄(GAC)

학습POINT

▶ 01, 04, 05, 14, 17, 19㉠
04, 07, 14, 16, 19㉡
· 오존처리법의 특징

▶ 12, 16, 19㉠ 02, 06, 10㉡
· 활성탄처리법의 특성

② 분말활성탄 (Powdered Activated Carbon ; PAC)
　㉠ 응집 전이나 응집 중에 주입시켜 오염물질을 흡착처리한 뒤 침전, 여과해서 분리하며, 주로 응급처리용이며 단시간 사용할 때에 적합하며 새로운 처리시설이 필요 없다.
　㉡ 주입률은 Jar-Test로 결정하며 건식 및 습식 주입방법이 있다.

③ 입상활성탄 (Granular Activated Carbon ; GAC)
　㉠ 일반적으로 여과와 염소소독의 중간에 실시하며 연속처리 또는 장기간 처리에 이용되며 새로운 처리시설(여과조)가 필요하다.
　㉡ 여과속도 : 240~480m/day (급속여과의 2~4배)

(4) 생물학적 전처리법

① 일반 정수처리로 충분히 제거되지 않는 NH_3-N, 조류(藻類), 냄새물질, 철, 망간 등의 처리에 적용된다.
② 응집, 침전, 여과 등 통상의 정수처리의 전처리용 외에도 오존, 활성탄 등의 처리공정과의 조합으로 실시되기도 한다.
③ 호기성 처리와 혐기성 처리로 분류되나, 상수도에서는 보통 호기성처리가 사용되고 있다.
④ 종류 : Honeycomb방식, 회전원판방식, 생물접촉 여과방식 등

2 기타 정수처리 방법

(1) 경수의 연수화(softening)

① 물속에 있는 경도성분(Ca염 및 Mg염)을 일정수준 이하로 낮추는 과정을 말한다.
② 탄산경도(일시경도) 제거 : 소석회($Ca(OH)_2$), 생석회(CaO), 수산화나트륨(NaOH) 등을 첨가하여 침전, 제거시킨다.
③ 비탄산경도(영구경도) 제거 : 소다회(Na_2CO_3)를 첨가하여 침전, 제거시킨다.

(2) 생물(조류 등)제거

① Microstrainer
　㉠ 금속 또는 합성섬유제의 미세망을 사용하여 수중의 동·식물성 플랑크톤이나 부유물질을 기계적으로 연속하여 제거하는 장치이다.
　㉡ 식물성 플랑크톤 중 비교적 대형의 조류나 지하수성동물, 철박테리아 제거에 유효하다.
② 이외에 다층여과법, 약품주입($CuSO_4$, $CuCl_2$)으로 제거한다.

■ 등온흡착식
① Henry형
$$q = \frac{X}{M} = HC$$
여기서
　q : 흡착량
　X : 흡착된 용질량
　M : 흡착제의 중량
　H : 상수
　C : 평형농도(액상의 농도)

② Freundlich형
$$q = \frac{X}{M} = KC^{\frac{1}{n}}$$
여기서 K, n : 경험적 상수

③ Langmuir형
$$q = \frac{X}{M} = \frac{abC}{1+bC}$$
여기서
　a : 최대 흡착량에 관한 상수
　b : 흡착에너지에 관한 상수

▶10㉮ 00산
· 일시경도제거법
· 영구경도제거법

▶19㉮
· 마이크로 스트레이너

(3) 암모니아 제거
① 생물처리 : 회전원판 방식, 생물접촉여과 방식, 침적여과상 방식 등
② 염소처리 : 불연속점 염소처리
③ 폭기법 : 질산화 등을 통한 제거(탈질화 과정이 필요하다.) 또는 Air stripping
④ 이온교환 : 제올라이트(Zeolite) 등을 이용한다.
⑤ 생물활성탄 처리

(4) 철, 망간제거
① 폭기법, 전염소 처리, pH값 조정처리, 약품침전처리 등
② 이외에 이온교환법 등이 있다.

(5) 맛·냄새 제거
폭기법, 염소처리, 활성탄 처리, 오존처리 및 생물처리 등이 있다.

(6) 불소(F)주입 및 제거
① 충치예방을 목적으로 주입시설을 설치할 수 있다.
② 물속에 과다하게 존재하면 반상(반점)치아 등을 발생시킬 수 있다.

(7) 색도제거
오존(O_3)처리, 활성탄처리, 약품침전

(8) 질소(N)제거
암모니아 스트리핑(Stripping)

(9) 냄새(곰팡이)제거
활성탄처리, 오존처리, 생물학적 전처리

(10) 트리할로메탄(THM) 제거
중간염소처리, 클로라민 처리, 활성탄 처리, 오존처리, 응집침전

(11) 세제(음이온 계면 활성제 : ABS) 제거
생물처리, 오존처리, 활성탄 처리

■ 침전지 등 정수장 시설에서 발생하는 조류의 제거에 황산동($CuSO_4$)이 널리 사용된다.

▶ 00, 10㉠
· 암모니아 제거법

▶ 13, 17㉠, 10, 15, 16㉣
· 맛·냄새 제거법

▶ 00, 06, 12㉣
· 불소주입 목적

▶ 01, 09, 15, 16㉠
· 색도제거법

▶ 03, 06, 09㉣
· 암모니아 스트리핑의 제거물질

▶ 10, 16㉠
· THM제거법

참고 막여과 공법(Membrane Filtration)

종류	제거가능 물질
정밀 여과법	• 불용성 물질(부유물질, 클로이드, 세균, 조류, 바이러스)
한외 여과법	• 불용성 물질(부유물질, 클로이드, 세균, 조류, 바이러스)
나노 여과법	• 용해성 물질(유기물, 농약, 맛, 냄새, 합성세제, 칼슘, 마그네슘, 황산이온, 질산성 질소) • 염화나트륨(5~93% 제거), 마그네슘, 황산이온, 질산성 질소(5~93% 제거)
역삼투법	• 용해성 물질(금속이온, 염소이온) • 염화나트륨(93% 이상 제거)

핵심 문제

1 심하게 오염되어 보통의 정수법만으로는 정수가 되지 않는 지표수의 처리방법으로 적당하지 못한 것은? [95 ㉮]

㉮ 조류처리
㉯ 전염소처리
㉰ 활성탄처리
㉱ 슬러지처리

[해설] 1
특수정수처리
① 보통의 정수법인 침전, 여과, 소독법만으로 음료수를 얻을 수 없을 때 사용되는 방법이다.
② 철, 망간, 중금속, 미량 유기물질 등을 제거하는데 사용된다.
③ 조류처리, 전염소처리, 활성탄처리, 생물처리, 오존처리 등이 있다.

2 다음은 상수의 오존처리에 대한 장점을 설명한 것이다. 잘못된 것은? [96 ㉮]

㉮ 냄새, 색도제거에 효과가 크다.
㉯ 효과의 지속성이 있다.
㉰ 바이러스의 불활성화에 우수한 효과를 갖고 있다.
㉱ 병원균에 대한 살균효과가 크다.

[해설] 2
오존
염소보다 산화력 및 살균력이 뛰어나 유기물 분해와 소독작용이 강하다. 그러나 오존은 살균효과의 지속성이 없는 단점이 있다.

3 상수의 정수방법 중 염소살균과 오존살균의 장단점을 잘못 설명한 것은? [04 ㉮ 07 ㉰]

㉮ 염소살균은 발암물질인 트리할로메탄(THM)을 생성시킬 가능성이 있다.
㉯ 오존살균은 염소살균에 비해 잔류성이 약하다.
㉰ 오존의 살균력은 염소보다 우수하다.
㉱ 오존살균은 염소살균에 비해 경제적이다.

[해설] 3
오존살균
잔류효과(잔류성)가 약하기 때문에 염소살균에 비해 비경제적임

4 다음 중 오존살균의 특징으로 맞지 않는 것은?

㉮ 살균시 잔류물이 남지 않는다.
㉯ 폭기의 효과도 있으나 염소살균보다 효율이 떨어진다.
㉰ 처리비용이 염소보다 비싸다.
㉱ 맛, 냄새제거 효과가 뛰어나다.

[해설] 4
오존살균
염소보다 살균효과가 뛰어나며 폭기 효과도 부가적으로 발생한다. 또한 맛, 냄새제거 효과도 뛰어나지만 비용이 많이 들며 잔류효과가 없는 단점이 있다.

5 다음 중에서 냄새 및 맛을 제거하는데 퍽 효과적인 반면 가격이 비싸고 잔류효과가 없는 것이 단점인 살균제는 어느 것인가?

㉮ 염소
㉯ 적외선
㉰ 이산화염소
㉱ 오존

[해설] 5
오존(O_3)
냄새, 맛을 제거하는 능력이 뛰어나며 살균효과도 염소보다 좋다. 그러나 가격이 비싸고 잔류효과가 없는 단점이 있다.

정답 1. ㉱ 2. ㉯ 3. ㉱ 4. ㉯ 5. ㉱

6 먹는 물을 위한 정수처리시에 일반적인 살균방법으로 우리나라에서 가장 많이 사용되는 것은?

㉮ 오존살균 ㉯ 염소소독
㉰ 자외선살균 ㉱ 산소주입

7 흡착능력을 이용하여 물의 불쾌한 냄새와 맛을 제거하는데 이용되는 것은? [15㉯]

㉮ 염소
㉯ 이산화염소
㉰ 활성탄
㉱ 오존

8 일시경도가 높은 물을 연수화 시키는데 필요한 약품은? [00㉯]

㉮ 소석회
㉯ 소다회
㉰ 황산반토
㉱ 명반

9 상수를 처리한 후에 치아의 충치를 예방하기 위해 주입되는 물질은? [00, 06, 12㉯]

㉮ 염소 ㉯ 불소
㉰ 산소 ㉱ 비소

10 상수 원수 중에 포함된 암모니아(NH_3-N)를 제거하는 처리방법 중 일반적으로 효과가 가장 적은 방법은? [00㉮]

㉮ 폭기방법(aeration) ㉯ 염소주입
㉰ 오존처리 ㉱ 생물활성탄

11 영구경도의 원인인 황산염($CaSO_4$)이나 황산마그네슘($MgSO_4$)이 함유된 경수를 연화시키려면 원칙적으로 어떻게 하는가?

㉮ 폭기한다.
㉯ 활성탄으로 처리한다.
㉰ 소다회(Na_2CO_3)와 소석회($Ca(OH)_2$)로 처리한다.
㉱ 알루미늄과 나트륨으로 구성된 규산염(zeolite나 permitit)으로 처리한다.

12 다음 중 색도를 제거하기 위한 방법이 아닌 것은? [01, 09㉮]

㉮ 오존처리 ㉯ 염소처리
㉰ 활성탄처리 ㉱ 응집침전처리

해 설

해설 6

염소(Cl_2)소독
상수의 살균(소독)방법 중 가장 널리 사용되는 방법이다.

해설 7

활성탄
물의 냄새와 맛을 제거하는 데에는 오존도 상당한 능력을 가지고 있지만 이것은 산화 및 분해작용에 의한 것이다. 흡착능력을 이용하여 냄새와 맛을 제거하는 것은 활성탄(活性炭)이다.

해설 8

경수의 연수화
물의 경도를 낮추는 과정을 경수(硬水)의 연수화(softening)라 한다. 연수화에서 일시경도(탄산경도)는 소석회를 가함으로 제거되며, 영구경도(비탄산경도)는 소다회를 사용하여 제거한다.

해설 9

불소(F)
치아의 충치를 예방하기 위해 주입할 수 있다. 그러나 불소가 과다하게 함유될 경우 반상치아(반점치아)를 발생시킬 수 있다.

해설 10

암모니아(NH_3-N)
① 불연속점 염소처리,
② 생물학적 처리(생물활성탄 포함),
③ 폭기(Aeration) 또는 Air-stripping을 통해 제거한다.

해설 11

황산염($CaSO_4$)제거
소다회(Na_2CO_3)를 가하고, 황산마그네슘($MgSO_4$)제거에는 소석회와 소다회를 함께 가하면 화학적 변화를 일으켜 제거된다.

해설 12

색도제거방법
응집침전처리, 오존처리, 활성탄처리 등이 있다.

정답 6. ㉯ 7. ㉰ 8. ㉮ 9. ㉯ 10. ㉰ 11. ㉰ 12. ㉯

7 정수장 배출수 처리

> **학습방향**
>
> 원수(原水)속에 포함되어 있는 고형물 및 오염물질 덩어리를 정수장 배출수(상수 슬러지)라 한다.
>
> 1. 정수장 배출수의 처리단계(조정→농축→탈수→처분)
> 2. 농축시설의 용량 및 고형물 부하량
> 3. 각종 탈수방법의 목표 함수율
> 4. 슬러지 처분방법

1 정수장 배출수 처리계통

(1) 정의

① 정수처리 과정에서 발생되는 상수슬러지를 적절하게 처리 및 처분하기 위한 계통을 말한다.

② 배출수 처리는 일반적으로 조정 → 농축 → 탈수 → 건조 → 처분(반출) 과정을 거친다.

(2) 정수장 배출수 처리계통

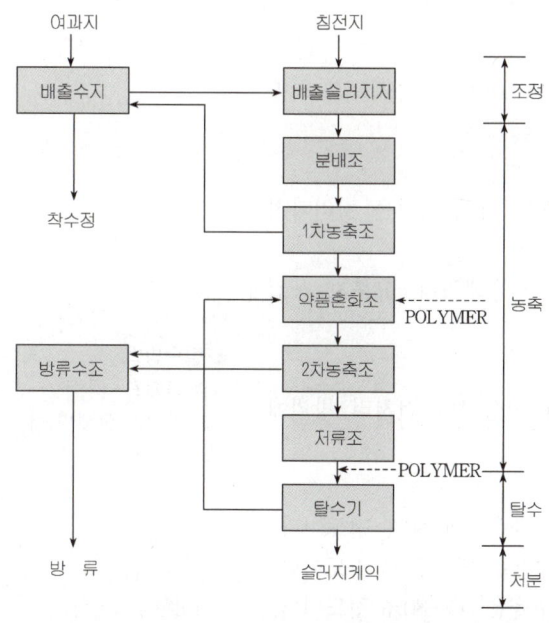

정수장배출수 처리 계통도

> **학습 POINT**
>
> ▶ 98, 09, 14, 19㉮ 95, 97, 09, 14㉯
> ・배출수처리계통
> ・배출수처리의 대상물질
>
> ■ 배출수처리의 대상물질
> ① 침전슬러지
> ② 여과지의 역세척수
> ③ 응집물질(floc)

2 정수장 배출수 처리시설

(1) 조정시설(調整施設)
① 여과지 및 침전 슬러지로부터의 세척 배출수와 침전 슬러지는 양과 성질이 일정하지 않고 간헐적으로 배출되므로 이를 저류시켜 **슬러지를 균등화**시키는 시설을 말한다.
② 배출수지
  ㉠ 여과지로부터 세척 배출수를 받아들이는 시설을 말한다.
  ㉡ 용량은 1회의 세척 배출수량 이상으로 하며 2지 이상으로 설치한다.
  ㉢ 유효수심은 2~4m, 여유고는 60cm 이상으로 한다.
③ 배출슬러지지
  ㉠ 침전지로부터 슬러지를 받아 들이는 시설을 말한다.
  ㉡ 용량은 24시간 평균 배출슬러지량과 1회 배출슬러지량 중에서 큰 값으로 하며 2지 이상으로 설치한다.
  ㉢ 유효수심은 2~4m, 여유고는 60cm 이상으로 한다.
  ㉣ 배출슬러지관과 배출관경은 150mm 이상으로 한다.

▶ 98, 09㉆ 99, 01㉒
• 배출수 처리시설의 특성
• 조정의 목적, 특성

■ 조정시설의 목표
슬러지 부피의 감량화가 아니라 슬러지질의 균등화이다.

(2) 농축시설(濃縮施設)
① 배출수 농도를 높여 배출수의 **부피를 감소**시키기 위한 시설을 말한다.
② **용량**은 계획 슬러지량의 24~48시간분으로 하며 2조 이상으로 설치한다.
③ **고형물 부하량**은 10~20kg/m²·day을 표준으로 한다.
④ 유효수심은 3.5~4.0m, 여유고는 30cm 이상으로 한다.

▶ 96, 97, 09, 12, 13㉆ 98, 16㉒
• 농축조의 용량, 고형물부하량

(3) 탈수시설(脫水施設)
① 농축슬러지의 함수량을 감소시켜 체적을 줄이면서 운반 및 최종 처분을 쉽게 하기 위한 시설을 말한다.
② 전처리 시설
  ㉠ 슬러지의 탈수성 개선을 위해 탈수 이전에 실시하는 처리과정이다.
  ㉡ 산처리(酸處理), 석회처리, 열처리, 동결융해처리, 고분자 응집제 처리 등이 있다.
③ 탈수기(여과기) 종류
  ㉠ 탈수된 슬러지의 함수율은 슬러지의 성상이나 전처리 방법에 따라 차이가 난다.
  ㉡ 각종 탈수기의 함수율
    • 진공탈수기(眞空濾過機) : 슬러지 함수율은 60~80% 정도이다.
    • 가압탈수기(加壓濾過機) : 슬러지 함수율은 55~70% 정도이다.
    • 원심분리기(遠心分離機) : 슬러지 함수율은 60~80% 정도이다.
    • 조립탈수기(造粒脫水機) : 슬러지 함수율은 65~80% 정도이다.
④ 슬러지건조상 : 슬러지 함수율은 50%정도이다.

■ 탈수방법
① 기계식
② 자연건조(햇빛)법
③ 열이용법

■ 슬러지 탈수에 가장 많이 이용되는 탈수기는 진공탈수기와 가압탈수기이다.

(4) 슬러지 처분(處分)

① 탈수완료 후에 발생한 케이크를 **매립, 해양투기, 토지 살포, 소각, 퇴비활용** 등으로 처리하는 것을 말한다.

② 정수장(淨水場)에서 발생된 탈수 케이크(cake)는 유기물질이 적고 pH가 높아 lime성분은 산도(酸度)를 중화시키는데 주로 이용되며 나머지는 주로 매립한다.

③ 재활용방법 : 농업, 토지조성자재, 시멘트원료, 되메움재의 이용 등

■ 가장 일반적인 슬러지 처분 매립(Landfill)에 의한 처분으로서 침출수에 따른 지하수 오염 등의 2차오염에 유의하여야 함

핵심문제

1 정수장의 슬러지 처리 과정을 순서대로 옳게 열거한 것은? [97, 09 산]

㉮ 조정 - 농축 - 탈수 - 건조 - 반출
㉯ 농축 - 조정 - 탈수 - 건조 - 반출
㉰ 탈수 - 조정 - 농축 - 건조 - 반출
㉱ 농축 - 탈수 - 조정 - 건조 - 반출

2 다음 중 정수장에서 배출수 처리의 대상이 아닌 것은? [98 기]

㉮ 침전슬러지
㉯ 여과지 역세척수
㉰ 응집물질
㉱ 잔류염소

3 정수장 슬러지 농축조의 용량(계획 슬러지 양의 몇 시간분) 및 고형물 부하를 옳게 나타낸 것은? [96, 12 기]

㉮ 12~24시간분, 5~10kg/m²/day
㉯ 12~24시간분, 10~20kg/m²/day
㉰ 24~48시간분, 5~10kg/m²/day
㉱ 24~48시간분, 10~20kg/m²/day

4 다음 슬러지 탈수방법 중 슬러지 케이크의 함수율이 55~70% 정도로 생산하는 탈수기는 어느 것인가? [95 기]

㉮ 진공여과기
㉯ 가압여과기
㉰ 원심분리기
㉱ 슬러지 건조상

5 다음의 슬러지 처분방법 중 가장 경비가 적게 소요되고 바람직한 것은? [99 산]

㉮ 퇴비 활용
㉯ 매립 처분
㉰ 소각
㉱ 해양 투기

해설

해설 1
정수장배출수 처리계통
조정 → 농축 → 탈수 → 건조 → 반출(처분)

해설 2
정수장에서 배출되는 슬러지
주로 침전슬러지, 여과지 역세척수, 응집·침전된 플록(floc) 등으로 구성된다.

해설 3
정수장슬러지 농축조
용량 : 계획슬러지량의 24~48시간분
고형물부하 : 10~20kg/m²/day

해설 4
슬러지 탈수방법

탈 수 시 설	최종 슬러지 케이크 함수율
진공 탈수기	60 ~ 80%
가압 탈수기	55 ~ 70%
원심 탈수기	60 ~ 80%
슬러지 건조상	50% 정도

해설 5
퇴비활용
탈수처리된 슬러지를 토지개량제나 비료로 사용하므로 경비가 가장 적게 소요되고, 또한 자원으로 재활용하는 의미를 가지므로 바람직한 처분방법이다.

정답 1. ㉮ 2. ㉱ 3. ㉱ 4. ㉯ 5. ㉮

6 다음 배출수 처리단계중 제일 처음단계에 속하는 것은? [01 산]
㉮ 처분시설
㉯ 농축단계
㉰ 조정단계
㉱ 탈수단계

7 정수장의 배출수 처리시설에 대한 설명으로 옳지 않은 것은? [09 기]
㉮ 농축조의 고형물 부하는 $10\sim20kg/(m^2 \cdot d)$을 표준으로 한다.
㉯ 처리과정은 조정, 농축, 탈수, 건조 등으로 구성된다.
㉰ 정수장 배출수의 처리대상은 주로 투입한 응집제와 잔류염소이다.
㉱ 농축조는 슬러지 용량을 감소시키는 것을 주목적으로 한다.

8 일반적인 배출수의 처리단계에 속하지 않는 것은? [02 기]
㉮ 사여과 시설
㉯ 조정시설
㉰ 농축시설
㉱ 탈수시설

9 침전지에서 배출되는 슬러지를 받아들이는 조정시설은 다음 중 어느 것인가?
㉮ 배출슬러지지
㉯ 배출수지
㉰ 저류조
㉱ 농축조

10 농축된 슬러지의 탈수성 개선을 위하여 탈수 전에 실시하는 전처리 방법이 아닌 것은?
㉮ 동결융해(凍結融解)처리
㉯ 열처리(熱處理)
㉰ 고분자응집제 처리
㉱ 슬러지 건조상

해 설
해설 **6** 정수장 배출수 조정 → 농축 → 탈수 → 처분의 순서로 처리된다.
해설 **7** 정수장 배출수의 처리대상 물질 ① 침전슬러지 ② 여과지의 역세척수 ③ 응집물질(floc)
해설 **8** 일반적인 배출수의 처리단계 조정 - 농축 - 탈수 - 건조 - 처분 및 반출
해설 **9** 배출 슬러지지 침전지에서 배출되는 슬러지를 받아들이는 조정시설
해설 **10** 전처리 방법 슬러지의 탈수성 개선을 위하여 탈수과정 전에 실시하는 전처리 방법에는 산처리(酸處理), 열처리, 고분자응집제처리, 석회처리, 동결융해처리 등이 있다.

정답 6. ㉰ 7. ㉰ 8. ㉮ 9. ㉮ 10. ㉱

출제예상문제

5 CHAPTER 정수장 시설

1. 급속 여과시스템에 의한 정수방법을 바르게 나타낸 것은?

㉮ 약품혼화지 – Floc형성지 – 약품침전지 – 급속여과지
㉯ Floc형성지 – 약품혼화지 – 약품침전지 – 급속여과지
㉰ 약품혼화지 – 약품침전지 – Floc형성지 – 급속여과지
㉱ Floc형성지 – 침전지 – 약품혼화지 – 급속여과지

[해설] 급속 여과법은 원수와 약품을 혼화시켜 Floc을 형성한 뒤 응집된 Floc을 침전지에서 가라앉혀 물을 정화시키는 시스템이다.

2. 침전지의 수심이 4m이고 체류시간이 2시간이다. 이 침전지의 표면부하율은 얼마인가?

㉮ $12 m^3/m^2 \cdot day$
㉯ $24 m^3/m^2 \cdot day$
㉰ $36 m^3/m^2 \cdot day$
㉱ $48 m^3/m^2 \cdot day$

[해설] 침전속도 $v = \dfrac{h}{t} = \dfrac{4(m)}{2(hr)} = \dfrac{Q}{A}$
$= 2(m/hr) = 2(m^3/m^2 \cdot hr)$
∴ 표면부하율 $\dfrac{Q}{A} = v = 2(m^3/m^2 \cdot hr)$
$= 48(m^3/m^2 \cdot day)$

3. 2차 침전지에서 침전속도 $v_s = 0.1 cm/sec$, 유량 $Q = 12,000 m^3/day$, 침전지의 유효표면적 $A = 80 m^2$, 수심 $h = 5m$일 때 제거율(침전효율)은 얼마 정도인가?

㉮ 50%
㉯ 58%
㉰ 66%
㉱ 73%

[해설]
① 표면부하율 $\dfrac{Q}{A} = \dfrac{12,000(m^3/day)}{80(m^2)}$
$= 150(m/day) = 0.174(cm/sec)$
② 침전효율 $E(\%) = \dfrac{v_s}{v} \times 100 = \dfrac{v_s}{\dfrac{Q}{A}} \times 100$
$= \dfrac{0.10(cm/sec)}{0.174(cm/sec)} \times 100 = 57.5(\%)$

4. 입자의 최종 침전속도가 $6.4 \times 10^{-3} cm/sec$, 침전지의 유효수심이 3m이다. 이 침전지에서의 체류시간은 대략 몇 시간인가? (단, 모든 입자의 침전속도가 같다고 가정한다.)

㉮ 10
㉯ 11
㉰ 12
㉱ 13

[해설] 체류시간 $t(hr) = \dfrac{h}{v} = \dfrac{300(cm)}{6.4 \times 10^{-3}(cm/sec)}$
$= 46,875(sec) = 13.02(hr)$

5. 유량이 20,000m³/day인 하수를 처리하기 위하여 침전지를 설계하고자 할 때 수심은 4m, 표면부하율이 40m³/m²/day 일 때 소요표면적과 체류시간은 각각 얼마인가?

	소요 표면적	체류시간
㉮	250m²	4.8시간
㉯	250m²	2.4시간
㉰	500m²	2.4시간
㉱	500m²	4.8시간

[해설] 표면 부하율 $= \dfrac{하수량(Q)}{표면적(A)}$ 에서
① 소요 표면적 $= \dfrac{유입 하수량}{표면부하율} = \dfrac{20,000 m^3/day}{40 m^3/m^2/day}$
$= 500(m^2)$
② 체류시간 $= \dfrac{수심}{표면부하율} = \dfrac{4(m)}{40(m/day)}$
$= \dfrac{1}{10}(day) = \dfrac{1}{10} \times 24(hr) = 2.4(hr)$

해답 1. ㉮ 2. ㉱ 3. ㉯ 4. ㉱ 5. ㉰

6. 침전지의 유효수심 5m, 1일 최대 사용수량 500m³ 이고 침전시간을 8시간으로 할 때 침전지의 소요 수면적은 얼마인가?

㉮ 24m² ㉯ 34m²
㉰ 44m² ㉱ 54m²

[해설] 수면적 부하율, $\dfrac{Q}{A} = \dfrac{h}{t}$ 에서

$$A = \dfrac{Q}{h} \times t = \dfrac{500\,(\mathrm{m^3/day})}{5\,(\mathrm{m})} \times \dfrac{8}{24}\,(\mathrm{day}) = 34\,(\mathrm{m^2})$$

7. 깊이 3m, 폭(너비) 10m, 길이 50m인 어떤 수평류 침전지에서 1,000m³/hr의 유량이 유입된다. 독립 침전임을 가정할 때 100% 제거할 수 있는 입자의 최소 침강속도는 어느 것인가?

㉮ 0.5m/hr ㉯ 1.0m/hr
㉰ 2.0m/hr ㉱ 2.5m/hr

[해설] $v_s = \dfrac{Q}{A} = \dfrac{1,000}{10 \times 50} = 2.0\,(\mathrm{m/hr})$

8. 상수도의 침전에 관한 다음 설명 중 옳은 것은?

㉮ Floc 형성지는 여러 구간으로 나누며 교반속도를 점차 크게 한다.
㉯ Jar Tester는 종침강속도(Terminal Velocity)를 구하는 장치이다.
㉰ 고분자 응집제는 응집속도는 크나 pH에 의한 영향을 크게 받는다.
㉱ 정류벽은 난류, 밀도류의 억제에 효과가 있다.

[해설]
㉮ 하류로 갈수록 교반속도를 점차 감소시킨다.
㉯ Jar Test는 필요한 응집제의 종류 및 양을 결정하기 위한 실험이다.
㉰ 고분자 응집제는 응집속도가 빠르고, pH변화에 의한 영향이 적다.

9. 입자의 제거율을 크게하기 위한 다음 사항 중 옳은 것은?

㉮ 표면 부하율을 크게 한다.
㉯ 유량 Q를 적게 한다.
㉰ Floc의 침강속도 v_s를 적게 한다.
㉱ 지(池)의 침강면적 A를 적게 한다.

[해설] 입자의 제거율, 즉 침전효율을 크게 하기 위해서는 침전효율 $E = \dfrac{v_s}{Q/A}$ 에서 Floc의 침강속도 v_s를 크게 하거나 Q/A 또는 Q를 작게 해야 한다.

10. 유효 수심 3.5m, 체류시간 3시간의 최종 침전지의 수면적 부하는 얼마인가?

㉮ 10.5m³/m²·day
㉯ 28.0m³/m²·day
㉰ 56.0m³/m²·day
㉱ 105.0m³/m²·day

[해설] 수면적 부하(표면적 부하)
$$\dfrac{Q}{A} = \dfrac{수심(h)}{체류시간(t)} = \dfrac{3.5}{\tfrac{3}{24}} = 28\,(\mathrm{m^3/m^2 \cdot day})$$

11. 침전지의 유효 수심이 2m이고, 1일 최대 사용수량이 240m³이며, 침전시간이 6시간일 경우 침전지의 수면적은?

㉮ 30m² ㉯ 60m²
㉰ 80m² ㉱ 110m²

[해설] 수면적부하 $\dfrac{Q}{A} = \dfrac{수심(h)}{체류시간(t)}$ 에서

$$\dfrac{240\,(\mathrm{m^3/day})}{A} = \dfrac{2\,\mathrm{m}}{\tfrac{6}{24}\,(day)}$$

$$\therefore A = 30\,\mathrm{m^2}$$

해답 6. ㉯ 7. ㉰ 8. ㉱ 9. ㉯ 10. ㉯ 11. ㉮

12. 스토크스 법칙(Stokes law)을 이용하여 설계하는 시설은 다음 중 어느 것인가?

㉮ 혼화지 ㉯ 응집지
㉰ 여과지 ㉱ 침전지

해설
스토크스 법칙을 이용하는 시설, 즉 독립침전을 가정하여 설계하는 시설은 침전지이다.

13. 정수장의 처리수량이 35,000m³/day이다. 여과속도가 150m/day이며 여과지수를 5로 하고자 한다. 이 급속여과지의 크기(면적)는?

㉮ 46.7m² ㉯ 53.6m²
㉰ 57.7m² ㉱ 65.4m²

해설
여과지 총면적 (m²) = 처리수량 / 여과속도

$$= \frac{35,000 (\text{m}^3/\text{day})}{150 (\text{m}/\text{day})}$$

$$= 233.33 (\text{m}^2)$$

∴ 여과지 1지당 면적(m²) = 총면적 / 여과지 수

$$= \frac{233.33 (\text{m}^2)}{5} = 46.7 (\text{m}^2)$$

14. 다음 상수도의 정수시설에 관한 설명 중 틀린 것은?

㉮ 급속여과법은 중력식과 압력식으로 대별할 수 있다.
㉯ 급속여과시 여과사의 유효경은 0.45~0.7mm이다.
㉰ 급속여과시 여과속도는 120m/day~150m/day를 표준으로 하고 있다.
㉱ 정수시설의 위치는 배수시설의 높이보다 항상 낮게 있어야 한다.

해설
정수시설은 배수시설보다 높은 곳에 있어야 자연유하식으로 물을 수송할 수 있어 수리학적으로 비용이 절감되며 또한 수송이 편리하다.

15. 여과층의 두께를 2m, 투수계수 $k = 0.08 cm/sec$의 모래여과지에 있어서 지(池)와 출구의 수위차를 50cm로 하고 1일 500m³의 물을 여과하려면 여과지의 면적(m²)은 어느 정도의 크기로 하여야 하겠는가?

㉮ 2.5m² ㉯ 29m²
㉰ 250m² ㉱ 290m²

해설

$$v = k \cdot \frac{\Delta h}{l} = 0.08 \times \frac{50}{200} = 0.02 \, (\text{cm/sec})$$

$$\therefore A = \frac{Q}{v} = \frac{500 \, (m^3/day)}{0.02 \times 10^{-2} \times 24 \times 60 \times 60 \, (m/day)}$$

$$= 28.9 \, (m^2)$$

16. 상수도의 여과에 관한 설명이다. 옳은 것은?

㉮ 완속여과에서 여과기능은 주로 모래층 내부에서 일어난다.
㉯ 여과사의 유효경이 클수록 여과수 수질은 좋아진다.
㉰ 여과지속 기간은 손실수두 또는 여과수 수질에 의해 결정된다.
㉱ 세균제거 효과는 완속여과에서는 기대할 수 없다.

해설
㉮ 완속여과는 여재층 표면에서 여과기능이 발휘하는 표면여과이다.
㉯ 여과사의 유효경이 작을수록 여과수 수질이 좋아진다.
㉰ 여재층에 대한 여과지속기간의 결정은 손실수두 또는 여과수 수질에 의해 결정된다.
㉱ 세균제거 효과는 완속여과에서만 기대할 수 있다.

17. 다음 상수도 정수시설에 관한 설명중 틀린 것은?

㉮ 급속여과의 사층세정은 역세정 방법을 일반적으로 사용한다.
㉯ Jar Test에 의해서 응집제 주입량을 결정한다.
㉰ 여과지속시간은 완속여과가 급속여과보다 길다.
㉱ 약품침전지는 완속여과의 전처리 공정으로 사용된다.

해답 12. ㉱ 13. ㉮ 14. ㉱ 15. ㉯ 16. ㉰ 17. ㉱

[해설] 급속 및 완속여과
① 완속여과는 여재층의 표면에서 주로 여과가 발생하는 표면여과형으로 여과지속시간이 길고 처리수의 수질이 양호하다.
② 급속여과는 여재층 내부에서 여과되는 내부여과형으로 여과지속시간이 짧아 정기적으로 역세정 등의 방법으로 여과층을 세정해야 한다.
③ 약품침전지는 급속여과의 경우에 반드시 필요한 전처리 공정이지만 완속여과시에는 약품침전이 반드시 필요한 것은 아니다.

18. 완속여과법에서 부유물은 주로 어디에서 여과가 이루어지는가?

㉮ 모래층의 표면에서
㉯ 모래층의 중앙부근에서
㉰ 모래층의 밑부분에서
㉱ 모래층의 전부분에서

[해설] 완속여과의 여과효과는 주로 모래층(여재층)의 표면에서 발생된다. 그러나, 급속여과는 여재층의 내부에서 여과효과가 발생한다.

19. 급속 여과에서 이용되는 모래의 균등계수로서 가장 적합한 것은?

㉮ 1.7 이하 ㉯ 1.7 이상
㉰ 2.65 이하 ㉱ 2.65 이상

[해설] 여과사(濾過砂)의 균등계수는 완속여과가 2.0 이하, 급속여과가 1.7 이하이다.

20. 처리 수량 40,500m³/day의 급속 여과지의 크기는? (단, 여과속도 150m/day, 지수(池數) 7, 예비지를 1지로 함)

㉮ 39m² ㉯ 42m²
㉰ 45m² ㉱ 48m²

[해설]
$$여과면적(m^2) = \frac{유량(m^3/day)}{여과속도(m/day) \times 여과지수}$$
$$= \frac{40,500(m^3/day)}{150(m/day) \times 7} = 38.57(m^2)$$
(∵ 예비지는 여과면적 계산에 포함시키지 않는다.)

21. 다음 여과에 대한 사항 중 옳지 않은 것은?

㉮ 세균 제거율은 완속여과가 높다.
㉯ 완속여과와 급속여과의 용지면적은 같다.
㉰ 완속여과는 약품침전과 같은 전처리가 없다.
㉱ 탁도, 색도, 철 및 조류가 많을 때는 급속여과지가 효과적이다.

[해설]
용지 면적은 완속여과가 급속여과보다 크다.

22. 다음 완속여과와 급속여과에 관한 설명 중 틀린 것은?

㉮ 완속여과지의 여과사층의 이상적인 두께는 70~90cm이다.
㉯ 여과속도가 다르므로 여과용지 면적이 크게 다르다.
㉰ 여과의 손실수두는 급속여과보다 완속여과가 크다.
㉱ 완속여과는 여과속도가 급속여과의 1/30~1/40 정도이다.

[해설] 완속여과와 급속여과의 비교

항 목	완속여과	급속여과
용지면적	크다	작다
손실수두	작다	크다
여과속도	4~5m/day	120~150m/day

해답 18. ㉮ 19. ㉮ 20. ㉮ 21. ㉯ 22. ㉰

23. 급속여과시 표준여과 속도는?

㉮ 90~120m/day ㉯ 120~150m/day
㉰ 150~180m/day ㉱ 180~210m/day

[해설]
① 급속여과 속도 : 120~150(m/day)
② 완속여과 속도 : 4~5(m/day)

24. 다음은 완속여과에 관한 설명이다. 틀린 것은?

㉮ 균등계수는 2 이하가 좋고, 유효 입경은 0.3~0.45mm이다.
㉯ 모래의 최대 입경은 5.0mm를 초과하지 않아야 한다.
㉰ 모래층의 두께는 70~90cm로 한다.
㉱ 여과속도는 보통 4~5m/day로 한다.

[해설] 급속여과와 완속여과의 비교

항 목	완속여과	급속여과
여과속도	4~5m/day	120~150m/day
모래 유효경	0.3~0.45mm	0.45~1.0mm
모래의 균등계수	2.0이하	1.7이하
모래층 두께	70~90cm	60~70cm(120cm)
모래의 최대경	2mm이하	2mm이내
세균제거	좋음	나쁨

25. 1일 60,000톤의 처리 용량을 갖는 정수처리장의 급속 여과시설을 120m/day 여과속도 기준으로 10개의 여과지를 설치하고자 한다. 여과지 한 개당 소요면적은? (단, 여유 여과지를 2개 설치한다.)

㉮ 42.5m² ㉯ 50.0m²
㉰ 62.5m² ㉱ 75.0m²

[해설]
여과지 면적 $(A) = \dfrac{유량}{여과속도 \times 여과지수}$
$= \dfrac{Q}{v \times n} = \dfrac{60,000}{120 \times 10} = 50 \, (m^2)$

26. 다음 중 바람직한 상수도 여재(filter medium)는?

㉮ 이온교환 속도가 빠른 것
㉯ 잘 반응하는 것
㉰ 불순물이 적은 것
㉱ 물에 녹는 것

[해설]
편평하고 점토 등의 불순물이 혼입되지 않았고, 물 및 오염물질과 잘 반응하지 않는 모래를 사용한다.

27. 다음 정수처리 방법에 관한 사항 중 옳지 않은 것은?

㉮ 원수의 수질이 양호하고 안정되어 소독이외의 정수시설을 요하지 않는 방식은 염소소독 급수방식으로 한다.
㉯ 완속 여과방식은 세립자의 모래층을 완속으로 통과시켜 정수하는 방법이다.
㉰ 급속 여과방식은 완속 여과지보다 약간 작은 모래를 사용하고 고속도(4~5m/day)로 정수하는 방식이다.
㉱ 소독, 완속, 급속 여과방식으로 처리할 수 없는 물질이 함유되어 있을 때는 특수처리를 포함하는 방식으로 정수할 수 있다.

[해설]
급속여과방식의 여과속도는 120~150m/day이며, 완속 여과방식의 여과속도는 4~5m/day이다.

28. 다음 중 완속여과지에 관한 설명이 아닌 것은?

㉮ 세균의 제거도 어느 정도 기대할 수 있다.
㉯ 응집제를 필수적으로 투입해야 한다.
㉰ 원수의 탁도가 비교적 낮은 경우에 적합하다.
㉱ 여과속도를 4m/day 정도 유지한다.

[해설]
여과방식 중에서 응집제를 필수적으로 투입해야 하는 것은 급속여과 방식이다.

해답 23. ㉯ 24. ㉯ 25. ㉯ 26. ㉰ 27. ㉰ 28. ㉯

29. 모래 여과지의 경우 수두손실(head loss)에 영향을 주는 인자와 관계가 적은 것은?

㉮ 공극률　　㉯ 여과층의 깊이
㉰ 여과지의 표면적　㉱ 여과속도

[해설]
손실수두$(\Delta H) = \dfrac{k \cdot L \cdot \mu \cdot v}{d^2} \cdot \left(\dfrac{1-\varepsilon}{\varepsilon^3}\right)$

여기서　k : 정수(상수)
　　　　L : 모래층의 두께
　　　　μ : 물의 점성도
　　　　v : 여과속도
　　　　d : 모래의 평균입경
　　　　ε : 공극률

30. 완속사 여과지에서 사층의 두께는 수질과 관계가 깊다. 삭취를 중지하여 새로운 모래로 보충해 주어야 할 시점은?

㉮ 30~35cm　　㉯ 45~50cm
㉰ 60~65cm　　㉱ 75~80cm

[해설] 여과수의 수질을 위해 45~50cm정도 되면 삭취를 중지하고 새로운 모래를 보충해야 한다.

31. 완속여과와 급속여과를 비교한 것이다. 이 중 옳은 것은?

㉮ 여과속도가 다르므로 용지면적에 차이가 있다.
㉯ 약품처리의 유무, 즉 완속여과법에서는 필수조건이다.
㉰ 건설비는 완속여과가 덜 든다.
㉱ 세균제거는 급속여과가 더 효율적이다.

[해설] 완속여과와 급속여과의 비교
① 여과속도가 다르므로 용지면적이 크게 다르다.
② 급속여과가 완속여과보다 건설비가 적게 든다.
③ 약품처리의 유무, 즉 급속여과에서는 필수조건이다.
④ 세균제거는 완속여과만 신뢰할 수 있다.
⑤ 여과의 손실수두는 완속여과보다 급속여과가 크다.
⑥ 전반적으로 완속여과의 수질이 좋다.
⑦ 원수수질이 완속여과는 저탁도에 적합하고 급속여과는 고탁도, 고색도에 적합하다.
⑧ 완속여과는 청소에 시간과 인력이 많이 소요된다.

32. 상수 원수에 포함된 색도 제거를 위한 단위 조작으로 가장 거리가 먼 것은?

㉮ 폭기처리
㉯ 응집침전처리
㉰ 활성탄처리
㉱ 오존처리

[해설]
색도제거방법
응집침전처리, 활성탄처리, 오존처리, 전염소처리

33. 염소 소독을 위한 염소 주입량 시험결과 그림과 같다. 유리 잔류염소가 수중에 지속되는 구간과 파괴점(break point)는?

㉮ AB, C
㉯ BC, C
㉰ CD, E
㉱ DE, D

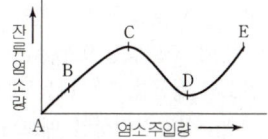

[해설]
① DE구간 : 주입에 비례한 유리 잔류염소량의 증가
② D점 : 파괴점 또는 불연속점

34. 병원균의 효과적인 제거에 주로 사용되는 정수방법은?

㉮ 응집　　㉯ 소독
㉰ 여과　　㉱ 침전

[해설]
소독(살균)법의 목적은 병원균을 제거하는데 있다.

해답　29. ㉰　30. ㉯　31. ㉮　32. ㉮　33. ㉱　34. ㉯

35. 상수의 정수시에 일반적인 살균방법으로 가장 많이 사용되는 것은?
㉮ 자외선 살균 ㉯ 오존살균
㉰ 염소소독 ㉱ 산소주입

[해설] 상수의 살균(소독)방법중 가장 널리 쓰이는 것은 염소(Cl_2)소독이다.

36. 다음 염소소독에 관한 설명 중 틀린 것은?
㉮ 염소는 살균작용이외에도 산화제로도 널리 쓰이고 있다.
㉯ 물의 pH가 강알칼리성일 때 살균효과가 크다.
㉰ 수도법상 상수도에서 잔류 염소량은 0.2ppm이 기준이다.
㉱ 염소살균법에는 전염소법과 후염소법이 있다.

[해설] 염소소독
① 염소는 병원성 미생물들에 대한 소독작용을 하는 것 외에도 유기물을 분해시키는 산화제로도 쓰이고 있다.
② 병원성 미생물들의 부활을 막기 위해 정수의 잔류염소량이 수도법상 0.2ppm을 유지해야 한다.
③ 염소의 살균효과는 pH 5정도이 약산성일 때가 pH 9~10인 약알칼리성일 때보다 물속에 HOCl의 함량이 훨씬 많아 살균력이 강하다.
④ 염소살균법은 주입시기에 따라 전염소법과 후염소법이 있는데, 전염소법은 응집·침전과정 전에 실시하는 것으로 주로 유기물(조류)의 제거에 목적이 있으며 후염소법은 살균을 목적으로 한다.

37. 염소 소독시 생성되는 염소성분 중 살균력이 가장 강한 것은?
㉮ Cl^- ㉯ OCl^-
㉰ NH_4Cl ㉱ $HOCl$

[해설] 살균력의 세기는 오존(O_3) > 차아염소산(HOCl) > 차아염소산이온(OCl^-) > 클로라민 순이다.

38. 다음 중 THM(Trihalomethane)을 생성하는데 사용되는 것은?
㉮ 칼슘 ㉯ 염소
㉰ 세균 ㉱ 철

[해설] 상수의 염소 소독처리에서 생긴 THM은 음용수에 함유되어 발암문제를 야기시킨다.

39. 소독을 위한 염소를 주입하였을 때 수중의 유리 잔류염소란?
㉮ 클로라민 ㉯ Cl_2
㉰ Cl^- ㉱ $HOCl, OCl^-$

[해설] 물과 염소는 $Cl_2 + H_2O \rightarrow HOCl + H^+ + Cl^-$,
$HOCl \rightarrow OCl^- + H^+$로 된다.
여기서 $HOCl$과 OCl^-를 유리 잔류염소라 한다.

40. 하수의 염소 요구량이 9.2mg/L이었다. 0.5mg/L의 잔류 염소량을 유지하기 위하여 2,500m³/day의 하수에 주입하여야 할 염소량은 얼마인가?
㉮ 23.0kg/day ㉯ 1.25kg/day
㉰ 21.75kg/day ㉱ 24.25kg/day

[해설] 염소주입량(kg/day)=염소 주입농도(mg/L)
× 유량(m³/day) × 10^{-3}(kg/g)
=(염소요구량 농도 + 잔류염소농도)
×유량×10^{-3}=(9.2+0.5)×2,500
×10^{-3}=24.25(kg/day)

41. 종말 침전지에서 유출되는 수량이 5,000m³/day이다. 여기에 염소처리를 하기 위해 유출수에 100kg/day의 염소(Cl_2)를 주입한 후 잔류염소의 농도를 측정하였더니 0.5mg/L이었다. 염소 요구량 농도는 얼마인가?
㉮ 16.5mg/L ㉯ 17.5mg/L
㉰ 18.5mg/L ㉱ 19.5mg/L

해답 35. ㉰ 36. ㉯ 37. ㉱ 38. ㉯ 39. ㉱ 40. ㉱ 41. ㉱

> [해설]
> 먼저 염소주입 농도를 구한 후 염소요구량을 구하여야 한다.
> ① 염소 주입농도 = $\frac{염소의\ 양}{유량}$
> $= \frac{100(kg/day) \times 10^3(g/kg)}{5,000(m^3/day)}$
> $= 20(g/m^3) = 20(mg/L)$
> ② 염소 요구량 농도 = 염소 주입농도 − 잔류염소 농도
> $= 20 - 0.5 = 19.5(mg/L)$

42. 염소 소독을 위한 염소 투입량 시험결과는 그림과 같다. 결합잔류 염소가 분해되는 구간과 파괴점(break point)은?

㉮ AB, C
㉯ BC, D
㉰ CD, D
㉱ AB, D

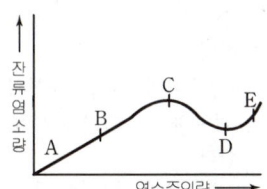

> [해설]
> ① $\overline{AB}$ 구간 : 환원성 무기 및 유기성분에 의해 염소가 소비되는 구간
> ② $\overline{BC}$ 구간 : 결합 잔류염소의 형성구간
> ③ $\overline{CD}$ 구간 : 결합 잔류염소인 클로라민의 산화(분해) 구간
> ④ D점 : 불연속점(break point; 파괴점)

43. 물에다 가한 일정량의 염소와 일정한 기간이 지난 후에 남아 있는 유리 및 결합 잔류염소와의 차를 무엇이라 하는가?

㉮ 유리 잔류염소   ㉯ 결합 유효염소
㉰ 결합 잔류염소   ㉱ 염소 요구량

> [해설]
> ① 물에 주입한 염소농도와 잔류염소 농도의 차를 염소 요구량농도라 한다. 즉, 염소 요구량농도 = 염소 주입농도 − 잔류염소 농도 이다.
> ② 염소요구량 = 유리잔류염소 − 결합잔류염소

44. 다음 중 하수의 살균시 사용하지 않는 물질은?

㉮ 염소   ㉯ 오존
㉰ 적외선   ㉱ 자외선

> [해설]
> 상수 및 하수의 소독법(살균법)에는 염소소독, 오존소독, 자외선소독, 이산화염소 소독 등이 있다.

45. 다음 중 트리할로메탄의 발생을 억제하는 방법이 되지 못하는 것은?

㉮ 전염소처리   ㉯ 오존소독
㉰ 이산화염소 사용   ㉱ 활성탄 사용

> [해설]
> 트리할로메탄(THM)의 생성저감방법으로는 소독제로 염소 대신에 오존(O_3), 이산화염소, 결합염소 등을 사용한다. THM제거방법으로는 폭기법, 활성탄 흡착법 등을 사용한다.

46. 다음 설명 중 가장 적합한 것은?

㉮ 염소 소독은 지속성이 없다.
㉯ Chloramines은 박테리아에 대해서는 효과적이나 바이러스에 대해서는 별로 효과적이지 못하다.
㉰ 염소와 부식질이 반응하여 생성되는 물질에는 발암성이 없다.
㉱ 소독제로 가장 많이 사용되는 물질은 차아염소산이다.

> [해설]
> ㉮ 염소소독은 오존과 달리 지속성을 가지고 있다.
> ㉰ 염소와 유기물질인 부식질이 반응하여 발암성 물질인 THM이 생성된다.
> ㉱ 소독제로 가장 많이 사용되는 물질은 염소이며 차아염소산은 염소가 물에 용해되어 나타나는 물질이다.

해답 42. ㉰ 43. ㉱ 44. ㉰ 45. ㉮ 46. ㉯

47. 물에 페놀이 존재할 경우 염소 주입전에 암모니아를 가함으로써 클로로페놀의 이취미를 방지할 수 있다. 이와 같이 암모니아와 염소를 전후하여 가하는 방법을 무엇이라 하는가?

㉮ 이중염소법 ㉯ 과잉염소법
㉰ 불연속점 염소법 ㉱ 클로라민법

[해설]
염소와 페놀이 반응하여 클로로페놀이 생성되는 것을 방지하기 위해 먼저 암모니아를 주입하여 클로라민을 생성시키는 것을 클로라민법이라 한다.

48. 고도 정수처리를 위해 활성탄흡착을 사용하고자 한다. 활성탄의 등온흡착식이 $\dfrac{X}{M} = \dfrac{1.2C}{1+0.80C}$ 일 때 어떤 오염물질의 유입수 농도 5ppm을 0.5ppm으로 낮추기 위해 투입해야 할 활성탄 주입량은? (단, X : 평형 흡착량, M : 활성탄 중량, C : 평형농도이다.)

㉮ 7.2g/m³ ㉯ 10.5g/m³
㉰ 17.2g/m³ ㉱ 22.3g/m³

[해설]
$\dfrac{X}{M} = \dfrac{1.2C}{1+0.8C}$

∴ $\dfrac{(5-0.5)}{M} = \dfrac{1.2 \times 0.5}{1+0.8 \times 0.5}$

∴ $M = \dfrac{4.5 \times 1.4}{0.6} = 10.5 \,(\text{mg/L}) = 10.5 \,(\text{g/m}^3)$

49. 정수방법에 관한 다음의 설명중 옳은 것은?

㉮ 응집침전은 용해성물질의 제거에 적합하다.
㉯ 이온교환은 콜로이드의 제거에 주로 사용된다.
㉰ 활성탄흡착은 용해성유기물의 제거에 적합하다.
㉱ 역삼투는 부유물질의 제거에 주로 사용된다.

[해설]
㉮ 응집침전은 물속의 부유물질 및 콜로이드성 물질을 제거한다.
㉯ 이온교환은 응집침전으로 제거할 수 없는 미량의 중금속이온을 처리하는데 이용한다.
㉱ 역삼투는 용존물질(극미세 입자)을 제거하는데 이용된다.

50. 다음 상수도 정수방법에 관한 설명 중 틀린 것은?

㉮ 급속여과 정수시설은 약품침전지, 급속여과지, 소독시설 등이다.
㉯ 시대적 요청에 의하여 수원의 수질에 관계없이 활성탄 사용 등 고도처리가 필요하다.
㉰ 여과속도는 급속여과 시설이 완속여과 시설의 약 30~40배 정도이다.
㉱ 급속여과 공정은 탁질누출 현상이 일어나기 쉽다.

[해설] 고도정수처리의 도입시 고려되어야 할 사항
① 수원의 수질에 어떤 문제가 있고 장래의 변화추이를 조사 및 해석하는 원수의 수질분석이 필요하다.
② 문제가 되는 수질에 대한 처리목표 수질 및 수량을 수질기준 및 물수요 예측결과를 토대로 설정하여야 한다.
③ 대상물질의 처리효율성과 안전성, 경제성 등을 비교, 검토하여 고도정수처리 공정 및 운전조건을 정해야 한다.
④ 기존시설과 유기적 관계 등을 검토한 시설배치계획을 수립하여야 한다.

51. 다음 중 고도정수처리 방법에 속하는 것은?

㉮ 활성탄 흡착 ㉯ 약품응집 침전
㉰ 염소살균 ㉱ 급속여과

[해설]
고도정수처리에는 활성탄 흡착, 오존처리, 생물처리, 막(membrane)처리 등이 있다.

52. 전형적인 상수처리 과정에서 제거가 안되는 물질은?

㉮ 병원균 ㉯ 탁도
㉰ 암모니아성 질소 ㉱ 질산성 질소

[해설]
질산성 질소는 일반적인 상수처리과정에서는 제거가 되지 않으므로 활성탄, 오존, 생물처리 등 고도정수처리로 제거해야 한다. 병원균 및 암모니아성 질소는 소독과정에서, 탁도는 응집 및 침전, 여과과정에서 제거된다.

해답 47. ㉱ 48. ㉯ 49. ㉰ 50. ㉯ 51. ㉮ 52. ㉱

53. 정수장의 슬러지 처리과정을 순서대로 옳게 열거한 것은?

㉮ 조정 – 농축 – 탈수 – 건조 – 반출
㉯ 농축 – 조정 – 탈수 – 건조 – 반출
㉰ 탈수 – 조정 – 농축 – 건조 – 반출
㉱ 농축 – 탈수 – 조정 – 건조 – 반출

[해설]
슬러지 처리작업은 먼저 침전지의 슬러지와 여과지 세척수를 일시 저류해 양과 질을 평균화시키는 조정단계를 거친다. 조정된 슬러지의 부피를 감량화시키기 위해 농축을 시킨 후, 함수율을 낮추기 위해 탈수와 건조의 단계를 거쳐 매립, 해양투기 등의 처분을 위해 정수장으로부터 반출된다.

54. 배출수 처리시설 중 농축조의 고형물 부하는 몇 kg/m²/day 정도를 표준으로 하는가?

㉮ 10~20 ㉯ 20~30
㉰ 30~40 ㉱ 40~50

[해설]
정수장 배출수의 처리시설 중 농축조의 고형물 부하는 10~20kg/m²/day 정도로 한다.

55. 정수장 배출수 처리에 관한 다음 내용 중 틀린 것은?

㉮ 배출수는 약품침전지의 청소수로 구성된다.
㉯ 조정농축시설은 반드시 설치되어야 한다.
㉰ 배출수 중에서 가장 중요한 성분은 투입한 응집제이다.
㉱ 처리공정은 조정, 농축, 탈수시설로 구성된다.

[해설]
정수장 배출수의 처리시설 중에서 조정지는 침전지의 수가 많은 정수장에서는 침전지를 조정지로 대체하여 사용하므로 반드시 조정지를 설치하지 않아도 된다.

56. 어떤 도시의 계획급수인구는 200,000명이며 계획 1일 최대급수량이 60,000m³ 일 때 여과속도를 4m/day로 하려면 여과지의 소요면적(A)과 여과지를 폭 30m, 길이 50m의 장방형으로 할 경우 지(池)의 수(N)로 옳은 것은? (단, 예비지는 고려하지 않음)

㉮ A = 35,000m², N = 12개
㉯ A = 50,000m², N = 11개
㉰ A = 44m², N = 10개
㉱ A = 15,000m², N = 10개

[해설]
① 유량$(Q) = 60,000 (m^3/day)$
② 여과지 소요면적$(A) = \dfrac{유량(Q)}{여과속도(v)}$
$= \dfrac{60,000(m^3/day)}{4(m/day)} = 15,000(m^2)$
③ 여과지수$(N) = \dfrac{여과지\ 총소요면적}{여과지\ 1지당\ 면적}$
$= \dfrac{15,000(m^2)}{30(m) \times 50(m)} = 10(개)$

57. 여과지에서 처리되는 수량이 1,500m³/day이고 여과지 면적이 200m²일 경우, 여과속도는 얼마인가?

㉮ 3.0m/day ㉯ 7.5m/day
㉰ 15.0m/day ㉱ 30.0m/day

[해설]
여과지 면적$(m^2) = \dfrac{처리수량}{여과속도}$
∴ 여과속도 $= \dfrac{처리수량}{여과지\ 면적}$
$= \dfrac{1,500(m^3/day)}{200(m^2)} = 7.5(m/day)$

58. 침사지 내에서 다른 모든 조건은 동일할 때 비중이 1.8인 입자는 비중이 1.2인 입자에 비하여 침강속도가 얼마나 큰가?

㉮ 동일하다. ㉯ 1.5배 크다.
㉰ 2배 크다. ㉱ 4배 크다.

해답 53. ㉮ 54. ㉮ 55. ㉯ 56. ㉱ 57. ㉯ 58. ㉱

해설

입자의 비중을 제외한 다른 모든 조건이 동일하므로

$$\therefore v_s = \frac{1.8-1}{1.2-1} = 4(배)$$

59. 정수시설의 계획 정수량은 무엇을 기준으로 하여야 하는가?

㉮ 계획 1일 최대급수량
㉯ 계획 1일 평균급수량
㉰ 계획 시간 평균급수량
㉱ 계획 취수량

해설

정수시설은 계획 1일 최대급수량을 기준으로 설계한다.

60. 깊이 3m, 표면적 500m²인 어떤 수평류 침전지에서 1,000m³/hr의 유량이 유입된다. 독립 침전임을 가정할 때 100% 제거할 수 있는 입자의 최소 침강속도는?

㉮ 0.5m/hr ㉯ 1.0m/hr
㉰ 2.0m/hr ㉱ 2.5m/hr

해설

침강속도 $v = \dfrac{Q}{A} = \dfrac{1,000(m^3/hr)}{500(m^2)} = 2(m/hr)$

61. 배출수 처리시설 중 농축조의 용량은 계획 슬러지 양의 몇 시간분을 표준으로 하는가?

㉮ 3~6   ㉯ 6~12
㉰ 12~24 ㉱ 24~48

해설

정수장 배출수의 처리시설 중 농축조의 용량은 계획 슬러지량의 24~48시간을 표준으로 한다.

62. 유량이 5,000m³/day인 처리수에 평균 8.5mg/L의 비율로 염소를 주입시켰더니 잔류염소량이 0.2mg/L이였다. 이 처리수의 염소요구량은 얼마인가?

㉮ 32.5kg/day   ㉯ 41.5kg/day
㉰ 52.8kg/day   ㉱ 57.8kg/day

해설

① 염소 요구량 농도=염소 주입농도-잔류염소 농도
=8.5-0.2=8.3(mg/L)
=8.3(g/m³)

② 염소 요구량(kg/day)
=염소 요구량농도(g/m³)×유량(m³/day)
$\times \dfrac{1}{순도} \times 10^{-3}(kg/g)$
=8.3(g/m³)×5,000(m³/day)×1.0×10⁻³(kg/g)
=41.5(kg/day)

63. 어떤 도시의 계획 1일 최대급수량이 90,000m³일 때 여과속도가 150m/day인 여과지를 설계하고자 한다. 여과지를 폭 8m, 길이 10m의 장방형으로 하면 지(池)수(N)는 몇 개가 필요한가? (단, 예비지는 고려하지 않음)

㉮ 4개   ㉯ 6개
㉰ 8개   ㉱ 10개

해설

① 여과지 소요면적(m²)
$= \dfrac{계획\ 1일\ 최대급수량(m^3/day)}{여과속도(m/day)}$
$= \dfrac{90,000(m^3/day)}{150(m/day)} = 600(m^2)$

② 여과지수(개) $= \dfrac{필요면적}{1지당\ 면적}$
$= \dfrac{600(m^2)}{8(m) \times 10(m)} = 7.5(개)$
≒ 8(개)

64. 최근 우리나라의 상수원에 부영양화 현상이 급속도로 심화되고 있다. 상수도의 구성이나 계통에서 상수원의 부영양화가 가장 큰 영향을 미칠 수 있는 시설은 다음 중 어느 것인가?

㉮ 취수시설   ㉯ 정수시설
㉰ 송수시설   ㉱ 배·급수시설

해설

상수원의 부영양화로 인해 원수 중에 조류가 많으면 정수과정에서 여과지를 폐쇄시키거나 냄새를 유발시켜 수질상 문제가 되는 등 정수시설이 가장 많은 피해를 본다.

해답 59. ㉮ 60. ㉰ 61. ㉱ 62. ㉯ 63. ㉰ 64. ㉯

65. 상수처리시 혼화지 다음의 설비로서 완속교반을 행하는 설비를 무엇이라고 하는가?

㉮ 여과지 ㉯ 침전지
㉰ 침사지 ㉱ floc 형성지

해설
정수처리장에서 응집지(凝集池)는 응집제가 투입되어 원수와 급속교반되는 혼화지와 혼화지에서 응결된 floc을 성장시키기 위해 완속교반하는 floc형성지로 구성된다.

66. 급수를 하기 위해 물을 응집침전시키고자 한다. 다음의 응집침전 설명 중 부적당한 것은?

㉮ 응집제의 투입량은 적당해야 하며 많이 사용할 경우 반대전하로 역전되어 응집효율을 감소시킨다.
㉯ 응집제는 양이온을 띠는 알루미늄염 또는 철염 등이 사용되는데 2가 양이온보다 3가 양이온을 사용하는 것이 응집효과가 크다.
㉰ 화학적 응집침전의 목적은 물 속의 부유물질 및 용존물질을 제거하기 위함이다.
㉱ 응집제를 주입하는 이유는 콜로이드 입자의 Zeta potential을 감소시켜 미소입자를 응집시키기 위한 것이다.

해설
응집제는 2가 양이온보다 3가 양이온을 사용하는 것, 즉 이온의 원자가가 클수록 응집효과가 커지는데 이것을 Schulze-Hardy법칙이라 한다. 응집제를 투입하는 목적은 zeta potential을 감소시켜 입자들 간의 반발력을 약화시켜 응집시키기 위함이다. 화학적 응집침전의 목적은 주로 물 속의 부유물질과 불용성 물질을 제거하는 것이다.

67. 착색수에도 효과가 크고 주입률에 대응하는 알칼리도 저하는 Al의 약 1/2로서 pH저하도 적고 플록 형성속도가 빠른 무기 고분자 응집제는?

㉮ $Al_2(SO_4)_3 \cdot 18H_2O$
㉯ $NaAlO_2$
㉰ $FeSO_4 \cdot 7H_2O + \frac{1}{2}Cl_2$
㉱ PAC

해설
폴리염화알루미늄(Poly Aluminium Chloride; PAC)의 특징에 대해 설명한 것이다.

68. 상수의 정수과정에서 황산알루미늄을 응집제로 사용하여 정수하면 경도는 어떻게 변하는가?

㉮ 일시경도가 영구경도로 되나 총경도는 변하지 않는다.
㉯ 주입된 황산경도만큼 총경도는 증가한다.
㉰ 총경도는 감소된다.
㉱ 일시경도는 증가하고 영구경도는 변하지 않는다.

해설
황산알루미늄(명반)을 이용한 원수의 응집반응은 다음과 같다.
$$Al_2(SO_4)_3 + 3Ca(HCO_3)_2$$
$$\Rightarrow 2Al(OH)_3\downarrow + 3CaSO_4 + 6CO_2$$
그러므로, 응집한 결과 중탄산염인 $3Ca(HCO_3)_2$가 황산염 $3CaSO_4$으로 되어 일시경도가 영구경도로 되지만 총경도에는 변화가 없다.

69. 침전지에서 침전효율과 가장 관계가 깊은 것은?

㉮ 깊이, 길이, 부피
㉯ 깊이, 유속, 침전지의 면적
㉰ 부피, 장치 및 기계
㉱ 길이, 부피, 외관

해설
$E = \dfrac{v_s}{\frac{Q}{A}} = \dfrac{v_s}{\frac{h}{t}}$ 이므로, 침전효율은 침전지의 깊이 및 면적, 유속과 관련이 있다.

70. 다음 중 완속여과용 모래층의 규격으로서 부적당한 것은 어느 것인가?

㉮ 유효경 0.45~0.7mm
㉯ 균등계수 2.0 이하
㉰ 모래층두께 70~90cm
㉱ 최대경 2.0mm

해답 65. ㉱ 66. ㉰ 67. ㉱ 68. ㉮ 69. ㉯ 70. ㉮

해설 완속 및 급속여과지의 모래품질

구분	완속여과	급속여과
유효경	0.3~0.45mm	0.45~0.7mm
균등계수	2.0 이하	1.7 이하
모래층두께	70~90cm	60~70cm
최대경	2.0mm 이하	2.0mm 이내

71. 급속여과법에서 여재를 세척하는 방법 중 옳지 못한 것은?

㉮ 교반기를 사용하여 세척한다.
㉯ 염수(鹽水)를 사용하여 세척한다.
㉰ 압축공기와 압력수를 역송하여 세척한다.
㉱ 압력수를 역송하여 세척한다.

해설 역세척 방법
① 모래층을 기계적으로 교반한 후 물을 역류시키는 방법
② 공기와 물을 동시에 분출시켜 역세척하는 방법
③ 물만으로 역세척하는 방법

72. 모래여과지의 최소 여재층 높이는 60cm이상이고 전체 여재층의 높이는 80cm이다. 역류세척시 여재층 높이가 1,040mm로 팽창하면 여재층의 팽창비는 얼마인가?

㉮ 15%   ㉯ 23%
㉰ 25%   ㉱ 30%

해설 모래층 팽창비
$= \dfrac{\text{세척시 팽창한 모래층두께} - \text{비세척시 모래층두께}}{\text{비세척시 모래층두께}}$
$\times 100(\%) = \dfrac{104-80}{80} = 30(\%)$

그리고, 급속여과에서 모래층의 팽창은 30(입경 1.2~2.0mm)~60(입경 0.3~0.4mm)% 정도가 적당하며, 그 이상에서는 세정효과가 저하된다.

73. 상수처리방법 중에서 급속여과에 관한 다음의 설명 중 틀린 것은?

㉮ 여과재의 입자경이 작을수록 수두손실이 작다.
㉯ 모래여과는 흡착, 이온교환 등의 전처리로 이용하는 경우가 많다.
㉰ 여과재의 입자경이 클수록 여과층은 폐쇄되기 어렵다.
㉱ 여과속도 150m/day이란 하루에 여과면적 1m²에서 150m³의 물을 여과하는 것을 말한다.

해설 여과재(모래 등)의 입자경이 작을수록 공극률이 작아 막히기 쉽고 여과저항이 크므로 수두손실이 크다.

74. 수면적 부하 28.8m³/m²/day의 보통침전지가 있다. 여기에 유입하는 유입수 중의 SS의 침강속도의 분포는 다음 표와 같다. 침전지가 이상적인 상태를 유지하고 있다고 할 경우, 약 몇 %의 SS제거율이 기대되는가?

침강속도(cm/min)	3	2	1	0.5	0.3	0.1
SS량 백분율(%)	25	20	20	15	15	5

㉮ 15%   ㉯ 30%
㉰ 45%   ㉱ 60%

해설 수(표)면적 부하 $= \dfrac{Q}{A} = 28.8 m^3/m^2/day$
$= 28.8 m/day = 2.0 cm/min$

이것은 침강속도(v_s)가 2cm/min 이상인 것은 제거가 가능하다는 의미이다. 즉, 입자가 완전 제거될 수 있는 조건은 $v_s \geq \dfrac{Q}{A}$ 이다.
∴ 20+25=45(%)

75. 완속여과지의 사용 후의 청소방법은 다음 중 어느 것인가?

㉮ 30~60일 동안 사용한 후 상층여과막 1~2cm를 삭취(削取)하여 깨끗한 모래로 교환한다.
㉯ 1~2일 동안 사용한 후 상층여과막 1~2cm를 삭취하여 깨끗한 모래로 교환한다.

㉰ 0.5~2일 동안 사용한 후 상층여과막 1~2cm를 삭취하여 깨끗한 모래로 교환한다.
㉱ 30~60일 동안 사용한 후 수압으로 역류하여 모래에 있는 불순물을 제거한다.

[해설]
여과를 계속하면 여과된 불순물로 인한 여과막이 점차 두꺼워지고 손실수두의 증가로 인한 원하는 수량(水量)을 얻을 수가 없거나 더욱 악화되면 여재층 폐색된다. 이것을 방지하기 위하여 완속여과지에서는 30~60일동안 사용한 후 상층여과막 1~2cm를 삭취(削取)하여 깨끗한 모래로 교환하는 청소작업을 실시해야 한다.

76. 급속여과지의 사용 후의 청소방법은 다음 중 어느 것인가?

㉮ 30~60일동안 사용한 후 상층여과막 1~2cm를 삭취(削取)하여 깨끗한 모래로 교환한다.
㉯ 1~2일동안 사용한 후 상층여과막 1~2cm를 삭취하여 깨끗한 모래로 교환한다.
㉰ 30~60일동안 사용한 후 수압으로 역류하여 모래에 있는 불순물을 제거한다.
㉱ 1~2일동안 사용한 후 수압으로 역류하여 모래에 있는 불순물을 제거한다.

[해설]
여과를 계속하면 여과된 불순물로 인한 여과막이 점차 두꺼워지고 손실수두의 증가로 인한 원하는 수량(水量)을 얻을 수가 없거나 더욱 악화되면 여재층 폐색된다. 이것을 방지하기 위하여 급속여과지에서는 1~2일 동안 사용한 후 수압으로 역류하여 모래에 있는 불순물을 제거하는 역세정(逆洗淨)과정을 실시해야 한다.

77. 다음 처리과정 중에서 암모니아성 질소가 가장 큰 지장을 주는 것은?

㉮ 침전   ㉯ 여과
㉰ 염소소독 ㉱ 철판부식

[해설]
암모니아는 염소와 반응하여 클로라민을 생성시키므로 염소소비량을 증가시킨다.

78. 염소(Cl_2)의 수중 용해상태가 다음 표와 같다. 살균력이 가장 큰 것은 A~D중 어느 것인가?

구 분	HOCl	OCl$^-$
A	70%	30%
B	60%	40%
C	10%	90%
D	15%	85%

㉮ A   ㉯ B
㉰ C   ㉱ D

[해설]
살균력은 HOCl이 OCl$^-$보다 약 80배 정도 강하므로 HOCl이 가장 많이 함유되어 있는 A가 살균력이 가장 크다.

79. 콜로이드 응집에 있어서 콜로이드 입자를 응집시키려는 불안정 요소와 영구적으로 콜로이드를 분리상태로 유지하려는 안정 요소가 있다. 다음 중 안정 요소는 어느 것인가?

㉮ Brown운동
㉯ Vander Waals힘
㉰ 콜로이드 입자표면의 수화(水和)
㉱ Coulomb힘

[해설]
① 불안정 요소 : Brown운동, Vander Waals힘
② 안정·불안정 요소 : Coulomb힘
③ 안정 요소 : 콜로이드 입자의 수화(水和)
 ㉠ Brown운동 : 수중에 있어서 미립자의 빠르고 불규칙한 운동으로서 열운동을 하고 있는 물체가 콜로이드 입자에 충돌함으로서 생긴다. 직경이 4㎛보다 큰 입자에서는 이 운동이 일어나지 않으며, 입자 직경이 작을수록 운동속도가 커진다. 이 운동으로 입자 상호간에 충돌을 일으키므로 결합할 기회가 발생한다.
 ㉡ Vander Waals힘 : 미립자 상호간에 작용하는 전기적인 흡인력으로서 거리에 비례하여 급속히 감소한다. 이 힘에 의해서도 결합할 기회가 발생한다.
 ㉢ 콜로이드 입자표면의 수화(水和) : 물분자가 콜로이드 입자표면에 부착하여 미셀(micelle)을 형성하기 때문에 입자간의 수화층에 의해서 결합이 불가능해진다.

해답 76. ㉱ 77. ㉰ 78. ㉮ 79. ㉰

80. 다음 중 완속여과의 기능에 속하지 않는 것은?

㉮ 여별효과(straining)
㉯ 산화작용(oxidation)
㉰ 흡착(adsorption)
㉱ 탈기작용(stripping)

[해설] 완속여과의 기능
① 여별효과(straining) : 단순하게 여층표면에서 일어나며 부유물질이 걸려서 분리되는 작용이다.
② 산화작용(oxidation) : 모래층 표면위의 수중에 산소가 공급되어 산화반응이 일어나고 특히 철, 망간의 제거효과가 있다.
③ 생물학적 작용 : 완속여과지에서 시간이 지남에 따라 모래 표면에 생물막이 형성되어 소정의 미생물 반응이 있으며 새로운 모래일수록 생물막의 형성이 없다. 급속여과에서는 기대할 수 없는 기능이다.
④ 흡착(adsorption)과 침전 : 입자가 모래 표면에 흡착하는 효과로서 수온이 낮을수록 효과가 낮는데, 그 이유로는 수온이 낮으면 물의 점성이 커져서 floc화가 어렵고 일단 흡착된 입자도 물의 전단력으로 모래입자 표면으로부터 떨어져 하부로 이동하기 때문이다.
※ 급속여과의 기능에는 여별효과, 응결, 침전 등이 있다.

81. 계획 급수인구가 5,000명이고 1인 1일 최대급수량이 200L이며, 여과속도는 130m/day인 급속 여과지의 면적은?

㉮ 7.69m²
㉯ 15.38m²
㉰ 30.76m²
㉱ 76.92m²

[해설]
① 유량 (m³/day) = 200 (L/인·일)
 × 5,000 (인) × 10⁻³ (m³/L) = 1,000 (m³/day)
② 여과지 소요면적 = 유량/여과속도
 = $\frac{1{,}000\,(m^3/day)}{130\,(m/day)}$ = 7.69 (m²)

82. 처리 수량이 10,000m³/day인 보통 침전지의 크기가 폭 20m, 길이 60m, 유효 깊이 4m이다. 이 침전지의 표면 부하율은 얼마인가?

㉮ 8.3m/day
㉯ 125m/day
㉰ 41.7m/day
㉱ 12.5m/day

[해설]

표면적 부하율 $\frac{Q}{A}$ = $\frac{유량}{폭 \times 길이}$
 = $\frac{10{,}000}{20 \times 60}$ = 8.33 (m/day)

83. 여과수량이 6,000m³/day인 정수장이 있다. 여과유속을 120m/day로 하려면 여과지의 총면적은 얼마가 필요한가?

㉮ 30m²
㉯ 40m²
㉰ 50m²
㉱ 60m²

[해설]

면적 $A = \frac{Q}{v} = \frac{6{,}000}{120} = 50\,(m^2)$

84. 염소주입시 물 속의 환원제를 산화시키고 남아 있는 염소의 양을 무엇이라 하는가?

㉮ 잔류염소
㉯ 염소요구량
㉰ 클로라민
㉱ 유리염소

[해설] 물 속에서 산화가 가능한 오염물질이 존재하면 염소를 주입시킬 경우 주입된 염소의 전부 또는 일부가 오염물질을 산화시키기 위하여 소모된다. 이 소모된 양을 염소요구량이라 하며, 남아 있는 양을 잔류염소라 한다.

85. 화학적 응집에 관하여 다음 중 틀린 내용은?

㉮ 3가의 응집제는 2가의 응집제보다 약 70배의 효력이 있다.
㉯ 응집제는 수중에서 콜로이드 입자의 Vander Waals힘을 감소시킨다.

해답 80. ㉱ 81. ㉮ 82. ㉮ 83. ㉰ 84. ㉮ 85. ㉯

㉰ 응집제는 수중에서 콜로이드 입자의 제타 전위를 제거한다.
㉱ 응집의 효율은 응집대상 물질의 농도에 비례한다.

> 해설
>
> 응집제는 수중에서 (+)전하를 띠는 입자를 내놓아 현탁물질[(-)전하를 띰] 상호간의 제타 전위(Zeta Potential : 척력)를 감소시켜 입자가 floc을 형성하도록 한다. Vander Waals힘은 입자 상호간의 전기적 인력을 말한다.

86. 염소요구량이 1mg/L인 물에 잔류 염소농도가 0.2mg/L이 되도록 소독하려고 한다. 1일 물공급량이 15,000m³/day 일 때 염소주입량은?

㉮ 15kg/day ㉯ 3kg/day
㉰ 150kg/day ㉱ 18kg/day

> 해설
>
> ① 염소 주입농도=염소요구량 농도+잔류염소 농도
> $\qquad =1+0.2=1.2(mg/L)=1.2(g/m^3)$
> ② 염소 주입량=염소 주입농도×유량
> $\qquad =1.2g/m^3 \times 15,000m^3/day$
> $\qquad =18,000g/day=18kg/day$

87. 상수도의 정수과정이 순서대로 옳게 열거된 것은?

㉮ 응집 - 침전 - 여과 - 소독 - 배수
㉯ 응집 - 여과 - 침전 - 소독 - 배수
㉰ 응집 - 침전 - 소독 - 여과 - 배수
㉱ 응집 - 여과 - 소독 - 침전 - 배수

> 해설
>
> 상수도의 정수(淨水)과정은 일반적으로 응집→침전→여과→소독→송수→배수의 순서로 구성되어 있다.

88. 정수처리시 약품 응집침전의 원리로 타당하지 않은 것은?

㉮ 콜로이드의 전기적 특성을 변화시킨다.
㉯ 물에 대한 표면적의 비율을 감소시킨다.
㉰ 입자의 표면적 전하를 증가시킨다.
㉱ 응집제는 2가 양이온보다 3가 양이온을 사용하는 것이 효과적이다.

> 해설
>
> 정수처리에서 응집은 응집제를 투입하여 입자의 전기적 성질을 제거, 입자의 표면적 전하를 감소시켜 입자들끼리 서로 뭉쳐 더 큰 입자가 되도록 하는 과정이다.

89. 염소가 수중의 여러 가지 불순물과 작용한 후에도 HOCl 이나 OCl⁻로 존재하는 염소를 무엇이라 하는가?

㉮ 유리잔류염소
㉯ 결합잔류염소
㉰ 결합유효염소
㉱ 염소요구량

> 해설
>
> 유리잔류염소
>
> 차아염소산(HOCl)과 차아염소산 이온(OCl^-)으로 존재하는 염소

90. 유량이 3,000m³/day인 처리수에다 7.0mg/L의 비율로 염소를 주입시켰더니 잔류염소량이 0.2mg/L이었다. 이 처리수의 염소 요구량은? (단, 염소의 순도는 75%)

㉮ 19.4kg/day ㉯ 27.2kg/day
㉰ 21.4kg/day ㉱ 22.4kg/day

> 해설
>
> ① 염소 요구량 농도=염소 주입농도-잔류염소 농도
> $\qquad =7.0-0.2=6.8(mg/L)$
> $\qquad =6.8(g/m^3)$
> ② 염소 요구량(kg/day)
> $\quad =$ 염소 요구량농도$(g/m^3) \times$ 유량(m^3/day)
> $\quad \times \dfrac{1}{순도} \times 10^{-3}(kg/g)$
> $\quad = 6.8(g/m^3) \times 3,000(m^3/day) \times \dfrac{1}{0.75}$
> $\quad \times 10^{-3}(kg/g)$
> $\quad = 27.2(kg/day)$

해답 86. ㉱ 87. ㉮ 88. ㉰ 89. ㉮ 90. ㉯

91. 오존(O_3) 처리법의 특징으로서 잘못된 것은?

㉮ 페놀류의 제거에 효과적이다.
㉯ 관리의 자동화가 용이하다.
㉰ 철, 망간의 제거능력이 크다.
㉱ 효과의 지속성이 있으므로 경제성이 있다.

[해설]
일반적으로 오존은 염소보다 산화력 및 살균력이 뛰어나다. 그러나 오존은 살균효과의 지속성이 없고 가격이 비싼 단점이 있다.

92. 다음 배출수 처리단계 중 제일 처음단계에 속하는 것은?

㉮ 처분시설
㉯ 농축단계
㉰ 조정단계
㉱ 탈수단계

[해설]
정수처리 후 침전지와 여과지에서 발생하는 찌꺼기인 정수장 배출수의 처리는 조정 → 농축 → 탈수 → 처분 의 순서로 이루어져 있다.

93. 수중에서 염소의 살균력이 가장 강할 때는?

㉮ 수온과 pH값이 높을 때
㉯ 수온과 pH값과 NH_4^+이온 농도가 높을 때
㉰ 수온과 pH값이 낮을 때
㉱ 수온이 높고 pH값이 낮을 때

[해설]
온도, 반응시간, 염소의 농도가 증가하면 살균력도 증가한다. 반면에 pH가 높을 때 즉 OCl^-가 많고 HOCl이 감소한 상태에서는 살균력이 감소한다. 수온이 높고 pH가 낮을 때 살균력이 가장 강하다.

94. 상수도의 물은 염소로서 소독할 경우 물이 산성이면 살균력이 커지는 이유로 다음 중 어느 것인가?

㉮ 차아염소산 이온(OCl^-)의 증가
㉯ 차아염소산(HOCl)의 증가
㉰ 수소이온의 증가
㉱ 발생기 산소(O_2)의 증가

[해설]
차아염소산(HOCl)을 유리염소라 하는데 물을 소독하는데 살균효과를 얻기 위하여 잔류염소가 어느정도 남도록 한다.

95. 침전공정의 운전시 가장 중요한 공정관리용 수질지표는 다음 중 어느 것인가?

㉮ 알칼리도   ㉯ 염소요구량
㉰ pH   ㉱ 탁도

[해설]
침전공정의 주요지표
부유물질(Suspended Solid, SS)의 농도와 탁도이며, 이것을 기준으로 침전시간, 유속, 유량 등을 결정한다.

96. 정수지(淨水池)에 대한 다음 설명 중 올바르지 못한 것은?

㉮ 정수지란 정수장내에서 처리된 물을 일시 저장하는 시설을 말한다.
㉯ 유효용량은 계획정수량의 2시간 이상으로 하고 유효수심은 3~6m정도가 좋다.
㉰ 정수지는 조류의 번식과 기타 외부로부터의 오염을 막기 위하여 반드시 복개할 필요가 있다.
㉱ 햇빛에 의한 살균작용 및 용존산소의 용해도를 높이기 위하여 덮개를 수시로 열어둔다.

[해설]
정수지
정수과정의 마지막 단계로 최종 소독과정을 마친 정수(淨水)를 일시 저장하는 곳으로 덮개를 열어두면 불순물이 유입되기 쉬우므로 삼가야 한다.

해답 91. ㉱ 92. ㉰ 93. ㉱ 94. ㉯ 95. ㉱ 96. ㉱

제6장 하수도시설 계획

출제경향분석

1. 하수도의 구성 및 계통, 목적 및 효과
2. 하수배제방식의 특징과 하수관거 배치방식 및 특징
3. 계획 우수량 산정을 위한 계산문제 및 관련된 사항의 파악
4. 계획 오수량의 구성 및 종류별 특성

단원별 경향분석

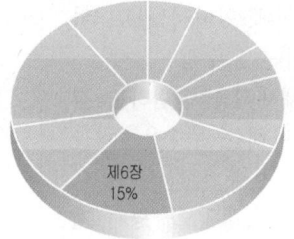

토목기사

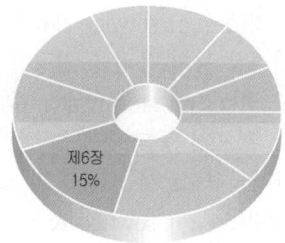

토목산업기사

항목별 경향분석

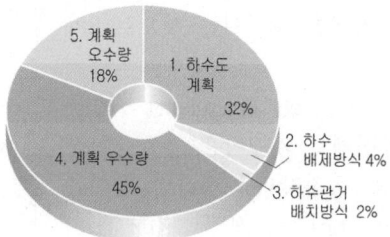

토목기사

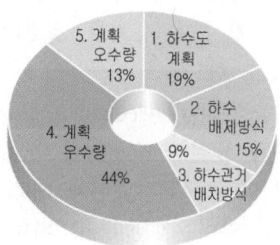

토목산업기사

제6장 기초사항

1 용어설명

【ㄱ】

- 가스발생세균(gas-forming bacteria) – 유기물을 발효에 의해 분해하여 가스를 생성시키는 세균류. 혐기성 소화조에는 메탄가스, 탄산가스, 황화수소가스 등을 생성하는 가스 발생세균이 다수 존재함
- 가압탈수(pressure filtration for sludge dewatering) – 슬러지의 탈수방법의 하나로 내구성이 있는 여포 사이에 슬러지를 유입시키고 수압 또는 유압으로 여포가 들어 있는 탈수실을 가압하여 탈수하는 방법
- 개거(open channel) – 수리학적으로 유체가 대기에 접해 있는 자유수면을 갖고 흐르는 수로를 지칭하며, 상수도 관망과 같이 펌프등에 의해 압력을 받아 흐르는 관수로에 대비되는 용어
- 강열감량(volatile solids ignition loss, VS) – 건조고형물을 약 550℃ 정도로 가열한 다음에 감소된 물질의 중량으로 유기물함량의 지표로서 쓰여짐
- 강우강도(rainfall intensity) – 단위시간의 강우량을 mm/hr 단위로 표시한 것
- 계획오수량(design sewage flow) – 오수처리계획에 있어서 관로, 펌프장, 처리장 등의 용량을 결정하기 위해 이용하는 오수량
- 계획우수량(design stormwater flow) – 우수배제계획을 수립하는 경우, 관로, 펌프장 등의 용량을 결정하기 위해 사용하는 우수유출량을 말함. 산정공식으로서는 합리식 또는 실험식을 사용함
- 계획하수량(design sewage & stormwater flow) – 계획오수량과 계획우수량의 합을 말함. 하수도시설의 용량을 결정하기 위하여 쓰이는 하수량임
- 계획인구(design population) – 하수도계획의 목표년도에 하수도 계획구역내의 인구로 하수처리에 있어서 계획오수량 산정의 기초가 됨
- 고도처리(tertiary treatment, advanced treatment) – 2차 처리방법으로 처리되지 않은 유기물, 질소(N)나 인(P)을 제거하는 것으로 3차 처리라고도 함
- 고분자 응집제(polyelectrolyte flocculant, polymer coagulant) – 수용성 고분자 물질중 수처리에 유효한 응집제로 가교작용, 전화중화작용 등에 의하여 현탁입자에 대해 우수한 응집작용을 나타냄. 음이온계(anion), 양이온계(cation), 비이온계(nonion)로 크게 구분됨

학습POINT

■ 제6장 기초사항은 하수도공학을 공부하는데 있어 필요한 기초용어를 수록한 것으로 본 내용을 참고하기 바람

- 고형물 체류시간(solids retention time, SRT) - 하수의 생물학적 처리공정에서, 활성슬러지 즉 MLSS가 공정내에 체류하는 이론적인 평균시간을 의미함. 공정내의 전 MLSS량을 매일 공정에서 유출되는 MLSS로 나누어 구할 수 있음. 슬러지 체류시간이라고도 함
- 공공하수도(public sewerage) - 하수도법에 의하여 정해지는 하수도로서 지방자치단체(공공하수도 관리청)이 설치 또는 관리하는 하수도를 말함
- 공기/고형물비(A/S비) - 슬러지의 부상농축시 공급된 공기량 중에서 유효하게 사용되는 공기량 A와 처리된 고형물량 S와의 비율로서, 이 비율이 클수록 농축슬러지의 농도는 높아지지만, 너무 높아도 동력비에 비교해 농축효과는 높아지지 않음
- 관거접합(pipe connection) - 관거의 지름, 기울기, 방향이 변하는 장소 및 관거가 합류하는 곳에 맨홀을 이용하여 관과 관을 연결하는 것을 말함
- 관수로(pipe line) - 물이 충만해서 흐르며 자유수면을 가지지 않는 수로. 개수로에 대비되는 용어

【ㄴ】

- 난류(turbulent flow) - 유속이 어느 한계를 넘으면 물의 입자가 서로 혼합되어 흐트러져서 흐르는 흐름. 관수로의 경우에는 레이놀즈수(Re)가 4,000보다 클때의 흐름이고, 개수로의 경우에는 레이놀즈수가 500보다 큰 흐름임
- 내부라이닝(inside lining) - 부식을 방지할 목적으로 관이나 구 등의 내면에 내산 또는 내알칼리성 재료를 바르는 작업을 말함
- 농축(thickening) - 슬러지의 고형물농도를 높이고 부피를 감소시키기 위한 조작으로 중력식, 부상식, 원심분리식 등이 있음
- 니토실(sediment trap) - 우수받이의 저부에 설치하는 것으로 토사 등이 관거로 유출하는 것을 방지하는 시설을 말함

【ㄷ】

- 도관(vitrifiedclay pipe) - 점토를 규격에 맞게 성형하고 가열하여 만든 관으로 내산, 내알칼리성이 우수하고 마모에도 강하며 이형관을 제작하기 쉽다는 등의 장점이 있음
- DO(dissolved oxygen) - 용존산소라고 하며 수중에 용해되어 있는 산소를 말함

【ㄹ】

- 라군(lagoon) - 생물학적 관점에서는 호기성 라군, 임의성 라군, 혐기성 라군 등으로 분류됨

【ㅁ】

- 물받이(inlet) - 하수를 집수하여 연결관에 의해 관거에 유하시키기 위한 시설을 말하며 오수받이, 우수받이 및 집수받이로 나눌 수 있음
- 맨홀(manhole) - 하수관거의 청소, 환기, 점검 및 조사 등을 위한 시설로서 일반적으로 하수관거가 합류하는 장소, 경사, 방향 및 관경이 변하는 장소에 설치됨
- 메탄발효(methane fermentation, methanation) - 슬러지의 혐기성 소화에 있어서 슬러지의 가수분해후 산생성과정에서 생성되는 유기산 등을 절대혐기성 세균인 메탄생성균의 작용에 의해 메탄을 발생시키는 현상

【ㅂ】

- 반송슬러지(return sludge, return activated sludge) - 활성슬러지법에서 폭기조내의 MLSS농도를 일정수준으로 유지하기 위해 2차 침전지에서 배출되는 슬러지중 폭기조로 반송하여 순환, 사용하는 활성슬러지를 말함
- 배수관(drain pipe) - 배수설비에서 배수관이란 옥내 및 옥외에서 발생하는 하수를 공공하수도로 배수하는 관을 말함
- 배수설비(house connection) - 배수를 공공하수도로 유입시키기 위해 설치하는 건물 또는 부지내의 배수관거 및 부대설비의 총칭
- 베비트 공식(Babbitt formula) - 배수인구에 따라 시간 최대오수량을 구하는 공식. $M = 5 \div P^{1/5}$ (여기서 P는 1,000명 단위의 인구수)로 표시되는 Babbitt 계수 M을 일 평균오수량에 곱해서 시간 최대오수량을 산출
- 부관(bypass pipe) - 관거의 접합이 단차접합(보통 0.6m 이상)이 되는 경우 맨홀 저부의 세굴을 방지하거나 또는 하수의 맨홀 유입을 용이하게 하기 위해 설치하는 관
- 부식(corrosion) - 주로 하수중의 유리탄산(free CO_2), 메탄류 및 용존산소 등에 의하여 철제나 콘크리트가 산화되어 손상되는 것을 말함
- 부패조(septic tank) - 건물이나 주택의 오수(주로 분뇨)를 처리하기 위하여 지하에 설치한 통으로 주로 침전 및 혐기성 소화가 이루어짐

- BOD(biochemical oxygen demand) - 생화학적 산소요구량이라고 하며 수중의 유기물질이 안정화될 때까지 소비될 수중의 용존산소량을 mg/L로 표시한 것. 물의 오염상태를 나타내는 지표중의 하나임. 20℃에서 5일간에 소비되는 산소량을 표준으로 함

【ㅅ】

- 산성 발효(acid fermentation) - 슬러지를 혐기성 소화시킬 때 제1단계에서 각종 유기물의 분해로 인해 유기산, 황화수소, 탄산가스 및 중탄산염이 발생되는 과정. pH가 5.1~6.8로 저하됨
- 생물학적 인제거법(biological phosphorus removal process) - 활성 슬러지를 용존산소 및 화학적 결합산소가 존재하지 않는 혐기성 상태로 만들어 함유되어 있던 인을 방출시키고, 그 후 호기성 상태가 되도록 포기하여 주면, 인을 과잉으로 섭취하는 생물현상을 이용해서 생물학적으로 인을 제거하는 방법
- 생물학적 질소제거법(biological nitrogen removal process) - 미생물에 의해 하수중의 질소를 제거하는 방법. 이것은 암모니아를 아질산 및 질산으로 생물학적으로 산화시키는 질화과정과 질화된 아질산과 질산을 생물학적으로 질소가스로 환원시키는 탈질과정으로 구분함
- 소석회(slaked lime, hydrated lime) - 석회석을 가열하여 만든 생석회에 수분을 가한 것으로 분자식은 $Ca(OH)_2$, 순도가 높은 것은 72~74%의 CaO와 23~24%의 물을 포함하고 있으며, 순도가 낮은 것은 40~48%의 CaO, 25~34%의 MgO, 15~27%의 물을 포함함
- 소켓연결(soket joint) - 철근콘크리트관이나 도관에서 사용하는 연결방법중의 하나. 충전재를 채워 시공함. 고무링이나 압축조인트를 채용하여 시공성, 수밀성, 내구성을 높이고 있음
- 소화(digestion) - 슬러지중 생물 또는 유기물질을 혐기성 또는 호기성 미생물의 작용으로 가스화, 액화, 무기화하여 안정화·감량화 하는 것
- 소화가스(sludge-digestion gas, digester gas) - 혐기성 소화조에서 하수슬러지중의 유기물이 미생물에 의해 분해되어 발생하는 가스. 통상의 가스조성은 메탄이 60~70%, 탄산가스가 30~40%이고 그 밖에 질소, 수소, 황화수소를 포함함
- 수리특성곡선(hydraulic characteristic curve) - 관거내의 흐름상태는 단면의 형상이나 수심정도에 따라서 유속 및 유량이 변하며 이 관계를 나타낸 곡선을 수리특성곡선이라 함
- 스컴(scum) - 침전지, 슬러지 저류조, 소화조 등의 수면에 부상하여 모인 유지, 섬유, 고형물 등을 말함
- 슬러리(slurry) - 고농도의 현탁물질을 함유한 유동성이 적은 액상상태를 말함. 하수도에서는 농축슬러지, 소화슬러지, 액상소각재 등이 이에 해당됨

- 슬러지(sludge) - 하수처리장, 정수장, 공장폐수처리시설 등에서 발생하는 액상부유물질의 총칭. 하수슬러지를 좁은 의미로는 1차 슬러지, 잉여슬러지, 반송슬러지, 농축슬러지 및 소화슬러지 등이라 하고, 넓은 의미로는 침사, 스크린 협잡물 및 스컴도 포함함
- 슬러지 건조상(sludge-drying bed, drying bed) - 태양열이나 바람 등 자연에너지를 이용한 슬러지 탈수방법으로 슬러지 건조상은 통상 모래층과 자갈층으로 이루어지고 그 하부에는 유공관등 집수관을 설치함
- 슬러지 고형물(sludge solids) - 슬러지중 용해성 및 부유성 고형물로 통상, 중량백분율로 나타내고 100에서 함수율을 뺀 값. 일반적으로 TS(total solids)라고 함
- 슬러지 개량(sludge conditioning) - 탈수처리의 전처리로 슬러지의 탈수성 향상을 위해 세정, 약품처리, 열처리, 동결처리 등의 조작을 하는 것을 말하며, 일반적으로 약품처리가 이용됨. 슬러지에 약품을 첨가하면, 슬러지 입자의 성질, 상태가 물리화학적으로 변화하여 물과의 친화력이 감소하고, 입자의 응결이 일어나 슬러지의 탈수성이 향상됨. 약품에는 소석회, 염화제2철, 유기고분자 응집제 등이 사용됨
- 슬러지 식종(sludge seeding) - 하수나 슬러지의 생물화학적 처리에서 생물학적 활성이 있는 슬러지를 단위공정으로 식종하는 것. 이 방법에 의해 공정의 초기운전 또는 재가동기간이 짧아질 수 있음
- 슬러지 처리(sludge treatment) - 하수처리시 발생하는 슬러지를 농축·소화·탈수·건조·소각 등의 처리과정을 거쳐 처리하는 것. 슬러지중의 유기물을 무기물로 바꾸는 안정화와 처리·처분대상량을 적게 하는 감량화 등을 목적으로 함
- 슬러지 처분(sludge disposal) - 슬러지를 지상, 지중 또는 수중으로 최종처분하는 것. 장기적으로 안정되고 경제적이어야 하며, 자연과 사회환경에 악영향을 끼치지 않아야 함.
- 슬러지 탈수(sludge dewatering) - 슬러지중의 수분을 제거해서 용적을 감소시켜, 슬러지 처리 및 처분을 쉽게 하기 위한 공정. 태양열, 바람 등의 자연에너지를 이용한 태양열 건조와 진공탈수, 가압탈수, 원심탈수, 벨트프레스(belt press)탈수 등 기계탈수가 있음

【ㅇ】

- 암거(culvert) - 지중에 매설한 관거 또는 밀폐용 덮개가 있는 것을 말함
- 압력관(pressure pipe) - 수로의 내면 전체에 걸쳐 수압이 작용하는 관
- SS(suspended solids) - 부유물질이라고 하며 수중에 부유하고 있는 물질의 총칭. 콜로이드 입자(colloid particle)로부터 상당히 큰 현탁물까지 여러 가지 형태로 존재하며, 보통 부유물의 측정방법에 의해 측정되는 것을 말함

- N-BOD(nitrogenous oxygen demand) - BOD 측정중에 질화반응에 의한 산소요구량. 질화반응을 억제하지 않고 측정한 BOD치와 질화반응을 억제하며 측정한 BOD치의 차로서 구함
- MLSS(mixed liquor suspended solids) - 폭기조내 혼합액의 부유물을 mg/L로 표시한 것
- MLVSS(mixed liquor volatile suspended solids) - MLSS중의 휘발성 고형물을 mg/L로 표시한 것으로 주로 미생물량을 나타냄
- 역사이펀(inverted siphon) - 하천, 도로, 철도의 밑에 하수도를 통과시킬 경우에 사용되는 역사이펀 압력관. 횡단하려고 하는 장애물의 양측에 수직으로 챔버(chamber)를 설치하고 그 사이를 수평 또는 하향경사를 가진 수로로 연결한 구조임
- 연결관(connection pipe) - 오수받이, 우수받이 또는 집수받이와 본관을 접속하기 위하여 부설하는 관
- 영양염류(nutrients, nutrient salts) - 생물이 정상적인 생명유지를 하는데 필요한 염류를 말함. 부영양화의 주요 제한인자로 질소(N)와 인(P)으로 알려져 있음
- 오수받이(house inlet) - 가정하수 또는 공장폐수 등의 오수를 관거를 유입시키기 전에 설치하는 물받이
- 옥내 배수관(house drain) - 가옥내 주방이나 위생기구에서 발생하는 하수를 옥외 하수도에 접속하는 관거
- 우수받이(street inlet, strom-water inlet) - 도로측구 또는 가옥으로부터 유입하는 우수를 모아서 하수관거에 유입시키기 전에 설치하는 물받이
- 우수토실(storm overflow chamber) - 합류식 하수도에서 우천시에 어떤 일정량의 하수를 차집하여 하수처리장에 수송하고 나머지 하수를 하천 등의 수역으로 방류하기 위한 웨어 등의 시설
- 우천시 계획오수량(design wet weather flow) - 합류식에서 우천시 하수량중 오수로서 취급하는 하수량으로 차집관거나 중계펌프장 및 처리장내 펌프장의 규모를 결정하기 위한 계획하수량임. 통상 계획시간 최대오수량의 3배 이상으로 하는 경우가 많음
- 원심력 철근콘크리트관(centrifugal reinforced concrete pipe) - 고속회전에 의한 큰 원심력을 이용하여 콘크리트를 굳힌 철근콘크리트관. 흄(Hume)관이라고도 함
- 유달시간(time of concentration) - 하수관거의 어느 지점의 우수량을 산출할 때 사용하는 유입시간과 유하시간의 합을 말함
- 유입시간(inlet time) - 우수가 배수구역의 가장 원거리의 지점으로부터 관거에 유입할 때까지의 시간을 말함
- 유하시간(time of flow) - 관거에 유입한 하수가 관거내 어느 지점까지 유하하는데 소요되는 시간을 말함

- 유출계수(runoff coefficient) – 강우량 중에서 수로, 관거내 등으로 유출하는 우수량의 비율을 말함
- 2차처리(secondary treatment) – 1차 처리(침전처리)한 하수를 활성 슬러지법, 살수여상법 등의 생물학적 방법으로 처리하는 것
- 인버트(invert) – 하수의 유하를 원활히 하기 위하여 맨홀 및 오수받이 등의 저부에 설치한 반원형의 수로를 말함.
- 임의성(facultative) – 용존산소와 화학적으로 결합된 산소를 섭취하는 양성(兩性)을 말함
- 잉여슬러지(excess sludge, waste sludge) – 2차침전시의 슬러지 중 반송슬러지를 제외한 부분의 슬러지

【ㅈ】

- 조도계수(roughness coefficient) – 유수가 접하는 수로 벽면의 거치른 정도를 표시하는 계수
- 질소산화물(nitrogen oxides) – NO, NO_2, N_2O, N_2O_3, N_2O_5 등의 총칭
- 질산염(nitrate) – 질산염은 주로 단백질 등의 분해에 의해 생긴 암모니아가 질화균의 작용에 의해 질화될 때의 최종 생성물이기 때문에 하수처리에서는 오염물질의 처리정도를 알기 위한 지표가 됨

【ㅊ】

- 차집관거(intercepting sewer) – 합류식에서 청천시 하수나 우천시 일정량의 하수를 차집하여 하수처리장으로 수송하기 위한 관거
- 처리(treatment) – 처리장에 유입된 오수를 물과 슬러지로 분리하여 물은 방류가능할 때까지 정화하고, 슬러지는 처분가능하도록 안정화 및 감량화하는 것을 말함
- 처분(disposal) – 처리수의 공공수역내 방류 또는 슬러지의 해양투입, 유효이용, 매립 등을 말함
- 총경도(total hardness) – 수중의 칼슘과 마그네슘의 총량에 대응하는 탄산칼슘량을 mg/L로 표시한 것
- 측구(gutter) – 도로의 노면배수를 위하여 연석에 접하여 설치한 배수시설(L형 측구, U형 측구 등)
- 침출수(leachate) – 매립지 등 최종처분장에 처분된 슬러지나 그 밖의 폐기물로부터 침출되어 나오는 오수로 침출오수라고도 함

【ㅌ】

- 탈수케이크(dewatered sludge, sludge cake) - 고형물로서 취급할 수 있는 정도까지 탈수된 슬러지이며, 통상 함수율이 85% 이하인 것을 말함
- 토구(sewer outlet) - 하수도시설에서 처리수나 우수를 공공수역에 방류하는 방류구 시설을 말함
- 토피(cober) - 지표면에서부터 매설하는 바깥쪽 제일 윗부분까지의 덮개흙 깊이를 말함.
- 퇴비화(composting) - 유기물 함량이 높은 폐기물을 단독 혹은 슬러지나 분뇨와 혼합시킨 다음 호기성, 혐기성 혹은 임의성 상태에서 분해시킴으로써 비료효과를 증가시키는 것

【ㅍ】

- 팽화(bulking) - 활성슬러지의 침강성이 악화되어 SVI가 증대되는 현상을 말함
- 팽화제(bulking agent) - C/N비를 조정하고 통기성이 좋도록 하기 위하여 첨가하는 것. 팽화제로 왕겨, 톱밥, 잡초, 짚 등을 이용함
- 폭기(aeration) - 공기와 액체를 접촉시켜 액체에 산소를 공급하는 것

【ㅎ】

- 하수도(sewerage) - 폐수를 배출원에서 처리장까지 수송하여 처리한 다음 방류지점까지 운반하는데 요구되는 시설의 총체
- 한계수심(critical depth) - 유량이 일정할 때는 비에너지가 최소, 비에너지가 일정할 때는 유량이 최대가 되는 때의 수심. 이 때의 유량을 한계유량(critical flow)이라 하고 유속을 한계유속(critical velocity)이라 함
- 함수율과 함수비(moisture content, water content) - 함수율은 물질의 전체중량에 대해 그 중에 포함되어 있는 물의 중량비율을 백분율로 나타낸 것. 100%에서 함수율을 뺀 값이 고형분 또는 고형물량. 수분의 고형물에 대한 비를 함수비라 함

$$함수율(\%) = \frac{수분량}{전체중량} \times 100$$

$$함수비(\%) = \frac{수분량}{고형물량} \times 100$$

- 활성슬러지(activated sludge) - 하·폐수에 공기를 주입시켰을 때 성장하며, 잘 가라앉는 성질을 가지고 있는 호기성 미생물의 집단
- 활성슬러지법(conventional activated sludge) - 폐수처리에 사용되는 생물학적 방법으로 폐수와 활성슬러지와의 혼합물을 혼합시켜 공기를 주입시킴으로써 생물학적으로 폐수를 처리하는 방법

1 하수도 계획

> **학습방향**
> 이 단원은 하수도 기본계획, 설치목적 등 하수도의 일반적인 내용들에 대한 것이다.
> 1. 하수도의 정의 및 설치목적
> 2. 하수도 설치에 따른 효과
> 3. 하수도 계획의 목표년도
> 4. 하수도 계획시 조사사항

1 하수도(下水道)

(1) 정의
① 하수(농작물의 경작으로 인한 하수는 제외)를 배제 또는 처리하기 위한 하수관거, 하수처리시설, 기타의 공작물과 시설의 총체를 말한다.
② 주위의 비위생적인 생활환경을 위생적인 환경으로 바꾸어 주는 기본적인 배출시설로 구성되어 있다.

(2) 설치목적
① 하수내의 오염물질(BOD, SS, 독성물질 등)을 제거하여 공공수역의 수자원 보호 및 수질보전, 건전한 물순환 회복을 위해 설치한다.
② 우수(雨水)의 신속한 배제로 침수 등에 의한 재해를 방지하기 위해 설치한다.
③ 도시의 오수(汚水)를 배제 처리하여 쾌적한 생활환경의 도모 및 개선, 지속발전 가능한 도시구축의 기여를 위해 설치한다.

(3) 하수도의 구성 및 계통
① 구성 : 하수관거, 하수처리장, 펌프장
② 계통 : 집배수(集排水)시설 → 하수 처리시설 → 방류(처분)시설

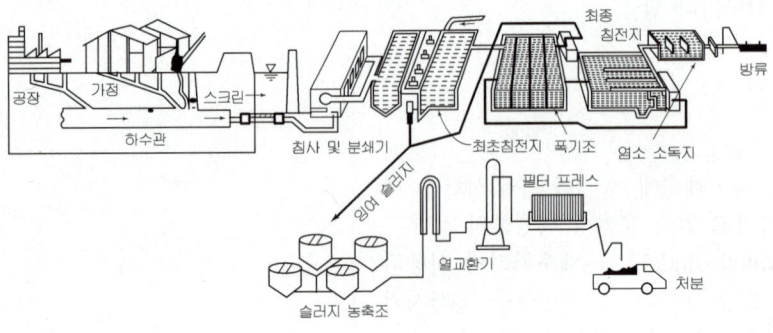

하수도의 구성도

학습POINT

98, 00, 10, 16, 18㉑
00, 01, 04, 11, 15, 19㉞

- 하수(도)의 정의
- 하수도 설치 목적
- 하수도의 계통 요소
- 하수도의 구성 요소

■ 농작물의 경작으로 인해 발생하는 오수는 하수(下水)에 포함되지 않는다.

■ 우리나라의 하수도 현황 (2011년 12월 기준)
① 하수도 보급율 : 90.9%
② 하수관거 보급율 : 73.4%

■ 구체적인 하수도 계통
건물 → 지선 하수관거 → 연결 하수관거 → 부간선 하수관거 → 간선 하수관거 → 집수(차집) 하수관거 → 하수처리장 → 방류(처분)

2 하수도 계획

(1) 하수도의 효과
① 하천의 수질보전
② 질병발생 및 질병유행방지 등의 보건위생상의 효과
③ 우수에 의한 시가지침수 및 하천범람의 방지
④ 토지이용 증대 및 도시미관의 개선
⑤ 도로 및 하천유지비의 감소
⑥ 분뇨처리의 해결

▶ 00, 02, 07㉠ 98㉡
· 하수도의 효과

(2) 하수도 계획의 기본방침
① 하수도 계획은 우수배제, 오수배제 및 처리, 슬러지처리 및 처분 기능을 함께 갖추어야 한다.
② 하수도 기본계획시에 축척 1/3,000 이상의 실측 평면도 및 실측 종단도가 작성되어야 한다.
③ 우수배제(雨水排除) 계획은 우수배제와 관련 있는 하천, 농업용 배수로 및 기타 배수로 등과 하수도를 포함한 종합적인 계획을 수립해야 한다.
④ 오수처리 계획시 고려 사항
   ㉠ 수질환경기준과 하수도
   ㉡ 하수도정비 기본계획
   ㉢ 물 이용계획과 하수도
   ㉣ 슬러지의 처리 및 처분계획

▶ 95, 98, 01㉠ 98, 99, 03, 12, 14, 18, 19㉡
· 하수도 계획시 조사사항

■ 하수도 계획시 조사사항
① 하수도 계획 구역 및 배수 계통
② 주요간선 펌프장 및 하수처리장의 위치
③ 하수의 배제방식
④ 계획인구 및 포화 인구밀도
⑤ 오수량, 지하수량 및 우수유출량
⑥ 지형 및 지질
⑦ 방류수역의 허용부하량
⑧ 하천 및 수계 현황

(3) 하수도 기본계획
① 하수도 계획의 목표년도는 20년을 원칙으로 한다.
② 우수의 배제와 오수의 배제 및 처리기능을 포함하여 환경법상의 기준에 맞도록 계획해야 한다.
③ 오수관거 계획
   ㉠ 오수관거 : 계획 시간 최대오수량을 기준으로 계획한다.
   ㉡ 차집관거 : 합류식에서의 차집관거는 우천시 계획오수량(계획 시간 최대오수량의 3배)을 기준으로 계획한다.
   ㉢ 합류식 관거 : [계획우수량 + 계획 시간 최대오수량] 을 기준으로 계획한다.
   ㉣ 관거는 원칙적으로 암거(暗渠)로 하고, 수밀성 구조로 한다.
   ㉤ 관거내에 침전물이 퇴적되지 않도록 적당한 유속을 확보하도록 한다.
   ㉥ 관거의 역사이펀을 가능한한 피하도록 한다.
   ㉦ 오수관거와 우수관거가 교차하여 역사이펀을 피할 수 없는 경우에는 오수관거를 역사이펀으로 하는 것이 바람직하다.

▶ 07, 08, 09, 10, 14, 17, 19, 20㉠
07, 09, 10, 13, 15, 16, 19㉡
· 하수도계획의 목표년도
· 오수관거계획

■ 소규모 하수도
계획인구 10,000명 이하

④ 우수관거 계획
　㉠ 우수관거 : 계획 우수량을 기준으로 계획한다.
　㉡ 손실수두가 최소가 되도록 한다.
　㉢ 동수구배선이 지표면보다 높지 않도록 한다.
　㉣ 관거내에 침전물이 퇴적되지 않도록 적당한 유속을 확보해야 한다.

(4) **하수처리장 계획**
　① 하수처리장 시설은 **계획 1일 최대오수량**을 기준으로 계획한다.
　② 처리장은 방류수역의 수질보전 효과와 유지관리상 광역적으로 계획한다.
　③ 위치는 가급적 주거지, 상업지 등의 시가지를 피하고 하수의 처리 및 처분에 적당해야 하며, 시공상 문제가 없는 장소에 설치한다.
　④ 처리장의 부지는 장래의 확장 등을 고려하여 충분한 여유를 둔다.
　⑤ 처리장은 이상수위에도 침수되지 않는 지반고에 설치하거나 또는 방호시설을 설치한다.

■ 하수종말처리장의 방류수 수질기준

구 분	기 준
BOD(mg/L)	10 이하
COD(mg/L)	40 이하
SS (mg/L)	10 이하
총질소(T-N) (mg/L)	20 이하
총인(T-P) (mg/L)	2 이하

※ 하수처리 용량 : 50~500m^3/day 의 경우

▶'09, 13㉮ 09, 10, 15, 16, 18㉰
· 하수처리장 고려사항

핵심 문제

1 하수도의 목적에 관한 다음 설명 중 잘못된 것은? [98, 18 ㉮]

㉮ 하수도는 도시의 건전한 발전을 도모하기 위한 필수시설이다.
㉯ 하수도는 공중위생의 향상에 기여한다.
㉰ 하수도는 경제발전과 산업기반의 정비를 위하여 건설된 시설이다.
㉱ 하수도는 공공용 수역의 수질을 보전하므로써 국민의 건강보호에 기여한다.

2 하수도 시설에 의하여 얻어질 수 있는 하수도의 효과 중 가장 적당하지 않은 것은? [02㉮ 98㉯]

㉮ 공중위생상의 효과
㉯ 토지이용 증대
㉰ 하천의 수질보전
㉱ 수자원개발 효과

3 하수도의 목적에서 하수도에 요구하는 기본적인 요건이 아닌 것은? [04㉯]

㉮ 오수의 배제
㉯ 우수의 배제
㉰ 유량 공급
㉱ 오탁수의 처리

4 하수도 기본계획에서 조사사항으로 가장 거리가 먼 것은? [95, 01㉮ 14㉯]

㉮ 배수지의 크기
㉯ 계획인구 및 포화인구의 밀도
㉰ 하수 배제방식
㉱ 주요 간선펌프장 및 하수 처리장의 위치

5 다음의 관거 중 전체 유입량이 하수처리장에 반드시 이송되도록 시공해야 하는 관거는? [99㉮]

㉮ 오수관거
㉯ 우수관거
㉰ 합류식관거
㉱ 공단폐수 방류관거

해설

해설 1
하수도의 목적
① 쾌적한 생활환경 도모
② 공공수역의 수질오염 방지
③ 침수 등에 의한 재해 방지

해설 2
하수도의 효과
① 보건위생의 효과
② 하천의 수질보전
③ 우수에 의한 침수·범람의 방지
④ 토지이용의 증대
⑤ 도로 및 하천유지비의 감소
⑥ 분뇨처리의 해결
⑦ 도시미관의 증대

해설 3
하수도의 설치목적
① 하수내 오염물질을 제거하여 수자원 보호(수질오염방지)
② 우수의 신속한 배제에 의한 침수 등의 재해방지
③ 오수의 배제 및 처리에 의해 쾌적한 생활환경 도모

해설 4
하수도계획의 조사사항
① 하수도계획 구역 및 배수계통
② 주요간선 펌프장 및 하수처리장의 위치
③ 하수의 배제방식
④ 계획인구 및 포화 인구밀도
⑤ 오수량, 지하수량 및 우수유출량
⑥ 지질조사

해설 5
오수관거
오수관거로 유입되는 오수는 반드시 하수처리장으로 이송되도록 시공해야 한다. 공단폐수 중 독성이 없는 오수는 하수처리장으로 이송되어야 하지만 독성물질이 포함된 오수는 하수처리장에 치명적인 영향을 미치므로 별도의 폐수처리장으로 보내져야 한다.

정답 1. ㉰ 2. ㉱ 3. ㉰ 4. ㉮ 5. ㉮

6 다음 중 일반적인 하수도의 설치 목적이 아닌 것은? [96, 00 ㉮]
㉮ 침수재해방지 ㉯ 하천 수질보호
㉰ 생활 환경개선 ㉱ 생태계 보호

7 하수처리장 계획시 고려할 사항으로 맞지 않는 것은? [99, 10, 16 ㉯]
㉮ 처리장의 부지면적은 확장 및 향후 고도처리 계획을 예상하여 계획한다.
㉯ 처리장의 위치는 방류수역의 이수상황 및 주변의 환경조건을 고려하여 정한다.
㉰ 처리시설은 계획 시간 최대오수량을 기준으로 하여 계획한다.
㉱ 처리시설은 이상수위에서도 침수되지 않는 지반고에 설치한다.

8 하수도의 효과에 대한 설명으로 적합하지 않은 것은? [07 ㉮]
㉮ 공중위생상의 효과 ㉯ 도시환경의 개선
㉰ 하천의 수질보전 ㉱ 토지이용의 감소

[해설] 하수도의 효과
① 보건위생의 효과 ② 하천의 수질보전
③ 우수에 의한 침수, 범람의 방지 ④ 토지이용의 증대
⑤ 도로 및 하천유지비의 감소 ⑥ 분뇨처리의 해결
⑦ 도시미관의 증대

9 하수도시설의 내용년수, 장기간의 건설기간, 관거 하수량의 증가에 따라 단계적으로 단면을 증가시키기가 곤란하다. 장기적인 관거계획을 수립할 필요가 있는 하수도 계획의 목표년도는 몇년 후를 원칙으로 하는가?
[97, 01, 06, 09, 17, 19㉮ 02, 04, 07, 13, 15, 19㉯]
㉮ 10년 ㉯ 20년
㉰ 30년 ㉱ 40년

10 하수 종말처리장에서 처리된 방류수의 수질검사의 횟수는?
㉮ 매일 1회 이상 ㉯ 매주 2회 이상
㉰ 매월 1회 이상 ㉱ 매월 2회 이상

11 다음의 하수에 관련된 사항 중 옳지 않은 것은? [00 ㉮]
㉮ 하수란 생활이나 산업활동 등에 의하여 배출되는 오수와 우수를 말한다.
㉯ 하수도라 함은 농작물의 경작하수를 포함하는 모든 하수를 배제 또는 처리하기 위한 시설이다.
㉰ 종말처리장이라 함은 하수를 최종적으로 처리하여 방류하기 위한 시설을 말한다.
㉱ 공공하수도 시설의 규모 및 배치는 계획한 수량을 배제할 수 있어야 한다.

해 설

[해설] **6**
하수도의 설치목적
① 쾌적한 생활환경 도모
② 하천 수질보호
③ 침수재해 방지

[해설] **7**
하수처리장 계획시 고려사항
① 하수처리장 시설은 계획 1일 최대오수량을 기준으로 계획할 것
② 하수처리장은 방류수역의 수질보전 효과와 유지관리상 광역적으로 계획할 것
③ 처리장 위치는 가급적 시가지를 피하고 하수의 처리 및 처분에 적당한 장소에 위치할 것
④ 처리장의 부지는 장래의 확장 등을 고려하여 충분한 여유를 둘 것
⑤ 처리장은 이상수위에도 침수되지 않는 지반고에 설치할 것

[해설] **9**
하수도 계획의 목표년도
20년 후를 원칙으로 한다.

[해설] **10**
방류수의 수질검사
하수처리장에서 방류되는 방류수와 방류수역에 대한 수질검사는 매일 1회 이상 실시되어야 한다. 기타 국토해양부령이 정하는 공공하수도의 수질검사는 매년 2월, 5월, 8월, 11월 중에 각각 1회 실시한다.

[해설] **11**
하수도
농작물의 경작하수를 제외한 모든 하수를 배제 또는 처리하기 위한 시설이다.

정답 6.㉱ 7.㉰ 8.㉱ 9.㉯ 10.㉮ 11.㉯

2 하수의 배제방식

> **학습방향**
>
> 하수 배제시 오수와 우수의 분리 유무에 따라 분류식과 합류식으로 나눈다. 이 단원은 출제빈도가 상당히 높으므로 주의하여 학습하도록 한다.
>
> 1. 분류식의 특징 및 장·단점
> 2. 합류식의 특징 및 장·단점
> 3. 간선 및 지선 배치시 주의할 점

1 하수배제 방식

(1) 분류식(分流式)

장 점	단 점
① 관거내 오물의 퇴적이 적다. ② 오수만을 처리하므로 처리 비용이 저렴하다. ③ 모든 오수를 처리장으로 수송시킬 수 있다. ④ 청천시 합류식에 비해 오수관의 유속이 비교적 빠르다. ⑤ 관거내의 청소가 비교적 용이하다. ⑥ 기존의 우수배제시설이 정비된 지역에서 유리하다. ⑦ 방류장소의 선정이 자유롭다.	① 관을 오수 및 우수관거로 매설해야 하므로 부설비가 비싸다. ② 강우초기의 오염된 우수 및 노면의 오염물질이 처리되지 못하고 공공수역으로 방류된다. ③ 오수 및 우수관거의 2계통을 동일도로에 매설하는 것이 매우 곤란하다. ④ 오수관거에서 소구경관거에 의한 폐쇄 우려가 있고, 수세(水洗)효과가 없다. ⑤ 초기 강우시 노면의 세정수가 직접 하천 등으로 유출된다.

> **학습POINT**
>
> 08, 09, 10, 12, 13, 14, 15, 16, 17, 18㉆
> 08, 09, 10, 13, 14, 15, 19 ㉑
> · 분류식의 특징
>
> ■ 분류식
> 오수(汚水)와 우수(雨水)를 별개의 관거로 배제하는 방식을 말한다.

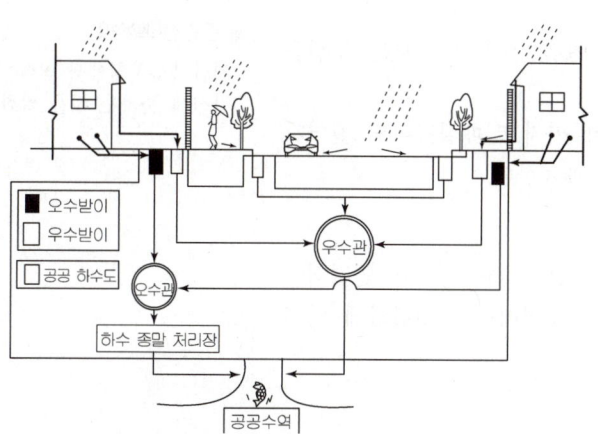

분류식 하수배제방식

■ 제6장 하수도시설 계획 223

(2) 합류식(合流式)

장 점	단 점
① 강우시의 우수처리에 유리하다. ② 관거의 부설비가 저렴하고 시공이 용이하다. ③ 침수피해의 다발지역, 우수배제시설이 정비되어 있지 않은 지역에서 유리하다. ④ 관거의 단면적이 크기 때문에 폐쇄의 염려가 없고 검사, 보수가 용이하지만 청소에 시간이 걸린다. ⑤ 강우시 수세(水洗)효과가 있다.	① 우천시 계획 하수량 이상이 되면 하수의 월류현상이 발생한다. ② 청천시에는 수위가 낮고 유속이 작아 고형물이 퇴적되기 쉽다. ③ 강우시에 비점원 오염물질을 하수처리장에 유입시켜 이것에 대한 대책이 필요하다. ④ 우천시에 다량의 토사가 유입되어 침전지 등에 퇴적된다. ⑤ 유량, 유속, 수질의 변동폭이 크다.

> 05, 06, 09, 11, 13, 15, 16, 18 ㉮
> 08, 09, 10, 14, 15, 16, 17, 18 ㉯
> · 합류식의 특징

■ 합류식
오수(汚水)와 우수(雨水)를 1개의 관거로 배제하는 방식을 말한다.

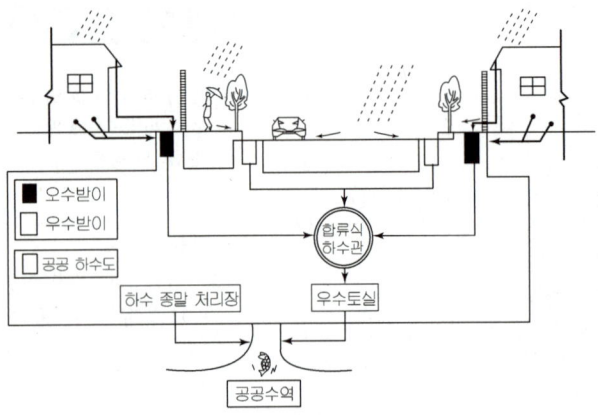

합류식 하수배제방식

2 하수관거 배치

(1) 간선(幹線)의 배치
 ① 간선은 하수의 종말처리장 지점에 연결, 도입되는 모든 노선을 말한다.
 ② 간선은 길며 하류로 갈수록 단면이 커지고 매설깊이도 깊어져 공사비가 증대되므로 자연유하식으로 배치한다.

(2) 지선(支線)의 배치
 ① 지선(branch sewer)은 준간선 또는 간선 하수관거와 연결되어 있는 것으로 각 건물로부터의 배수와 노면배수를 원활하게 하기 위하여 설치된 하수관을 말한다.
 ② 지선배치시 주의사항
  ㉠ 배수상의 분수령을 고려해야 한다.
  ㉡ 우회 및 굴곡을 피하도록 한다.

■ 준간선(準幹線)
지선(支線) 중에서 면적이 크고 간선에 준하는 것을 말한다.

ⓒ 신속히 간선에 유입시키도록 한다.
② 교통이 복잡한 도로나 지하매설물이 많은 곳은 대구경관 매설을 피하도록 한다.
⑩ 급한 언덕에는 경사를 급하게 하지 않고 계단을 두며 특히 대구경관의 급경사는 피하도록 한다.
⑪ 폭이 넓은 가로(街路)는 연결관의 유지관리를 고려해서 2조로 하여 양측의 보도부분에 설치한다.

3 토구(吐口)
① 하수도시설로부터 하수를 공공수역에 방류하는 시설을 말한다.
② 종류
 ㉠ 처리장에서 처리수의 토구
 ㉡ 분류식에서 우수토구 및 펌프장의 토구
 ㉢ 합류식에서 우수토구 및 펌프장의 토구

4 하수관거 침입수 / 유입수 산정방법별 주요인자
① 물사용량 평가법(Water Use Evaluation) : 일평균하수량, 상수사용량, 지하수사용량, 오수전환율
② 일최대유량 평가법(Max. Daily Flow Comparison) : 일최소하수량
③ 일최대 - 최소유량 평가법(Max. - Min. Daily Flow Comparison) : 일최대하수량, 공장폐수량(상시발생)
④ 야간생활하수 평가법(Night Time Domestic Flow Evaluation) : 일최소하수량, 야간발생하수량, 공장폐수량(상시발생)

핵 심 문 제

1 다음 중 분류식 하수 배제방법의 설명이 아닌 것은? [95 ㉮]

㉮ 발생하는 오수를 전부 처리장으로 도달시킬 수 있다.
㉯ 초기 우수(빗물)를 처리할 수 있다.
㉰ 맑은 날에는 합류식에 비해 오수관의 유속이 비교적 빠르다.
㉱ 분류식은 오수관과 우수관을 별도로 배치한다.

2 다음 중 합류식 하수도에 대한 설명이 아닌 것은? [96, 05, 15, 18 ㉮]

㉮ 청천시에는 수위가 낮고 유속이 적어 오물이 침전하기 쉽다.
㉯ 우천시에 처리장으로 다량의 토사가 유입되어 침전지에 퇴적된다.
㉰ 단일관로로 오수와 우수를 배제하기 때문에 침수 피해의 다발 지역이나 우수배제 시설이 정비되지 않은 지역에서는 유리한 방식이다.
㉱ 소규모 강우시 강우 초기에 도로나 관로내에 퇴적된 오염물이 그대로 강으로 월류할 수 있다.

3 합류식과 분류식 하수관거에 관한 설명 중 맞지 않는 것은? [98 ㉰]

㉮ 분류식은 합류식에 비하여 관거의 부설비가 많이 든다.
㉯ 합류식의 경우 저지대에서 하수를 펌프로 배제할 경우 분류식보다 유리하다.
㉰ 분류식의 경우 강우 유량이 많아지면 하천을 오염시킬 우려가 있다.
㉱ 합류식은 관거내 퇴적물을 세척수로 세류시킬 때 분류식보다 유리하다.

4 지선(支線)망 계통을 결정하는 다음의 사항 중 틀린 것은? [96 ㉮]

㉮ 배수상의 분수령을 중요시 할 것
㉯ 우회곡선을 택할 것
㉰ 교통이 빈번한 가로에는 대구경 관거의 매설을 피할 것
㉱ 급한 고개에는 경사가 급한 대구경 관거를 매설하지 말 것

해 설

해설 1

분류식

청천시(晴天時)에 대지에 축적된 오염물질이 비가 오는 초기에 한꺼번에 씻겨 흘러가므로 초기 우수는 오염도가 높다. 그러나 분류식은 우수관을 통해 흘러가는 우수를 전혀 처리할 수 없는 단점이 있다.

해설 2

분류식

소규모 강우시, 강우 초기에 오염된 노면의 오염물질이 포함된 우수가 우수관거를 통해 직접 공공수역에 방류되어 공공수역을 오염시킬 우려가 있다.

해설 3

하수배제방식의 특징

㉮ 분류식은 합류식보다 관거의 부설비가 많이 든다.
㉯ 저지대에서 하수를 펌프로 배제할 경우 합류식이 유리하다.
㉰ 분류식은 오수를 모두 처리하므로 하천을 오염시킬 염려가 없다.
㉱ 합류식은 강우에 의한 수세(水洗)효과가 있다.

해설 4

지선의 배치

① 배수상의 분수령을 고려한다.
② 우회곡선을 피한다.
③ 신속히 간선에 유입시킨다.
④ 교통이 빈번한 가로나 지하매설물이 많은 곳은 대구경 관거 매설을 피한다.
⑤ 폭이 넓은 가로는 연결관의 유지관리를 고려해서 2조로 하여 양측의 보도부분에 설치한다.
⑥ 급한 고개에는 경사를 급하게 하지 않고 계단을 두며 특히 대구경 관거의 급경사는 피한다.

정답 1. ㉯ 2. ㉱ 3. ㉰ 4. ㉯

5 오수 및 우수의 배제방식에는 분류식과 합류식이 있다. 분류식과 합류식의 장단점 중 옳지 않는 것은? [99⑦]

㉮ 합류식은 관의 단면적이 크기 때문에 검사 등이 편리하고 환기가 잘 된다.
㉯ 수질보전 측면에서는 전 오수를 정화할 수 있는 분류식이 우수하다.
㉰ 분류식은 합류식에 비하여 일반적으로 관거의 부설비가 많이 든다.
㉱ 분류식은 오염도가 심한 초기우수를 처리할 수 있다.

6 합류식 하수도와 비교하였을 때 분류식 하수도의 특성으로 틀린 것은? [99⑦]

㉮ 방류하천의 수질보전이 용이하다.
㉯ 처리장으로의 토사 유입량이 적다.
㉰ 관의 검사가 편리하다.
㉱ 공사비가 비싸다.

7 하수의 배제방식에 대한 설명 중 틀린 것은? [99산]

㉮ 합류식은 오수와 우수를 동일한 관거로 배제하는 방법이다.
㉯ 분류식은 오수와 우수를 각각 오수관과 우수관에 의해 배제하는 방법이다.
㉰ 분류식은 오수관과 우수관을 각각 별도로 설치하므로 관거의 부설비가 합류식에 비하여 적게 든다.
㉱ 합류식 하수관거는 단면적이 커서 관거내의 검사에 편리하고 환기가 잘 되는 이점이 있다.

8 하수관거의 지선을 설치할 경우 다음 중 주의해야 할 사항이 아닌 것은?

㉮ 신속하게 간선에 유입시켜야 한다.
㉯ 우회굴곡을 피하고 분수령을 고려한다.
㉰ 경사가 급한 지형에서는 지형과 같이 경사를 유지한다.
㉱ 폭이 넓은 도로는 연결관의 유지관리를 위해 양측 보도부분에 2조로 한다.

9 분류식 하수배제방법에서 오수에 포함되지 않는 것은?

㉮ 가정오수   ㉯ 지하수
㉰ 도로노면수 ㉱ 공장폐수

해 설

해설 5
분류식
오수와 우수를 별개의 관으로 분리, 유송하는 방식이다. 그러므로 오수는 어떠한 조건에서도 모두 처리장으로 보내져 처리되며, 모든 우수는 처리장을 거치지 않고 바로 하천으로 방류되므로, 오염도가 심한 초기우수를 처리할 수 없다.

해설 6
분류식
우수관 및 오수관으로 각각 분리되어 있어 합류식에 비해 관의 구경이 작아 검사하기가 불편하다.

해설 7
분류식
오수관과 우수관을 각각 별도로 설치하므로 관거의 부설비가 합류식보다 많이 든다.

해설 8
하수관거의 지선설치
지선을 설치할 경우 경사가 급한 지형에서는 구배를 급하게 하지 않고 계단을 둔다. 특히 대구경 관거는 급경사를 피해야 한다.

해설 9
오수(汚水)
생활오수(가정오수 및 영업오수), 지하수, 공장폐수 등이 있다. 도로노면수는 우수(雨水)에 포함된다.

정답 5. ㉱ 6. ㉰ 7. ㉰ 8. ㉰ 9. ㉰

10 다음 하수배제 방식에서 분류식과 합류식에 관한 설명 중 틀린 것은? [95, 03, 05 ⑮]

㉮ 합류식이 분류식보다 건설비가 일반적으로 적게 든다.
㉯ 분류식이 합류식보다 유속의 변화폭이 크다.
㉰ 합류식은 강우시에 비점원 오염물질을 하수처리장에 유입시킨다.
㉱ 위생상 견지에서는 분류식이 경제적인 견지에서는 합류식이 우수하다고 할 수 있다.

해설 10
합류식 하수관거
강우시에는 유량이 많아 유속이 크며, 맑은 날일 경우에는 소량의 오수만이 흘러 유속이 작아지므로, 유속의 변화폭이 상당히 크다.

11 하수의 배제방식에서 분류식에 비하여 합류식 하수배제방식이 갖는 장단점 중 틀린 것은? [00 ㉮]

㉮ 하수관의 점검 및 청소가 용이하다.
㉯ 사설 하수도에 연결하기가 쉽다.
㉰ 강우 초기에는 하수의 수질이 악화된다.
㉱ 관거단면이 크므로 경사가 급하게 된다.

해설 11
합류식
분류식에 비해 관거의 단면이 크므로 경사가 완만하게 된다.

12 하수배제 방식에 관한 설명 중 잘못된 것은? [03, 06, 15 ㉮]

㉮ 합류식과 분류식은 각각의 장단점이 있으므로 도시의 실정을 충분히 고려하여 선정할 필요가 있다.
㉯ 합류식은 우천시 오수가 우수에 섞여서 공공수역에 유출되기 때문에 수질보존 대책이 필요하다.
㉰ 분류식은 우천시 우수가 전부 공공수역에 방류되기 때문에 합류식에 비해 우천시 오탁의 문제는 없다.
㉱ 분류식의 처리장에서는 시간에 따라 오수 유입량의 변동이 크므로 조정지 등을 통하여 유입량을 조정하면 유지관리가 쉽다.

해설 12
분류식 하수배제방식
우천시 오염된 우수가 미처리되어 전부 공공수역으로 방류되기 때문에 초기 우수의 완전한 처리가 불가능하고, 수질오탁의 문제가 발생함

13 하수의 배제방식에서 합류식과 분류식에 대한 설명 중 잘못된 것은? [03 ㉮]

㉮ 분류식은 합류식에 비해 유량의 변동이 크다.
㉯ 합류관거는 계획우수량에 대하여 유속을 0.8m/sec 이상으로 한다.
㉰ 합류식은 분류식에 비해 관의 단면적이 커진다.
㉱ 합류식은 초기강우의 오염물질을 처리장으로 수송할 수 있다.

해설 13
분류식 하수의 배제방식
합류식에 비해 유량 및 유속의 변동폭이 작음

14 분류식 하수관거시설에 관한 설명으로 옳지 않은 것은? [04 ㉮]

㉮ 분류식은 관거오접에 대한 철저한 감시가 필요하다.
㉯ 분류식은 안정적인 하수처리를 실시할 수 있다.
㉰ 분류식은 오수관과 우수관의 별도 매설로 공사비가 많이 든다.
㉱ 분류식은 관거내 퇴적이 적으며 수세효과를 기대할 수 있다.

해설 14
분류식 하수관거
관거내 오물의 퇴적이 적지만 수세효과가 없음

정답 10.㉯ 11.㉱ 12.㉰ 13.㉮ 14.㉱

3 하수관거 배치방식

> **학습방향**
> 배수(排水)지형에 따라 하수관거를 배치하는 방식이 달라지는데, 이 단원에서는 각종 하수관거 배치방식에 대하여 서술하고 있으며 출제빈도도 상당히 높은 단원이다.
>
> 1. 각종 하수관거 배치방식의 특징
> 2. 각종 하수관거 배치방식의 적용대상

1 하수관거 배치방식

(1) **직각식**(수직식 : perpendicular system)
① 하수관거를 방류 수면에 직각으로 배치하는 방식으로 하수배제가 가장 신속하며 경제적이지만 비교적 토구(吐口)수가 많아지는 단점이 있다.
② 하천이 도시의 중심을 지나거나 해안을 따라 발달한 도시에 적당한 방식이나, 도시하천의 수질오염문제를 유발할 가능성이 있다.

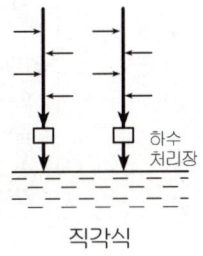

직각식

학습POINT

▶ 97, 98, 03㉮ 98, 00㉯
· 직각식의 특징

■ 직각식
현재 분류식의 우수관거 설계에 많이 채용되는 방식이다.

(2) **차집식**(intercepting system)
직각식을 개량한 것으로 오염을 막기 위해 하천 등에 나란히 차집관거를 설치하여 오수를 하류지점으로 수송하고 그 곳에 하수처리장을 설치하여 하수를 배수시키는 방식이다.

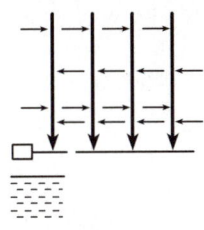

차집식

■ 차집식의 운영(operation)
① 맑은 날에는 하수를 차집거를 통해 처리장으로 보내어 처리한 후에 방류한다.
② 우천시에는 하수가 빗물로 충분히 희석되면 바로 방류한다.

■ 제6장 하수도시설 계획 229

(3) 선형식(선상식 : fan system)
① 지형이 **한쪽 방향**으로 **경사**져 있거나 하수처리 관계상 전체 지역의 하수를 1개의 어떤 **한정된 장소로 집중**시켜야만 할 경우에 그 배수계통을 **나뭇가지형**으로 배치하는 방식이다.
② 지형이 한 곳으로 모이기 쉽거나 한쪽방향으로 경사진 곳이 적당하지만, 시가지 중심에 하수간선, 펌프장 등이 집중된 대도시에는 적당하지 않다.

▶ 97, 98, 99㉮ 98, 02㉯
· 선형식의 특징

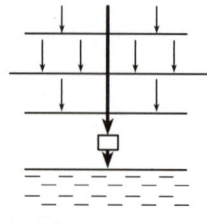
선형(선상)식

(4) 방사식(radial system)
① **지역이 광대**하여 하수를 한 곳으로 배수하기 곤란할 때 배수지역(排水地域)을 여러개 또는 그 이상으로 구분해서 중앙으로부터 방사형으로 배관하여 각각 개별적으로 배제하는 방식이다.
② 시가지 **중앙부가 높고** 주변에 방류수역이 분포되어 있으며 방류수역 방향이 경사져 있는 경우에 경제적이며, 대도시에 적합하다.

▶ 98㉮ 98, 00, 10㉯
· 방사식의 특징

■ 방사식
관거의 최대연장이 짧으며 소구경(小口徑)이므로 하수관거의 매설비용을 절약할 수 있다.

■ 방사식의 단점
오수를 수송할 경우 처리장이 많아지거나 단일 처리장인 경우 처리장으로의 수송에 문제가 있다.

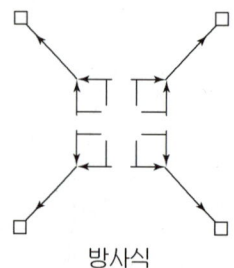
방사식

(5) 평행식(parallel system)
① 계획구역내의 **고저차가 심할 때** 고저에 따라 고지구, 저지구를 구분하여 각각 독립된 간선을 만들어 배수하는 방식이다.
② 도시가 고지대와 저지대로 구분되는 경우에 적합하며 광대한 대도시에 합리적이고 경제적이다.

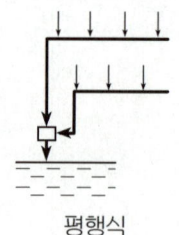
평행식

(6) 집중식(centralization system)

① 사방에서 1개 지점의 장소로 향하여 집중적으로 흐르게 한 후 다음 지점으로 수송하거나 저지구의 하수를 중계 펌프장으로 집중시켜 양수하는 방식이다.
② 도심지 중심부가 저지대인 경우에 적합하다.

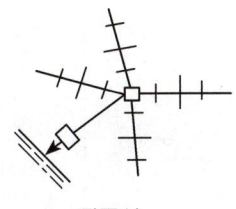

집중식

핵심문제

1 하천유량이 풍부할 때 하수를 신속히 배제할 수 있는 가장 경제적인 배수 계통방식은? [97, 03 기]

㉮ 집중식(centralization system)
㉯ 직각식(rectangular system)
㉰ 선형식(fan system)
㉱ 방사식(radial system)

2 배수계통의 특징이 잘못 서술된 것은? [98 산]

㉮ 직각식 : 도시 중앙에 큰 강이 관통할 때 적합하다.
㉯ 차집식 : 하수 방류구가 많아지는 단점이 있다.
㉰ 선형식 : 한방향으로 규칙적 경사가 진 지역에 알맞다.
㉱ 방사식 : 중앙이 고지대인 지역에 적합하다.

3 하수의 배수계통 중 선형식(Fan System)의 특징이다. 틀린 것은? [96 기]

㉮ 나무가지 형태와 비슷한 모양으로 배치된다.
㉯ 소도시보다 대도시에 적합하다.
㉰ 한 방향으로 경사진 지역에 적합하다.
㉱ 하수를 한 지점으로 집중시킬 수 있을 때 적합하다.

4 하수관의 배수방식중 도시의 중앙이 높으며 주변에 방류수역이 분포되어 있으며 방류수역 방향이 경사져 있다. 적당한 배수방식은? [96 산]

㉮ 직각식
㉯ 선형식
㉰ 방사식
㉱ 집중식

5 다음 중 하수의 배수계통(排水系統)으로 부적당한 것은? [99 산]

㉮ 차집식
㉯ 직각식
㉰ 방사식
㉱ 연결식

해설

해설 1
직각식(수직식; perpendicular system)
① 하수관을 방류 수면에 직각으로 배치하는 방식이다.
② 하천이 도시의 중심을 지나거나 해안에 따라 발달한 도시에 적당하다.

해설 2
차집식
방류구가 많아지는 직각식의 단점을 개선하여 차집거를 설치하여 차집간선을 통해 방류하는 방식이다.

해설 3
선형식
① 지형이 한쪽 방향으로 경사되어 있을 때 하수관을 수지상으로 배치하여 하수를 1개소로 모아 배제하는 방식이다.
② 지형이 한 곳으로 모이기 쉽거나 한쪽 방향으로 경사진 곳은 적당하지만 대도시에는 부적당하다.

해설 4
방사식
지역이 광대해서 하수를 한 곳으로 배수하기 곤란할 때 배수지역을 수 개 또는 그 이상으로 구분해서 중앙으로부터 방사형으로 배관하여 각 개별로 배제하는 방식으로 시가지 중앙부가 높고 시가지 주위에 방류수면이 있는 있고 방류수역 방향이 경사져 있을 경우에 적당한 방식이다.

해설 5
하수의 배수계통
직각식(수직식), 차집식, 선형식, 방사식, 평행식, 집중식 등이 있다.

정답 1. ㉯ 2. ㉯ 3. ㉯ 4. ㉰ 5. ㉱

6 지형이 한쪽 방향으로 경사져 있을 때 그 고저에 따라 하수관을 배치하여 1개의 간선(幹線)으로 모아 배제하는 방식은? [99 ㉮]

㉮ 직각식
㉯ 차집식
㉰ 방사식
㉱ 선상식

7 하수도 계통도 중 지역이 광대해서 하수를 한 곳으로 모으기 힘들 때 채용하는 배수형식은?

㉮ 직각식
㉯ 선형식
㉰ 방사식
㉱ 집중식

8 주로 해안에 길다랗게 발달한 도시에 많이 사용되는 방법으로 하수의 배제속도는 빠르나 토구가 많고 시내하천의 오염문제가 야기되기 쉬운 하수도의 배수계통은?

㉮ 직각식
㉯ 차집식
㉰ 방사식
㉱ 집중식

9 전체 구역에서 발생하는 하수를 특정장소로 집중시키고자 한다. 구역내 지형구조가 한 방향으로 일정한 경사를 이루고 있을 때, 이용할 수 있는 하수배제 방식은? [02 ㉳]

㉮ 선형식   ㉯ 차집식
㉰ 직교식   ㉱ 방사식

10 계획구역내 지형의 고저차(高低差)가 심할 때 고저에 따라 각각 독립간선을 만들어 배수하는 방식은?

㉮ 선형식
㉯ 방사식
㉰ 평행식
㉱ 직각식

해 설

해설 6

선상식(선형식: fan system)

지형이 한쪽 방향으로 경사되어 있을 때 하수관을 나뭇가지 형태인 수지상으로 배치하여 하수를 1개소로 모아 배제하는 방식으로 지세가 단순하여 쉽게 한 지점으로 하수를 집결할 수 있을 경우 경제적이지만 시가지 중심의 밀집지역에 하수 간선이나 펌프장이 집중된 대도시에는 적당하지 않다.

해설 7

방사식

하수 배제구역의 중심이 고지대이거나 광대한 지역이어서 하수를 한 곳으로 배수하기 곤란할 경우에 하수를 배제시키는 방법이다.

해설 8

직각식

시가지내를 큰 하천이 흐를 때 그 양안의 하수를 하천에 직각인 간선 하수관거에 의하여 배출시키는 방식이다.

해설 9

선형식 하수배제방식

지형이 한쪽 방향으로 경사져 있거나, 전체 지역의 하수를 1개의 특정 장소로 집중시키고자 할 때의 나뭇가지형 방식

해설 10

평행식

지형의 고저차가 심할 때 고저에 따라 각각 독립간선을 만들어 배수하는 방식으로 배수지역이 고지대와 저지대로 구분되어 있을 경우에 적합하다.

정답 6. ㉱ 7. ㉰ 8. ㉮ 9. ㉮ 10. ㉰

4 계획우수량

> **학습방향**
>
> 이 단원은 우수관거 시설 계획을 하기 위하여 필요한 우수량 산정방법에 대한 내용으로, 수리수문학 과목에서도 출제되는 출제빈도가 매우 높으므로 관심있게 학습하도록 한다.
> 1. 합리식
> 2. 강우강도와 확률년수
> 3. 유달시간 및 지체현상

1 계획우수량 산정

(1) 우수유출량 산정식

① 합리식(合理式)

㉠ $$Q = \frac{1}{360} C \cdot I \cdot A$$

여기서, Q : 우수유출량(m³/sec), C : 유출계수(무차원)
         I : 강우강도(mm/hr), A : 배수면적(ha)

㉡ $$Q = \frac{1}{3.6} C \cdot I \cdot A$$

[A : 배수면적(km²)일 경우]

② 경험식 : 충분한 실측자료가 확보될 경우에는 경험식을 이용할 수 있으나 특정지역(특히 산악지역)의 유출량 산정외에는 거의 사용되지 않는다.

(2) 강우강도와 확률년수(설계빈도)

① 강우강도 (I)

어떤 단위시간내에 내린 강우의 깊이를 1시간당 우량으로 환산하여 mm로 나타낸 것을 말한다.(mm/hr)

② 강우강도공식의 일반형

㉠ Talbot형 : $I = \dfrac{a}{t+b}$

㉡ Sherman형 : $I = \dfrac{c}{t^n}$

㉢ Japanese형 : $I = \dfrac{d}{\sqrt{t}+e}$ (Hisano-Ishiguro형)

㉣ Cleveland형 : $I = \dfrac{f}{t^n+g}$

여기서, I : 강우강도(mm/hr)
       t : 강우 지속시간(min)
      a, b, c, d, e, f, g, n : 상수(지역특성치)

학습POINT

07, 08, 09, 10, 12, 13, 14, 15, 16, 17, 18, 20㉮
08, 09, 10, 13, 14, 16, 17, 18, 19, 20㉯
· 합리식의 특성 설명
· 우수량(Q) 계산

■ 1ha = 100m × 100m = 10^4 m²
                  = 10^{-2} km²

■ 경험식
$$Q = \frac{1}{360} C \cdot I \cdot A \cdot \left(\frac{S}{A}\right)^{1/n}$$
여기서,
  S : 지표의 평균구배(‰)
  n : 상수

■ 최대 계획 우수유출량
원칙적으로 합리식으로 산출한다.

③ 확률년수(설계빈도)
  ㉠ 지선관로 : 10년 (기후변화시 30년 이상)
  ㉡ 간선관로, 빗물펌프장 : 30년 (기후변화시 50년 이상)

(3) 유출계수 (C)
① 유역내에 내린 전체 강우량(IA)에 대한 실제 하수관거에 유입된 우수유출량(Q)의 비율을 말한다. → $C = \dfrac{Q}{IA}$
② 총괄(평균)유출계수

$$\text{총괄(평균)유출계수} \quad \overline{C} = \dfrac{\sum_{i=1}^{n}(A_i C_i)}{\sum_{i=1}^{n} A_i}$$

여기서, C_i : 토지 이용도별 기초유출계수
    A_i : 토지 이용도별 기초배수면적(유역면적)

(4) 유달시간 (T)
① 유달시간 (T) = 유입시간 (t_1) + 유하시간 (t_2) → 강우지속시간 (t)
  ㉠ 유입시간 (t_1) : 유역의 가장 먼 곳에 내린 우수가 하수관거의 입구에 유입하기까지의 시간(표준치 : 5분)
  ㉡ 유하시간 (t_2) : 하수관거내에 유입된 우수가 계획 대상지점까지 흘러가는데 소요되는 시간

$$t_2 = \dfrac{L}{v}$$

여기서, t_2 : 유하시간(min)
    L : 관거길이(m)
    v : 관거내의 평균유속(m/min)

② 유달시간의 특성
  ㉠ 배수지역이 작아 형상계수가 작고 지세가 급하면서 지표가 비투수성일수록 유달시간이 짧다.
  ㉡ 지면이 건조, 불규칙하며 식물이 우거지고 유역저수지 등에 저류될수록 유달시간이 길어진다.
  ㉢ 유입시간은 간선 오수관인 경우 5분, 지선 오수관인 경우 7~10분을 표준치로 설정하고 관거를 설계한다.
③ 지체현상
  ㉠ 배수구역의 가장 먼 곳에서 내린 우수(雨水)가 배수구역의 최하류 지점에 도달할 때까지 강우(降雨)가 계속되지 않는 한, 각 유역의 물이 동시에 최하류 지점에 모이는 경우가 없을 때 이것을 지체현상이라 한다.

■ 유달시간(T)

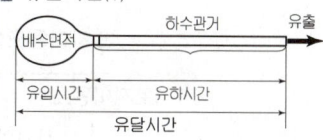

■ 유역형상계수(shape factor), F

$$F = \dfrac{A(\text{유역면적:km}^2)}{L^2(\text{유로연장:km})}$$

① F가 크면 길이에 비해 폭이 넓은 유역이다.
② F가 작으면 좁고 긴 유역이다.

㉡ 강우지속시간이 유달시간보다 길 경우($T < t$) 전체배수구역에서 강우가 동시에 하수관거 출구로 집중하여 유출된다.

㉢ **지체현상의 발생**

$T > t$, 즉 $(t_1 + \dfrac{L}{v}) > t$ 일 경우에 지체현상이 발생된다.

▶00, 01㉮, 00, 06, 12㉳
· 지체현상 발생조건

여기서, T : 유달시간(min), t : 강우 지속시간(min)
t_1 : 유입시간(min), v : 관내 평균유속(m/min)
L : 하수관거 길이(m)

참고 유출계수의 표준값 및 범위

토지이용도별 기초유출계수의 표준값

표면형태	유출계수	표면형태	유출계수
지붕	0.85~0.95	공지	0.10~0.30
도로	0.80~0.90	잔디, 수목이 많은 공원	0.05~0.25
기타 불투수면	0.75~0.85	경사가 완만한 산지	0.20~0.40
수면	1.00	경사가 급한 산지	0.40~0.60

토지이용도별 총괄유출계수의 범위

토지이용도		유출계수
상업지역	도심지역	0.70~0.95
	근린지역	0.50~0.70
주거지역	단독주택단지	0.30~0.50
	독립주택단지	0.40~0.60
	연립주택단지	0.60~0.75
	교외지역	0.25~0.40
	아파트	0.50~0.70
산업지역	산재지역	0.50~0.80
	밀집지역	0.60~0.90

핵 심 문 제

1 $I = \dfrac{3,600}{t+30}$ mm/hr, 유역면적 1.26km², 유입시간 5분, 유출계수 $C = 0.5$, 관내의 유속이 1.5m/sec인 경우 관길이 900m인 하수관에서 흘러 나오는 우수량은? [95, 00, 11㉮]

㉮ 14m³/sec ㉯ 12m³/sec
㉰ 10m³/sec ㉱ 8m³/sec

2 하수도 계획 중 계획 우수량 산정시 하수관거의 확률년수는 몇 년을 원칙으로 하는가? [12, 17㉮]

㉮ 2~3년
㉯ 3~5년
㉰ 10~30년
㉱ 30~50년

3 주거지역(면적4ha, 유출계수 0.6), 상업지역(면적 2ha, 유출계수 0.8), 녹지(면적 1ha, 유출계수 0.2)로 구성된 지역의 전체 유출계수는? [02㉮]

㉮ 0.42
㉯ 0.53
㉰ 0.60
㉱ 0.70

4 다음 우수 유출량의 유달시간에 관한 다음 사항 중 가장 옳은 것은? [97㉰]

㉮ 유수면적이 클수록 짧다.
㉯ 형상계수가 클수록 짧다.
㉰ 경사가 급할수록 짧다.
㉱ 투수성의 지표일수록 짧다.

5 $Q = \dfrac{1}{360} CIA$는 합리식으로서 첨두유량을 산정할 때 사용된다. 다음 중 설명이 틀린 것은? [99, 02, 08, 12㉮ 04㉰]

㉮ C는 유출계수로 무차원이다.
㉯ I는 도달시간내의 강우강도로 단위는 mm/hr 이다.
㉰ A는 유역면적으로 단위는 km²이다.
㉱ Q는 첨두유출량으로 단위는 m³/sec 이다.

해 설

해설 1
계획 우수량 산정
① 유역면적(A) = 1.26(km²)
② 유달시간(T)
 = 유입시간 + 유하시간
 = 유입시간(t_1) + $\dfrac{\text{하수관 길이}(L)}{\text{유속}(v)}$

∴ $T = t_1 + \dfrac{L}{v} = 5 + \dfrac{900}{1.5 \times 60}$
 = 15(min) → 강우지속시간(t)

③ $Q = \dfrac{1}{3.6} CIA$
 = $\dfrac{1}{3.6} \times 0.5 \times \dfrac{3,600}{15+30} \times 1.26$
 = 14(m³/sec)

해설 2
계획 우수량의 하수관거 확률년수 10-30년을 원칙으로 한다.

해설 3
총괄 유출계수
$C = \dfrac{\sum_{i=1}^{n} A_i C_i}{\sum_{i=1}^{n} A_i}$
 = $\dfrac{(4 \times 0.6) + (2 \times 0.8) + (1 \times 0.2)}{(4+2+1)}$
 = 0.60

해설 4
유달시간
① 유수면적이 작을수록 짧다.
② 형상계수가 작을수록 짧다.
③ 비투수성의 지표일수록 짧다.
④ 지세가 급할수록 짧다.

해설 5
합리식
A는 유역면적으로 단위는 ha이다.
배수면적의 단위가 km²일 경우에는
$Q = \dfrac{1}{3.6} CIA$로 된다.

정답 1.㉮ 2.㉰ 3.㉰ 4.㉰ 5.㉰

6 유역면적이 5ha 이고 유입시간이 8분, 유출계수가 0.75 일 때 하수관거의 유량은 얼마인가? (단, 하수관거의 길이는 1km, 하수관내 유속은 40m/min, 이 지역의 강우강도 I = 3,970/(t+31)mm/hr) [99, 05 ㉮]

㉮ 0.43m³/sec
㉯ 0.65m³/sec
㉰ 0.87m³/sec
㉱ 1.06m³/sec

7 유출계수 0.6, 강우강도 2mm/min, 유역면적 2km²인 지역의 우수량을 합리식으로 구하면? [99 ㉮]

㉮ 0.007m³/sec
㉯ 0.4m³/sec
㉰ 0.667m³/sec
㉱ 40m³/sec

8 어느 지역에 비가 내려 배수구역내 최원점에서 하수거의 입구까지 빗물이 유하하는데 5분이 소요되었다. 하수거의 길이가 1,200m, 관내 유속이 2m/sec일 때 유달시간은? [13, 19㉮ 00, 07 ㉯]

㉮ 5분
㉯ 11분
㉰ 15분
㉱ 20분

9 유달시간 T가 강우지속시간 t보다 적을 때 생기는 현상은 어느 것인가? [00㉮ 99 ㉯]

㉮ 지체현상이 일어난다.
㉯ 유출계수에 따라 다르다.
㉰ 일부 유역의 강우만 하수관 관측지점을 통과한다.
㉱ 전 유역의 강우에 의한 유출이 하수관 관측지점을 통과한다.

10 우수배제계획에서 계획우수량을 산정할 때 고려할 사항이 아닌 것은? [00, 07 ㉮]

㉮ 유출계수
㉯ 유속계수
㉰ 배수면적
㉱ 확률년수

해 설

해설 6
하수관거유량산정
① T = 유입시간+유하시간
$= t_1 + \dfrac{L}{v} = 8 + \dfrac{1,000}{40}$
$= 33(\min) = t$
② $I = \dfrac{3,970}{t+31} = \dfrac{3,970}{33+31}$
$= 62.03(\text{mm/hr})$
∴ $Q = \dfrac{1}{360}CIA = \dfrac{1}{360} \times 0.75$
$\times 62.03 \times 5 = 0.65(\text{m}^3/\sec)$

해설 7
우수량 산정
① 유역면적 = 2km²이므로
$Q = \dfrac{1}{3.6}CIA$ 를 이용한다.
② I = 2mm/min = 120mm/hr
∴ $Q = \dfrac{1}{3.6}CIA$
$= \dfrac{1}{3.6} \times 0.6 \times 120 \times 2$
$= 40(\text{m}^3/\sec)$

해설 8
유달시간
T=유입시간+유하시간= $t_1 + \dfrac{L}{v}$
$= 5(\min) + \dfrac{1,200(\text{m})}{2(\text{m/sec}) \times 60}$
$= 15(\min)$

해설 9
유달시간의 특성
① 강우지속시간이 유달시간보다 짧을 경우에는 전배수구역으로부터 우수가 동시에 모이지 않는 지체현상이 발생한다.
② 강우지속시간이 유달시간보다 길 경우 전배수구역에서 강우가 동시에 하수관거 끝으로 모인다.

해설 10
계획우수량
$Q = \dfrac{1}{360}C \cdot I \cdot A$
유출계수 C, 배수면적 A, 확률년수(강우강도 I에 관련되어 있음)는 우수량을 산정할 때 반드시 고려해야 한다.

정답 6. ㉯ 7. ㉱ 8. ㉰ 9. ㉱ 10. ㉯

5 계획오수량

> **학습방향**
> 이 단원은 오수관거 시설 계획을 위하여 필요한 오수량 산정방법에 대한 내용들로 구성되어 있다.
> 1. 하수도 계획인구의 산정
> 2. 계획오수량의 구성요소
> 3. 각종 계획오수량 산정
> 4. 하수도의 각 시설에 대한 설계기준 하수량
> 5. 첨두율

1 계획오수량

(1) 계획인구의 산정

계획인구 추정은 상수도의 급수인구 추정과 같은 방법으로 산정한다.
① 등차급수방법　　② 등비급수방법
③ 지수함수곡선법　④ 이론곡선법(Logistic Curve법)
⑤ 생잔모형에 의한 조성법(Cohort method) : 집단 생잔법

(2) 계획오수량의 구성
① 계획오수량 = 생활오수량 + 공장폐수량 + 지하수량
② 생활오수량
　㉠ 가정오수량과 영업오수량을 합친 수량을 말한다.
　㉡ 1인 1일 최대오수량 = 1인 1일 최대 상수소비량 + 손실량(증발, 침투 등)
　㉢ 용도지역별로 가정오수량과 영업오수량의 비율을 고려해야 한다.
③ 공장폐수량
　㉠ 공업용수나 지하수를 사용하는 대규모 공장 및 사업장의 폐수량은 개개의 폐수량 조사를 기초로 장래의 확장 및 신설을 고려한다.
　㉡ 그외의 업체는 출하액당 용수량(出荷額當用水量) 또는 부지면적당 용수량을 기초로 결정한다.
④ 지하수량
　㉠ 지하수량은 관거 연장 1m당 또는 배수면적 1ha당의 양(m^3)으로 표시하기도 한다.
　㉡ 일반적으로 지하수량은 1인 1일 최대오수량의 20% 이하를 원칙으로 한다.
　㉢ 영향인자 : 관직경, 관길이, 관이음 및 연결, 토양 및 지질, 매설깊이, 지하수위, 유속

2 계획오수량의 산정

(1) 계획 1일 최대오수량
① 1년을 통하여 가장 많은 오수가 유출되는 날의 오수량을 말한다.
② 하수처리 시설의 처리용량을 결정하는 기준이 되는 수량이다.

학습POINT

▶ 08, 09, 10, 12, 13, 14, 15, 17, 18, 19, 20 ㉮
　06, 07, 08, 12, 14, 15, 16, 18, 19 ㉳
- 계획오수량의 특성
- 계획오수량의 구성
- 지하수량의 기준 및 계산

■ 지하수 침투량(추정량) 산정방법
① 하수관의 길이 1km에 대하여 0.2~0.4L/sec로 가정한다.
② 1인 1일 최대 생활오수량의 10~20%, 평균 15%로 가정한다.
③ 1인 1일당 17~25L로 가정한다.
④ 배수면적당 17,500~36,300L/일·ha로 가정한다.

▶ 01, 02, 09, 11 ㉮ 04, 05, 13 ㉳
- 계획1일 최대오수량의 계산·기준

③ 계획 1일 최대오수량 = (1인 1일 최대오수량×계획인구) + 공장폐수량
  + 지하수량 + 기타 배수량

> 98, 00, 10, 13, 14, 15, 17, 18, 19㉮
> 06, 08, 11, 13, 15㉯
> · 계획1일최대오수량 산정식
> · 계획1일평균오수량의 특성
> · 계획시간최대오수량의 특성

(2) 계획 1일 평균오수량
① 1년동안 유출되는 총오수량으로부터 1일당의 평균량을 구한 값이다.
② 하수처리장 유입하수의 수질을 추정하는데 사용된다.
③ 일반적으로 계획 1일 최대오수량의 70~80%를 표준으로 한다.
④
  계획 1일 평균오수량 = 계획 1일 최대오수량×[0.7(중소도시)
  또는 0.8(대도시, 공업도시)]

(3) 계획 시간 최대오수량
① 계획 1일 최대오수량의 1시간당 수량의 1.3~1.8배를 표준으로 한다.
② 하수관거, 오수펌프 설비 등의 크기 및 용량을 결정하는데 기준이 된다.
③ 계획 시간 최대오수량

$$계획\ 시간\ 최대오수량 = \frac{계획\ 1일\ 최대오수량}{24} \times$$
  [1.3(대도시, 공업도시), 1.5(중소도시), 1.8(아파트, 주택단지)]

(4) 우천시 계획오수량(합류식) = 계획 시간 최대오수량의 3배 이상

3 계획하수량

(1) 정의
① 하수량은 상수소비량과 같다는 가정하에 상수급수량의 70~80%를 계획 하수량으로 간주한다.
② 하수량은 일정하지 않은데 오전에는 높고, 오후에는 낮은 것이 일반적이며, 도시 크기나 하수관거의 길이에 따라 양상이 변한다.

■ 하수량 = 상수소비량 = 상수급수량의 70~80%

(2) 첨두율(peaking factor)
① 평균 하수량에 대한 실시간 하수량의 비 $\left(= \frac{실시간\ 하수량}{평균\ 하수량}\right)$를 말한다.
② 대구경인 하수관거는 1.3이하, 지선은 2.0이상, 토구 하수관거는 2.5를 사용한다.
③ 첨두율은 소구경 관거일수록 높고, 대구경일수록 낮다.

■ 최대 및 최소첨두율
인구와 첨두율의 관계도면으로부터 구한다.

(3) 합류식의 계획하수량

종 별	하 수 량
관거(차집관거 제외)	계획 시간 최대오수량 + 계획우수량
차집관거 및 펌프장	계획 시간 최대오수량의 3배 이상
처리장의 최초침전지에서 소독설비 (부대설비 포함)	계획 시간 최대오수량의 3배 이상
처리장에서 상기 이외의 처리시설	계획 1일 최대오수량

핵 심 문 제

1 인구가 10,000명인 A시에 폐수배출시설 1개소가 있다. 이 폐수 배출시설의 유량은 200m³/day이고 평균 BOD배출농도가 500g/m³이다. 만약 A시에 하수종말처리장을 건설하면 계획인구수는 얼마로 하는 것이 타당한가? (단, 하수종말처리장 건설시 1인 1일 BOD부하량은 50g BOD/인/일로 한다.) [98, 08, 14 ㉮]

㉮ 11,000명
㉯ 12,000명
㉰ 13,000명
㉱ 18,000명

해설 1

① 폐수의 BOD량
 $= 200m^3/day \times 500g/m^3$
 $= 100,000g/day$

② BOD량을 인구수로 환산
 $= \dfrac{100,000 g/day}{50 g/명/day} = 2,000(명)$

③ 계획인구수 $= 10,000 + 2,000$
  $= 12,000(명)$

2 다음 중 오수량 산정식에 포함되지 않는 것은? [97 ㉮]

㉮ 가정하수
㉯ 공장폐수
㉰ 우수(비)
㉱ 하수관거내에 침투한 지하수

해설 2

계획 오수량의 구성

① 생활오수량
 (가정오수량 + 영업오수량)
② 공장폐수량
③ 지하수량 등으로 구성되어 있다.

3 대도시나 공업도시에 있어서 계획 1일 평균오수량은 계획 1일 최대오수량의 몇%로 하는가? [96 ㉮]

㉮ 70%
㉯ 75%
㉰ 80%
㉱ 85%

해설 3

계획 1일 평균오수량 = 계획 1일 최대오수량 × (중소도시 : 0.7, 대도시 및 공업도시 : 0.8)

4 계획오수량 산정시 고려하는 사항 중 그 설명이 잘못된 것은? [04, 13, 17 ㉮]

㉮ 지하수량은 1인 1일 최대오수량의 10~20%로 한다.
㉯ 계획1일 평균오수량은 계획1일 최대오수량의 70~80%를 표준으로 한다.
㉰ 계획시간 최대오수량은 계획1일 평균오수량의 1시간당 수량의 0.7~0.9배를 표준으로 한다.
㉱ 계획1일 최대오수량은 1인1일 최대오수량에 계획인구를 곱한 후 공장폐수량, 지하수량 및 기타 배수량을 더한 값으로 한다.

해설 4

계획 시간최대 오수량

계획 1일 최대 오수량의 1시간당 수량의 1.3 ~ 1.8배 (표준)

5 하수도의 계획오수량에서 계획 1일 최대오수량 산정식은 어느 것인가? [99, 00, 19 ㉮ 08 ㉯]

㉮ 계획배수인구×1인 1일 최대오수량+공장폐수량+지하수량+기타 배수량
㉯ 계획배수인구+공장폐수량+지하수량
㉰ 계획배수인구×(공장폐수량+지하수량)
㉱ 1인 1일당 최대오수량+공장폐수량+지하수량

해설 5

계획 1일 최대오수량
 = (계획 배수인구×1인 1일 최대오수량) + 공장폐수량 + 지하수량 + 기타 배수량

정답 1. ㉯ 2. ㉰ 3. ㉰ 4. ㉰ 5. ㉮

6 다음 계획오수량에 대한 설명 중 틀린 것은? [99 ㉮]

㉮ 지하수량은 1인 1일 최대오수량의 5~10%로 한다.
㉯ 계획 1일 최대오수량은 처리시설의 용량을 결정하는 기초가 되는 값이다.
㉰ 계획 1일 평균오수량은 계획 1일 최대오수량의 70~80%를 표준으로 한다.
㉱ 계획 시간 최대오수량은 계획 1일 최대오수량의 1시간당 수량의 1.3~1.8배로 한다.

해설 6
지하수량
1인 1일 최대오수량의 10~20%를 원칙으로 한다.

7 하수처리장의 설계기준이 되는 기본적 하수량은 일반적으로 무엇을 기준으로 하는가? [02, 11 ㉮ 98, 02, 04, 05, 13 ㉯]

㉮ 계획 1일 평균오수량
㉯ 계획 1일 최대오수량
㉰ 계획 1시간 최소오수량
㉱ 계획 1시간 최대오수량

해설 7
계획 1일 최대오수량
하수처리시설의 처리용량을 결정하는 기준이 된다.

8 계획오수량에 대한 설명 중 틀린 것은? [00, 07, 17 ㉮]

㉮ 계획시간 최대오수량은 계획 1일 최대오수량의 1시간당 수량의 1.3~1.8배를 표준으로 한다.
㉯ 계획오수량은 생활오수량, 공장폐수량 및 지하수량으로 구분할 수 있다.
㉰ 지하수량은 1인 1일 평균오수량의 10~20%로 한다.
㉱ 계획 1일 평균오수량은 계획 1일 최대오수량의 70~80%를 표준으로 한다.

해설 8
지하수량
1인 1일 최대오수량의 10~20%로 한다.

9 계획인구 10만명인 도시의 오수처리 계획에서 1인 1일 최대 오수량이 300L/(인·일)이고 지하수량은 1인 1일 최대 오수량의 10%이었다면 계획 1일 최대 오수량은? [01 ㉮]

㉮ 15,00m³/day
㉯ 23,000m³/day
㉰ 30,000m³/day
㉱ 33,000m³/day

해설 9
계획 1일 최대오수량
= (1인 1일 최대오수량 + 지하수량) × 계획인구
= (0.3 + 0.03) × 100000
= 33,000m³/day

10 지하수의 침투에 영향을 미치는 주요 요소로서 가장 관련이 적은 것은?

㉮ 관의 직경
㉯ 토양과 지질
㉰ 관의 길이와 이음
㉱ 하수관의 재질

해설 10
하수관거로의 지하수 침투
하수관거의 접합불량, 관거 투수성, 관거에 발생한 균열, 토양특성, 관거의 직경·길이 등에 의해 영향을 많이 받는다.

정답 6. ㉮ 7. ㉯ 8. ㉰ 9. ㉱ 10. ㉱

출제예상문제

CHAPTER 6 하수도시설 계획

1. 다음 하수와 관련된 사항 중 옳지 않은 것은?

㉮ 하수란 생활이나 산업활동에 의하여 배출되는 오수와 우수를 말한다.
㉯ 하수도라 함은 농작물의 경작하수를 포함하는 모든 하수를 배제 또는 처리를 위한 시설이다.
㉰ 종말처리장이라 함은 하수를 최종적으로 처리하여 방류하기 위한 시설을 말한다.
㉱ 공공하수도 시설의 규모 및 배치는 계획한 수량을 배제할 수 있어야 한다.

[해설] 하수도는 공장폐수, 가정하수, 지하수와 우수를 배제하기 위한 시설을 말하며 경작을 위한 농업용수 배출은 포함되지 않는다.

2. 하수도 계획의 목표년도는 원칙적으로 몇 년 후로 하는가?

㉮ 10년 ㉯ 20년
㉰ 40년 ㉱ 50년

[해설] 하수도계획의 목표년도는 원칙적으로 20년 후로 한다.

3. 하수도 계획에서 시설의 내용년수 및 건설기간이 길고 관거의 하수량 증가에 따라 단면을 단계적으로 증가시키기 곤란하기 때문에 장기적인 관거계획을 수립할 필요가 있다. 하수도 계획의 목표년도는 원칙적으로 몇 년 후로 하는 것이 좋은가?

㉮ 10년 ㉯ 20년
㉰ 30년 ㉱ 40년

[해설] 하수도 계획의 목표년도는 원칙적으로 20년 후로 한다.

4. 하수 종말처리시설에 대한 방류수 수질기준 항목이 아닌 것은?

㉮ BOD ㉯ COD
㉰ pH   ㉱ SS

[해설] 방류수 수질기준
① BOD : 20mg/L이하 ② SS : 20mg/L이하
③ 총질소 : 60mg/L이하 ④ 총인 : 8mg/L이하
⑤ COD : 40mg/L이하

5. 다음 하수도의 구성 및 계통도에 관한 설명 중 틀린 것은?

㉮ 하수도의 계통은 일반적으로 집배수시설, 처리시설, 방류 또는 처분시설로 구성된다.
㉯ 하수의 집배수 시설은 자연유하식이 원칙이며 펌프시설도 사용할 수 있다.
㉰ 하수처리 시설은 물리적, 생물학적 처리시설을 말하고 화학적 처리시설은 제외한다.
㉱ 하수배제 방식은 합류식과 분류식으로 대별할 수 있다.

[해설] 하수처리시설에는 물리적 처리(screening, 침전 등), 화학적 처리(중화, 소독, 산화 등), 생물학적 처리(활성슬러지, 살수여상법 등)시설 등으로 구별할 수 있다.

6. 다음 중 하수도 기본계획과 거리가 먼 것은?

㉮ 하수 배제방식 ㉯ 계획인구
㉰ 배수지의 위치 ㉱ 종말처리장 방식

[해설] 하수도의 기본계획
① 계획인구 ② 하수 배제방식
③ 하수처리장의 위치 ④ 배수(排水)계통
⑤ 하수도 계획구역

해답 1. ㉯ 2. ㉯ 3. ㉯ 4. ㉰ 5. ㉰ 6. ㉰

7. 하수도의 기본계획에 있어서 조사해야 할 사항으로 가장 거리가 먼 것은?

㉮ 계획 인구 및 포화 인구밀도
㉯ 주요 간선 펌프장 및 하수처리장의 위치
㉰ 배수지의 크기 및 계통
㉱ 하수 배제방식(합류식 혹은 분류식)

[해설] 배수지는 상수도 기본계획에 포함되는 사항이다.

8. 다음 하수배제 방식의 합류식과 분류식에 관한 설명 중 틀린 것은?

㉮ 분류식이 합류식에 비하여 일반적으로 관거의 부설비가 적게 든다.
㉯ 합류식 하수관거는 인접한 오염물질의 유입에 따른 대책이 필요하다.
㉰ 하수관거내의 유속의 변화폭은 합류식이 분류식보다 크다.
㉱ 합류식 하수관거는 단면이 커서 관거 내 유지관리가 분류식보다 쉽다.

[해설] 분류식과 합류식의 비교
① 분류식

장 점	단 점
㉠ 관거 내 오물의 퇴적이 적음 ㉡ 오수만을 처리하므로 처리비용이 저렴함 ㉢ 모든 오수를 처리장으로 수송시킬 수 있음 ㉣ 청천시 합류식에 비해 오수관의 유속이 비교적 빠름 ㉤ 관거 내의 청소가 비교적 용이함	㉠ 관을 오수 및 우수관거로 매설해야 하므로 부설비가 비쌈 ㉡ 강우초기의 오염된 우수 및 노면의 오염물질이 처리되지 못하고 공공수역으로 방류됨 ㉢ 오수 및 우수관거의 2계통을 동일도로에 매설하는 것이 매우 곤란함 ㉣ 오수관거는 소구경관거이므로 폐색의 우려가 있음 ㉤ 초기 강우시 노면의 세정수가 직접 하천 등으로 유입됨

② 합류식

장 점	단 점
㉠ 강우시의 우수처리에 유리함 ㉡ 관거의 부설비가 저렴하고 시공이 용이함 ㉢ 우수를 신속히 배제하기 위한 지형조건에 적합한 관로망임 ㉣ 관거의 단면적이 크기 때문에 폐색의 염려가 없고 검사, 보수, 청소 등에 유리함	㉠ 계획 하수량 이상이 되면 오수의 월류현상이 발생함 ㉡ 청천시에는 수위가 낮고 유속이 적어 고형물이 퇴적되기 쉬움 ㉢ 강우시에 비점원 오염물질을 하수처리장에 유입시켜 이것에 대한 대책이 필요함 ㉣ 우천시에 다량의 토사가 유입되어 침전지 등에 퇴적됨

9. 하수 배제방식의 비교 내용 중 옳지 않은 것은?

㉮ 분류식 : 오수관거와 우수관거를 동일 도로에 매설하는 것이 좋다.
　합류식 : 우수를 신속히 배제하기 위한 관로선정으로 지형조건에 어려움이 생긴다.
㉯ 분류식 : 관거내에 퇴적이 적다.
　합류식 : 우천시에 처리장으로 다량의 토사가 유입된다.
㉰ 분류식 : 오수관거에서 소구경 관거에 의한 폐쇄의 우려가 생긴다.
　합류식 : 폐쇄의 염려가 없고 검사 및 수리가 용이하다.
㉱ 분류식 : 초기 강우시 노면의 세정수가 직접 하천 등으로 유입된다.
　합류식 : 오수량의 증가시 청천시 월류현상이 발생된다.

[해설]
㉮ 분류식은 오수관거와 우수관거의 2계통을 동일도로에 매설하는 것은 오접합의 우려가 있어 바람직하지 못하다. 합류식은 우수를 신속히 배수하기 위해서 지형조건에 적합한 관로망이다.

해답 7. ㉰ 8. ㉮ 9. ㉮

10. 오수 및 우수의 배제방식에는 분류식과 합류식이 있다. 분류식과 합류식의 장단점 중 옳지 않은 것은?

㉮ 합류식은 관의 단면적이 크기 때문에 검사, 보수, 청소에 편하다.
㉯ 수질 보전측면에서는 전체 오수를 정화할 수 있는 분류식이 우수하다.
㉰ 완전 분류식으로 하면 우수거만으로도 합류식과 대차가 없는 단면이 되므로 건설비가 비싸게 된다.
㉱ 분류식은 오수 전량을 처리장까지 운송할 수 있어 우수의 완전처리가 가능하다.

[해설] 분류식에서는 오수와 우수가 분리되어 오수만이 하수처리장으로 수송되며 우수는 처리장에서 처리하지 않고 그대로 방류수역으로 방류된다.

11. 하수 배제방식의 특징에 관한 다음 설명 중 잘못된 것은?

㉮ 분류식은 합류식에 비해 우수처리 비용이 많이 소요된다.
㉯ 합류식은 분류식에 비해 건설비가 저렴하고 시공이 용이하다.
㉰ 합류식은 단면적이 크므로 검사, 수리 등에 유리하다.
㉱ 분류식은 오수만을 처리하므로 오수처리 비용이 저렴하다.

[해설] 분류식은 오수관과 우수관을 별개로 매설해야 하므로 공사비용은 많이 드나 오수와 우수를 분리, 수송해 오수만을 처리장에서 처리하므로 오수와 우수를 모두 처리하는 합류식에 비해 우수처리 비용이 필요없다.

12. 다음 하수도의 구성에 대한 설명 중 맞는 것은?

㉮ 하수의 집수시설에서 펌프시설은 필요없다.
㉯ 하수처리시설은 생물학적 처리 공정시설만을 의미한다.
㉰ 하수 배제방식은 합류식과 분류식으로 대별할 수 있다.
㉱ 배수계통 형식 중 방사식이 가장 좋다.

[해설]
㉮ 지반이 낮은 지역에서 오수를 다음 펌프장 또는 처리장으로 송수하기 위해서는 펌프시설이 필요하다.
㉯ 물리적 처리인 1차 처리, 생물학적 처리인 2차 처리, 고도 처리인 3차 처리가 있다.
㉱ 배수계통의 형식은 직각식, 선형식, 방사식, 차집식 등이 있는데 배수지역의 특성에 따라 형식을 선택한다.

13. 하수관거 시설의 분류식과 합류식에 관한 설명 중 옳지 않은 것은?

㉮ 분류식의 오수관은 유속이 빠르므로 관내에 침전물이 적게 발생한다.
㉯ 분류식은 안정적인 하수처리를 실시할 수 있다.
㉰ 분류식은 모든 오수를 처리할 수 있다.
㉱ 분류식은 전체 관거시설 비용을 절약할 수 있다.

[해설] 합류식은 오수 및 우수를 하나의 관으로 수송시키므로 전체 관거시설 비용을 절약할 수 있는 반면에, 분류식은 그렇지 못하다.

14. 하수도 계통도 중 지역이 광대해서 하수를 한 곳으로 모으기 힘들 때 채용하는 배수 형식은?

㉮ 직각식 ㉯ 선형식
㉰ 방사식 ㉱ 집중식

[해설] 방사식은 하수 배제구역의 중심이 고지대이거나 광대한 지역이어서 하수를 한 곳으로 배수하기 곤란할 경우에 하수를 배제시키는 방법이다.

15. 지형이 한 방면으로 경사져서 그 배수계통을 나뭇가지 형태로 배치하는 배수방식은?

㉮ 직각식 ㉯ 선형식
㉰ 방사식 ㉱ 고저단식

해답 10. ㉱ 11. ㉮ 12. ㉰ 13. ㉱ 14. ㉰ 15. ㉯

해설
선형식(fan system)은 지형이 한쪽 방향으로 경사되어 있을 때 하수관을 나뭇가지 형태인 수지상으로 배치하여 하수를 1개 장소로 모아 배제하는 방식으로 지세가 단순하여 쉽게 한 지점으로 하수를 집결할 수 있을 경우 경제적이지만 시가지 중심의 밀집지역에 하수 간선이나 펌프장이 집중된 대도시에는 적당하지 않다.

16. 유역면적이 5ha이고 유입시간 8분, 유출계수 0.75일 때 하수관거의 유량은 얼마인가? (단, 하수관거 길이는 1km이며 하수관내 유속은 40m/min으로 하고 이 지역의 강우강도는 $I = 3,970/(t+31)$ mm/hr 이다.)

㉮ 0.43m³/sec ㉯ 0.65m³/sec
㉰ 0.87m³/sec ㉱ 1.06m³/sec

해설
① 유역면적(A) = $5\,ha$
② 유달시간(T) = 유입시간 + 유하시간

$\quad$ = 유입시간(t_1) + $\dfrac{\text{하수관 길이}(L)}{\text{유속}(v)}$

∴ $T = t_1 + \dfrac{L}{v} = 8 + \dfrac{1,000\,(\text{m})}{40\,(\text{m/min})} = 33\,(\text{min})$

③ $Q = \dfrac{1}{360} CIA = \dfrac{1}{360} \times 0.75 \times \dfrac{3,970}{33+31} \times 5$
$\quad = 0.65\,(\text{m}^3/\text{sec})$

17. 배수면적 15,000m² 인 지역에 강우강도 $I = \dfrac{280}{\sqrt{t}+0.28}$ mm/hr, 유출계수 0.7, 유달시간 6분일 경우 우수량은?

㉮ 0.43m³/sec ㉯ 0.30m³/sec
㉰ 1.37m³/sec ㉱ 13.969m³/sec

해설
① $C = 0.7$, T(유달시간) = $6\,(\text{min}) = t$
② $A = 15,000\,(\text{m}^2) = 15,000 \times 10^{-4}\,(\text{ha}) = 1.5\,(\text{ha})$
③ $I = \dfrac{280}{\sqrt{t}+0.28} = \dfrac{280}{\sqrt{6}+0.28} = 102.58\,(\text{mm/hr})$
∴ $Q = \dfrac{1}{360} CIA = \dfrac{1}{360} \times 0.7 \times 102.58 \times 15,000$
$\qquad \times 10^{-4} = 0.30\,(\text{m}^3/\text{sec})$

18. 주요 계통별 설계 하수량으로서 틀린 것은?

㉮ 하수처리장(분류식) : 일평균 하수량
㉯ 합류관거 : 계획 시간 최대오수량 + 계획 우수량
㉰ 차집관거 : 우천시 계획 오수량
㉱ 오수관거 : 계획 시간 최대오수량

해설 합류식 관거의 계획하수량

종 별	하 수 량
관거(차집관거 제외)	계획 시간 최대오수량 + 계획우수량
차집관거 및 펌프장	계획 시간 최대오수량의 3배 이상
처리장의 최초침전지에서 소독설비 (부대설비 포함)	계획 시간 최대오수량의 3배 이상
처리장에서 상기 이외의 처리시설	계획 1일 최대오수량

※ 하수처리장(분류식) : 계획 1일 최대오수량을 기준으로 한다.

19. 하수도 설계에서 계획 하수량 선정시 잘못된 것은?

㉮ 지하수량은 1인 1일 최대 오수량의 10~20%로 한다.
㉯ 계획 1일 최대 오수량은 1인 1일 최대 오수량에 계획인구를 곱한 후에 그 밖의 배수량 등을 가한다.
㉰ 계획 1일 평균 오수량은 계획 1일 최대 오수량의 70~80%를 표준으로 한다.
㉱ 계획 시간 최대 오수량은 계획 1일 최대 오수량에 1시간당의 수량을 표준으로 한다.

해설 계획 시간 최대오수량
= 계획 1일 최대오수량 × (1.3~1.8)
= $\dfrac{1\text{인 1일 최대오수량} \times \text{계획인구}}{24} \times (1.3\text{~}1.8)$

20. 하수도 계획에서 우수량 산정과 관계가 없는 것은?

㉮ 강우강도 ㉯ 유출계수
㉰ 유역면적 ㉱ 집수관거

해답 16. ㉯ 17. ㉯ 18. ㉮ 19. ㉱ 20. ㉱

해설
하수도계획에서 우수량의 산정에는 주로 합리식이 사용된다. 즉 $Q = \dfrac{1}{360} CIA$이며, 여기서 C는 유출계수, I는 강우강도, A는 유역면적이다.

21. 다음 하수량 산정에 관한 설명 중 틀린 것은?

㉮ 하수량은 가정 오수량, 공장 폐수량, 지하수량, 우수량 등이 포함된다.
㉯ 하수량중 지하수의 침투량은 가정 오수량의 약 10~20% 정도로 추산된다.
㉰ 우수량의 산정공식중 합리식($Q = CIA$)에서 I는 동수구배이다.
㉱ 계획 1일 최대 오수량은 하수처리장 시설의 기준이 된다.

해설
합리식 $Q = CIA$에서 I는 강우강도(mm/hr)를 나타낸다.

22. 인구 1인당 생활오수의 BOD 오염부하 원단위를 50g/인·일 이라 할 때 인구 100,000인 도시의 하수처리장에 유입되는 BOD 부하는 얼마인가?

㉮ 5,000kg/일 ㉯ 500kg/일
㉰ 50kg/일   ㉱ 50ton/일

해설 BOD 부하(kg/day)
= BOD 부하 원단위(g/인·일)×인구(인)×10^{-3}(kg/g)
= 50(g/인·일)×100,000(인)×10^{-3}(kg/g)
= 5,000(kg/day)

23. 배수면적 2km²인 유역내 강우의 하수거 유입시간이 6분, 유출계수가 0.70일 때 하수 관거내 유속이 2.0m/sec인 1km 길이의 하수관에서 유출되는 우수량은? (단, 강우강도 $I = \dfrac{3,500}{t+25}$ mm/hr이다.)

㉮ 0.3m³/sec   ㉯ 2.6m³/sec
㉰ 34.6m³/sec ㉱ 43.9m³/sec

해설
① 유역면적 A = 2km² = 200ha
② 유달시간(T) = 유입시간(t_1) + 유하시간(t_2)
= $6 + \dfrac{1,000}{120} = 14.33(\min) = t$(강우지속시간)
∴ $Q = \dfrac{1}{360} \times 0.7 \times \dfrac{3,500}{14.33+25} \times 200 = 34.6(\text{m}^3/\sec)$

24. 다음 중 분류식 우수관거의 설계시 사용하는 유량은?

㉮ 계획 시간 최대우수량
㉯ 계획 시간 최대우수량의 3배 이상
㉰ 계획 1일 최대우수량
㉱ 계획 우수량

해설
분류식은 우수와 오수를 분리해 각각 다른 관거를 통해 수송하므로 분류식 우수관거의 설계시에는 계획 우수량만을 고려한다.

25. 유역면적 2.5ha, 유출계수 0.4, 강우강도 $I = 7,500/(52+t)$mm/hr, 유입시간 5분, 관거내 유속 1m/sec, 관거길이 180m 인 관거 출구에서의 첨두유출량을 합리식 $Q = 0.002778\,CIA$에 의해 구한 값은 다음 중 어느 것에 가장 가까운가?

㉮ 0.33m³/sec
㉯ 0.35m³/sec
㉰ 0.37m³/sec
㉱ 0.39m³/sec

해설
① $T = 5 + \dfrac{180}{1 \times 60} = 8(\min) = t$
② $I = \dfrac{7,500}{52+8} = 125(\text{mm/hr})$
∴ $Q = \dfrac{1}{360} \times 0.4 \times 125 \times 2.5 = 0.35(\text{m}^3/\sec)$

해답 21. ㉰ 22. ㉮ 23. ㉰ 24. ㉱ 25. ㉯

26. 계획 인구 5만명인 도시의 오수처리 계획에서 1인 1일 최대 오수량(생활오수량)이 500L/(인·일)이고 공장폐수량이 3000m³/day일 때 지하수량은 1인 1일 최대 오수량의 15%로 했을 때 계획 1일 최대 오수량은 얼마인가?

㉮ 15,000m³/day ㉯ 20,000m³/day
㉰ 31,750m³/day ㉱ 32,200m³/day

해설
계획 1일 최대오수량 = 1인 1일 최대오수량 × 계획 인구 + 공장폐수량 + 지하수량
= (0.5×50,000)m³/day + 3,000m³/day
  + (0.5×50,000×0.15)m³/day = 31,750m³/day

27. 우수량을 산정하는 합리식의 공식은 다음과 같다.
$Q = \frac{1}{360} CIA$ 중에서 단위가 틀린 것은?

㉮ Q(m³/sec) ㉯ C(단위없음)
㉰ I(mm/sec) ㉱ A(ha)

해설
① $Q = \frac{1}{360} CIA$, 여기서 C : 유출계수,
  I : 강우강도(mm/hr), A : 배수면적(ha)
② $Q = \frac{1}{3.6} CIA$, 여기서 C : 유출계수,
  I : 강우강도(mm/hr), A : 배수면적(km²)

28. 대도시의 경우 하수도 계획에 있어서 1인 1일당 오수량은?

㉮ 10~50L ㉯ 50~100L
㉰ 100~180L ㉱ 180~250L

해설 하수도 계획오수량
① 가정오수량(1인 1일당 오수량)
  ㉠ 대도시 : 180~250L ㉡ 중소도시 : 120~180L
② 지하수 침투량(추정량)
  ㉠ 하수관의 길이 1km에 대하여 0.2~0.4L/sec로 가정한다.
  ㉡ 1인 1일 최대 가정오수량의 10~20%, 평균 15%로 가정한다.
  ㉢ 1인 1일당 17~25L로 가정한다.
  ㉣ 배수면적당 17,500~36,300L/일·ha로 가정한다.

29. 계획 급수인구가 700,000명으로 추정된 어떤 도시에 물을 공급하려 한다. 설정된 수원에서 집수면적이 10km² 이고 연평균 강우량이 78mm로 조사되었으며, 유출계수가 0.3이었다. 급수계획에 대한 다음 사항 중 옳은 것은? (단, 1인 1일당 급수량은 350L로 설정하였다.)

㉮ 급수량이 충분하여 상수계통을 확정하는데 문제가 없다.
㉯ 급수량이 부족하여 상수계통계획을 수정해야 한다.
㉰ 급수량이 부족하여 상수계통을 보완하면 물공급이 충분하다.
㉱ 급수량이 충분하나 계절별 물공급 배정을 위해 저류시설이 필요하다.

해설
① 연간 강우량
  $Q_1 = CIA = 0.3 \times 78 \times 10^{-3} \times 10 \times 10^6 = 234,000 (m^3)$
  연간 강우량의 산정은 합리식의 형태지만 I의 단위가 달라 경험상수인 1/3.6을 사용하지 않았다. 대신, 체적의 개념을 이용하여 I를 높이로 간주하여 구하였다.
② 연간 물 수요량
  $Q_2 = 350 \times 10^3 \times 10^{-6} \times 700,000 = 245,000 (m^3)$
  ($\because$ 1L = $10^3 cm^3$, $1cm^3 = 10^{-6}m^3$)
③ 평가
  $Q_1 < Q_2$ 이므로 급수량이 수요량보다 부족하여 상수계통 계획을 수정해야 한다.

30. 하수처리장의 설계기준이 되는 기본적 하수량은 일반적으로 무엇을 기준으로 하는가?

㉮ 계획 1일 평균오수량
㉯ 계획 1일 최대오수량
㉰ 계획 1시간 최소오수량
㉱ 계획 1시간 최대오수량

해설
계획 1일 최대 오수량이 하수처리장 시설의 기준이 되는 기본적 하수량이다.

해답 26. ㉰ 27. ㉰ 28. ㉱ 29. ㉯ 30. ㉯

31. 어느 유역의 강우강도는 $I = \dfrac{3,300}{t+17}$ (mm/hr)로 표시할 수 있고, 유역면적 200ha, 유입시간 5분, 유출계수 0.9, 관내 유속이 1m/sec이다. 600m의 하수관에서 흘러 나오는 우수량은 얼마인가?

㉮ 5.2m³/sec   ㉯ 2.65m³/sec
㉰ 51.56m³/sec ㉱ 102.65m³/sec

해설
$T = t_1 + \dfrac{L}{v} = 5 + \dfrac{600}{1 \times 60} = 15(\min) = t$
$\therefore Q = \dfrac{1}{360} CIA = \dfrac{1}{360} \times 0.90 \times \dfrac{3,300}{15+17} \times 200$
$= 51.56 (\text{m}^3/\sec)$

32. 도시 유역의 하수관거 우수 유출량 산정을 위한 합리식 $Q = C \cdot \dfrac{b}{t+a} \cdot A$에서 t는 다음 중 어느 것인가?

㉮ 우수가 배수유역 내의 최원격지점에서 유역 출구까지 도달하는데 소요되는 시간
㉯ 우수가 배수유역의 최원격지점에서 하수거에 유입하기까지의 시간
㉰ 하수거에 유입한 우수가 관거내를 흘러 유역 출구까지 유하하는데 소요되는 시간
㉱ 배수 유역내의 강우 지속시간

해설
① $\dfrac{b}{t+a} = I$ (강우강도) 에서 a, b는 상수, t는 유달시간(min)에 해당하는 강우지속시간
② 유달시간(강우 지속시간) t = 유입시간 + 관거내의 유하시간

33. 강우강도 $I = \dfrac{3,000}{t+10}$ mm/hr, 유역면적 4km², 유입시간 5min, 유출계수 C = 0.85, 관내유속 1.2m/sec, 관 길이 1,000m인 하수관에 유출되는 우수량을 합리식(Rational Method)으로 계산하면 얼마인가? (단, 강우 지속 시간은 유달시간과 같다.)

㉮ 68.03m³/sec   ㉯ 78.08m³/sec
㉰ 88.08m³/sec   ㉱ 98.08m³/sec

해설
① $T = t_1 + \dfrac{L}{v} = 5 + \dfrac{1,000}{1.2 \times 60} = 18.89 (\min) = t$
② $I = \dfrac{3,000}{t+10} = \dfrac{3,000}{18.89+10} = 103.84 (\text{mm/hr})$
③ $A = 4\text{km}^2 = 4 \times 100 = 400 \text{ha}$
$\therefore Q = \dfrac{1}{360} CIA = \dfrac{1}{360} \times 0.85 \times 103.84 \times 400$
$= 98.08 (\text{m}^3/\sec)$

34. 우리나라에서 간선 오수관거의 설계에 일반적으로 사용하고 있는 유입 시간의 표준치는 얼마인가?

㉮ 1분   ㉯ 5분
㉰ 15분   ㉱ 30분

해설
① 간선 오수관 : 5분
② 지선 오수관 : 7~10분

35. 분류식으로 계획한 도시의 하수처리 계획에 관한 다음 설명 중 틀린 것은?

㉮ 지하수의 유입량은 고려하지 않는다.
㉯ 하수처리장의 설계에는 계획 1일 최대 오수량을 기준으로 한다.
㉰ 오수관거의 설계에는 계획 시간 최대 오수량을 기준으로 한다.
㉱ 오수관으로의 빗물의 유입은 고려하지 않는다.

해설
① 계획 1일 최대 오수량 : 하수처리장의 설계기준
② 계획 시간 최대 오수량 : 관거 및 펌프장의 용량 결정
③ 계획 오수량 = 생활오수량 + 공장폐수량 + 지하수량

36. 계획 오수량을 정하는 다음 방법 중 설명이 잘못된 것은?

㉮ 생활 오수량의 1일 1인 최대 오수량은 1일 1인 최대 급수량을 감안하여 결정한다.
㉯ 지하수량은 1일 1인 최대 오수량의 10~20%로 한다.

해답 31. ㉰ 32. ㉮ 33. ㉱ 34. ㉯ 35. ㉮ 36. ㉰

㉰ 계획 1일 평균 오수량은 계획 1일 최대 오수량의 1.3~1.8배를 사용한다.
㉱ 합류식에서 우천시 계획 오수량은 원칙적으로 계획시간 최대 오수량의 3배 이상으로 한다.

[해설]
계획 1일 최대오수량은 하수처리장의 설계기준이 되며 유지관리의 비용산정에 쓰인다. 또한, 계획 1일 평균오수량은 계획 1일 최대오수량의 70~80%를 표준으로 한다.

37. 관거의 길이 1,500m, 유입시간 10분, 관거내 평균 유속 1.0m/sec, 유출계수 0.6으로 하고 강우강도 $I = \dfrac{4,000}{t+45}$ mm/hr라면 100ha당 우수 유출량은 얼마인가?

㉮ 5.4m³/sec ㉯ 8.3m³/sec
㉰ 10.2m³/sec ㉱ 12.5m³/sec

[해설]
① $T = t_1 + \dfrac{L}{v} = 10 + \dfrac{1,500}{1.0 \times 60} = 35.0\,(\min) = t$
② $I = \dfrac{4,000}{t+45} = \dfrac{4,000}{35.0+45} = 50\,(\text{mm/hr})$
∴ $Q = \dfrac{1}{360} CIA = \dfrac{1}{360} \times 0.60 \times 50 \times 100$
$= 8.33\,(\text{m}^3/\text{sec})$

38. 우수 배제계획에서 계획 우수량을 산정할 때 고려할 사항이 아닌 것은?

㉮ 유출계수 ㉯ 확률년
㉰ 배수면적 ㉱ 경험식

[해설] 계획 우수량 산정시 고려할 사항
① 우수 유출량의 산정식(합리식, 경험식)
② 유출계수
③ 유달시간
④ 확률년
⑤ 배수면적
우수 유출량의 산정에는, 일부 특정지역을 제외하고는 원칙적으로 합리식을 이용한다.

39. 우리나라 대도시의 경우 하수로 방출되는 하수량은 급수량의 약 몇 %인가?

㉮ 60~70% ㉯ 70~80%
㉰ 80~90% ㉱ 90~95%

[해설]
하수량은 상수소비량과 같다고 보며, 상수소비량은 상수급수량의 70~80%로 간주한다.

40. 지하수의 침투량을 결정하는 요소와 관련이 없는 항목은 다음 중 어느 것인가?

㉮ 하수관거의 길이 1km당 0.2~0.4L/sec
㉯ 배수면적당 17,500~36,300L/day/ha
㉰ 오수량의 10~20%, 평균 15%
㉱ 1인 1일당 30~50L

[해설]
지하수 침투량은 1인 1일당 17~25L로 가정한다.

41. 하수량을 결정하기 위한 항목에 포함될 수 없는 것은 다음 중 어느 것인가?

㉮ 도시 분뇨 생성량
㉯ 공장 폐수량
㉰ 가정 오수량
㉱ 지하수량

[해설]
하수는 오수와 우수로 분류되며, 오수에는 가정오수, 지하수, 공장폐수로 구성된다.

42. 분류식 하수관거에서 펌프장 용량설계의 기준이 되는 것은?

㉮ 계획 1일 평균오수량
㉯ 계획 1일 최대오수량
㉰ 계획 시간 최대오수량
㉱ 계획 순간 최대오수량

해답 37. ㉯ 38. ㉱ 39. ㉯ 40. ㉱ 41. ㉮ 42. ㉰

해설
　분류식 하수관거의 펌프장은 오수관거 중계펌프장을 의미하며, 계획 시간 최대오수량을 기준으로 한다.

43. 계획 1일 평균오수량은 계획 1일 최대오수량의 (A) %, 계획 시간 최대오수량은 계획 1일 최대오수량의 1시간당 수량의 (B)배를 표준으로 한다. A, B 값으로 가장 알맞는 것은?

㉮ A : 60~70%, B : 1.3~1.8배
㉯ A : 70~80%, B : 1.5~2.0배
㉰ A : 70~80%, B : 1.3~1.8배
㉱ A : 70~80%, B : 1.5~2.0배

해설
① 계획 1일 평균오수량 = 계획 1일 최대오수량 × (0.7~0.8)
② 계획 시간 최대오수량 = 계획 1일 최대오수량/24 × (1.3~1.8)

44. 합류식과 분류식 하수관의 특징에 관한 다음 설명 중 가장 잘못된 것은?

㉮ 분류식은 합류식에 비해 오접합의 우려가 적다.
㉯ 합류식은 분류식에 비해 시공이 용이하다.
㉰ 합류식은 분류식에 비해 청소, 검사등이 유리하다.
㉱ 분류식은 합류식에 비해 오수처리 비용이 적게 든다.

해설
　합류식은 관을 1개만 매설하므로 시공이 용이하여 분류식에 비해 오접합의 우려가 적다.

45. 합류식 하수관거 계통은 분류식 계통에 비할 때 다음의 특성을 갖고 있다. 틀린 것은?

㉮ 방류수역에서 오염의 염려가 크다.
㉯ 청천시 관내에 오염물이 퇴적한다.
㉰ 건설비용이 크게 소요된다.
㉱ 도로폭이 좁은 지역에 적합하다.

해설
　합류식은 관을 1개만 매설하므로 분류식보다 건설비용이 적게 든다.

46. 하수관거 시설에서 분류식과 합류식에 대한 설명 중 옳지 않은 것은?

㉮ 분류식의 오수관은 유속이 빠르므로 관내에 침전물이 적게 발생한다.
㉯ 분류식은 안정적인 하수처리를 실시할 수 있다.
㉰ 분류식은 모든 오수를 처리할 수 있으므로 수질 개선에 효과적이다.
㉱ 분류식은 전체 관의 시설비용을 절약할 수 있다.

해설
　분류식은 오수 및 우수관거를 별개로 매설하므로 시설비용이 합류식보다 비싸다.

47. 유역면적이 100ha이고, 유출계수가 0.70인 하수거에 흘러내리는 우수 유출량은? (단, 강우강도는 3mm/min이다.)

㉮ 0.58m³/sec
㉯ 58m³/sec
㉰ 0.35m³/sec
㉱ 35m³/sec

해설
$I = 3 \text{mm/min} = 180 \text{mm/hr}$
$\therefore Q = \frac{1}{360} CIA = \frac{1}{360} \times 0.70 \times 180 \times 100 = 35.0 \, (\text{m}^3/\text{sec})$

48. 다음 하수배제 방식에 대한 설명 중 틀린 것은?

㉮ 분류식 하수관거는 청천시(晴天時) 관로내 퇴적량이 합류식 하수관거에 비하여 많다.
㉯ 분류식 하수배제 방식은 강우초기에 도로위의 오염물질이 직접 하천으로 유입하는 단점이 있다.
㉰ 합류식 하수배제 방식은 침수피해 다발지역에 유리한 방식이다.
㉱ 합류식 하수관거에서는 우천시(雨天時) 일정유량 이상이 되면 하수가 직접 수역으로 방류된다.

해답　43. ㉰　44. ㉮　45. ㉰　46. ㉱　47. ㉱　48. ㉮

해설
합류식 하수관거는 맑은 날에는 관의 크기에 비해 유량이 적어 수위가 낮고 유속이 느려져 분류식보다 오염물질이 퇴적되기 쉽다.

49. 하수도시설의 일반적 계통을 가장 옳게 나열한 것은?

㉮ 집배수시설 - 방류 또는 처분시설 - 처리시설
㉯ 처리시설 - 방류 또는 처분시설 - 집배수시설
㉰ 집배수시설 - 처리시설 - 방류 또는 처분시설
㉱ 처리시설 - 집배수시설 - 방류 또는 처분시설

해설
하수도 시설계통은 집배수(集排水)시설 → 처리시설 → 방류 또는 처분시설 로 구성되어 있다.

50. 다음 그림에서 간선하수거 DA 의 길이는 600m 이고, 유역내 최원점 E 에서 간선하수거의 입구 D 까지 우수가 유하하는데 요하는 시간은 5분이다. 간선하수거내 유속은 1m/sec 라면 유달시간은 얼마인가?

㉮ 5분
㉯ 11분
㉰ 15분
㉱ 20분

해설
유달시간 T = 유입시간 + 유하시간 = $t_1 + \dfrac{L}{v}$
= $5(\min) + \dfrac{600(m)}{1 \times 60(m/\min)} = 15(\min)$

51. 하수의 배수계통으로 부적당한 것은?

㉮ 차집식   ㉯ 직각식
㉰ 방사식   ㉱ 연결식

해설
하수관거의 배치방식에는 ① 직각식, ② 차집식, ③ 선형식, ④ 방사식, ⑤ 평행식, ⑥ 집중식 등이 있다.

52. 유달시간에 대한 다음 설명 중 옳지 않은 것은?

㉮ 유달시간 T가 강우지속기간 t보다 적을 때는 지체현상이 일어난다.
㉯ 강우의 유입시간과 유하시간의 합이다.
㉰ 강우강도식에서 강우지속시간으로 사용된다.
㉱ 유달시간은 배수구역의 면적, 지표상태, 구배 등에 따라 다르다.

해설
유달시간은 유입시간과 유하시간의 합으로 나타내며 유달시간이 강우지속시간보다 큰 경우는 지체현상이 일어나고, 강우지속시간보다 작은 경우는 전 배수면적에서의 우수가 동시에 하수관 시작점에 모일 때가 있다.

53. 하수관거의 연결순서가 올바르게 짝지어진 것은?

㉮ 건물 - 지관 - 연결관 - 준간선관 - 간선관 - 차집관거
㉯ 건물 - 연결관 - 지관 - 준간선관 - 간선관 - 차집관거
㉰ 건물 - 차집관거 - 연결관 - 지관 - 준간선관 - 간선관
㉱ 건물 - 준간선관 - 간선관 - 차집관거 - 지관 - 연결관

해설
하수도계통은 건물 → 각호 하수관(house sewer) → 지선 하수관(branch sewer) → 연결 하수관(lateral sewer) → 부간선 하수관(submain sewer) → 간선 하수관(main sewer) → 차집 하수관(intercepting sewer) → 종말하수관(out-fall sewer) 순서로 구성된다.

54. 다음의 A, B 두 개의 관로(pipeline)에 대한 조건에서 올바르게 설명된 것은?

㉠ 관로 A - 길이 500m, 직경 30cm, 관 1개의 길이 1.2m
㉡ 관로 B - 길이 480m, 직경 40cm, 관 1개의 길이 1.5m

㉮ 관로 A가 B보다 지하수 유입을 더 많이 허용한다.
㉯ 관로 B가 A보다 지하수 유입을 더 많이 허용한다.

해답 49. ㉰ 50. ㉰ 51. ㉱ 52. ㉮ 53. ㉮ 54. ㉯

㉰ 위의 조건으로는 알 수 없다.
㉱ 같은 양의 지하수 유입을 허용한다.

[해설]
관로(pipeline)에서 연결부분의 길이와 면적이 클수록 지하수 유입을 더 많이 허용한다.

	관로 A	관로 B
연결수(관의 총길이 ÷ 관 1개의 길이)	417	320
연결둘레(π × 직경)	94.8cm	125.6cm
전체 연결둘레(연결수 × 연결둘레)	395m	402m
전체 표면적(연결둘레 × 관의 총길이)	474m²	603m²

∴ 관로 B가 A보다 지하수 유입이 더 크다.

55. 첨두율(尖頭率)에 대한 다음 설명 중 틀린 것은?

㉮ 첨두율이란 실제하수유량을 평균하수유량으로 나눈 값을 말한다.
㉯ 대구경의 하수거인 경우는 첨두율이 3.0이상이고 소구경(지선)일 경우에는 2.0이하이다.
㉰ 인구와 첨두율간의 관계도면에서 첨두율을 구할 수 있다.
㉱ 보통 지관(支管)의 첨두율은 4.0이다.

[해설]
첨두율은 소구경관일수록 높고 대구경관일수록 낮다. 즉 대구경은 1.3이하, 소구경은 2.0이상이다. 또한 토구(吐口) 하수거의 설계시 적용되는 첨두율은 2.5이다.

56. 다음 표는 어느 배수지역의 우수량을 산출하기 위해 조사한 지역분포와 유출계수의 결과이다. 이 지역의 전체 평균유출계수는 얼마인가?

지 역	분 포	유출계수
상업지역	20%	0.6
주거지역	30%	0.4
공원지역	10%	0.2
공업지역	40%	0.5

㉮ 0.46   ㉯ 0.41
㉰ 0.36   ㉱ 0.30

[해설]
전체 평균 유출계수=(0.6×0.2)+(0.4×0.3)+(0.2×0.1)+(0.5×0.4)=0.46

57. 다음 하수관거에 대한 설명 중 틀린 것은?

㉮ 하수관거는 가정하수관거, 우수관거, 합류식 하수관거 3가지로 구분한다.
㉯ 합류식 하수관거는 가정하수, 공장폐수, 우수를 모두 한꺼번에 배제시키기 위해 설치된다.
㉰ 합류식 하수관거는 우수가 포함되므로 희석되어 하수처리에 도움이 된다.
㉱ 가정식 하수관거는 가정하수와 공장폐수를 수송하는 하수관거이다.

[해설]
우수(雨水)는 하수처리장에 과부하를 초래하여 처리시설 규모를 필요 이상으로 크게 해야 하므로 최근에는 주로 분류식 하수관거를 채택하고 있는 실정이다.

58. 다음은 하수도의 관리에 있어서 안전사항이다. 틀린 것은?

㉮ 하수 집수시설에서 위험한 기체가 축적되는 곳은 맨홀과 간선하수관이 있다.
㉯ 맨홀에 들어가기 전에는 폭발성 또는 유독성 가스에 대비해야 한다.
㉰ 하수관내에서는 방폭형(防爆型) 램프를 사용한다.
㉱ 간선하수관은 위험한 기체가 생기지 않는다.

[해설]
간선하수관은 관의 직경이 큰 대신에 유속이 낮아서 부유물이 침전하여 혐기성 분해가 일어나기 때문에 메탄(CH_4), 황화수소(H_2S), 일산화탄소(CO), 탄산가스(CO_2) 등의 기체가 발생하는 경우가 있다.

해답 55. ㉯ 56. ㉮ 57. ㉰ 58. ㉱

59. 배수면적 0.05km², 하수관거의 길이 480m, 유입시간이 4분, 유출계수 C = 0.6, 재현기간 7년에 대한 강우강도 $I = \dfrac{3,250}{t+18.2}$ mm/hr, 하수관거내 유속이 27m/min 인 경우 이 하수관거내의 우수량은?

㉮ 0.677m³/sec ㉯ 6.77m³/sec
㉰ 2.45m³/sec ㉱ 3.65m³/sec

[해설]
① 배수면적(A) = 0.05km² = 5ha
② $T = 4 + \dfrac{480}{27} = 21.8\,(\min) = t$
∴ $Q = \dfrac{1}{360} \times 0.6 \times \dfrac{3,250}{21.8+18.2} \times 5 = 0.677\,(\mathrm{m^3/sec})$

60. 하수관거의 길이가 1.8km인 하수관거 내에서 우수가 1.5m/sec의 유속으로 흐르고, 유입시간이 8분일 때 유달시간은 얼마인가?

㉮ 8분 ㉯ 18분
㉰ 28분 ㉱ 38분

[해설]
유달시간 T = 유입시간 + 유하시간
∴ $T = 8 + \dfrac{1,800}{1.5 \times 60} = 28\,(분)$

61. 어떤 도시에서 재현기간 5년의 강우강도식이 $I = \dfrac{225}{t^{0.393}}$ (mm/hr)이고 배수면적이 1.5km²이며, 유입시간이 6분이다. 이 지역의 유출계수 C는 0.65이며, 600m관 내의 유속이 1m/sec일 때 우수거 하단에서의 첨두 유량은?

㉮ 0.205m³/sec ㉯ 2.05m³/sec
㉰ 20.5m³/sec ㉱ 200.5m³/sec

[해설]
① $T = t_1 + \dfrac{L}{v} = 6 + \dfrac{600}{1 \times 60} = 16\,(\min) = t$
② $I = \dfrac{225}{t^{0.393}} = \dfrac{225}{16^{0.393}} = 75.68\,(\mathrm{mm/hr})$
③ $A = 1.5\,\mathrm{km^2} = 1.5 \times 100 = 150\,\mathrm{ha}$
∴ $Q = \dfrac{1}{360} CIA = \dfrac{1}{360} \times 0.65 \times 75.68 \times 150 = 20.5\,(\mathrm{m^3/sec})$

62. 하수관거를 3가지의 종류로 구분한 것 중 옳은 것은?

㉮ 가정하수관거, 우수관거, 재래식 하수관거
㉯ 가정하수관거, 합류식 하수관거, 지하수관거
㉰ 가정하수관거, 우수관거, 합류식 하수관거
㉱ 가정하수관거, 지하수관거, 분리식 하수관거

[해설] 하수관거의 종류
① 가정하수관거 : 가정하수와 공장폐수를 수송한다.
② 우수관거 : 우수(雨水)를 수송한다.
③ 합류식 하수관거 : 가정하수, 공장폐수, 우수를 함께 수송한다.

63. 하수도 기본계획 수립시의 조사사항으로 가장 거리가 먼 것은?

㉮ 하수배제방식
㉯ 계획인구 및 포화 인구밀도
㉰ 오수량
㉱ 배수지의 크기 및 계통

[해설]
배수지의 크기 및 계통은 상수도 기본계획 수립시의 조사사항이다.

64. 하수도의 설치목적에 대한 기술 중 옳지 못한 것은?

㉮ 하수내 BOD 혹은 SS를 제거하는데 있다.
㉯ 하수의 소독을 위하여 불소를 주입한다.
㉰ 특별한 색깔이나 냄새를 제거하기 위해 명반을 주입, 침전 제거한다.
㉱ 국민보건과 수자원보전에 그 효과가 있다.

[해설]
하수의 소독을 위해 일반적으로 염소 등을 주입하며 불소(F)는 하수소독에 거의 사용되지 않는다.

해답 59. ㉮ 60. ㉰ 61. ㉰ 62. ㉰ 63. ㉱ 64. ㉯

65. 계획오수량의 결정은 생활오수량, 공장폐수량 및 지하수량으로 구분하여 고려하는데 이 중 지하수량은 분류식 하수관거에서 얼마를 고려하는가?

㉮ 1인 1일 최대오수량의 10% 이내
㉯ 1인 1일 최대오수량의 10~20%
㉰ 1인 1일 최대오수량의 30~40%
㉱ 1인 1일 최대오수량의 50~60%

[해설]
지하수량은 1인 1일 최대오수량의 10~20%로 한다.

66. 다음 사항 중 분류식 하수 배제방식에 해당하는 것은?

㉮ 관거의 부설비가 적게 든다.
㉯ 강우시의 오수처리에 유리하다.
㉰ 관거의 단면적이 커서 관거내의 검사가 용이하다.
㉱ 하수중의 고형물이 관거에 퇴적하기 쉽다.

[해설]
분류식은 합류식과 달리 강우시에도 오수를 처리할 수 있다. 반면에 합류식은 계획하수량 이상이 되면 하수처리를 하지 않은 일부 하수를 월류시킨다.

67. 다음 중 합류식 하수도의 특성과 관계가 없는 것은?

㉮ 펌프용량의 변동이 심하다.
㉯ 우수에 의한 관거내의 자연 세척이 이루어진다.
㉰ 우천시 월류는 없다.
㉱ 지형에 따르는 관망이 되도록 한다.

[해설]
합류식은 우천시 계획하수량 이상이 되면 하수처리를 하지 않은 일부를 월류시킨다.

68. 하수관거의 배치방식에 관한 설명 중 잘못된 것은?

㉮ 방사식은 대도시와 같이 하수를 한 곳으로 모으기가 곤란한 때에 채용된다.
㉯ 선상식은 지역 내에 고저차가 심할 때 고지구, 중지구, 저지구로 각각 독립된 배수계통을 만들어 배수한다.
㉰ 직각식은 하수거의 연장이 짧아지고 토구수가 많아진다.
㉱ 토구수가 많다는 단점을 가진 직각식을 개량한 것이 차집식이다.

[해설]
평행식은 지역 내에 고저차가 심할 때 고지구, 중지구, 저지구로 각각 독립된 배수계통을 만들어 배수한다.

69. 강우강도 $I = \dfrac{3,500}{t+10}$ (mm/hr)로 표시할 수 있고, 유역면적 2km², 유입시간 5분, 유출계수 0.70, 관내 유속이 1m/sec이다. 600m의 하수관에서 흘러 나오는 우수량은 얼마인가?

㉮ 5.2m³/sec ㉯ 2.65m³/sec
㉰ 54.44m³/sec ㉱ 102.65m³/sec

[해설]
① 면적 $(A) = 2\,\text{km}^2 = 200\,\text{ha}$
② $T = t_1 + \dfrac{L}{v} = 5 + \dfrac{600}{1\times 60} = 15\,(\text{min}) = t$
∴ $Q = \dfrac{1}{360} CIA$
$= \dfrac{1}{360} \times 0.70 \times \dfrac{3,500}{15+10} \times 200$
$= 54.44\,(\text{m}^3/\text{sec})$

70. 길이가 900m인 우수관로에 우수가 유속 1.5m/sec로 유하한다. 또한, 유역내 우수의 우수관로 입구까지의 유입시간은 5분이다. 유달시간의 계산으로 맞는 것은?

㉮ T = 5 + 900/(1.5×60) = 15분
㉯ T = 5 + 900/1.5 = 605분
㉰ T = 900/(1.5×60) = 10분
㉱ T = 900/1.5 = 600분

[해설]
유달시간(T) = 유입시간(t_1) + 유하시간$(t_2 = \dfrac{L}{v})$
∴ $T = 5 + \dfrac{900}{1.5\times 60} = 15\,(분)$

해답 65. ㉯ 66. ㉯ 67. ㉰ 68. ㉯ 69. ㉰ 70. ㉮

71. 하수 배수방법인 분류식과 합류식의 장단점에 대하여 기술한 내용중 옳지 않은 것은?

㉮ 분류식은 우수관과 오수관을 별도로 매설하므로 비용이 많이 든다
㉯ 분류식의 경우는 처리장에 유입하는 하수의 수질변동이 비교적 적다.
㉰ 분류식은 전 우수량을 처리장으로 도달시켜 완전처리가 가능하다.
㉱ 합류식은 대량의 우수로 관내 자연세정이 가능하다.

[해설] 하수의 배제방식
분류식 : 모든 우수는 처리장을 거치지 않고 바로 하천으로 방류되므로 오염도가 심한 초기우수를 완전 처리할 수 없음

72. 강우강도 $I = \dfrac{3,000}{t+15}$, 유출계수(C) 0.5, 배수면적(A) 1km², 유입시간(t) 5분, 관거내 유속 1m/sec, 관거길이 600m인 경우 우수유출량을 합리식을 이용하여 구하면 얼마인가?

㉮ 40.8m³/sec   ㉯ 35.3m³/sec
㉰ 21.7m³/sec   ㉱ 13.9m³/sec

[해설] 합리식에 의한 우수유출량(Q) 산정

① 유달시간, T = 유입시간(t_1) + 유하시간(t_2)
$= t_1(\min) + \dfrac{L(m)}{V(m/\min)}$
$= 5 \min + \dfrac{600\,m}{1 \times 60\,m/\min}$
$= 15 \min \Rightarrow t$ (강우지속시간)

② 강우강도, $I = \dfrac{3,000}{t+15} = \dfrac{3,000}{15+15} = 100\,mm/hr$

③ 우수유출량, $Q = \dfrac{1}{3.6} CIA$
$= 0.2778 \times 0.5 \times 100 \times 1 = 13.9\,m^3/sec$

73. 우수가 하수관거로 유입하는 시간이 4분, 하수관거에서의 유하시간이 10분, 이 유역의 유역면적이 0.4km², 유출계수는 0.6, 강우강도식 $I = \dfrac{6,500}{t+40}$ mm/hr일 때 첨두유량은? (단, t의 단위 : [분])

㉮ 8.02m³/sec
㉯ 80.2m³/sec
㉰ 10.4m³/sec
㉱ 104m³/sec

[해설] 하수관거의 첨두유량(Q) 계산

① 유달시간, T = 유입시간(t_1) + 유하시간(t_2)
$= 4$분 $+ 10$분 $= 14$분
$\Rightarrow t$ (강우지속시간)

② 강우강도, $I = \dfrac{6,500}{t+40} = \dfrac{6,500}{14+40}$
$= 120.37\,mm/hr$

③ 첨두유량, $Q = \dfrac{1}{3.6} CIA$
$= 0.2778 \times 0.6 \times 120.37 \times 0.4$
$= 8.02\,m^3/sec$

74. 다음은 하수처리장 부지선정에 관한 설명으로 옳지 않은 것은?

㉮ 홍수로 인한 침수 위험이 없어야 한다.
㉯ 방류수가 충분히 희석, 혼합되어야 하며 상수도 수원등에 오염되지 않는 곳을 선택한다.
㉰ 처리장의 부지는 장래 확장을 고려해서 넓게 하며 주거 및 상업지구에 인접한 곳이어야 한다.
㉱ 오수 또는 폐수가 하수처리장까지 가급적 자연유하식으로 유입하고 또한 자연유하로 방류하는 곳이 좋다.

[해설] 하수처리장 계획시의 부지선정 조건
① 처리장 시설은 계획 1일 최대오수량을 기준으로 계획할 것
② 홍수시에도 침수위험이 없을 것
③ 방류수의 충분한 희석 및 혼합과 상수도 수원 등에 오염되지 않는 곳을 선택할 것
④ 처리장의 부지는 장래의 확장 등을 고려하여 충분한 여유를 두어 넓게 할 것
⑤ 위치는 가급적 주거지 및 상업지구 등의 시가지를 피할 것
⑥ 오수 또는 폐수는 가급적 자연유하식으로 유입 또는 방류할 것

해답 71. ㉰ 72. ㉱ 73. ㉮ 74. ㉰

제 7 장 하수관로 시설

출제경향분석

1. 하수관거별 계획 하수량과 적정유속 및 경사
2. 하수도관의 구비조건 및 종류, 특징
3. 하수관거의 최소관경 및 매설깊이
4. 하수관거의 접합방법 및 특징
5. 관정부식과 우수조정지 시설의 목적 및 설치위치
6. 기타 부대시설의 종류별 특징

단원별 경향분석

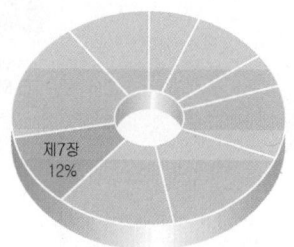

토목기사

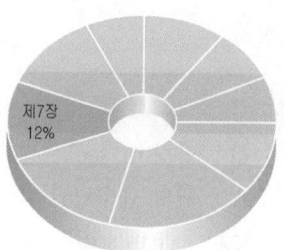

토목산업기사

항목별 경향분석

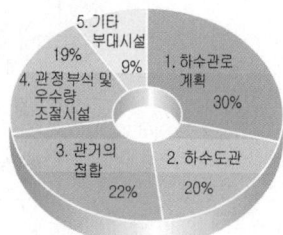

토목기사

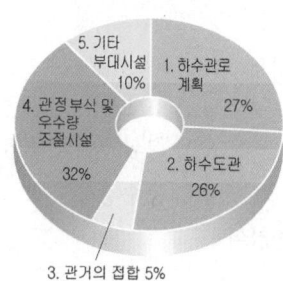

토목산업기사

1 하수관로 계획

> **학습방향**
> 이 단원은 하수관거를 설계하는데 필요한 각종 설계공식에 대한 내용들이다. 상수관로의 설계공식과 마찬가지로 수리·수문학과 연계하여 학습하도록 한다.
>
> 1. 각 관거의 설계기준 하수량
> 2. Manning공식, Chezy공식, Hazen-Williams공식
> 3. 각 관거의 최소 및 최대 유속과 이상적인 유속
> 4. 하수관거의 구배

1 하수관거의 계획하수량

① 오수관거 : 계획 시간 최대오수량을 기준으로 계획한다.
② 우수관거 : 계획우수량을 기준으로 계획한다.
③ 합류관거 : (계획 시간 최대오수량 + 계획우수량)을 기준으로 계획한다.
④ 차집관거 : 우천시 계획오수량(계획 시간 최대오수량의 3배이상)을 기준으로 계획한다.

2 하수관거의 수리공식

(1) 유량공식

$$Q = A \cdot V$$

여기서 Q : 유량(m³/sec)
　　　　A : 관의 유수단면적(m²)
　　　　V : 유속(m/sec)

(2) 유속공식

① Manning공식
　㉠ 하천 및 하수관거 등의 개수로(開水路)에서 널리 사용된다.
　㉡
$$V = \frac{1}{n} \cdot R^{2/3} \cdot I^{1/2}$$

　　여기서　V : 유속(m/sec)
　　　　　　n : 조도계수(철근콘크리트관 = 0.013)
　　　　　　R : 경심(동수반경 ; m)
　　　　　　I : 동수경사

② Chezy공식
　㉠ 개수로 및 관수로에 공통으로 사용된다.

학습POINT

> 06, 07, 08, 11, 12, 15, 16, 17, 18, 19 ㉮
> 06, 07, 08, 09, 12, 13, 14, 15, 16, 17, 19 ㉯
>
> · 관거별 계획하수량의 기준

> 95, 96, 00, 11 ㉮
> 99, 04, 07, 12, 16 ㉯
>
> · 유량의 계산
> · Manning공식의 계산

■ 동수반경(Hydraulic Radius), R
① 직경 D인 원형관 [만수시(滿水時)]

$$R = \frac{유수단면적(A)}{윤변(P)} = \frac{\frac{\pi D^2}{4}}{\pi D} = \frac{D}{4}$$

② 높이 h, 밑변 b인 직사각형 개수로 [만수시(滿水時)]

$$R = \frac{유수단면적(A)}{윤변(P)} = \frac{bh}{b+2h}$$

■ 동수경사, I

$$I = \frac{수심}{관거 길이} = \frac{h}{\ell}$$

ⓒ
$$V = C\sqrt{RI}$$
여기서 $C = \frac{1}{n}R^{1/6} = \sqrt{\frac{8g}{f}}$: (Chezy의 유속계수)

③ Ganguillet-Kutter공식
ⓐ 하천 및 하수관거 등의 개수로에서 많이 사용된다.
ⓒ
$$V = \frac{23 + \frac{1}{n} + \frac{0.00155}{I}}{1 + (23 + \frac{0.00155}{I}) \cdot \frac{n}{R^{1/2}}} \cdot R^{1/2} \cdot I^{1/2}$$

④ Hazen-Williams공식
ⓐ 관수로(管水路)에 널리 사용된다.
ⓒ
$$V = 0.84935\,C\,R^{0.63}\,I^{0.54}$$
여기서 C : 평균 유속계수(주철관 및 강관 = 110, 콘크리트관 = 130)

■ 하수관거에서는 일반적으로 Manning공식과 Kutter공식을 많이 사용한다.

3 하수관거의 유속 및 구배

(1) 하수관거 내의 유속
① 하류로 갈수록 유량이 증대되고 관경이 커지므로 유속도 **하류로 갈수록 점차 커지도록** 한다.
② **유속이 느린 경우** : 관거내 침전물의 퇴적으로 부패에 의한 H_2S 등의 악취발생과 준설작업 등 유지관리비가 증가한다.
③ 유속이 빠른 경우 : 관내에 유입된 자갈, 모래 등에 의해 관거의 마모와 손상으로 관거의 내용년수(耐用年數)가 줄어 들어 비경제적이다.
④ **관거의 유속범위**

구 분	유 속	비 고
오수관거	0.6~3.0m/sec	이상적인 유속 : 1.0~1.8m/sec
우수 및 합류관거	0.8~3.0m/sec	

▶ 08, 09, 10, 12, 13, 14, 18, 19㉑
04, 08, 09, 10, 13, 15, 16, 17, 19, 20㉠
· 하수관거의 하류유속 조건
· 최저유속 설정 이유
· 관거별 유속범위
· 관거의 이상적 유속 범위

■ 차집관거의 평균유속범위
오수관거와 마찬가지로 0.6~3.0m/sec 정도이다.

(2) 하수관거의 구배(경사)
① 구배의 선정조건
ⓐ 관거내의 토사 등이 침전, 정체하지 않는 유속의 경사이어야 한다.
ⓑ 하류에서의 유속은 상류보다 크게 해야 한다.
ⓒ 구배는 **하류로 갈수록 완만**하게 한다.
ⓓ 관거에 손상을 주는 급경사는 피하도록 한다.
② 하수관거의 일반적인 구배 : $I = \frac{1}{관경 D(\text{mm})}$
③ 적당한 구배의 토지 : 평탄지의 1.5배 ($= \frac{1}{관경(\text{mm})} \times 1.5$)
④ 급경사의 토지 : 평탄지의 2.0배 ($= \frac{1}{관경(\text{mm})} \times 2.0$)

▶ 06, 07, 08, 09㉑ 99, 04, 16㉠
· 관거의 하류구배조건
· 관거구배계산

핵 심 문 제

1 다음은 하수도시설 설계시 관로계획에 대한 설명이다. 고려해야 할 사항 중 잘못된 것은? [98 ㉮]

㉮ 오수관거는 계획 1일 최대오수량을 기준으로 계획한다.
㉯ 합류식에서 오수의 송수관거는 우천시의 계획오수량을 기준으로 한다.
㉰ 관거는 원칙적으로 암거로 한다.
㉱ 관거의 역사이펀은 가능한 한 피하도록 한다.

2 하수관을 이용하여 폐수를 운반할 때 하수관의 직경이 0.5m에서 0.3m로 변하였을 경우, 직경이 0.5m인 하수관 내의 유속이 2m/sec라면 직경이 0.3m인 하수관 내의 유속(m/sec)은? [95, 00, 15 ㉮]

㉮ 0.72
㉯ 1.20
㉰ 3.33
㉱ 5.56

3 하수관거내의 유속이 너무 느리지 않도록 최저한계를 규정하는 이유로써 틀린 것은? [95, 10 ㉯]

㉮ 침전물의 퇴적 방지
㉯ 퇴적물의 부패방지
㉰ 황화수소의 발생방지
㉱ 관거내부(내벽)의 마모방지

4 다음 하수관로 계획에 대한 설명 중 틀린 것은? [95, 06 ㉮]

㉮ 단면형상은 수리학적으로 유리하며 경제적인 것이 바람직하다.
㉯ 관거 부설비의 견지에서 보면 합류식이 분류식보다 유리하다.
㉰ 유속은 하류부가 상류부보다 느린 것이 좋다.
㉱ 경사는 하류로 갈수록 완만하게 하는 것이 좋다.

5 오수관거의 단면을 산정하는데 기준이 되는 것은? [99, 04 ㉮]

㉮ 계획 시간 평균오수량
㉯ 계획 시간 최대오수량
㉰ 계획 1일 최대오수량
㉱ 계획 1일 평균오수량

해 설

해설 1
오수관거
계획 시간 최대오수량을 기준으로 설계하며, 원칙적으로 암거(暗渠)로 한다. 또한 역사이펀은 시공이 어렵고 매설깊이가 깊어 파손되기 쉽고 내부검사나 보수가 어려워 가급적 피하는 것이 좋다.

해설 2
연속방정식의 응용
$$Q = A_1 \cdot v_1 = A_2 \cdot v_2$$
$$= \frac{\pi D_1^2}{4} v_1 = \frac{\pi D_2^2}{4} v_2$$
$$\therefore v_2 = \frac{A_1}{A_2} \cdot v_1 = \left(\frac{D_1}{D_2}\right)^2 \cdot v_1$$
$$\therefore v_2 = \left(\frac{0.5}{0.3}\right)^2 \times 2$$
$$= 5.56(m/sec)$$

해설 3
하수관거의 유속한계
① 유속의 최소한계를 규정하는 이유 : 오염물의 침전방지, 침전물의 부패로 인한 황산물질 및 악취발생 방지
② 유속의 최대한계를 규정하는 이유 : 하수관거내의 마모방지, 유달시간의 지나친 단축방지

해설 4
하수관거 유속 및 구배의 선정 조건
① 관거 내에 토사 등이 침전, 정체하지 않는 유속이어야 한다.
② 관거 하류부의 유속은 상류보다 빠르게 해야 한다.
③ 구배는 하류로 갈수록 완만하게 해야 한다.
④ 급류는 관거에 손상을 주므로 피해야 한다.

해설 5
오수관거의 기준수량
계획 시간 최대오수량을 설계기준으로 한다.

정답 1. ㉮ 2. ㉱ 3. ㉱ 4. ㉰ 5. ㉯

6 다음은 하수관거별 계획하수량을 나타낸 것이다. 틀린 것은? [99㉮ 14㉯]

㉮ 오수관거 : 계획 시간 최대오수량
㉯ 우수관거 : 계획 시간 최대우수량
㉰ 합류관거 : 계획 시간 최대오수량+계획우수량
㉱ 차집관거 : 우천시 계획오수량

7 벤츄리관으로 유량을 측정하고자 할 때 필요한 조건으로 옳은 것은? [99㉮]

㉮ 관내에 물이 만류가 되지 않도록 한다.
㉯ 흐르는 물속에 기포나 부유물질이 있어야 한다.
㉰ 줄임기구의 전후에는 필요한 길이의 직관부를 설치하여야 한다.
㉱ 비정상류일 때 측정하여야 한다.

8 하수관망의 설계시 고려할 사항에 대한 설명으로 틀린 것은? [04㉯]

㉮ 경사는 하류로 갈수록 커진다.
㉯ 유속은 하류로 갈수록 커진다.
㉰ 차집관거에서의 계획하수량은 우천시 계획오수량으로 한다.
㉱ 조도계수는 매닝(Manning)식은 철근콘크리트관의 경우 0.013을 표준으로 한다.

9 하수관거 내에서의 부유물 침전을 막기 위하여 요구되는 최소 유속은 얼마인가? [01, 03, 10, 13㉮ 09, 13㉯]

㉮ 0.3m/sec   ㉯ 0.6m/sec
㉰ 1.2m/sec   ㉱ 2.1m/sec

10 하수관거의 유속과 경사는 하류로 갈수록 어떻게 되도록 설계하여야 하는가? [00, 07㉮]

㉮ 유속 : 증가, 경사 : 감소   ㉯ 유속 : 증가, 경사 : 증가
㉰ 유속 : 감소, 경사 : 증가   ㉱ 유속 : 감소, 경사 : 감소

11 관거별 계획하수량 선정시 고려해야 할 사항으로 적합하지 않은 것은? [02, 07, 15, 17, 19㉮]

㉮ 오수관거는 계획시간 최대오수량을 기준으로 한다.
㉯ 우수관거에서는 계획우수량을 기준으로 한다.
㉰ 합류관거는 계획시간 최대오수량에 계획우수량을 합한 것을 기준으로 한다.
㉱ 차집관거는 계획시간 최대오수량에 우천시 계획오수량을 합한 것을 기준으로 한다.

해설

해설 6
하수관거별 계획하수량

관거 종류		계획 하수량
분류 관거	오수관거	계획 시간 최대오수량
	우수관거	계획 우수량
합류관거		계획 시간 최대오수량 + 계획 우수량
차집관거		우천시 계획 오수량 (계획 시간 최대 오수량의 3배이상)

해설 7
벤츄리관(Venturimeter)
① 유량을 측정할 때 이용되는 대표적인 장치
② 벤츄리관으로 유량을 측정할 경우 주의할 점은 물의 흐름이 정상류이어야 하며 관내의 물이 만수(滿水)이어야 한다. 또한 흐르는 물속에 기포나 부유물질이 존재해서는 안된다.

해설 8
하수관망 설계시 고려사항
경사 : 하류로 갈수록 완만 또는 감소시킬 것

해설 9
하수관거의 최소유속
부유물 침전을 막기 위해 하수관거 내에서 적어도 0.6m/sec이상 되어야 한다.

해설 10
하수관거의 유속과 경사
하수관거의 유속은 하류로 갈수록 커지도록 하며, 반면에 구배(경사)는 하류로 갈수록 완만하게 해야 한다.

해설 11
하수관거별 계획하수량
① 오수관거 : 계획시간 최대오수량
② 우수관거 : 계획우수량
③ 합류관거 : 계획시간 최대오수량 + 계획우수량
④ 차집관거 : 우천시 계획오수량 또는 계획시간 최대오수량의 3배 이상

정답 6.㉯ 7.㉰ 8.㉮ 9.㉯ 10.㉮ 11.㉱

2 하수도관

학습방향

1. 하수도관이 갖추어야 할 조건
2. 하수관거의 단면별 특징
3. 각 하수관거의 최소관경 및 매설깊이
4. Marston공식(관거의 외압 산정식)

1 하수도관

(1) 하수도관의 구비조건

① 외압(外壓)에 대한 강도가 충분하고 파괴에 대한 저항력이 커야 한다.
② 관거내면이 매끈하고 **조도계수가 작고** 가격이 저렴해야 한다.
③ **유량변동(流量變動)에 대해서 유속변동(流速變動)이 적은 수리특성을 가진 단면형**이어야 한다.
④ 재질은 산·알칼리에 대한 내구성이 좋고 모래 등의 유하에 대한 내마모성이 강해야 한다.
⑤ 이음(joint)의 시공이 용이하고 수밀성과 신축성이 높아야 한다.
⑥ 중량이 작고, 운반 및 설치공사에 지장이 없어야 한다.

(2) 하수도관의 종류

① **원심력 철근 콘크리트관(Hume관)**
  ㉠ 하수도관으로 널리 이용되고 있고 수밀성과 강도가 크고 외압에 대한 강도가 크며 내면도 매끈하다.
  ㉡ 산성 및 알칼리성에 약하다.
  ㉢ 중형관에 사용한다.

② 철근 콘크리트관
  ㉠ 초기에 널리 사용되었으나 흄관 등에 비해 강도가 떨어져 현재는 많이 사용되고 있지 않다.
  ㉡ 개거용으로 공장에서 제작 및 운반, 설치하여 품질의 균일성과 공기 단축(工期短縮)의 효과를 높이기도 해 중형관 이하에 사용된다.

③ 도관(clay pipe)
  ㉠ 가볍고 시공이 용이하며 산, 알칼리 및 마모에 대한 저항성이 크다.
  ㉡ 이형관 제작이 쉽고 가격도 싼 편이며 소구경관에 많이 사용된다.
  ㉢ 충격에 약해 취급과 시공에 주의가 필요하다.

학습 POINT

▶ 00, 10㉮ 06, 07, 08, 15㉯
· 하수도의 구비조건

■ 원형관거의 수리특성 곡선

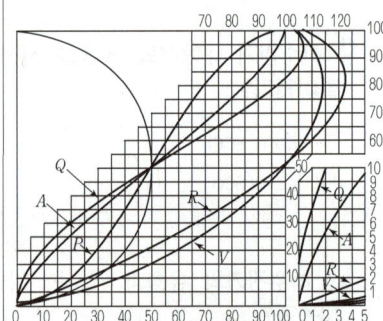

■ 장방형관거의 수리특성 곡선

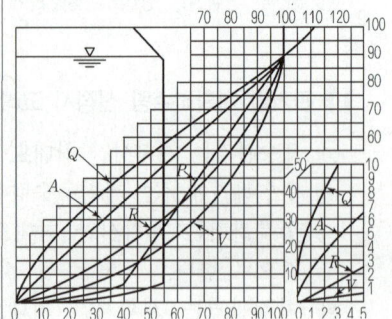

④ 주철관(cast iron pipe)
  ㉠ 내식성이 뛰어나고 강성 및 내충격성도 크다.
  ㉡ 무거우며, 이음부의 이탈에 대비해야 하며 값도 비싸다.
  ㉢ 철도 및 차량 등의 큰 하중이 작용할 경우에 사용된다.

2 하수관거의 단면

(1) 하수관거의 단면형태
① 수리학상 유리하여 하수량의 변동에 대해서 유속변동이 적어야 한다.
② 노면하중(路面荷重)과 토압(土壓)에 대하여 안전하여야 한다.
③ 제작 및 설치가 쉬워야 한다.
④ 유지관리가 쉽고 경제적이어야 한다.
⑤ 건설현장 상황에 적합한 것이어야 한다.

(2) 하수관거 단면별 특징

형상	장 점	단 점
원형	· 수리학적으로 유리하다 · 내경 3,000mm정도 까지 공장제품을 사용할 수 있어 공기(工期)가 단축된다. · 역학계산이 간단하다.	· 안전을 위해 특수기초가 필요한 경우도 있다. · 연결부가 많아져 지하수 침투량이 많아질 염려가 있다.
장방형	· 시공장소의 토피, 폭원에 제한을 받는 경우와 대규모 공사에 유리하며 공장제품을 사용할 수 있다. · 역학계산이 간단하다. · 만수까지 수리학상 유리하다.	· 상부하중에 대해 불안전한 경우가 있다. · 현장 타설일 경우 공기(工期)가 길어진다.
마제형	· 대구경관에 유리하고 경제적이다. · 수리학상 유리하다. · 상부의 아치작용으로 역학상 유리하다.	· 단면이 복잡하여 시공이 어렵다. · 현장타설일 경우 공기(工期)가 길어진다.
계란형	· 유량이 적은 경우 원형관에 비해 수리학적으로 유리하다. · 원형관에 비해 관폭이 작아도 되므로 수직방향의 토압에 유리하다.	· 재질에 따라 제작비가 늘어나는 경우가 있다. · 수직정도(垂直精度)가 요구되므로 면밀한 시공이 필요하다.

3 최소관경과 관의 매설

(1) 하수관거의 매설위치
① 관거(管渠)를 공공도로에 부설하는 경우에는 매설위치 및 깊이를 도로관리자와 협의하도록 한다.
② 궤도 횡단의 경우에는 관거가 전하중 및 진동을 직접 받지 않도록 충분한 깊이로 매설해야 한다.

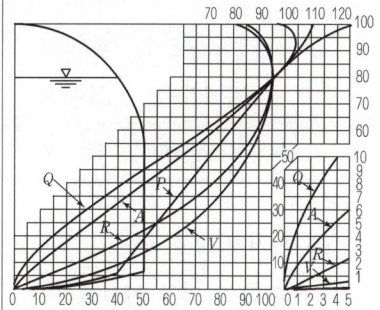

■ 마제형관거의 수리특성곡선

▶ 99㉮ 96, 04㉮
· 단면형의 고려사항

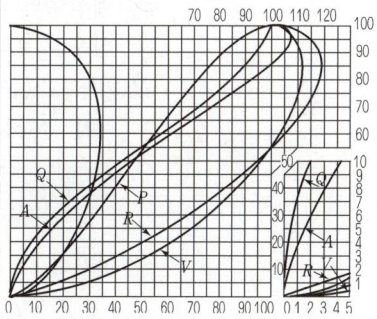

■ 계란형관거의 수리특성곡선

▶ 04, 16㉮ 00, 07, 10, 14㉮
· 원형단면 특징
· 장방형 특징
· 마제형 특징

■ 하수관 매설깊이 결정시 고려사항
① 도로계획상의 최소요구 피복두께
② 가정배수설비와 연결을 위한 최소심도
③ 상수관 등 지하매설물과의 횡단문제
④ 지하수위와 지반의 토질조건

(2) 최소관경 및 매설깊이

관거의 종류	최소관경	관거의 최소 매설깊이
오수관거	200mm	· 관거의 최소 매설깊이는 1m로 한다. · 차도는 1.2m, 보도는 1.0m이상으로 한다. · 대개의 경우 1.5~2.0m 정도로 매설한다.
우수 및 합류관거	250mm	

(3) 관거의 보호

① 관거의 외압 산정식

㉠ Marston공식 : 토압계산에 가장 많이 이용되고 있는 식이다.

$$W = C_1 \cdot r \cdot B^2$$

여기서 W : 관이 받는 하중(kN/m, t/m)
  r : 매설토의 단위중량(kN/m³, t/m³)
  C_1 : 상수(지표깊이와 토양종류에 의해 결정)
  B : 폭요소(관의 상부 90°부분에서의 관매설을 위하여 굴착한 도랑의 폭(m))

즉, $$B = \frac{3}{2}d + 30\,(\text{cm})$$

여기서 B : 폭요소(cm)
  d : 관의 내경(cm)

㉡ 이외에 수직토압공식, Janssen공식 등이 있다.

② 관거의 내면보호 : 마찰, 부식 등에 의한 손상을 방지하기 위해 합성수지, 모르타르 등으로 라이닝, 코팅을 한다.

▶ 99, 08, 12, 15, 19㉮
00, 09, 10, 11, 16㉯
· 관거의 최소관경
· 관거의 최소 매설깊이

▶ 99, 00, 07㉮ 12, 15㉯
· 토압계산 및 공식

■ 수직토압 공식
$W_d = r \cdot H$

여기서
W_d : 매설토에 의한 수직토압
  (N/m², kg/m²)
r : 매설토의 단위중량
  (N/m³, kg/m³)
H : 흙두께(m)

핵심문제

1 하수관거에 대한 설명 중 옳지 않은 것은? [99 ㉮]

㉮ 유량은 관거의 유수단면적×평균유속으로 구한다.
㉯ 관거의 단면형상을 선정할 때는 수리학적으로 유리한가, 유지관리가 용이한가 등을 고려하여 결정한다.
㉰ 우수관거의 계획하수량은 경험식 또는 합리식에 의하여 구한다.
㉱ 우수관거의 최소관경은 200mm로 한다.

2 하수관거의 단면형을 결정할 때 고려해야 할 사항 중 틀린 것은? [96 ㉯]

㉮ 수리학적으로 유리할 것
㉯ 하수량 변동에 대해서 유속변동이 많을 것
㉰ 노면하중, 토압에 경제적인 단면일 것
㉱ 재료를 구하기 쉽고, 시공이 간편하며 건설비가 저렴할 것

3 우수관거 및 합류식 관거의 경우 최소관경과 매설깊이는 어느 정도로 시공하는가? [12 ㉮]

㉮ 최소관경 200mm, 매설깊이 0.5m
㉯ 최소관경 250mm, 매설깊이 1m
㉰ 최소관경 400mm, 매설깊이 1.5m
㉱ 최소관경 500mm, 매설깊이 2m

4 하수관거의 단면형상은 원형, 직사각형, 말굽형, 계란형 등이 있다. 다음 중 말굽형의 장점이 아닌 것은? [04 ㉮]

㉮ 수리학적으로 유리하다.
㉯ 대구경 관거에 유리하며 경제적이다.
㉰ 현장타설의 경우 공사기간이 단축된다.
㉱ 상반부의 아치작용에 의해 역학적으로 유리하다.

5 원형 하수관에서 유량이 최대가 되는 때는? [05, 07, 09, 11, 15 ㉮]

㉮ 가득차서 흐를 때
㉯ 수심이 92~94% 차서 흐를 때
㉰ 수심이 80~85% 차서 흐를 때
㉱ 수심이 75~80% 차서 흐를 때

해설

해설 1
우수관거의 최소관경
우수관거 및 합류 관거의 최소관경은 250mm이다.

해설 2
하수관거 단면형상 결정시 고려사항
① 수리학적으로 유리하여 하수량 변동에 대해서 유속변동이 적어야 한다.
② 노면하중 및 토압에 안전해야 한다.
③ 재료를 구하기 쉽고, 시공이 간편하며 건설비가 저렴해야 한다.
④ 유지관리가 용이해야 한다.

해설 3
관거의 최소관경 및 매설깊이

관거의 종류	최소관경	매설깊이
오수관거	200mm	1m
우수 및 합류관거	250mm	1m

해설 4
말굽형 하수관거의 단면형상
① 대구경 관거에 유리하며 경제적임
② 상부의 아치작용에 의해 역학적으로 유리함
③ 수리학상 유리함
④ 단면복잡, 시공이 어려움.
⑤ 현장타설시 공사기간이 길어짐.

해설 5
원형관의 최대유량 및 최대유속
각각 수심의 90~95%와 81%일 때 발생한다.

정답 1. ㉱ 2. ㉯ 3. ㉯ 4. ㉰ 5. ㉯

6 직경 800mm인 하수관을 매설하고자 한다. 매설 지점의 흙의 밀도가 1.92 t/m³ 일 때 매설 하수관이 받는 하중을 Marston의 방법에 의하여 계산하면 얼마인가? (단, $C_1 = 1.24$, $B = \frac{3}{2}d + 30\,\text{cm}$) [99 ㉮]

㉮ 3.57 t/m
㉯ 5.35 t/m
㉰ 19.04 t/m
㉱ 22.92 t/m

7 하수관거의 특성이 아닌 것은? [99, 06, 15 ㉯]

㉮ 외압에 대한 강도가 충분하고 파괴에 대한 저항이 커야 한다.
㉯ 유량의 변동에 대해서 유속의 변동이 큰 수리특성을 지닌 단면형이어야 한다.
㉰ 산 및 알칼리의 부식성에 대해서 강해야 한다.
㉱ 이음의 시공이 용이하고 수밀성과 신축성이 높아야 한다.

8 다음 하수관거의 설계 사항 중 적합하지 않은 것은?

㉮ 이상적인 유속은 1.0~1.8m/sec가 적당하다.
㉯ 관을 최소 1.5m 이상의 깊이로 매설한다.
㉰ 관거의 유속은 하류로 갈수록 크게 한다.
㉱ 하류로 갈수록 구배를 작게 한다.

9 하수관거의 설계사항 중 적합하지 않는 것은? [08 ㉮]

㉮ 오수관거는 계획시간 최대오수량에 대하여 유속을 최소 0.6m/s, 최대 3.0m/s로 한다.
㉯ 우수관거 및 합류관거는 계획우수량에 대하여 유속을 최소 0.8m/s, 최대 3.0m/s로 한다.
㉰ 오수관거의 최소관경은 300mm를 표준으로 한다.
㉱ 우수관거 및 합류관거의 최소관경은 250mm를 표준으로 한다.

해 설

해설 6

Marston공식

① $B = \frac{3}{2}d + 30\,(\text{cm})$
  $= \frac{3}{2} \times 80 + 30$
  $= 150\,(\text{cm}) = 1.50\,(\text{m})$

② $W = C_1 \cdot r \cdot B^2$
  $= 1.24 \times 1.92 \times 1.50^2$
  $= 5.36\,(\text{t/m})$

(각 항목의 단위를 조심할 것)

해설 7

하수관거의 특성
① 외압에 대한 강도가 충분하고 파괴에 대한 저항력이 커야 한다.
② 관거 내면이 매끈하여 조도계수가 작아야 한다.
③ 유량의 변동에 대해서 유속의 변동이 적은 수리특성을 가진 단면형이어야 한다.
④ 이음시공이 용이하고, 수밀성과 신축성이 높아야 한다.
⑤ 산 및 알칼리에 대한 내부식성(耐腐触性)과 모래 등의 유하에 대한 내마모성(耐磨耗性)이 강해야 한다.
⑥ 중량이 작고, 운반 및 설치공사에 지장이 없어야 한다.

해설 8

하수관거의 매설깊이
최소 1.0m 이상

해설 9

하수관거의 최소관경
① 분류식의 오수관거 : 200 mm
② 분류식의 우수관거 및 합류관거 : 250mm

정답 6. ㉯ 7. ㉯ 8. ㉯ 9. ㉰

10 하수도관이 특별히 큰 하중을 받을 경우에 사용되는 관은?

㉮ 도관
㉯ PVC관
㉰ 철근콘크리트관
㉱ 주철관

해설 10
주철관
차량 및 철도 등의 과대한 하중이 작용하는 경우에 사용한다.

11 직사각형 단면수로에서 수리상 유리한 단면은? [00 산]

㉮ $h = B \cdot A$
㉯ $h = \dfrac{B}{2A}$
㉰ $h = \dfrac{B}{2}$
㉱ $h = \dfrac{B}{4}$

해설 11
직사각형 단면수로에 수리학상 가장 유리한 단면, 즉 최대유량이 흐르는 단면은 $h = \dfrac{B}{2}$ 일 때이다.

12 Marston 방법을 이용하여 직경 1000mm의 하수관을 매설 할 때 요구되는 폭(B)은? [00 기]

㉮ 150cm
㉯ 180cm
㉰ 210cm
㉱ 250cm

해설 12
Marston 방법
$B = \dfrac{3}{2} d + 30 \, (\text{cm})$
$= \dfrac{3}{2} \times 100 + 30 = 180 \, (\text{cm})$

13 하수도에 사용되는 하수관거의 요구조건으로 적당하지 않은 것은? [00, 10 기]

㉮ 외압에 대한 강도도 충분하고 파괴에 대한 저항력이 클 것
㉯ 관거의 내면이 매끈하여 조도계수가 클 것
㉰ 유량의 변동에 대해서 유속의 변동이 적은 수리특성을 가진 단면형일 것
㉱ 이음 시공이 용이하고 수밀성과 신축성이 높을 것

해설 13
하수관거의 구비조건
관거의 내면은 매끈하여 물의 흐름에 방해(에너지 손실)가 되어서는 안 되며, 조도계수는 작을수록 내면이 매끈하다.

14 다음 하수관거의 요구조건에 관한 설명 중 틀린 것은? [01 산]

㉮ 관거의 내면이 매끈하고 조도계수가 낮을 것
㉯ 외압에 대한 강도가 높고 파괴에 대한 저항력이 클 것
㉰ 가격이 저렴할 것
㉱ 접속시공이 용이하고 수밀성과 신축성이 낮을 것

해설 14
하수관거의 구비조건
하수관거는 이음시공이 용이하고, 수밀성(水密性)과 신축성이 높아야 한다.

정답 10. ㉱ 11. ㉰ 12. ㉯ 13. ㉯ 14. ㉱

3 하수관거의 접합 및 시공

> **학습방향**
> 이 단원은 관거의 접합 및 시공에 대한 내용들로 출제빈도가 상당히 높은 단원이다.
>
> 1. 관거접합시 고려해야 할 사항
> 2. 각 접합방법들의 특징(그림 참조)
> 3. 하수관거 매설 시공방법

1 하수관거의 접합

(1) 관거의 접합시 고려사항

① 관거의 관경이 변화하는 경우, 2개의 관거가 합류하는 경우, 완경사의 접합은 원칙적으로 **수위(수면)접합** 또는 **관정접합**으로 한다.
② **지표의 경사가 급한 경우**는 관경의 변화에 관계없이 원칙적으로 지표의 경사에 따라서 **단차접합** 또는 **계단접합**으로 한다.
③ 2개의 관거가 합류하는 경우의 **중심교각**은 될 수 있는 한 **60° 이하**로 하고 곡선으로 합류하는 경우의 곡률반경은 내경의 5배 이상으로 한다.
④ 대구경관거에 소구경관거가 합류하는 경우는 소구경 관거의 유속이 대구경관거의 유속에 방해되어 정체를 일으키지 않도록 중심교각은 30~45°가 이상적이며 최소한 60° 이하가 되도록 한다.

(2) 관거의 접합방법

① **수위(수면)접합**
  ㉠ 관내의 수면을 일치시키는 방식이다.
  ㉡ **수리학적으로 가장 좋은 방법**으로 정류(定流)흐름을 얻을 수 있어 흐름이 좋다.
  ㉢ 수리계산이 복잡하지만 **널리 이용되는 방식**이다.

② **관정접합**
  ㉠ 관거의 내면상부를 일치시키는 방식이다.
  ㉡ 만류시에도 단면을 유효하게 이용할 수 있고 비교적 정류흐름을 얻을 수 있다.
  ㉢ 지세가 급하여 수위차가 많이 발생하는 곳에 적합하다.
  ㉣ **굴착깊이가 증가**되어 **공사비가 증대**되고 펌프배수시에는 **배수양정이 증대**된다.

③ **관중심접합**
  ㉠ 관의 중심을 일치시키는 방식이다.
  ㉡ 수위접합과 관정접합의 중간방법으로 수위계산을 할 필요가 없으므로 수위(수면) 접합에 준용되는 경우가 있다.

학습POINT

04, 05, 08, 09(기)
99, 02, 12, 13, 14, 17, 19(산)

· 관거접합시 고려사항
· 수위접합 특성
· 관정접합 특성
· 관중심접합 특성

■ 수위접합

■ 관정접합

■ 관중심접합

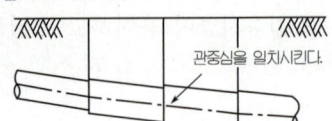

④ 관저접합
  ㉠ 관거의 내면바닥을 일치시키는 방식이다.
  ㉡ **수리학적으로 불량한 방법**으로 상부의 동수구배선이 관정보다 높아지는 경우도 가끔 발생한다.
  ㉢ 평탄한 지형에서 토공량을 줄여 **공사비의 절감**이 가능하다.
  ㉣ 수위상승방지, 양정저하되므로 **펌프배수지역에 적합**하다.
⑤ **단차접합**
  ㉠ **지세가 아주 급한 경우에 관거의 기울기와 토공량을 줄이기 위해 사용**되는 방식이다.
  ㉡ 지표의 경사에 따라 적당한 간격으로 맨홀을 설치한다.
  ㉢ 맨홀 1개당 단차는 **1.5m이내**로 하며 단차가 0.6m이상인 경우에는 부관(bypass pipe)을 설치한다.
  ㉣ 부관의 설치목적
    • 우수시에 난류와 와류로 인한 통수능력의 저하를 방지하기 위해서이다.
    • 맨홀내 작업곤란의 방지와 적정유속의 유지를 목적으로 한다.
⑥ 계단접합
  ㉠ 지세가 아주 급한 경우에 관거의 기울기와 토공량을 줄이기 위해 사용되는 방식이다.
  ㉡ 대구경 관거 또는 현장타설 관거에 설치한다.
  ㉢ 계단높이는 1단당 0.3m 이내로 하며 지표경사와 단면에 따라 변경이 가능하다.

▶ 03, 05, 06, 12, 15㉮
  02, 05, 11, 18, 20㉯
• 관저접합 특성
• 단차접합 특성

■ 관저접합

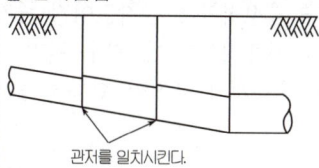

■ 단차접합

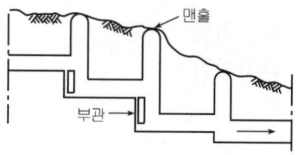

■ 계단접합

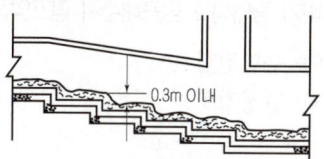

2 하수관거의 시공

(1) 개착공법(open cut method)
  ① 하수관 설치공법 중에서 **가장 널리 쓰이는 방법**이다.
  ② 지표면에서부터 밑으로 파내려 가는 방법으로 도로의 통행제한 및 주변 시설물이나 다른 매설물에 미치는 피해가 크다.
  ③ 시공자체가 간단하며, 특히 매설깊이가 작을 때 유리한 공법이다.
(2) 관추진공법(jacking method)
  ① 터널공법의 일종으로서 개착공법으로 시공하기 어려울 경우에 사용된다.
  ② 하수관거의 매설깊이가 매우 크거나 지하 매설물이 많은 경우, 또는 도로폭이 좁거나 교통이 번잡하여 지상의 시공이 어려울 경우 및 소음, 진동으로 주변에 피해가 클 경우에 이용한다.
  ③ 지질이 양호한 경우에 사용된다.
(3) 실드공법(shield method)
  ① 터널공법의 일종이다.
  ② 연약지반 또는 대수층내에 터널을 굴착하기 위해 개발된 방법이다.
(4) 그외에 보통터널 공법 등이 있다.

▶ 12, 13, 16㉮ 10㉯
• 관거의 기초공(基礎工)

■ 관거의 기초공(基礎工)
① 강성관거의 기초공 ; 철근콘크리트관 등의 강성관거는 조건에 따라 모래・쇄석(또는 자갈), 콘크리트, 철근콘크리트(극연약토 지반) 등으로 기초를 하며, 필요에 따라 이들을 조합한 기초를 실시한다.
② 연성관거의 기초공 : 경질염화비닐관 등의 연성관거는 자유받침의 모래기초를 원칙으로 하며, 조건에 따라 말뚝기초 등을 설치한다.

핵 심 문 제

1 다음 관거의 접합에 관한 내용 중 잘못된 것은? [04, 08 ㉮]
㉮ 수면접합은 수리학적으로 에너지경사선이나 계획수위를 일치시키는 것으로서 양호한 방법이다.
㉯ 관정접합은 굴착깊이가 증가되어 공사비가 증대되는 단점이 있다.
㉰ 지표경사가 큰 경우 원칙적으로 단차접합 또는 계단 접합을 한다.
㉱ 두 개의 관거가 합류하는 경우의 중심교각은 90°이상으로 한다.

2 개수로 관거의 접합 방법 중에서 수리학적으로 가장 유리한 방법은? [97, 13 ㉯]
㉮ 관정접합　　㉯ 수면접합
㉰ 관저접합　　㉱ 관중심접합

3 관거의 접합방법 중에서 유수는 원활하지만 굴착깊이가 크게 증가하고, 공사비가 증대되고 펌프배수시 펌프양정을 증가시키는 방법은? [95, 09 ㉮ 14 ㉯]
㉮ 수면접합　　㉯ 관저접합
㉰ 관정접합　　㉱ 관중심접합

4 하수관거의 접합방식으로 가장 부적절한 것은? [98 ㉮]
㉮ 수면 접합　　㉯ 관정 접합
㉰ 관중심 접합　　㉱ 관저 접합

5 관경이 다른 하수관의 접합방법 중 시공시 하수의 흐름은 원활하나 굴착깊이가 커지는 접합방법은? [99 ㉯]
㉮ 수면 접합　　㉯ 관정 접합
㉰ 관중심 접합　　㉱ 관저 접합

[해설] 관정접합
① 관의 내면 상단부를 맞추어서 접속하는 방식이다.
② 수리학적으로 정류(整流)를 얻는데는 수면접합보다 못하나 유수(流水)의 원활을 기할 수 있다.
③ 굴착깊이가 깊어져 공사비가 증가하고 펌프배수시 양정을 증가시킨다.
④ 수위저하가 크고 지세가 급한 곳에 적합하다.

해 설

[해설] **1**
하수관거의 접합시 고려사항
• 2개의 관거가 합류할 경우 :
① 수면접합 또는 관정접합 (원칙)
② 중심교각 : 가능한 한 60° 이하

[해설] **2**
수면(수위)접합
① 접속관거의 유수(流水)의 계획수면에 맞추어서 접속하는 방식이다.
② 수리학적으로 정류(整流)를 얻을 수 있어 가장 좋은 접속방식이다.
③ 수위계산의 어려움이 있다.

[해설] **3**
관정접합
① 관의 내면 상단부를 맞추어서 접속하는 방식이다.
② 수리학적으로 정류(整流)를 얻는데는 수면접합보다 못하나 유수(流水)의 원활을 기할 수 있다.
③ 굴착깊이가 깊어져 공사비가 증가하고 펌프배수시 양정을 증가시킨다.
④ 수위저하가 크고 지세가 급한 곳에 적합하다.

[해설] **4**
① 수리학적으로 유리한 접합 : 관정접합, 수위접합, 관중심접합이다.
② 관저접합 : 경제적으로 유리한 접합방식이지만 수리학적으로 불량하다.
③ 관정 및 수위접합을 원칙으로 하며, 관저접합은 가능한 한 피해야 한다.

정답 1. ㉱ 2. ㉯ 3. ㉰ 4. ㉱ 5. ㉯

6 관거의 접합에서 관경이 변화하는 경우 관거의 내면 상단부를 동일 높이로 맞추어서 접속하는 방법을 무엇이라 하는가? [02⑦ 98 ㉾]
㉮ 수면 접합
㉯ 관정 접합
㉰ 중심 접합
㉱ 관저 접합

7 하수관거 매설의 시공방법들 중에서 터널공법이 아닌 것은?
㉮ 실드(Shield)공법
㉯ 개착공법
㉰ 추진공법
㉱ 보통터널공법

8 하수관의 접합 방법에 관한 설명 중 틀린 것은? [01, 15 ⑦]
㉮ 관정 접합은 토공량을 줄이기 위하여 평탄한 지형에 많이 이용되는 방법이다.
㉯ 관저 접합은 관의 내면하부를 일치시키는 방법이다.
㉰ 단차 접합은 아주 심한 급경사지에 이용되는 방법이다.
㉱ 관중심 접합은 관의 중심을 일치시키는 방법이다.

9 급경사지에서 관내의 유속조정과 최소 토피를 유지하며 상류측의 굴착깊이를 줄일 수 있는 관접합은? [00⑦]
㉮ 단차접합
㉯ 소켓접합
㉰ 관저접합
㉱ 수면접합

10 하수관거의 접합방법 중에서 수리학적으로 가장 좋지 않은 방법은? [03⑦]
㉮ 관저접합
㉯ 관정접합
㉰ 관중심접합
㉱ 수면접합

11 관거의 접합 방법 중에서 관의 매설깊이가 얕게 되어서 공사비가 적어지고, 펌프의 배수에도 유리한 방법은? [03, 15⑦]
㉮ 수면접합
㉯ 관정접합
㉰ 관중심접합
㉱ 관저접합

해 설

해설 6
관정접합
관거의 내면 상단부를 맞추어서 접합하는 방법이다.

해설 7
① 개착(Open Cut)공법 : 가장 일반적인 매설방법으로 매설깊이가 작을 때 유리한 공법이다.
② 실드공법, 추진공법, 보통터널공법 : 개착공법으로 할 수 없을 경우에 이용하는 터널공법의 일종들이다.

해설 8
관정접합
수위차가 크고 지세가 급한 곳에 적합하며 토공량이 많아지는 단점이 있다.

해설 9
계단접합, 단차접합
지세가 아주 급한 급경사지에서는 관거의 기울기와 토공량을 줄이기 위해 사용한다.

해설 10
관저접합
관거의 내면바닥을 일치시키는 방식으로, 수리학적으로 좋지 않아 상부의 동수구배선이 관정보다 높아지는 경우도 때때로 발생한다.

해설 11
관저접합 : 관의 매설깊이가 얕게 되어 공사비가 적어지고, 펌프배수 지역에 유리한 방법이다.

정답 6.㉯ 7.㉯ 8.㉮ 9.㉮ 10.㉮ 11.㉱

4 관정부식 및 우수량 조절시설

학습방향

이 단원은 관정부식과 우수조정지(우수저류지 포함)에 대한 내용으로 자주 출제되고 있다.

1. 하수관거 연결방법의 특징(그림 참조)
2. 관정부식(원인물질, 부식과정, 방지대책)
3. 우수조정지의 정의, 설치목적 및 위치

1 하수관거의 연결

(1) 소켓연결(Socket Joint)
① 고무링이나 모르타르를 이용하므로 시공이 쉽다.
② 모르타르의 경우 경성접합이므로 접합부분의 균열 등에 의한 수밀성이 문제가 된다.
③ 고무링의 경우 충분한 삽입이 되도록 철저한 시공이 요구된다.
④ 도관, 철근콘크리트관, PVC관과 직경 600mm 이하의 소구경관에 많이 사용된다.(주철관에 부적합)

(2) 맞물림연결(Butt Joint)
① 두 관이 서로 맞붙는 곳에 소켓과 삽구(spigot)가 단을 이룬 C형 관으로 연결부가 약해 누수 가능성이 있다.
② 맞닿는 부분에 모르타르와 고무링을 채워 결합하며, 배수가 곤란한 곳에서 시공이 용이하며 대구경관에 사용된다.

(3) 칼라연결(Collar Joint)
① 흄관의 연결에 사용되며 연결강도는 크지만 수밀성이 부족하고 하중 재하시 접합부분의 균열 등의 문제로 시공이 곤란하다.
② 많은 인력 및 철저한 현장관리가 요구되며 현재는 별로 사용되고 있지 않다.

(4) 맞대기 연결(Tyton Joint)
흄관의 칼라 연결을 대체하는 방법으로 수밀밴드를 사용하여 시공한다.

2 관정 부식(Crown Corrosion)

(1) 부식과정
① 하수내의 유기물, 단백질 기타 황화합물이 **혐기성상태에서 분해환원되어 황화수소(H_2S)**가 생성된다.
② H_2S가 하수관내의 공기중으로 올라가 호기성 미생물에 의해 SO_2, SO_3로 산화되어 관정부의 물방울에 녹아 황산(H_2SO_4)이 된다.

학습POINT

■ 소켓 연결

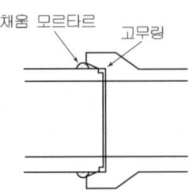

■ 맞물림 연결

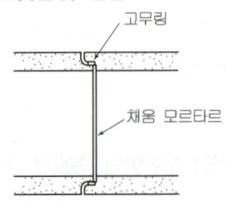

■ 칼라 연결

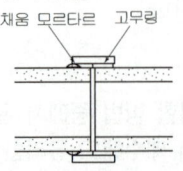

06, 08, 09, 10, 12㉮
07, 08, 09, 15, 16, 19산

· 관정 부식 원인 물질
· H_2S 발생이유

③ H_2SO_4가 콘크리트관내에 함유된 철, 칼슘, 알루미늄 등과 반응, 황산염이 되어 **콘크리트관을 부식, 파괴**시킨다.

(2) 관정부식의 대책

① 하수의 **유속을 증가**시켜 하수관내 유기물질의 퇴적을 방지해야 한다.
② **용존산소 농도를 증가**시켜 하수내 생성된 황화물질을 변화시켜야 한다.
③ 하수관내를 **호기성 상태로 유지**하여 황화수소의 발생을 방지하도록 한다.
④ 하수관내에 염소 등의 **소독제를 주입**하여 관내의 미생물을 제거, 황화합물의 변환메카니즘을 파괴해 버린다.
⑤ 콘크리트관 내부를 PVC나 기타 물질로 피복하고 이음부분은 합성수지로 처리한다.
⑥ 내마모성, 내약품성, 내식성 재료의 관거를 사용한다.

▶ 03, 06, 14, 18㉠ 97㉢
· 관정부식의 대책

3 우수량 조절시설

(1) 우수조정지(유수지)

① 정의
  ㉠ 장마, 호우 등으로 늘어난 우수유출량를 임시로 저장하여 유량을 조정한 후 하수관거로 유하시키는 **침수방지시설**을 말한다.
  ㉡ 우수의 방류방식은 **자연유하**를 원칙으로 한다.

② 우수조정지의 위치
  ㉠ 하수관거의 유하능력이 부족한 곳에 설치한다.
  ㉡ 하류지역의 펌프장 배수능력이 부족한 곳에 설치한다.
  ㉢ 방류수로의 유하능력이 부족한 곳에 설치한다.

③ 우수조정지 구조형식
  ㉠ 댐식(제방높이 **15m 미만**)
    • 흙댐 또는 콘크리트댐에 의해 우수를 저류하는 방식이다.
    • 자연유하식으로 방류한다.
  ㉡ 굴착식
    • 평지를 파서 우수를 저류하는 형식이다.
    • 자연유하식, 펌프배수, 수문조작 등으로 방류한다.
  ㉢ 지하식
    • 지하의 저류탱크, 관거 등에 우수를 일시적으로 저류하는 방식이다.
    • 펌프배수식으로 방류한다.

▶ 03, 07, 09, 10, 13, 14, 16, 17㉠
05, 07, 10, 12, 13, 14, 15, 18, 20㉢
· 우수조정지의 정의·목적
· 우수조정지의 위치
· 우수조정지의 구조형식

■우수조정지 구조형식
① 댐식
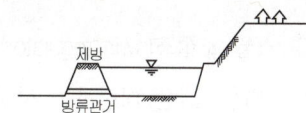
② 굴착식

③ 지하식
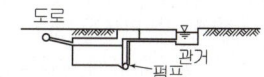

㉣ 현지저류식
- 공원, 교정(校庭), 지붕 등을 이용하여 우수를 저류하는 방식이다.
- 자연유하식으로 방류한다.
- 현지의 우수만이 대상일 경우에는 관거의 상류측에 설치한다.

④ 현지 저류식

(2) 우수저류지(우수체수지)

① 목적 : 우천시 우수토실의 월류수 및 펌프장의 방류수 등을 저류하여 배수구역(排水區域)으로부터 방류되는 초기우수의 방류부하량을 감소시키는 시설로서 저류된 하수는 강우종류 후에 하수처리장으로 수송하여 처리한다.

② 우수 유출량 억제에는 크게 우수저류형과 우수침투형으로 분류할 수 있다.

③ 종류 : 지상형과 지하형, 그리고 처리시설과의 병설형 또는 독립형으로 세분할 수 있다.

④ 우수저류지의 효과 : 우수저류지는 우천시 합류식 하수의 일시저류 및 침전, 우수유출량의 조정, 하수처리장으로 유입되는 하수량의 조정(저류, 야간처리 등) 등의 기능을 통해 다음과 같은 효과를 얻는다.

㉠ 우천시 방류부하량의 감소
㉡ 월류수의 수질개선
㉢ 차집관거의 용량보조
㉣ 우천시 우수 및 오수가 미처리상태로 공공수역에 방류되는 합류식 하수도의 결점 개선

▶ 95, 99㉮ 99, 03㉯
· 우수저류지의 목적·효과

■ 우수방류 부하량 조절 및 감소 방법(시설)
① 우수체수지
② 스월조절조
③ 우수침전지
④ 차집관거 용량증대
⑤ 실시간 제어

(3) 스월 조절조(swirl regulator)

① 우수토실을 대신하는 시설
② 합류식 하수도의 우천시 방류부하량을 감소시키는 시설

【참고】 우수유출량 조절방법 및 시설
1. 저류형
① 지역 내(On-site) 저류시설 : 주차장, 운동장, APT 또는 주택단지, 공원, 녹지, 광장저류 등
② 지역 외(Off-site) 저류시설 : 우수조정지, 우수체수지, 우수저류관, 홍수조절지, 치수녹지, 방재조정지 등
2. 침투형
① 침투형 : 지하 매설관, 우수받이, 측구, 침투도랑(trench), 투수성 포장
② 우물형 : 습식우물, 건식우물

▶ 03㉯
· 지역 내 저류시설의 종류

핵심문제

1 다음 이음 방법 중 하수도용 주철관 연결에 적합하지 않은 방식은? [98 산]

㉮ 소켓 이음 ㉯ 용접 이음
㉰ 볼트 이음 ㉱ 플랜지 이음

2 다음 우수저류시설중에서 지역내(On-site) 저류시설이 아닌 것은? [03 산]

㉮ 주차장 저류
㉯ 운동장 저류
㉰ 단지내 저류
㉱ 우수조정지

3 다음 중 우수 조정지의 목적으로 가장 타당한 것은? [95 기]

㉮ 우천시의 우수를 저장하므로써 침수를 방지하기 위한 시설이다.
㉯ 우천시 초기 우수를 저장후 처리하므로써 하천의 오염을 방지하기 위한 시설이다.
㉰ 합류식 하수도에만 설치한다.
㉱ 펌프의 능력과는 무관하다.

4 다음 중 우수조정지의 설치 위치로 가장 부적당한 곳은? [95, 17 기]

㉮ 기설관거 등의 유하능력이 부족한 곳
㉯ 펌프장의 능력이 부족한 곳
㉰ 방류지역 수로 등의 유하능력이 부족한 곳
㉱ 배수구역의 오염부하량이나 토사 이동이 부족한 곳

5 다음은 콘크리트 하수관의 내부 천정이 부식되는 현상에 대한 대응책이다. 틀린 것은? [99, 06, 14, 18 기]

㉮ 하수 중의 유기물 농도를 낮춘다.
㉯ 하수 중의 유황 함유량을 낮춘다.
㉰ 관내의 유속을 감소시킨다.
㉱ 하수에 염소를 주입한다.

해설

해설 1
소켓 이음
도관, 철근 콘크리트관, 흄관, 무근 콘크리트관 등의 관경 600 mm 이하의 소관에 이용된다.

해설 2
우수저류시설
① 지역내(On-site) 저류시설 : 주차장, 운동장, 단지내, 공원, 녹지, 공장 저류 등
② 지역외(Off-site) 저류시설 : 우수조정지, 우수저류관, 우수체수지, 홍수조절지 등

해설 3
우수 조정지
우천시의 우수를 일시 저장하여 침수를 방지하고 하수관거의 유입량을 일정하게 하는 시설이다.

해설 4
우수조정지의 설치위치
① 하수관거의 유하능력이 부족한 곳
② 하류지역의 펌프장 능력이 부족한 곳
③ 방류수로의 유하능력이 부족한 곳

해설 5
관정부식의 대책
① 하수관거를 내식성(耐蝕性)재료로 사용하거나 폴리에틸렌 또는 에폭시 코팅을 한다.
② 하수관거의 경제적인 단면 설계 및 경사도 유지 등으로 유속을 증가시켜 침전물 등 유기물 농도를 낮춘다.
③ 하수관거에 공기를 불어 넣어 하수관내의 혐기성화를 방지한다.

정답 1. ㉮ 2. ㉱ 3. ㉮ 4. ㉱ 5. ㉰

6 우수조정지의 설치장소에 대한 설명 중 틀린 것은? [99, 04, 07, 18 ㉑]

㉮ 하수관거의 유하능력이 부족한 곳에 설치한다.
㉯ 하수처리장이 미비된 곳에 설치한다.
㉰ 하류지역의 펌프장 능력이 부족한 곳에 설치한다.
㉱ 방류수로의 유하능력이 부족한 곳에 설치한다.

7 우수조정지의 용량결정에 관한 다음 설명 중 틀린 것은?

㉮ 방류하천의 유하능력을 고려하여 정한다.
㉯ 시가지가 개발되어 감에 따라 용량을 감소시킨다.
㉰ Ripple's Method에 의해 용량을 구할 수 있다.
㉱ 펌프배수시에는 펌프용량을 고려하여 용량을 정한다.

8 다음 하수관의 연결방법 중 이음부의 강도는 크지만 수밀성이 부족한 방법은?

㉮ 소켓연결
㉯ 맞물림연결
㉰ 칼라연결
㉱ 타이튼연결

9 하수관의 관정부식을 일으키는 황화수소(H_2S)가 발생하는 이유는?
[05, 06, 09, 12, 15 ㉮]

㉮ 황화합물은 하수관에 유입되면 메탄가스에 의해 환원되기 때문이다.
㉯ 용존산소가 부족해서 황화합물을 산화시키기 때문이다.
㉰ 용존산소가 풍부해서 황화합물을 산화시키기 때문이다.
㉱ 용존산소가 없으면 혐기성 세균이 황화합물을 분해하여 환원시키기 때문이다.

10 하수관에서 발생되는 냄새의 주된 원인은 다음 중 어느 것인가?

㉮ CH_4
㉯ H_2S
㉰ CO_2
㉱ NO_2

해 설

해설 6
우수조정지의 설치위치
① 하수관거의 유하능력이 부족한 곳
② 하류지역의 펌프장 능력이 부족한곳
③ 방류수역의 유하능력이 부족한 곳

해설 7
우수조정지의 용량
시가지가 개발될수록 유출계수의 증가로 인해 우수유출량이 많아지므로 우수조정지의 용량을 증가시켜야 원활한 수리조절과 침수를 방지할 수 있다.

해설 8
칼라연결
연결강도는 크지만 수밀성이 부족하고 작용하중이 클 경우 연결부에 균열이 일어나기 쉽고 시공에 많은 인력이 필요하다.

해설 9
관정부식에서 황화수소(H_2S)의 발생 이유
용존산소(DO)의 부족으로 혐기성세균이 황화합물(황산염)을 분해 환원시키기 때문임

해설 10
관정부식의 원인
하수관에서 발생되는 악취는 황화수소(H_2S)의 달걀 썩는 냄새 때문이다.

정답 6. ㉯ 7. ㉯ 8. ㉰ 9. ㉱ 10. ㉯

11 우수 조절지에 관한 다음 설명 중 부적당한 것은? [00⑷]

㉮ 조절지에서의 방류방식은 자연유하를 원칙으로 한다.
㉯ 효율을 높이기 위하여 다목적을 계획한다.
㉰ 방류관거는 계획방류량을 방류시킬 수 있어야 한다.
㉱ 우수관 부대설비로는 유수지, 측구, 우수받이 등이 있다.

12 하수관거에서 관정부식의 주된 원인이 되는 물질은 무엇인가?

㉮ 질소 화합물 [04, 08㉮ 00, 05, 07, 08, 09, 15, 16⑷]
㉯ 황 화합물
㉰ 칼슘 화합물
㉱ AS 화합물

13 유수지 설계에 대한 다음 설명 중 옳지 못한 것은? [01㉮]

㉮ Ripple의 식에 의해 설계한다.
㉯ 합리식 또는 수정합리식에 의해 설계한다.
㉰ 도시지역의 홍수조절용 소규모 저수지이다.
㉱ 유역의 강우강도식을 필요로 한다.

14 우수조정지를 설치하고자 할 때 효과적인 기능을 발휘할 수 있는 위치로서 적당하지 않은 것은? [01⑷]

㉮ 하수관거의 용량이 부족한 곳
㉯ 하류지역의 배수펌프장 능력이 부족한 곳
㉰ 인구 밀집현상이 심화된 고지대
㉱ 방류수로의 유하능력이 부족한 곳

15 초기 강우시 도시의 우수유출량이 증대하여 하류의 시설 및 수로의 능력을 늘리기 위해서 사용되는 시설물은? [02㉮]

㉮ 침사지
㉯ 토구
㉰ 역사이폰
㉱ 유수지

해 설

해설 **11**
유수지(우수조정지)
우수관의 부대설비가 아니고 우수량 조절시설이다.

해설 **12**
관정부식의 원인물질
황(S)화합물 또는 H_2S

해설 **13**
유수지 설계식
유수지 설계에서 저수지 등에 사용되는 Ripple식을 사용할 수는 있지만, 특별한 경우를 제외하고는 주로 합리식 등을 이용한다.

해설 **14**
우수조정지 설치 위치
우수조정지는 우천시 우수를 일시 저장하여 침수를 방지하는 목적이 있으므로 주로 저지대에 적합한 시설이다.

해설 **15**
유수지(우수조정지)
초기 강우시 증가한 도시의 우수유출량을 일시 저장하여 하류지역의 시설 및 방류수로의 유하능력을 증가시키기 위한 시설물

정답 11. ㉱ 12. ㉯ 13. ㉮ 14. ㉰ 15. ㉱

5 기타 부대시설

학습방향

1. 역사이펀의 정의와 설계시 고려해야 할 사항
2. 맨홀의 설치목적 및 설치장소
3. 물받이의 설치목적 및 종류
4. 연결관

1 하수도 부대시설

(1) 역사이펀(Inverted Siphon)

① 정의
  ㉠ 하천, 도로, 철도 등 이설(移設)이 불가능한 지하매설물을 횡단하기 위해 동수경사선 아래에 매설한 장애물 횡단 공법의 하수관거이다.
  ㉡ 매설깊이가 커 큰 하중을 받으므로 균열, 파손이 생기기 쉽다.
  ㉢ 관내의 토사(土砂) 퇴적 및 침전을 방지하기 위해 니토실(泥土室: 토사받이)을 설치하고 복수관로가 유리하다.
  ㉣ 내부검사 및 보수가 곤란하므로 가급적 역사이펀을 피하는 것이 좋다.

② 역사이펀 설계시 고려사항
  ㉠ 역사이펀 내의 유속은 토사나 슬러지가 퇴적되는 것을 방지하기 위하여 단면을 축소시켜 상류측 관거내의 유속보다 20~30% 정도 증가시킨다.
  ㉡ 역사이펀실에는 수문설비 및 깊이 0.5m 정도의 니토실을 설치한다.
  ㉢ 유입 및 유출구는 손실수두를 작게 하기 위해 종구(鐘口, Bell mouth)형으로 한다.
  ㉣ 역사이펀의 깊이가 5m 이상일 경우에는 중간에 배수펌프 설치대를 둔다.
  ㉤ V자형 역사이펀에는 청소 등을 위해 필요한 wire rope를 설치한다.

(2) 맨홀(Manhole)

① 설치 목적 : 하수관거의 청소, 점검, 장애물 제거, 보수를 위한 사람 및 기계의 출입, 악취나 부식성 가스의 환기, 관거의 접합을 위한 시설이다.

② 설치 장소 : 관거의 방향이나 경사 및 관경 등이 변하는 곳, 단차가 발생하는 곳, 관거의 시점, 관거가 합류하는 곳, 수량의 변화가 큰 곳, 관거의 유지관리상 필요한 장소에 설치한다.

학습 POINT

▶ 99, 03, 16㈜
  03, 05, 06, 09, 12, 16㈛
  · 역사이펀의 정의
  · 설계 고려사항

▶ 03, 09㈜
  · 손실수두 계산

■ 역사이펀에서의 손실수두

$$H = i \cdot L + 1.5 \cdot \frac{v^2}{2g} + a$$

여기서,
  H : 역사이펀에서의 손실수두 (m)
  i : 역사이펀 관거내의 유속에 대한 동수경사(분수 또는 소수)
  L : 역사이펀 관거의 길이(m)
  v : 관거내의 유속(m/sec)
  g : 중력가속도
  a : 기타 손실수두 및 여유율 (3~5cm)

▶ 02㈜ 03, 04, 06㈛
  · 맨홀의 정의·목적
  · 맨홀의 설치장소

③ 부속물
  ㉠ 인버트(Invert) : 맨홀의 유지관리를 위해 작업원이 작업할 때 맨홀내의 퇴적물이 쌓이게 되면 상당히 불편하고 하수가 원활히 흐르지 못하며, 부패시 악취가 발생되는 것을 방지하기 위해 설치한 반원형 수로이다.
  ㉡ 발디딤부 : 맨홀 내부로의 출입을 위해 만든 시설이다.
  ㉢ 맨홀 뚜껑 : 맨홀 안으로 작업원이 들어가거나 기구, 장비 등을 반입하기 위해 설치된 시설이다.
④ 맨홀의 관경별 최대간격

관경(mm)	300이하	600 이하	1,000 이하	1,500 이하	1,650 이상
최대간격(m)	30(특례)	75	100	150	200

▶ 09, 12, 13, 17㉮ 08, 14㉯
· 맨홀 간격

(3) 우수토실(雨水吐室)
  ㉠ 합류식에서 모든 우수를 처리장으로 보내어 처리하는 것은 관로 및 처리장시설의 증대를 초래하여 비경제적이기 때문에 우수토실을 설치해 우수의 일부를 처리하지 않고 방류하는 Weir 등의 시설
  ㉡ 우수월류량 = 계획하수량 − 우천시 계획오수량

▶ 99, 08㉯
· 우수토실 목적

(4) 물받이
① 설치 목적 : 배수설비(排水設備)와 연결관의 효율적인 유지관리를 위해 설치하며 우수받이, 오수받이, 집수받이 등이 있다.
② 우수(빗물)받이 : 물받이의 설치 목적외에 우수내의 부유물이 하수관거내에서 침전해 일어나는 부작용을 방지하기 위해 10~30m 간격으로 공공도로에 설치하며, 저부에는 깊이 15cm 이상의 니토실(泥土室)을 설치한다.
③ 오수받이
  ㉠ 분류식의 경우 오수만을 수용하며, 합류식의 경우 오수 및 우수를 동시에 수용, 배제하는 것을 원칙으로 한다.
  ㉡ 오수받이 저부에는 다른 받이와 달리 인버트(invert)를 설치한다.
④ 집수받이 : 우수받이의 일종으로 개거와 암거의 접합부분에 설치되는 구조물이며, 받이 저부에는 니토실을 설치한다.

▶ 98, 05㉮ 97, 03, 06㉯
· 우수받이 목적

■ 등공(lamp hole)
하수관거에서 맨홀의 간격이 긴 경우 또는 곡선부가 있을 때 관거내에 등(lamp)을 달아서 부근의 맨홀에서 관거내의 점검 및 청소하는 작업원에게 위치를 알리기 위해서 설치하는 맨홀 대용의 구멍이다.

(5) 연결관(連結管)
① 하수를 본관에 유입시키기 위하여 받이와 하수본관을 연결한 관을 말하며, 주로 도관이나 PVC관, 흄관 등이 많이 사용된다.
② 연결관의 관 중심선은 본관의 중심선보다 윗부분 60° 또는 90°에 연결하며, 연결관의 경사는 최소 1% 이상으로 한다.
③ 최소관경 : 150mm

(6) 측구
도로와 접한 사유지에서 우수를 배제하기 위해 도로 양쪽 사유지와 도로의 경계선에 따라 설치한 배수로

(7) 토구(吐口 : out fall)
하수도 시설로부터 하수를 공공수역에 방류하는 시설

(8) 방조문(防潮門; Tidal Gate)
하천수 또는 해수가 하수관거내에 유입되는 것을 방지하기 위한 시설

▶ 98, 03, 10, 16㉯
· 연결관 목적·제원

■ 연결관을 본관 중심선보다 윗부분 45도 부근에 연결하는 이유는 중심선보다 아래쪽에 연결하면 하수의 흐름에 저항이 발생하여 소정의 유량을 흐르게 할 수 없게 되며, 또한 연결관에서 back water의 영향을 받아 연결관내에 오수가 침전하여 연결관을 폐쇄시킬 우려가 있기 때문이다.

▶ 97, 03, 06㉯
· 방조문 목적

핵 심 문 제

1 다음 하수관거 시공 중 장애물 횡단방법으로 적합한 것은? [95, 03, 05 산]

㉮ 등공 ㉯ 역사이펀
㉰ 토구 ㉱ 맨홀

2 다음은 하수관의 맨홀(man-hole)설치에 관한 사항이다. 틀린 것은? [04 ㉮]

㉮ 맨홀의 설치간격은 관의 직경에 따라 다르다.
㉯ 관거의 기점 및 방향이 변화하는 곳에 설치한다.
㉰ 관이 합류하는 곳은 피하여 설치한다.
㉱ 맨홀은 가능한 한 많이 설치하는 것이 관거의 유지 관리에 유리하다.

3 다음 중 인버트(invert)를 두지 않아도 되는 것은? [96, 03 산]

㉮ 오수받이 ㉯ 맨홀
㉰ 합류식받이 ㉱ 우수받이

4 하수관거의 부속설비에 대한 설명으로서 옳지 않은 것은? [97, 03 산]

㉮ 맨홀(manhole)은 하수관거의 청소, 점검, 보수 등을 위해 사람의 출입과 통풍 및 환기 등을 목적으로 설치한 시설이다.
㉯ 우수받이(street inlet)가 우수내의 고형부유물이 하수관거 내에 침전하여 일어나는 부작용을 방지하기 위한 시설이다.
㉰ 역사이펀(inverted siphon)은 하천, 철도, 지하철 등의 지하매설물을 횡단하기 위해 수두경사선 이하로 매설된 하수관거부분이다.
㉱ 토구(out fall)는 하천 또는 바닷물이 하수관거로 유입되는 것을 방지하는 시설이다.

5 하수관거가 하천, 지하철, 기타 이설 불가능한 지하매설물을 횡단하는 경우에는 역사이펀(Invert Siphon)공법을 사용하는데 역사이펀 설계시 주의사항으로 가장 거리가 먼 것은? [99 ㉮]

㉮ 역사이펀의 관내유속은 상류측 관거의 유속보다 작게 한다.
㉯ 상하류 복월실(伏越室)에는 깊이 0.5m 이상의 진흙받이를 설치한다.
㉰ 양측끝 복월실에는 물막이용 수문 또는 각락공(角落工)의 설비를 한다.
㉱ 역사이펀의 입구, 출구는 손실수두를 적게 하기 위하여 Bell Mouth 형으로 한다.

해 설

[해설] 1
역사이펀
하수관거가 하천, 지하철, 철도 등 관을 이동 설치할 수 없는 지하 매설물을 횡단하는 경우에는 적합한 장애물 횡단 방법

[해설] 2
맨홀의 설치 장소
① 관거의 기점
② 관거의 방향, 경사, 관경의 변화하는 장소
③ 단차가 발생하는 장소
④ 관거가 합류하는 장소
⑤ 관거의 유지관리상 필요한 장소

[해설] 3
인버트(Invert)
맨홀의 유지관리를 위해 작업원이 작업을 할 경우 맨홀내의 퇴적물이 쌓이게 되면 상당히 불편하고, 오수가 원활히 흐르지 못하면 부패하여 악취를 발생시킨다. 이를 방지하기 위해 바닥에 인버트(invert)를 설치하는데 오수받이, 합류식 받이, 맨홀 등에 설치한다. 우수받이는 저부(底部)에 깊이 15cm 이상의 니토실(泥土室)을 설치한다.

[해설] 4
토구(out fall)
하수도 시설로부터 하수를 공공수역에 방류하는 시설을 말한다.

[해설] 5
역사이펀 내의 유속
토사나 슬러지가 퇴적되는 것을 방지하기 위하여 단면을 축소시켜 상류관거의 유속보다 20~30% 정도 증가시킨다.

정답 1. ㉯ 2. ㉰ 3. ㉱ 4. ㉱ 5. ㉮

6 합류식 하수도에서 강우시에 하수관거의 도중에서 우수를 배제하거나 분류시키는 시설물을 무엇이라 하는가? [99, 08 ⓢ]
㉮ 우수토실 ㉯ 역사이펀
㉰ 연결관 ㉱ 토구

7 하수관거 설비인 맨홀에 대한 다음 설명 중 틀린 것은?
㉮ 관의 방향이 변하는 곳에 설치해야 한다.
㉯ 맨홀 내에는 하수가 체류되도록 한다.
㉰ 관이 직선이더라도 너무 길면 적절한 간격으로 맨홀을 설치한다.
㉱ 관의 구배가 변화하는 곳에 설치해야 한다.

8 합류식 하수관거의 우수토실에 사용되는 것은?
㉮ 벤튜리미터 ㉯ 오리피스
㉰ 역사이펀 ㉱ 위어

9 우수(雨水)에 의해 토사, 유기물 등이 하수관거 내로 유입되는 것을 방지하기 위해 설치된 시설은?
㉮ 맨홀 ㉯ 역사이펀
㉰ 우수받이 ㉱ 오수받이

10 받이와 하수관거를 연결해서 하수를 본관에 집수시키기 위하여 도로를 횡단하여 매설하는 것은? [98, 03 ⓢ]
㉮ 우수받이 ㉯ 오수받이
㉰ 연결관 ㉱ 우수토실

11 다음 역사이펀의 설계시 주의할 사항 중 적합치 않은 것은? [02 ⓢ]
㉮ 역사이펀의 관내유속은 상류측 관거의 유속보다 20~30% 증가시킨다.
㉯ 역사이펀의 입구와 출구형상은 손실수두와 관계가 없으므로 어떤 형상으로 해도 좋다.
㉰ 역사이펀관은 일반적으로 복수관으로 한다.
㉱ 수조의 깊이가 5m 이상일 때는 중간단에 배수펌프 설치대를 장치한다.

해설 역사이펀의 설계시 주의사항
① 관내유속은 상류측 관거의 유속보다 20~30%정도 증가시킨다.
② 유입구와 유출구는 손실수두를 작게 하기 위해 종구(鐘口 ; bell mouth) 형상으로 한다.
③ 역사이펀실(관)은 일반적으로 복수관으로 한다.
④ 역사이펀실에는 수문설비 및 깊이 0.5m 정도의 니토실을 설치한다.
⑤ 깊이가 5m 이상일 경우에는 중간단에 배수펌프 설치대를 장치한다.

해 설

해설 **6**
우수토실
합류식 하수도에서 우천시에 대량의 우수를 하수처리장으로 보내 처리하는 것은 처리장의 건설비와 유지관리비가 많아지며 또한 대구경의 관거가 소요되어 비경제적이다. 따라서 하수량이 우천시의 계획하수량에 달하면 그 이상의 우수는 우수토실을 통해 방류 하천으로 월류시킨다.

해설 **7**
맨홀(manhole)
하수관거의 청소 및 점검을 위하여 사람 및 기계의 출입을 가능하게 하고, 악취나 부식성 가스의 환기 등을 목적으로 설치되며, 맨홀 내에 하수가 체류하면 악취, 작업원의 작업방해 등이 일어나므로 체류되어서는 안된다.

해설 **8**
위어(Weir)
합류식에서 모든 우수를 처리장으로 보내어 처리하는 것은 관로 및 처리장시설의 증대를 초래하여 비경제적이기 때문에 우수토실을 설치해 우수의 일부를 처리하지 않고 방류하는데 주로 위어(weir)를 사용한다.

해설 **9**
우수받이(빗물받이)
우수에 함유된 다량의 모래, 유기물 등이 하수관거에 유입되는 것을 방지하기 위하여 도로 옆의 물이 모이기 쉬운 장소나 L형 측구의 유하방향 하단부, 보도와 차도의 경계에 설치한다.

해설 **10**
연결관
일반적으로 인도와 차도(도로)의 경계에 설치하는 받이(우수 및 오수받이)와 받이를 통해 유입된 하수를 하수관으로 수송하는 역할을 하는 것이 연결관이다. 하수관이 보통 차도의 중간에 설치하므로 연결관은 차도를 횡단하여 설치한다.

정답 6. ㉮ 7. ㉯ 8. ㉱ 9. ㉰ 10. ㉰ 11. ㉯

출제예상문제

CHAPTER 7 하수관로 시설

1. 평탄한 지형에서 가정 하수관거의 직경이 0.5m일 경우 관거의 경사는 어느 정도가 적당한가?
㉮ 1/50   ㉯ 1/100
㉰ 1/500 ㉱ 1/1,000

[해설] 관거의 경사
$$\text{관거경사} = \frac{1}{\text{관의 직경(mm)}} = \frac{1}{0.5 \times 1,000} = \frac{1}{500}$$

2. 하수관거의 유속과 경사를 결정함에 있어서 고려할 사항을 설명한 것이다. 옳지 못한 것은?
㉮ 관거경사는 하수중의 오물이 침전하지 않도록 하류로 갈수록 유속을 점증시킨다.
㉯ 관거의 경사가 급하여 유속이 상당히 커지면 관거를 손상시키므로 최대 유속에 유의하여 관거의 경사를 결정하여야 한다.
㉰ 오수관거는 흙덮이가 크게 되는 경우가 많아 최소 유속보다는 지표경사에 따르는 것을 원칙으로 하여 관거의 경사를 결정한다.
㉱ 우수관거는 침전물의 비중이 오수관거의 경우보다 크기 때문에 최소 유속은 오수관거가 보다 크다.

[해설] 오수관거 및 우수관거는 관거의 최소유속의 한계를 규정하고 있다. 그러므로 오수관거는 지표경사보다는 최소유속 0.6m/sec가 되도록 경사를 결정한다.

3. 하수관거 내의 이상적인 유속은 얼마인가?
㉮ 0.1~0.9m/sec
㉯ 1.0~1.8m/sec
㉰ 2.0~3.5m/sec
㉱ 2.5m/sec 이상

[해설] 하수관거의 유속

하수관거	오수관거	우수 및 합류관거
최소 유속	0.6m/sec	0.8m/sec
최대 유속	3.0m/sec	3.0m/sec
이상적인 유속	1.0~1.8m/sec	

4. 다음 하수관로에 관한 설명 중 틀린 것은?
㉮ 대부분의 하수관거는 수리학적으로 관수로이다.
㉯ 단면형은 재료의 구득이 쉽고, 시공이 간편하며, 건설비가 저렴한 것 등을 고려한다.
㉰ 최저유속은 하수부유물의 침전이나 정체 등이 생기지 않는 유속이어야 한다.
㉱ 하수도 맨홀은 구경이 다른 관의 접합목적도 있다.

[해설] 하수관거의 흐름은 상수도 송·배수관과 달라서 수리학적으로 대부분 개수로(암거)에 속한다.

5. 하수관거 내에서 가장 적합한 유속은?
㉮ 0.1m/sec   ㉯ 0.5m/sec
㉰ 1.0m/sec   ㉱ 5.0m/sec

[해설] 하수관거의 이상적인 유속은 1.0~1.8 m/sec 이다.

6. 오수관거 설계시 적합한 유속 범위는 다음 중 어느 것인가?
㉮ 0.1~1.0m/sec   ㉯ 0.3~0.2m/sec
㉰ 0.6~3.0m/sec   ㉱ 1.0~4.0m/sec

[해설] 오수관거 유속 범위는 0.6~3.0m/sec 이다.

해답 1. ㉰ 2. ㉱ 3. ㉯ 4. ㉮ 5. ㉰ 6. ㉰

7. 하수관거의 설계기준에 대한 내용이다. 틀린 것은?

㉮ 경사는 상류에서 급하고 하류로 갈수록 완만하게 한다.
㉯ 유속은 하류로 갈수록 작게 한다.
㉰ 관경은 하류로 갈수록 크게 한다.
㉱ 최소 흙덮이를 규정하는 이유는 하중분산과 동결방지를 위해서이다.

[해설]
유속은 하류로 갈수록 크게 해야 하며 구배는 완만하게 해야 한다.

8. 오수 관거내에서 부유물 침전을 막기 위해 요구되는 최소 유속은 얼마인가?

㉮ 0.2m/sec   ㉯ 0.6m/sec
㉰ 2.0m/sec   ㉱ 2.5m/sec

[해설]
관거내의 유속이 일정정도 유지되지 않으면 오염물이 침전되고 관거내의 유하시간이 길어져 관거내의 침전물 부패로 인한 황화물질 및 악취 등이 발생될 수 있기 때문에 계획하수량에 대해 최소유속이 분류식과 합류식을 모두 포함해 최소한 0.6m/sec 이상은 되어야 한다.

9. 하수관망의 설계시 고려할 사항 중 틀린 것은?

㉮ 경사는 하류로 갈수록 커진다.
㉯ 유속은 하류로 갈수록 커진다.
㉰ 유량은 오수 때 2~3배, 우수 때 20~30%의 여유를 취한다.
㉱ 조도계수는 $n = 0.013$을 표준으로 한다.

[해설]
하수관거는 하류로 갈수록 구배는 완만해지고 유속은 커진다.

10. 하수관거의 설계시 유속은 일반적으로 하류로 갈수록 (A), 경사는 하류로 갈수록 점점 (B) 설계하는 것이 일반적이다. (A)와 (B)에 적당한 단어는?

㉮ A : 커지고,   B : 커지도록
㉯ A : 작아지고, B : 커지도록
㉰ A : 커지고,   B : 작아지도록
㉱ A : 작아지고, B : 작아지도록

[해설]
하수관거의 유속은 하류로 갈수록 커지도록 설계하고, 경사(구배)는 하류로 갈수록 작아지도록 설계한다.

11. 차집관거의 평균 유속으로 적당한 범위는?

㉮ 0.3~1.0m/sec   ㉯ 0.3~1.0m/min
㉰ 0.6~3.0m/sec   ㉱ 0.6~3.0m/min

[해설]
차집관거는 오수관거에 준하므로 평균 유속은 0.6~3.0m/sec이다.

12. 하수도의 모든 관거에 대해 이상적인 유속의 범위는?

㉮ 1.0~1.8m/sec   ㉯ 2.0~2.8m/sec
㉰ 3.0~3.8m/sec   ㉱ 4.0~4.8m/sec

[해설]
하수관거의 이상적인 유속은 1.0~1.8m/sec 이다.

13. 원형관의 수리특성 곡선에 대한 설명 중 틀린 것은?

㉮ 유량이 최대로 흐를 때는 만관으로 흐를 때이다.
㉯ 관의 반만 차서 흐를 때의 유속은 만관시의 유속과 같다.
㉰ 유속이 최대가 될 때는 하수의 수심이 80%일 때이다.
㉱ 관의 반만 차서 흐를 때의 유량은 꽉차서 흐를 때의 반이다.

[해설]
원형관의 유속은 수심이 약 80%일 때 최대이며, 유량은 수심이 약 93%일 때 최대가 된다.

해답 7. ㉯ 8. ㉯ 9. ㉮ 10. ㉰ 11. ㉰ 12. ㉮ 13. ㉮

14. 하수관으로 이용되는 도관에 관한 설명 중 틀린 것은?

㉮ 다른 관종에 비해 가볍고 시공이 쉽다.
㉯ 화학변화에 대해 비교적 저항이 강하다.
㉰ 보통 내경 40cm이하의 소형관에 사용된다.
㉱ 충격에 강하다.

해설
도관은 충격에 약해서 파손되기 쉬워 취급 및 시공에 주의해야 하며, 대구경이 되면 제작이 곤란하여 가격이 비싸질 뿐 아니라 외압강도도 저하되므로 보통 내경 40cm 이하의 소형관에 사용된다. 도관 외의 하수관의 특징은 다음과 같다.

종류	장점	단점
철근콘크리트관	· 비교적 싸고, 내경 3,000mm까지 제작할 수 있다. · 강도가 크고, 시공이 신속하다.	· 내산성, 내알칼리성에 약하다.
원심력 철근콘크리트관(흄관)	· 하수도용으로 널리 사용된다. · 철근콘크리트관보다 강도가 다소 높다.	· 내산성, 내알칼리성에 약하다.
P.C관	· 안전성과 통수능력이 좋다. · 압력에 강하다.	· 내식, 내마모성이 우수하다. · 가격이 비싸다.
주철관	· 수밀을 요하거나 과대한하중이 작용하는 경우에 적용된다.	· 내산성, 내알칼리성에 약하다. · 내면에 시멘트모르타르 라이닝으로 보완이 가능하다.
PVC관	· 중량이 적게 나가나 강도, 내산성, 내알칼리성에 강하다.	· 내경은 400mm까지 규격화 되어 있다.
현장타설철근콘크리트관	· 공장제품의 사용이 불가능, 큰 단면 및 특수한 단면이 필요할 경우에 사용된다.	· 시공기간이 길다. · 도심지 공사시 교통에 지장을 준다.

※ 소구경관의 경우 도관 및 콘크리트관, 중구경관은 철근콘크리트관 및 흄관, 대구경관은 현장타설 콘크리트관이 주로 많이 사용된다.

15. 대규모의 공사에서 가장 많이 이용되는 하수관거의 단면형은?

㉮ 원형   ㉯ 장방형
㉰ 마제형   ㉱ 계단형

해설 하수관거 단면형의 특징

단면형	장점	단점
원형	· 수리학적으로 유리하다. · 내경 3,000mm까지는 공장 제작하는 경우도 있다. · 역학계산이 간단하다.	· 지질에 따라 특별한 기초를 필요로 하는 경우가 있다. · 공장제품이므로 연결부가 많아져 지하수 침투량이 많아질 수가 있다. · 대구경이 되면 운반비가 비싸진다.
장방형	· 시공장소의 토피 및 폭원에 제한을 받는 경우에 유리하며 공장제품을 사용할 수 있다. · 역학계산이 간단하다. · 만류까지는 수리학적으로 유리하다.	· 철근이 부식한 경우 상부 중에 대해 불안하다. · 만류(滿流)하면 유속, 유량이 감소한다. · 공기(工期)가 길다.
마제형	· 대구경 관에 유리하며 경제적이다. · 만류까지 수리학적으로 유리하다. · 상반부의 아치작용에 의해 역학적으로 유리하다.	· 단면형이 복잡하기 때문에 시공성이 열악하다. · 현장타설의 경우는 공사기간이 길어진다.

원형은 중소규모 공사에 이용되며, 장방형은 대규모 공사에 많이 이용된다.

16. 원심력을 이용해서 콘크리트관을 다지기 때문에 강도와 내구성이 크고, 통수 능력의 변동이 적은 장점이 있는 하수관은?

㉮ 도관
㉯ 흄(Hume)관
㉰ 현장치기 철근콘크리트관
㉱ 무근 콘크리트관

해설
흄관(원심력 철근 콘크리트관)은 원심력에 의해 굳혀 강도가 뛰어나다. 또한 관 내면이 매끈하고 부식성 등에 대해 내구성이 있어 통수능력의 변동이 작다.

해답 14. ㉱ 15. ㉯ 16. ㉯

17. 하수도 시설기준에 의한 합류식 하수관거의 최소 직경은?

㉮ 250mm ㉯ 350mm
㉰ 400mm ㉱ 450mm

해설
분류식의 오수관거 최소직경은 200mm이상, 분류식의 우수관거 및 합류식 하수관거일 경우 250mm이상이다.

18. 하수도 시설기준에 의한 하수관의 매설 깊이는 최소한 얼마인가?

㉮ 0.5m ㉯ 1.0m
㉰ 1.5m ㉱ 2.0m

해설
하수관거의 최소 매설 깊이는 원칙적으로 1m로 한다.

19. 하수관거의 매설방법 중 연약지반에 터널을 시공할 목적으로 개발된 공법은?

㉮ 실드(Shield)공법 ㉯ 개착공법
㉰ 추진공법 ㉱ 보통터널공법

해설
① 개착(Open Cut)공법은 가장 일반적인 매설방법으로 매설깊이가 작을 때 유리한 공법이다.
② 실드공법, 추진공법, 보통터널공법은 개착공법으로 할 수 없을 경우에 이용하는 터널공법의 종류들이다.
③ 실드공법은 연약지반에 터널을 굴착하기 위해 개발된 공법이다.

20. 다음 관거의 접합에서 수위의 저하가 크고 지세가 급한 곳에 적당한 관의 접합방법은?

㉮ 수면접합(水面接合)
㉯ 관정접합(管頂接合)
㉰ 중심접합(中心接合)
㉱ 관저접합(管底接合)

해설 관정접합
① 관의 내면 상단부를 맞추어서 접속하는 방식
② 수리학적으로 정류(整流)를 얻는 데는 수면접합보다 못하나 유수(流水)의 원활을 기할 수 있음
③ 굴착깊이가 깊어져 공사비가 증가하고 펌프배수시 양정을 증가시킴
④ 수위저하가 크고 지세가 급한 곳에 적합

21. 하수관거의 접합방법 중에서 수리학적으로 가장 유리한 방법은?

㉮ 관정접합
㉯ 관저접합
㉰ 관중심접합
㉱ 수면접합

해설 수면(수위)접합
① 접속관거의 유수(流水)의 계획수면에 맞추어서 접속하는 방식
② 수리학적으로 정류(整流)를 얻을 수 있어 가장 좋은 접속방식임
③ 수위계산의 어려움이 있음

22. 관경이 변화하는 2개의 하수관거 접합에 대한 설명 중 틀린 것은?

㉮ 수면 접합은 유수의 계획수면에 맞추어서 접합하는 방식이다.
㉯ 펌프를 이용한 하수배제시는 관정접합이 유리하다.
㉰ 굴착 깊이가 커지는 접합은 관정접합이다.
㉱ 지표경사가 급한 경우에는 단차접합이나 계단접합이 필요하다.

해설
펌프를 이용한 하수 배제시에는 펌프 양정이 증대되는 관정접합이 불리하다.

해답 17. ㉮ 18. ㉯ 19. ㉮ 20. ㉯ 21. ㉱ 22. ㉯

23. 하수관의 접합 방법에 관한 설명 중 틀린 것은?

㉮ 관정 접합은 토공량을 줄이기 위하여 평탄한 지형에 많이 이용되는 방법이다.
㉯ 관저 접합은 관의 내면하부를 일치시키는 방법이다.
㉰ 단차 접합은 아주 심한 급경사지에 이용되는 방법이다.
㉱ 관중심 접합은 관의 중심을 일치시키는 방법이다.

해설
관정접합은 수위차가 크고 지세가 급한 곳에 적합하다.

24. 역사이폰(Inverted siphon)의 설계에 관한 사항이다. 적합하지 않은 것은?

㉮ 역사이폰 내의 유속은 상류하수관 내의 유속보다 적어야 한다.
㉯ 역사이폰의 양단부에 설치하는 압축실에는 반드시 토사받이를 설치한다.
㉰ 역사이폰 부분은 계획 해저면보다 적어도 1m정도 깊게 매설한다.
㉱ 고장시를 대비하여 상류부에 직접 하천으로 방류할 수 있는 설비를 갖추어야 한다.

해설
역사이폰내의 유속은 흙과 모래의 퇴적방지를 위해 단면을 축소하여 상류 관거유속의 20~30%를 증가한 유속을 사용한다.

25. 다음은 하수관거의 직선부에서 맨홀의 최대간격과 관의 직경에 대한 설명이다. 적합하지 않은 것은?

㉮ 관경 600mm의 경우 최대간격 30m
㉯ 관경 1,000mm의 경우 최대간격 100m
㉰ 관경 1,500mm의 경우 최대간격 150m
㉱ 관경 1,650mm의 경우 최대간격 200m

해설 맨홀의 관경별 최대간격

관경(mm)	300 이하	600 이하	1,000 이하	1,500 이하	1,650 이상
최대간격(m)	30	75	100	150	200

*(30 : 특례규정)

26. 다음 중 맨홀에 인버트(invert)를 설치하지 않았을 때의 문제점이 아닌 것은?

㉮ 맨홀 내에 퇴적물이 쌓이게 된다.
㉯ 맨홀 내에 물기가 있어 작업에 불편하다.
㉰ 환기가 되지 않아 냄새가 발생한다.
㉱ 퇴적물이 부패되어 악취가 발생한다.

해설
맨홀내의 환기는 맨홀뚜껑에 있는 환기용 구멍을 통해 이루어진다.

27. 다음 맨홀 중 부관(bypass)을 설치하는 것이 가장 바람직한 맨홀은?

㉮ 표준 맨홀   ㉯ 측면 맨홀
㉰ 계단 맨홀   ㉱ 낙하 맨홀

해설
① 표준맨홀(standard manhole)은 일반적으로 원통형으로 유입관의 크기에 따라 다르며 90, 120, 150, 180cm의 4종과 장경(長徑) 120cm 및 단경(短徑) 90cm인 타원형도 있다.
② 낙하 맨홀(drop manhole)은 급한 언덕 또는 지관과 주관과의 낙차가 클 때 그 접합에 사용되는 맨홀로 부관(bypass pipe)을 설치한다.
③ 계단맨홀(flight manhole)은 대관거로서 관저차가 클 경우에는 유량도 많고 또 유수(流水)작용도 심해 관거내에 압축공기 혹은 진공부분을 발생시키므로 때로는 유수가 지상으로 토출할 위험이 있다. 이 경우 수세를 감쇠하기 위하여 관저에 계단을 붙이는데 이 계단의 높이는 1단에 대해서 30cm를 둔다.
④ 측면맨홀(side manhole)은 전차궤도나 교통이 빈번한 도로 아래 하수관거가 있어서 바로 위에 출입구를 설치하기가 곤란한 경우 옆으로 유도하여 출입구를 만든 것이다.

해답 23. ㉮ 24. ㉮ 25. ㉮ 26. ㉰ 27. ㉱

28. 합류식 하수도의 시설에 적당하지 않는 것은?

㉮ 오수받이 ㉯ 연결관
㉰ 우수토실 ㉱ 오수관거

[해설]
㉮ 받이는 각 가정, 공장 등의 하수를 각각 배수설비를 통하여 집수하는 것으로 배수설비와 연결관의 효율적인 유지관리를 위해 설치한다. 받이의 종류로는 오수받이, 우수받이, 집수받이 등이 있고 합류식 하수도에서는 각각 오수 및 우수를 받아 합류관거로 유하시킨다.
㉯ 연결관은 우수받이 및 오수받이에서 집수하는 우수 및 오수를 하수 본관에 연결하기 위한 부설관을 말한다.
㉰ 합류식 하수도에서 우천시에 대량의 우수를 하수처리장으로 보내어 처리하면 처리장의 건설비와 유지관리비 등이 커져서 비경제적이다. 그러므로, 적당한 방류수역이 있을 경우 하수량이 우천시의 계획하수량에 도달하면 그 이상의 우수는 우수토실을 통해 방류수역으로 월류시킨다.
㉱ 합류식은 오수와 우수를 하나의 합류관에 유입시키므로 오수관거가 따로 필요없다.

29. 우수가 하수거 내에 유입되기 전에 우수받이를 설치하는 주목적은 무엇인가?

㉮ 하수거의 용량 이상으로 우수가 유입되는 것을 차단하기 위하여
㉯ 하수관에서 유속을 증가시켜 주는 수두를 조절하기 위해서
㉰ 하수에서 발생하는 악취를 제거하기 위하여
㉱ 우수거내 부유물이 하수거 내에 침전하는 것을 방지하기 위하여

[해설]
① 우수거 내에 우수받이를 설치하는 목적은 우수내의 부유물의 침전을 방지하기 위함이다.
② 설치장소 및 위치
· 도로 옆 물이 고이기 쉬운 장소
· L형측구의 유하방향 하단부
· 보도, 차도 구분이 있는 경우는 그 경계
· 보도, 차도 구분이 없는 경우는 도로와 사유지의 경계
· 공공도로(원칙)

30. 받이와 하수관거를 연결해서 하수를 본관에 유입시키기 위하여 도로를 횡단하여 매설하는 것은?

㉮ 오수받이 ㉯ 우수받이
㉰ 우수유입구 ㉱ 연결관

[해설]
일반적으로 인도와 차도(도로)의 경계에 설치하는 받이(우수 및 오수받이)와 받이를 통해 유입된 하수를 하수관으로 수송하는 역할을 하는 것이 연결관이다. 하수관이 보통 차도의 중간에 설치하므로 연결관은 차도를 횡단하여 설치한다.

31. 하수관거의 관정부식(crown corrosion)의 주된 원인 물질은 다음 중 어느 것인가?

㉮ N화합물 ㉯ S화합물
㉰ Ca화합물 ㉱ Fe화합물

[해설]
하수의 황(S)화합물이 혐기성 분해되어 발생한 H_2S 가스가 호기성세균에 의해 H_2SO_4으로 형성되어 관정을 부식시키는 현상을 관정부식이라 한다.

32. 다음 중 하수 맨홀 내에 존재하며 인체에 가장 해로운 기체는 어느 것인가?

㉮ 메탄가스 ㉯ 탄산가스
㉰ 황화수소 ㉱ 암모니아

[해설]
황화수소(H_2S)는 하수관내에 존재하면 관정부식의 원인이 되며, 악취 등으로 인해 인체에 해로운 기체이다.

33. 하수관거의 관정부식에 관한 설명 중 틀린 것은?

㉮ 수온이 비교적 높고 관내에 오수가 정체될 때 발생하기 쉽다.
㉯ 오수가 혐기성 상태에서 황화수소를 발생할 때 일어난다.
㉰ 황화수소는 혐기중의 분압에 의해 관벽이나 관정의 습기속에 용해된다.
㉱ 황화수소는 혐기성 미생물에 의해 황산으로 변화하여 관을 침식시킨다.

해답 28. ㉱ 29. ㉱ 30. ㉱ 31. ㉯ 32. ㉰ 33. ㉱

[해설] 관정부식의 원리
① 하수관내의 유속이 느려 유기물질이 관저부에 침전되면 이 중에 있는 황화합물이 혐기성 상태에서 황화수소가 분해, 발생한다.
② 생성된 황화수소가 하수관내의 공기중으로 솟아오르면서 호기성 미생물에 의해 SO_2 나 SO_3 로 변한다.
③ 이들이 관정부의 물방울에 녹아서 황산(H_2SO_4)이 된다.
④ 이 황산이 콘크리트관에 함유된 철(Fe), 칼슘(Ca), 알루미늄(Al) 등과 반응하여 황산염이 되어 콘크리트관을 부식시킨다.

34. 하수 내의 단백질이나 황화물 등이 분해되어 하수관을 부식시키는데 이 때 하수관 중 가장 부식되기 쉬운 곳은 어느 부분인가?
㉮ 관정부(管頂部)
㉯ 바닥부분
㉰ 양편의 벽쪽
㉱ 하수관 전체

[해설] 하수관 부식은 관정부에서 황화합물에 의해 가장 부식되기 쉽다. 이를 관정부식(Crown Corrosion)이라 한다.

35. 다음은 우수조정지를 설치하는 목적이다. 틀린 것은?
㉮ 시가지의 침수방지
㉯ 유출계수의 증대
㉰ 첨두유량의 감소
㉱ 유달시간의 증대

[해설] 급작스런 홍수발생시 일시적으로 많은 유량이 하수관거로 유입되는 시간을 지연시키고 시가지의 침수방지, 첨두유량의 감소, 유달시간의 증대로 원활한 하수관거의 흐름을 위해 우수조정지를 설치한다. 그러므로 우수조정지를 설치하면 유역내의 유출계수가 감소되는 효과가 있다.

36. 관지름 1,100mm, 동수경사 2.4‰, 유속 1.63m/sec, 관의 길이 $l=30.6m$일 때 역사이폰의 손실수두를 계산하면 얼마인가?(단, 손실수두에 관한 여유 $\alpha=0.042m$이다.)
㉮ 0.98m   ㉯ 0.32m
㉰ 0.25m   ㉱ 0.16m

[해설]
① 동수경사 $(i) = 2.4‰ = \dfrac{2.4}{1,000} = 0.0024$
② $H = il + 1.5\dfrac{v^2}{2g} + \alpha$
∴ $H = 0.0024 \times 30.6 + 1.5 \times \dfrac{1.63^2}{2 \times 9.8} + 0.042$
$= 0.32\,(m)$

37. 유수지 설계를 위한 고려사항으로 옳지 못한 것은?
㉮ 설계 강우강도   ㉯ 물의 이용 배분조건
㉰ 유역면적 조건   ㉱ 오염 제어조건

[해설] 우수 조정지(유수지)는 우천시의 우수를 일시 저장하여 침수를 방지하고 하수처리장의 유입량을 일정하게 하는 시설이다. 그러므로 유입 우수량의 결정에 관계되는 강우강도, 유역면적 조건, 물의 이용 배분조건 등을 고려해야 한다.

38. 우천시에 우수가 오수와 더불어 무처리 상태로 공공수역으로 방류되는 합류식 하수도의 결점을 개선하기 위한 방법으로 가장 적당한 것은?
㉮ 우수저류지의 설치
㉯ 관거의 형상이나 크기를 작게 한다.
㉰ 역사이폰 등을 많이 설치한다.
㉱ 관거의 구배를 완만히 한다.

[해설] 우수저류지는 우천시 우수토실의 월류수 및 펌프장에서의 방류수를 저류하여 배수구역(排水區域)으로부터 방류되는 초기우수의 오염부하량을 감소시키는 시설로서, 우수와 오수가 무처리상태로 방류되는 합류식 하수도의 결점을 개선시켜 준다.

해답 34. ㉮ 35. ㉯ 36. ㉯ 37. ㉱ 38. ㉮

39. 직경 450mm의 하수용 원심력 콘크리트관이 12‰ 경사로 매설되어 있다. Manning 공식을 사용하여 만류시 유량을 구하면 얼마인가? (단, 조도계수는 0.014 이다.)

㉮ 0.289m³/sec   ㉯ 0.478m³/sec
㉰ 0.825m³/sec   ㉱ 1.820m³/sec

[해설]

① 동수반경 $R = \dfrac{A}{P} = \dfrac{\pi D^2/4}{\pi D} = \dfrac{D}{4}$

② 유속 $v = \dfrac{1}{n} R^{2/3} I^{1/2} = \dfrac{1}{0.014} \times \left(\dfrac{0.45}{4}\right)^{2/3} \times \left(\dfrac{12}{1,000}\right)^{1/2} = 1.81 \,(\text{m/sec})$

③ 유량 $Q = A \times v = \dfrac{\pi \times 0.45^2}{4} \times 1.81 = 0.288 \,(\text{m}^3/\text{sec})$

40. 우수조정지를 설치하고자 할 때 효과적인 기능을 발휘할 수 있는 위치로서 적당하지 않은 것은?

㉮ 하수관거의 용량이 부족한 곳
㉯ 하류지역의 배수 펌프장 동력이 부족한 곳
㉰ 인구 밀집현상이 심화된 고지대
㉱ 방류수로의 유하능력이 부족한 곳

[해설] 우수조정지의 설치위치
① 하수관거의 유하능력이 부족한 곳
② 하류지역의 펌프장 능력이 부족한 곳
③ 방류수역의 유하능력이 부족한 곳

41. 하수관거가 관정부식(crown corrosion)되는 주요 원인 물질은 다음 중 무엇인가?

㉮ 황화합물   ㉯ 질소화합물
㉰ 칼슘화합물   ㉱ 염소화합물

[해설] 관정부식의 원인물질은 황(S)화합물이다.

42. 계획 하수량이 32m³/sec, 하수관내 유속이 1.2m/sec인 경우 하수관의 관경은 얼마인가?

㉮ 5.83cm   ㉯ 5.83m
㉰ 5.38cm   ㉱ 5.38m

[해설]

$Q(\text{유량}) = A(\text{단면적}) \times v(\text{유속}) = \dfrac{\pi D^2}{4} \times v$

$32 = \dfrac{\pi D^2}{4} \times 1.2$

$D^2 = 33.95$

$\therefore D = 5.83 \,(\text{m})$

43. 하수도 시설기준에 의한 분류식 오수관거의 최소 직경은 얼마인가?

㉮ 200mm   ㉯ 250mm
㉰ 300mm   ㉱ 350mm

[해설] 오수관거의 최소직경은 200mm, 우수 및 합류관거의 최소직경은 250mm이다.

44. 그림에서와 같은 하수관의 접합방식은?

㉮ 관정 접합
㉯ 관저 접합
㉰ 수면 접합
㉱ 중심 접합

[해설] 하수관거의 접합방법
관저접합 : 관거의 내면바닥을 일치시키는 방식으로 수리학적으로 불량한 방법

45. 우수저류지의 설치 목적에 대한 설명 중 거리가 가장 먼 것은?

㉮ 우천시 방류부하량의 감소
㉯ 우천시 합류식 하수의 침전
㉰ 우천시 합류식 하수의 일시 저류
㉱ 우천시 처리장으로 유입되는 하수의 부하농도 감소

해답 39. ㉮ 40. ㉰ 41. ㉮ 42. ㉯ 43. ㉮ 44. ㉯ 45. ㉱

| 해설 | 우수저류지 설치목적
① 우천시 합류식 하수의 일시 저류 및 침전
② 우천시 방류부하량 조정
③ 하수처리장으로의 유입하수량 조정

46. 다음 하수관거의 요구조건에 관한 설명 중 틀린 것은?

㉮ 관거의 내면이 매끈하고 조도계수가 낮을 것
㉯ 외압에 대한 강도가 높고 파괴에 대한 저항력이 클 것
㉰ 가격이 저렴할 것
㉱ 접속시공이 용이하고 수밀성과 신축성이 낮을 것

| 해설 | 하수관거의 수밀성(水密性)이 낮으면 관내의 하수가 외부로 유출되므로 반드시 수밀성이 높아야 하며 또한 신축성도 좋아야 한다.

47. 하수관거의 우수배제 계획시 사용하는 유출량은?

㉮ 일 평균 우수유출량
㉯ 시간 평균 우수유출량
㉰ 월 최대 우수유출량
㉱ 최대 계획 우수유출량

| 해설 | 우수배제는 최대 계획 우수유출량을 합리식 등으로 산정해서 계획한다.

48. 우수저류지에 대한 설명으로 가장 거리가 먼 것은?

㉮ 우천시 방류 부하량을 줄인다.
㉯ 지상형과 지하형 또는 병설형과 독립형으로 나눈다.
㉰ 하수처리장의 부하농도를 줄이기 위한 것이다.
㉱ 우수저류형과 우수침투형으로 크게 분류할 수 있다.

| 해설 | 우수저류지는 우천시 우수토실(雨水吐室)의 월류수 및 펌프장에서 나오는 방류수를 저류하여 배수구역에서 방류되는 초기우수의 방류부하량을 감소시키는 시설이다. 우수저류지의 효과로는 우천시 합류식 하수의 일시 저류 및 침전, 우천시 방류부하량 조절, 하수처리장으로의 유입하수량 조정 등이다.

49. 원형 하수관거의 장점이라고 볼 수 없는 것은?

㉮ 수리학상 유리하다.
㉯ 역학상 구조계산이 간단하다.
㉰ 대구경이 되면 운반비가 싸져 경제적이다.
㉱ 공장제품도 있어 시공이 간편하며 타종에 비해 사용재료가 적어 경제적이다.

| 해설 | 원형 하수관거는 대구경이 되면 관의 중량이 무거워져 운반비가 비싸진다.

50. 외압에 대하여 아주 강하며 대규모 관거에서 경제적인 하수관거는?

㉮ 원형   ㉯ 마제형
㉰ 장방형   ㉱ 계란형

| 해설 | 마제형의 특징으로는 대구경관에 유리하며 경제적이고, 만류가 되기까지 수리학적으로 유리하다. 또한 상반부의 아치작용에 의해 역학적으로 유리하다.

51. 하수관거에 대한 설명 중 옳지 않은 것은?

㉮ 관내의 최소유속은 1.6m/sec, 최대유속은 3.0m/sec이다.
㉯ 가정집에 사용되는 하수관거의 직경은 보통 100 mm정도이다.
㉰ 가정하수거, 우수거, 통합식 하수거를 하수관거라 한다.
㉱ 하수관의 매설깊이는 그 지방의 동결심 깊이에 따라 다르나 보통 1.2m이상이어야 한다.

해답 46. ㉱ 47. ㉱ 48. ㉰ 49. ㉰ 50. ㉯ 51. ㉮

해설
우수 및 합류식 관거는 최소유속 0.8m/sec, 최대유속 3.0m/sec이다. 가정집에서 사용하는 하수관거는 보통 직경 100mm를 많이 사용하며 하수관의 매설깊이는 최소 1.0m이상이며 보통 1.2~2.0m가 적당하다.

52. 관의 수리 특성곡선이란?

㉮ 하수관의 경심과 유속, 유량과의 상관관계를 얻는 곡선
㉯ 수심과 경심, 유속, 유량과의 관계곡선
㉰ 조도, 관망계산을 위한 특성곡선
㉱ 유속의 한계에 관한 수리학적 특성곡선

해설
관의 수리특성곡선은 수심에 따라 유속, 유량, 수리수심 등의 관계를 그린 곡선이다.

53. 다음에 열거된 공식(公式) 중에서 하수관거의 설계에 많이 적용되는 공식은?

㉮ Manning 공식
㉯ Hazen-Williams 공식
㉰ Darcy-Weisbach 공식
㉱ Francis 공식

해설
상수관거(주로 관수로)의 설계에는 Hazen-Williams 공식, 하수관거(주로 개수로)의 설계에는 Manning 공식이 많이 이용된다.

54. 하수관거의 정비를 위하여 맨홀(manhole)에 들어갈 때는 특히 안전에 주의하여야 하는 근본원인은?

㉮ 병원균에 의한 감염
㉯ 하수내의 중금속에 의한 독성
㉰ 폭발성 또는 유독성 기체
㉱ 악취

해설
하수관거내에는 혐기성 분해에 의한 CH_4(폭발성), H_2S(유독성), NH_3(유독성), CO, CO_2 등의 기체가 체류하여 있으므로 안전에 유의해야 한다.

55. 하수도에 사용되는 하수관거의 특성으로 적당하지 않은 것은?

㉮ 외압에 대한 강도가 충분하고 파괴에 대한 저항력이 클 것
㉯ 관거 내면이 매끈하여 조도계수가 클 것
㉰ 유량의 변동에 대해서 유속의 변동이 적은 수리특성을 가진 단면형일 것
㉱ 이음시공이 용이하고, 수밀성과 신축성이 높을 것

해설 하수관거의 특성
① 외압에 대한 강도가 충분하고 파괴에 대한 저항력이 커야 한다.
② 관거 내면이 매끈하여 조도계수가 작아야 한다.
③ 유량변동에 대해서 유속변동이 적은 수리특성을 가진 단면형이어야 한다.
④ 이음시공이 용이하고, 수밀성과 신축성이 높아야 한다.
⑤ 산 및 알칼리에 대한 내부식성(耐腐蝕性)과 모래 등의 유하에 대한 내마모성(耐磨耗性)이 강해야 한다.

56. 관거의 접합방법 중에서 유수(流水)는 원활하지만 관거의 매설깊이가 증가하여 토공비가 많이 들고, 펌프배수시 펌프양정을 증가시키는 단점이 있는 것은?

㉮ 수면 접합 ㉯ 관저 접합
㉰ 관중심 접합 ㉱ 관정 접합

해설
관정접합의 특징에 대한 설명이다.

57. 다음은 콘크리트 하수관의 내부 천정이 부식되는 현상에 대한 대응책이다. 틀린 것은?

㉮ 하수중의 유기물 농도를 낮춘다.
㉯ 하수중의 유황 함유량을 낮춘다.
㉰ 관내의 유속을 감소시킨다.
㉱ 하수에 염소를 주입한다.

해답 52. ㉯ 53. ㉮ 54. ㉰ 55. ㉯ 56. ㉱ 57. ㉰

[해설] 관정부식의 대책
① 하수관거를 내식성(耐蝕性)재료로 사용하거나 폴리에틸렌 또는 에폭시 코팅을 한다.
② 하수관거의 경제적인 단면 설계 및 경사도 유지 등으로 유속을 증가시켜 침전물의 양을 줄인다.
③ 하수관거에 공기를 불어 넣어 하수관내의 혐기성화를 방지한다.

58. 하수관거 설계시 계획하수량에서 고려해야 할 사항으로 옳은 것은?

㉮ 오수관거에서는 계획 최대오수량으로 한다.
㉯ 우수관거에서는 계획 시간 최대우수량으로 한다.
㉰ 합류식 관거에서는 계획 시간 최대오수량에 계획 우수량을 합한 것으로 한다.
㉱ 지역의 실정에 따라 계획수량에 여유를 둘 수 없다.

[해설] 계획 하수량
① 오수관거(분류식) : 계획 시간 최대오수량
② 우수관거(분류식) : 계획 우수량
③ 합류관거 : 계획 시간 최대오수량 + 계획 우수량
④ 차집관거 : 우천시 계획 오수량(계획 시간 최대오수량의 3배 이상)

59. 하수관의 설계시 알맞은 유속의 범위는?

㉮ 우수관 : 1.0~5.0m/sec, 오수관 : 0.6~5.0m/sec
㉯ 우수관 : 0.1~1.0m/sec, 오수관 : 0.2~1.2m/sec
㉰ 우수관 : 0.6~3.0m/sec, 오수관 : 0.8~3.0m/sec
㉱ 우수관 : 0.8~3.0m/sec, 오수관 : 0.6~3.0m/sec

[해설] 하수관거의 유속
① 오수관거(분류식) : 0.6~3.0m/sec
② 우수관거(분류식) 및 합류관거 : 0.8~3.0m/sec

60. 오수관거의 최소 관경은 다음 중 어느 것인가?

㉮ 400mm   ㉯ 350mm
㉰ 300mm   ㉱ 200mm

[해설] 하수관거의 최소 관경
① 오수관거(분류식) : 200mm
② 우수관거(분류식) 및 합류관거 : 250mm

61. 다음은 하수관 내에서 황화수소(H_2S)가 생성되어 콘크리트관 내벽이 부식되기까지의 과정을 순서대로 설명한 것이다. 틀린 것은?

㉮ 단백질이나 황산염이 분해되어 생성된다.
㉯ 혐기성상태에서 아황산가스로 산화된다.
㉰ 아황산가스가 물에 녹아 황산으로 바뀐다.
㉱ 황산에 의해 콘크리트관 내면이 부식된다.

[해설] 관정부식의 원리
① 하수관내의 유속이 느려 유기물질이 관저부에 침전되면 이 중에 있는 황화합물이 혐기성 상태에서 황화수소가 분해, 발생한다.
② 생성된 황화수소가 하수관내의 공기중으로 솟아 오르면서 호기성 미생물에 의해 SO_2나 SO_3로 변한다.
③ 이들이 관정부의 물방울에 녹아서 황산(H_2SO_4)이 된다.
④ 이 황산이 콘크리트관에 함유된 철(Fe), 칼슘(Ca), 알루미늄(Al) 등과 반응하여 황산염이 되어 콘크리트관을 부식시킨다.

62. 우수량이 많아서 일시에 펌프에 의한 양수가 곤란한 경우 우수를 일시 저류하는 시설은?

㉮ 흡입조   ㉯ 토출조
㉰ 우수 조정지 ㉱ 침사조

[해설] 우수조정지(유수지)는 도시화에 의한 우수유출량이 많지만 관거시설 능력 등이 부족한 경우에 우수를 일시 저류하기 위해 설치하는 시설이다.

63. 다음 하수관거 부속시설의 설명 중 틀린 것은?

㉮ 우수 유입구는 측구를 흐르는 우수를 우수받이로 유입시키는 시설이다.
㉯ 받이는 우수받이와 오수받이로 대별할 수 있다.
㉰ 연결관은 하수본관의 중심선보다 아래쪽에 연결시킨다.
㉱ 계단 맨홀 1단의 높이는 30cm 정도이다.

[해설] 연결관의 경사는 1% 이상으로 하고 연결위치는 본관의 중심선보다 위쪽으로 한다.

해답 58. ㉰ 59. ㉱ 60. ㉱ 61. ㉯ 62. ㉰ 63. ㉰

제8장 하수처리장 시설

출제경향분석

1. 하수처리의 계통 및 방법, 특성
2. 하수처리시설의 종류별 시설 제원 및 특징
3. 활성슬러지법의 원리 및 특성, 설계 공식에 따른 계산문제
4. 기타 생물학적 처리방법의 주요특징
5. 슬러지 처리 시설에서 처리목적, 계통도, 처리시설의 종류별 특징

단원별 경향분석

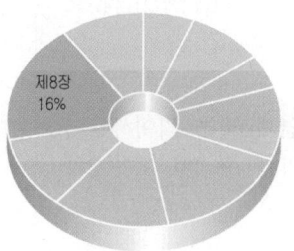

토목기사

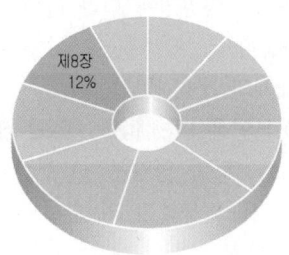

토목산업기사

항목별 경향분석

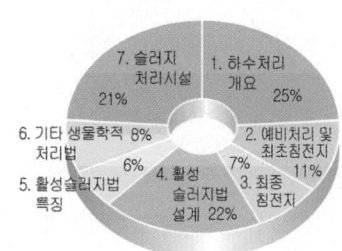

토목기사

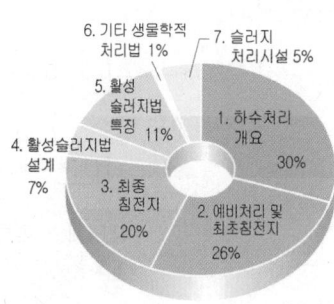

토목산업기사

제8장 기초사항

1 생태계 이론

(1) 생태계(生態系, Ecosystem)
① 정의
    생태계란 어느 지역 내의 무기적 환경과 모든 생물군을 통틀어 그 중에서 물질순환과 에너지의 흐름에 따라 하나의 계(系)로서 취급하는 것으로, 생물군집(生物群集)에는 생산자(녹색식물), 소비자(동물), 분해자(세균), 무기적 환경 등의 4개 그룹(group)으로 구성되고 무기물 → 유기물 → 무기물 의 물질순환이 계속 반복된다.
    전체의 생물계는 이러한 상호간의 평형을 이루어야 하며 오염방지(汚染防止)는 이러한 생태계를 혼란시키거나 파괴시키지 않고 그 기능을 정상적으로 유지하기 위함이다.
    생태계의 물질순환은 크게 에너지순환(energy cycle), 물의 순환(hydrologic cycle), 탄소의 순환(carbon cycle), 질소의 순환(nitrogen cycle) 의 4가지로 나누어 다루게 된다.
    그리고 생물학적 구성은 생물(biotics)과 무생물(abiotics)로 구분되고 생물은 그 영양성에 따라 독립성(autotroph)과 종속성(heterotroph)으로 나눈다.

② 생태계의 구성(構成)
  ㉠ 식물연쇄(植物連鎖 : food chain) : 먹이연쇄 또는 먹이사슬이라고도 하며 영양분 → 생산자 → 1차 소비자 → 2차 또는 3차 소비자 → 분해자 의 순서로 구성되어 있다.

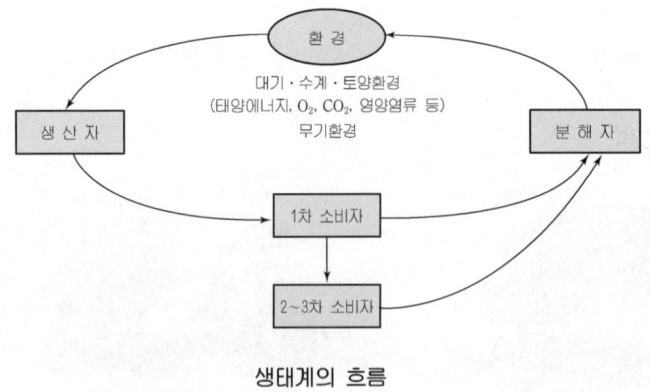

생태계의 흐름

> **학습POINT**
>
> ■ 제8장 기초사항은 생물학적 하수처리법에서 반드시 알고 있어야 하는 기초 미생물학에 관련된 내용을 간단하게 정리한 것이며, 출제빈도도 어느 정도 있으므로 반드시 학습하기 바란다.

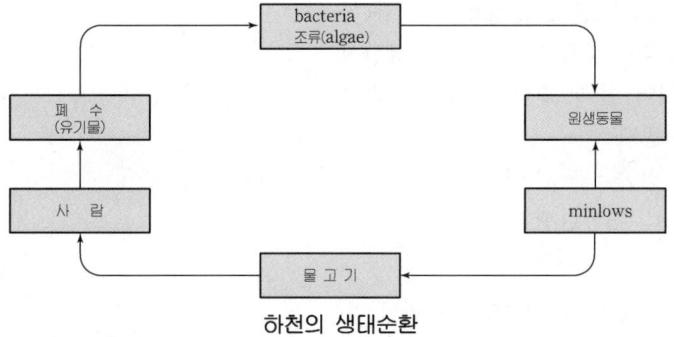

하천의 생태순환

  ⓒ 구성요소
   • 생산자 : 녹색식물(동화작용에 의한 에너지 공급자)
   • 소비자 : 1차(초식동물), 2차(육식동물), 3차(맹수류, 사람)
   • 분해자 : 박테리아

(2) 생태계의 물질순환
 ① 물의 순환 : 물은 항상 높은 곳에서 낮은 곳으로 흐르고 있으며 전체 양은 지구(地球)가 생긴 이래로 거의 변동이 없다. 즉, 물은 증발되어 다시 비나 눈으로 지상에 떨어지고 한번 사용된 물은 다시 사용되어진다.
 ② 에너지 순환 : 태양은 항상 열에너지를 방출하고 있으며, 이 에너지를 이용하여 식물은 광합성(photosynthesis)에 의하여 세포(cell)를 합성한다. 이는 태양광선으로부터 물리적 에너지를 얻어 세포를 합성시키는 화학적 에너지로 형성되어진 예이다.
 ③ 탄소(C)의 순환 : 이 순환작용은 대기 중의 탄산가스(CO_2)가 광합성 작용에 의하여 식물의 세포, 즉 유기탄소(organic carbon)로 합성되는 것이다. 여기서 탄산가스는 무기물질인데 광합성 작용에 의하여 유기탄소로 된다. 이 유기탄소는 동물에 의해 섭취되며 동물이나 그 배설물은 다른 생물체에 의해 흡수된 다음 다른 물질로 다시 배열된다.
 ④ 질소의 순환 : 사람이나 모든 생물은 79%가 질소(N_2)로 되어 있는 공기 중에 살고 있다. 자연계 내에서 질소화합물의 변화과정은 아래 그림에 잘 나타나고 있다.

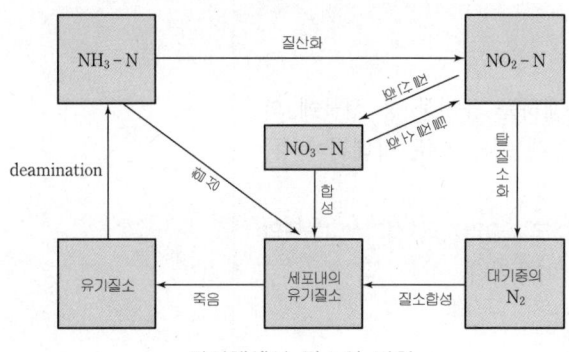

자연계에서 질소의 변화

즉, 대기의 질소는 방전작용(放電作用)과 질소 고정세균, 조류(특히 남조류)에 의해서 끊임없이 소비되는 것을 알 수 있다. 방전시에는 대량의 질소가 N_2O_5로 산화되어 물과 결합, HNO_3를 만들어 강우(降雨)에 의해 지상으로 떨어진다.
㉠ N_2 + 특정 세균 또는 남조류의 일종 → 단백질
㉡ NO_2 + CO_2 + 녹색식물 + 햇빛 → 단백질
㉢ NH_3 + CO_2 + 녹색식물 + 햇빛 → 단백질

동물이나 인간은 대기나 무기질소를 이용하여 단백질을 만들 수 없고, 식물이나 식물을 먹고 사는 다른 동물에 의해 단백질을 마련할 수 있다. 그리하여 배설물(분뇨 등)이나 죽으면 폐기물로서 처분된다.

소변 속의 질소는 주로 요소로서 효소 urease에 의하여 바로 탄산암모늄으로 가수분해(加水分解)된다.

그리고 대변 속의 단백질(유기질소)과 시체나 죽은 동물 속에 남아 있는 단백질은 혐기 또는 호기성 조건에서 부패균이나 곰팡이의 작용에 의해 암모니아로 변화된다.

이들 암모니아는 식물성 단백질을 만들기 위해 다시 식물에 의해 이용되고 필요 이상으로 방출되는 경우는 질산화 과정을 거쳐 변화된다.

이와 같이 NH_3-N(암모니아)는 비료로서 토양 중 식물로 흡수되어 식물의 성장을 촉진시킨다. 식물은 동물의 먹이가 되고 식물성 단백질은 동물성 단백질로 변한다. 흡수되지 않는 것은 배설물로 체외로 배출된다. 사멸한 동물과 식물, 동물의 배설물은 분해되어 간단한 질소화합물로 되고 Albuminoid성 질소를 거쳐 무기물인 NH_3-N으로 된다. NH_3-N는 다시 산화되어 NO_2^--N, NO_2^--N는 다시 NO_3^--N의 최종생성물로 되어 식물에 흡수되는 등의 반복순환이 계속된다.

2 하수처리 개요

(1) 하수의 생물학적 처리
① 개요
㉠ 생물학적 처리방법은 하수 내에 존재하는 유기물 중 생물에 의해서 분해 가능한 유기물을 미생물(원생동물, 조류, 박테리아 등)을 이용하여 제거하는 방법이다.
㉡ 생물학적 처리방법은 도시하수의 2차처리, 슬러지의 처리, 고농도의 유기물함유 공장폐수 등의 처리에 많이 이용된다.

ⓒ 생물학적 처리방법은 산소(O_2)와 밀접한 관계를 가지고 있다.
- 호기성 처리
    ⓐ 유기물 + O_2 → 세포물질 형성 + CO_2 + H_2O + 에너지
      유기물 + O_2 → CO_2 + H_2O + 에너지
      세포물질 + O_2 → CO_2 + H_2O + 에너지
    ⓑ 활성슬러지법, 살수여상법, 산화지법, 회전원판법, 접촉산화법, 호기성 소화법등이 있다.
- 혐기성 처리
    ⓐ 유기물 → 중간생성물 → 최종생성물 + 에너지
      · 중간생성물 : 세포, 유기산, 알코올, H_2O, CO_2
      · 최종생성물 : CH_4, H_2S, NH_3, CO_2, H_2O
    ⓑ 혐기성 소화법, 부패조, Imhoff조, 혐기성 산화지 등이 있다.
- 임의성 처리
    ⓐ 호기성과 혐기성의 중간으로서 살수여과상, 산화지 등에서 산소가 모자라면 임의성이 된다.

② 유기물과 미생물
  ㉠ 유기물
    - 유기물은 미생물의 먹이(food)로서 미생물의 성장활동에 에너지원을 제공한다.
    - 주성분 : C, H, O
    - 부성분 : N, S, P, 할로겐 등
  ㉡ 미생물의 분류
    - 박테리아(bacteria)
        ⓐ 하수처리의 핵심적 역할을 하며 크기는 0.8~5.0 μ정도이다.
        ⓑ 산소와의 관계에 따라 호기성, 혐기성, 임의성 박테리아로 분류한다.
        ⓒ 적정 pH는 6.5~7.5이며 pH 9.5 이상 4.0 이하에서는 사멸된다.
    - 균류(fungi)
        ⓐ 사상균으로 낮은 pH(2~5)에서도 잘 성장한다.
        ⓑ 활성슬러지법에서 잘 침전하지 않고 슬러지 팽화(즉 bulking 현상)를 일으키는 원인이 된다.
    - 조류(algae)
        ⓐ 엽록소를 가지고 있는 단세포 혹은 다세포 식물이며, 광합성(탄소동화작용)을 한다.
        ⓑ 빛이 존재하는 주간에는 광합성을 하여 O_2를 생산하며 야간에는 반대로 O_2를 소비한다.
        ⓒ 갖가지 맛과 냄새를 유발시킨다.

ⓓ 산화지법에서 산소원으로 이용된다.
- 그외에 원생동물(protozoa), 고등동물(metazoa, sludge worms) 등이 생물학적 처리에 이용된다.

③ 미생물(Microbe)과 먹이(Food)와의 관계
㉠ 먹는 대상에 따른 미생물의 분류
- Heterotrophic(종속영양계)미생물 : 유기물을 주로 섭취하는 미생물
- Autotrophic(독립영양계)미생물 : 무기물을 주로 섭취하는 미생물

㉡ 종속영양계의 먹이 F와 미생물 M과의 관계

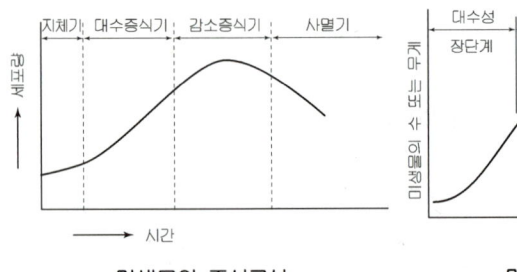
미생물의 증식곡선

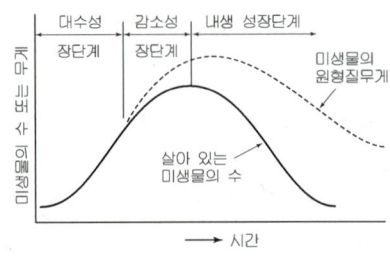
미생물의 성장곡선

▶ 01, 13(기)
· 미생물의 성장 단계

■ 미생물의 성장 단계
① 대수성장단계 : 유기물의 분해속도가 가장 빠른 단계
② 감소 성장 단계 : Floc 형성 단계
③ 내생 성장 단계 : 유기물의 침전 효율이 가장 양호한 단계

- 먹이 F는 미생물의 성장과 함께 변곡점에서 최대가 되고 그 다음부터는 성장률이 감소된다. 이 때 변곡점까지의 미생물 성장을 대수성장단계라 하며 변곡점 이후를 감소성장단계라 한다.
- 대수성장단계에서 미생물은 서로 엉키지 않고 자라는 분산성장상태이며 감소성장단계로 갈수록 미생물은 서로 잘 엉키는 성질이 있다. 이를 생물학적 floc형성(biological flocculation)이라 한다.
- 하수처리에서는 유기물을 미생물세포로 합성시키고 형성된 세포를 침전지에서 침전 제거시키는 방법을 택하고 있다. 따라서 변곡점에서 보다는 미생물 floc이 잘 형성되는 감소성장단계 후반 또는 내생성장단계 초반을 주로 선택하여 처리시설을 운전하고 있다.
- 그림에서 미생물의 양 M은 최고점에 도달하였다가 점차 감소하게 되며 결국에는 더 이상 감소되지 않는다. 이 감소되지 않는 부분은 생물학적으로 분해 불가능한 유기물로 구성되어 있다. 이 단계의 미생물은 합성된 세포를 이용하는 내생호흡단계라 한다.

㉢ F/M비와 물질대사율
- 미생물에 의한 유기물의 분해 섭취는 미생물의 증가를 초래하므로 영양분의 공급과 폭기조 내 미생물량 사이에 알맞은 평형을 유지하여야 하는데 이 관계를 F/M(Food-to-Microorganism)비라고 한다.

- F/M비가 높으면 미생물은 대수(지수)성장단계에 있으며 시스템내의 영양분이 과대하게 존재하며 신진대사율은 최대가 된다.
- F/M비가 낮으면 물질대사가 내생적이고 침전성이 좋아서 높은 BOD제거율이 요구되는 경우에 이 단계를 운영하는 것이 좋다.

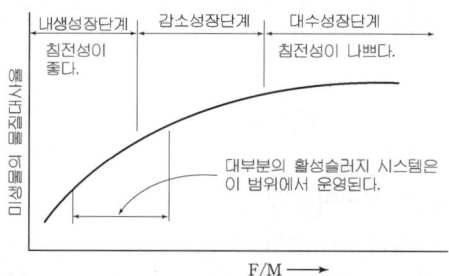

F/M비와 물질대사율과의 관계

④ 에너지와 세포합성
  ㉠ 세포합성에 필요한 조건(하수의 생물학적 처리를 위한 운영조건)
   - 영양물질(BOD : N : P = 100 : 5 : 1)
   - DO(용존산소) : 2mg/L이상
   - 적정온도 : 20℃~40℃
   - 적정pH : 6.5~8.5
   - 독성물질(Cu, Cr, Cl, CN, Cd 등)을 제거할 것
  ㉡ 에너지와 세포합성의 관계

$$\begin{array}{c} \text{에너지}: 0.5\,\text{kg}\,BOD_U \\ \uparrow \qquad \searrow \\ 1\,\text{kg}\,BOD_5 \rightarrow 1.5\,\text{kg}\,BOD_U \\ \text{에너지}: 1.3\,\text{kg}\,BOD_U \\ \downarrow \qquad \nearrow \\ \text{세포합성}: 1\,\text{kg}\,BOD_U \rightarrow 0.2\,\text{kg}\,NBD \end{array}$$

⑤ 유기물질 감소와 BOD 사용 및 미생물 성장간의 관계

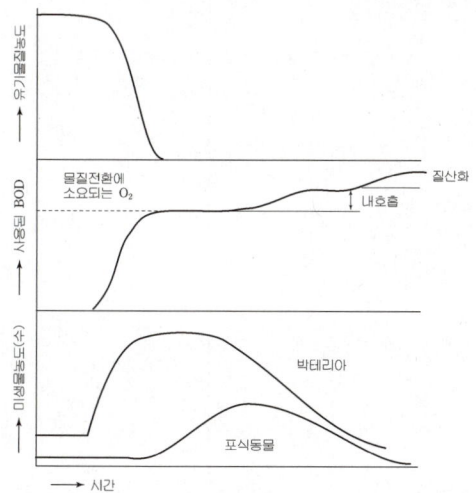

(2) 하수의 3차처리(고도처리)
① 개요
하수를 2차처리인 생물학적 처리(활성슬러지법, 살수여상법 등)를 거친 후에도 오염물질의 완전한 제거는 어려우며 Ca^{2+}, K^+, NO_3^-, PO_4^{3-}, SO_4^{2-}, 등의 무기성 이온들로부터 중금속(유해금속), 유기물까지 여러 오염물질이 유출되어 환경생태계에 악영향을 미치는 경우가 많다. 대표적인 예로서 부영양화(eutrophication)이나 적조(red tide) 현상 등의 악영향을 들 수 있다.
이러한 영향을 줄이기 위해 2차처리(활성슬러지법, 살수여상법 등) 다음에 부여되는 처리단계를 고도처리 또는 3차처리라고 하며 어떤 의미로는 물의 재생을 의미하는데, 물을 원래의 수질로 환원시키는데 이용한다.

② 종류
㉠ 물리적 방법 : Air stripping에 의한 암모니아 제거, 여과, 증류(distillation), 부상(flotation), 역삼투법, 활성탄 흡착법 등이 있다.
㉡ 화학적 방법 : 응집(凝集), 이온교환(ion exchange)법, 전기투석(electrodialysis)법, 산화(oxidation), 환원(reduction) 등이 있다.
㉢ 생물학적 방법
 • 질소제거 : Wuhrmann법(post-denitrification법), Ludzack-Ettinger Process, 수정 Ludzack-Ettinger process, 3단계 Bardenpho법
 • 인제거 : A/O process(Anaerobic Oxic process ; 혐기호기조합법), Phostrip process
 • 질소, 인 동시제거 : 수정 Bardenpho법, A²/O process(Anaerobic Anoxic process ; 혐기 무산소 호기조합법), SBR(Sequencing Batch Reactor), UCT(University of Cape Town)법, VIP(Virginia Initiative Plant)법, 수정 Phostrip법 등

▶00, 04, 06, 07, 15㉮
• 질소, 인 동시제거방법

핵심문제

1 활성슬러지법에서 폭기조에서 성장하는 미생물은 최종침전지로 유입하기 전 어떤 단계에 있는 것인가?

㉮ 지연 단계
㉯ 대수성장 단계
㉰ 감소성장 단계
㉱ 내생성장 단계의 초기

2 활성슬러지법으로 하수처리를 하는 경우 침전효율이 가장 좋은 미생물의 성장단계는 다음 중 어느 것인가?

㉮ 대수성장 단계
㉯ 감소성장 단계
㉰ 감소와 대수성장의 중간단계
㉱ 내생성장(내호흡) 단계

3 다음 활성슬러지의 미생물학적 설명 중 틀린 것은?

㉮ 대수성장 단계는 영양분이 충분한 가운데 미생물이 최대의 율로 번식하는 단계이다.
㉯ 감소성장 단계는 살아 있는 미생물의 무게보다 미생물 원형질의 전체 무게가 감소한다.
㉰ 내생성장 단계는 미생물 그들 자신의 원형질을 분해시켜 원형질의 전체 무게는 감소한다.
㉱ 미생물의 성장곡선은 증가하다가 감소하는 현상을 나타낸다.

4 하수의 고도처리에 관한 다음의 기술 중 틀린 것은?

㉮ 고도처리법은 생물처리(2차처리)에서 잘 처리되지 않는 성분을 제거하는 방법이다.
㉯ 응집침전법도 고도처리법의 하나로 이용되고 있다.
㉰ 모래여과법은 고도처리에서의 흡착법이나 투석법 등의 전처리로서 중요하다.
㉱ 하수 중의 무기질소화합물은 철염에 의해(응집침전) 대부분 제거된다.

해 설

해설 1
미생물의 내생성장단계
슬러지의 생산량을 적게 하고 질산화 등을 고려하여 초기 내생성장 단계까지 운전한다.

해설 2
내생성장단계
침전효율이 가장 좋은 미생물의 성장단계

해설 3
감소성장 단계
미생물의 수가 점차로 증가하여 영양분이 모자라게 되면 미생물의 번식률이 사망률과 같게 될 때까지 번식률은 감소하게 되며, 그 결과로 살아 있는 미생물의 무게보다 원형질의 전체 무게가 더 크게 된다. 또한 미생물이 서로 엉키는 floc이 형성되기 시작하므로 점차 침전성이 좋아져서 수처리에 이용되는 단계이다.

해설 4
하수의 고도처리
무기성 질소에는 암모니아성 질소(NH_3-N), 아질산성 질소(NO_2^--N), 질산성 질소(NO_3^--N)가 있고 이것을 제거하는 여러 가지 방법이 있다. 보통 암모니아성 질소의 염소산화, 암모니아 stripping, 생물학적 산화와 탈질산화, 구리 촉매 존재하에서의 황산제1철에 의한 환원 등이 있다. 여기서 황산제1철의 작용은 질산성 질소를 질소가스로 환원시켜 제거하는 것이지 응집침전제거가 아니다.

정답 1. ㉱ 2. ㉱ 3. ㉯ 4. ㉱

5 Air stripping 방법으로 제거하는 것이 좋은 방법으로 채택되고 있는 물질은 다음 중 어느 것인가?

㉮ NH_3 제거
㉯ PO_4^{3-} 제거
㉰ CN화합물 제거
㉱ 부유물 제거

6 하수의 고도처리 방법 중 질소와 인을 동시에 제거하는 방법은? [00, 04 ㉮]

㉮ 활성슬러지법
㉯ A/O(Anaerobic Oxic)법
㉰ A²/O(Anaerobic Anoxic Oxic)법
㉱ 3단계 Bardenpho 법

7 생물학적 폐수처리의 유기물 분해속도가 가장 빠른 성장단계와 침전성이 가장 양호한 단계를 각각 맞게 선택한 것은? [01 ㉮]

㉮ 대수성장단계, 내호흡단계
㉯ 내호흡단계, 대수성장단계
㉰ 감소성장단계, 내호흡단계
㉱ 대수성장과 감소성장의 중간단계

8 하수 중의 질소제거 방법으로 적합하지 않은 것은? [04 ㉮]

㉮ 생물학적 질화-탈질법
㉯ 응집침전법
㉰ 이온교환법
㉱ break point(파괴점) 염소주입법

9 하수 내에 존재하는 질소성분을 제거하기 위한 방법중 생물학적 처리방법은? [08 ㉮]

㉮ 질산화-탈질법
㉯ 염소처리법
㉰ 탈기방법
㉱ 전기투석법

해 설

해설 5
Air stripping에 의한 방법
수중의 용존기체를 제거하기 위하여 사용되는 폭기법을 수정한 것으로, 그 원리는 다음과 같다. 하수 내의 NH_4^+ 이온은 수중에서 NH_3와 평형상태로 존재한다.

$NH_3 + H_2O \Leftrightarrow NH_4^+ + OH^-$

하수의 pH가 9이상이 되면 반응은 왼쪽으로 이동해서 NH_4^+ 이온은 NH_3로 변하며, 이때 하수를 휘저어 주면 NH_3는 공기 중으로 날아가게 된다. pH증가제로 보통 석회가 사용되며 하수에 있어서 적절한 pH 범위는 10.8~11.5로 알려져 있다.

해설 6
① 활성슬러지법 : 질소, 인 제거하기 힘들다.
② A/O(Anaerobic Oxic)법 : 생물학적 방법에 의한 인제거
③ 3단계 Bardenpho 법 : 생물학적 방법에 의한 질소제거
④ A²/O(Anaerobic Anoxic Oxic)법 : 생물학적 방법에 의한 인, 질소 동시제거법이며, 이외에 수정 Bardenpho 법, UCT법, SBR법, VIP법 등이 있다.

해설 7
미생물의 성장단계
① 유기물분해속도가 가장 빠른 단계 : 대수성장단계
② 침전성이 가장 양호한 단계 : 내생성장(내생호흡)단계이다.

해설 8, 9
하수 중의 질소제거법
① 생물학적 질산화 – 탈질법
② 이온교환법
③ 파괴점(break point) 또는 불연속점 염소주입법

정답 5. ㉮ 6. ㉰ 7. ㉮ 8. ㉯ 9. ㉮

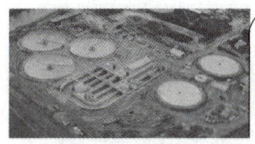

1 하수처리 개요

학습방향

하수처리의 개념과 처리 흐름순서에 대한 내용을 정리한 단원으로 충분한 학습을 통하여 하수처리의 전반적인 흐름에 대한 이해가 필요하다.

1. 하수처리의 개념
2. 하수처리 흐름도(처리순서)
3. 하수처리공정(예비처리→1차 처리→2차 처리)에서 각 단계의 구체적인 시설들
4. 하수의 2차처리 중 생물학적 처리법의 종류
5. 질산화 및 탈질화

1 하수처리 개요

(1) 하수처리의 개념

① 하수관거를 통해 배제된 하수를 인공적으로 처리하여 무해화(無害化), 안정화(安定化)시키는 과정을 말한다.

② 하수성분은 주로 유기물(有機物)이므로 이것의 제거에 확실하고 경제적인 생물학적 처리를 주로 이용한다.

(2) 하수처리 흐름도

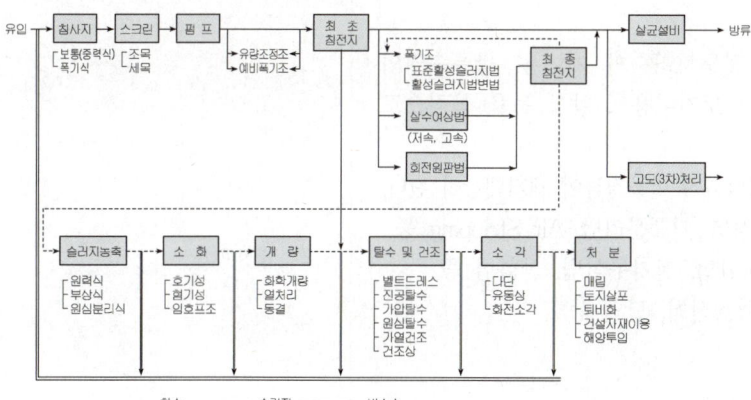

하수처리 흐름도

학습POINT

▶ 99, 00, 02, 07 ㉮
· 하수처리 순서(계통)

2 하수처리방법의 분류

(1) 일반적 하수처리 방법
① **물리적 처리법** : 스크리닝, 침전, 부상(浮上)분리, 여과, 흡착 등
② 화학적 처리법 : 응집, 중화(中和), 소독, 산화, 환원, 이온교환 등
③ 생물학적 처리법 : 활성슬러지법, 살수여상법, 회전원판법, 산화지법, 접촉산화법, 소화법 등

(2) 처리순서에 따른 방법
① 예비처리
  ㉠ 굵은 부유물, 부상고형물, 油脂의 제거와 분리를 위해 하수를 고체와 액체로 분리하는 과정이다.
  ㉡ 스크린, 분쇄기, 침사지, 유량조정조, 예비폭기조 등이 있다.
② 1차 처리(물리화학적 처리)
  ㉠ 미세한 부유물질과 BOD의 일부를 제거하는 과정이다.
  ㉡ 최초침전지, 약품침전지 등이 있다.
③ 2차 처리(생물학적 처리)
  ㉠ 하수중에 남아 있는 BOD, 콜로이드성 고형물을 미생물에 의해 제거하는 생물학적인 방법을 말한다.
  ㉡ 부유물질(SS)는 65~95%, 생물화학적 산소요구량(BOD)은 85~95%가 제거된다.
  ㉢ 활성슬러지법, 살수여상법, 회전원판법, 산화지법, 접촉산화법 등이 있다.
  ㉣ 최종침전지, 폭기조
④ 3차 처리(고도처리)
  ㉠ 부영양화와 적조현상의 방지, 하수처리수의 재이용, 방류수역의 수질환경기준 달성, 방류수역의 토지이용도 향상 등을 목적으로 도입되는 처리과정을 말한다.
  ㉡ 주로 영양염류인 N, P 등 부영양화 유발물질들이 제거대상이 된다.
  ㉢ 물리적 방법 : 급속여과법, 부상법, 거품분리법, Air Stripping 등
  ㉣ 화학적 방법 : 응집법, 이온교환법, 전기투석법, 산화법 등
  ㉤ 생물학적 방법 : 질산화 및 탈질산화, 탈인 등

(3) 생물학적 처리방법
① 호기성 처리법
  ㉠ **활성슬러지법**(Activated Sludge Process) : 반응기내에 호기성미생물을 번식시킨 뒤 하수를 유입시켜 혼화, 폭기시켜 처리하는 방법으로, 하수처리에 가장 널리 이용되며 표준법과 변법 등이 있다.
  ㉡ 살수여상법(Trickling Filter Process) : 투수성이 좋은 여과재를 채운 여지에 연속 또는 간헐적으로 하수를 살수시켜 처리하는 방법으로, 미생물을 여재에 고정시킨 고정생물법(생물막법)이다.

▶ 08, 09, 12㉮ 04, 06, 10, 15, 19㉯
- 하수처리방법의 특성
- 하수처리방법의 선정시 고려사항
- 물리적 방법의 종류

■ 하수처리방법의 선정시 고려사항
① 유입하수량 및 수질
② 처리수의 목표 수질
③ 방류수역의 현재 및 장래 이용 상황
④ 처리장의 입지조건, 건설비, 유지관리비, 운전의 난이도
⑤ 법규 등에 의한 규제
⑥ 수질환경기준 설정 현황

ⓒ 회전원판법(Rotating Biological Contactor) : 원판들을 연결하여 수평축을 중심으로 회전시키며 수평축 아래의 원판을 하수에 침수시켜 원판에 부착되어 있는 미생물들에 의해 하수를 처리하는 방법으로, 별도의 폭기시설이 필요 없다.
ⓓ 산화지법(Oxidation Pond) : 얕은 연못에서 박테리아와 조류의 상호 공생관계에 의해 유기물을 분해시키는 방법으로 미생물을 부유시켜 제거하는 부유상생물법이다.
② 혐기성 처리법 : 혐기성 소화법, 부패조법, Imhoff조법, 혐기성 산화지법

(4) 미생물의 고정(固定)여부에 따른 처리방법
① 고정상 생물법 : 살수여상법, 회전원판법, 접촉산화법, 충전상 반응기 등
② 부유상 생물법 : 활성슬러지법 및 변법들, 산화지법 등

3 질산화 및 탈질산화

(1) 질산화(Nitrification) : 호기성조건의 현상

> 단백질 ⇒ Amino acid ⇒ 암모니아성질소(NH_3-N)
> ⇒ 아질산성질소(NO_2^--N) ⇒ 질산성 질소(NO_3^--N)

▶ 06, 11, 16㉠ 00, 05, 06㉢
・질산화 과정

■ 질산화 과정
1mg/L 또는 1kg의 NH_3-N이 NO_3^--N으로 질산화 되기 위해 약 4.6mg/L의 산소 필요함

① 단백질 형태의 유기물이 함유된 오수가 배출되면 자연에서 가수분해(加水分解)되어 아미노산(amino acid)으로 되며, 암모니아성 질소에서 호기성 미생물인 nitrosomonas에 의해 아질산성 질소인 NO_2^--N으로 되며 다시 nitrobacter에 의해 질산성 질소인 NO_3^--N로 산화되는 과정을 말한다.
② 질산화 과정은 암모니아성 질소를 함유한 물질에 오염되면 질산화의 진행정도에 따라 오염발생후 경과시간, 오염발생지점, 오염진행상태, 오염발생시기 등을 알아낼 수 있다.

(2) 탈질(산)화(Denitrification) : 혐기성조건의 현상

> $NO_3^--N \Rightarrow NO_2^--N \Rightarrow NO \Rightarrow N_2O \Rightarrow N_2$

▶ 01, 19㉠ 97, 07, 13, 17㉢
・탈질산화의 과정
・하수내 질소 형태

① 탈질산화는 질산화 과정의 최종산물인 질산성 질소(NO_3^--N)을 환원박테리아에 의해 질소(N_2)로 방출, 제거하는 것으로 혐기성 상태에서 이루어진다.
② 하수 내 질소(N_2)는 유기성 질소화합물과 암모니아(NH_3)의 형태로 존재한다.

핵 심 문 제

해 설

1 다음 하수처리에 관한 설명 중 맞는 것은? [95 ㉮]
- ㉮ 하수처리는 하수의 자연적 자정작용에 의한 정화과정이다.
- ㉯ 화학적 처리방법은 하수 처리방법이 아니다.
- ㉰ 활성오니법은 주로 호기성 미생물에 의한 호기성 분해라 할 수 있다.
- ㉱ 하수에 용해되어 있는 다량의 영양염류는 제거하지 않는 것이 좋다.

2 다음 하수처리방법에 관한 설명 중 틀린 것은? [95 ㉮]
- ㉮ 하수의 예비처리란 처리조작, 공정 및 보조시설에 유지 관리문제를 일으키는 하수성분을 제거하는 것이다.
- ㉯ 하수의 1차 처리란 부유물과 유기물질의 일부를 화학적 조작으로 제거하는 것이다.
- ㉰ 하수의 2차 처리는 생물학적으로 분해가능한 유기물질과 부유물질을 제거하는데 그 목적이 있다.
- ㉱ 하수 처리중 영양소의 제거와 관리는 부영양화 방지와 밀접한 관계가 있다.

3 하수처리 방법 중 물리적 처리방법이 아닌 것은? [98, 04, 06, 11 ㉯]
- ㉮ 침전
- ㉯ 여과
- ㉰ 흡착
- ㉱ 환원

4 다음의 생물학적 처리공정 중에서 부유(현탁)성장방식은? [95 ㉮]
- ㉮ 폭기라군
- ㉯ 살수여상
- ㉰ 충전상 반응기
- ㉱ 회전 원판법

해설 생물학적 처리방법
미생물의 고정여부에 따라 고정상 생물법과 부유상 생물법으로 분류할 수 있다. 고정상 생물법에는 살수여상법, 회전원판법, 접촉산화법, 충전상 반응기 등이 있으며, 부유상 생물법에는 활성슬러지법 및 변법들, 산화지법 등이 있다.

5 도시하수를 2차 처리하고자 할 때 적당한 공정의 순서는 다음 중 어느 것인가?
- ㉮ 스크린 → 침사지 → 1차 침전지 → 폭기조 → 2차 침전지
- ㉯ 침사지 → 스크린 → 1차 침전지 → 2차 침전지 → 폭기조
- ㉰ 스크린 → 폭기조 → 침사지 → 1차 침전지 → 2차 침전지
- ㉱ 폭기조 → 스크린 → 1차 침전지 → 침사지 → 2차 침전지

해설 **1**
- ㉮ 하수처리 : 자연적이기 보다는 인위적으로 조작처리하는 방법이다.
- ㉯ 하수처리방법 : 물리적, 화학적, 생물학적 처리방법이 있다.
- ㉱ 영양염류(질소, 인) 제거 : 호소 등의 부영양화를 막을 수 있다.

해설 **2**
하수처리 방법
① 예비처리 : 굵은 부유물, 부상고형물, 油脂의 제거와 분리를 위해 하수를 고체와 액체로 분리하는 과정이다.
② 1차처리 : 미세한 부유물질과 유기물의 일부를 주로 물리화학적 방법으로 제거하는 과정이다.
③ 2차처리 : 하수 중에 남아 있는 BOD, 콜로이드성 고형물을 주로 미생물에 의해 제거하는 생물학적인 방법을 말한다.
③ 3차처리(고도처리) : 난분해성 유기물, 부유물질, 인 및 질소와 같은 부영양화 유발물질들이 제거대상이 된다.

해설 **3**
하수처리방법
① 물리적 처리방법 : 침전, 여과, 흡착 등
② 화학적 처리방법 : 중화, 소독, 산화, 환원 등
③ 생물학적 처리방법 : 활성슬러지, 살수여상법, 회전원판법, 산화지법, 소화법 등

해설 **5**
도시하수의 처리공정
조목(粗目)스크린→침사지 →세목(細目)스크린→1차 침전지 →폭기조→2차 침전지→소독조 →방류의 순서로 처리된다.

정답 1. ㉰ 2. ㉯ 3. ㉱ 4. ㉮ 5. ㉮

6 일반적으로 도시의 하수 종말처리장을 설치하고자 할 때 적합한 처리공법은?

㉮ 활성슬러지법 ㉯ 살수여상법
㉰ 약품침전법 ㉱ 산화지법

7 혐기성 상태에서 탈질산화(denitrification) 과정을 맞게 설명한 것은? [01 ㉮]

㉮ 암모니아성 질소 – 질산성 질소 – 아질산성 질소
㉯ 아질산성 질소 – 질산성 질소 – 질소가스(N_2)
㉰ 질산성 질소 – 아질산성 질소 – 질소가스(N_2)
㉱ 암모니아성 질소 – 아질산성 질소 – 질산성 질소

8 하수 고도처리의 필요성으로 볼 수 없는 것은?

㉮ 2차처리 유출수에 영양염류(N, P)를 보충시키기 위해서 실시한다.
㉯ 처리수에 존재하는 색도 및 미량 중금속을 제거하기 위해서 실시한다.
㉰ 하수의 재이용이 필요한 경우에 실시한다.
㉱ 이용가능한 물질의 회수 또는 독성물질의 하천유입을 방지하기 위하여 실시한다.

9 다음의 도시하수 처리계통에서 가장 나중에 처리되는 공정은? [01 ㉯]

㉮ 침사지 ㉯ 소독
㉰ 활성슬러지 ㉱ 침전지

10 생물학적 처리방법으로 하수를 처리하고자 한다. 이를 위한 운영조건으로 틀린 것은? [04 ㉮]

㉮ 영양물질인 BOD : N : P의 농도비가 100 : 5 : 1이 되도록 조절한다.
㉯ 폭기조 내 용존산소는 통상 2mg/L로 유지한다.
㉰ pH의 최적조건은 6.8~7.2로서 이 때 미생물이 활발하다.
㉱ 수온은 낮게 유지할수록 경제적이다.

11 다음 중 일반적인 하수처리의 절차로 옳은 것은? [02 ㉮]

㉮ 유량조절조 – 침사지 – 최초침전지 – 폭기조 – 최종침전지
㉯ 유량조절조 – 침사지 – 폭기조 – 최초침전지 – 최종침전지
㉰ 침사지 – 유량조절조 – 최초침전지 – 폭기조 – 최종침전지
㉱ 침사지 – 유량조절조 – 폭기조 – 최초침전지 – 최종침전지

해 설

해설 6

활성슬러지법
유기물이 다량 함유되어 있는 도시 하수의 처리에 일반적으로 많이 이용되는 생물학적 방법

해설 7

탈질산화(denitrification)
NO_3-N(질산성질소) ⇒ NO_2-N(아질산성질소) ⇒ N_2 (질소가스)

해설 8

하수의 고도처리(3차 처리)
2차처리후 하수에 남아 있는 영양염류(질소, 인)를 제거하여 부영양화, 적조 등을 방지하기 위해 실시하는 처리과정이다.

해설 9

하수처리의 흐름도
하수유입 → 침사지 → 스크린 → 최초침전지 → 폭기조 → 최종침전지 → 소독설비 → 방류

해설 10

하수의 생물학적 처리를 위한 운영조건
① 영양물질인 BOD : N : P=100 : 5 : 1
② 폭기조내 용존산소 : 2mg/L이상
③ 적정 pH : 6.6~8.5
④ 적정 수온 : 20~40℃(높은 수온 일수록 경제적임)

해설 11

일반적 하수처리 공정
침사지 – 스크린 – 펌프 – 유량조정조 – 최초침전지 – 폭기조 – 최종침전지 – 소독설비 – 방류

정답 6. ㉮ 7. ㉰ 8. ㉮ 9. ㉯ 10. ㉱ 11. ㉰

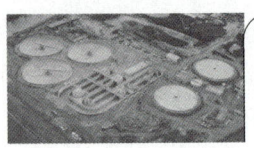

2 예비처리 및 최초침전지

학습방향

이 단원은 하수의 예비처리인 스크린, 침사지와 1차 처리시설인 최초침전지에 대한 내용들로 구성되어 있다.
1. 스크린의 종류 및 설치위치
2. 하수 침사지의 시설 제원 및 상수도 침사지와의 차이점
3. 예비폭기조의 설치목적
4. 최초침전지의 시설 제원

1 예비처리시설

(1) 스크린(Screen)
① 하수 중에 비교적 큰 부유물을 제거하기 위한 시설로 나무조각 등 큰 부유물질은 펌프 등에 손상을 주고 수로를 차단할 우려가 있다.
② 하수가 스크린을 통과할 때 스크린의 눈 크기보다 큰 부유물은 스크린에 걸려서 제거된다.
③ 유속한계 : 0.45m/sec 정도로 한다.
④ 유속이 너무 작으면 부유물질과 모래의 침전이 생기고 유속이 너무 크면 스크린에 손상을 줄 우려가 있다.
⑤ 종류
  ㉠ 조목(粗目)스크린 : 침사지 앞에 설치하여 부유물의 제거효율을 높인다.
  ㉡ 세목(細目)스크린 : 침사지 뒤에 설치하여 부유물을 제거한다.(원칙)

(2) 침사지(Grit Chamber)
① 보통침사지(중력식 침사지)
  ㉠ 하수 중의 직경 0.2mm 이상의 비부패성 무기물 및 입자가 큰 부유물을 제거하기 위한 시설을 말한다.
  ㉡ 방류수역의 오염 및 토사의 침전을 방지하고, 펌프 및 처리시설의 파손이나 폐쇄를 방지해 준다.
  ㉢ 수밀성 있는 철근콘크리트 구조로 하며 유입부는 편류(偏流)가 발생되지 않도록 해야 한다.
  ㉣ **평균유속** : 0.3m/sec를 표준으로 한다.
  ㉤ **체류시간** : 30~60초를 표준으로 한다.
  ㉥ 수심 : 유효수심에 모래퇴적부 깊이(30cm 이상)를 더한 것으로 한다.
  ㉦ **표면부하율** : 오수침사지는 1,800m³/m²·day 정도로 하며, 우수침사지는 3,600m³/m²·day 정도로 한다.
  ㉧ 형상 : 직사각형 또는 정사각형, 지수 : 2지 이상(원칙)
  ㉨ 저부경사 : 보통 1/100~2/100

학습POINT

■ 스크린 종류
① 인력제거 스크린(수동식)
② 기계 인양식 스크린(기계식)

■ 스크린의 강도
스크린 전후의 수위차를 1.0m 이상으로 하여 계산

▶ 02, 13, 14, 18㉮ 96, 99, 12, 17㉯
· 보통침사지의 제원

■ 하수침사지의 침사량
① 분류식(하수량 1,000m³당)
  ㉠ 오수 : 0.001~0.02m³
  ㉡ 우수 : 0.001~0.05m³
② 합류식(하수량 1,000m³당)
  : 0.001~0.02m³

■ 침사지 방식
① 중력식
② 폭기식
③ 기계식(선회류식, 선와류식)

② 폭기식 침사지
　㉠ 바닥에 산기관을 설치하여 하수에 선회류를 일으켜 원심력으로 무거운 토사를 분리시키는 장치를 말한다.
　㉡ 체류시간 : 1~2분으로 한다.
　㉢ 유효수심은 2~3m, 여유고는 50cm이며 모래 퇴적부는 30cm 이상으로 한다.
　㉣ 송기량(送氣量)은 하수 1m³당 1~2m³/hr의 비율을 표준으로 한다.
③ 원형 침사지
④ 일체형 기계식 침사지

(3) 유량조정조(流量調整槽)
① 유입수의 유량 및 수질 변동을 균등화하여 처리시설의 처리효율을 높이고 처리수질의 향상을 도모하기 위한 시설이다.
② 계획 1일 최대오수량을 넘는 유량을 일시적으로 저류할 수 있는 크기로 한다.
③ 직사각형 및 정사각형으로 하며 2조 이상으로 설치한다.
④ 수밀한 철근 콘크리트조로 시공하며 3~5m의 수심을 갖도록 한다.
⑤ 오염물질의 효율적 침전과 부패방지를 위해 난류를 일으킬 수 있는 교반장치 및 산기장치를 설치한다.

(4) 예비폭기조(豫備曝氣槽)
① 하수처리 과정에서 최초침전지 이전에 수행되는 시설을 말한다.
② 폭기시간
　㉠ 최초 침전지에서 부유물질과 BOD 제거효율을 증대시키기 위해서는 최소한 35~40분간 폭기한다.
　㉡ 냄새를 제거하기 위해서는 10~15분간 폭기한다.
③ 송풍량(送風量)
　㉠ 폭기시간이 30~45분간인 경우 : 유입하수 1L에 대하여 공기 0.82~1.04L를 공급한다.
　㉡ 폭기시간이 10~15분간인 경우 : 유입하수 1L에 대하여 공기 0.53~0.59L를 공급한다.
④ 유효수심은 4.0~6.0m, 여유고는 80cm정도로 한다.
⑤ 예비폭기의 효과
　㉠ 하수가 혐기성상태로 되는 것을 방지한다.
　㉡ 최초침전지에서 부유물질과 BOD제거효율이 향상된다.
　㉢ 유입하수의 냄새가 제거된다.
　㉣ 펌프양수시 흡수정 바닥에 부유물의 침전을 방지한다.

■ 합류식 침사지
① 청천시와 우천시에 따라 오수 및 우수전용으로 구별하여 설치함이 바람직함
② 청천시 유입하수량이 계획하수량보다 현저히 적으므로 유기물등의 침전에 의해 부패 및 오염의 우려가 있음

▶ 17 ㈎
· 유량조정조

2 1차 처리시설

(1) 최초 침전지(1차 침전지)

① 1차 처리 및 2차 생물학적 처리를 위한 예비처리로서 비중이 비교적 큰 부유물질(SS)과 BOD의 일부를 제거하기 위한 시설이다.

② 제원
  ㉠ 형상 : 원형, 직사각형 또는 정사각형으로 한다.
  ㉡ 유효수심 : 2.5~4.0m, 수면의 여유고는 40~60cm 정도로 한다.
  ㉢ 침전시간 : 보통 계획 1일 최대오수량에 대해 2~4시간으로 한다.
  ㉣ 표면부하율 : 계획 1일 최대오수량에 대해 합류식은 25~50 $m^3/m^2 \cdot day$, 분류식은 35~70$m^3/m^2 \cdot day$로 한다.
  ㉤ 슬러지 제거기를 설치할 경우, 바닥의 기울기 : 직사각형은 1/100~2/100, 원형 및 정사각형은 5/100~10/100으로 한다.
  ㉥ 침전지 지수(池數) : 최소한 2지 이상으로 한다.

③ 유출설비 : 보통 월류위어를 설치하며 부하율은 250$m^3/m \cdot day$ 이하로 한다.

④ 침전지내에 있는 슬러지를 제거하기 위해 슬러지 제거기(수집기) 및 배출설비를 설치한다.

> 02, 03, 05, 12, 14, 15, 18 ㉮
> 06, 07, 09, 14, 15 ㉯
>
> • 침전지의 설계·계산
> • 최초 침전지의 제원

■ 직사각형 최초침전지
① 길이와 폭의 비는 3:1~5:1
② 폭과 깊이의 비는 1:1~2.25:1 정도로 한다.

참고 하수처리시설의 계획하수량

구분		계획하수량	
		분류식 하수도	합류식 하수도
1차 처리 (1차 침전지 까지)	처리시설 (소독시설 포함)	계획1일 최대오수량	계획1일 최대오수량
	처리장내 연결관거	계획시간 최대오수량	우천시 계획오수량
2차 처리	처리시설	계획1일 최대오수량	계획1일 최대오수량
	처리장내 연결관거	계획시간 최대오수량	계획시간 최대오수량
고도 처리 및 3차 처리	처리시설	계획1일 최대오수량	계획1일 최대오수량
	처리장내 연결관거	계획시간 최대오수량	계획시간 최대오수량

※ 고도처리시설의 경우 : 계획하수량은 겨울철(12, 1, 2, 3월)의 계획1일 최대오수량을 기준으로 한다.(단, 관광지 등과 같이 계절별 유입하수량의 변동폭이 큰 경우는 예외로 한다.)

핵 심 문 제

1 스크린(screen)설치부에서 유속 한계를 설정해 두는 이유는 무엇인가?

㉮ by pass를 사용하기 위해서이다.
㉯ 모래의 퇴적현상 및 부유물이 찢겨나가는 것을 방지하기 위해서이다.
㉰ 용해성 물질을 물과 분리하기 위해서이다.
㉱ 유지류 등의 스컴(scum)을 제거하기 위해서이다.

2 다음 중 하수 침사지의 체류시간으로 적당한 것은? [96 산]

㉮ 0.5~1분
㉯ 5~8분
㉰ 8~10분
㉱ 20분 이내

3 인구가 100,000명인 A도시의 1일 1인당 오수량이 250L이다. 하수를 처리하기 위해 유효수심 3m, 침전시간 2시간으로 설계하려면 침전지의 면적은 얼마가 적당한가? [96, 00, 05 ㉮]

㉮ 347m²
㉯ 521m²
㉰ 694m²
㉱ 1,563m²

4 다음은 하수도 시설 중 최초 침전지에 대한 설명이다. 틀린 것은?

㉮ 슬러지 제거기 설치의 경우 침전지 바닥의 경사는 장방형에 있어 1:100~1:50의 경사이다.
㉯ 표면 부하율은 계획 1일 최대 오수량을 기준으로 합류식에서 25~50m³/m²·day로 하여야 한다.
㉰ 유효 수심은 2.5~4m를 표준으로 한다.
㉱ 침전지의 수면 여유고는 20~30cm정도를 두어야 한다.

5 하수처리장 내에서 Stokes법칙을 적용시킬 수 있는 공정은?

㉮ 농축조
㉯ 최종침전지
㉰ 최초침전지
㉱ 폭기조

해 설

해설 1

스크린의 유속한계 설정

유속이 너무 작으면 부유물질과 모래의 침전이 생기고 유속이 너무 커지면 스크린에 손상을 줄 우려가 있어 유속한계를 설정하고 있다.

해설 2

하수 침사지의 체류시간

30~60초(0.5~1.0분) 정도이다.

해설 3

침전지 설계

① 하수량 $Q = 250 \times 10^{-3} (m^3/명 \cdot day) \times 100,000(명)$
  $= 25,000 (m^3/day)$
  $= 1,041.7 (m^3/hr)$

② 침전속도 $= \dfrac{유효수심}{침전시간}$
  $= \dfrac{3(m)}{2(hr)} = 1.5 (m/hr)$

∴ 침전지 면적 $= \dfrac{하수량}{침전속도}$
  $= \dfrac{1,041.7 (m^3/hr)}{1.5 (m/hr)}$
  $= 694.5 (m^2)$

해설 4

최초침전지 제원

① 침전지 체류시간 : 2~4 시간
② 슬러지 제거기 설치시 바닥의 기울기 : 직사각형은 1/100~1/50, 원형 및 정사각형은 1/20~1/10으로 할 것
③ 여유고 : 40~60cm정도로 할 것
④ 표면부하율 : 표면부하율은 합류식에서 25~50m³/m²·day로 할 것

해설 5

stokes법칙

독립침전을 하는 입자에 적용되는 공식으로, 하수처리장의 최초침전지에 적용시킬 수 있다.

정답 1. ㉯ 2. ㉮ 3. ㉰ 4. ㉱ 5. ㉰

6 침사지는 하수중의 직경 0.2mm 이상의 비부패성 무기물 및 입자가 큰 부유물을 제거하기 위한 시설이다. 효율적인 침사지 설계를 위한 설명 중 적합하지 않은 것은? [02, 13, 14 ㉮ 99, 17 ㉰]

㉮ 침사지의 평균 유속은 3m/sec를 표준으로 한다.
㉯ 침사지의 체류시간은 30~60초를 표준으로 한다.
㉰ 침사지의 형상은 직사각형, 정사각형 등으로 한다.
㉱ 오수 침사지의 경우 표면 부하율을 1,800m³/m²·day 정도로 한다.

7 유효 폭과 길이가 각각 20m 및 30m인 침전지에서 하루에 10,000m³의 하수를 처리할 경우 표면부하율은 얼마인가? [99 ㉰]

㉮ 5.0m³/m²·day
㉯ 15.0m³/m²·day
㉰ 16.7m³/m²·day
㉱ 33.3m³/m²·day

8 최초 침전지의 표면적이 250m², 깊이가 3m인 직사각형 침전지가 있다. 하수 350m³/hr가 유입할 때 수면부하는? [00, 14 ㉮]

㉮ 30.6m³/m²·day
㉯ 33.6m³/m²·day
㉰ 36.6m³/m²·day
㉱ 39.6m³/m²·day

9 하수처리장의 전처리과정에서 사석(grit)이 제거되지 않는다면 그 후의 처리과정에서 생길 수 있는 가장 큰 문제점은?

㉮ 침전효율이 나빠진다.
㉯ 활성슬러지에 독성을 끼친다.
㉰ 펌프와 파이프를 손상시킨다.
㉱ 아무런 문제가 생기지 않는다.

10 유량이 20,000m³/day인 하수를 처리하기 위하여 침전지를 설계하고자 할 때 수심은 4m, 표면부하율이 40m³/m²/day일 때 소요 표면적과 체류시간은 각각 얼마인가? [02 ㉮]

㉮ 250m², 4.8시간
㉯ 250m², 2.4시간
㉰ 500m², 2.4시간
㉱ 500m², 4.8시간

해 설

해설 6
하수처리장의 침사지
평균 유속 0.3m/sec를 표준으로 설계한다.

해설 7
침전지의 표면부하율
표면적 부하율 $= \dfrac{Q}{A} = \dfrac{Q}{\text{폭} \times \text{길이}}$
∴ 표면적 부하율
$= \dfrac{10,000\,(\text{m}^3/\text{day})}{20\,(\text{m}) \times 30\,(\text{m})}$
$= 16.7\,(\text{m}^3/\text{m}^2 \cdot \text{day})$

해설 8
침전지의 수면적 부하
① 수면(적) 부하 $= \dfrac{Q}{A}$
② $Q = 350\,(\text{m}^3/\text{hr})$
$= 8,400\,(\text{m}^3/\text{day})$
∴ $\dfrac{Q}{A} = \dfrac{8,400\,(\text{m}^3/\text{day})}{250\,(\text{m}^2)}$
$= 33.6\,(\text{m}^3/\text{m}^2 \cdot \text{day})$

해설 9
사석은 부패성이 없고 유기성 고형물보다 밀도가 큰 고형물질로 기계의 마모, 관로내의 흐름을 방해하므로 침사지 등에서 미리 제거해야 한다.

해설 10
침전지의 표면적(A)과 체류시간(t)
표면부하율 $= \dfrac{Q}{A} = \dfrac{H}{t}$ 에서
① 침전지의 표면적
$A = \dfrac{Q}{\text{표면부하율}}$
$= \dfrac{20,000\,\text{m}^3/\text{day}}{40\,\text{m}^3/\text{m}^2/\text{day}}$
$= 500\,\text{m}^2$
② 침전지의 체류시간
$t = \dfrac{H}{\text{표면부하율}}$
$= \dfrac{4\,\text{m}}{40\,\text{m}^3/\text{m}^2/\text{day}}$
$= 0.1\,\text{day} = 2.4\,\text{hr}$

정답 6. ㉮ 7. ㉰ 8. ㉯ 9. ㉰ 10. ㉰

3 최종침전지와 활성슬러지법

> **학습방향**
>
> 이 단원은 하수의 2차 처리시설인 폭기조 및 최종침전지, 그리고 활성슬러지법의 원리에 대한 내용들로 구성되어 있다.
>
> 1. 최종침전지의 시설 제원 및 최초침전지와의 차이점
> 2. 폭기조의 기능과 폭기조내에서 활동하는 MLSS(또는 MLVSS)의 정의
> 3. 활성슬러지법의 정의 및 처리 흐름도
> 4. 활성슬러지법의 장·단점

1 2차 처리시설

(1) 최종 침전지(2차 침전지)

① 폭기조로부터 유입된 하수중에서 활성슬러지를 침전시키고 상등액을 염소소독 시설 등으로 유출시켜 슬러지와 처리수를 분리하는 역할을 한다.

② 제원
  ㉠ 형상 : 원형, 직사각형 또는 정사각형으로 한다.
  ㉡ 유효수심 : 2.5~4.0m, 수면의 여유고는 40~60cm정도로 한다.
  ㉢ 침전시간 : 보통 계획 1일 최대오수량에 대해 3~5시간으로 한다.
  ㉣ 표면부하율 : 계획 1일 최대오수량에 대해 20~30m³/m²·day로 한다.
  ㉤ 고형물 부하율 : 40~125kg/m²·day로 한다.
  ㉥ 침전지 지수(池數) : 최소한 2지 이상으로 한다.
  ㉦ 슬러지 제거기를 설치할 경우 바닥의 기울기 : 직사각형은 1/100~2/100, 원형 및 정사각형은 5/100~10/100으로 한다.

③ 유출설비 : 보통 월류위어를 설치하며 부하율은 190m³/m·day 이하로 한다.

④ 그외의 구조 및 형상은 최초침전지와 동일하다.

(2) 폭기조(曝氣槽)

① 폭기의 목적
  ㉠ 호기성 미생물의 생물화학적 반응에 필요한 산소를 공급한다.
  ㉡ 혼합액을 교반하여 액상(液相)으로 산소 이동을 촉진하고 오염물질과 활성슬러지와의 접촉기회를 증대시킨다.
  ㉢ 폭기조 내에 활성슬러지의 침전을 방지한다.

② 폭기조의 종류
  ㉠ 산기식 폭기조 : 공기를 물 속에 공급시키는 동시에 폭기조를 혼합시킨다.

학습POINT

▶ 00, 03, 18 ㉮
· 최종 침전지의 제원

■ 직사각형 최종침전지
① 길이와 폭의 비는 3:1~5:1, 덮개를 설치할 경우에는 8:1 까지 가능하다.
② 폭과 깊이의 비는 1:1~2.25:1 정도로 한다.

■ 산기식 폭기조의 구조
① 용량 : 계획하수량, 유입수 BOD농도, F/M비, MLSS농도, 폭기시간 등에 의해 결정된다.
② 형상 : 직사각형, 정사각형
③ 유효수심 ; 4~6m
④ 여유고 : 80cm
⑤ 최소한 2조 이상으로 한다.

㉡ 기계식 폭기조 : 폭기조의 수면을 기계적으로 교반하여 폭기조 내의 혼합액과 대기 중의 공기를 접촉시켜 폭기조 내의 액체에 산소를 공급하고, 또한 선회류(旋回流)를 일으켜 폭기조를 혼합시킨다.

2 활성슬러지법

▶ 97, 05, 16㉠ 99, 05, 08, 12, 18㉡
· 활성슬러지법의 원리·특성

(1) 활성슬러지법 개요

① 폭기조(Aeration tank)로 유입되는 하수에 산소를 공급(호기성 조건)하면 이 조건에 적합한 호기성 미생물이 번식하여 이 미생물들과 용존 미립자들이 계면현상에 의해 뭉쳐져 플록(floc)이 형성된다. 이 플록을 활성슬러지(Activated Sludge)플록이라 한다.

② 활성슬러지는 흡수 및 흡착력이 뛰어나 하수 중의 유기물이 활성슬러지에 흡수, 흡착되어 미생물의 정화작용에 의해 일부는 탄산가스(CO_2)와 물(H_2O)로 분해되고, 나머지는 생물체로 변하게 된다.(미생물 증식)

③ 최종침전지에서 슬러지를 물과 분리해 처리수는 배출되고, 침전된 슬러지 중에서 일부는 반송슬러지가 되어 다시 폭기조로 보내지며 나머지는 잉여슬러지로 분류되어 슬러지 처리시설로 보내어진다.

④ 원래 존재하던 미생물 및 증식된 미생물은 흡착 및 흡수능력을 회복하기 때문에 반복해서 하수처리가 가능하며, 또한 폭기조에서 미생물이 처리의 균등성을 유지하기 위해서는 일정농도를 유지해야 하므로 반송슬러지가 필요하다.

※ 기타 생물학적 처리에 대한 자세한 사항은 기초사항편을 참고하도록 한다.

■ 생물학적 처리의 조건
① 영양소 구성조건
  BOD : N : P = 100 : 5 : 1
  이며 기타 영양소도 충분히 존재해야 한다.
② 용존산소(DO) : 최저 0.5mg/L이상, 보통 2.0mg/L을 유지해야 한다.
③ 온도 : 20~40℃
④ pH : 6.5~8.5
⑤ 미생물 성장에 방해가 되는 독성물질이 없어야 한다.

■ 생물산화
활성슬러지에 흡수, 흡착된 유기물이 미생물의 작용에 의해 CO_2와 H_2O로 분해되는 것을 말한다.

(2) 활성슬러지법의 흐름도

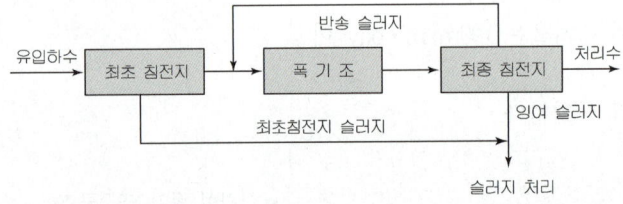

(3) 활성슬러지법의 특징

장 점	단 점
① 설치면적이 작게 든다.	① 유지관리에 상당한 기술을 요한다.
② 처리수의 수질이 특히 우수하다.	② 운전비가 많이 든다.
③ 악취나 파리의 발생이 거의 없고 2차공해의 우려가 없다.	③ 수량, 수질 등에 영향을 받기 쉽다.
④ BOD, SS의 제거율이 높다.	④ 슬러지 생성량이 많다.
	⑤ 슬러지의 팽화(Bulking)현상이 발생할 우려가 있다.

핵 심 문 제

1 원형침전지에서 유출구에 톱니모양의 위어(weir)를 사용하는 이유는 무엇인가?

㉮ 부유물질을 제거하기 위해서이다.
㉯ 흐름을 양호하게 분산시키기 위해서이다.
㉰ 톱니모양으로 하면 위어의 재료를 절약할 수 있기 때문이다.
㉱ 폭기가 잘 될 수 있기 때문이다.

해설 1

침전지 유출구
침전지의 유출구 위어를 톱니모양으로 하면 위어가 약간 경사지더라도 물의 흐름이 분산되어 단회로(short circuiting)를 방지해 물의 흐름을 좋게 할 수 있다.

2 활성슬러지법에서 MLSS란 무엇인가? [03, 05, 08, 13, 19㉮ 97, 05, 07, 09, 11, 13, 15, 16 산]

㉮ 폐수중의 부유물질
㉯ 방류수중의 부유물질
㉰ 폭기조중의 부유물질
㉱ 반송슬러지중의 부유물질

해설 2

MLSS (Mixed Liquor Suspended Solids)
혼합액 부유고형물로서 폭기조 내에 부유하고 있는 미생물균(부유물질)들을 말한다.

3 하수 처리법 중 활성슬러지법은 어떤 원리를 이용한 것인가? [95, 05, 08, 18 산]

㉮ 호기성 세균의 대사작용에 의한 유기물의 제거
㉯ 부유물을 활성화시켜 침전시킨다.
㉰ 하수를 폭기하여 활성화시킨다.
㉱ 세균을 제거함으로써 슬러지를 정화시킨다.

해설 3

활성슬러지법
부유물, 콜로이드 및 용해성 유기물 등을 호기성 미생물에 의한 흡착, 산화, 동화작용에 의해 제거하는 방법이다.

4 우리나라 하수 종말처리장에 가장 많이 이용되고 있는 처리 방법은 어느 것인가? [97 ㉮]

㉮ 활성슬러지법
㉯ 살수여상법
㉰ 접촉폭기법
㉱ 회전원판 접촉법

해설 4

활성슬러지법
우리나라의 하수처리장에서 대부분 활성슬러지법을 이용하고 있고, 일부 소규모 하수처리장에서는 살수여상법을 이용하고 있다.

5 하수처리장 침전지의 수심이 3m이고, 표면부하율이 36m³/m²·day일 때 침전지에서의 체류시간은? [99, 03 ㉮ 04 ㉯]

㉮ 30분
㉯ 1시간
㉰ 2시간
㉱ 3시간

해설 5

침전지의 체류시간

$$체류시간 = \frac{수심}{표면부하율}$$
$$= \frac{3m}{36m/day}$$
$$= \frac{1}{12}(day) = 2(hr)$$

정답 1. ㉯ 2. ㉰ 3. ㉮ 4. ㉮ 5. ㉰

6 일반적인 표준 활성슬러지 공정을 바르게 나타낸 것은?
[99, 00, 07 ㉠ 13㉢]

㉮ 침사지 - 1차침전지 - 폭기조 - 2차침전지 - 소독조
㉯ 1차침전지 - 침사지 - 폭기조 - 2차침전지 - 방류
㉰ 침사지 - 소독조 - 1차침전지 - 폭기조 - 2차침전지 - 방류
㉱ 침사지 - 폭기조 - 1차침전지 - 2차침전지 - 소독조

7 최종침전지에 관한 다음 설명 중 잘못된 것은?

㉮ 유효 수심은 2.5~4m를 표준으로 한다.
㉯ 침전시간이 길면 침전효율은 좋으나 어느 시간을 초과하면 제거 효율은 더 증가하지 않는다.
㉰ 침전체류시간이 길면 침전효율이 증가되므로 체류시간이 길면 길수록 유리하다.
㉱ 유속감소와 유량분산을 유도하여 흐름을 양호하게 하기 위하여 유입구에 정류판(baffle)을 설치한다.

8 활성슬러지법을 사용하는 하수 처리장에서 주로 제거되는 물질은 다음 중 어느 것인가?

㉮ BOD성분
㉯ BOD성분, 질소성분
㉰ BOD성분, 중금속
㉱ BOD성분, 질소성분, 중금속

9 활성슬러지법에서 하수를 처리하기 위하여 주입되는 물질은 무엇인가?

㉮ 슬러지
㉯ 염소
㉰ 응집제
㉱ 공기(산소)

10 활성슬러지법에서 폭기조에서 성장하는 미생물은 침전지로 유입하기 전 어떤 단계에 있는 것인가?

㉮ 지연단계
㉯ 대수성장단계
㉰ 감소성장단계
㉱ 내생성장단계 초기

해 설

해설 6
표준 활성슬러지법에 의한 하수처리장의 시설계통
스크린 → 침사지 → 1차침전지 → 폭기조 → 2차침전지 → 소독조 → 방류 의 순서로 구성된다.

해설 7
최종침전지의 체류시간
3~5시간이며, 침전지의 체류시간이 지나치게 길면 침전된 슬러지가 부패되어 슬러지 부상(rising)과 같은 문제점이 발생한다. 또한, 침전효율도 침전시간이 무조건 길다고 좋은 것이 아니다.

해설 8
하수처리의 대상물질
① 활성슬러지법 : 생물의 대사작용을 활용하여 하수 중의 부패성 유기물(BOD)성분 제거에 이용되는 방법이다.
② 질소(N), 인(P) 성분 : 활성슬러지법으로 제거하기 힘들어 하수의 3차(고도)처리로 제거한다.
③ 중금속 : 산화, 응집침전, 흡착 등의 방법으로 제거한다

해설 9
활성슬러지법
미생물의 대사작용을 활용하여 하수 중의 부패성 유기물을 제거하는 방법으로 미생물 대사작용에 필요한 공기(산소)를 공급해 준다.

해설 10
미생물의 내생성장단계
슬러지의 생산량을 적게 하고 슬러지 침전성, 질산화 등을 고려하여 내생성장단계의 초기까지 운전한다.

정답 6. ㉮ 7. ㉰ 8. ㉮ 9. ㉱ 10. ㉱

4 활성슬러지법 설계공식

> **학습방향**
>
> 활성슬러지법의 설계공식들에 대한 내용으로 구성되어 있으며, 특히 출제빈도가 매우 높은 단원이다.
>
> 1. 각 설계공식의 올바른 이해와 암기
> 2. 각 설계공식에 관련된 계산문제 이해

1 활성슬러지법 설계공식

(1) BOD 용적부하(kgBOD/m³·day)

① 활성슬러지법의 설계나 유지관리의 기본적 지표로 이용된다.

② BOD 용적부하 $= \dfrac{1일\ BOD\ 유입량\ (kg\ BOD/day)}{폭기조\ 부피\ (m^3)}$

$$= \dfrac{BOD농도(kg/m^3) \times 유입수량(m^3/day)}{폭기조 부피(m^3)}$$

$$= \dfrac{BOD \cdot Q}{V} = \dfrac{BOD \cdot Q}{Q \cdot t} = \dfrac{BOD}{t}$$

여기서, t : 폭기시간(day)

(2) BOD 슬러지부하(kgBOD/kgMLSS·day)

① F/M 비(MLSS 대신에 MLVSS를 사용하기도 함)로 이용할 수 있다.

② BOD 슬러지부하 $= \dfrac{1일\ BOD유입량\ (kg\ BOD/day)}{MLSS양\ (kg)}$

$$= \dfrac{BOD농도(kg/m^3) \times 유입수량(m^3/day)}{MLSS농도(kg/m^3) \times 폭기조 부피(m^3)}$$

$$= \dfrac{BOD \cdot Q}{MLSS \cdot V} = \dfrac{BOD}{MLSS \cdot t}$$

여기서, t : 폭기시간(day)

(3) 폭기시간(Aeration time)과 체류시간(Retention time)

① 폭기시간(hr) $= \dfrac{폭기조\ 부피}{유입수량} = \dfrac{V(m^3)}{Q(m^3/day)} \times 24\ (hr)$

학습POINT

07, 08, 09, 10, 11, 12, 13, 14, 16, 17㉮ 07, 08, 09, 12, 13, 15, 16㉯

- BOD 용적부하 공식·계산
- BOD 슬러지 부하의 계산
- MLSS의 개념
- 폭기(체류)시간 계산

■ 단위 환산법
① 부피
  $1cm^3 = 10^{-3}L = 10^{-6}m^3$
② 무게
  $1mg = 10^{-3}g = 10^{-6}kg$
③ 농도 $1mg/L = 1g/m^3$
  $= 10^{-3}kg/m^3$
④ $1ton = 1m^3 = 1,000L$
  $= 1,000kg$
  (∵ 물의 비중 = 1)

■ MLSS와 MLVSS
폭기조내의 미생물(활성슬러지)농도를 나타내는 지표로 보통 MLSS를 많이 사용한다.
① MLSS(Mixed Liquor Suspended Solids) : 혼합액 부유고형물
② MLVSS(Mixed Liquor Volatile Suspended Solids) : 혼합액 휘발성 부유고형물

② 체류시간(day) = $\dfrac{\text{폭기조 부피}(m^3)}{\text{유입수량}(m^3/day) \times (1+r)} = \dfrac{V}{Q(1+r)}$

여기서, 반송률 $r = \dfrac{\text{반송수량}(m^3/day)}{\text{유입수량}(m^3/day)} = \dfrac{Q'}{Q}$

■ HRT(Hydraulic Retention Time)
수리학적 체류시간으로 유체, 즉 물의 체류시간을 의미한다.
$HRT = \dfrac{V}{Q}$
$= \dfrac{\text{폭기조 부피}(m^3)}{\text{유입수량}(m^3/day)}$

(4) 슬러지 일령과 고형물 체류시간(Solids Retention Time: SRT)
① 슬러지 일령(sludge age)
  ㉠ 폭기조에 유입되는 고형물이 폭기가 되는 이론적 평균시간(day)을 나타낸다.
  ㉡
  $$\text{슬러지 일령} = \dfrac{V \cdot X}{SS \cdot Q} = \dfrac{V \cdot X}{SS \times \dfrac{V}{t}} = \dfrac{X \cdot t}{SS}$$

  여기서, V : 폭기조 부피(m^3)
  Q : 유입수량(m^3/day)
  X : 폭기조내의 MLSS농도(mg/L)
  SS : 폭기조로의 유입 부유물농도(mg/L)
  t : 폭기시간(day) ($= \dfrac{V}{Q}$)

■ 활성슬러지 설계에 관한 문제에서 슬러지 일령과 고형물 체류시간(SRT)을 동일한 것으로 간주하고 있지만, 실제로는 개념과 공식을 유도하는 방법 등에서 차이가 있으므로 출제의도를 잘 파악해야 한다.
① 슬러지 일령 : 슬러지 반송이 없다.
② SRT : 슬러지 반송이 있다.

② 고형물 체류시간(SRT)
  ㉠ 최종 침전지내에서 분리된 고형물은 일부는 폐기되고 일부는 다시 반송되어 슬러지는 폭기시간보다 긴 체류시간동안 폭기조 내에 체류하게 되는데 이 기간을 의미한다.
  ㉡
  $$SRT = \dfrac{V \cdot X}{X_r Q_w + (Q - Q_w)X_e} \fallingdotseq \dfrac{V \cdot X}{X_r Q_w}$$

  여기서, X_r : 반송 슬러지 SS농도(mg/L)
  X_e : 유출수 내의 SS농도(mg/L) ($\fallingdotseq 0$)
  Q_w : 잉여슬러지량(m^3/day)

▶15㉮
· 고형물 체류시간 계산

06, 08, 09, 10, 12, 14, 17, 19㉮
05, 09, 11, 12, 13, 15㉯
· SVI 특성

③ 슬러지 일령이 충분히 크면 SRT값과 거의 비슷해지며, 설계시에 각각의 개념을 정확하게 파악하여 대처해야 한다.

(5) 슬러지 용적지수(SVI)와 슬러지 밀도지수(SDI)
① SVI 및 SDI는 슬러지의 침강농축성을 나타내는 지표이다.
② 폭기조 혼합액(MLSS) 1L를 30분간 침전시킨 후 1g의 MLSS가 슬러지로 형성시 차지하는 부피(mL)를 SVI라 한다.

■ SVI(Sludge Volume Index)에 영향을 미치는 인자
유입 BOD농도, 폭기시간, 수온, 폭기조 내의 용존산소, BOD-SS부하, 슬러지의 유기물 함유량 등이 있다.

■ SDI(Sludge Density Index)
① 슬러지 반송률의 결정시 기준
② SDI > 0.7 → 침전양호

③
$$SVI = \frac{30분간\ 침전된\ 슬러지부피(SV)(\text{mL/L})}{MLSS농도\ (\text{mg/L})} \times 1,000$$
$$= \frac{SV(\%)}{MLSS농도\ (\text{mg/L})} \times 10,000$$
$$= \frac{SV(\%)}{MLSS(\%)} \text{ (여기서, 1\% = 10,000mg/L)}$$

④ $SDI = \dfrac{100}{SVI}$

⑤ SVI = 50~150이면 침전성이 양호, 200 이상이면 슬러지 팽화(Bulking)을 의미한다.

⑹ 슬러지 반송

① 폭기조내의 MLSS농도를 일정하게 유지하기 위해서 침전슬러지의 일부를 다시 폭기조로 반송하는 것을 말한다.

② 슬러지 반송률(r)

$$r = \frac{X-SS}{X_r - X} = \frac{X-SS}{\dfrac{10^6}{SVI} - X}$$

여기서, X : 폭기조내 MLSS농도(mg/L)
X_r : 반송슬러지 SS농도(mg/L)
SS : 유입수의 SS농도(mg/L) (고려하지 않을 경우에는 0)

③
$$r(\%) = \frac{100 \times SV(\%)}{100 - SV(\%)}$$

④ 반송유량(Q') = 유입수량(Q) × 반송률(r)
$$= Q \times \frac{X-SS}{X_r - X}$$

핵 심 문 제

1 유량 3,000m³/day, BOD 농도 200mg/L 하수를 용량 500m³인 폭기조(aeration tank)로 처리할 때 BOD용적 부하는 얼마인가? [97 ㉮]

㉮ 0.12kg/m³/day
㉯ 0.30kg/m³/day
㉰ 1.20kg/m³/day
㉱ 3.00kg/m³/day

해설

해설 1

① $BOD = 200\,mg/L = 0.2\,kg/m^3$
② BOD용적부하

$= \dfrac{1일\ BOD\ 유입량(kgBOD/day)}{폭기조\ 용적(m^3)}$

$= \dfrac{BOD농도(kg/m^3) \times 유량(m^3/d)}{폭기조\ 용적(m^3)}$

$= \dfrac{0.2 \times 3,000}{500}$

$= 1.20\,(kg\,BOD/m^3 \cdot day)$

2 하수 유입량 29,000m³/day, 폭기조의 부피 8,500m³, MLSS가 2,500mg/L일 때 폭기 시간은? [97, 01 ㉮]

㉮ 약 5시간
㉯ 약 7시간
㉰ 약 9시간
㉱ 약 12시간

해설 2

폭기시간(hr)

$= \dfrac{폭기조\ 용적(m^3)}{유입유량(m^3/day)} \times \dfrac{24\,(hr)}{1\,(day)}$

$= \dfrac{8,500\,(m^3)}{29,000\,(m^3/day)} \times \dfrac{24\,(hr)}{1\,(day)}$

$= 7.03\,(hr)$

3 활성슬러지법을 사용하는 어떤 폭기조의 용적이 2,800m³, 폭기조 내의 MLSS가 3,600mg/L, 유입하수량 140m³/day, 폭기조로 유입하는 SS농도가 12,000mg/L일 때 고형물의 체류시간(SRT)은? [98 ㉮]

㉮ 3day
㉯ 4day
㉰ 5day
㉱ 6day

해설 3

고형물 체류시간
SRT에 관한 문제이지만 슬러지의 반송이 없기 때문에 슬러지 일령 공식으로 풀어야 한다.

① $SS = 12,000\,mg/L = 12.0\,kg/m^3$
② $MLSS = 3,600\,mg/L = 3.6\,kg/m^3$

∴ 슬러지 일령 $= \dfrac{V \times X}{SS \times Q}$

$= \dfrac{2,800 \times 3.6}{12.0 \times 140} = 6\,(day)$

4 MLSS가 2,000mg/L이고, 30분간 정치했을 때 침강용적이 30% (SV)일 때 SVI는 얼마인가? [98 ㉮ 16 ㉯]

㉮ 100
㉯ 150
㉰ 200
㉱ 300

해설 4

슬러지 용적지수(SVI)

$SVI = \dfrac{SV(\%) \times 10^4}{MLSS농도(mg/L)}$

$= \dfrac{30 \times 10^4}{2,000} = 150$

정답 1. ㉰ 2. ㉯ 3. ㉱ 4. ㉯

5 1L의 매스실린더에 활성슬러지를 채우고 30분간 침전시킨 후 침전된 슬러지의 부피가 180mL이었다. 이 때 MLSS가 2,000mg/L이었다면 슬러지용적지표(SVI)는? [04 ㉮]

㉮ 90
㉯ 100
㉰ 180
㉱ 200

6 다음 폐수의 F/M 비(d^{-1})는? (단, 유입폐수의 BOD농도 = 200mg/L, 폭기조의 부피 = 3,000m³, 유입폐수의 유량 = 0.15m³/sec, 폭기조 내의 휘발성 부유물농도 = 3,000mg/L) [99 ㉮]

㉮ 0.14
㉯ 0.23
㉰ 0.29
㉱ 4.32

7 슬러지 용적지수(SVI)에 관한 설명 중 옳지 않은 것은? [05, 06, 09, 12, 19 ㉮]

㉮ 폭기조 내 혼합물을 30분간 정치한 후 침강한 1g의 슬러지가 차지하는 부피(mL)로 나타낸다.
㉯ 정상적으로 운전되는 폭기조의 SVI는 50~150범위이다.
㉰ SVI는 슬러지 밀도지수(SDI)에 100을 곱한 값을 의미한다.
㉱ SVI는 폭기시간, BOD농도, 수온 등에 영향을 받는다.

8 유입하수량 10,000m³/day, 유입 BOD농도 120mg/L, 폭기조내 MLSS 농도 2,000mg/L, BOD부하 0.3kgBOD/kgMLSS·day일 때 폭기조의 용적은 얼마인가? [02 ㉮ 99, 05 ㉯]

㉮ 600m³
㉯ 1,200m³
㉰ 2,000m³
㉱ 2,500m³

해 설

해설 5

슬러지 용적지수(SVI)

$$SVI = \frac{SV(mL/L)}{MLSS\ 농도(mg/L)} \times 10^3$$

$$= \frac{180}{2000} \times 10^3 = 90$$

해설 6

F/M비(BOD 슬러지 부하)

① $Q = 0.15 m^3/sec = 12,960 m^3/day$
② $BOD = 200mg/L = 0.2 kg/m^3$,
   $MLVSS = 3,000mg/L = 3.0 kg/m^3$
③ F/M비
   (kg BOD/kg MLVSS·day)
   $= \frac{BOD농도(kg/m^3) \times 유입유량(m^3/day)}{MLVSS농도(kg/m^3) \times 폭기조\ 용적(m^3)}$
   $= \frac{0.2 \times 12,960}{3.0 \times 3,000} = 0.29$

해설 7

슬러지 용적지수(Sludge Volume Index ; SVI)
① 폭기조 내 혼합물을 30분간 정치한 후 침강한 1g의 슬러지가 차지하는 부피(mL)
② SVI = 50~150 : 폭기조의 정상 운전(침전성 양호)
③ SVI = 100 / SDI
④ SVI의 영향인자 : 폭기시간, BOD 농도, 수온, DO 등

해설 8

폭기조 용적(V)
① $BOD = 120mg/L = 0.12 kg/m^3$,
   $MLSS = 2,000mg/L = 2.0 kg/m^3$
② BOD슬러지부하
   (kg BOD/kg MLSS·day)
   $= \frac{BOD농도(kg/m^3) \times 유입유량(m^3/day)}{MLSS농도(kg/m^3) \times 폭기조\ 용적(m^3)}$
   ∴ 폭기조 용적(m³)
   $= \frac{BOD농도(kg/m^3) \times 유입유량(m^3/day)}{MLSS농도(kg/m^3) \times BOD슬러지\ 부하}$
   $= \frac{0.12 \times 10,000}{2.0 \times 0.3} = 2,000(m^3)$

정답 5. ㉮ 6. ㉰ 7. ㉰ 8. ㉰

9 활성슬러지 처리를 위한 폭기조에서 체류시간을 5시간으로 설계하고자 할 때 폭기조의 크기는 얼마로 해야 하는가? (단, 처리 하수량은 120톤/일) [99 산]

㉮ 576m³ ㉯ 25m³
㉰ 600m³ ㉱ 150m³

10 SVI(Sludge Volume Index)의 측정을 위한 시료는 어디에서 채취하는가? [05, 07 산]

㉮ 최초 침전지의 배출 슬러지
㉯ 최종 침전지의 배출 슬러지
㉰ 폭기조의 혼합액
㉱ 슬러지 소화조 유출수

11 활성슬러지법에서 하수량이 1,500m³/day이고 유입수 BOD가 0.1kg/m³ 이다. 폭기조 용적이 200m³, MLSS가 3.0kg/m³일 때 BOD-SS 부하는? [00 기]

㉮ 0.10kg/kg(ss)·day
㉯ 0.25kg/kg(ss)·day
㉰ 0.30kg/kg(ss)·day
㉱ 0.50kg/kg(ss)·day

12 BOD농도가 800mg/L, 유량 50m³/hr, 하루 배수시간 8hr인 공장 폐수를 0.4kg BOD/m³·day의 부하로 활성슬러지법에 의하여 처리하면 포기조의 부피는 얼마인가?

㉮ 50m³ ㉯ 128m³
㉰ 200m³ ㉱ 800m³

13 활성슬러지 공정에서 2차침전지 반송슬러지의 농도가 16,000mg/L였다. 폭기조의 MLSS 농도를 2,500mg/L로 유지하기 위한 반송률은? [04 기]

㉮ 15.6% ㉯ 18.5%
㉰ 31.2% ㉱ 37.0%

해 설

해설 9
폭기조의 크기
$$폭기시간 = \frac{폭기조부피}{유입수량}$$
⇒ 폭기조 부피(m³) = 폭기시간(hr) × 유입수량(m³/day) × $\frac{1(day)}{24(hr)}$
∴ 폭기조 부피(m³)
= 5(hr) × 120(m³/day) × $\frac{1}{24}$
= 25(m³)

해설 10
SVI
슬러지의 침강 농축성을 나타내는 지표로 폭기조의 혼합액을 채취하여 측정한다.

해설 11
BOD-SS 부하
① $Q = 1,500 \, m^3/day$, $BOD = 0.1 \, kg/m^3$
② $MLSS = 3.0 \, kg/m^3$, $V = 200 \, m^3$
∴ $BOD - SS$
(kg BOD /kg MLSS · day)
$= \frac{BOD농도(kg/m^3) \times 유입유량(m^3/day)}{MLSS농도(kg/m^3) \times 폭기조\ 용적(m^3)}$
$= \frac{0.1 \times 1,500}{3.0 \times 200} = 0.25$

해설 12
활성슬러지법의 포기조 부피
BOD 용적부하(kg·BOD/m³·day)
$= \frac{BOD농도(kg/m^3) \times 유량(m^3/day)}{폭기조부피(m^3)}$
에서
0.4kg·BOD/m³·day
$= \frac{0.8\,kg/m^3 \times 1200\,m^3/day \times 8hr/24hr}{V(m^3)}$
∴ V = 800m³

해설 13
슬러지의 반송률(r)
· $r = \frac{폭기조의\ MLSS\ 농도(mg/L) - 유입수의\ SS\ 농도(mg/L)}{반송슬러지의\ SS\ 농도(mg/L) - 폭기조의\ MLSS\ 농도(mg/L)}$

$= \frac{2,500mg/L - 0}{16,000mg/L - 2,500mg/L} = 0.185 \times 100\% = 18.5\%$

정답 9. ㉯ 10. ㉰ 11. ㉯ 12. ㉱ 13. ㉯

5 활성슬러지법의 특징

> **학습방향**
>
> 하수처리에 가장 많이 이용되고 있는 활성슬러지법의 운전시 발생할 수 있는 문제점과 활성슬러지법의 변법들에 대한 내용으로 구성되어 있다.
> 1. 슬러지 bulking(팽화)현상
> 2. 슬러지 부상
> 3. 활성슬러지 변형공법(변법)들에 대한 특징 및 흐름도

1 활성슬러지법 운전시 문제점

(1) 슬러지 팽화(彭化, Bulking)
① **최종침전지**에서 슬러지가 잘 침전되지 않고 부풀어 오르는 현상으로 주로 사상형(絲狀形) 미생물이 과도성장하거나 미생물이 분산성장 상태에 있을 경우 발생된다.
② 슬러지 팽화의 원인
  ㉠ **유기물질의 과도한 부하(F/M비가 과대), MLSS 농도 저하**
  ㉡ 낮은 pH와 DO 부족, 부적절한 온도
  ㉢ 탄소화합물에 비해 질소, 인 등 영양분 부족
    (※ BOD : N : P = 100 : 5 : 1)
  ㉣ SRT(고형물 체류시간)가 짧을 경우, 슬러지 배출량의 조절 불량
  ㉤ 폭기조 또는 폭기장치의 고장과 운전 미숙
③ 슬러지 팽화에 대한 대책
  ㉠ 초기에는 반송슬러지에 염소(Cl_2), 오존(O_3), 과산화수소(H_2O_2) 등의 살균제를 주입한다.
  ㉡ **MLSS농도를 증가시켜 F/M비를 낮춘다.** (SRT 증가 효과도 있음)
  ㉢ 질소(N), 인(P) 등을 첨가하여 영양분의 균형을 조정한다.
  ㉣ 소석회, 염화 제2철, 명반 또는 고분자 응집제를 첨가하여 슬러지의 침전성을 높인다.
  ㉤ 반송슬러지를 재폭기시켜 산소공급을 증가시킨다.
  ㉥ 소화슬러지 또는 침전슬러지를 폭기조에 주입, **SVI를 감소**시킨다.
  ㉦ 심할 경우에는 최종적으로 기존 슬러지를 버리고 새로 시작한다.

(2) 슬러지 부상(浮上, Rising)
① 유입하수중의 질소성분이 충분한 폭기에 의해 질산화(nitrification)된 후 최종침전지에서 용존산소가 부족하면 **탈질화(denitrification) 현상**이 일어나며 이때 발생하는 질소(N_2)기포가 슬러지를 부상시키는 현상을 말한다.
② 또는 최종침전지내가 혐기성 상태로 되면 바닥에 쌓인 슬러지가 혐기성 분해를 일으키고 이때 발생하는 기포와 함께 슬러지가 부상되는 현상을 말한다.

학습POINT

▶ 03, 04, 05, 06㉠ 00, 06, 13㈜
- 슬러지팽화 특성
- 슬러지팽화 원인

■ 플록(floc)해체
활성슬러지 플록이 침전지에서 미세하게 분산되면서 잘 침전하지 않고 상등액과 함께 유실되는 현상을 말한다.

■ pin floc현상
SRT가 너무 길면 세포가 과도하게 산화되어 휘발성 성분이 적어지고 활성(活性)을 잃게 되어 플록 형성능력이 저하되고 침전이 잘 되지 않는 현상을 말한다.

③ 대책
  ㉠ 폭기조 체류시간 단축 또는 폭기량을 줄여 질산화 정도를 줄인다.
  ㉡ 탈질산화 방지를 위해 침전지의 체류시간을 줄인다.
  ㉢ 침전지로부터 슬러지를 빨리 자주 제거한다.

2 활성슬러지법의 종류(변법)

(1) 표준 활성슬러지법(Standard Activated Sludge) (폭기시간 : 6~8시간)
  ① 활성슬러지법에서 기본이 되며 가장 널리 사용되는 방식이다.
  ② 가장 양질(良質)의 처리수를 얻을 수 있는데 BOD는 85~95%, SS는 80~90%의 제거율을 보인다.
  ③ 높은 수온에서는 하수의 폭기시간이 길고 부하변동과 충격하중에 대해 과대폭기의 우려가 있다.

(2) 계단식 폭기법(Step Aeration) (폭기시간 : 4~6시간)
  ① 반송슬러지는 폭기조의 유입구에 전량 반송하지만 유입수는 폭기조의 길이에 걸쳐 골고루 분할하여 유입시키는 방식이다.
  ② 폭기조 내 혼합액의 산소이용량을 균등화시킬 수 있다.
  ③ 유입하수의 BOD부하량이 높아도 F/M비를 적정하게 유지할 수 있다.
  ④ 처리수질은 표준법과 유사하나 처리안정성은 표준법보다 떨어진다.

(3) 장시간 폭기법(Extended Aeration) (폭기시간 : 16~24시간)
  ① 표준법과 유사한 방식이나 폭기조 내에서 하수를 장시간(16~24시간)체류시켜서 활성슬러지가 자기세포질을 대폭적으로 산화, 분해시키는 내생호흡단계에서 유기물질이 제거되도록 설계하여 잉여슬러지 배출량을 최대한 줄이고자 한 방식이다.
  ② 최초침전지를 별도로 두지 않아 유출수의 SS농도가 비교적 높고 BOD제거율은 75~90%정도이다.
  ③ 산소 소모량이 많고 폭기조 부피가 커져 에너지비와 초기시설비가 과대해지므로 소규모 하수처리장에 적합하다.

(4) 접촉안정법(Contact Stabilization) (폭기시간 : 5시간 이상)
  ① 폭기조를 접촉조와 안정화조로 나누어 접촉조(폭기조)에서는 하수와 활성슬러지의 흡착과 응집에 의한 처리를 하고, 안정화조(재폭기조)에서는 반송슬러지를 장시간 재폭기시켜 반송슬러지의 안정화 및 흡착, 응집력 회복을 도모하여 하수를 처리하는 방식이다.
  ② 접촉조 내 체류시간은 20~60분간, 안정화조 내 체류시간은 3~6시간으로 시설한다.
  ③ 폭기조의 부피를 절감할 수 있지만 처리수질은 표준법보다 떨어진다.

(5) 기타 활성슬러지법의 변법
  수정식 폭기법, 산화구(酸化溝)법, 순산소식 활성슬러지법, 고속폭기식 침전법, 연속회분식 활성슬러지법(SBR), Kraus공법, 호기성 소화법, 점감식 폭기법 등이 있다.

▶ 02, 03, 05, 09, 19㈎ 04, 05, 15㈛
· 활성슬러지법의 종류
· 표준법의 제원
· 계단식 폭기법 특성
· 장시간 폭기법 특성

■ 표준 활성슬러지법
① 폭기조 내의 MLSS농도 : 1,500~3,000mg/L(표준)
② HRT : 6~8시간(표준)
③ 폭기조유효수심 : 4~6m(표준)
④ 폭기방식 : 산기식(선회류식, 전면폭기식), 기포분사식, 수중교반식, 기계교반식(종·횡축형)

■ 계단식 폭기법

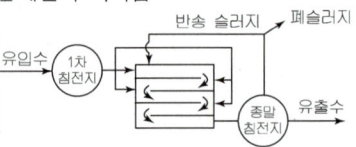

■ 장시간 폭기법

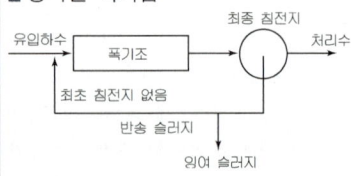

■ 접촉안정법

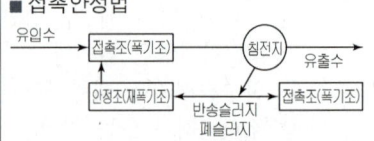

▶ 04㈎
· 점감식 폭기법 특성

핵 심 문 제

1 활성 슬러지의 SVI가 현저하게 증가되어 응집성이 나빠져 최종 침전지에서 처리수의 분리가 곤란하게 되었다. 이것은 활성 슬러지의 어떤 이상현상에 해당되는가? [96, 05⑦]
- ㉮ 활성 슬러지의 팽화
- ㉯ 활성 슬러지의 해체
- ㉰ 활성 슬러지의 부패
- ㉱ 활성 슬러지의 수축

2 활성슬러지법에 의한 다음 설명 중 옳지 않은 것은?
- ㉮ 활성슬러지를 구성하는 주 미생물은 zooglea이다.
- ㉯ 활성슬러지에 의한 용존유기물의 제거는 플록(floc)의 형성, 흡착, 산화 등 3단계로 요약된다.
- ㉰ 폭기조내에 먹이가 과잉으로 있을 때는 플록(floc)형성이 잘 된다.
- ㉱ 과도한 폭기는 세포의 활성을 감소시키고 역효과가 나타난다.

3 다음은 활성슬러지법에서 F/M비에 따른 잉여슬러지 생산량과 상관관계를 나타낸 말이다. 맞는 것은? [05산]
- ㉮ F/M비가 낮을수록 잉여슬러지의 생성량은 적어진다.
- ㉯ F/M비가 낮을수록 잉여슬러지의 생성량은 많아진다.
- ㉰ F/M비가 낮을수록 잉여슬러지는 적어졌다가 다시 증가한다.
- ㉱ F/M비와 잉여슬러지는 상관관계가 별로 없다.

4 다음 중 활성 슬러지법의 변법이 아닌 것은? [98, 02⑦]
- ㉮ 호기성 산화지법(aerobic lagoon)
- ㉯ 장시간 폭기법(extended aeration)
- ㉰ 산화구법(oxidation ditch)
- ㉱ 계단식 폭기법(step aeration)

[해설] 활성 슬러지법의 변법
① 표준 활성슬러지법　② 계단식 폭기법　③ 장시간 폭기법
④ 접촉 안정법　⑤ 고율 및 수정식 폭기법　⑥ 고속 폭기법
⑦ 산화구법　⑧ 순산소 폭기법　⑨ Kraus법

5 활성슬러지 공법에서 슬러지 팽화(bulking)의 원인으로 적절하지 못한 것은? [03⑦]
- ㉮ MLSS의 농도 증가
- ㉯ 슬러지 배출량의 조절 불량
- ㉰ 유입하수량 및 수질의 과도한 변동
- ㉱ 부적절한 온도, 질소 혹은 인의 결핍

해 설

[해설] 1
슬러지의 침전성
SVI로 판단하는데 50~150이면 침전성이 양호하다. 그러나 SVI가 200 이상이 되면 침전성이 나빠져 침전이 잘 되지 않는데 이것을 슬러지의 팽화(bulking)현상이라 한다.

[해설] 2
활성슬러지법
㉰ 폭기조내에 먹이가 과잉으로 있을 경우, 즉 F/M비가 과도하게 높으면 미생물 번식률과 유기물 분해율은 높아지나 슬러지 팽화현상이 나타나 플록형성이 잘 되지 않는다.
㉱ SRT가 너무 길면, 즉, 폭기를 과도하게 하면 세포가 과도하게 산화되어 휘발성 성분이 적어지고 활성(活性)을 잃게 되어 플록 형성능력이 저하되어 침전이 잘 되지 않는 pin floc현상이 발생한다.

[해설] 3
F/M비
Food(먹이)와 Microbe(미생물)양의 비를 말한다. F/M비가 낮다는 것은 미생물의 먹이가 작다는 의미이므로 아직 미생물들이 먹이를 먹을 수 있는 활동력이 남아 있다. 잉여슬러지는 활성을 잃어 더 이상 활동을 하지 않는 미생물 덩어리를 의미하며 F/M비가 낮으면 잉여슬러지의 발생도 적다.

[해설] 5
슬러지 팽화현상
폭기조 내 부유물질(MLSS)의 농도 저하 때문에 발생한다.

정답　1. ㉮　2. ㉰　3. ㉮　4. ㉮　5. ㉮

6 정상적으로 운영되는 폭기조에서 SV를 측정한 후 1시간이 경과하였다. 이 때 침전슬러지가 위로 떠올랐는데 그 원인은?

㉮ 침전슬러지가 많기 때문이다.
㉯ 슬러지가 가볍기 때문이다.
㉰ DO부족으로 미생물이 N_2를 배출하기 때문이다.
㉱ 햇빛을 받기 때문이다.

7 다음 그림은 어떤 처리방식을 나타낸 것인가? [05 ㉠]

㉮ 표준활성슬러지법
㉯ 계단식폭기법
㉰ 접촉안정법
㉱ 산화구법

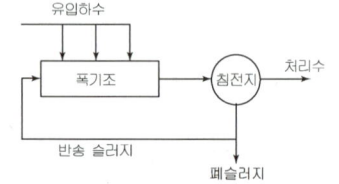

8 산기식 포기장치를 사용하며 유입부에 많은 산기기를 설치하고 포기조의 말단부에는 적은 수의 산기기를 설치하는 활성슬러지의 변법은? [04 ㉠]

㉮ 점감식 포기법(tapered aeration)
㉯ 계단식 포기법(step aeration)
㉰ 장기 포기법(extended aeration)
㉱ 수정식 포기법(modified aeration)

9 잉여슬러지량을 크게 감소시키기 위한 방법으로 BOD-SS부하를 아주 작게, 폭기시간을 길게 하여 내생호흡상으로 유지되도록 하는 활성슬러지 변법은? [95 ㉠]

㉮ 계단식 폭기법
㉯ 수정식 폭기법
㉰ 완전혼합 폭기법
㉱ 장시간 폭기법

10 활성슬러지법에서 처리상황이 악화되었을 경우의 검토사항 중 반드시 필요하지 않은 것은?

㉮ 원하수의 유입수량의 변동
㉯ 원하수의 용존산소농도
㉰ 폭기조의 MLSS농도
㉱ 원하수중의 유해성분의 유무

해 설

해설 6
탈질화 현상
유입하수중의 질소성분이 충분한 폭기에 의해 질산화(nitrification)된 상태에서 SV측정을 한 후 1시간동안 폭기를 시키지 않으면 DO가 부족하여 탈질화(denitrification)현상이 일어나며, 그 결과 질소(N_2)가스가 발생하면서 슬러지를 부상시킨다.

해설 7
계단식 폭기법
반송슬러지를 폭기조의 유입구에 전량 반송하지만 유입하수는 폭기조의 길이에 걸쳐 골고루 분할하여 유입시키는 방식으로 활성슬러지법의 변법

해설 8
점감식 포기법(Tapered aeration)
산기식 포기장치를 사용하여 유입부에 많은 수의 산기기를 설치하고, 말단부에 적은 수의 산기기를 설치하는 활성슬러지법의 변형공법

해설 9
장시간 폭기(Extended Aeration)법
① 폭기조에서 활성슬러지가 자기세포질을 대폭적으로 산화, 감소시키는 내생호흡단계에서 유기물질이 제거되도록 설계된 방법이다.
② 폭기조내 슬러지를 장시간(24시간 전후) 체류시키는 방법이다.
③ 잉여슬러지량을 최대한 감소시키는 것을 목적으로 한다.

해설 10
활성슬러지법의 검토사항
원하수(原下水)의 DO는 거의 없으므로 폭기조에서 산소를 공급해 준다. 따라서 폭기조의 적정 DO 유지상황을 알기 위하여 폭기조의 DO는 검토해야 하지만 원하수의 DO검토는 의미가 없다.

정답 6. ㉰ 7. ㉯ 8. ㉮ 9. ㉱ 10. ㉯

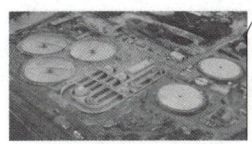

6 기타 생물학적 처리법

학습방향

활성슬러지법 외의 호기성 생물학적 처리법에 대한 내용으로 각각의 원리 및 특징에 대한 이해가 필요하다.

1. 살수여상법의 원리 및 특징
2. 회전원판법의 원리 및 특징
3. 산화지법의 원리 및 특징
4. 접촉산화법의 원리 및 특징

1 기타 호기성 생물학적 처리법

(1) 살수여상(撒水濾床, Trickling Filter)법

① 여재상(濾材床)에 살수되는 하수가 여재사이를 통과하는 동안 여재표면에 부착되어 성장한 호기성 미생물의 생물학적 작용으로 하수 중의 유기물을 제거하는 방법을 말한다.
② 살수여상은 수온이 높고, 여재의 표면적이 크고, 재순환율을 증가시킬수록 처리효율이 증가한다.
③ 살수부하는 15~25m³/m²·day, BOD부하는 2.2kg/m³·day 이내로 한다.
④ 제거효율
  ㉠ 표준 살수여상법 : SS의 70~80%, BOD의 75~85% 정도이다.
  ㉡ 고속 살수여상법 : SS의 65~75%, BOD의 65~75% 정도이다.
⑤ 살수여상의 설계공식

㉠
$$\text{수리학적 부하}(\text{m}^3/\text{m}^2\cdot\text{day}) = \frac{\text{유입수량}(\text{m}^3/\text{day})}{\text{여재상 면적}(\text{m}^2)} = \frac{Q}{A}$$

㉡
$$\text{BOD 면적부하}(\text{kgBOD}/\text{m}^2\cdot\text{day})$$
$$= \frac{\text{BOD 유입량}(\text{kg BOD}/\text{day})}{\text{여재상 면적}(\text{m}^2)}$$
$$= \frac{\text{BOD농도}(\text{kg}/\text{m}^3)\times\text{유입수량}(\text{m}^3/\text{day})}{\text{여재상 면적}(\text{m}^2)} = \frac{\text{BOD}\times Q}{A}$$

㉢ BOD 용적부하는 BOD유입량을 여재상의 부피로 나눈 값이다.
$$\text{BOD 용적부하}(\text{kgBOD}/\text{m}^3\cdot\text{day})$$
$$= \frac{\text{BOD농도}(\text{kg}/\text{m}^3)\times\text{유입수량}(\text{m}^3/\text{day})}{\text{여재상 부피}(\text{m}^3)} = \frac{\text{BOD}\times Q}{V}$$

학습 POINT

▶ 02, 13㈎ 96, 08㈑
· 살수여상법 원리

■ 살수여상 구조

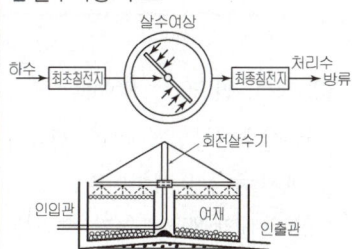

▶ 99, 01㈑
· 살수여상면적 계산

⑥ 여재의 구비조건
  ㉠ 여재표면은 생물막의 부착이 잘 되도록 거칠고 표면적이 넓어야 한다.
  ㉡ 하수의 침식과 풍화작용에 대해 내구성이 크며 통기성이 좋아야 한다.
  ㉢ 공극의 폐쇄가 우려되므로 입도가 비교적 균일한 것을 사용해야 한다.
⑦ 살수여상법의 특징

■ 살수여상의 여재
쇄석, 자갈, cokes, 플라스틱 여재 등을 사용한다.

장 점	단 점
① 유입하수의 부하변동에 강하다. ② 슬러지의 발생량이 적다. ③ 강제폭기를 할 필요가 없다. ④ 유지관리가 쉽고, 건설비 및 유지비가 저렴하다. ⑤ 슬러지 팽화현상이 없다. ⑥ 온도에 의한 영향이 적다.	① 처리시설의 면적이 크고 손실수두가 크다. ② 여재상의 폐색(ponding)이 잘 일어난다. ③ 악취 및 파리가 발생한다. ④ 생물막의 탈락현상으로 처리효과가 악화되는 경우가 있다. ⑤ 겨울철에 동결(凍結)문제가 있다.

(2) 회전원판(RBC ; Rotating Biological Contactor)법

① 살수여상법과 같이 생물막을 이용하여 하수를 처리하며 공기 중에서 폭기가 이루어지는 호기성 처리방식이다.
② 원판의 35~45%가 수면에 잠기도록 회전축에 고정, 이를 천천히 회전시키면서 원판에 고정된 생물막을 하수와 공기 사이로 교대로 이동시켜 하수중에서 유기물을 흡착시키고 공기중에서 산소와 접촉시켜 하수를 처리하는 방식을 말한다.
③ BOD면적부하는 5~12g/m²·day, 유량부하는 50~100L/m²·day로 한다.
④ 축의 회전속도는 원주속도 0.3m/sec를 표준으로 한다.
⑤ 원판이 하수에 잠겨 있는 비율인 침적률은 35~45% 정도로 한다.
⑥ 회전원판법의 특징

▶ 97, 04 ㈎
· 회전원판법 원리

■ 회전원판 장치
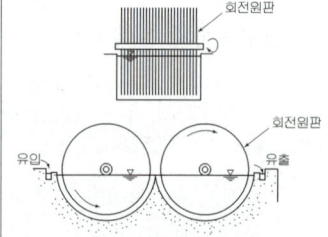

장 점	단 점
① 운전관리상 조작이 간단하다. ② 질산화가 일어나기 쉬워 질소(N)의 제거가 가능하다. ③ 폭기장치와 슬러지 반송이 필요없다. ④ 슬러지 팽화현상이 발생할 염려가 없다.	① 활성슬러지법에 비해 최종침전지에서 미세한 SS가 유출되기 쉽다. ② 대규모의 하수처리에 부적합하다. ③ 온도의 영향을 크게 받는다. ④ 하수의 성상에 따라 처리효율의 영향이 크다. ⑤ 회전축의 파열이 일어나기 쉽다.

(3) 산화지법(酸化池法)

① 얕은 연못에서 박테리아(bacteria)와 조류(algae)사이의 공생관계에 의해 유기물을 분해, 처리하는 호기성 처리방식이다. 이 연못을 산화지(oxidation pond), 늪(lagoon) 또는 안정지(stabilization pond)라 한다.

② 박테리아와 조류의 공생이란 박테리아가 유기물을 섭취, 분해하여 질소(N)와 인(P)성분과 CO_2를 물속에 내어 놓으면 상부(上部)에서 조류는 이들 물질과 햇빛을 이용하여 광합성(光合成)을 하여 산소를 만들며, 조류에 의해 발생된 산소(O_2)는 호기성 박테리아에 의해 이용되므로 이러한 순환이 계속되어 하수가 처리된다.

③ 자연 정화기능을 이용한 에너지 절약형 처리방법(폭기시설이 필요없음)이다.

④ 산화지의 종류 : 호기성 산화지, 폭기 산화지, 임의성 산화지 등이 있다.

⑤ 산화지법의 특징

장 점	단 점
① 최초의 투자 및 시공비, 운영비가 적게 든다.	① 체류시간이 길고 소요부지가 많이 필요하다.
② 하천유량이 적은 경우 산화지의 방류를 억제하고 유량이 많은 경우 방류할 수 있다.	② 냄새를 발생시킬 우려가 있다.

■ 박테리아와 조류의 공생

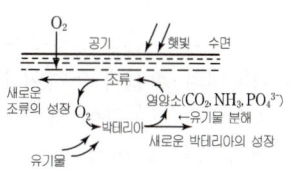

(4) 접촉산화법

① 반응조(접촉산화조) 내 접촉재 표면에 발생부착된 호기성 미생물의 대사활동(산화 및 동화작용)에 의해 하수 내 각종 유기물을 분해 제거하는 고정상 생물막을 이용한 호기성 생물학적 처리방법이다.

② 시설의 구성 : 1차 침전지, 반응조(접촉산화조), 2차 침전지 등으로 구성된다.

③ 접촉산화법의 특징

▶14 ㉮
· 접촉산화법 특징

장 점	단 점
① 유지관리가 용이하다.	① 미생물량과 영향인자를 정상상태로 유지하기 위한 조작이 어렵다.
② 분해속도가 낮은 기질 제거에 효과적이다.	② 반응조 내 폭기교반조건의 설정이 어렵고, 폭기비용이 약간 높다.
③ 수온변동에 강하다.	③ 초기 건설비가 높다.
④ 슬러지반송이 필요 없고, 슬러지 발생량이 적다.	
⑤ 소규모 시설에 적합하다.	

핵심문제

1 살수여상(trickling filter)에 의한 하수처리의 원리는? [02⑦ 96 08⑨]

㉮ 하수내의 고형물이 산소와 결합하여 침전물을 형성한다.
㉯ 쇄석내의 재질에 의하여 BOD가 여과된다.
㉰ 하수내의 고형물이 쇄석에 의해 흡수된다.
㉱ 쇄석 표면에 번식하는 미생물이 하수와 접촉하여 고형물을 섭취 분해한다.

2 다음 처리시설 중에서 가장 손실수두가 큰 시설은? [96⑦]

㉮ 침사지
㉯ 1차침전지
㉰ 활성슬러지
㉱ 살수여상(1단계)

3 다음 회전원판법(rotating biological contactors)에 관한 사항 중 옳지 않은 것은? [97⑦]

㉮ 회전원판법은 원판 표면에서 부착, 번식한 미생물군을 이용해서 하수를 정화한다.
㉯ 회전속도는 보통 주변속도로 표시되고 일반적으로 15m/min 정도이다.
㉰ 일반적으로 40~45%의 침적률이 채택되고 있다.
㉱ 회전원판법도 생물학적 처리이므로 Blower에 의한 강제 폭기장치가 반드시 있어야 한다.

4 산화지법에 관한 설명 중 옳지 않은 것은?

㉮ 수심에 따라 호기성 지(池), 임의성 지(池), 혐기성 지(池)로 나눈다.
㉯ 호기성 산화지는 박테리아와 녹조류가 공생할 때 이루어진다.
㉰ 수면을 교란시키는 이유는 부유성 조류, 물고기 및 개구리 등의 번식을 방지하기 위해서이다.
㉱ 조류는 항상 용존산소(DO)를 증가시키는데 필요한 미생물이다.

5 다음 하수처리방법 중 생물학적 처리방법이 아닌 것은? [98⑨]

㉮ 살수여상법
㉯ 공기부상법
㉰ 회전원판법
㉱ 활성슬러지법

해설

해설 1
살수여상(trickling filter)법
여재상에 살수되는 하수가 여재사이를 통과하는 동안 여재표면에 부착되어 성장한 호기성 미생물의 생물학적 작용으로 하수 중의 유기물을 제거하는 방법이다.

해설 2
살수여상법
하수처리시설 중에서 손실수두가 가장 큰 방법으로, 정수처리의 여과시설과 유사한 방법으로 하수가 미생물이 부착된 여재층을 통과하므로 손실수두가 크게 발생한다.

해설 3
회전원판법
생물학적 처리이지만 활성슬러지법과 같이 별도의 폭기장치 없이 공기중에서 폭기가 이루어져 하수를 처리하는 방법이다.

해설 4
산화지법의 특성
조류는 햇빛이 있는 주간(晝間)에는 광합성작용을 통해 산소를 생산하지만 야간(夜間)에는 오히려 산소를 흡수하고 CO_2를 배출하는 활동을 한다.

해설 5
공기부상법
비중이 물보다 낮거나 비슷해 침전성이 불량한 유지류(油脂類) 등을 처리하기 위한 물리적 방법이다

정답 1. ㉱ 2. ㉱ 3. ㉱ 4. ㉱ 5. ㉯

6 다음의 처리방법 중 일반적으로 BOD 제거율이 가장 좋은 처리방법은? [99 ⓢ]
- ㉮ 혐기성 소화법
- ㉯ 살수 여상법
- ㉰ 회전 원판법
- ㉱ 활성 슬러지법

7 활성슬러지법과 살수여상법을 비교한 것이다. 다음 중 틀린 것은?
- ㉮ 살수여상법은 폭기에 동력이 필요 없다.
- ㉯ 살수여상법은 간단히 동작할 수 있다.
- ㉰ 살수여상법은 유입 BOD의 갑작스런 변화에 대한 미생물의 감응이 낮고 또 빨리 회복된다.
- ㉱ 살수여상법은 BOD제거 효율이 활성슬러지법보다 높다.

8 다음 내용들 중 살수여상의 유지관리상 주의해야 할 사항과 관계가 없는 것은?
- ㉮ 슬러지 팽화(bulking)
- ㉯ 공극의 폐쇄
- ㉰ 생물막의 탈락
- ㉱ 파리의 발생

9 생물학적 처리방법 중 회전원판법에서 회전원판의 역할이 아닌 것은?
- ㉮ 회전판은 미생물이 부착될 수 있는 표면적을 제공한다.
- ㉯ 회전판은 폭기작용을 하며 미생물을 접촉시킨다.
- ㉰ 회전판은 과도하게 부착된 미생물을 떨어지게 한다.
- ㉱ 회전판은 슬러지를 반송시키면서 침전되지 않도록 한다.

10 다음 중 산화지법에 의한 하수처리시 가장 필요한 것은?
- ㉮ 물의 탁도
- ㉯ 물의 색도
- ㉰ 햇빛
- ㉱ 하수내의 질소(N_2)량

11 BOD가 200mg/L 인 하수 1400m³/day을 회전원판법으로 처리하려고 한다. 원판면적이 4,000m² 인 경우 BOD 부하는 얼마인가? [01 ㉮]
- ㉮ 40 g/m²·day
- ㉯ 65 g/m²·day
- ㉰ 70 g/m²·day
- ㉱ 80 g/m²·day

해 설

해설 6
BOD 제거율
① 활성슬러지법 : 90%정도
② 살수여상법 : 70~85%
③ 회전원판법 : 70~80%
④ 산화지법 : 70~80%
혐기성 소화법은 위 처리방법들보다 훨씬 제거율이 낮다.

해설 7
BOD 제거 효율
살수여상법의 BOD 제거효율은 활성슬러지법보다 낮다.

해설 8
살수여상법
고정상 생물처리법이므로 슬러지 팽화(bulking)는 발생하지 않는다.

해설 9
회전원판법
회전원판법에 의한 하수처리는 회전판에 항상 미생물막이 형성되어 있으므로 폭기조 내의 MLSS농도 유지를 위한 슬러지 반송을 할 필요는 없다.

해설 10
산화지법
박테리아와 조류(algae)의 공생에 의해 처리가 되는데, 조류가 광합성(光合成)을 하기 위해서는 반드시 햇빛이 있어야 한다.

해설 11
BOD 부하
① $BOD = 200 \, mg/L = 200 g/m^3$
② BOD유입량 $= BOD(g/m^3) \times$ 유량(m^3/day)
$= 200 \times 1,400 = 280,000 (g/day)$
∴ BOD부하 $= \dfrac{BOD 유입량(Q)}{면적(A)}$
$= \dfrac{280,000 (g/day)}{4,000 (m^2)}$
$= 70 (g/m^2 \cdot day)$

정답 6. ㉱ 7. ㉱ 8. ㉮ 9. ㉱ 10. ㉰ 11. ㉰

7 슬러지 처리시설

> **학습방향**
>
> 이 단원은 하수슬러지의 처리 및 처분에 대한 내용으로 출제빈도가 매우 높은 단원이다.
> 1. 하수슬러지의 처리 계통 순서 : 농축 → 소화 → 개량 → 탈수 → 처분
> 2. 함수율과 슬러지 부피에 대한 공식
> 3. 혐기성 소화의 원리 및 특징
> 4. 호기성 및 혐기성 소화의 장·단점 비교

1 슬러지 처리의 계통

(1) 슬러지 처리의 목적
① 슬러지 중의 유기물을 무기물로 바꾸는 생화학적 안정화
② 병원균을 제거하는 위생적인 안전화
③ 슬러지 처리·처분량을 적게 하는 부피의 감량화
④ 처분의 확실성

(2) 슬러지 처리 계통도

슬러지 → 농축 → 소화 → 개량 → 탈수 → 최종처분

(3) 함수율과 슬러지 부피의 관계

$$\frac{V_1}{V_2} = \frac{100 - W_2}{100 - W_1}$$

여기서 V_1 : 농축전 슬러지 부피(m³)
V_2 : 농축후 슬러지 부피(m³)
W_1 : 농축전 슬러지 함수율(%)
W_2 : 농축후 슬러지 함수율(%)

2 슬러지 처리

(1) 슬러지 농축(濃縮, thickening)
① 슬러지 부피를 감소시켜 후속 공정의 규모를 줄이고 처리효율을 향상시키는데 농축의 목적이 있다.
② 1차 침전지에서 발생하는 슬러지는 농축과정을 생략하고 바로 소화과정으로 이송된다.

학습 POINT

- 00, 05, 07, 08, 13, 14, 15, 16, 19, 20㈎
- 08, 09, 10, 12, 14, 15, 16㈛
- 슬러지 처리의 목적
- 슬러지 처리 계통
- 슬러지 부피 계산

■ 슬러지 처리 공정에 따른 잉여 슬러지의 부피 감소율

공정	부피감소율
잉여슬러지	1(100%)
농축	1/3(33%)
소화	1/6(17%)
탈수	1/25(4%)
소각	1/125(0.8%)

③ 농축방법 및 시설
　㉠ 중력식 농축조
　　• 중력에 의한 자연침강 및 압밀을 이용하는 가장 보편적인 방법으로서, 1차 슬러지에 적합하다.
　　• 형상은 원형 및 직사각형이 좋으며, 유효수심은 4m정도로 한다.
　　• 농축조 용량 : 계획슬러지량의 18시간분 이하
　　• 농축조의 고형물 부하 : $25 \sim 70 kg/m^2 \cdot day$
　㉡ 부상식 농축조
　　• 작은 공기방울을 수면에 투입시켜 수면의 입자와 결합한 다음 부력(浮力)에 의하여 고형물을 부상시키는 방법으로 비중이 작은 슬러지, 특히 잉여슬러지에 적합하다.
　　• 형상은 원형 및 사각형으로 한다.
　　• 농축조의 고형물 부하 : $100 \sim 120 kg/m^2 \cdot day$
　　• 슬러지 가압펌프의 토출압력 : $2 \sim 5 kg/cm^2$
　　• 공기포화조 : 가압수의 체류시간은 2분정도
　㉢ 원심분리식 농축조
　　• 원심분리기를 이용한 강제적인 슬러지 농축방법이며 설치면적이 작아도 되고, 잉여슬러지에 효과적이다.
　　• 농축슬러지의 함수율은 96%이며, 고형물 회수율은 90~95%를 목표로 한다.
　　• 재질은 내구성이 있는 것으로 한다.

(2) 슬러지 소화(消化, digestion)
① 개요
　㉠ 슬러지 탈수 및 최종처분을 용이하게 하기 위하여 슬러지 내의 유기물을 분해하여 부패성을 감소시키고 병원균 등을 사멸시켜 위생적으로 안전하게 만드는 슬러지 안정화(安定化)방식의 일종이다.
　㉡ 유기물이 분해되어 액화, 가스화 및 무기물화 되면 부피가 감소한다.
② 종류
　㉠ 호기성 소화
　　• 호기성 및 임의성 미생물이 산소를 이용하여 분해 가능한 유기물과 세포질을 분해시켜 무기물화하는 방식을 말한다.
　　• 장·단점

장점	단점
· 최초시공비가 절감된다. · 악취발생이 감소한다. · 운전이 용이하다. · 상등액의 수질이 양호하다.	· 소화슬러지의 탈수성이 나쁘다. · 폭기에 동력비가 많이 든다. · 유기물 감소율이 저조하다. · 저온시 효율이 저하된다. · 가치있는 부산물이 생성되지 않는다.

▶ 01, 09, 15㉠ 00, 02㉣
· 농축방법·종류 및 시설 제원

■ 중력식 농축조의 특징
① 장치 간단
② 약품주입 불필요
③ 1차 슬러지에 적합
④ 저장 및 농축이 동시에 가능

■ 호기성(好氣性)
이화작용(異化作用)에서 산소(O_2)를 전자수용체로 이용하는 화학반응을 말한다.

■ 혐기성(嫌氣性)
이화작용(異化作用)에서 산소외의 무기물질을 전자수용체로 이용하는 화학반응을 말한다.

▶ 00, 06, 10, 14, 16, 17, 18㉠ 13, 17㉣
· 호기성 소화 특징

■ 임의성(任意性)
산소가 있을 때에도 또는 없을 때에도 물질대사를 할 수 있는 능력을 말한다.

ⓛ 혐기성 소화
- 용존산소가 존재하지 않는 환경에서 유기물이 혐기성 세균의 활동에 의해 무기물로 분해되어 안정화되는 방식으로 슬러지 무게와 부피가 감소되며 이용가치가 있는 CH_4 등이 발생된다.
- 혐기성 소화는 1차 단계인 유기산 생성단계와 2차 단계인 메탄 생성 단계로 구성되는 2단계 소화방식이다.
- 1차 단계에서는 각종 휘발산(부틸산, 프로피온산 등)과 아세트산, 수소 (H_2), CO_2 등이 생성된다.
- 2차 단계에서는 주로 메탄(CH_4)과 CO_2가 2:1 비율로 생성되며 기타 황화수소(H_2S), 암모니아(NH_3) 등이 소량 생성된다.
- 미생물이 필요로 하는 무기성 영양소(N, P 등)가 충분하여야 하고, 높은 온도를 필요로 한다.
- Alkalinity가 어느 정도 있어야 한다.(pH 7.5 유지)
- 혐기성 소화는 유기물 농도가 높아야 하며 특히 탄수화물 보다는 단백질이나 지방질이 높아야 좋다.
- 혐기성 소화는 pH 및 독성물질에 약하므로 적정 pH(6~8)와 독성 물질이 유입되지 않도록 유의해야 한다.

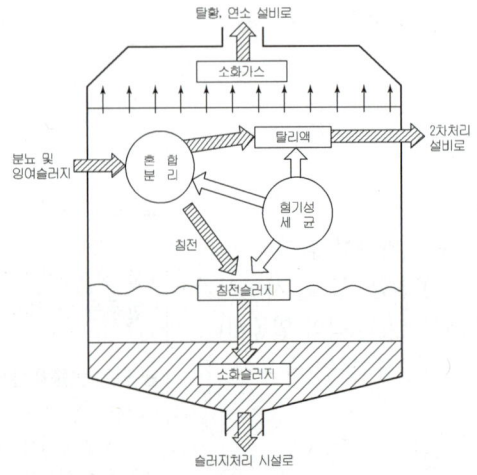

혐기성 소화조

참고 혐기성 소화조의 운전상 문제점
* 소화가스 발생량 감소 원인
① 저농도 슬러지 유입
② 소화 슬러지의 과잉 배출
③ 소화조의 온도 저하
④ 소화가스의 누출
⑤ 과다한 산의 생성

06, 08, 09, 15, 19㉮
03, 04, 09, 16, 19㉰
· 혐기성 소화 특징

■ 혐기성 소화과정

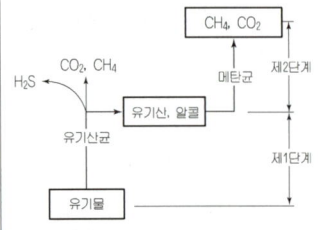

① 가수분해 및 발효단계
② 아세트산 생성단계
③ 메탄생성단계

■ 혐기성 소화온도
① 저온소화 : 소화 온도는 10~15℃, 소화일수는 40~60일
② 중온소화 : 소화 온도는 25~40℃, 소화일수는 25~30일
③ 고온소화 : 소화 온도는 50~60℃, 소화일수는 15~20일
④ 소화효율은 고온소화가 좋지만 비용 등의 문제로 주로 중온소화가 이용된다.

■ 혐기성 소화공정의 영향인자
① 체류시간
② 온도
③ 알칼리도(HCO_3^-, CO_3^{2-}, OH^-)
④ 영양염류
⑤ 독성물질
⑥ pH

ⓒ 호기성과 혐기성 소화의 비교

호기성 소화	혐기성 소화
동력이 소요된다.	메탄과 같은 유용한 가스를 얻는다.
처리수의 수질이 양호하다.	처리수의 수질이 좋지 못하다.
냄새가 없는 슬러지를 생산한다.	슬러지에서 냄새가 많이 난다.
비료가치가 크다.	비료가치가 작다.
운전이 용이하다.	운전에 숙련된 기술이 필요하다.
시설비가 적게 든다.	시설비가 많이 든다.
소규모 활성슬러지에 좋다.	대규모 시설에 적합하다.
비교적 저농도 슬러지에 적용할 수 있다.	비교적 고농도 슬러지에 보다 적합하다.

③ 임호프 탱크(Imhoff Tank)

부유물의 침전과 침전물의 혐기성소화가 하나의 탱크 내에서 이루어지는 처리시설로 임호프탱크는 2개의 층으로 구성되어 있어 상부에서 침전이 진행되고 하부에서는 슬러지의 혐기성 소화가 이루어진다.

(3) 슬러지 개량(改良, conditioning)

① 소화공정을 거친 슬러지를 탈수하기 전에 물과 친화력이 강해 물과 분리되기 힘든 성질을 개선, 탈수효율을 높이기 위하여 실시하는 전처리과정을 말한다.
② 약품개량, 열처리, 슬러지 세정(洗淨), 동결법(凍結法) 등이 있다.

▶ 18(가)
· 슬러지 개량방법

(4) 슬러지 탈수(脫水, dewatering)

① 농축, 소화, 개량된 슬러지는 아직 함수율이 90% 이상으로 많은 수분을 함유하고 있어 유동성이 강하며 부피가 크다.
② 탈수는 수분감소에 의하여 슬러지 부피를 감소시킴으로써 슬러지 처리 및 처분비용을 감소시키는데 목적이 있다.
③ 진공탈수, 가압탈수, 벨트 프레스, 원심탈수, 슬러지 건조상 등이 있다.

■ 각종 탈수기의 목표함수율
① 진공탈수기 : 슬러지 함수율 60~80%
② 가압탈수기 : 슬러지 함수율 55~70%
③ 원심탈수기 : 슬러지 함수율 60~80%
④ 슬러지 건조상 : 슬러지 함수율 50% 정도

(5) 슬러지 최종처분(最終處分, disposal)

① 하수처리 시설로부터 생성된 슬러지 또는 탈수 케이크, 소각재 등을 안전하게 처분하는 것을 말한다.
② 종류
  ㉠ 매립처분, 토양살포, 해양투기, 소각, 퇴비화, 건설자재 등
  ㉡ 매립처분, 토양살포, 해양투기, 소각 등은 2차 환경오염(지하수오염, 토양오염, 해양오염, 대기오염 등)이 발생할 우려가 있다.

핵 심 문 제

1 다음 중 슬러지 처리 목표가 아닌 것은? [97 ㉮]

㉮ 슬러지의 생화학적 안정화
㉯ 최종적인 슬러지의 감량화
㉰ 병원균의 처리
㉱ 중금속 처리

2 일반적으로 슬러지의 최종처리 방법으로 가장 옳은 것은 다음 중 어느 것인가? [96 ㉮]

㉮ 농축 → 탈수 → 소화 → 최종처분
㉯ 농축 → 소화 → 탈수 → 최종처분
㉰ 탈수 → 농축 → 소화 → 최종처분
㉱ 탈수 → 소화 → 농축 → 최종처분

3 혐기성 소화에 관한 다음 설명 중 틀린 것은? [96 ㉮]

㉮ 혐기성 소화를 위해서는 유기물 농도가 높고 특히 탄수화물 보다 단백질이나 지방질이 높아야 한다.
㉯ 혐기성 소화는 1단계인 유기산 생성단계와 2단계인 메탄 생성단계로 구분된다.
㉰ 혐기성 소화에 작용하는 유기산균과 메탄균은 임의성균이다.
㉱ 정상적인 소화시 생성가스의 구성은 메탄이 2/3, CO_2가 1/3이다.

4 슬러지를 혐기성 소화법으로 처리할 경우의 호기성 소화법에 비하여 갖는 특징으로 틀린 것은? [04, 09 ㉮]

㉮ 병원균의 사멸률이 낮다.
㉯ 동력시설 없이 연속적인 처리가 가능하다.
㉰ 부산물로 유용한 메탄가스가 생산된다.
㉱ 유지관리비가 적게 소요된다.

5 유기성 슬러지를 혐기성 처리의 원리에 의해 무기물로 분해하여 안정화 시키는 처리방법은? [99 ㉯]

㉮ 탈수
㉯ 폭기
㉰ 소화
㉱ 농축

해 설

해설 1
슬러지 처리의 목표
① 슬러지중의 유기물을 무기물로 바꾸는 생화학적 안정화
② 병원균을 제거하여 위생적인 안정화
③ 슬러지 처리·처분량을 적게 하는 감량화
④ 처분의 확실성

해설 2
하수슬러지의 처리 계통
농축 → 소화 → 개량 → 탈수 및 건조 → 최종 처분

해설 3
혐기성 소화
2단계의 과정을 거친다. 즉, 1단계인 유기산 생성단계에서는 유기산균이, 2단계는 메탄 생성단계로 메탄균이 활동하는데 모두 혐기성균들이다.

해설 4
슬러지의 혐기성 소화법의 특징
병원균의 사멸률이 높음

해설 5
혐기성 소화
슬러지의 유기성분을 혐기성 세균의 활동에 의해 무기물로 분해하여 안정화시키는 것

정답 1. ㉱ 2. ㉯ 3. ㉰ 4. ㉮ 5. ㉰

6 혐기성 처리방법은 호기성 처리방법에 비해 다음의 특징을 갖고 있다. 틀린 것은? [99, 08 ㉮]

㉮ 슬러지 발생량이 적다.
㉯ 유기물 농도가 높은 하수의 처리에 적합하다.
㉰ 반응이 빠르고 생물의 에너지 효율이 높다.
㉱ 메탄가스가 생성된다.

7 슬러지 처리공정을 순차적으로 나열한 것 중 옳은 것은? [99, 16 ㉮]

㉮ 생슬러지 - 소화 - 개량 - 탈수 및 건조 - 농축 - 연소 - 최종처분
㉯ 생슬러지 - 농축 - 소화 - 개량 - 탈수 및 건조 - 연소 - 최종처분
㉰ 생슬러지 - 개량 - 탈수 및 건조 - 소화 - 농축 - 연소 - 최종처분
㉱ 생슬러지 - 농축 - 탈수 및 건조 - 소화 - 연소 - 개량 - 최종처분

8 함수율이 99%인 슬러지 1,200m³/day를 탈수하여 300m³/day의 농축슬러지를 얻었을 때 농축슬러지의 함수율은? [99, 10 ㉯]

㉮ 94% ㉯ 95%
㉰ 96% ㉱ 97%

9 농축조에 유입하는 고형물의 농도가 10,000mg/L인 슬러지 960m³/day를 농축처리하기 위한 연속식 슬러지 농축조의 표면적은? (단, 고형물 부하는 2kg/m²/hr) [99, 12 ㉯]

㉮ 50m²   ㉯ 100m²
㉰ 150m² ㉱ 200m²

해설
① 고형물 부하 = $\frac{농도 \times Q}{A}$ ⇒ $A = \frac{농도 \times Q}{고형물\ 부하}$
② 고형물 부하 = 2kg/m²/hr = 48kg/m²/day
   고형물 농도 = 10,000mg/L = 10kg/m³
∴ $A = \frac{농도 \times Q}{고형물\ 부하} = \frac{10\,(kg/m^3) \times 960\,(m^3/day)}{48\,(kg/m^2/day)} = 200\,(m^2)$

10 다음 슬러지의 처리과정에서 매립, 살포, 비료화 등에 의한 것은?

㉮ 농축 ㉯ 소화
㉰ 개량 ㉱ 처분

해 설

해설 6
혐기성 처리법
호기성 처리에 비해 반응이 느리며 미생물의 에너지 효율도 낮다.

해설 7
하수슬러지의 처리 계통
생슬러지 → 농축 → 소화 → 개량 → 탈수 및 건조 → 소각(연소) → 최종 처분 순으로 이루어진다.

해설 8
농축슬러지의 함수율
$$\frac{V_1}{V_2} = \frac{100 - W_2}{100 - W_1}$$
여기서,
V_1 : 농축전 슬러지 부피 (m³)
V_2 : 농축후 슬러지 부피 (m³)
W_1 : 농축전 슬러지 함수율(%)
W_2 : 농축후 슬러지 함수율(%)

$$\frac{1,200\,m^3}{300\,m^3} = \frac{100 - W_2}{100 - 99}$$

∴ $W_2 = 100 - \frac{1,200\,m^3}{300\,m^3}$
   = 96 (%)

해설 10
슬러지 처분과정
매립, 퇴비화, 토양살포, 해양투기, 소각재 이용 등이 있다.

정답 6. ㉰ 7. ㉯ 8. ㉰ 9. ㉱ 10. ㉱

11 다음 중 슬러지의 농축방법이 아닌 것은? [00 ⑭]

㉮ 중력에 의한 자연침강 및 압밀을 이용하는 방법
㉯ 기포를 이용하여 부상농축하는 방법
㉰ 석회를 첨가하여 분리, 농축하는 방법
㉱ 원심력을 이용하여 고액분리하는 방법

12 슬러지 처리방법 중 가장 위생적이고 안전한 재활용 방법은? [00 ㉮]

㉮ 비료화법
㉯ 해양 투기법
㉰ 토지 투기법
㉱ 소각법

13 슬러지의 혐기성 소화처리법과 비교하여 호기성 소화처리법의 장점으로 적합한 것은? [00, 14 ㉮]

㉮ 최초 시공비의 절감
㉯ 소화 슬러지의 탈수성 양호
㉰ 가치있는 부산물의 생성
㉱ 저온시 소화효율 향상

14 하수슬러지 농축조에 대한 다음의 설명 중 틀린 것은? [01 ㉮]

㉮ 슬러지 스크레이퍼를 설치할 경우 탱크바닥면의 기울기는 5/100 이상이 좋다.
㉯ 슬러지 스크레이퍼가 없는 경우 탱크바닥의 중앙에 호퍼를 설치하되 호퍼측벽의 기울기는 수평에 60°이상으로 한다.
㉰ 농축조의 용량은 계획슬러지 양의 2일분 이하로 하며, 유효수심은 3~4m로 한다.
㉱ 고형물 부하는 25~75kg/m²·day을 기준으로 하나 슬러지의 특성에 따라 변경될 수 있다.

15 활성슬러지 공정을 사용하는 하수처리장이 있다. 이 처리장의 BOD에 대한 1차침전지의 제거효율이 35%, 폭기조의 제거효율이 90%라 한다. 하수처리장 유입하수의 BOD는 80g/인·일이고 소화후 최종 탈수슬러지는 20g/인·일이 발생할 때 이 처리장에서 BOD 1kg 제거당 생성되는 최종 탈수슬러지의 양은? [00 ⑭]

㉮ 0.250kg
㉯ 0.267kg
㉰ 0.313kg
㉱ 0.402kg

해 설

해설 11
슬러지의 농축방법
① 중력식 농축
② 부상식 농축
③ 원심분리식 농축

해설 12
슬러지의 최종처분방법
해양투기법(해양오염), 토지투기법(토양오염), 소각법(다이옥신 발생)은 2차 오염이 발생할 수 있으나, 비료화법은 슬러지를 비료로 사용하므로 가장 위생적이고 안전한 재활용 처분방법이다.

해설 13
호기성 소화
혐기성 소화에 비해 시설 규모를 작게 설치하여 운전할 수 있으므로 초기 투자비 즉, 시공비를 절감할 수 있다. 그러나 호기성은 폭기시설을 운영해야 하므로 운전비가 혐기성 처리에 비해 많이 든다.

해설 14
하수슬러지 농축조
일반적으로 중력식 농축조를 사용한다. 중력식 농축조의 용량은 계획슬러지량의 18시간분 이하로 한다.

해설 15
① 1차침전지에서의 유입 BOD 제거량 : 28(=80×0.35)
② 폭기조로의 유입 BOD 량 : 52 (=80−28)
③ 폭기조에서의 유입 BOD 제거량 : 46.8(=52×0.9)
④ 하수처리장에서의 총 BOD제거량 : 74.8(=28+46.8)
∴ 74.8g : 20g = 1,000g : Xg
⇔ X = 267(g) = 0.267(kg)

정답 11.㉰ 12.㉮ 13.㉮ 14.㉰ 15.㉯

출제예상문제

CHAPTER 8 하수처리장 시설

1. 폐수처리에서 SS제거 방법이 아닌 것은?

㉮ 스크린 ㉯ 자연침전
㉰ 응집침전 ㉱ 중화처리

[해설]
중화처리는 산성, 알칼리성 폐수에 반대성질의 중화제를 투입시켜 화학반응을 일으켜 pH를 중성범위(pH 6~8)에 있도록 하는 방법이다.

2. 다음 하수처리에 관한 설명중 틀린 것은?

㉮ 하수처리 방법은 물리, 화학, 생물학적 공정으로 대별할 수 있다.
㉯ 보통침전은 응집제를 사용하는 물리적 처리공정이다.
㉰ 소독은 화학적 처리공정이라 할 수 있다.
㉱ 생물학적 처리공정은 호기성 분해와 혐기성 분해로 대별할 수 있다.

[해설]
응집제를 사용하는 침전은 약품침전으로 물리·화학적 처리공정이다.

3. 하수처리 과정 중 3차 처리의 주제거 대상이 되는 것은?

㉮ 부유물질 ㉯ 유기물질
㉰ 발암물질 ㉱ 영양염류

[해설]
하수처리장의 1차처리(스크린에서 최초침전지까지), 2차처리(폭기조에서 소독시설까지)에서 영양염류(질소, 인)의 제거가 어려우므로 부영양화의 원인이 된다. 그러므로 3차처리(고도 하수처리)를 실행하여 제거한다.

4. 다음 중 생물학적 작용에서 호기성 분해로 인한 생성물이 아닌 것은?

㉮ CO_2 ㉯ CH_4
㉰ NO_3 ㉱ SO_4

[해설]
① 호기성 분해로 인한 생성물 : CO_2, H_2O, NH_3, NO_3
② 혐기성 분해로 인한 생성물 : CH_4, CO_2, H_2S, NH_3

5. 생물학적 처리를 위한 영양 조건으로 하수의 일반적인 BOD : N : P 비는 다음 중 어느 것이 가장 적합한가?

㉮ BOD : N : P = 100 : 50 : 10
㉯ BOD : N : P = 100 : 10 : 1
㉰ BOD : N : P = 100 : 10 : 5
㉱ BOD : N : P = 100 : 5 : 1

[해설]
생물학적 처리법에서 오염물질을 제거하는 역할을 하는 박테리아의 구성 성분비는 BOD : N : P = 100 : 5 : 1 이다.

6. 하수 처리장의 1차 처리시설인 침전지에서 BOD부하의 30%가 처리되고 2차 처리시설에서 BOD부하의 90%가 처리된다면 전체 BOD제거율은?

㉮ 85% ㉯ 89%
㉰ 93% ㉱ 97%

[해설]
① 1차 처리시설 (제거율 30%)
 ㉠ input BOD : 1.0
 ㉡ 제거된 BOD : 0.3
 ㉢ output BOD : 0.7 (∵ 1.0 - 0.3 = 0.7)
② 2차 처리시설 (제거율 90%)
 ㉠ input BOD : 0.7
 ㉡ 제거된 BOD : 0.63 (∵ 0.7 × 0.90 = 0.63)
 ㉢ output BOD : 0.07 (∵ 0.7 - 0.63 = 0.07)

해답 1. ㉱ 2. ㉯ 3. ㉱ 4. ㉯ 5. ㉱ 6. ㉰

③ 전체 시설
  ㉠ input BOD : 1.0
  ㉡ 제거된 BOD : 0.93 (∵ 0.3 + 0.63 = 0.93)
  ㉢ output BOD : 0.07 (∵ 1 - 0.93 = 0.07)
∴ 전체 BOD제거율 = 0.93 = 93%
즉, 다음과 같은 순서로 된다.

1.0 → 1차 처리시설 → 0.7 → 2차 처리시설 → 0.07
           ↓   ↓
          0.3   0.63

7. 생하수 내에서 질소는 주로 어느 형태로 존재하는가?

㉮ N_2와 NH_3
㉯ N_2와 NO_3
㉰ 유기성 질소화합물과 NH_3
㉱ 유기성 질소화합물과 NO_3

해설 질산화(Nitrification)
① 질소화합물이 호기성 상태에서 질산화 미생물에 의해서 산화되는 과정을 말한다.
② 단백질→유기성 질소→ NH_3-N → NO_2^--N → NO_3^--N 순으로 이루어진다.
③ 질소는 오염초기(생하수)에 유기성 질소화합물과 암모니아로 존재하며 시간이 흘러 오염물질이 산화되면 아질산성 질소(NO_2^--N) 및 질산성 질소(NO_3^--N)로 존재한다.

8. 1일 오수량 60,000m³의 하수처리장의 침전지를 설계하고자 할 때 침전시간을 2시간으로 하고 유효 수심을 2.5m로 하면 침전지의 필요 면적은?

㉮ 4,800m²   ㉯ 2,000m²
㉰ 3,000m²   ㉱ 2,400m²

해설
침전속도 $v = \dfrac{h}{t} = \dfrac{2.5(m)}{2(hr)} = 1.25(m/hr)$
$= 30(m/day)$
∴ 침전지 면적 $= \dfrac{Q}{v} = \dfrac{60,000(m^3/day)}{30(m/day)} = 2,000(m^2)$

9. 인구가 100,000명인 A 도시의 1일 1인당 오수량이 250L이다. 하수를 처리하기 위해 유효 수심 3m, 침전시간 2시간으로 설계하려면 침전지의 면적은 얼마가 적당한가?

㉮ 347m²   ㉯ 521m²
㉰ 694m²   ㉱ 1,563m²

해설
① $Q = 100,000(인) \times 250(L/인 \cdot day) \times 10^{-3}(m^3/L)$
  $= 25,000(m^3/day) = 1,041.7(m^3/hr)$
② $V = Q \times t = 1,041.7(m^3/hr) \times 2(hr) = 2,083.3(m^3)$
∴ $A = \dfrac{V}{h} = \dfrac{2,083.3(m^3)}{3(m)} = 694.4(m^2)$

10. 원형 침전지에서 1,500m³/day 의 하수가 유입할 때 월류 부하를 15m³/m·day로 하면 최종 침전지의 월류 위어(weir)길이는 몇 m인가?

㉮ 50m   ㉯ 100m
㉰ 150m   ㉱ 200m

해설
월류 부하율$(m^3/m \cdot day) = \dfrac{유입 유량(m^3/day)}{위어 길이(m)}$
∴ 위어 길이$(m) = \dfrac{유입 유량(m^3/day)}{월류 부하율(m^3/m \cdot day)}$
$= \dfrac{1,500}{15} = 100(m)$

11. 하수 유량 2,800m³/day, 슬러지의 반송비 50%의 활성 슬러지 처리공정에서 최종 침전지의 부피가 500m³이다. 최종 침전지에서의 체류시간은 몇 시간인가?

㉮ 2.56시간   ㉯ 3.02시간
㉰ 6.02시간   ㉱ 2.86시간

해설 침전지 체류시간
체류시간$(hr) = \dfrac{폭기조\ 용적(m^3)}{유입유량(m^3/day) \times (1+r)} \times 24$
여기서, r(반송비) $= \dfrac{반송유량(m^3/day)}{유입유량(m^3/day)} = \dfrac{R}{Q}$
∴ 체류시간 $= \dfrac{500}{2,800(1+0.5)} \times 24(hr) = 2.86(hr)$

해답 7. ㉰ 8. ㉯ 9. ㉰ 10. ㉯ 11. ㉱

12. 1일 5,400톤의 하수를 처리할 수 있는 원형침전지를 건설하려 한다. 침전지의 직경은? (단, 침전속도는 3m/hr이다.)

㉮ 75m ㉯ 96m
㉰ 9.8m ㉱ 11.9m

[해설]
$1\,\text{ton} = 1\,\text{m}^3$, ∴ $5,400\,\text{ton/day} = 225\,\text{m}^3/\text{hr}$

① $A = \dfrac{Q}{v} = \dfrac{225\,\text{m}^3/\text{hr}}{3\,\text{m/hr}} = 75\,(\text{m}^2)$

② $A = \dfrac{\pi d^2}{4} = 75\,\text{m}^2$, ∴ $d = 9.8\,\text{m}$

13. 하수처리장에서 사용되는 최초 침전지에 대한 설명으로 옳지 않은 것은?

㉮ 표면 부하율은 계획 1일 최대 오수량에 대하여 25~40m³/m²·day로 한다.
㉯ 침전지에서 가장 얕은 부분의 수심인 유효수심은 1.5~2.0m를 표준으로 한다.
㉰ 침전시간은 계획 1일 최대 오수량에 대하여 표면 부하율과 유효 수심을 고려하여 보통 2~4시간으로 한다.
㉱ 침전지 수면의 여유고는 수위변화 및 바람에 의한 요소 등을 고려하여 40~60cm정도로 한다.

[해설] 최초 침전지의 유효수심은 2.5~4m 이다.

14. 직경 16m이고 평균 깊이가 8m인 소화조에 슬러지가 32m³/day의 비율로 주입된다면 이 소화조의 체류기간은 얼마인가?

㉮ 15day
㉯ 25day
㉰ 50day
㉱ 75day

[해설]
체류시간(day) = $\dfrac{\text{소화조 용적}(\text{m}^3)}{\text{유입유량}(\text{m}^3/\text{day})}$

$= \dfrac{\dfrac{\pi \times 16^2}{4} \times 8}{32} = 50.24\,(\text{day})$

15. 폭기조 내에서 MLSS를 일정하게 유지하기 위한 방법으로 가장 적절한 것은?

㉮ 폭기율을 조정한다.
㉯ 슬러지 반송률을 조정한다.
㉰ 하수 유입량을 조정한다.
㉱ 슬러지를 바닥에 침전시킨다.

[해설] 폭기조내 MLSS의 일정유지방법
슬러지 반송률의 조정

16. 다음 조건으로 하수를 처리할 경우 폭기조의 용량은 얼마인가? (하수량=10,000m³/day, BOD농도=150ppm, MLSS농도=2,000ppm, F/M비=0.25kgBOD/kgMLSS·day, 용적부하=0.5kgBOD/m³·day)

㉮ 9,000m³
㉯ 6,000m³
㉰ 3,000m³
㉱ 1,500m³

[해설]
① BOD농도 = 150ppm = 150mg/L = 150g/m³
   = 0.15kg/m³
② MLSS농도 = 2,000ppm = 2,000mg/L = 2,000g/m³
   = 2.0kg/m³

∴ 폭기조 용적 (m³)

$= \dfrac{\text{BOD농도}(\text{kg/m}^3) \times \text{유입유량}(\text{m}^3/\text{day})}{\text{MLSS농도}(\text{kg/m}^3) \times \text{F/M비}(\text{kgBOD/kgMLSS} \cdot \text{day})}$

$= \dfrac{0.15 \times 10,000}{2.0 \times 0.25} = 3,000\,(\text{m}^3)$

해답 12. ㉰ 13. ㉯ 14. ㉰ 15. ㉯ 16. ㉰

17. 하수량 1,500m³/day, BOD 150mg/L인 하수를 250m³의 유효 용량을 가지는 폭기조로 처리할 경우 BOD용적 부하는 얼마인가?

㉮ 0.6kg/m³·day ㉯ 0.7kg/m³·day
㉰ 0.8kg/m³·day ㉱ 0.9kg/m³·day

[해설]
$BOD = 150\,mg/L = 0.15\,kg/m^3$

∴ BOD 용적부하 $(kg\,BOD/m^3 \cdot day)$

$= \dfrac{1일\ BOD\ 유입량(kg\,BOD/day)}{폭기조\ 용적(m^3)}$

$= \dfrac{BOD농도(kg/m^3) \times 유량(m^3/day)}{폭기조\ 용적(m^3)}$

$= \dfrac{0.15 \times 1,500}{250} = 0.9\,(kg\,BOD/m^3 \cdot day)$

18. SVI에 대한 다음 설명 중 잘못된 것은?

㉮ 침강 농축성을 나타내는 지표이다.
㉯ SVI는 50~150의 범위가 바람직하며 수온이나 BOD에 영향을 받는다.
㉰ SVI가 적을수록 슬러지가 농축되기 쉽다.
㉱ SVI가 높아지면 MLSS도 상승한다.

[해설]
$SVI = \dfrac{SV(mL/L) \times 10^3}{MLSS농도(mg/L)} = \dfrac{SV(\%) \times 10^4}{MLSS농도(mg/L)}$

∴ SVI가 높아지면 MLSS농도는 저하된다.

19. 하수 종말처리장 유입수의 평균 BOD=2,000mg/L, 평균 유량=2,000m³/day, 폭기조 MLVSS=2,500mg/L, 폭기조의 부피가 14,000m³이다. F/M비는?

㉮ 0.08kg-BOD/kg-MLVSS·day
㉯ 0.10kg-BOD/kg-MLVSS·day
㉰ 0.18kg-BOD/kg-MLVSS·day
㉱ 0.21kg-BOD/kg-MLVSS·day

[해설]
① $BOD = 2,000\,mg/L = 2\,kg/m^3$
   $MLVSS ≒ MLSS = 2,500\,mg/L = 2.5\,kg/m^3$

여기서 MLVSS(Mixed Liquor Volatile Suspended Solids)와 MLSS(Mixed Liquor Suspended Solids)는 의미는 다르지만 일반적으로 같은 값으로 생각한다.

② F/M 비 $(kg\,BOD/kg\,MLVSS \cdot day)$

$= \dfrac{BOD농도(kg/m^3) \times 유입유량(m^3/day)}{MLVSS농도(kg/m^3) \times 폭기조\ 용적(m^3)}$

$= \dfrac{2 \times 2,000}{2.5 \times 14,000} = 0.11$

20. 생물학적 폐수처리 과정에서 미생물에 의해 유기성 질소가 분해, 산화되는 과정을 순서대로 나열한 것은?

㉮ 유기성질소 → NH_3-N → NO_2-N → NO_3-N
㉯ 유기성질소 → NH_3-N → NO_3-N → NO_2-N
㉰ 유기성질소 → NO_2-N → NO_3-N → NH_3-N
㉱ 유기성질소 → NO_3-N → NO_2-N → NH_3-N

[해설] 질산화 과정
유기성질소 → NH_3-N(암모니아성 질소) → NO_2-N(아질산성 질소) → NO_3-N(질산성 질소)

21. 슬러지 용적지수(Sludge Volume Index, SVI)는 슬러지를(x)분간 침전시킨 후의(y) g의 MLSS가 차지하는 부 피를 단위로 나타낸 것이다. x와 y의 값으로 알맞은 것은?

㉮ $x = 30$, $y = 1$ ㉯ $x = 30$, $y = 10$
㉰ $x = 60$, $y = 1$ ㉱ $x = 60$, $y = 10$

[해설]
슬러지 용적지수(SVI)는 폭기조내 혼합액(MLSS 또는 MLVSS) 1,000mL를 30분간 침전시킨 후 1g의 MLSS가 슬러지로 형성시 차지하는 부피(mL)를 의미한다.

22. 유입하수량 1,000m³/day, 유입하수의 BOD농도 200mg/L인 오수를 활성슬러지법으로 처리하기 위하여 설계하려고 한다. 폭기조의 MLSS농도를 2,000mg/L 유지하고, F/M비를 0.2로 운전할 경우 폭기조의 수리학적 체류시간은 얼마인가?

㉮ 4hr ㉯ 6hr
㉰ 8hr ㉱ 12hr

해답 17. ㉱ 18. ㉱ 19. ㉯ 20. ㉮ 21. ㉮ 22. ㉱

[해설]

① $BOD = 200\,mg/L = 0.2\,kg/m^3$
   $MLSS = 2,000\,mg/L = 2.0\,kg/m^3$

② F/M 비 (kg BOD/kg MLSS · day)
   $= \dfrac{BOD농도(kg/m^3) \times 유입유량(m^3/day)}{MLSS농도(kg/m^3) \times 폭기조\ 용적(m^3)}$

∴ 폭기조 용량 (m^3)
   $= \dfrac{BOD농도(kg/m^{3)}) \times 유입유량(m^3/day)}{MLSS농도(kg/m^3) \times F/M\ 비}$
   $= \dfrac{0.2 \times 1,000}{2 \times 0.2} = 500\,(m^3)$

③ 수리학적 체류시간 (hr)
   $= \dfrac{폭기조\ 용적(m^3)}{유입유량(m^3/day) \times (1+r)} \times 24$
   $= \dfrac{500}{1,000} \times 24 = 12\,(hr)$

여기서 $r(반송율) = \dfrac{반송유량(m^3/day)}{유입유량(m^3/day)} = \dfrac{Q'}{Q} = 0$

23. BOD농도 200mg/L, 하수량 20,000m³/day를 체류시간 8시간의 활성 슬러지조에서 처리할 경우 폭기조의 BOD용적부하는 얼마인가? (단, 슬러지 반송률을 20%로 운전한다.)

㉮ 0.5kg/m³ · day ㉯ 0.6kg/m³ · day
㉰ 0.7kg/m³ · day ㉱ 0.8kg/m³ · day

[해설]

체류시간$(hr) = \dfrac{폭기조\ 용적(m^3)}{유입유량(m^3/day) \times (1+r)} \times 24$

여기서 $r(반송율) = \dfrac{반송유량(m^3/day)}{유입유량(m^3/day)} = \dfrac{Q'}{Q}$

∴ 폭기조 용적 (m^3)
$= 체류시간(hr) \times 유입유량(m^3/day) \times (1+r) \times \dfrac{1}{24}$
$= 8 \times 20,000 \times (1+0.2) \times \dfrac{1}{24} = 8,000\,(m^3)$

∴ BOD 용적부하 $(kg\,BOD/m^3 \cdot day)$
$= \dfrac{BOD농도(kg/m^3) \times 유입유량(m^3/day)}{폭기조\ 용적(m^3)}$
$= \dfrac{200 \times 10^{-3} \times 20,000}{8,000} = 0.5\,(kg/m^3 \cdot day)$

24. BOD가 5,000mg/L이고, 염소이온 농도가 200mg/L인 공장폐수를 염소이온이 존재하지 않은 물로 희석한 후 활성슬러지법에 의하여 처리한 유출수의 BOD는 50mg/L이고, 염소이온 농도가 20mg/L이었다. BOD제거율은 얼마인가?

㉮ 90% ㉯ 91%
㉰ 92% ㉱ 93%

[해설]

① 염소농도 희석배수 $= \dfrac{200}{20} = 10\,(배)$

∴ 하수의 물리적 처리방법인 희석(dilution)으로 제거된 BOD농도를 먼저 고려해야 한다.

희석 후의 BOD농도 $= 5,000 \times \dfrac{1}{10} = 500\,(mg/L)$

② BOD 제거율 $= \dfrac{5,000 - 500}{5,000} \times 100 = 90\,(\%)$

25. 하수처리장 유입수의 평균 BOD는 2,000mg/L, 유출수의 평균 BOD는 200mg/L, 평균유량은 2,000m³/day, MLVSS는 2,500mg/L, 폭기조의 부피는 14,000m³이다. F/M 비는 얼마인가?

㉮ 0.1kg-BOD/kg-MLVSS · day
㉯ 0.2kg-BOD/kg-MLVSS · day
㉰ 0.3kg-BOD/kg-MLVSS · day
㉱ 0.4kg-BOD/kg-MLVSS · day

[해설]

① 유입 BOD농도 $= 2,000\,mg/L = 2\,kg/m^3$
   MLVSS ≒ MLSS $= 2,500\,mg/L = 2.5\,kg/m^3$
   여기서, MLVSS(Mixed Liquor Volatile Suspended Solids)와 MLSS(Mixed Liquor Suspended Solids)는 의미는 다르지만 일반적으로 같은 값으로 생각한다.

② F/M비 (kgBOD/kgMLVSS · day)
$= \dfrac{유입\ BOD농도(kg/m^3) \times 유입유량(m^3/day)}{MLVSS농도(kg/m^3) \times 폭기조\ 용적(m^3)}$
$= \dfrac{2 \times 2,000}{2.5 \times 14,000} = 0.114\,(kgBOD/kgMLVSS \cdot day)$

해답 23. ㉮ 24. ㉮ 25. ㉮

26. 어떤 도시의 계획 최대 오수량이 30,000m³/day이고, 오수 중 부유물 농도는 200mg/L이다. 이것을 표준 활성슬러지법으로 처리하면 부유물 제거율은 90%가 되고, 함수율 99%의 슬러지가 발생한다. 이 경우 발생되는 슬러지량은 얼마인가?

㉮ 450t/day ㉯ 540t/day
㉰ 550t/day ㉱ 580t/day

[해설] 슬러지 발생량(kg/day)
= 처리수량(m³/day) × 제거된 부유물농도(mg/L)
$\times \dfrac{100}{100-\text{함수율}} \times 10^{-6}(\text{kg/mg}) \times 10^3(\text{L/m}^3)$
$= 30,000 \times \left(200 \times \dfrac{90}{100}\right) \times \dfrac{100}{100-99} \times 10^{-6} \times 10^3$
$= 540,000 (\text{kg/day}) = 540 (\text{t/day})$

27. 다음 슬러지 처리공정들 중에서 그 목적이 부피 감소가 아닌 것은?

㉮ 슬러지 분쇄 ㉯ 원심분리
㉰ 부상농축 ㉱ 가압 탈수

[해설]
① 슬러지 농축
 ㉠ 농축은 부피를 감소시켜 고형물 농도를 증가시킨다.
 ㉡ 종류에는 중력식 농축, 부상식 농축, 원심분리식 농축 등이 있다.
② 슬러지 탈수
 ㉠ 탈수는 슬러지를 최종 처분하기 전에 함수율을 85% 이하로 감소시켜 부피를 감량시킨다.
 ㉡ 종류에는 가압 탈수법, 진공 탈수법, 원심분리 탈수법 등이 있다.

28. 혐기성 처리방법은 호기성 처리방법에 비해 다음의 특징을 갖고 있다. 틀린 것은?

㉮ 슬러지가 적게 생산된다.
㉯ 유기물 농도가 높은 하수의 처리에 적합하다.
㉰ 영양소가 호기성 처리보다 크게 소요된다.
㉱ 메탄가스가 생성된다.

[해설] 호기성 소화와 혐기성 소화의 비교

구 분	호기성 소화	혐기성 소화
BOD	상등액의 BOD가 낮다.	상등액의 BOD가 높다.
냄새	냄새가 없다.	냄새가 많이 난다.
비료	비료가치가 크다.	비료가치가 작다.
시설비	시설비가 적게 든다.	시설비가 많이 든다.
운전	운전이 쉽다.	운전이 힘들다.
규모	소규모 처리에 적합하다.	대규모시설에 적합하다.
발생 슬러지	슬러지가 많이 발생한다.	슬러지가 적게 발생한다.
소요 영양소	처리에 영양소가 많이 필요하다.	처리에 영양소가 거의 필요하지 않다.
자원화	자원화에 유용한 가스가 발생하지 않는다.	자원화에 유용한 메탄가스 등이 발생한다.

29. 다음은 하수처리 중 활성슬러지 공정에서의 일반적인 슬러지처리 계통이다. 옳은 것은?

㉮ 슬러지 - 농축 - 소화 - 개량 - 탈수
㉯ 슬러지 - 개량 - 소화 - 농축 - 탈수
㉰ 슬러지 - 소화 - 농축 - 개량 - 탈수
㉱ 슬러지 - 농축 - 소화 - 탈수 - 개량

[해설] 슬러지 농축과 소화 후 행해지는 슬러지 개량(conditioning)은 슬러지의 탈수효율을 증대시키기 위함이다.

30. 다음 오니(sludge)처리에 관한 설명 중 틀린 것은?

㉮ 하수오니는 매우 높은 함수율과 부패율을 갖고 있다.
㉯ 오니의 농축은 오니의 체적감소 과정으로 보통 오니소화의 전단계 공정이다.
㉰ 호기성 소화는 오니의 처리방법이 아니다.
㉱ 오니의 기계탈수 종류로는 진공여과기, 가압여과기, 원심분리기 등이 있다.

해답 26. ㉯ 27. ㉮ 28. ㉰ 29. ㉮ 30. ㉰

[해설] 소화는 오니(슬러지)중의 유기물을 산화, 분해시켜 가스화, 액화 및 무기물화가 되는 것을 말하며 슬러지 소화방법으로는 호기성 소화법, 혐기성 소화법 등이 있다.

31. 다음 슬러지 처리에 관한 설명 중 맞는 것은?

㉮ 슬러지 농축시 함수율의 감소율에 비해 체적 감소율이 크다.
㉯ 슬러지 소화시 가장 많이 발생되는 가스는 CO_2이다.
㉰ 중온 혐기성 소화의 온도는 40℃이다.
㉱ 열처리는 슬러지 탈수의 전처리가 아니다.

[해설]
㉯ 하수슬러지의 혐기성 소화시 발생되는 가스량은 $CH_4 : CO_2 = 2 : 1$ 이다.
㉰ 혐기성 소화는 온도범위에 따라 저온소화(10~15℃), 중온소화(31~38℃), 고온소화(50~56℃)로 분류된다.
㉱ 슬러지 탈수를 하기 전에 탈수성을 높이기 위해 실시하는 전처리에는 세척, 약품처리, 열처리, 냉동처리 등이 있다.

32. 하수 슬러지내의 유기물질을 분해시켜서 슬러지량을 감소시키는 시설물은?

㉮ 농축조 ㉯ 소화조
㉰ 탈수조 ㉱ 폭기조

[해설] 하수 슬러지는 주로 유기물질로 구성되어 있다. 슬러지내의 유기물질을 미생물로 분해, 무기물질화하여 슬러지량을 감소시키는 과정을 소화(digestion)이라 한다.

33. 어느 도시의 계획 1일 최대오수량은 50,000m³/day로서 오수중의 부유물 농도는 200mg/L이다. 이것을 표준 활성슬러지법으로 처리하면 부유물 제거율은 90%가 되고 함수율 95%의 슬러지가 발생한다. 이 경우 계획 발생슬러지량은 얼마인가?

㉮ 60t/day ㉯ 100t/day
㉰ 140t/day ㉱ 180t/day

[해설] 슬러지 발생량(kg/day)
= 처리수량(m³/day)×제거된 부유물농도(mg/L)
$\times \frac{100}{100-함수율} \times 10^{-6}(kg/mg) \times 10^3(L/m^3)$
$= 50,000 \times (200 \times \frac{90}{100}) \times \frac{100}{100-95} \times 10^{-6} \times 10^3$
$= 180,000(kg/day) = 180(t/day)$

34. 다음 중 슬러지의 안정화 목적으로 적절하지 않은 것은?

㉮ 병원균의 감소
㉯ 함수율의 감소
㉰ 악취의 제거
㉱ 부패억제, 감소 또는 제거

[해설] 슬러지의 안정화 목적
① 부패성 물질의 감소
② 병원균의 감소
③ 악취의 감소

35. Imhoff탱크는 다음 중 어느 시설과 비슷한 기능을 발휘하는가?

㉮ 침전지와 슬러지 소화조
㉯ 침전지와 염소 접촉조
㉰ 살수여상과 슬러지 소화조
㉱ 살수여상과 염소 접촉조

[해설] Imhoff탱크는 2개의 층으로 되어 있어서 상층에서는 침전이 진행되고, 하층에서는 슬러지의 혐기성 소화가 이루어진다.

해답 31. ㉮ 32. ㉯ 33. ㉱ 34. ㉯ 35. ㉮

36. 하수 슬러지의 혐기성 소화조에 발생하는 가스성분 중 발생 가능성이 가장 적은 것은?

㉮ SO_2 ㉯ CH_4
㉰ CO_2 ㉱ H_2S

[해설] 혐기성 처리과정은 2단계의 과정을 거친다. 1단계인 유기산 생성과정을 거친 후 2단계인 메탄생성과정을 거치는데 최종생성물은 메탄(CH_4), CO_2, H_2S, NH_3 등이 생성된다. CH_4와 CO_2가 주로 생성된다.

37. $10m^3$의 슬러지가 농축과정후 함수율이 97%에서 95%로 되었을 때 슬러지의 체적은 얼마인가?

㉮ $5m^3$ ㉯ $6m^3$
㉰ $7m^3$ ㉱ $8m^3$

[해설]
$$\frac{V_1}{V_2} = \frac{100-W_2}{100-W_1}$$

여기서, V_1 : 농축전 슬러지 부피(m^3)
V_2 : 농축후 슬러지 부피(m^3)
W_1 : 농축전 슬러지 함수율(%)
W_2 : 농축후 슬러지 함수율(%)

$$\frac{10m^3}{V_2} = \frac{100-95}{100-97}$$

$$\therefore V_2 = \frac{100-97}{100-95} \times 10 = 6\,(m^3)$$

38. 함수율이 90%인 슬러지의 겉보기 비중이 1.02이었다. 이 슬러지를 탈수하여 함수율이 65%인 슬러지를 얻었다면 탈수된 슬러지가 갖는 비중은 얼마인가? (단, 물의 비중은 1.0으로 한다.)

㉮ 1.03   ㉯ 1.05
㉰ 1.07   ㉱ 1.09

[해설] 슬러지 비중
$$\frac{W}{S} = \frac{W_s}{S_s} + \frac{W_w}{S_w}$$

여기서 W : 슬러지 무게($=1$), S : 슬러지 비중
W_s : 고형물 무게, S_s : 고형물 비중
W_w : 물의 무게, S_w : 물의 비중

① 탈수전 슬러지 (함수율 90%)
$W=1$, $W_w=0.9$, $W_s=0.1$, $S=1.02$
$$\frac{1}{1.02} = \frac{0.1}{S_s} + \frac{0.9}{1.0}, \quad \therefore S_s = 1.25$$

② 탈수 후 슬러지 비중(S) (함수율 65%)
$W=1$, $W_w=0.65$, $W_s=0.35$, $S_s=1.25$
$$\frac{1}{S} = \frac{0.35}{1.25} + \frac{0.65}{1.0}, \quad \therefore S=1.075$$

39. 슬러지의 혐기성 소화에 관한 설명 중 틀린 것은?

㉮ 호기성 처리에 비해 산소공급을 위한 에너지가 절약된다.
㉯ 실온에서는 분해속도가 대단히 느리다.
㉰ 온도와 pH의 영향을 쉽게 받는다.
㉱ 유입 유량의 변화가 심한 경우에도 적용을 잘 할 수 있다.

[해설] 혐기성 소화는 유량, 수질의 변동에 영향이 크다. 즉, 충격부하(shock load)에 영향을 많이 받는다.

40. 하수처리장의 처리 수량은 10,000m^3/day이고, 제거되는 SS농도는 200mg/L이다. 잉여 슬러지의 함수율이 98%일 경우 잉여 슬러지의 건조 중량은? (단, 잉여 슬러지의 비중은 1.02이다.)

㉮ 1,800kg/day
㉯ 2,000kg/day
㉰ 1,960kg/day
㉱ 2,098kg/day

[해설] 잉여슬러지 건조중량(kg/day)
= 처리수량(m^3/day)×제거된 부유물농도(mg/L)
= 10,000(m^3/day)×200(mg/L)
×10^{-6}(kg/mg)×10^3(L/m^3)
= 2,000 (kg/day)

[해답] 36. ㉮ 37. ㉯ 38. ㉰ 39. ㉱ 40. ㉯

☞ <참고> 잉여슬러지의 발생체적

잉여슬러지 발생체적 (m³/day)
= 처리수량(m³/day)×제거된 부유물농도(mg/L)
$\times \dfrac{100}{100-함수율} \times \dfrac{1}{비중} \times 10^{-6}(kg/mg) \times 10^3(L/m^3)$
$= 10000 \times 200 \times \dfrac{100}{100-98} \times \dfrac{1}{1.02} \times 10^{-6}(kg/mg)$
$\times 10^3(L/m^3) = 98040(kg/day)$

41. 하수처리장의 최초 침전지에서 제거되는 슬러지는 일반적으로 어디로 보내지는가?

㉮ 폭기조   ㉯ 농축조
㉰ 소화조   ㉱ 탈수조

[해설]
최초 침전지에서 침전된 슬러지는 함수율이 비교적 낮아 농축과정을 생략하고 바로 소화조로 보내진다.

42. 하수처리장의 슬러지 처리 공정중 잉여슬러지를 1이라고 할 때에 부피가 약 1/6로 감소되는 공정은?

㉮ 농축   ㉯ 소화
㉰ 탈수   ㉱ 소각

[해설] 잉여 슬러지의 부피 감소

처리 공정	잉여슬러지	농축	소화	탈수	소각
부피 감소	1	1/3	1/6	1/25	1/125

43. 혐기성 소화법에 관한 설명 중 옳지 않은 것은?

㉮ 슬러지의 양을 감소시킨다.
㉯ 부패성 유기물을 분해하여 안정화시킨다.
㉰ 부하나 pH의 변동에 강하다.
㉱ 농도가 높은 경우의 처리에 적합하다.

[해설] 혐기성 소화의 단점
① 혐기성 소화는 1단계인 유기산 생성과정을 거친 후 2단계인 메탄생성과정을 거치며 최종생성물인 메탄(CH_4), CO_2, H_2S, NH_3 등이 생성된다.
② 혐기성 소화는 1단계에서 생성된 유기산(pH가 낮음) 생성으로 인해 pH가 저하되면 2단계 과정 형성에 방해를 가해 소화가 원활히 이루어지지 않는다.
③ 혐기성 소화는 충격부하(shock load)에 유연하게 대처하지 못한다.

44. 평균 3%의 고형물을 함유하는 슬러지 중 1일 80m³씩 처리하는 하수처리장에서 슬러지 개량공정의 개선으로 고형물의 농도를 4%로 향상시켰다면 처리되는 슬러지량은 얼마인가?

㉮ 32m³   ㉯ 60m³
㉰ 106m³   ㉱ 320m³

[해설]
$\dfrac{V_1}{V_2} = \dfrac{100-W_2}{100-W_1}$

여기서, V_1 : 개량전 슬러지 부피(m³)
V_2 : 개량후 슬러지 부피(m³)
W_1 : 개량전 슬러지 함수율(%)
W_2 : 개량후 슬러지 함수율(%)

고형물 농도 3% → 함수율 97% = W_1
고형물 농도 4% → 함수율 96% = W_2

$\dfrac{80m^3}{V_2} = \dfrac{100-96}{100-97}$

$\therefore V_2 = \dfrac{100-97}{100-96} \times 80 = 60(m^3)$

45. 다음 하수처리방법에 대한 설명 중 옳지 않은 것은?

㉮ 활성슬러지법은 부유생물을 이용한 처리방법이다.
㉯ 호기성 여상법은 부유생물을 이용한 처리방법이다.
㉰ 회전 생물접촉법은 생물막을 이용한 처리방법이다.
㉱ 산화지법은 부유생물을 이용한 처리방법이다.

[해설] 호기성 여상법
고정상 생물을 이용한 호기성 생물학적 하수처리방법이다.

해답 41. ㉰ 42. ㉯ 43. ㉰ 44. ㉯ 45. ㉯

46. 슬러지 처리공정을 개략적으로 옳게 나타낸 것은?

㉮ 혐기성 소화 → 탈수 → 전처리 → 처분
㉯ 전처리 → 혐기성 소화 → 탈수 → 처분
㉰ 전처리 → 탈수 → 혐기성 소화 → 처분
㉱ 혐기성 소화 → 전처리 → 탈수 → 처분

[해설] 슬러지 처리공정에서 혐기성 소화 후 탈수를 촉진시킬 목적으로 수행되는 전처리과정 즉, 조정은 탈수 이전에 이루어져야 한다.

47. 하수처리장에서 저류조를 설치하여 유량과 수질을 균등하게 하려고 한다. 아래 그림은 각 시간별 처리장으로 유입하는 유량을 표시한 것이다. 필요한 저류조의 부피는 다음 중 어느 것으로 나타나는가?

㉮ A와 C를 합한 면적
㉯ A와 B와 C를 합한 면적
㉰ A와 B를 합한 면적
㉱ A와 B의 차이인 면적

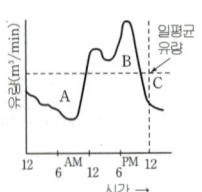

[해설] 일평균 유량보다 많은 부분의 면적과 작은 부분의 면적 중에서 큰 것이 필요한 저류조의 부피가 된다.

48. 우리나라의 하수처리장은 유입 BOD를 얼마로 가정하고 처리장을 설계하는가?

㉮ 100mg/L   ㉯ 200mg/L
㉰ 300mg/L   ㉱ 400mg/L

[해설] 우리나라의 하수 종말처리장은 유입BOD를 대략 200mg/L를 기준으로 정하고 설계한다.

49. 다음 중 함수율이 가장 낮은 슬러지케이크를 생산할 수 있는 탈수방법은 어느 것인가?

㉮ 중력식 농축조   ㉯ 진공탈수기
㉰ 원심탈수기   ㉱ 가압탈수기

[해설] 각종 탈수기의 성능

탈 수 시 설	최종 슬러지 케이크 함수율
진공 탈수기	60 ~ 80%
가압 탈수기	55 ~ 70%
원심 탈수기	60 ~ 80%

50. 다음에서 슬러지 처리의 목적이 아닌 것은?

㉮ 슬러지 부피의 감소
㉯ 중금속의 제거
㉰ 안정화
㉱ 병원균의 처리

[해설] 슬러지 처리의 목표
① 슬러지중의 유기물을 무기물로 바꾸는 생화학적 안정화
② 병원균을 제거하여 위생적인 안정화
③ 슬러지 처리·처분량을 적게 하는 감량화
④ 처분의 확실성

51. 유입량 $1.2m^3/sec$인 하수를 침전속도 120m/hr인 정방형 침사지로 처리하고자 한다. 침사지 1변의 길이는?

㉮ 5m
㉯ 6m
㉰ 12m
㉱ 36m

[해설]
① $Q = 1.2m^3/sec = 1.2 \times 60 \times 60 = 4,320(m^3/hr)$
② 침전지 면적 $A = \dfrac{Q}{v} = \dfrac{4,320(m^3/hr)}{120(m/hr)} = 36(m^2)$
∴ 한변의 길이 $= \sqrt{36} = 6(m)$

해답 46. ㉱ 47. ㉮ 48. ㉯ 49. ㉱ 50. ㉯ 51. ㉯

52. 슬러지 용적지수(SVI)에 대한 다음 설명 중 맞는 것은?

㉮ 침전 슬러지량 1,000mg 중에 포함되는 MLSS를 그램수로 나타낸 것이다.
㉯ 슬러지의 벌킹(sludge bulking) 여부를 확인하는 지표로 사용한다.
㉰ 수치가 클수록 침전성이 양호한 것이다.
㉱ SVI가 200이상일 때 침전성은 양호하다.

[해설]
① SVI는 MLSS 1,000mL(비중을 1로 봄)가 30분 침전한 후의 부피를 mL로 나타낸 값이다.
② SVI는 활성슬러지의 침전 가능성을 나타내는 값으로 팽화(sludge bulking)여부를 확인할 수 있다.
③ SVI지표가 50~150이면 슬러지의 침전성이 양호하며 200 이상이면 슬러지 팽화가 발생하는 것으로 본다.
④ SVI는 수온이 감소될수록, 반송슬러지 농도가 적을수록 증가한다.

53. 하수종말 처리장에서 발생한 슬러지는 그 처리처분을 간편하게 하기 위해서 농축처리한 후 수분 98%인 슬러지 30m³을 농축하여 수분 94%로 했을 때의 슬러지량은 얼마나 되겠는가?

㉮ 10m³ ㉯ 12m³
㉰ 15m³ ㉱ 18m³

[해설]
$$\frac{V_1}{V_2} = \frac{100 - W_2}{100 - W_1}$$

여기서, V_1 : 농축전 슬러지 부피(m³)
V_2 : 농축후 슬러지 부피(m³)
W_1 : 농축전 슬러지 함수율(%)
W_2 : 농축후 슬러지 함수율(%)

$$\frac{30\,\text{m}^3}{V_2} = \frac{100 - 94}{100 - 98}$$

$$\therefore V_2 = \frac{100 - 98}{100 - 94} \times 30 = 10\,(\text{m}^3)$$

54. 함수율 98%인 슬러지를 농축하여 함수율 95%로 낮추었다. 이 때, 슬러지의 부피감소율은?

㉮ 40% ㉯ 50%
㉰ 60% ㉱ 70%

[해설]
$$\frac{V_1}{V_2} = \frac{100 - W_2}{100 - W_1}$$

여기서, V_1 : 농축전 슬러지 부피(m³)
V_2 : 농축후 슬러지 부피(m³)
W_1 : 농축전 슬러지 함수율(%)
W_2 : 농축후 슬러지 함수율(%)

$$\frac{V_1}{V_2} = \frac{100 - 95}{100 - 98} \Rightarrow V_2 = \frac{100 - 98}{100 - 95} \times V_1 = 0.4 V_1$$

$$\therefore 부피감소율 = \frac{V_1 - V_2}{V_1} = \frac{V_1 - 0.4 V_1}{V_1} \times 100 = 60\%$$

55. 유입하수 BOD가 600mg/L, 하수량 500m³/day를 고속 살수여상으로 BOD부하 1kg/m³/day 로서 처리하고자 한다. 여상깊이를 2m로 한다면 여상면적은 얼마인가?

㉮ 150m²
㉯ 250m²
㉰ 300m²
㉱ 500m²

[해설]
① BOD = 600 mg/L = 600 g/m³ = 0.6 kg/m³
② BOD 용적부하(kgBOD/m³·day)

$$= \frac{\text{BOD농도}(\text{kg/m}^3) \times \text{유입유량}(\text{m}^3/\text{day})}{\text{여재상 용적}(\text{m}^3)}$$

$$= \frac{0.6 \times 500}{\text{여상면적} \times 2} = 1(\text{kg/m}^3/\text{day})$$

$$\therefore 여상 면적 = \frac{0.6 \times 500}{1 \times 2} = 150\,(\text{m}^2)$$

해답 52. ㉯ 53. ㉮ 54. ㉰ 55. ㉮

56. 어떤 하수처리장이 BOD가 200mg/L인 3,220m³/day 의 하수를 처리하여 BOD가 25mg/L인 유출수를 흘려 보낸다. 한 사람이 하루에 0.08kg의 BOD를 하수로 방출한다면 이 처리장이 제거하는 BOD량을 등가 인구수로 계산하면 얼마인가?

㉮ 5,630 ㉯ 6,212
㉰ 7,044 ㉱ 8,155

[해설]

제거된 BOD량 $= (200-25)\text{g/m}^3 \times 3,220\text{m}^3/\text{day}$
$\times 10^{-3}\text{kg/g} = 563.5\text{kg/day}$

$\therefore$ 등가인구수 $= \dfrac{563.5\text{kg/day}}{0.08\text{kg/인}\cdot\text{day}} = 7,044$ 인

57. 하수처리장에서 분쇄기를 설치하는 이유는 다음 중 어느 것인가?

㉮ screen에 걸린 큰 부유물질을 슬러지 저장실로 운반한다.
㉯ 슬러지를 소화조(digester)로 양수하기 전에 농축시키기 위함이다.
㉰ 침사지(沈砂池)에서 배출된 모래를 잘게 부순다.
㉱ screen에 걸린 유입하수내의 큰 부유물을 잘게 부수어서 하수 내로 유입시킨다.

[해설] 분쇄기의 설치목적은 하수내의 부유물질 중 스크린에서 제거되지 않은 6~19mm범위의 고형물이나 스크린에 걸린 물질을 잘게 부수어 주기 위한 것이다.

58. 침사지(沈砂池)에서 제거되는 사석(砂石)의 최종 처리방법이라고 할 수 있는 것은?

㉮ 혐기성 소화 ㉯ 매립
㉰ 부패조 ㉱ 소각처리

[해설] 사석(grit)은 자갈, 모래, 금속, 뼈 등으로 이루어져 소각(燒却) 또는 생물학적 처리가 불가능하므로 땅에 매립시키는 것이 가장 바람직하다.

59. 활성슬러지법에서 하수처리를 할 때 폭기조에서 용존산소(DO)는 어느 정도이어야 하는가?

㉮ 2mg/L이상 ㉯ 4mg/L이상
㉰ 6mg/L이상 ㉱ 8mg/L이상

[해설] 호기성 처리는 산소를 공급해 주어야 미생물이 성장할 수 있는데, 폭기조의 DO농도가 낮으면 성장에 지장을 주므로 2mg/L 이상으로 유지하는 것이 중요하다. 최소한도 DO가 0.5mg/L이하가 되어서는 안 된다.

60. 슬러지 부피지수(SVI)만 알고 반송슬러지 또는 잉여슬러지의 농도를 계산하려면 침전지의 가능한 침전 가정시간은 얼마인가?

㉮ 0.5시간 ㉯ 1.0시간
㉰ 1.5시간 ㉱ 2.0시간

[해설]

$SVI = \dfrac{30\text{분 침전 후 슬러지부피}(\text{mL/L})}{\text{MLSS농도}(\text{mg/L})} \times 1,000$

$\therefore$ 침전 가정시간 $= 30(\text{min}) = 0.5(\text{hr})$

61. 500mL의 폭기조 용액을 30분간 침전시킨 결과 슬러지가 135mL였다. 폭기조의 부유성 고형물의 농도가 1,625mg/L이면 SVI는 얼마인가?

㉮ 312
㉯ 243
㉰ 166
㉱ 111

[해설]

$SVI = \dfrac{30\text{분 침전 후 슬러지부피}(\text{mL/L})}{\text{MLSS농도}(\text{mg/L})} \times 1,000$

그러므로 시료를 1,000mL 사용할 경우 침전물의 부피는 $135 \times 2 = 270$ (mL) 이다.

$\therefore \dfrac{270}{1,625} \times 1,000 = 166$

해답 56. ㉰ 57. ㉱ 58. ㉯ 59. ㉮ 60. ㉮ 61. ㉰

62. 폭기조 혼합액 1L를 30분간 침전시킨 뒤 침전물의 부피가 300mL/L이었고, MLSS농도가 2,200mg/L이었다면 침전지에서의 침전상태는?

㉮ 정상적이라 봐도 무방하다.
㉯ sludge bulking이 일어난다.
㉰ pin floc이 대부분이므로 침전지 유출수의 SS가 높다.
㉱ sludge rising 현상이 일어난다.

해설
$SVI = \dfrac{300}{2,200} \times 1,000 = 136$

① SVI의 최적치는 50~150이므로 현재의 침전지 상태는 정상적으로 운영되고 있다.
② sludge bulking은 SVI가 200이상일 때 발생한다.
③ pin floc은 SRT가 길어 세포가 과도하게 산화되어 활성을 잃고 floc으로의 형성능력을 상실하여 보통 1mm보다 훨씬 작은 floc이 탁하게 분산되어 침전하지 않는다. 이 현상을 방지하기 위한 조치로는 우선 SRT를 감소시킨다.

63. 폭기조의 크기가 10,000m³이고 유입하수의 BOD는 200mg/L, SS도 200mg/L이다. 2차 침전지의 침전된 슬러지의 농도가 0.8%일 때, 유입수량이 50,000m³/day이다. MLSS농도를 2,000mg/L로 하기 위해서는 슬러지 반송률은 얼마로 하는 것이 좋겠는가?

㉮ 20%   ㉯ 25%
㉰ 30%   ㉱ 35%

해설
① $X_r = 0.8\% = 8,000\text{mg/L}$, $X = 2,000\text{mg/L}$
   $SS = 200\text{mg/L}(\because 1\% = 10,000\text{mg/L})$
② $r = \dfrac{X - SS}{X_r - X} = \dfrac{2,000 - 200}{8,000 - 2,000} = 0.3$

∴ 슬러지 반송률 r은 0.3, 즉 30%이다.

64. 활성슬러지법에 의한 도시 하수처리장에서 SVI = 100, 슬러지의 30분 침강체적 30%, 반송슬러지의 부유물 농도 9,000mg/L의 측정치를 얻었다. 슬러지의 반송률은 얼마인가?

㉮ 30%   ㉯ 40%
㉰ 50%   ㉱ 60%

해설
① $SVI = \dfrac{30\text{분 침전 후 슬러지부피 (mL/L)}}{MLSS\text{농도 (mg/L)}} \times 1,000$

$= \dfrac{SV(\%)}{MLSS\text{농도 (mg/L)}} \times 10,000$

② $MLSS\text{농도} = \dfrac{SV(\%)}{SVI} \times 10,000$

$= \dfrac{30}{100} \times 10,000 = 3,000\,(\text{mg/L})$

∴ $r = \dfrac{X}{X_r - X} = \dfrac{3,000}{9,000 - 3,000} = 0.5 \Rightarrow 50\%$

65. 슬러지 팽화(bulking)를 방지할 수 있는 방법은 다음 중 어느 것인가?

㉮ 폐슬러지량을 증가시킴으로서 폭기조의 MLSS농도를 증가시킨다.
㉯ 반송슬러지에 염소를 주입해서는 안 된다.
㉰ 반송슬러지를 폭기조로 보내기 전에 재폭기를 시킨다.
㉱ 반송슬러지에 염소주입을 실시함과 동시에 폭기조의 MLSS농도를 증가시켜야 한다.

해설 sludge bulking의 방지대책
① F/M비가 높아 미생물이 분산성장 단계에 있을지도 모르므로 폐슬러지량을 줄여 반송슬러지의 양을 증가시킴으로서 폭기조 내의 MLSS농도를 증가시켜 F/M비를 낮춘다.
② 반송슬러지에 10~20mg/L정도의 염소를 주입하면 일시적으로 통제할 수 있다.
③ 소화슬러지 또는 침전슬러지를 폭기조에 주입하여 SVI를 감소시킨다.
④ 철염, 알루미늄염 등의 응집제를 첨가하여 침전성을 증가시킨다.
⑤ 반송슬러지를 재폭기시킨다.
⑥ bulking이 심할 경우, 최종적으로 기존 슬러지를 버리고 새로 운전한다.

해답 62. ㉮ 63. ㉰ 64. ㉰ 65. ㉰

66. 다음 중 계단식 폭기법(step aeration)에 대한 설명은 어느 것인가?

㉮ 폭기조 유입구에서 반송슬러지 전량을 가하고 하수는 중간에서 분할 유입시킨다.
㉯ 폭기시간과 공기량 및 슬러지 반송률을 줄이고 슬러지 농축조에서 농축하여 반송한다.
㉰ 활성슬러지법을 2단으로 구분하여 각단을 독립 조작한다.
㉱ 1일 정도 활성슬러지를 폭기한 후 원하수의 20~30분간 혼합한다.

[해설] 계단식 폭기법(step aeration)은 슬러지 일령(sludge age)은 변하지 않고 하수유량의 증가 또는 높은 부하에 견딜 수 있도록 고안된 하수의 분할 유입법을 적용한 활성슬러지법의 변법이다.

67. BOD 200mg/L인 하수를 1차 침전처리 후(처리효율 25%) BOD부하 1.5kgBOD/m³·day, 깊이 2m인 살수여상을 통과할 때 수리학적 부하(m³/m²·day)는 얼마인가?

㉮ 5m³/m²·day
㉯ 10m³/m²·day
㉰ 20m³/m²·day
㉱ 40m³/m²·day

[해설]
① BOD = 200mg/L = 200g/m³ = 0.2kg/m³
② BOD 용적부하 = $\frac{BOD \cdot Q}{V} = \frac{BOD \cdot Q}{A \cdot H}$
   = $\frac{Q}{A} \cdot \frac{BOD}{H}$
③ 수리학적 부하 = $\frac{Q}{A}$ = BOD용적부하 × $\frac{H}{BOD}$
∴ 수리학적 부하 = 1.5kgBOD/m³·day
   × $\frac{2m}{0.2kg/m^3 \times (1-0.25)}$
   = 20 (m³/m²·day)

68. 다음 중 살수여상법에서 발생되는 사항이 아닌 것은?

㉮ 파리의 발생
㉯ sloughing off
㉰ 냄새의 발생
㉱ bulking

[해설]
① bulking은 슬러지의 팽화현상으로 활성슬러지법에서 일어나는 현상이며, 살수여상법에서는 발생되지 않는다.
② sloughing off는 살수여상에서 과부하나 운전미숙 또는 독성물질 유입, pH의 변화, 온도의 불균일로 생물막이 탈락하는 현상을 말한다.

69. 살수여상용 여재를 선택할 때 고려할 사항 중 가장 중요하지 않은 것은?

㉮ 직경
㉯ 비표면
㉰ 비중
㉱ 공극률

[해설] 살수여상용 여재의 구비조건
① 여재 표면은 생물막이 잘 부착되도록 비표면적이 크고 거칠 것
② 공극률이 크고 통기성(通氣性)이 좋을 것
③ 하수에 의한 침식, 풍화작용 등에 내구성이 있을 것
④ 단가가 싸고 구입이 쉬울 것
⑤ 입도가 비교적 균일할 것

70. 생물학적 회전원판의 지름이 3m이며 740매로 구성되어 있다. 유입수량이 1,000m³/day이며 BOD 150 ppm일 경우 수량부하와 BOD부하는 각각 얼마인가?

㉮ 370L/m²·day 및 75g/m²·day
㉯ 95.6L/m²·day 및 14.3g/m²·day
㉰ 74.0L/m²·day 및 50g/m²·day
㉱ 246L/m²·day 및 450g/m²·day

[해설]
① BOD = 150ppm ≒ 150mg/L = 150g/m³ = 0.15kg/m³
② 회전원판 표면적 = $\frac{\pi \times 3^2}{4} \times 740$ 매 × 2(양면)
   = 10,456.2(m²)

해답 66. ㉮ 67. ㉰ 68. ㉱ 69. ㉰ 70. ㉯

③ BOD유입량 $= BOD \times Q = 150\text{g/m}^3 \times 1{,}000\text{m}^3/\text{day}$
　　　　　$= 150{,}000(\text{g/day})$
④ 유입수량 $= 1{,}000\,\text{m}^3/\text{day} = 1{,}000{,}000\,\text{L/day}$

∴ 수량부하 $= \dfrac{Q}{A} = \dfrac{1{,}000{,}000\,\text{L/day}}{10{,}456.2\,\text{m}^2}$
　　　　　　$= 95.6(\text{L/m}^2 \cdot \text{day})$

　BOD부하 $= \dfrac{BOD\text{유입량}}{A} = \dfrac{150{,}000\,\text{g/day}}{10{,}456.2\,\text{m}^2}$
　　　　　　$= 14.3(\text{g/m}^2 \cdot \text{day})$

71. 산화지법으로 하수를 처리하는 경우 원리적으로 하수정화에 가장 필요한 생물은 다음 중 어느 것인가?

㉮ 녹조류(scenedesmus)
㉯ 무색 원생동물(palamoccium)
㉰ 후생동물(rotifer)
㉱ 박테리아(bacteria)

[해설] 산화지에 의한 하수처리의 원리는 bacteria와 조류(algae)의 공생에 의하여 이루어지지만, 실제로 유기물을 분해하는 것은 bacteria이다.

72. 산화지의 수면을 교란시키는 이유는 다음 중 어느 것인가?

㉮ 개구리나 물고기 등의 번식을 방지하기 위하여
㉯ 청록색 조류의 번식을 방지하기 위하여
㉰ 부유성 조류의 번식을 방지하기 위하여
㉱ 갈대와 같은 식물의 성장을 방지하기 위하여

[해설] 산화지의 수면이 잔잔하면 청록색 조류가 번성하여 수면을 덮으므로 햇빛의 수면침투가 방해되어 조류의 광합성이 어렵게 되므로 산화지의 효율이 떨어진다.

73. 유기물질을 혐기성 소화방법에 의해 처리하려면 탄수화물보다는 단백질이나 지방질이 높은 것이 좋다고 하는데 이에 대한 적당한 이유가 아닌 것은?

㉮ 탄수화물보다는 단백질이나 지방질에서 생산되는 CH_4/CO_2의 비가 높다.
㉯ 탄수화물일 경우 알칼리도가 형성되지 않지만 단백질이나 지방질은 알칼리도가 형성된다.
㉰ 슬러지 생산량은 단백질이나 지방질이 적다.
㉱ 단백질이나 지방질은 소화시 독성물질에 대한 영향이 적다.

[해설]
① 유기물질을 통하여 생산 가능한 CH_4/CO_2의 비는 대략 탄수화물인 경우가 50/50, 단백질인 경우가 75/25, 지방인 경우는 83/17로 지방이 가장 높다.
② 탄수화물은 최종물질로 CH_4와 CO_2로 생성되므로 알칼리도가 생성되지 않지만, 단백질인 경우 NH_4HCO_3, 지방인 경우 $NaHCO_3$ 등의 알칼리 물질이 형성된다.
③ 혐기성 소화시 슬러지 생산량은 SRT가 증가됨에 따라 감소하는데 탄수화물을 소화시키는 경우에 비교적 슬러지 생산량이 많고 단백질이나 지방을 소화시키는 경우에는 생산량이 적다.

74. BOD 20,000mg/L의 오수를 20배 희석하여 처리하는 처리장에서 95%의 BOD 제거효율을 유지한다면 방류수의 BOD는 얼마인가?

㉮ 30mg/L　　㉯ 40mg/L
㉰ 50mg/L　　㉱ 60mg/L

[해설]
희석 후 BOD농도 $= \dfrac{20{,}000}{20} = 1{,}000\,(\text{mg/L})$
∴ 방류수 BOD농도 $= 1{,}000 \times (1 - 0.95) = 50\,(\text{mg/L})$

75. 하수처리장 침전지의 수심이 3m이고, 표면 부하율이 36m³/m²·day일 때 침전지에서의 체류시간은 얼마인가?

㉮ 30분　　㉯ 1시간
㉰ 2시간　　㉱ 3시간

[해설]
체류시간 $= \dfrac{\text{수심}}{\text{표면부하율}} = \dfrac{3}{36} = \dfrac{1}{12}(\text{day}) = 2(\text{hr})$

해답 71. ㉱ 72. ㉯ 73. ㉱ 74. ㉰ 75. ㉰

76. 폭기조 혼합액의 SVI가 180이었다가 갑자기 130으로 떨어졌다. 이것을 처리장 운영에 어떻게 반영해야 하겠는가?

㉮ 유출수의 SS농도가 감소하므로 그냥 두고 보아도 된다.
㉯ 반송슬러지의 양을 줄여야 한다.
㉰ 폭기시간을 길게 해 준다.
㉱ 유출수의 SS농도가 증가하며, 반송슬러지의 양을 줄여야 한다.

[해설]
SVI의 최적치는 50~150이므로 현재로서 좋은 상태이므로 다른 조치를 할 필요가 없다.

77. 산화구법(oxidation ditch process)은 다음 생물학적 처리법 중 어디에 속한다고 할 수 있는가?

㉮ 산화지법 ㉯ 활성슬러지법
㉰ 살수여상법 ㉱ 소화법

[해설]
① 산화구법은 활성슬러지법의 변법이다.
② 고형물 체류시간이 길어 질산화반응의 진행이 용이하다.

78. BOD가 300mg/L인 오수를 표준살수여상법으로 처리하고 있다. 1차 침전지의 BOD 제거율이 20%, 여과상의 면적부하가 4m³/m²·day라면, 이 살수여상의 BOD부하는 몇 kg/m³·day인가? (단, 여상의 깊이는 2m이다.)

㉮ 0.35kg/m³·day ㉯ 0.48kg/m³·day
㉰ 0.56kg/m³·day ㉱ 0.74kg/m³·day

[해설]
① $BOD = 300mg/L = 300g/m^3 = 0.3kg/m^3$
② BOD용적부하 $= \dfrac{BOD \cdot Q}{V} = \dfrac{BOD \cdot Q}{A \cdot H}$
$= \dfrac{Q}{A} \cdot \dfrac{BOD}{H}$

∴ BOD용적부하 $= 4m^3/m^2 \cdot day$
$\times \dfrac{0.3kg/m^3 \times (1-0.2)}{2m}$
$= 0.48 \, (kg \, BOD/m^3 \cdot day)$

79. 다음 하수처리에 관한 설명 중 맞는 것은?

㉮ 하수처리 공정은 생물학적 처리공정만을 의미한다.
㉯ 침전과정은 다양한 하수처리 방법 중 생략할 때가 많다.
㉰ 슬러지 소화방법은 미생물에 의한 생물학적 하수처리 방법이다.
㉱ 회전 원판법은 일종의 스크린을 이용한 물리적 처리방법이다.

[해설]
㉮ 하수처리 공정에는 물리적, 화학적, 생물학적 처리공정으로 이루어져 있다.
㉯ 침전과정은 최초 및 최종 침전지로 구성되어 있는데 2가지 모두를 생략할 수 없다.
㉱ 회전원판법은 생물학적 처리법의 일종이다.

80. 다음 하수처리에 관한 설명 중 맞는 것은?

㉮ 하수처리는 하수의 자연적 자정작용에 의한 정화과정이다.
㉯ 화학적 처리방법은 하수처리방법이 아니다.
㉰ 활성슬러지법은 주로 호기성 미생물에 의한 호기성 분해라 할 수 있다.
㉱ 하수에 용해되어 있는 다량의 영양염류는 제거하지 않는 것이 좋다.

[해설]
하수처리에는 물리적, 화학적, 생물학적 처리방법 등이 있고, 하수에 용해되어 있는 다량의 영양염류는 수질오염의 주요인이므로 제거되어야 한다. 하수처리의 가장 일반적인 방법인 활성슬러지법은 항상 폭기를 해 주어야 하는 호기성 처리방법이다.

81. 하수처리장의 최초 침전지에 대한 설명 중 틀린 것은?

㉮ 장방형 침전지의 경우 폭과 길이의 비는 1:3 ~ 1:5 정도로 한다.
㉯ 표면부하율은 계획 1일 최대오수량에 대하여 25~40m³/m²·day로 한다.

해답 76. ㉮ 77. ㉯ 78. ㉯ 79. ㉰ 80. ㉰ 81. ㉰

㉰ 월류웨어 부하율은 일반적으로 200m³/m·day 이상으로 한다.
㉱ 침전지의 유효수심은 2.5~4m를 표준으로 한다.

[해설]
최초침전지의 월류웨어 부하율은 250m³/m·day 이상으로 하며, 최종침전지의 월류웨어 부하율은 190m³/m·day로 한다.

82. 하수처리장에 적용하는 활성슬러지 공법에서의 MLSS 개념 설명 중 가장 알맞는 것은?

㉮ 유입하수 중의 부유물질
㉯ 폭기조 중의 부유물질
㉰ 반송슬러지 중의 부유물질
㉱ 방류수 중의 부유물질

[해설]
MLSS(Mixed Liquor Suspended Solids)는 혼합액 부유고형물로서 폭기조내에 부유하고 있는 미생물균들을 말한다.

83. 장기폭기법에 의한 하수처리시 폭기시간은 대체로 얼마정도인가?

㉮ 1~3시간
㉯ 6~12시간
㉰ 18~24시간
㉱ 36~48시간

[해설]
장기폭기법에서 폭기조 체류시간은 18~24시간 정도이다.

84. 다음의 도시하수 처리계통에서 가장 나중에 처리되는 공정은 어느 것인가?

㉮ 침사조
㉯ 소독조
㉰ 활성슬러지
㉱ 침전조

[해설]
도시하수의 처리계통은 일반적으로 스크린 → 침사지 → 최초침전지 → 폭기조 → 최종침전지 → 소독지 순서로 구성된다.

85. 하수도의 침사지에 대한 설명으로 옳지 않은 것은?

㉮ 침사지의 평균 유속은 0.3m/sec를 표준으로 한다.
㉯ 침사지의 체류시간은 30~60sec를 표준으로 한다.
㉰ 침사량은 일반적으로 하수량 1,000m³당 0.05~0.2m³정도이다.
㉱ 유효 수심은 유입관거의 유효 수심에 따름을 원칙으로 한다.

[해설]
하수도 침사지의 침사량은 일반적으로 하수량 1,000m³당 0.005~0.02m³이다.

86. 직경 20m인 원형 침전지로 유량 3.140m³/day 하수를 처리할 때의 표면 부하율(수면 부하율)은 얼마인가?

㉮ 0.1m³/m²·day
㉯ 0.13m³/m²·day
㉰ 7.85m³/m²·day
㉱ 10.0m³/m²·day

[해설]
$$\text{표면적 부하율} = \frac{Q}{A} = \frac{Q}{\frac{\pi \times D^2}{4}}$$

$$\therefore \text{표면적 부하율} = \frac{3,140(\text{m}^3/\text{day})}{\frac{\pi \times 20^2}{4}}$$
$$= 10.0(\text{m}^3/\text{m}^2 \cdot \text{day})$$

87. BOD농도 200mg/L, 하수량 20,000m³/day 를 체류시간 8시간의 활성슬러지조에서 처리할 경우 폭기조의 BOD용적부하는 얼마인가? (단, 슬러지 반송률은 20%)

㉮ 0.5 kg/m³·day
㉯ 0.6 kg/m³·day
㉰ 0.7 kg/m³·day
㉱ 0.8 kg/m³·day

[해설]
① 수리학적 체류시간(hr)
$$= \frac{\text{폭기조 용적}(\text{m}^3)}{\text{유입유량}(\text{m}^3/\text{day}) \times (1+r)} \times 24$$

여기서, $r(\text{반송률}) = \frac{\text{반송유량}(\text{m}^3/\text{day})}{\text{유입유량}(\text{m}^3/\text{day})} = \frac{Q'}{Q}$

해답 82. ㉯ 83. ㉰ 84. ㉯ 85. ㉰ 86. ㉱ 87. ㉮

② 폭기조 용적(m^3)
 = 수리학적 체류시간(hr)×유입유량(m^3/day)
   $\times (1+r) \times \dfrac{1}{24}$
 = $8 \times 20,000 \times (1+0.2) \times \dfrac{1}{24} = 8,000(m^3)$

∴ BOD 용적부하($kg\,BOD/m^3 \cdot day$)
 = $\dfrac{BOD농도(kg/m^3) \times 유입유량(m^3/day)}{폭기조\ 용적(m^3)}$
 = $\dfrac{200 \times 10^{-3} \times 20,000}{8,000} = 0.5(kg/m^3 \cdot day)$

88. 슬러지 팽화(bulking)의 원인으로서 옳지 않은 것은?

㉮ 영양물질의 불균형
㉯ 유기물의 과도한 부하
㉰ 용존산소량 불량
㉱ 과도한 질산화

[해설] 슬러지 팽화(bulking)의 원인
① 질소, 인 등의 영양물질의 불균형
② 유기물(BOD)의 과도한 부하
③ F/M 비의 과다
④ 용존산소량의 불량
⑤ MLSS농도의 저하
⑥ SVI의 증가
⑦ 낮은 pH

89. 96%의 수분을 갖는 슬러지 400m³을 탈수하여 수분을 75%로 하였을 경우에 슬러지 용적은?

㉮ 24m³   ㉯ 44m³
㉰ 64m³   ㉱ 84m³

[해설] $\dfrac{V_1}{V_2} = \dfrac{100 - W_2}{100 - W_1}$

여기서, V_1 : 탈수전 슬러지 부피(m^3)
　　　　V_2 : 탈수후 슬러지 부피(m^3)
　　　　W_1 : 탈수전 슬러지 함수율(%)
　　　　W_2 : 탈수후 슬러지 함수율(%)

$\dfrac{400\,m^3}{V_2} = \dfrac{100 - 75}{100 - 96}$

∴ $V_2 = \dfrac{100 - 96}{100 - 75} \times 400 = 64(m^3)$

90. 하수처리장의 1차침전지에서 슬러지가 상승하는 경우가 있는데 이것의 원인은 무엇인가?

㉮ 원하수의 고형물 농도의 증가로 인하여
㉯ skimmer의 고장이 일어났을 때
㉰ 침전지의 체류시간이 짧기 때문에
㉱ 슬러지 제거를 자주 해주지 않기 때문에

[해설] 슬러지 제거를 자주 해주지 않으면 부패하여 부패성 가스가 발생되면서 슬러지가 재상승하는 현상이 발생한다.

91. 활성슬러지 공법에서 벌킹(bulking)현상의 원인이 아닌 것은?

㉮ 유량, 수질의 과부하
㉯ pH의 저하
㉰ 낮은 용존산소
㉱ 반송유량의 과다

[해설] 슬러지 팽화(sludge bulking)현상의 원인
① 유량 및 수질, 유기물질의 과부하
② pH의 저하
③ DO의 부족
④ SVI의 증대
⑤ MLSS의 농도 저하

92. 활성슬러지법에 의한 하수처리시 폭기조의 MLSS를 2400mg/L로 유지할 때 SVI가 120이면 반송률(r)은? (단, 유입수의 SS는 고려하지 않음)

㉮ 24%   ㉯ 32%
㉰ 40%   ㉱ 46%

[해설] 슬러지의 반송률(r)

$r = \dfrac{폭기조내\ MLSS농도(mg/L) - 유입수\ SS\ 농도(mg/L)}{반송슬러지\ SS\ 농도(10^6/SVI) - MLSS\ 농도(mg/L)}$

$= \dfrac{2400 - 0}{(10^6/120) - 2400} = 0.40 = 40\%$

해답　88. ㉱　89. ㉰　90. ㉱　91. ㉱　92. ㉰

제 9 장 펌프장 시설

출제경향분석

1. 펌프장 시설계획에서 계획수량과 펌프대수, 펌프장의 종류
2. 펌프의 종류 및 특성
3. 펌프의 동력, 비교회전도, 흡입구경의 계산공식에 따른 계산문제
4. 펌프의 특성 곡선, 공동현상과 수격작용의 특징

단원별 경향분석

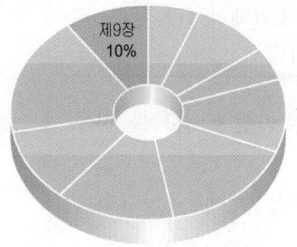

토목기사

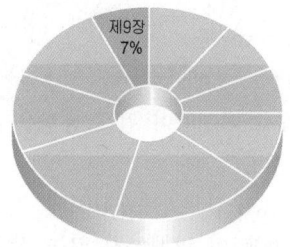

토목산업기사

항목별 경향분석

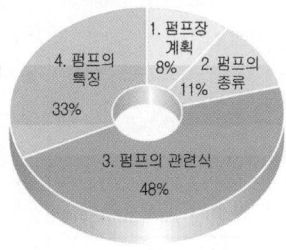

토목기사

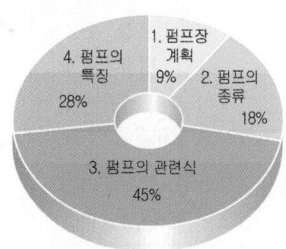

토목산업기사

1 펌프장 계획

> **학습방향**
>
> 상수도 및 하수도 시설계획에 포함되어 있는 펌프장에 대한 일반적인 내용으로 구성되어 있다.
>
> 1. 상수도 펌프장에서 계획수량에 따른 펌프대수
> 2. 하수도 펌프장에서 계획수량에 따른 펌프대수
> 3. 펌프대수를 결정하는 기준
> 4. 펌프장의 종류 및 특성

1 펌프장 시설계획

(1) 상수도 펌프장

① 계획수량과 펌프대수

용도	기준수량	수량	설치 대수
취수 및 도수 펌프	계획 1일 최대 취수량	· 2,800m³/일 이하 · 2,500~10,000m³/일 · 9,000m³/일 이상	· 2대(예비 1대 포함) · 3대(예비 1대 포함) · 4대(예비 1대 포함)이상
배수 펌프	계획시간 최대 급수량	· 125m³/hr 이하 · 120~450m³/hr · 400m³/hr 이상	· 3대(예비 1대 포함) · 대형 2대(예비 1대 포함), 소형 1대 · 대형 4~6대(예비 1대 포함) 이상, 소형1대

② 화재시 배수량이 펌프 용량을 초과할 경우 소화전용 펌프를 따로 설치한다.
③ 도·송수관로, 배수관로에 가압펌프를 설치할 때에는 상류측에 부압(負壓)이 발생하지 않는 장소에 설치한다.

(2) 하수도 펌프장

① 펌프장별 계획하수량

하수배제 방식	펌프장의 종류	계획하수량
분류식	중계펌프장, 소규모 펌프장, 유입·방류펌프장	계획 시간 최대오수량
	빗물(배수)펌프장	계획우수량
합류식	중계펌프장, 소규모 펌프장, 유입·방류펌프장	우천시 계획오수량
	빗물(배수)펌프장	계획하수량-우천시 계획오수량

학습POINT

■ 송수펌프
계획 1일 최대급수량을 설계수량으로 삼아 취수 및 도수펌프와 같은 기준으로 설치대수를 결정한다.

▶97㉮
· 배수펌프 설치 대수

■ 하수도의 우수펌프
계획우수량을 기준으로 삼아 설치대수를 결정한다.

▶10, 13, 17㉮
· 하수도의 오수펌프

■ 하수도의 오수펌프
① 분류식 : 계획시간 최대오수량을 기준으로 결정함
② 합류식 : 우천시 계획오수량을 기준으로 결정함

② 계획수량과 펌프대수

오수 펌프		우수 펌프	
계획오수량(m³/sec)	설치 대수	계획우수량(m³/sec)	설치 대수
0.5이하	2~4(예비 1대 포함)	3 이하	2~3
0.5~1.5	3~5(예비 1대 포함)	3~5	3~4
1.5이상	4~6(예비 1대 포함)	5~10	4~6

(3) **펌프대수 결정기준**
① 펌프는 가능한 한 최대효율점 부근에서 운전할 수 있도록 펌프 용량과 펌프대수를 결정한다.
② 유지관리에 편리하도록 펌프대수는 줄이고 동일 용량의 것을 사용한다.
③ 펌프 효율은 대용량일수록 좋기 때문에 가능한 한 대용량을 사용한다.
④ 청천시(晴天時) 등 수량(水量)이 적은 경우 또는 수량 변화가 클 경우에는 유지관리상 경제적으로 운전하기 위하여 용량이 다른 펌프를 설치하거나, 동일 용량인 펌프의 회전수를 제어한다.
⑤ 건설비를 절약하기 위하여 펌프의 예비대수는 가능한 한 적게 하고, 소용량으로 한다.

(4) **펌프(pump)장**
① 물을 자연유하식으로 급수나 배수를 할 수 없을 경우, 관거의 매설깊이가 현저히 깊어질 경우, 처리장에서 자연유하에 의해 물을 처리할 수 없을 경우 등에 설치되는 양수시설(揚水施設)을 말한다.
② 펌프장의 종류
　㉠ 양정에 따른 분류(상수도용)
　　• 저양정 펌프장 : 수원의 물을 정수장으로 취수하기 위해 수원과 정수장 사이에 위치한다.
　　• 고양정 펌프장 : 정수된 물을 소비지로 송·배수하기 위해 설치한다.
　　• 가압(증압) 펌프장 : 송수·배수관 내의 수압을 증가시키거나 고가저수조에 송수하기 위해 설치한다.
　㉡ 용도에 따른 분류(하수도용)
　　• 빗물(배수) 펌프장 : 우천시에 지반이 낮은 지역에서 자연유하에 의해 우수를 배제할 수 없으므로 배수구역내의 우수를 방류지역으로 배제하기 위한 펌프장
　　• 중계(中繼) 펌프장 : 관로(管路)가 길 경우 관거의 매설깊이가 깊어져 비경제적으로 되는 경우 유입구역의 오수를 다음의 펌프장 또는 처리장으로 송수하기 위한 펌프장
　　• 처리장내 펌프장 : 유입하수를 자연유하로 처리해서 하천, 해역 등으로 방류시키기 위해 설치한 펌프장
③ 펌프장 위치선정시 고려할 사항
　㉠ 용도에 가장 적합한 수리조건(水理條件)이어야 한다.
　㉡ 화재, 홍수, 기타 재난에 의한 파손 및 침수 등 위험 가능성이 없어야 하고, 지하수위가 낮고 지질이 양호하여야 한다.
　㉢ 동력이나 연료의 사용을 쉽게 할 수 있어야 한다.
　㉣ 장래를 대비하여 확장이 용이하여야 한다.

▶ 01, 02, 12, 13, 17㉮, 11, 12, 15, 18㉯
• 오수펌프 설치대수
• 펌프의 예비대수
• 펌프 설치대수기준

■ 펌프의 예비대수
필요에 따라 설치를 검토하지만, 미설치가 원칙이다.

■ 펌프장의 구성
(1) 습정(wet well) : 흡수정
(2) 건정(dry well)
(3) 원동기 개폐기(switch)
(4) 부대시설 : 스크린, 침사지, 파쇄장치 등

■ 펌프장
일종의 혐오시설이므로 위치를 선정할 때에는 인근 주민의 반응도 살피고, 또한 미관상 좋은 곳에 설치한다.

핵심문제

1 배수 펌프의 계획 수량이 시간당 125m³이라면 예비 펌프를 포함하여 몇 대 정도 설치하는 것이 표준인가? [97 ㉮]

㉮ 2 ㉯ 3
㉰ 4 ㉱ 5

2 다음 중 필요한 펌프의 수를 결정할 때 고려하지 않아도 되는 사항은? [99 ㉮]

㉮ 가능한한 최고 효율점 부근에서 운전할 수 있도록 용량과 펌프 수를 정한다.
㉯ 유지관리상 펌프 수는 가능한 한 적게 하고 용량이 다른 것을 사용한다.
㉰ 펌프는 대용량의 것일수록 효율이 좋으므로 가능한 한 대용량을 사용한다.
㉱ 수량변동이 심한 곳에서는 용량이 다른 펌프를 설치하면 편리하다.

[해설] 펌프대수 결정기준
① 펌프는 가능한 한 최대효율점 부근에서 운전하고 용량과 대수를 결정한다.
② 유지관리에 편리하도록 펌프의 대수는 줄이고 동일 용량의 것을 사용한다.
③ 펌프의 효율은 대용량일수록 좋기 때문에 가능한 한 대용량을 사용한다.
④ 수량이 적거나 수량변화가 클 경우에는 경제적으로 운전하기 위하여 용량이 다른 펌프를 설치하거나 동일 용량인 펌프의 회전수를 제어한다.

3 다음은 pump의 명칭과 용도를 설명한 것이다. 잘못된 것은? [96 ㉮]

㉮ 저양정 pump는 수원의 물 또는 하수를 처리장으로 양수하는데 이용된다.
㉯ 고양정 pump는 가압식 배수관로에 정수를 양수하는데 이용된다.
㉰ 가압 pump는 배수시설의 관내 수압을 높이는데 이용된다.
㉱ 재순환 또는 이송 pump는 처리장과 처리장간의 물의 이송에 이용된다.

4 어느 하수처리장에서 400m³/day의 하수를 처리할 때 펌프장의 습정의 부피를 얼마 정도로 하면 적당한가? (단, 습정의 체류시간은 20분이다)

㉮ 5.55m³ ㉯ 10.55m³
㉰ 15.55m³ ㉱ 20.55m³

5 정수된 물을 송수 또는 배수하기 위한 펌프장은?

㉮ 고양정 펌프장 ㉯ 저양정 펌프장
㉰ 증압 펌프장 ㉱ 감압 펌프장

해 설

[해설] 1
배수 펌프의 기준수량
계획 시간 최대급수량이며, 시간당 125m³일 경우에 대형 2대(예비 펌프 1대를 포함)와 소형 1대가 필요하다. 즉, 총 3대가 필요하다.

[해설] 3
펌프장 종류

종류	용도
저양정 펌프장	수원에서 물을 정수장으로 취수하기 위해 수원과 정수장 사이에 위치한다.
고양정 펌프장	정수된 물을 송·배수하기 위해 설치한다.
가압 펌프장	송수·배수관 내의 수압을 증가시키기 위해 설치한다.

[해설] 4
습정의 부피
$$Q = \frac{V}{t} \Leftrightarrow \therefore V = Q \times t$$
$$V = \frac{400}{24 \times 60} \, (m^3/분) \times 20\,(분)$$
$$= 5.55\,(m^3)$$

[해설] 5
고양정 펌프장
정수된 물을 송수 또는 배수하기 위한 펌프장은 고양정 펌프장이다.

정답 1. ㉯ 2. ㉯ 3. ㉱ 4. ㉮ 5. ㉮

6 하수도시설에서 펌프장시설의 계획하수량과 설치대수에 대한 설명으로 옳지 않은 것은? [17 ㉮]

㉮ 오수펌프의 용량은 분류식의 경우, 계획시간 최대오수량으로 계획한다.
㉯ 펌프의 설치대수는 계획오수량과 계획우수량에 대하여 각 2대 이하를 표준으로 한다.
㉰ 합류식의 경우, 오수펌프의 용량은 우천시 계획오수량으로 계획한다.
㉱ 빗물펌프는 예비기를 설치하지 않는 것을 원칙으로 하지만, 필요에 따라 설치를 검토한다.

7 펌프에 대한 다음 설명 중 틀린 것은?

㉮ 전양정은 펌프의 중심고도부터 상, 하로 나누어 흡입수두와 유출수두로 구분한다.
㉯ 펌프는 대용량의 것일수록 효율이 적으므로 될 수 있으면 소용량으로 한다.
㉰ 펌프 흡입구의 유속은 1.5~3.0m/sec가 표준이다.
㉱ 전양정은 크게 취할수록 관로의 동수경사는 급하게 된다.

8 펌프장의 위치선정시 고려할 사항이다. 다음 중 옳지 않은 것은?

㉮ 급수 또는 배수의 수리조건
㉯ 동력, 연료의 이용가능성
㉰ 교통이 편리한 곳
㉱ 재난에 대한 위험성

9 펌프에서 물이 나오지 않는 원인으로 옳지 못한 것은?

㉮ 양정의 확대 ㉯ 펌프의 만수부족
㉰ 흡입밸브, 토출밸브의 폐쇄 ㉱ 임펠러의 마모

10 분류식 하수도에서 오수펌프의 설계기준이 되는 수량은 어느 것인가?

㉮ 계획 시간 최대오수량 ㉯ 계획 1일 최대오수량
㉰ 계획 1일 평균오수량 ㉱ 계획 우수량

11 계획 오수량이 0.5~1.5m³/sec일 때 오수펌프의 설치대수는? (단, 예비 1대를 포함) [01, 02 ㉮]

㉮ 1~2 ㉯ 3~5
㉰ 5~7 ㉱ 7~8

해 설

해설 6
하수도 펌프장시설의 계획하수량과 설치대수
계획오수량과 계획우수량에 대하여 각각 2-6대 (표준)

해설 7
펌프의 효율
펌프는 대용량일수록 효율이 좋기 때문에 가능한 한 대용량의 것을 사용한다.

해설 8
펌프장 위치선정시 고려사항
① 용도에 가장 적합한 수리조건 (水理條件)
② 화재, 홍수, 기타 재난에 의한 파손 및 침수위험 가능성
③ 동력이나 연료의 사용 가능성
④ 확장의 용이성

해설 9
펌프에서 물이 나오지 않는 원인
양정의 확대, 펌프의 만수부족, 흡입·토출밸브의 폐쇄, 흡입관의 막힘, 임펠러의 막힘, 정규 회전수의 부족 등.

해설 10
분류식 하수도의 오수펌프
계획 시간 최대오수량을 기준으로 설계한다.

해설 11
오수펌프의 설치대수
① 계획오수량 : 0.5 m³/sec 이하
  → 2~4대 (예비 1대 포함)
② 계획오수량 : 0.5~1.5 m³/sec
  → 3~5대 (예비 1대 포함)
③ 계획오수량 : 1.5 m³/sec 이상
  → 4~6대 (예비 1대 포함)

정답 6.㉯ 7.㉯ 8.㉰ 9.㉱ 10.㉮ 11.㉯

2 펌프의 종류

> **학습방향**
> 1. 상하수도용으로 가장 많이 이용되는 원심력 펌프의 원리 및 특징
> 2. 축류펌프의 원리 및 특징
> 3. 사류펌프의 원리 및 특징
> 4. 펌프의 설치형식에 따른 종류인 입축형과 횡축형의 특징

1 펌프의 종류

(1) 원심력(와권)펌프(Centrifugal pump)

① 원리
  ㉠ 임펠러(회전날개)회전에 의해 생기는 물의 회전력(원심력)을 케이싱(casing)을 통하여 압력으로 바꾸는 펌프를 말한다.
  ㉡ 펌프내부에서 물의 운동은 소용돌이 형태가 되고 외형도 대부분 달팽이 모양을 하고 있다.
  ㉢ 전양정이 4m이상(고양정)인 경우에 적합하며, 상·하수도용으로 많이 사용된다.

② 종류
  ㉠ 터빈펌프(turbine pump) : 소형 다단펌프로 약간 사용되는 정도이다.
  ㉡ 볼류트펌프(volute pump) : 상수도용으로 많이 사용된다.

③ 특징
  ㉠ 운전과 수리가 용이하고, 기계조작이 간단하다.
  ㉡ 효율이 높고 적용범위가 넓으며, 작은 유량의 가감시 소요동력이 적어도 운전에 지장이 없다.
  ㉢ 흡입성능이 우수하고 공동현상이 잘 발생하지 않는다.
  ㉣ 원심력펌프에서 요구되는 양정은 펌프의 특성에 따라 다르다.

(2) 축류펌프(axial flow pump)

① 원리
  ㉠ 임펠러의 양력작용(揚力作用)에 의하여 물이 축(軸)방향으로 들어와 축방향으로 토출하는 펌프를 말한다.
  ㉡ 전양정이 4m이하[표준 5m(저양정)]인 경우에 경제적으로 유리하다.

② 특징
  ㉠ 크기가 작고 구조가 간단하며, 임펠러의 회전수가 높다.
  ㉡ 저양정용이며 양정변화에 따른 수량변화가 작고 효율 저하도 작다.
  ㉢ 흡입성능은 원심력 펌프보다는 떨어지며 사류 펌프보다는 우수하다.

학습 POINT

▶ 96, 01, 16㉮ 98, 03, 18㉾
· 원심력펌프 특징

▶ 01, 09㉮ 00, 09, 10㉾
· 축류펌프 특징

(3) 사류펌프(mixed flow pump)
① 원리
  ㉠ 원심력 펌프와 축류펌프의 중간 형태로 양자의 장점을 고려하여 만든 것으로 임펠러의 원심력과 양력작용에 의해 물이 축방향으로 들어와 방사(放射)와 축(軸)의 중간방향인 경사(傾斜)방향으로 토출하는 펌프를 말한다.
  ㉡ 양정은 원심력펌프와 축류펌프의 중간정도인 3~12m정도이다.
② 특징
  ㉠ 양정변화에 따른 효율의 저하가 작기 때문에 우수용(雨水用)펌프와 같이 **양정변화가 있는 곳에 적합**하다.
  ㉡ 원심력펌프보다 소형이어서 설치면적도 작고 기초공사비가 절약된다.
  ㉢ 축류펌프보다 공동현상(cavitation)이 적게 일어나고, 같은 양정일 때는 축류펌프보다 흡입양정을 크게 할 수 있다.

▶ 01, 15㉠ 98, 13㉣
・사류펌프 특징

(4) 스크류펌프(screw pump)
① 스크류형의 날개를 용접한 내부가 빈 축을 상부 및 하부의 수중 베어링으로 지지하고 수평에 대해 약 30도 경사인 U자형 드럼통 속에서 회전시켜 하부로부터 양수하는 펌프를 말한다.
② 구조 및 유지관리가 간단하고 저양정에 적합한 펌프이다.
③ 주로 슬러지의 운반용으로 사용하고 있다.

▶ 01㉠
・스크류펌프 특징

(5) 입축형 펌프와 횡축형 펌프 (설치형식에 따른 분류)
① 특징

구분	입축형(vertical type)	횡축형(horizontal type)
장점	① 좁은면적에 설치할 수 있다. ② 흡수고(吸水高)가 높은 장소에는 횡축형보다 유리하다. ③ 기동이 간단해서 운전이 확실하며 효율이 좋다. ④ 공동현상에 대해 안전하고 자동운전이 편리하다. ⑤ 우수(雨水)배제에 적합하다.	① 펌프장 바닥에 설치하므로 해체와 조립이 간단하다. ② 펌프의 취급 및 내부 점검과 수리가 용이하다. ③ 구조가 간단하므로 비교적 가격이 저렴하다. ④ 건물의 높이가 낮다.
단점	① 구조가 복잡하기 때문에 가격이 고가(高價)이다. ② 조립 및 분해가 복잡해서 내부의 점검, 수리가 불편하다. ③ 주요부분이 수중(水中)에 있어 부식되기 쉽다. ④ 설치에 숙련도가 필요하다. ⑤ 수질이 나쁜 곳에는 부적당하다.	① 설치면적이 넓다. ② 기동력이 부족하고 자동운전이 불편하다. ③ 공동현상에 대한 위험이 크다. ④ 흡수고가 높은 곳은 입축형보다 효율이 낮다.

▶ 05, 08, 12, 13㉠ 02, 16, 19㉣
・펌프 고려사항

■ 펌프의 선택시 고려사항
① 펌프의 특성
② 펌프의 동력
③ 펌프의 양정
④ 펌프의 효율
⑤ 펌프의 종류

② **침수될 우려가 있는 곳**이나 흡입 실양정이 큰 경우에는 **입축형** 또는 수중형으로 한다.
③ 깊은 우물의 경우에는 수중모터 펌프 또는 깊은 우물용 펌프를 사용한다.

핵심문제

| | 해 설 |

1 하수도용으로 사용하는 펌프(pump)의 종류 중 가장 널리 사용되는 펌프는? [95 ㉮]

㉮ 터빈펌프　　㉯ 원심력펌프
㉰ 사류펌프　　㉱ 축류펌프

해설 **1**
펌프의 종류
① 원심력펌프 : 상·하수도용 펌프
② 터빈펌프 : 소형 다단용 펌프
③ 볼류트펌프 : 상수도용 펌프

2 양정이 2~3m인 저양정의 배수 펌프로서 가장 많이 쓰이는 펌프는? [98, 09 ㉯]

㉮ 터빈 펌프　　㉯ 사류 펌프
㉰ 축류 펌프　　㉱ 방사식 펌프

해설 **2**
축류 펌프
양정이 4m 이하인 경우에 가장 많이 사용되는 펌프이다.

3 하수용 펌프 중 양정의 큰 변화에 대응하기 쉽고 운전시의 동력이 일정한 것은? [98 ㉯]

㉮ 왕복 펌프　　㉯ 터빈 펌프
㉰ 사류 펌프　　㉱ 축류 펌프

해설 **3**
사류 펌프
양정변화에 대하여 수량변동이 작아 양정변화가 큰 경우에 적합하다.

4 펌프 선정시의 고려사항으로 가장 적당치 않은 것은? [05, 08, 13 ㉮]

㉮ 펌프의 특성　　㉯ 펌프의 효율
㉰ 펌프의 동력　　㉱ 펌프의 중량

해설 **4**
펌프 선정시의 고려사항
펌프의 특성, 펌프의 효율, 펌프의 동력, 펌프의 양정, 펌프의 종류

5 다음 그림은 사류펌프(N_S : 700~1,200)의 표준특성곡선이다. 축동력을 나타내는 곡선은 어느 것인가? [99, 16 ㉯]

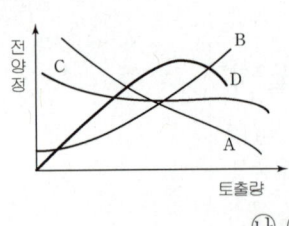

㉮ Ⓐ　　㉯ Ⓑ
㉰ Ⓒ　　㉱ Ⓓ

해설 **5**
사류펌프의 특성곡선
Ⓐ 곡선 : 양정곡선
Ⓒ 곡선 : 축동력곡선
Ⓓ 곡선 : 효율곡선

정답　1. ㉯　2. ㉰　3. ㉰　4. ㉱　5. ㉰

6 다음 축류펌프의 특징에 대한 설명 중 틀린 것은?

㉮ 형태가 작고 기초공사비가 적게 든다.
㉯ 구조가 간단하다.
㉰ 저양정이고 양정의 변화가 심할 경우는 부적당하다.
㉱ 비교회전도가 다른 펌프들에 비해 작다.

7 다음 사류펌프의 특성에 대한 설명 중 맞지 않은 것은?

㉮ 비교적 공간을 적게 차지한다.
㉯ 회전작용보다 양력작용을 한다.
㉰ 임펠러의 교환에 따라 특성이 변한다.
㉱ 수명이 길다.

8 다음 펌프의 기종 및 형식에 관한 설명 중 잘못된 것은?

㉮ 축류펌프는 양정이 낮은 곳에 사용한다.
㉯ 원심력펌프는 양정이 낮은 곳에 사용한다.
㉰ 사류펌프는 효율이 좋으나 최대구경이 1,000mm 정도이다.
㉱ 스크류펌프는 1차 슬러지를 양수할 경우 사용한다.

9 일반적으로 상하수도의 양수용에 가장 많이 사용되는 펌프는? [03 ㉮]

㉮ 원심력펌프
㉯ 터빈펌프
㉰ 축류펌프
㉱ 사류펌프

10 슬러지 처리시 슬러지 양수를 위해 많이 사용되는 펌프는?

㉮ 원심력펌프
㉯ 축류펌프
㉰ 사류펌프
㉱ 스크류펌프

11 펌프에 관한 비교설명 중 틀린 것은? [01 ㉮]

㉮ 원심펌프 : 공동현상의 발생이 적다.
㉯ 사류펌프 : 수위변동이 작은 곳에 적합하다.
㉰ 축류펌프 : 사류펌프에 비해 회전수가 높다.
㉱ 스크류펌프 : 구조가 간단하고 회전수가 작다.

해 설

[해설] 6
축류펌프의 비교회전도 1,200~2,000으로 매우 크다.

[해설] 7
사류펌프
원심력펌프와 축류펌프의 중간 형태로 임펠러의 원심력 및 양력작용에 의해 작동하는 펌프이다.

[해설] 8
펌프의 종류 및 형식

형식	전양정(m)	펌프 구경(mm)
원심력펌프	4m 이상	100이상
사류펌프	3~12m	200이상
축류펌프	4m 이하	300이상

[해설] 9
상하수도용 펌프
원심력펌프이며, 원심력펌프 중에서도 상수도용으로는 볼류트펌프가 많이 사용된다.

[해설] 10
스크류펌프
용량이 작고 저양정에 주로 사용되며, 특히 고형물을 고농도로 함유하고 있는 슬러지를 양수하는데 적당하다.

[해설] 11
사류펌프
수위변화에 따른 효율저하가 작으므로 우수용(雨水用) 펌프와 같이 수위변화가 있는 곳에 적합하다.

정답 6.㉱ 7.㉯ 8.㉯ 9.㉮ 10.㉱ 11.㉯

3 펌프의 관련식

> **학습방향**
>
> 이 단원은 펌프의 크기, 용량 등을 설계할 경우에 필요한 공식에 대한 내용이며, 특히 출제빈도가 매우 높으므로 주의가 필요하다.
>
> 1. 펌프 양정에서 전양정과 실양정의 차이점 및 전양정 공식
> 2. 펌프 흡입구경
> 3. 펌프의 축동력
> 4. 비교회전도

1 펌프의 관련식

(1) 펌프의 양정(揚程)

① 양정(pump head) : 펌프가 물을 퍼올릴 수 있는 양수 높이를 말한다.
② 실양정(gross pump head) : 펌프가 실제적으로 물을 양수한 높이를 말한다.
③ 전양정(total pump head) : **실양정과 총손실수두** 및 토출관 말단에서의 **속도수두의 합**을 말한다.

$$H = h_a + \Sigma h_f + h_o$$

여기서, H : 전양정(m)
h_a : 실양정(m) [= 토출수두 − 흡입수두]
Σh_f : 총손실수두(m) [= 마찰손실수두 + 미소손실수두]
h_o : 토출관 말단의 잔류 속도수두 $\left(= \dfrac{v^2}{2g} \right)$

여기서, v : 토출구 말단에서의 유속(m/sec)
g : 중력가속도(m/s²)

(2) 펌프의 구경(口徑)

① 펌프의 크기는 구경(mm)으로 나타낸다.
② 종류
  ㉠ 흡입구경 : 토출량과 흡입구의 유속에 의해 결정된다.
  ㉡ 토출구경 : 흡입구경, 전양정 및 비교회전도 등을 고려하여 결정한다.
③ 펌프의 흡입구경
  ㉠ 흡입구의 유속 : 1.5~3.0m/sec를 표준으로 한다.
  ㉡ 펌프의 회전수가 크면 유속을 크게 하고, 회전수가 작을 경우에는 유속을 작게 설정한다.

학습POINT

▶ 02, 04, 07㉮ 01, 09㉯
· 실양정 정의
· 전양정 공식·계산

■ 펌프의 전양정

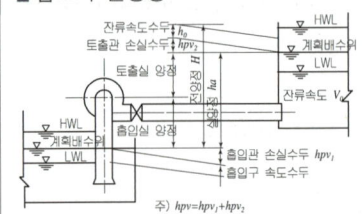

주) $hpv = hpv_1 + hpv_2$

■ 펌프의 크기
구경으로 표시하는데 흡입구경과 토출구경이 다른 경우는 양쪽을 병기한다.

■ 펌프의 위치
수면과 펌프의 차가 8m이상이 되면 물을 흡입하지 못하므로 수면 가까이에 설치해야 한다.

ⓒ $$D = 146\sqrt{\frac{Q}{v}}$$

여기서, D : 펌프 흡입구경(mm), v : 흡입구 유속(m/sec)
Q : 펌프의 토출유량(m³/min)

(3) 펌프의 축동력 (P_s)

① $P_s = \frac{wQH}{\eta}$ (kg·m/sec) $= \frac{1,000QH}{75\eta} = \frac{13.33QH}{\eta}(HP)$

② $P_s = \frac{wQH}{\eta}$ (kg·m/sec) $= \frac{1,000QH}{102\eta} = \frac{9.8QH}{\eta}(KW)$

여기서, P_s : 펌프의 축동력, Q : 양수량(m³/sec)
H : 펌프의 전양정(m), η : 펌프의 효율(%)

(4) 비교회전도 (비속도)

① 펌프의 성능이 최고가 되는 상태를 나타내기 위한 회전수로서, 각각 치수가 다른 기하학적으로 닮은 임펠러가 유량 1m³/min을 1m 양수하는데 필요한 회전수를 말한다.

② $$N_s = N \times \frac{Q^{1/2}}{H^{3/4}}$$

여기서, N_s : 비교 회전도
N : 펌프의 회전수(rpm)
Q : 펌프 양수량(m³/min) [양흡입의 경우 1/2로 함]
H : 전양정 (m) [다단펌프는 1단에 해당하는 양정]

③ N_s 가 작으면 유량이 적은 고양정의 대형펌프이며, N_s 가 크면 유량이 많은 저양정의 소형펌프가 된다.
④ 유량과 양정이 동일하면 회전수가 클수록 N_s 가 커진다.
⑤ N_s 가 커짐에 따라 펌프는 소형이 되어 펌프의 값이 저렴해진다.
⑥ N_s 의 값이 어느 형식이든 임의로 취할 수 있을 경우에는 사용 장소의 조건에 알맞는 최적의 것을 선택한다.
⑦ N_s 가 같으면 펌프의 크고 작은 것도 관계없이 모두 같은 형식으로 되며 특성도 대체로 같다.
⑧ 일반적으로 N_s 가 크게 될수록 흡입성능이 나쁘고 공동현상(空洞現像)이 발생하기 쉽다.

(5) 각 펌프의 전양정(H)과 비교회전도(N_s)

형식	전양정(m)	펌프구경(mm)	비교회전도
원심력펌프	20(4) 이상	100(80) 이상	100~250 (터빈펌프) 100~750 (볼류트펌프)
사류펌프	3~12	200(400) 이상	250(700)~1,200
축류펌프	4(5) 이하	300(400) 이상	1200(1,100)~2,000

▶ 04, 08㉠ 00, 04㉯
· 구경계산

06, 07, 09, 12, 14, 17, 18, 19, 20㉠
04, 05, 09, 11, 14, 15㉯
· 동력계산

■ 1HP = 75kg·m/sec
1kW = 102kg·m/sec

■ 전양정(H)
= 실양정(h_a) + 손실수두(h_L)

06, 07, 08, 09, 11, 12, 13, 14, 15, 18, 19㉠
07, 08, 09, 12, 13, 15, 17㉯
· 비교회전도 공식·특징
· 비교회전도 계산

■ 원심력펌프
비교회전도가 낮아 경제적인 펌프

핵심문제

1 펌프는 흡입실양정 및 토출량을 고려하여 전양정에 따라 선정하여야 한다. 전양정이 5m 이하일 때 표준이며 비교회전도(N_s)가 1,100~2,000 정도인 펌프형식은? [09 ㉮]

㉮ 축류펌프 ㉯ 사류펌프
㉰ 원심사류펌프 ㉱ 원심펌프

2 펌프로 유속 1.81m/sec 정도로 양수량 0.85m³/min을 양수할 때 토출관의 지름은? [04 ㉮]

㉮ 100mm ㉯ 180mm
㉰ 360mm ㉱ 480mm

3 80%의 효율을 가진 모터에 의해서 가동되는 85%효율의 펌프가 300L/sec의 물을 25.0m 양수할 때 요구되는 마력수는 약 얼마인가? [97, 00 ㉮]

㉮ 60HP ㉯ 92HP
㉰ 106HP ㉱ 147HP

[해설]

펌프의 동력, $P_s(HP)$

① 양수량(Q)=300L/sec=0.3m³/sec

② $P_s = \dfrac{1,000\,QH}{75\,\eta} = \dfrac{1,000 \times 0.3 \times 25.0}{75 \times 0.80 \times 0.85} = 147.1\,(HP)$

여기서, Q : 양수량(m³/sec), H : 펌프의 전양정(m), η : 펌프의 효율

4 구경 400mm인 모터의 직결펌프에서 양수량 10m³/min, 전양정 40m, 회전수 1,050rpm일 때 비교회전도(N_s)는 얼마인가? [95, 01, 07 ㉮]

㉮ 209
㉯ 189
㉰ 168
㉱ 148

5 다음은 펌프의 양정에 관한 것이다. 옳은 것은?

㉮ 펌프의 전양정이란 실양정과 그 개념이 같다.
㉯ 펌프의 전양정이란 토출만 고려하면 된다.
㉰ 펌프의 전양정은 실양정만 알면 구할 수 있다.
㉱ 펌프의 전양정은 실양정과 손실수두를 합한 것이다.

해 설

[해설] 1
축류펌프
① 전양정(H) : 5m 이하(표준)
② 비교회전도(N_s) = 1,100~2,000

[해설] 2
펌프의 흡입구경
$D = 146\sqrt{\dfrac{Q}{v}} = 146\sqrt{\dfrac{0.85}{1.81}}$
$= 100\,(mm)$
여기서,
D : 펌프의 흡입구경(mm)
Q : 펌프의 토출유량(m³/min)
v : 흡입구의 유속(m/sec)

[해설] 4
비교회전도
$N_s = N \cdot \dfrac{Q^{1/2}}{H^{3/4}}$
$= 1,050 \times \dfrac{10^{1/2}}{40^{3/4}} = 208.8$

여기서,
N_s : 비교회전도
N : 펌프의 회전수(rpm)
Q : 펌프의 양수량 (m³/min)
H : 펌프의 전양정(m)

[해설] 5
펌프의 전양정
실양정과 총손실수두를 합한 것이다. 또한, 실양정은 흡입양정과 토출양정을 합한 값이다.

정답 1. ㉮ 2. ㉮ 3. ㉱ 4. ㉮ 5. ㉱

6 양수량 450m³/min, 총양정 3.0m, 회전속도 90rpm인 펌프의 비회전도는 약 얼마인가? [99, 05 ㉮]

㉮ 840
㉯ 1,150
㉰ 1,260
㉱ 600

7 1일 28,800m³의 물을 8.8m의 높이로 양수하려고 한다. 펌프의 효율을 80%, 축동력에 15%의 여유를 둘 때 원동기의 소요동력은 몇 kW 인가? [04 ㉮]

㉮ 41.3
㉯ 35.9
㉰ 30.3
㉱ 29.8

8 다음 펌프 중 가장 큰 비교회전도(N_s)를 나타내는 것은? [01 ㉮]

㉮ 터어빈펌프
㉯ 사류펌프
㉰ 축류펌프
㉱ 원심펌프

9 운전 중에 있는 펌프의 토출량을 조절하는 방법으로 부적당한 것은? [00, 10 ㉮]

㉮ 펌프의 운전대수를 조절한다.
㉯ 펌프의 흡입측 밸브를 조절한다.
㉰ 펌프의 회전수를 조절한다.
㉱ 펌프의 토출측 밸브를 조절한다.

10 원심력 펌프의 규정 회전수 $N=8$회/sec, 토출량 $Q=47$m³/min, 전양정 $H=13$m일 때 이 펌프의 비교회전도는? [02 07 ㉮]

㉮ 약 37회
㉯ 약 147회
㉰ 약 239회
㉱ 약 481회

11 펌프의 비속도 N_S에 대한 설명 중 틀린 것은? [00, 13 ㉮ 17 ㉯]

㉮ N_S가 작아짐에 따라 소형이 되어 펌프의 값이 저렴해진다.
㉯ 유량과 양정이 동일하다면 회전수가 클수록 N_S가 커진다.
㉰ N_S가 클수록 유량이 많고 양정이 작은 펌프를 의미한다.
㉱ N_S가 같으면 펌프의 크고 작은 것도 관계없이 모두 같은 형식으로 되며 특성도 대체로 같다.

해 설

해설 6
펌프의 비교회전도
$$N_s = \frac{N \cdot Q^{1/2}}{H^{3/4}}$$
$$= \frac{90 \times 450^{1/2}}{3.0^{3/4}} = 837.5$$

해설 7
펌프의 동력, P_s(kW)
① $P_s = \dfrac{9.8\,QH}{\eta}$
$$= \frac{9.8 \times 28,800/(24 \times 60 \times 60)\,\text{m}^3/\text{sec} \times 8.8\text{m}}{0.80}$$
$$= 35.93\,\text{kW}$$
② 15%의 여유동력을 고려하면,
∴ 소요동력 $P_s = 35.93 + (35.93 \times 0.15)$
$= 41.32\,\text{kW}$

해설 8
펌프의 비교회전도

형 식	비교회전도(N_S)
원심력 펌 프	100~250(터빈펌프) 100~750(볼류트펌프)
사류펌프	250(700)~1,200
축류펌프	1,200(1,100)~2,000

해설 9
펌프의 토출량 조절방법
운전중인 펌프의 토출량을 조절하기 위하여 흡입측 밸브를 사용해서는 안된다. 흡입측 밸브를 조절할 경우 공동현상(cavitation)이 발생할 우려가 있다.

해설 10
펌프의 비교회전도
① N=8회/sec=480회/min
② $N_s = \dfrac{N \cdot Q^{1/2}}{H^{3/4}}$
$$= \frac{480 \times 47^{1/2}}{13^{3/4}} \fallingdotseq 481$$

해설 11
펌프의 비속도(N_s)
비속도 N_S가 커짐에 따라 소형이 되어 펌프의 값이 저렴해진다.

정답 6.㉮ 7.㉮ 8.㉰ 9.㉯ 10.㉱ 11.㉮

4 펌프의 특징

학습방향

이 단원은 펌프의 운전조건과 펌프에 발생할 수 있는 문제점에 대한 내용이다. 특히 특성곡선, 시스템 수두곡선 등에 대한 이해가 필요하다.

1. 펌프의 특성곡선
2. 시스템 수두곡선
3. 펌프의 직렬운전 및 병렬운전의 특징 및 차이점
4. 펌프의 공동현상 및 수격작용의 의미, 발생원인, 방지대책

1 펌프의 곡선

(1) 펌프 특성곡선

① 펌프의 회전속도를 일정하게 유지한 후 토출관의 밸브를 조절하여 펌프 용량(양수량(Q))을 변화시켰을때 양정(H), 효율(η), 축동력 요구량(P_s)의 변화를 나타낸 곡선을 말한다.

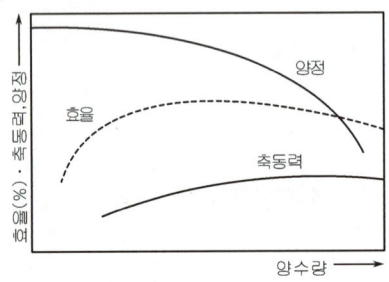

펌프 특성곡선

(2) 시스템 수두곡선(System Head Curve)

① 총동수두(total dynamic head, TDH)와 양수량(Q)간의 관계를 나타낸 곡선을 말한다.
② $TDH = H_L$(정수두) $+ H_F$(마찰손실수두) $+ H_V$(속도수두)
③ H_F 와 H_V는 양수량의 함수이고, H_L도 수위변화 등 여러 요인에 의해 변동될 수 있어 통상 직선이 아니라 곡선이다.

학습POINT

▶ 06, 07, 08, 09, 16, 19㉮
  01, 06, 10, 13, 16, 17㉯
· 펌프 특성곡선 구성요소

■ 펌프의 선정
펌프 특성곡선과 시스템 수두곡선을 검토하여 펌프의 형식, 규모, 대수를 결정한다.

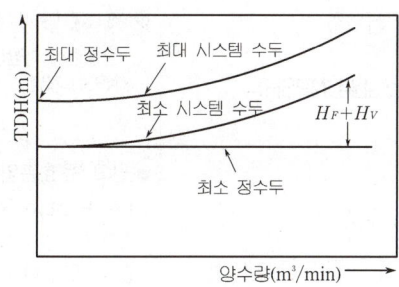

시스템 수두곡선

■ 펌프의 저항곡선(抵抗曲線)
실양정에 관로의 손실수두를 더하여 양수량에 대한 변화를 표시한 것으로 2차곡선에 가깝다.

2 펌프의 운전

(1) 직렬운전(특성이 같은 펌프 2대)
① 단독운전시 보다 양정이 약 2배정도 증가한다.
② 양정의 변화가 크고 양수량의 변화가 작은 경우에 실시한다.

(2) 병렬운전(특성이 같은 펌프 2대)
① 단독운전시 보다 양수량이 최대 2배로 증가한다.
② 양정의 변화가 작고 양수량의 변화가 큰 경우에 실시한다.

■ 펌프의 운전
1대의 펌프로는 양정 또는 토출량이 부족할 경우 2대 또는 그 이상의 펌프를 직렬 또는 병렬로 연결해서 사용할 수 있다.

■ 펌프의 운전점
펌프양정곡선과 관로저항곡선의 교차점

3 펌프의 공동현상(cavitation)

(1) 정의 : 펌프의 임펠러 입구에서 고유속에 의해 유체의 압력이 포화증기압 이하로 되면 유체의 기화로 기포가 발생하고 유체중에 공동(空洞)이 생기는 현상

(2) 발생장소 및 원인
① 펌프의 임펠러 부근
② 관로중 유속이 큰 곳이나 유체의 흐름이 급변하는 곳
③ 흡입양정, 유속, 마찰손실이 클 경우
④ 흡입관경이 작을 경우
⑤ 펌프설치 위치가 높을 경우

(3) 공동현상으로 인한 장애
① 발생거품이 반복해서 터지므로 소음, 진동이 생겨서 펌프의 성능이 저하되고, 더욱 압력이 저하되면 양수(揚水)가 불가능해진다.
② 공동현상이 오래 지속되면 심한 소음, 진동이 있고 심할 경우 내부에 구멍을 만들어 재료를 손상시킨다.
③ 흡입관 내부 및 Impeller를 파손시킨다.

▶ 01, 03, 15㉮ 15, 19㉯
· 펌프의 공동현상

■ 펌프의 공동현상
펌프의 흡입수두가 커질수록 공동현상이 쉽게 발생하므로 흡입수두는 -5m까지를 표준으로 한다.

(4) 공동현상이 발생하지 않는 조건 : $h_{sv} > H_{sv}$

① 설비에서 이용가능한 유효 흡입수두(h_{sv} : Available NPSH)

$$h_{sv} = H_a - H_p + H_s - h_l$$

여기서, H_a : 대기압을 수두로 나타낸 것(약 10m)
  H_p : 당시 수온에서 포화수증기압을 수두로 나타낸 것
  H_s : 흡입 실양정(m) [흡입시 '−', 압입시 '+']
  h_l : 흡입관내의 손실수두(m)

② 펌프가 필요한 유효 흡입수두(H_{sv} : Required NPSH)

$H_{sv} = \sigma H$

여기서, σ : Thoma의 공동계수
  H : 펌프의 전양정

▶ 03, 07, 09, 17 ㈛
· 공동현상 미발생 조건
· NPSH 개념

■ 필요 유효흡입수두(NPSH : Net Positive Suction Head)
펌프가 공동현상을 일으키지 않고 임펠러로 물을 흡입하는 데 필요한 흡입기준면에 대한 최소한도의 수위

(5) 공동현상 방지법
① 펌프 설치위치를 낮게 하고 흡입양정과 유속을 작게 한다.
② 흡입측에서 펌프의 토출량을 감소시키는 일은 절대 피해야 한다.
③ 총양정의 규정에 있어서 적합하도록 계획한다.
④ 흡입관은 가능한 한 짧은 것이 좋으며 부득이할 경우에는 흡입관의 직경을 크게 하여 손실 수두를 감소시킨다.
⑤ 임펠러의 재질을 공동현상의 파손에 강한 것을 사용하도록 한다.
⑥ 임펠러를 수중에 위치시킨다.
⑦ 펌프회전수를 낮춘다.
⑧ 흡입측 밸브를 완전히 개방한다.

▶ 04, 06, 02, 15, 16, 17㈎
  05, 06, 09, 15, 16, 17㈛
· 공동현상 방지법

■ 실제 공동현상 방지조건
$h_{sv} - H_{sv} = 1~1.5\text{m}$

4 펌프의 수격작용(Water Hammer)

(1) 정의 : 펌프의 급정지, 급시동 또는 토출밸브를 급폐쇄하면 관로내 유속에 급격한 변화가 생기고 압력변동이 발생하는 현상

▶ 97㈎ 04, 06, 14, 16, 18㈛
· 수격작용 특성

(2) 수격작용의 피해
① 압력강하로 관로가 찌그러진다.
② 압력강하로 관로 내 물이 증기압 이하로 되는 부분이 생기거나 수주(水柱)분리를 일으켜, 그 공동부가 다시 물로 채워질 때 큰 충격압을 발생시켜 관을 파괴한다.
③ 압력상승으로 펌프, 밸브, 관 등이 파괴된다.
④ 역지밸브(check valve) 등의 조치가 없으면 펌프, 원동기 역전에 의한 사고가 발생한다.

(3) 수격작용 방지법

① 부압(負壓) 또는 압력저하를 방지하기 위하여 토출측(구)관로 부근에 fly wheel, 조압수조(surge tank), 공기밸브(air valve) 및 공기실(air chamber) 등을 설치한다.
② 압력상승을 방지하기 위하여 토출측관로에 역지밸브(check valve), 안전밸브(safety valve)를 설치한다.
③ 관내유속을 감소시킨다.
④ 펌프의 급정지를 피한다.

5 펌프의 일반사항

(1) 펌프의 흡입관

① 흡입관은 충분한 흡입수두를 가져야 한다. 즉, 저수위로부터 흡입구까지의 수심은 흡입 관경의 1.5배 이상으로 하여야 하고 흡입관 끝에서 흡수정 바닥까지의 깊이는 0.8배 이상, strainer 하단으로부터 흡수정 바닥까지의 깊이는 0.5배 이상으로 하여야 한다.
② 펌프 한대마다 하나의 흡입관을 설치하여야 한다.
③ 흡입관을 수평으로 설치하는 것을 피하여야 하며, 부득이한 경우에는 가능한한 짧게 하고 펌프를 향하여 1/50 이상의 경사로 한다.
④ 흡입관은 연결부나 기타 부분으로부터 절대로 공기가 흡입하지 않도록 한다.
⑤ 흡입관과 흡수정 벽체사이의 거리는 관경의 1.5배 이상 두어야 한다.
⑥ 유속은 1.5m/sec 이하로 하는 것이 경제적이다.
⑦ 흡입관이 길 경우에는 중간에 진동방지대를 설치하도록 한다.

(2) 흡수정(습정)

① 흡수정은 펌프를 설치하는 위치 바로 밑에 축조하여야 하고, 부득이한 경우에도 될 수 있으면 가까운 거리에 설치하도록 한다.
② 흡수정은 수류가 난류나 와류를 일으키지 않는 구조로 해야 한다.

(3) 펌프의 토출량(양수량) 조절방법

① 펌프의 운전대수 조절
② 펌프의 토출밸브 조절
③ 펌프의 회전수 조절
④ 펌프의 토출구로부터 흡입구로 일부변경
⑤ 왕복펌프의 flange stroke(왕복거리) 변경

핵 심 문 제

1 펌프의 특성곡선(characteristic curve)은 펌프의 양수량(토출유량)과 무엇들과의 관계를 나타낸 것인가? [95, 02, 06, 08 ㉮ 10, 13, 17 ㉯]

㉮ 비속도, 수충압력, 양정
㉯ 양정, 효율, 동력
㉰ 운전방법, 수충압력, 양정
㉱ 공동지수, 양정, 효율

2 펌프의 시스템 수두곡선은 다음 중 어떤 항목의 관계를 나타내고 있는가? [99 ㉯]

㉮ 총수두와 양수량
㉯ 총수두와 효율
㉰ 총수두와 동력
㉱ 효율과 관경

3 펌프를 병렬로 연결시켜 사용해야 할 경우는 다음 중 어느 것인가? [99, 14 ㉯]

㉮ 양수량이 일정할 경우
㉯ 양정이 대단히 큰 경우
㉰ 양정이 낮은 경우
㉱ 양수량의 변화가 크고 양정의 변화가 적은 경우

4 펌프의 운전 중 공동현상(cavitation)을 방지하는 방법으로서 옳지 않은 것은? [97 ㉯]

㉮ 펌프의 고정위치를 가능한 한 높이고 흡입수두를 작게 한다.
㉯ 임펠러(impeller)를 수중에 잠기도록 한다.
㉰ 펌프의 회전수를 낮춘다.
㉱ 흡입관의 직경을 크게 하고 가능한 한 손실수두를 줄인다.

해 설

해설 1

펌프 특성곡선

펌프의 회전속도를 일정하게 고정하고 토출관의 밸브를 조절하여 펌프 용량을 변화시킬 때 나타나는 양정(H), 효율(η), 축동력(P_s)이 펌프용량(Q)의 변화에 따라 변하는 관계를 각기의 최대효율점에 대한 비율로 나타낸(입력과 출력) 곡선을 말한다.

해설 2

펌프의 시스템 수두곡선

① 총동수두(total dynamic head, TDH)와 양수량(Q)간의 관계를 나타낸 곡선이다.
② 속도수두(H_V)와 총마찰손실수두(H_F)가 양수량의 함수이고, 총정수두(H_L)도 수위의 변화 등 여러 요인에 의해 변동된다.

해설 3

펌프의 병렬운전

① 단독운전시 보다 양수량이 최대 2배로 증가한다.
② 양정의 변화가 적고 양수량의 변화가 큰 경우에 실시한다.

해설 4, 5

펌프의 공동현상 방지법

① 펌프의 설치 위치를 가능한 한 낮게 하고 흡입 양정(수두)를 작게 한다.
② 흡입관은 되도록 짧은 것이 좋고, 부득이할 경우 흡입관의 직경을 크게 한다.
③ 흡입측에서 펌프의 토출량을 감소시키는 일은 절대 피한다.
④ 임펠러를 수중에 잠기도록 한다.
⑤ 펌프의 회전수를 낮춘다.

정답 1. ㉯ 2. ㉮ 3. ㉱ 4. ㉮

5 다음은 공동현상(Cavitation)의 방지책을 설명한 것이다. 틀린 것은?
[06, 12 ㉑]

㉮ 마찰손실을 작게 한다.
㉯ 펌프의 흡입관경을 작게 한다.
㉰ 임펠러(impeller) 속도를 작게 한다.
㉱ 흡입수두를 작게 한다.

6 다음 중 pump의 효율 특성곡선을 나타낸 것은? [99 ㉑]

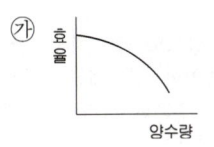
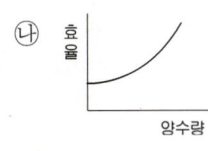
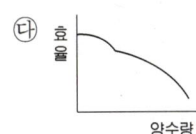
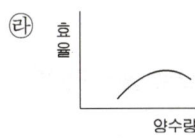

해설 6
펌프의 효율 특성곡선
펌프의 적정 양수량까지는 효율이 증가하다가 적정량을 초과하면 효율이 떨어진다.

7 다음 그림은 펌프의 표준 특성곡선이다. 전양정을 나타내는 곡선은 어느 것인가? (단, N$_S$: 100~250) [99 09 16 ㉑]

㉮ A
㉯ B
㉰ C
㉱ D

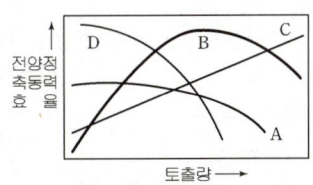

해설 7
전양정
토출량이 증가함에 따라 반대로 급격히 감소한다.

8 펌프의 공동현상(cavitation)에 관한 다음 설명 중 틀린 것은?

㉮ 공동현상이 생기면 소음이 발생한다.
㉯ 공동현상은 수격작용 때문에 생긴다.
㉰ 공동현상은 펌프의 임펠러 부근에 발생한다.
㉱ 펌프의 흡입양정이 너무 크고 임펠러 회전 속도가 빠르면 공동현상이 생긴다.

해설 8
펌프의 공동현상
부압(負壓)이 물의 증기압 이하로 되면 공동부(空洞部)가 나타나고 공동부가 물로 채워질 때 높은 충격압이 발생한다. 즉, 공동현상 발생시에 수격작용이 일어나는 것이지 수격작용 때문에 공동현상이 발생하는 것은 아니다

9 다음 중 공동현상(cavitation)의 발생조건이 아닌 것은?

㉮ 펌프의 물의 유속이 너무 빠를 때
㉯ 펌프의 흡수면 사이의 수직거리가 너무 길 때
㉰ 펌프의 회전수가 매우 빠를 때
㉱ 펌프의 소음이 심할 때

해설 9
펌프의 공동현상 발생조건
① 펌프의 물의 유속이 너무 빠를 때
② 펌프의 흡수면 사이의 수직거리가 너무 길 때
③ 펌프의 회전수가 매우 빠를 때
그리고, 공동현상이 발생하면 펌프의 소음이 심해진다.

정답 5. ㉯ 6. ㉱ 7. ㉱ 8. ㉯ 9. ㉱

10 하수펌프장에서는 실내공기를 자주 환기시켜야 하는데 그 목적은 다음 중 어느 것인가?

㉮ 펌프를 냉각시키기 위해서
㉯ 위험한 기체를 제거하기 위하여
㉰ 공동현상을 방지하기 위하여
㉱ 기압을 평준화하기 위하여

11 펌프의 흡입관에 대한 다음 사항 중 틀린 것은? [00, 07, 12, 15 ㉮]

㉮ 충분한 흡입수두를 가질 수 있도록 한다.
㉯ 흡입관은 가능하면 수평으로 설치되도록 하다.
㉰ 흡입관에는 공기가 유입되지 않도록 한다.
㉱ 펌프 한 대에 하나의 흡입관을 설치한다.

12 펌프의 공동현상을 방지하기 위한 흡입양정의 표준으로 옳은 것은? [01, 03 ㉮]

㉮ -11m 까지 ㉯ -9m 까지
㉰ -7m 까지 ㉱ -5m 까지

13 펌프에서 발생되는 수격작용을 방지하기 위한 방법이 아닌 것은? [02 ㉮]

㉮ 펌프에 플라이 휠(fly wheel)을 부착한다.
㉯ 토출관 쪽에 압력조절수조(surge tank)를 설치한다.
㉰ 관내 유속을 증가시키거나 관거상황을 변경한다.
㉱ 토출측 관로에 안전밸브 또는 공기밸브를 설치한다.

14 펌프의 수격현상 발생을 최소화 하기 위한 대책으로 옳지 않은 것은? [04, 19 ㉮]

㉮ 펌프에 플라이휠(fly wheel)을 붙여 펌프의 관성을 증가시킨다.
㉯ 관내 유속을 증가시켜 신속히 유송한다.
㉰ 압력조절수조(surge tank)를 설치한다.
㉱ 펌프의 급정지를 피한다.

15 수격현상의 발생을 경감시킬 수 있는 방안이 아닌 것은? [04, 09, 14 ㉯]

㉮ 펌프의 속도가 급격히 변화하는 것을 방지한다.
㉯ 관내의 유속을 크게 한다.
㉰ 밸브를 펌프 송출구 가까이 설치한다.
㉱ 압력조정 수조를 설치한다.

해 설

해설 10
하수펌프장
하수의 부패로 인한 폭발성 또는 유독성 기체가 발생하므로 자주 실내공기를 환기시켜 주어야 한다.

해설 11
흡입관
가능한한 수평으로 설치하는 것을 피한다. 부득이한 경우에는 가능한 한 짧게 하고 펌프를 향하여 1/50이상의 경사로 한다.

해설 12
흡입양정의 표준
흡입양정은 이론상으로는 완전한 진공을 얻을 수 있을 경우 10m까지 허용되나, 실제 터빈 펌프나 원심력 펌프에서는 5m이하로 하고 있다.

해설 13, 14, 15
펌프의 수격작용 방지방법
① 펌프에 fly wheel 부착 시켜 관성증가
② 토출관에 압력조절수조(surge tank) 설치
③ 관내의 유속저하
④ 토출관로에 안전밸브 또는 공기밸브(air valve) 설치
⑤ 펌프의 급정지 피함
⑥ 관거의 상황변경

정답 10. ㉯ 11. ㉯ 12. ㉱ 13. ㉰
14. ㉯ 15. ㉯

출제예상문제

CHAPTER 9 펌프장 시설

1. 수직형(입축형, vertical type)펌프는 횡축형(horizontal type)펌프에 비할 때 다음의 특징을 갖고 있다. 틀린 것은?

㉮ 설치면적을 작게 차지한다.
㉯ 캐비테이션(cavitation)에 대해 안전하다.
㉰ 기동이 복잡하고 효율이 낮다.
㉱ 구조가 복잡하여 점검이 불편하다.

[해설] 입축형과 횡축형의 비교

구분	입축형(vertical type)	횡축형(horizontal type)
장점	① 좁은면적에 설치할 수 있음 ② 흡수고(吸水高)가 높은 장소에는 횡축형보다 유리함 ③ 기동이 간단해서 운전이 확실하며 효율이 좋음 ④ 공동현상에 대해 안전하고 자동운전이 편리함	① 펌프장 바닥에 설치함으로 해체와 조립이 간단함 ② 펌프의 취급 및 내부 점검과 수리가 용이함 ③ 구조가 간단하므로 비교적 가격이 저렴함 ④ 건물의 높이가 낮음
단점	① 구조가 복잡하기 때문에 가격이 고가(高價)임 ② 조립분해가 복잡하므로 내부의 점검, 수리가 불편함 ③ 주요부가 수중(水中)에 있어 부식되기 쉬움	① 설치면적이 넓음 ② 기동력이 부족하고 자동운전이 불편함 ③ 공동현상에 대한 위험이 큼 ④ 흡수고가 높은 곳은 입축형보다 효율이 낮음

2. 일반적으로 상하수도의 양수용에 가장 많이 사용되는 펌프는?

㉮ 원심력 펌프
㉯ 터빈 펌프
㉰ 축류 펌프
㉱ 사류 펌프

[해설] 상하수도에서 가장 많이 이용되는 펌프는 원심력(와권) 펌프이다.

3. 하수도에서 가장 일반적으로 사용하는 pump 형태는?

㉮ 원심펌프
㉯ 용적식 펌프
㉰ Air-lift pump
㉱ 수중 motor pump

[해설] 일반적으로 상·하수도용으로 많이 사용되는 펌프는 원심력(와권) 펌프이다.

4. 임펠러의 회전에 의해서 물의 원심력을 발생시키고 이것을 수압력 및 속도에너지로 전환해서 양수하는 펌프를 무엇이라고 하는가?

㉮ 와권 pump
㉯ 축류 pump
㉰ 사류 pump
㉱ 횡류 pump

[해설] 원심력을 발생시키고 이 원심력에 의한 양수 펌프를 원심력(와권) 펌프라 한다.

5. 펌프시설에서 펌프흡입구의 유속은 초당 몇 m를 기준으로 하는가?

㉮ 0.5~1.0   ㉯ 1.0~2.0
㉰ 1.5~3.0   ㉱ 2.0~4.0

[해설] 펌프 흡입구의 유속은 펌프회전수, 실제 흡입양정을 고려하여 1.5~3.0m/sec를 표준으로 한다. 그러나 펌프회전수가 클 경우에는 유속을 크게 하고, 회전수가 작을수록 작게 한다. 또한 흡입양정이 크거나 흡입측의 손실수두가 클 때에는 유입속도를 작게 한다.

해답 1. ㉰ 2. ㉮ 3. ㉮ 4. ㉮ 5. ㉰

6. 다음은 상수도의 펌프에 관한 설명이다. 틀린 것은?

㉮ 흡수정은 펌프의 바로 밑 또는 가까운 거리에 설치한다.
㉯ 흡입 구경은 토출량과 흡입구 유속을 고려하여 정한다.
㉰ 효율은 일반적으로 토출량에 비례하여 낮아진다.
㉱ 흡입구의 유속은 1.5~3.0m/sec를 표준으로 한다.

[해설]
① 수면과 펌프의 차가 8m 이상이 되면 물을 흡입하지 못하기 때문에 펌프는 수면 가까이에 설치해야 한다.
② 펌프효율은 토출량에 일정수준까지는 정비례한다.

7. 양수량이 12m³/min, 전양정 8m, 회전수 1,160rpm 인 펌프의 형식은 어떤 것인가?

㉮ 터빈펌프   ㉯ 볼류트펌프
㉰ 사류펌프   ㉱ 축류펌프

[해설]
$$N_s = \frac{N \cdot Q^{1/2}}{H^{3/4}} = \frac{1160 \times 12^{1/2}}{8^{3/4}} = 844.7$$

여기서,
Ns : 비교회전도,   N : 펌프의 회전수(rpm)
Q : 펌프의 양수량(m³/min),   H : 펌프의 전양정(m)

비교회전도	터빈펌프	볼류트펌프	사류펌프	축류펌프
Ns	100~250	100~750	250~1200	1200~2000

Ns < 1,200 이므로 사류펌프가 적합하다.

8. 송수에 필요한 유량 Q = 0.7m³/sec, 길이 ℓ = 100m, 직경 40cm, 마찰손실계수 f = 0.03 인 관을 통하여 높이 30m에 양수할 경우 필요한 동력은 몇 마력(HP)인가? (단, 펌프의 합성효율은 80%이고, 마찰 이외의 손실은 무시한다.)

㉮ 122마력   ㉯ 244마력
㉰ 489마력   ㉱ 978마력

[해설] 펌프의 동력

① $A = \frac{\pi D^2}{4} = \frac{\pi \times 0.4^2}{4} = 0.1256 \,(m^2)$

② $v = \frac{Q}{A} = \frac{0.7}{0.1256} = 5.57 \,(m/sec)$

③ $H = h + h_L = h + f \cdot \frac{l}{D} \cdot \frac{v^2}{2g} = 30 + 0.03$
$\times \frac{100}{0.4} \times \frac{5.57^2}{2 \times 9.8} = 30 + 11.87 = 41.87 \,(m)$

④ $P_s = \frac{13.33\,QH}{\eta} = \frac{13.33 \times 0.7 \times 41.87}{0.8} = 488.36 (HP)$

9. 양수량이 15.5m³/min 일 때 적합한 펌프의 구경은 약 얼마인가? (단, 흡입구의 유속은 2m/sec로 가정한다.)

㉮ 200mm   ㉯ 300mm
㉰ 400mm   ㉱ 500mm

[해설]
$$D = 146\sqrt{\frac{Q}{v}} = 146\sqrt{\frac{15.5}{2}} = 400.6 \,(mm)$$

여기서 Q : 펌프의 토출유량 (m³/min)
         D : 펌프의 흡입구경 (mm)
         v : 흡입구의 유속 (m/sec)

10. 최고 효율점의 양수량 800m³/hr, 전양정 7m, 회전 속도 1,500rpm인 취수 펌프의 비회전도는 얼마인가?

㉮ 1,173   ㉯ 1,273
㉰ 1,373   ㉱ 1,473

[해설]
① $Q = 800 \,(m^3/hr) = 800 \times \frac{1}{60} = 13.33 \,(m^3/min)$

② $N_s = N \times \frac{Q^{1/2}}{H^{3/4}} = 1,500 \times \frac{13.33^{1/2}}{7^{3/4}} = 1,273$

여기서,
Ns : 비교회전도,   N : 펌프의 회전수(rpm)
Q : 펌프의 양수량(m³/min),   H : 펌프의 전양정(m)

해답 6. ㉰ 7. ㉰ 8. ㉰ 9. ㉰ 10. ㉯

11. 다음 펌프 중 양정(揚程)높이가 가장 낮은 것은?

㉮ 원심력 펌프   ㉯ 터빈 펌프
㉰ 사류 펌프   ㉱ 축류 펌프

[해설] 펌프의 종류

형식	전양정(m)	펌프 구경(mm)	N_S (비교회전도)
원심력펌프	4m 이상으로 양정이 가장 높다.	100이상	100~750
사류펌프	3~12m로 중간형이다.	200이상	250~1,200
축류펌프	4m 이하로 양정이 가장 낮다.	300이상	1,200~2,000

12. 양수량 450m³/min, 총양정 3.0m, 회전속도 90rpm인 펌프의 비교회전도는 얼마인가?

㉮ 약 840   ㉯ 약 1,150
㉰ 약 1,260 ㉱ 약 600

[해설]
$$N_s = N \times \frac{Q^{1/2}}{H^{3/4}} = 90 \times \frac{450^{1/2}}{3^{3/4}} = 837.6$$

여기서,
Ns : 비교회전도,   N : 펌프의 회전수(rpm)
Q : 펌프의 양수량(m³/min), H : 펌프의 전양정(m)

13. 지름이 0.2m, 길이 50m의 주철관으로 하수 유량 2.4m³/min을 15m의 높이까지 양수하려면 이 펌프에는 몇 마력이 필요한가? (단, 전체 손실수두는 0.9m이고, 펌프의 효율은 85%이다.)

㉮ 10마력   ㉯ 15마력
㉰ 20마력   ㉱ 25마력

[해설]
① 양수량$(Q) = 2.4 \, \text{m}^3/\text{min} = 2.4 \times \frac{1}{60}$
$= 0.04 \, (\text{m}^3/\text{sec})$
② 펌프의 전양정(H)=실양정+손실수두+관로 말단의 잔류 속도수두
$= 15 + 0.9 + 0 = 15.9 \, (\text{m})$

③ $P_s = \dfrac{1,000 \, QH}{75 \, \eta} = \dfrac{1,000 \times 0.04 \times 15.9}{75 \times 0.85}$
$= 9.98(HP)$

여기서 Q : 펌프의 양수량(m³/sec)
       H : 펌프의 전양정(m)
       η : 펌프의 효율(%)

14. 다음 펌프에 비교회전도를 구하는 식은? (단, N_S : 비교 회전도, N : 펌프의 회전수(rpm), Q : 최고 효율점의 양수량(m³/min), H : 최고 효율점의 전양정(m))

㉮ $N_S = N \dfrac{Q^{1/2}}{H^{3/4}}$

㉯ $N_S = N \dfrac{Q^{1/2}}{H^{4/3}}$

㉰ $N_S = N \dfrac{Q^{3/4}}{H^{1/2}}$

㉱ $N_S = N \dfrac{Q^{4/3}}{H^{1/2}}$

[해설]
비교회전도 $N_S = N \dfrac{Q^{1/2}}{H^{3/4}}$

15. 양수량 15.5m³/min, 양정 24m 펌프의 축동력은 얼마인가? (단, 펌프의 효율은 80%로 가정하고 물의 단위중량은 1,000kg/m³로 한다.)

㉮ 76.5kW   ㉯ 7.58kW
㉰ 465kW   ㉱ 46.5kW

[해설]
① 양수량$(Q) = 15.5 \, \text{m}^3/\text{min} = 15.5 \times \dfrac{1}{60}$
$= 0.26 \, (\text{m}^3/\text{sec})$
② $P_s = \dfrac{1,000 \, QH}{102 \, \eta} = \dfrac{1,000 \times 0.26 \times 24}{102 \times 0.80}$
$= 76.5 \, (\text{kW})$

여기서, Q : 펌프의 양수량(m³/sec)
       H : 펌프의 전양정(m)
       η : 펌프의 효율(%)

해답 11. ㉱ 12. ㉮ 13. ㉮ 14. ㉮ 15. ㉮

16. 어느 하수처리장에서 400m³/day의 하수를 처리할 때 펌프장의 습정의 부피를 얼마 정도로 하면 적당한가? (단, 습정 체류시간은 20분이다.)

㉮ 5.55m³ ㉯ 10.55m³
㉰ 15.55m³ ㉱ 20.55m³

[해설]
부피(V) = 유량(Q) × 시간(t) = 400 (m³/day) × $\dfrac{1}{24 \times 60}$ (day/min) × 20(min) = 5.56(m³)

17. 펌프로 유속 1.81m/sec 정도로 양수량 0.85m³/min을 양수할 때, 토출관의 지름은?

㉮ 100mm ㉯ 180mm
㉰ 360mm ㉱ 480mm

[해설]
$D = 146\sqrt{\dfrac{Q}{v}} = 146\sqrt{\dfrac{0.85}{1.81}} = 100$ (mm)

여기서, D : 펌프의 흡입구경 (mm)
Q : 펌프의 토출유량 (m³/min)
v : 흡입구의 유속 (m/sec)

18. 유량 300m³/hr의 물을 높이 10m까지 양수하고자 한다. 펌프 효율 75%일 때 펌프가 요구하는 동력은 얼마인가? (단, 물의 비중은 1이다.)

㉮ 0.01481HP ㉯ 0.1481HP
㉰ 1.481HP ㉱ 14.81HP

[해설]
① 양수량(Q) = 300 m³/hr = 300 × $\dfrac{1}{60 \times 60}$ = 0.083 (m³/sec)

② $P_s = \dfrac{1,000\,QH}{75\,\eta} = \dfrac{1,000 \times 0.083 \times 10}{75 \times 0.75}$
= 14.76 (HP)

여기서, Q : 펌프의 양수량(m³/sec)
H : 펌프의 전양정(m)
η : 펌프의 효율(%)

19. 중계 펌프장에서 오수를 양수하기 위하여 토출구경이 50mm이고, 토출관 내의 유속이 2m/sec인 펌프를 사용할 때의 양수량은 약 얼마인가?

㉮ 34.0m³/day ㉯ 340m³/day
㉰ 986m³/day ㉱ 98.6m³/day

[해설]
① 직경(D) = 50mm = 0.05m

② $Q = A \times 유속(v) = \dfrac{\pi \times D^2}{4} \times v$
= $\dfrac{\pi \times 0.05^2}{4} \times 2 = 0.004$ (m³/sec) = 345 (m³/day)

20. 송수관로에서 유량 $Q = 0.15$ m³/sec의 물을 하부수조에서 상부수조로 양수하는데 필요한 펌프의 용량은? (단, 각종 손실수두의 합은 5.59m, 수조간의 높이차는 15m, 펌프의 효율은 70%이다.)

㉮ 59마력 ㉯ 88.5마력
㉰ 118.0마력 ㉱ 29.5마력

[해설]
① 펌프의 전양정(H) = 실양정 + 손실수두 + 관로 말단의 잔류 속도수두
= 15 + 5.59 + 0 = 20.59(m)

② $P_s = \dfrac{1,000\,QH}{75\,\eta}$
= $\dfrac{1,000 \times 0.15 \times 20.59}{75 \times 0.70} = 58.83$ (HP)

여기서, Q : 펌프의 양수량(m³/sec)
H : 펌프의 전양정(m), η : 펌프의 효율(%)

21. 송수에 필요한 유량 $Q = 0.7$m³/sec, 길이 $\ell = 100$m, 직경 $D = 40$cm, 마찰손실계수 $f = 0.03$인 관을 통하여 높이 30m에 양수할 경우 필요한 동력은 몇 KW인가? (단, 펌프의 합성효율은 80%이고, 마찰 이외의 손실은 무시한다.)

㉮ 122KW
㉯ 244KW
㉰ 359KW
㉱ 489KW

해답 16. ㉮ 17. ㉮ 18. ㉱ 19. ㉯ 20. ㉮ 21. ㉰

해설

① 직경$(D) = 40cm = 0.4m$

② $v = \dfrac{Q}{A} = \dfrac{0.70}{\dfrac{\pi \times 0.4^2}{4}} = 5.57 \, (m/sec)$

③ $h_L = f \cdot \dfrac{l}{D} \cdot \dfrac{v^2}{2g} = 0.03 \times \dfrac{100}{0.4} \times \dfrac{5.57^2}{2 \times 9.8}$
   $= 11.87m$

④ $P_s = \dfrac{1,000 \, Q \, (h + h_L)}{102 \, \eta}$
   $= \dfrac{1,000 \times 0.70 \times (30 + 11.87)}{102 \times 0.8} = 359 \, (KW)$

22. 펌프에 관한 다음 설명 중 틀린 것은?

㉮ 수격현상은 펌프의 급정지시 발생한다.
㉯ 손실수두가 작을수록 실양정은 전양정과 비슷해진다.
㉰ 비속도(비교회전도)가 클수록 같은 시간에 많은 물을 송수할 수 있다.
㉱ 흡입구경은 토출량과 흡입구의 유속에 의해 결정된다.

해설
비속도(비교회전도)가 클수록 펌프는 흡입성능이 나쁘고 공동현상이 발생되기 쉽다. 따라서 같은 시간에 많은 물을 송수할 수 없다.

23. 펌프의 특성곡선(characteristic curve)은 펌프의 양수량과 무엇들과의 관계를 나타낸 것인가?

㉮ 비속도, 수충압력, 양정
㉯ 양정, 효율, 동력
㉰ 운전방법
㉱ 공동지수, 양정, 효율

해설
펌프의 특성 곡선은 펌프의 양수량(Q)과 양정(H), 효율(η), 축동력(P) 등의 관계를 나타낸 곡선이다.

24. 다음 펌프에 대한 설명 중 옳지 않은 것은?

㉮ 펌프는 될 수 있는 대로 최고 효율점 부근에서 운전하도록 대수 및 용량을 정한다.
㉯ 펌프의 설치 대수는 유지관리상 편리하도록 적게 하고 또 동일 용량의 것으로 한다.
㉰ 펌프는 용량이 클수록 효율이 낮으므로 될 수 있는 대로 소용량의 것으로 한다.
㉱ 건설비를 절약하기 위해 예비는 가능한 대수를 적게 또는 소용량으로 한다.

해설
펌프는 용량이 클수록 효율이 크기 때문에 가능한 한 대용량을 사용한다.

25. 다음 그림은 펌프 표준특성곡선이다. 펌프의 양정을 나타내는 곡선 형태는?

㉮ A
㉯ B
㉰ C
㉱ D

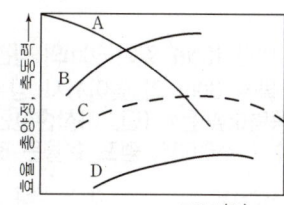

해설 펌프특성곡선
① A곡선 : 펌프양정
② C곡선 : 펌프효율
③ D곡선 : 펌프동력

26. 상수도의 펌프 시스템과 관련된 다음 사항 중 옳지 않은 것은?

㉮ 펌프의 공동현상(cavitation)은 펌프 내에 수증기가 증발하게 되어 발생한다.
㉯ 공동현상을 방지하기 위해서는 이용 가능한 유효 흡입수두가 필요 유효흡입수두보다 작게 해야 한다.
㉰ 수격작용(water hammer)은 펌프의 급가동 및 급중지시 발생한다.
㉱ 압력 조절수조(surge tank)를 설치하여 수격작용을 방지할 수 있다.

해답 22. ㉰   23. ㉯   24. ㉰   25. ㉮   26. ㉯

해설

이용되는 유효 흡입수두는 펌프가 필요로 하는 유효 흡입수두보다 1m 이상 크게 해야 한다.

27. 펌프에 관한 설명 중 틀린 것은?

㉮ 일반적으로 용량이 클수록 효율은 떨어진다.
㉯ 흡입 구경은 유량과 흡입구의 유속에 의해 결정된다.
㉰ 토출 구경은 흡입 구경, 전양정, 비교회전도 등을 고려하여 정한다.
㉱ 침수 우려가 있는 곳에는 입축형 또는 수중형을 설치한다.

해설

펌프는 용량이 클수록 효율이 높으므로 가능한 한 대용량의 것을 사용한다.

28. 내경 10cm, 길이 60m의 강관으로 매초당 0.02m³의 물을 30m의 높이까지 양수하려면 펌프의 소요 축동력(kW)은? (단, 마찰손실만 고려하고 마찰손실계수 f = 0.035, 펌프 효율은 85% 이다.)

㉮ 37kW   ㉯ 8.5kW
㉰ 7.6k   ㉱ 9.8kW

해설

① 관내유속 $(v) = \dfrac{Q}{A} = \dfrac{0.02}{\dfrac{\pi \times 0.1^2}{4}} = 2.55(\text{m/sec})$

② $h_L = f \cdot \dfrac{l}{D} \cdot \dfrac{v^2}{2g} = 0.035 \times \dfrac{60}{0.1} \times \dfrac{2.55^2}{2 \times 9.8}$
  $= 6.97(\text{m})$

③ 펌프의 전양정(H) = 실양정 + 손실수두 + 관로 말단의 잔류 속도수두
  $= 30 + 6.97 + 0 = 36.97(\text{m})$

$\therefore P_s = \dfrac{1{,}000\,QH}{102\eta} = \dfrac{1{,}000 \times 0.02 \times 36.97}{102 \times 0.85}$
  $= 8.53(\text{kW})$

여기서, Q : 펌프의 양수량(m³/sec)
        H : 펌프의 전양정(m)
        η : 펌프의 효율(%)

29. 펌프 선정시의 고려사항으로 가장 적당치 않은 것은?

㉮ 펌프의 특성   ㉯ 펌프의 효율
㉰ 펌프의 동력   ㉱ 펌프의 중량

해설

펌프의 선정시 펌프의 특성, 효율, 동력 등을 고려해야 한다.

30. 펌프에서 실양정의 의미에 대한 설명 중 가장 옳은 것은?

㉮ 저수위와 고수위의 차를 말한다.
㉯ 전양정 자체를 말한다.
㉰ 전양정에서 각종 손실수두를 뺀 것을 말한다.
㉱ 전양정에서 각종 손실수두를 더한 것을 말한다.

해설

펌프의 실양정은 전양정에서 각종 손실수두를 뺀 것을 말한다.

31. 펌프의 선정시 고려해야 할 사항이 아닌 것은?

㉮ 전양정이 6m이하이고 구경이 200mm이상인 경우에는 사류 또는 축류펌프를 선정함을 표준으로 한다.
㉯ 전양정이 20m이상이고 구경이 200mm이하의 경우는 원심력펌프를 선정함을 표준으로 한다.
㉰ 침수의 위험이 있는 장소에는 횡축펌프를 선정한다.
㉱ 심정호의 경우는 수중모터펌프 혹은 보아홀 펌프를 사용한다.

해설

펌프가 침수되면 모터의 고장이 가장 치명적이므로, 침수의 위험이 있는 곳은 모터의 높이를 수직으로 상승할 수 있는 종축(입축)형 펌프를 사용해야 한다.

해답 27. ㉮ 28. ㉯ 29. ㉱ 30. ㉰ 31. ㉰

32. 원심력 펌프의 특성에 대한 다음 내용 중 틀린 것은?

㉮ 비교적 작은 공간을 차지한다.
㉯ 기계조작이 복잡하다.
㉰ 왕복운동보다는 회전운동을 한다.
㉱ 최초 시설비가 저렴하다.

[해설] 원심력 펌프의 특성
① 비교적 작은 공간을 차지한다.
② 왕복운동보다는 회전운동을 한다.
③ 최초 시설비가 저렴하다.
④ 기계조작이 간단하다.
⑤ 운영과 수리가 간단하다.
⑥ 제한된 압력을 발생시키므로 고압에 의한 피해의 염려가 적다.

33. 다음 중 펌프의 표준 흡입양정은 어느 것이 적당한가?

㉮ -3m까지 ㉯ -5m까지
㉰ -7m까지 ㉱ -9m까지

[해설] 흡입양정은 이론상으로 완전한 진공이 얻어지면 약 10m까지 허용되나, 실제 터빈 펌프나 원심력 펌프에서는 5m이하로 할 필요가 있다. 흡입양정은 작을수록 펌프효율을 좋게 하고 공동현상(cavitation)을 방지하는 데 효과가 있다.

34. 직경 300mm, 길이 10m인 주철관을 사용하여 0.15 m³/sec의 물을 20m 높이에 양수하기 위한 펌프의 소요동력은 얼마인가? (단, 주철관의 조도계수 $n=0.012$, 마찰손실계수 $f=0.0268$, 펌프의 효율은 70%이고, 마찰 이외의 손실은 무시함)

㉮ 115.4HP ㉯ 57.7HP
㉰ 283.0HP ㉱ 28.3HP

[해설]
① 직경(D)=300mm=0.3m
② $v = \dfrac{Q}{A} = \dfrac{0.15}{\dfrac{\pi \times 0.3^2}{4}} = 2.12 \,(\text{m/sec})$
③ $h_L = f \cdot \dfrac{l}{D} \cdot \dfrac{v^2}{2g} = 0.0268 \times \dfrac{10}{0.3} \times \dfrac{2.12^2}{2 \times 9.8}$
$= 0.205 \,(\text{m})$

$\therefore P_s = \dfrac{1,000\, Q(h+h_L)}{75\, \eta}$
$= \dfrac{1,000 \times 0.15 \times (20+0.205)}{75 \times 0.7} = 57.73\,(HP)$

35. 다음 설명 중 옳지 않은 것은?

㉮ 취수, 도수, 송수펌프는 각각 계획 1일 최대 취수량 및 계획 1일 최대 급수량을 기준으로 한다.
㉯ 배수펌프는 계획 시간 최대 급수량을 기준으로 한다.
㉰ 가압펌프의 설치장소는 상류측에 부압(負壓)이 발생하지 않는 장소를 선정한다.
㉱ 화재시의 배수량은 계획 시간 최대 급수량을 초과하지 않는다.

[해설] 화재시 배수량이 펌프의 용량을 초과할 때에는 소화 전용 펌프를 설치한다.

36. 상수의 양수용으로 쓰이는 펌프로 적합한 종류는?

㉮ 다이어프램 펌프 ㉯ 플런저 펌프
㉰ 원심력 펌프   ㉱ 피스톤 펌프

[해설] 상수도에서 가장 많이 사용되는 펌프는 원심력 펌프이다.

37. 취수장에서 1일 15,000ton의 물을 양수하기 위한 펌프의 흡입구경은? (단, 토출구의 유속은 3m/sec이다.)

㉮ 272mm ㉯ 172mm
㉰ 135mm ㉱ 35mm

[해설]
① $Q = 15,000\,(\text{ton/day}) = \dfrac{15,000}{24 \times 60}$
$= 10.42\,(\text{m}^3/\text{min})$
② 흡입구경 $D = 146\sqrt{\dfrac{Q}{v}} = 146\sqrt{\dfrac{10.42}{3}}$
$= 272.1\,(\text{mm})$

해답 32. ㉯ 33. ㉯ 34. ㉯ 35. ㉱ 36. ㉰ 37. ㉮

38. 양수량이 8m³/min, 전양정이 4m, 회전수 1,160rpm인 펌프의 비회전도는 얼마인가?

㉮ 316 ㉯ 985
㉰ 1,160 ㉱ 1,436

[해설]

$$N_s = N \cdot \frac{Q^{1/2}}{H^{3/4}} = 1,160 \times \frac{8^{1/2}}{4^{3/4}} = 1,160$$

여기서, Ns : 비교회전도,
N : 펌프의 회전수(rpm)
Q : 펌프의 양수량(m³/min)
H : 펌프의 전양정(m)

39. 펌프의 특성곡선이다. 다음 중 어느 사항을 말하는가?

㉮ 펌프의 토출량과 양정, 효율 등의 관계
㉯ 펌프의 효율과 수두의 관계
㉰ 펌프의 마력과 전력량의 관계
㉱ 펌프의 토출구경과 양수량의 관계

[해설]

펌프의 특성곡선은 펌프의 양수량과 양정, 효율, 축동력 등의 관계를 나타낸 곡선이다.

40. 송수펌프의 전양정을 H, 관로 손실수두의 합을 $\sum h_f$, 실양정을 h_a, 관로말단의 잔류속도수두를 h_o 라 할 때 관계식으로 옳은 것은?

㉮ $H = h_a + \sum h_f + h_o$
㉯ $H = h_a - \sum h_f - h_o$
㉰ $H = h_a - \sum h_f + h_o$
㉱ $H = h_a + \sum h_f - h_o$

[해설]

펌프의 전양정(H)

H = 실양정(h_a) + 총손실수두($\sum h_f$) + 관로말단의 잔류속도수두(h_o)

41. 유량(Q)이 45m³/hr, 흡입구의 유속(V)이 3m/sec일 때 펌프의 구경(D)은 몇 mm로 하여야 하는가?

㉮ 73mm ㉯ 70mm
㉰ 67mm ㉱ 64mm

[해설]

펌프의 흡입구경 (D)

$$D(mm) = 146\sqrt{Q(m^3/min)/V(m/sec)}$$
$$= 146\sqrt{(45 \div 60)/3} = 73$$

또는

Q = AV, 45/(60×60)m³/sec = $\pi \times D^2/4 \times 3$m/sec

∴ D ≒ 0.073m ≒ 73mm

42. 관로유속의 급격한 변화로 인한 충격현상으로 관 내압력이 급상승 또는 급강하는 현상을 무엇이라 하는가?

㉮ 공동현상 ㉯ 수격현상
㉰ 진공현상 ㉱ 부압현상

[해설]

수격현상(수충현상 ; Water hammer)

관수로내 유속(유량)의 급변화에 따른 충격으로 압력이 급상승 또는 급강하 하는 현상

43. 다음의 설명 중 공동현상(Cavitation)의 방지책으로 틀린 것은?

㉮ 펌프 회전수를 높여 준다.
㉯ 손실수두를 작게 한다.
㉰ 펌프의 설치 위치를 낮게 한다.
㉱ 흡입관의 손실을 작게 한다.

[해설]

공동현상(Cavitation) 방지책

① 펌프의 회전수를 감소시킴
② 임펠러(Impeller)를 수중에 잠기도록 함
③ 펌프의 설치위치를 낮게 하고 흡입수두를 작게 함
④ 흡입관의 직경을 크게 하고 손실수두를 작게 함

해답 38. ㉰ 39. ㉮ 40. ㉮ 41. ㉮ 42. ㉯ 43. ㉮

Part 2
CIVIL ENGINEERING
과년도 출제문제

토목기사

2021년 1회 시행 출제문제해설 및 정답
2021년 2회 시행 출제문제해설 및 정답
2021년 3회 시행 출제문제해설 및 정답
2022년 1회 시행 출제문제해설 및 정답
2022년 2회 시행 출제문제해설 및 정답
2022년 3회 시행 출제문제해설 및 정답(CBT)
2023년 1회 시행 출제문제해설 및 정답(CBT)
2023년 2회 시행 출제문제해설 및 정답(CBT)
2023년 3회 시행 출제문제해설 및 정답(CBT)
2024년 1회 시행 출제문제해설 및 정답(CBT)
2024년 2회 시행 출제문제해설 및 정답(CBT)
2024년 3회 시행 출제문제해설 및 정답(CBT)
2025년 1회 시행 출제문제해설 및 정답(CBT)
2025년 2회 시행 출제문제해설 및 정답(CBT)
2025년 3회 시행 출제문제해설 및 정답(CBT)

토목산업기사

2023년 1월 1일부터 출제범위 변경 및 출제문항수가 20문항에서 10문항으로 변경되었습니다.

2023년 1회 시행 출제문제해설 및 정답(CBT)
2023년 2회 시행 출제문제해설 및 정답(CBT)
2023년 4회 시행 출제문제해설 및 정답(CBT)
2024년 1회 시행 출제문제해설 및 정답(CBT)
2024년 2회 시행 출제문제해설 및 정답(CBT)
2024년 3회 시행 출제문제해설 및 정답(CBT)
2025년 1회 시행 출제문제해설 및 정답(CBT)
2025년 2회 시행 출제문제해설 및 정답(CBT)
2025년 3회 시행 출제문제해설 및 정답(CBT)

CBT대비 기사 6회 실전테스트

- CBT 토목기사 제1회 (2025년 제1회 과년도)
- CBT 토목기사 제2회 (2025년 제3회 과년도)
- CBT 토목기사 제3회 (2024년 제1회 과년도)
- CBT 토목기사 제4회 (2024년 제3회 과년도)
- CBT 토목기사 제5회 (2023년 제1회 과년도)
- CBT 토목기사 제6회 (2023년 제3회 과년도)

CBT대비 산업기사 6회 실전테스트

- CBT 토목산업기사 제1회 (2025년 제1회 과년도)
- CBT 토목산업기사 제2회 (2025년 제3회 과년도)
- CBT 토목산업기사 제3회 (2024년 제1회 과년도)
- CBT 토목산업기사 제4회 (2024년 제3회 과년도)
- CBT 토목산업기사 제5회 (2023년 제1회 과년도)
- CBT 토목산업기사 제6회 (2023년 제4회 과년도)

CBT 대비 토목기사, 토목산업기사 실전테스트는 홈페이지 (www.inup.co.kr)에서 CBT 모의 TEST로 함께 체험하실 수 있습니다.

과년도 출제문제

21 토목기사
1회 시행 출제문제

1. 펌프의 흡입구경(口徑)을 결정하는 식으로 옳은 것은? (단, Q : 펌프의 토출량(m³/min), V : 흡입구의 유속(m/s))

① $D = 146\sqrt{\dfrac{Q}{V}}$ (mm)

② $D = 186\sqrt{\dfrac{Q}{V}}$ (mm)

③ $D = 273\sqrt{\dfrac{Q}{V}}$ (mm)

④ $D = 357\sqrt{\dfrac{Q}{V}}$ (mm)

2. 보통 상수도의 기본계획에서 대상이 되는 기간인 계획(목표)년도는 계획수립시부터 몇 년간을 표준으로 하는가?

① 3~5년간　　② 5~10년간
③ 15~20년간　④ 25~30년간

3. 정수시설에 관한 사항으로 틀린 것은?

① 착수정의 용량은 체류시간을 5분 이상으로 한다.
② 고속응집침전지의 용량은 계획정수량의 1.5~2.0시간분으로 한다.
③ 정수지의 용량은 첨두수요대처용량과 소독접촉시간용량을 고려하여 최소 2시간분 이상을 표준으로 한다.
④ 플록형성지에서 플록형성시간은 계획정수량에 대하여 20~40분간을 표준으로 한다.

4. 완속여과지와 비교할 때, 급속여과지에 대한 설명으로 틀린 것은?

① 대규모 처리에 적합하다.
② 세균처리에 있어 확실성이 적다.
③ 유입수가 고탁도인 경우에 적합하다.
④ 유지관리비가 적게 들고 특별한 관리기술이 필요치 않다.

5. 혐기성 소화 공정의 영향인자가 아닌 것은?

① 온도　　　　② 메탄함량
③ 알칼리도　　④ 체류시간

6. 자연수 중 지하수의 경도(硬度)가 높은 이유는 어떤 물질이 지하수에 많이 함유되어 있기 때문인가?

① O_2　　　　② CO_2
③ NH_3　　　 ④ Colloid

7. 유량이 100,000m³/d이고 BOD가 2mg/L인 하천으로 유량 1,000m³/d, BOD 100mg/L인 하수가 유입된다. 하수가 유입된 후 혼합된 BOD의 농도는?

① 1.97mg/L　② 2.97mg/L
③ 3.97mg/L　④ 4.97mg/L

8. 양수량이 8m³/min, 전양정이 4m, 회전수 1,160rpm인 펌프의 비교회전도는?

① 316　　　　② 985
③ 1160　　　 ④ 1436

9. 일반적인 상수도 계통도를 올바르게 나열한 것은?

① 수원 및 저수시설 → 취수 → 배수 → 송수 → 정수 → 도수 → 급수
② 수원 및 저수시설 → 취수 → 도수 → 정수 → 송수 → 배수 → 급수
③ 수원 및 저수시설 → 취수 → 배수 → 정수 → 급수 → 도수 → 송수
④ 수원 및 저수시설 → 취수 → 도수 → 정수 → 급수 → 배수 → 송수

10. 지하의 사질(砂質) 여과층에서 수두차 h가 0.5m이며 투과거리 l이 2.5m인 경우 이곳을 통과하는 지하수의 유속은? (단, 투수계수는 0.3cm/s)

① 0.06cm/s
② 0.015cm/s
③ 1.5cm/s
④ 0.375cm/s

11. 일반 활성슬러지 공정에서 다음 조건과 같은 반응조의 수리학적 체류시간(HRT) 및 미생물 체류시간(SRT)을 모두 올바르게 배열한 것은? (단, 처리수 SS를 고려한다.)

[조건]
- 반응조 용량(V) : 10,000m³
- 반응조 유입수량(Q) : 40,000m³/d
- 반응조로부터의 잉여슬러지량(Q_w) : 400m³/d
- 반응조 내 SS 농도(X) : 4,000mg/L
- 처리수의 SS 농도(X_e) : 20mg/L
- 잉여슬러지농도(X_w) : 10,000mg/L

① HRT : 0.25일, SRT : 8.35일
② HRT : 0.25일, SRT : 9.53일
③ HRT : 0.5일, SRT : 10.35일
④ HRT : 0.5일, SRT : 11.53일

12. 분류식 하수도의 장점이 아닌 것은?

① 오수관내 유량이 일정하다.
② 방류장소 선정이 자유롭다.
③ 사설 하수관에 연결하기가 쉽다.
④ 모든 발생오수를 하수처리장으로 보낼 수 있다.

13. 송수시설의 계획송수량은 원칙적으로 무엇을 기준으로 하는가?

① 연평균 급수량
② 시간최대급수량
③ 계획1일 평균급수량
④ 계획1일 최대급수량

14. 배수면적이 2km²인 유역 내 강우의 하수관로 유입시간이 6분, 유출계수가 0.70일 때 하수관로 내 유속이 2m/s인 1km 길이의 하수관에서 유출되는 우수량은? (단, 강우강도 $I=\dfrac{3,500}{t+25}$mm/h, t의 단위 : [분])

① 0.3m³/s
② 2.6m³/s
③ 34.6m³/s
④ 43.9m³/s

15. 도수관을 설계할 때 자연유하식인 경우에 평균유속의 허용한도로 옳은 것은?

① 최소한도 0.3m/s, 최대한도 3.0m/s
② 최소한도 0.1m/s, 최대한도 2.0m/s
③ 최소한도 0.2m/s, 최대한도 1.5m/s
④ 최소한도 0.5m/s, 최대한도 1.0m/s

16. 하수도용 펌프 흡입구의 표준유속으로 옳은 것은? (단, 흡입구의 유속은 펌프의 회전수 및 흡입실양정 등을 고려한다.)

① 0.3~0.5m/s
② 1.0~1.5m/s
③ 1.5~3.0m/s
④ 5.0~10.0m/s

17. 정수장에서 응집제로 사용하고 있는 폴리염화 알루미늄(PACl)의 특성에 관한 설명으로 틀린 것은?

① 탁도제거에 우수하며 특히 홍수 시 효과가 탁월하다.
② 최적 주입율의 폭이 크며, 과잉으로 주입하여도 효과가 떨어지지 않는다.
③ 물에 용해되면 가수분해가 촉진되므로 원액을 그대로 사용하는 것이 바람직하다.
④ 낮은 수온에 대해서도 응집효과가 좋지만 황산알루미늄과 혼합하여 사용해야 한다.

18. 펌프의 공동현상(cavitation)에 대한 설명으로 틀린 것은?

① 공동현상이 발생하면 소음이 발생한다.
② 공동현상은 펌프의 성능 저하의 원인이 될 수 있다.
③ 공동현상을 방지하려면 펌프의 회전수를 크게 해야 한다.
④ 펌프의 흡입양정이 너무 작고 임펠러 회전속도가 빠를 때 공동현상이 발생한다.

19. 활성슬러지의 SVI가 현저하게 증가되어 응집성이 나빠져 최종 침전지에서 처리수의 분리가 곤란하게 되었다. 이것은 활성슬러지의 어떤 이상 현상에 해당되는가?

① 활성슬러지의 부패
② 활성슬러지의 상승
③ 활성슬러지의 팽화
④ 활성슬러지의 해체

20. 하수도 시설에 손상을 주지 않기 위하여 설치되는 전처리(primary treatment) 공정을 필요로 하지 않는 폐수는?

① 산성 또는 알칼리성이 강한 폐수
② 대형 부유물질만을 함유하는 폐수
③ 침전성 물질을 다량으로 함유하는 폐수
④ 아주 미세한 부유물질만을 함유하는 폐수

해설 및 정답

1. 펌프의 흡입구경(口徑) 산정식

$$D = 146\sqrt{\dfrac{Q}{V}} \text{ (mm)}$$

여기서, Q : 펌프의 토출량(m^3/min)
V : 흡입구의 유속(m/sec)

2. 상수도 기본계획의 계획(목표)년도
15~20년(표준)

3. 착수정의 용량
체류시간을 1.5분 이상으로 함

4. 급속여과지의 특징
유지관리비가 많이 들고 특별한 관리기술이 필요함

5. 혐기성 소화공정의 영향인자
체류시간, 온도(적합), pH(적합), 알칼리도(HCO_3^-, CO_3^{2-}, OH^-) 영양염류(충분), 독성물질(중금속, 유기용매) 없을 것

6. 지하수의 경도(硬度)가 높은 이유
지하수에 CO_2가 많이 함유되어 있기 때문임

7. 하천의 혼합 BOD농도(C_m)
질량평형 방정식(Mass Balance)에 의해

$$C_m = \dfrac{(Q_1 \times C_1) + (Q_2 \times C_2)}{Q_1 + Q_2}$$

$$= \dfrac{(100{,}000 \times 2) + (1{,}000 \times 100)}{100{,}000 + 1{,}000} = 2.97 \text{(mg/L)}$$

8. 펌프의 비교회전도(N_s)

$$N_s = N \cdot \dfrac{Q^{1/2}}{H^{3/4}} = 1{,}160 \times \dfrac{8^{1/2}}{4^{3/4}} = 1{,}160$$

여기서, N_s : 비교회전도
N : 펌프의 회전수(rpm)
Q : 펌프의 양수량(m^3/min)
H : 펌프의 전양정(m)

9. 일반적인 상수도 계통도
수원 및 저수시설 → 취수 → 도수 → 정수 → 송수 → 배수 → 급수

10. 지하수의 유속(v)
지하수의 흐름법칙인 Darcy법칙에서

$$v = K \cdot I = K \cdot \dfrac{\Delta h}{l} = 0.3 \times \dfrac{50}{250} = 0.06 \text{(cm/sec)}$$

11. 수리학적 체류시간(HRT) 및 미생물 체류시간(SRT)
① 수리학적 체류시간(HRT)

$$HRT = \dfrac{V}{Q} = \dfrac{10{,}000}{40{,}000} = 0.25 \text{(day)}$$

② 미생물의 체류시간(SRT)

$$SRT = \dfrac{V \cdot X}{Q_w \cdot X_w + (Q - Q_w)X_e}$$

$$= \dfrac{10{,}000 \times 4{,}000}{(400 \times 10{,}000) + (40{,}000 - 400) \times 20}$$

$$\fallingdotseq 8.35 \text{(day)}$$

여기서, V : 폭기조 부피(m^3)
Q : 유입수량(m^3/day)
X : 폭기조내 MLSS 농도(mg/L)
SS : 폭기조내 유입 부유물농도(mg/L)
t : 체류시간(day)($= \dfrac{V}{Q}$)
X_w : 잉여슬러지 농도(mg/L)
X_e : 유출수 내의 SS농도(mg/L)
Q_w : 잉여슬러지량(m^3/day)

12. 분류식 하수도의 특징
오수와 우수를 2개의 관거로 각각 배제하므로 사설 하수관의 연결이 용이하지 않음

13. 송수시설의 계획송수량 기준수량
계획1일 최대급수량

14. 하수관의 우수유출량(Q)
합리식에서

$$Q = \dfrac{1}{3.6} CIA$$

$$= \dfrac{1}{3.6} \times 0.7 \times \dfrac{3{,}500}{14.33 + 25} \times 2 = 34.6 \text{(m}^3\text{/sec)}$$

여기서, 유달시간(T) = 유입시간(t_1) + 유하시간(t_2)

$$= 6\text{min} + \dfrac{1{,}000\text{m}}{2 \times 60\text{m/min}} = 14.33 \text{(min)}$$

$$= t \text{(강우지속시간)}$$

15. 도수관의 평균유속 허용한도(자연유하식)
① 최소한도 : 모래의 침전방지를 위해 0.3m/sec
② 최대한도 : 수로내면의 마모를 방지하기 위하여 3.0m/sec

16. 하수도용 펌프 흡입구의 표준유속
1.5~3.0m/sec

17. 폴리염화 알루미늄(PACl) 응집제의 특성
황산알루미늄과 혼합하여 사용하면 침전물이 발생하여 송액관이 폐색되므로 혼합사용해서는 안됨

18. 펌프의 공동현상(Cavitation) 방지법
펌프의 회전수를 작게 해야 함

19. 활성슬러지의 팽화(Bulking)
SVI(슬러지 밀도지수)가 현저하게 증가되어 응집성이 나빠져 최종침전지에서 처리수의 분리가 곤란하게 되는 활성슬러지의 이상 현상

20. 전처리(primary treatment) 공정이 불필요한 폐수
아주 미세한 부유물질만을 함유하는 폐수

1. ①	2. ③	3. ①	4. ④	5. ②
6. ②	7. ②	8. ③	9. ②	10. ①
11. ①	12. ③	13. ④	14. ③	15. ①
16. ③	17. ④	18. ③	19. ③	20. ④

과년도출제문제

21 토목기사 2회 시행 출제문제

1. 수원으로부터 취수된 상수가 소비자까지 전달되는 일반적 상수도의 구성순서로 옳은 것은?

① 도수 → 송수 → 정수 → 배수 → 급수
② 송수 → 정수 → 도수 → 급수 → 배수
③ 도수 → 정수 → 송수 → 배수 → 급수
④ 송수 → 정수 → 도수 → 배수 → 급수

2. 하수관의 접합방법에 관한 설명으로 틀린 것은?

① 관중심접합은 관의 중심을 일치시키는 방법이다.
② 관저접합은 관의 내면하부를 일치시키는 방법이다.
③ 단차접합은 지표의 경사가 급한 경우에 이용되는 방법이다.
④ 관정접합은 토공량을 줄이기 위하여 평탄한 지형에 많이 이용되는 방법이다.

3. 계획오수량을 결정하는 방법에 대한 설명으로 틀린 것은?

① 지하수량은 1일1인 최대오수량의 20% 이하로 한다.
② 생활오수량의 1일1인 최대오수량은 1일1인 최대급수량을 감안하여 결정한다.
③ 계획1일 평균오수량은 계획1일 최소오수량의 1.3~1.8배를 사용한다.
④ 합류식에서 우천 시 계획오수량은 원칙적으로 계획시간 최대오수량의 3배 이상으로 한다.

4. 하수배제방식의 특징에 관한 설명으로 틀린 것은?

① 분류식은 합류식에 비해 우천시 월류의 위험이 크다.
② 합류식은 단면적이 크기 때문에 검사, 수리 등에 유리하다.
③ 합류식은 분류식(2계통 건설)에 비해 건설비가 저렴하고 시공이 용이하다.
④ 분류식은 강우초기에 노면의 오염물질이 포함된 세정수가 직접 하천 등으로 유입된다.

5. 호수의 부영양화에 대한 설명으로 틀린 것은?

① 부영양화는 정체성 수역의 상층에서 발생하기 쉽다.
② 부영양화된 수원의 상수는 냄새로 인하여 음료수로 부적당하다.
③ 부영양화로 식물성 플랑크톤의 번식이 증가되어 투명도가 저하된다.
④ 부영양화로 생물활동이 활발하여 깊은 곳의 용존산소가 풍부하다.

6. 하수관로시설의 유량을 산출할 때 사용하는 공식으로 옳지 않은 것은?

① Kutter 공식
② Janssen 공식
③ Manning 공식
④ Hazen-Williams 공식

7. 하수처리장 유입수의 SS농도는 200mg/L이다. 1차 침전지에서 30% 정도가 제거되고, 2차 침전지에서 85%의 제거효율을 갖고 있다. 하루 처리용량이 3,000m^3/day일 때 방류되는 총 SS량은?

① 63kg/day
② 2,800g/day
③ 6,300kg/day
④ 6,300mg/day

8. 상수도관의 관종 선정 시 기본으로 하여야 하는 사항으로 틀린 것은?

① 매설조건에 적합해야 한다.
② 매설환경에 적합한 시공성을 지녀야 한다.
③ 내압보다는 외압에 대하여 안전해야 한다.
④ 관 재질에 의하여 물이 오염될 우려가 없어야 한다.

9. 하수도 계획에서 계획우수량 산정과 관계가 없는 것은?
① 배수면적　② 설계강우
③ 유출계수　④ 집수관로

10. 먹는 물의 수질기준 항목에서 다음 특성을 갖고 있는 수질기준항목은?

- 수질기준은 10mg/L를 넘지 아니할 것
- 하수, 공장폐수, 분뇨 등과 같은 오염물의 유입에 의한 것으로 물의 오염을 추정하는 지표항목
- 유아에게 청색증 유발

① 불소　② 대장균군
③ 질산성 질소　④ 과망간산 칼륨소비량

11. 관의 길이가 1,000m이고, 지름이 20cm인 관을 지름 40cm의 등치관으로 바꿀 때, 등치관의 길이는? (단, Hazen-Williams 공식을 사용한다.)
① 2,924.2m　② 5,924.2m
③ 19,242.6m　④ 29,242.6m

12. 폭기조의 MLSS농도 2,000mg/L, 30분간 정치시킨 후 침전된 슬러지 체적이 300mL/L일 때 SVI는?
① 100　② 150
③ 200　④ 250

13. 유출계수가 0.6이고, 유역면적 2km²에 강우강도 200mm/hr의 강우가 있었다면 유출량은? (단, 합리식을 사용한다.)
① $24.0m^3/sec$　② $66.7m^3/sec$
③ $240m^3/sec$　④ $667m^3/sec$

14. 정수지에 대한 설명으로 틀린 것은?
① 정수지 상부는 반드시 복개해야 한다.
② 정수지의 유효수심은 3~6m를 표준으로 한다.
③ 정수지의 바닥은 저수위보다 1m 이상 낮게 해야 한다.
④ 정수지란 정수를 저류하는 탱크로 정수시설로는 최종단계의 시설이다.

15. 합류식 관로의 단면을 결정하는데 중요한 요소로 옳은 것은?
① 계획우수량
② 계획1일 평균오수량
③ 계획시간 최대오수량
④ 계획시간 평균오수량

16. 혐기성 소화법과 비교할 때, 호기성 소화법의 특징으로 옳은 것은?
① 최초시공비 과다
② 유기물 감소율 우수
③ 저온시의 효율 향상
④ 소화슬러지의 탈수 불량

17. 정수처리 시 염소소독 공정에서 생성될 수 있는 유해물질은?
① 유기물　② 암모니아
③ 환원성 금속이온　④ THM(트리할로메탄)

18. 정수시설 내에서 조류를 제거하는 방법 중 약품으로 조류를 산화시켜 침전처리 등으로 제거하는 방법에 사용되는 것은?
① Zeolite　② 황산구리
③ 과망간산 칼륨　④ 수산화 나트륨

19. 병원성 미생물에 의하여 오염되거나 오염될 우려가 있는 경우, 수도꼭지에서의 유리잔류 염소는 몇 mg/L 이상 되도록 하여야 하는가?

① 0.1mg/L ② 0.4mg/L
③ 0.6mg/L ④ 1.8mg/L

20. 배수관의 갱생공법으로 기존 관내의 세척(cleaning)을 수행하는 일반적인 공법으로 옳지 않은 것은?

① 제트(jet) 공법
② 실드(shield) 공법
③ 로터리(rotary) 공법
④ 스크레이퍼(scraper) 공법

해설 및 정답

1. 일반적 상수도의 구성순서

수원 및 저수 → 취수 → 도수 → 정수 → 송수 → 배수 → 급수

2. 하수관의 관정접합
- 수위차가 크고 지세가 급한 곳에 적합
- 토공량이 많아지는 단점의 접합방법

3. 계획1일 평균오수량

계획1일 최대오수량의 0.70~0.80배(70~80%)를 표준으로 함

4. 분류식 하수배제방식의 특징

합류식에 비해 우천시 월류의 위험이 작음

5. 호수의 부영양화

부영양화로 인해 생물활동이 활발하여 수심 깊은 곳의 용존산소가 부족함

6. 하수관로시설의 유량산출공식

Kutter공식, Manning공식, Hazen-Williams공식
(※ Janssen공식 : 관거의 외압산정식)

7. 하수처리장의 총부유물질(SS) 방류량
① 1차 침전지(제거율 ; 30%, 미제거율 : 70%)의 미제거 SS량
   = 유입수의 SS농도×하수처리용량×미제거율
   = 0.2kg/m³×3,000m³/day×0.7=420kg/day
② 2차 침전지(제거율 : 85%, 미제거율 : 15%)의 미제거 SS량
   = 1차 침전지의 미제거 SS량×미제거율
   = 420kg/day×0.15=63kg/day(총부유물질(SS) 방류량)

8. 상수도관의 관종 선정 시 기본사항

내압과 외압에 대하여 모두 안전해야 함

9. 하수도 계획에서 계획우수량 산정(합리식) 시 고려사항
① 배수(유역)면적
② 설계강우(확률년별 강우강도)
③ 유출계수
④ 유달시간

10. 질산성 질소의 특성

- 수질기준은 10mg/L를 넘지 아니할 것
- 하수, 공장폐수, 분뇨 등과 같은 오염물의 유입에 의한 것으로 물의 오염을 추정하는 지표 항목
- 유아에게 청색증 유발

11. 등치관의 길이(L_2)

$$L_2 = L_1 \left(\frac{D_2}{D_1}\right)^{4.87} = 1,000 \times \left(\frac{40}{20}\right)^{4.87} = 29,242.6 \text{(m)}$$

12. 슬러지 용적 지수(SVI)

$$SVI = \frac{SV(\text{mL/L})}{MLSS \text{ 농도}(\text{mg/L})} \times 10^3 = \frac{300}{2,000} \times 10^3 = 150$$

13. 합리식의 유출량(Q)

$$Q = \frac{1}{3.6} CIA = \frac{1}{3.6} \times 0.6 \times 200 \times 2 = 66.7 (\text{m}^3/\text{sec})$$

14. 정수지의 바닥

오랜기간 동안의 물때나 침전물이 퇴적하므로 저수위보다 15cm 이상 낮게 해야 함

15. 합류식 관로의 단면결정 시 주요 요소

계획우수량(Q)

16. 호기성 소화법의 특징
① 최초시공비 절감
② 유기물 감소율 불량
③ 저온시의 효율 불량
④ 소화슬러지의 탈수 불량

17. THM(트리할로메탄)

정수처리 시 염소소독 공정에서 생성되는 소독부산물 질로서 발암물질

18. 황산구리(황산동 ; $CuSO_4$)

정수시설 내에서 조류의 산화 및 침전 등의 제거약품

19. 수도꼭지에서의 유리잔류염소 기준치
- 평상시 : 0.2mg/L 이상
- 비상시(병원성 미생물에 의하여 오염 또는 오염될 우려가 있는 경우) : 0.4mg/L 이상

20. 배수관의 갱생(세척 ; cleaning)공법
① 제트(jet) 공법
② 폴리픽(polly pig)공법
③ 로터리(rotary) 공법
④ 스크레이퍼(scraper) 공법
⑤ 에어샌드(air sand)공법
※ 실드(shield) 공법 : 연약지반 등에서 shield를 사용하여 시행하는 터널공법

1. ③	2. ④	3. ③	4. ①	5. ④
6. ②	7. ①	8. ③	9. ④	10. ③
11. ④	12. ②	13. ②	14. ③	15. ①
16. ④	17. ④	18. ②	19. ②	20. ②

과년도 출제문제

21 토목기사
3회 시행 출제문제

1. 공동현상(Cavitation)의 방지책에 대한 설명으로 옳지 않은 것은?

① 마찰손실을 작게 한다.
② 흡입양정을 작게 한다.
③ 펌프의 흡입관경을 작게 한다.
④ 임펠러(Impeller) 속도를 작게 한다.

2. 간이 공공하수처리시설에 대한 설명으로 틀린 것은?

① 계획구역이 작으므로 유입하수의 수량 및 수질의 변동을 고려하지 않는다.
② 용량은 우천 시 계획오수량과 공공하수처리시설의 강우 시 처리가능량을 고려한다.
③ 강우 시 우수처리에 대한 문제가 발생할 수 있으므로 강우 시 3Q처리가 가능하도록 계획한다.
④ 간이 공공하수처리시설은 합류식 지역 내 500m³/day 이상 공공하수처리장에 설치하는 것을 원칙으로 한다.

3. 하수관로의 개·보수계획 시 불명수량 산정방법 중 일평균하수량, 상수사용량, 지하수 사용량, 오수전환율 등을 주요 인자로 이용하여 산정하는 방법은?

① 물사용량 평가법
② 일최대유량 평가법
③ 야간생활하수 평가법
④ 일최대-최소유량 평가법

4. 맨홀에 인버트(invert)를 설치하지 않았을 때의 문제점이 아닌 것은?

① 맨홀 내에 퇴적물이 쌓이게 된다.
② 환기가 되지 않아 냄새가 발생한다.
③ 퇴적물이 부패되어 악취가 발생한다.
④ 맨홀 내에 물기가 있어 작업이 불편하다.

5. 수중의 질소화합물의 질산화 진행과정으로 옳은 것은?

① $NH_3-N \to NO_2-N \to NO_3-N$
② $NH_3-N \to NO_3-N \to NO_2-N$
③ $NO_2-N \to NO_3-N \to NH_3-N$
④ $NO_3-N \to NO_2-N \to NH_3-N$

6. 상수도 시설 중 접합정에 관한 설명으로 옳지 않은 것은?

① 철근 콘크리트조의 수밀구조로 한다.
② 내경은 점검이나 모래반출을 위해 1m 이상으로 한다.
③ 접합정의 바닥을 얕은 우물구조로 하여 집수하는 예도 있다.
④ 지표수나 오수가 침입하지 않도록 맨홀을 설치하지 않는 것이 일반적이다.

7. 지름 15cm, 길이 50m인 주철관으로 유량 0.03m³/sec의 물을 50m 양수하려고 한다. 양수시 발생되는 총손실수두가 5m이었다면 이 펌프의 소요축동력(kW)은? (단, 여유율은 0이며 펌프의 효율은 80%이다.)

① 20.2 kW
② 30.5 kW
③ 33.5 kW
④ 37.2 kW

8. 우수조정지의 구조형식으로 옳지 않은 것은?

① 댐식(제방높이 15m 미만)
② 월류식
③ 지하식
④ 굴착식

9. 급수보급율 90%, 계획 1인1일 최대급수량 440L, 인구 12만의 도시에 급수계획을 하고자 한다. 계획 1일 평균급수량은? (단, 계획유효율은 0.85로 가정한다.)

① 33,915m³/day ② 36,660m³/day
③ 38,600m³/day ④ 40,392m³/day

10. 하수도의 효과에 대한 설명으로 적합하지 않은 것은?

① 도시환경의 개선 ② 토지이용의 감소
③ 하천의 수질보전 ④ 공중위생상의 효과

11. 혐기성 소화공정의 영향인자가 아닌 것은?

① 독성물질 ② 메탄함량
③ 알칼리도 ④ 체류시간

12. 비교회전도(N_s)의 변화에 따라 나타나는 펌프특성 곡선의 형태가 아닌 것은?

① 양정곡선 ② 유속곡선
③ 효율곡선 ④ 축동력곡선

13. 정수시설 중 배출수 및 슬러지처리시설에 대한 아래 설명 중 ㉠, ㉡에 알맞은 것은?

> 농축조의 용량은 계획슬러지량의 (㉠)시간분, 고형물부하는 (㉡)kg/(m²·d)을 표준으로 하되, 원수의 종류에 따라 슬러지의 농축특성에 큰 차이가 발생할 수 있으므로 처리대상 슬러지의 농축특성을 조사하여 결정한다.

① ㉠ : 12~24, ㉡ : 5~10
② ㉠ : 12~24, ㉡ : 10~20
③ ㉠ : 24~48, ㉡ : 5~10
④ ㉠ : 24~48, ㉡ : 10~20

14. 우리나라 먹는 물 수질기준에 대한 내용으로 틀린 것은?

① 색도는 2도를 넘지 아니할 것
② 페놀은 0.005mg/L를 넘지 아니할 것
③ 암모니아성 질소는 0.5mg/L 넘지 아니할 것
④ 일반 세균은 1mL 중 100CFU을 넘지 아니할 것

15. 호소의 부영양화에 관한 설명으로 옳지 않은 것은?

① 부영양화의 원인물질은 질소와 인 성분이다.
② 부영양화는 수심이 낮은 호소에서도 잘 발생된다.
③ 조류의 영향으로 물에 맛과 냄새가 발생되어 정수에 어려움을 유발시킨다.
④ 부영양화된 호소에서는 조류의 성장이 왕성하여 수심이 깊은 곳까지 용존산소 농도가 높다.

16. 계획우수량 산정에 필요한 용어에 대한 설명으로 옳지 않은 것은?

① 강우강도는 단위시간 내에 내린 비의 양을 깊이로 나타낸 것이다.
② 유하시간은 하수관로로 유입한 우수가 하수관 길이 L을 흘러가는데 필요한 시간이다.
③ 유출계수는 배수구역 내로 내린 강우량에 대하여 증발과 지하로 침투하는 양의 비율이다.
④ 유입시간은 우수가 배수구역의 가장 원거리 지점으로부터 하수관로로 유입하기까지의 시간이다.

17. 상수도에서 많이 사용되고 있는 응집제인 황산알루미늄에 대한 설명으로 옳지 않은 것은?

① 가격이 저렴하다.
② 독성이 없으므로 다량으로 주입할 수 있다.
③ 결정은 부식성이 없어 취급이 용이하다.
④ 철염에 비하여 플록의 비중이 무겁고 적정 pH의 폭이 넓다.

18. 다음 그림은 포기조에서 부유물질의 물질수지를 나타낸 것이다. 포기조내 MLSS를 3,000mg/L로 유지하기 위한 슬러지의 반송비는?

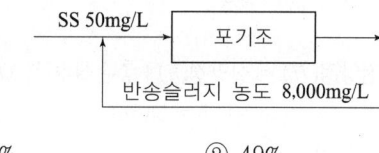

① 39% ② 49%
③ 59% ④ 69%

19. 하수의 배제방식에 대한 설명 중 옳지 않은 것은?

① 분류식은 관로오접의 철저한 감시가 필요하다.
② 합류식은 분류식보다 유량 및 유속의 변화폭이 크다.
③ 합류식은 2계통의 분류식에 비해 일반적으로 건설비가 많이 소요된다.
④ 분류식은 관거내의 퇴적이 적고 수세효과를 기대할 수 없다.

20. 상수슬러지의 함수율이 99%에서 98%로 되면 슬러지의 체적은 어떻게 변하는가?

① 1/2로 증대 ② 1/2로 감소
③ 2배로 증대 ④ 2배로 감소

해설 및 정답

1. 공동현상(Cavitation)의 방지대책
펌프의 흡입관경을 크게 함

2. 간이 공공하수처리시설의 특징
계획구역이 작을 경우에는 유입하수의 수량 및 수질의 변동을 고려하여야 함

3. 물사용량 평가법(하수관로의 개·보수 계획 시 불명수량 산정방법)
일평균하수량, 상수사용량, 지하수사용량, 오수전환율 등을 주요 인자로 이용하여 하수관로의 불명수량(침입수/유입수)을 산정하는 방법

4. 맨홀의 인버트(invert)
맨홀의 유지관리를 위해 작업원이 작업할 때 맨홀내의 퇴적물이 쌓이게 되면 상당히 불편하고 하수가 원활히 흐르지 못하며, 부패시 악취가 발생되는 것을 방지하기 위해 설치한 반원형 수로
※ 맨홀 내의 환기 : 맨홀뚜껑에 있는 구멍을 통해 이루어짐

5. 수중의 질소화합물의 질산화 진행과정
NH_3-N(암모니아성 질소) → NO_2-N(아질산성 질소) → NO_3-N(질산성 질소)

6. 상수도 시설(집수매거)의 접합정(Juction Well)
①,④ 지표수나 오수가 침입하지 않도록 철근콘크리트조의 수밀구조로 하고, 맨홀을 설치하는 것이 일반적이다.
② 내경은 집수매거의 점검이나 모래반출을 용이하게 하기 위해 1m 이상으로 한다.
③ 바닥을 얕은 우물구조로 하여 집수하는 예도 있다.

7. 펌프의 축동력, P_s(kW)
$$P_s(\text{kW}) = \frac{9.8\,QH}{\eta} = \frac{9.8\,Q(h+\Sigma h_L)}{\eta}$$
$$= \frac{9.8 \times 0.03 \times (50+5)}{0.8} = 20.2(\text{kW})$$
여기서,
펌프의 전양정(H) = 실양정(h) + 총손실수두(Σh_L)
$= 50 + 5 = 55$(m)

8. 우수조정지(유수지)의 구조형식
① 댐식(제방높이 15m 미만)
② 현지 저류식
③ 지하식
④ 굴착식

9. 계획 1일 평균급수량
계획 1일 평균급수량
= 계획 1일 최대급수량 × 계획유효율 × 급수보급율
= 계획 1인1일 최대급수량 × 급수인구 × 계획유효율 × 급수보급율
= $0.44\text{m}^3/$(인·일) × 120,000인 × 0.85 × 0.90
= $40,392(\text{m}^3/\text{day})$

10. 하수도의 효과
① 도시환경의 개선   ② 토지이용의 증대
③ 하천의 수질보전   ④ 공중위생상의 효과

11. 혐기성 소화공정의 영향인자
독성물질(중금속, 유기용매) 없을 것, 알칼리도(HCO_3^-, CO_3^{2-}, OH^-), 체류시간, 온도(적합), pH(적합), 영양염류(충분)

12. 펌프특성곡선의 형태
양정(H)곡선, 효율(η)곡선, 축동력(P_s)곡선

13. 정수시설 중 배출수 및 슬러지처리시설의 농축조
㉠ 농축조 용량 : 계획슬러지량의 24~48시간분
㉡ 고형물 부하(량) : 10~20kg/(m^2·day)

14. 우리나라 먹는 물의 수질기준

색도는 5도를 넘지 아니할 것

15. 호소의 부영양화 특성

수심이 깊은 곳 : 조류의 사체(死體) 등으로 인한 침전물로 용존산소의 농도가 감소함

16. 계획우수량 산정관련 용어

유출계수(C) : 배수구역 내에 내린 총강우량($I \cdot A$)에 대한 실제 하수관로에 유입된 우수유출량(Q)의 비율

→ $C = \dfrac{Q}{I(강우강도) \cdot A(배수면적)}$

17. 황산알루미늄(황산반토 ; 명반) 응집제의 특성

철염에 비하여 플록의 비중이 가볍고, 적정 pH(pH 7)의 폭이 좁은 것이 단점(pH 5.5~8.5).

18. 슬러지의 반송비(r)

$r = \dfrac{\text{포기조의 MLSS 농도(mg/L)} - \text{유입수의 SS 농도(mg/L)}}{\text{반송슬러지의 SS 농도(mg/L)} - \text{포기조의 MLSS 농도(mg/L)}}$

$= \dfrac{3{,}000\text{mg/L} - 50}{8{,}000\text{mg/L} - 3{,}000\text{mg/L}} = 0.59 \times 100\% = 59\%$

19. 합류식 하수배제방식

오수와 우수를 1계통의 합류관로로 배제하는 방식으로 2계통의 분류식보다 건설비가 적게 소요됨

20. 상수슬러지의 체적(V_2)

$\dfrac{V_1}{V_2} = \dfrac{100 - W_2}{100 - W_1}$

여기서, V_1 : 최초 슬러지의 체적(m³)
V_2 : 최종 슬러지의 체적(m³)
W_1 : 최초 슬러지의 함수율(%)
W_2 : 최종 슬러지의 함수율(%)

$\dfrac{V_1}{V_2} = \dfrac{100 - 98}{100 - 99} \Rightarrow V_2 = \dfrac{100 - 99}{100 - 98} \times V_1 = \dfrac{1}{2} V_1$

∴ 상수슬러지의 체적은 1/2로 감소함

1. ③	2. ①	3. ①	4. ②	5. ①
6. ④	7. ①	8. ②	9. ④	10. ②
11. ②	12. ②	13. ④	14. ①	15. ④
16. ③	17. ④	18. ③	19. ③	20. ②

과년도출제문제

22 토목기사
1회 시행 출제문제

1. 상수도의 정수공정에서 염소소독에 대한 설명으로 틀린 것은?
① 염소살균은 오존살균에 비해 가격이 저렴하다.
② 염소소독의 부산물로 생성되는 THM은 발암성이 있다.
③ 암모니아성질소가 많은 경우에는 클로라민이 형성된다.
④ 염소요구량은 주입염소량과 유리 및 결합잔류염소량의 합이다.

2. 집수매거(infiltration galleries)에 관한 설명으로 옳지 않은 것은?
① 철근콘크리트조의 유공관 또는 권선형 스크린관을 표준으로 한다.
② 집수매거 내의 평균유속은 유출단에서 1m/s 이하가 되도록 한다.
③ 집수매거의 부설방향은 표류수의 상황을 정확하게 파악하여 위수할 수 있도록 한다.
④ 집수매거는 하천부지의 하상 밑이나 구하천부지 등의 땅속에 매설하여 복류수나 자유수면을 갖는 지하수를 취수하는 시설이다.

3. 수평으로 부설한 지름 400mm, 길이 1,500m의 주철관으로 20,000m^3/day의 물이 수송될 때 펌프에 의한 송수압이 53.95N/cm^2이면 관수로 끝에서 발생되는 압력은? (단, 관의 마찰손실계수 $f=0.03$, 물의 단위중량 $\gamma=9.81kN/m^3$, 중력가속도 $g=9.8m/s^2$)
① 3.5×10^5N/m^2
② 4.5×10^5N/m^2
③ 5.0×10^5N/m^2
④ 5.5×10^5N/m^2

4. 하수처리시설의 2차 침전지에 대한 내용으로 틀린 것은?
① 유효수심은 2.5~4m를 표준으로 한다.
② 침전지 수면의 여유고는 40~60cm 정도로 한다.
③ 직사각형인 경우 길이와 폭의 비는 3:1 이상으로 한다.
④ 표면부하율은 계획1일 최대오수량에 대하여 25~40m^3/m^2·day로 한다.

5. "A"시의 2021년 인구는 588,000명이며 연간 약 3.5%씩 증가하고 있다. 2027년도를 목표로 급수시설의 설계에 임하고자 한다. 1일 1인 평균급수량은 250L이고 급수율을 70%로 가정할 때 계획1일 평균급수량은? (단, 인구추정식은 등비증가법으로 산정한다.)
① 약 126,500m^3/day
② 약 129,000m^3/day
③ 약 258,000m^3/day
④ 약 387,000m^3/day

6. 운전 중인 펌프의 토출량을 조절할 때 공동현상을 일으킬 우려가 있는 것은?
① 펌프의 회전수를 조절한다.
② 펌프의 운전대수를 조절한다.
③ 펌프의 흡입측 밸브를 조절한다.
④ 펌프의 토출측 밸브를 조절한다.

7. 원수수질 상황과 정수수질 관리목표를 중심으로 정수방법을 선정할 때 종합적으로 검토하여야 할 사항으로 틀린 것은?
① 원수수질
② 원수시설의 규모
③ 정수시설의 규모
④ 정수수질의 관리목표

8. 하수도의 계획오수량 산정 시 고려할 사항이 아닌 것은?

① 계획오수량 산정 시 산업폐수량을 포함하지 않는다.
② 오수관로는 계획시간 최대오수량을 기준으로 계획한다.
③ 합류식에서 하수의 차집관로는 우천 시 계획오수량을 기준으로 계획한다.
④ 우천 시 계획오수량 산정 시 생활오수량 외 우천 시 오수관로에 유입되는 빗물의 양과 지하수의 침입량을 추정하여 합산한다.

9. 주요 관로별 계획하수량으로서 틀린 것은?

① 오수관로 : 계획시간 최대오수량
② 차집관로 : 우천 시 계획오수량
③ 우수관로 : 계획우수량 + 계획오수량
④ 합류식 관로 : 계획시간 최대오수량 + 계획우수량

10. 하수도시설에서 펌프의 선정기준 중 틀린 것은?

① 전양정이 5m 이하이고 구경이 400mm 이상인 경우는 축류펌프를 선정한다.
② 전양정이 4m 이상이고 구경이 80mm 이상인 경우는 원심펌프를 선정한다.
③ 전양정이 5~20m이고 구경이 300mm 이상인 경우 원심사류펌프를 선정한다.
④ 전양정이 3~12m이고 구경이 400mm 이상인 경우는 원심펌프를 선정한다.

11. 아래 펌프의 표준특성 곡선에서 양정을 나타내는 것은? (단, N_s : 100~250)

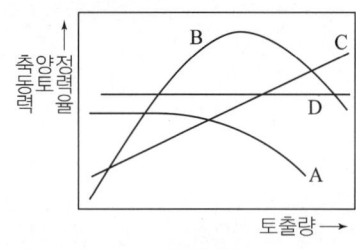

① A
② B
③ C
④ D

12. 양수량이 15.5m³/min이고 전양정이 24m일 때, 펌프의 축동력은? (단, 펌프의 효율은 80%로 가정한다.)

① 4.65kW
② 7.58kW
③ 46.57kW
④ 75.95kW

13. 맨홀설치 시 관경에 따라 맨홀의 최대 간격에 차이가 있다. 관로 직선부에서 관경 600mm 초과 1,000mm 이하에서 맨홀의 최대 간격 표준은?

① 60m
② 75m
③ 90m
④ 100m

14. 수원의 구비요건으로 틀린 것은?

① 수질이 좋아야 한다.
② 수량이 풍부하여야 한다.
③ 가능한 한 낮은 곳에 위치하여야 한다.
④ 가능한 한 수돗물 소비지에서 가까운 곳에 위치하여야 한다.

15. 다음 중 저농도 현탁입자의 침전형태는?

① 단독침전
② 응집침전
③ 지역침전
④ 압밀침전

16. 계획우수량 산정 시 유입시간을 산정하는 일반적인 Kerby 식과 스에이시 식에서 각 계수와 유입시간의 관계로 틀린 것은?

① 유입시간과 지표면거리는 비례 관계이다.
② 유입시간과 지체계수는 반비례 관계이다.
③ 유입시간과 설계강우강도는 반비례 관계이다.
④ 유입시간과 지표면 평균경사는 반비례 관계이다.

17. 자연유하방식과 비교할 때 압송식 하수도에 관한 특징으로 틀린 것은?

① 불명수(지하수 등)의 침입이 없다.
② 하향식 경사를 필요로 하지 않는다.
③ 관로의 매설깊이를 낮게 할 수 있다.
④ 유지관리가 비교적 간편하고 관로 점검이 용이하다.

18. 염소소독 시 생성되는 염소성분 중 살균력이 가장 강한 것은?

① OCl^-
② $HOCl$
③ $NHCl_2$
④ NH_2Cl

19. 석회를 사용하여 하수를 응집 침전하고자 할 경우의 내용으로 틀린 것은?

① 콜로이드성 부유물질의 침전성이 향상된다.
② 알칼리도, 인산염, 마그네슘 등과도 결합하여 제거 시킨다.
③ 석회첨가에 의한 인 제거는 황산반토보다 슬러지 발생량이 일반적으로 적다.
④ 알칼리제를 응집보조제로 첨가하여 응집침전의 효과가 향상되도록 pH를 조정한다.

20. 정수처리의 단위 조작으로 사용되는 오존처리에 관한 설명으로 틀린 것은?

① 유기물질의 생분해성을 증가시킨다.
② 염소주입에 앞서 오존을 주입하면 염소의 소비량을 감소시킨다.
③ 오존은 자체의 높은 산화력으로 염소에 비하여 높은 살균력을 가지고 있다.
④ 인의 제거능력이 뛰어나고 수온이 높아져도 오존 소비량은 일정하게 유지된다.

해설 및 정답

1. 상수도 정수공정의 염소소독
염소요구량 = 유리잔류염소량 − 결합잔류염소량

2. 집수매거(infiltration galleries)의 부설방향
복류수의 상황을 정확하게 파악하여 효율적으로 취수할 수 있도록 흐름방향에 직각으로 설치함

3. 관수로 말단 수압
① 유량$(Q) = 20,000 \text{m}^3/\text{day} = 0.23 \text{m}^3/\text{sec}$
② 내경$(D) = 400 \text{mm} = 0.4 \text{m}$
③ 유속$(v) = \dfrac{Q}{A} = \dfrac{Q}{\pi \times D^2/4} = \dfrac{0.23}{3.14 \times 0.4^2/4}$
   $= 1.83 \text{m/sec}$
④ 마찰손실수두$(h_L) = f \cdot \dfrac{l}{D} \cdot \dfrac{v^2}{2g}$
   $= 0.03 \times \dfrac{1500}{0.4} \times \dfrac{1.83^2}{2 \times 9.8} = 19.22 \text{m}$
⑤ 마찰손실 수압$(p_f) = \omega \cdot h_L = 9.81 \text{kN/m}^3 \times 19.22 \text{m}$
   $= 188.55 \text{kN/m}^2$
∴ 관수로 말단 수압 = 펌프 송수압 − 마찰손실 수압
   $= 53.95 \text{N/m}^2 - 188.55 \text{kN/m}^2$
   $= 539500 \text{N/m}^2 - 188550 \text{N/m}^2$
   $= 350950 \text{N/m}^2 = 3.50950 \times 10^5 \text{N/m}^2$

4. 하수처리시설의 2차 침전지
표면부하율 : 계획1일 최대오수량에 대하여 $20 \sim 30 \text{m}^3/\text{m}^2 \cdot \text{day}$

5. 계획1일 평균급수량의 계산
① 등비증가(급수)법의 급수인구추정
   $P_n = P_o(1+r)^n$
   $= 588,000(1+0.035)^{2027-2021} ≒ 722,802(\text{인})$
② 계획1일 평균급수량
   = 계획1인1일 평균급수량 × 급수인구 × 급수보급율
   $= 250 \text{L}/(\text{인} \cdot \text{일}) \times 722,802(\text{인}) \times 0.70$
   $= 126,490,350 (\text{L/day}) = 126,490,350 (\text{m}^3/\text{day})$
   $≒ 126,500 (\text{m}^3/\text{day})$

6. 펌프의 토출량 조절시 공동현상 발생조건
운전 중인 펌프의 토출량을 조절하기 위하여 펌프의 흡입측 밸브를 조절할 경우 공동현상(cavitation)이 발생할 우려가 있음

7. 정수방법 선정시의 검토사항
① 원수의 수질
② 운전제어 및 유지관리기술의 수준
③ 정수시설의 규모
④ 정수수질의 관리목표

8. 하수도의 계획오수량 산정시 고려사항
계획오수량 = 생활오수량(가정오수량+영업오수량) + 공장(산업)폐수량 + 지하수량

9. 하수관로의 계획하수량
우수관로 : 계획우수량

10. 하수도시설의 펌프 선정기준
원심펌프 : 전양정이 3~12m, 구경이 400mm 이상

11. 펌프특성곡선의 양정곡선 (단, Ns : 100~250)
A 곡선

12. 펌프의 축동력(Ps)
① 양수량$(Q) = 15.5 (\text{m}^3/\text{min}) = 15.5 \times \dfrac{1}{60}$
   $= 0.25833 (\text{m}^3/\text{sec})$
② $P_s = \dfrac{9.8\,QH}{\eta} = \dfrac{9.8 \times 0.25833 \times 24}{0.80} = 75.95 (\text{kW})$

13. 맨홀의 최대 간격 표준
관경 600mm 초과 ~ 1,000mm 이하 : 100m

14. 수원의 구비요건
가능한 한 높은 곳에 위치할 것

15. 저농도 현탁입자의 침전형태
단독침전(독립침전, I형 침전)

16. 계획우수량 산정시의 유입시간(t_1) 특성
- 유입시간(t_1) 산정공식 :
  - Kerby공식 : $t_1 = 1.44\left(\dfrac{L \cdot n}{S^{1/2}}\right)^{0.467}$,
  - 스에이시(末石)공식 : $t_1 = \left(\dfrac{L \cdot n_e}{S^{1/2} \cdot I^{2/3}}\right)^{3/5}$
  ① 유입시간(t_1)과 지표면 거리(L) : 비례관계
  ② 유입시간(t_1)과 지체계수(n) : 비례관계
     ※ n : 지표면 형태에 따른 특성치로서 조도계수와 유사함
  ③ 유입시간(t_1)과 지표면 평균경사(S) : 반비례관계
  ④ 유입시간(t_1)과 설계강우강도(I) : 반비례관계

17. 압송식 하수도의 특징
유지관리가 비교적 어렵고, 관로점검이 곤란함

18. 염소소독시 살균력의 세기
오존(O_3) 〉 차아염소산($HOCl$) 〉 차아염소산이온(OCl^-) 〉 클로라민

19. 석회첨가에 의한 하수의 응집침전의 특징
석회첨가에 의한 인 제거는 황산반토보다 슬러지 발생량이 증가함

20. 오존처리의 특성
철, 망간의 제거능력이 뛰어나고, 수온이 높아지면 오존 소비량은 증가함

1. ④	2. ③	3. ①	4. ④	5. ①
6. ③	7. ②	8. ①	9. ③	10. ④
11. ①	12. ④	13. ④	14. ③	15. ①
16. ②	17. ④	18. ②	19. ③	20. ④

과년도 출제문제

22 토목기사 2회 시행 출제문제

1. 1인 1일 평균급수량에 대한 일반적인 특징으로 옳지 않은 것은?

① 소도시는 대도시에 비해서 수량이 크다.
② 공업이 번성한 도시는 소도시보다 수량이 크다.
③ 기온이 높은 지방이 추운 지방보다 수량이 크다.
④ 정액급수의 수도는 계량급수의 수도보다 소비수량이 크다.

2. 침전지의 수심이 4m이고 체류시간이 1시간일 때, 이 침전지의 표면부하율(Surface loading rate)은?

① $48\,m^3/m^2 \cdot d$ ② $72\,m^3/m^2 \cdot d$
③ $96\,m^3/m^2 \cdot d$ ④ $108\,m^3/m^2 \cdot d$

3. 인구가 10,000명인 A시에 폐수 배출시설 1개소가 설치될 계획이다. 이 폐수 배출시설의 유량은 $200m^3/d$이고, 평균 BOD 배출농도는 $500gBOD/m^3$이다. 이를 고려하여 A시에 하수종말처리장을 신설할 때 적합한 최소 계획인구수는? (단, 하수종말처리장 건설 시 1인 1일 BOD부하량은 50gBOD/인·d로 한다.)

① 10,000명 ② 12,000명
③ 14,000명 ④ 16,000명

4. 우수관로 및 합류식관로 내에서의 부유물 침전을 막기 위하여 계획우수량에 대하여 요구되는 최소 유속은?

① 0.3 m/s ② 0.6 m/s
③ 0.8 m/s ④ 1.2 m/s

5. 어느 A시의 장래 2030년의 인구추정결과 85,000명으로 추산되었다. 계획년도의 1인 1일당 평균급수량을 380L, 급수보급율을 95%로 가정할 때 계획년도의 계획1일 평균급수량은?

① $30,685\,m^3/d$ ② $31,205\,m^3/d$
③ $31,555\,m^3/d$ ④ $32,305\,m^3/d$

6. 정수처리 시 트리할로메탄 및 곰팡이 냄새의 생성을 최소화하기 위해 침전지와 여과지 사이에 염소제를 주입하는 방법은?

① 전염소처리 ② 중간염소처리
③ 후염소처리 ④ 이중염소처리

7. 하수도의 관로계획에 대한 설명으로 옳은 것은?

① 오수관로는 계획1일 평균오수량을 기준으로 계획한다.
② 관로의 역사이펀을 많이 설치하여 유지관리 측면에서 유리하도록 계획한다.
③ 합류식에서 하수의 차집관로는 우천 시 계획오수량을 기준으로 계획한다.
④ 오수관로와 우수관로가 교차하여 역사이펀을 피할 수 없는 경우는 우수관로를 역사이펀으로 하는 것이 바람직하다.

8. 지름 400mm, 길이 1,000m인 원형 철근콘크리트관에 물이 가득 차 흐르고 있다. 이 관로 시점의 수두가 50m 라면 관로 종점의 수압(kgf/cm²)은? (단, 손실수두는 마찰손실수두 만을 고려하며 마찰계수(f)=0.05, 유속은 Manning공식을 이용하여 구하고 조도계수(n)=0.013, 동수경사(I)=0.0010이다.)

① $2.92\,kgf/cm^2$ ② $3.28\,kgf/cm^2$
③ $4.83\,kgf/cm^2$ ④ $5.31\,kgf/cm^2$

9. 교차연결(Cross connection)에 대한 설명으로 옳은 것은?

① 2개의 하수도관이 90°로 서로 연결된 것을 말한다.
② 상수도관과 오염된 오수관이 서로 연결된 것을 말한다.
③ 두 개의 하수관로가 교차해서 지나가는 구조를 말한다.
④ 상수도관과 하수도관이 서로 교차해서 지나가는 것을 말한다.

10. 슬러지 농축과 탈수에 대한 설명으로 틀린 것은?

① 탈수는 기계적 방법으로 진공여과, 가압여과 및 원심탈수법 등이 있다.
② 농축은 매립이나 해양투기를 하기 전에 슬러지 용적을 감소시켜 준다.
③ 농축은 자연의 중력에 의한 방법이 가장 간단하며 경제적인 처리 방법이다.
④ 중력식 농축조에 슬러지 제거기 설치 시 탱크바닥의 기울기는 1/10 이상이 좋다.

11. 송수시설에 대한 설명으로 옳은 것은?

① 급수관, 계량기 등이 붙어 있는 시설
② 정수장에서 배수지까지 물을 보내는 시설
③ 수원에서 취수한 물을 정수장까지 운반하는 시설
④ 정수 처리된 물을 소요수량만큼 수요자에게 보내는 시설

12. 압력식 하수도 수집 시스템에 대한 특징으로 틀린 것은?

① 얕은 층으로 매설할 수 있다.
② 하수를 그라인더 펌프에 의해 압송한다.
③ 광범위한 지형 조건 등에 대응할 수 있다.
④ 유지관리가 비교적 간편하고, 일반적으로는 유리 관리비용이 저렴하다.

13. pH가 5.6에서 4.3으로 변화할 때 수소이온 농도는 약 몇 배가 되는가?

① 약 13배　　② 약 15배
③ 약 17배　　④ 약 20배

14. 하수처리계획 및 재이용계획을 위한 계획오수량에 대한 설명으로 옳은 것은?

① 지하수량은 계획1일 평균오수량의 10~20%로 한다.
② 계획1일 평균오수량은 계획1일 최대오수량의 70~80%를 표준으로 한다.
③ 합류식에서 우천 시 계획오수량은 원칙적으로 계획1일 평균오수량의 3배 이상으로 한다.
④ 계획1일 최대오수량은 계획시간 최대오수량을 1일의 수량으로 환산하여 1.3~1.8배를 표준으로 한다.

15. 배수관망의 구성방식 중 격자식과 비교한 수지상식의 설명으로 틀린 것은?

① 수리계산이 간단하다.
② 사고 시 단수구간이 크다.
③ 제수밸브를 많이 설치해야 한다.
④ 관의 말단부에 물이 정체되기 쉽다.

16. 슬러지 처리의 목표로 옳지 않은 것은?

① 중금속 처리
② 병원균의 처리
③ 슬러지의 생화학적 안정화
④ 최종 슬러지 부피의 감량화

17. 합류식과 분류식에 대한 설명으로 옳지 않은 것은?

① 분류식의 경우 관로 내 퇴적은 적으나 수세효과는 기대할 수 없다.
② 합류식의 경우 일정량 이상이 되면 우천 시 오수가 월류한다.
③ 합류식의 경우 관경이 커지기 때문에 2계통인 분류식보다 건설비용이 많이 든다.
④ 분류식의 경우 오수와 우수를 별개의 관로로 배제하기 때문에 오수의 배제계획이 합리적이다.

18. 하수의 고도처리에 있어서 질소와 인을 동시에 제거하기 어려운 공법은?

① 수정 Phostrip 공법
② 막분리 활성슬러지법
③ 혐기무산소 호기조합법
④ 응집제 병용형 생물학적 질소제거법

19. 저수지에서 식물성 플랑크톤의 과도성장에 따라 부영양화가 발생될 수 있는데, 이에 대한 가장 일반적인 지표기준은?

① COD 농도
② 색도
③ BOD와 DO 농도
④ 투명도(Secchi disk depth)

20. 정수장의 소독 시 처리수량이 10,000m³/d인 정수장에서 염소를 5mg/L의 농도로 주입할 경우 잔류염소 농도가 0.2mg/L이었다. 염소요구량은? (단, 염소의 순도는 80%이다.)

① 24 kg/d   ② 30 kg/d
③ 48 kg/d   ④ 60 kg/d

해설 및 정답

1. 1인 1일 평균급수량의 특징
소도시는 대도시에 비해서 급수량이 작음

2. 침전지의 표면부하율(Surface loading rate)
표면 부하율 $= \dfrac{Q}{A} = \dfrac{H}{t}$ 에서
$\dfrac{Q}{A} = \dfrac{4\text{m}}{1\text{hr}} \times 24(\text{hr/day})$
$= 96(\text{m/day}) = 96(\text{m}^3/\text{m}^2\cdot\text{day})$

3. 하수종말처리장의 계획인구수
① 폐수의 BOD량 $= 200\text{m}^3/\text{day} \times 500\text{gBOD/m}^3$
  $= 100{,}000\text{g/day}$
② BOD량을 인구수로 환산
  $= \dfrac{100{,}000\text{g/day}}{50\text{gBOD/인}\cdot\text{day}} = 2{,}000(\text{명})$
③ 계획인구수 $= 10{,}000 + 2{,}000 = 12{,}000(\text{명})$

4. 우수관로 및 합류식관로 내에서의 최소유속
부유물의 침전을 방지하기 위해 0.8m/sec이상으로 설정함

5. 계획1일 평균급수량
계획1일 평균급수량
$=$ 계획1인1일 평균급수량 $\times$ 급수인구 $\times$ 급수보급율
$= 380\text{L/인}\cdot\text{일} \times 85{,}000\text{인} \times 0.95 = 30{,}685{,}000\text{L/day}$
$= 30{,}685\text{m}^3/\text{day}$

6. 중간염소처리
정수처리 시 트리할로메탄(THM) 및 곰팡이 냄새의 생성을 최소화하기 위해 침전지와 여과지 사이에 염소제를 주입하는 방법

7. 하수도의 관로계획
① 오수관로 : 계획시간 최대오수량을 기준
② 관로의 역사이펀 : 시공이 어렵고 매설깊이가 깊어 파손되기 쉽고, 내부검사나 보수가 어려워 가능한 한 피하는 것이 좋음
③ 합류식의 차집관로 : 우천시 계획오수량(계획시간 최대오수량의 3배 이상)을 기준
④ 오수관로와 우수관로가 교차하여 역사이펀을 피할 수 없는 경우 : 오수관로를 역사이펀으로 하는 것이 바람직함

8. 관로 종점의 수압
① 유속$(v) = \dfrac{1}{n}R^{\frac{2}{3}}I^{\frac{1}{2}} = \dfrac{1}{0.013} \times \left(\dfrac{0.4}{4}\right)^{\frac{2}{3}} \times 0.001^{\frac{1}{2}}$
  $= 0.524(\text{m/sec})$
② 마찰손실수두$(h_L) = f\dfrac{l}{D}\dfrac{v^2}{2g}$
  $= 0.05 \times \dfrac{1000}{0.4} \times \dfrac{0.524^2}{2 \times 9.8} = 1.75(\text{m})$
③ 마찰손실 수압$(p_f) = \omega \cdot h_L$
  $= 0.001\text{kgf/cm}^3 \times 175\text{cm}$
  $= 0.175(\text{kgf/cm}^2)$
④ 관로 시점 수압$(p_i) = \omega h = 0.001\text{kgf/cm}^3 \times 5000\text{cm}$
  $= 5(\text{kgf/cm}^2)$
∴ 관로 종점수압 $=$ 관로 시점수압 $-$ 마찰 손실수압
$= 5\text{kgf/cm}^2 - 0.175\text{kgf/cm}^2 = 4.825\text{kgf/cm}^2$

9. 교차연결(Cross connection)
상수도관과 오염된 오수관이 서로 연결된 것(오접)

10. 중력식 농축조
슬러지 제거기 설치 시 탱크바닥의 기울기는 5/100 이상으로 함

11. 송수시설
정수장에서 배수지까지 물을 보내는 시설

12. 압력식 하수도의 특징
그라인더 펌프 유닛(Grinder pump unit) 등의 유지관리와 동력비가 필요하며, 자연유하방식보다 일반적으로 유지관리비용이 고가임

13. 수소이온 농도(pH)
① $pH = \log\dfrac{1}{[H^+]} = -\log[H^+] = 5.6$에서
  $[H^+] = 10^{-5.6} = 0.25 \times 10^{-5}$
② $pH = \log\dfrac{1}{[H^+]} = -\log[H^+] = 4.3$에서
  $[H^+] = 10^{-4.3} = 5.0 \times 10^{-5}$
∴ $[[H^+] = 10^{-5.6} = 0.25 \times 10^{-5}] : [[H^+] = 10^{-4.3} = 5.0 \times 10^{-5}]$
$\Rightarrow 1 : 20$

14. 계획오수량

① 지하수량 : 계획1인 1일 최대오수량의 10~20% (원칙)
② 계획1일 평균오수량 : 계획1일 최대오수량의 70~80% (표준)
③ 합류식의 우천 시 계획오수량 : 계획시간 최대오수량의 3배 이상 (원칙)
④ 계획1일 최대오수량 : (1인 1일 최대오수량×계획배수인구) + 공장폐수량 + 지하수량 + 기타 배수량

15. 수지상식 배수관망의 특징

제수밸브가 적게 설치됨

16. 슬러지 처리의 목표

① 처분의 확실성
② 병원균의 처리
③ 슬러지의 생화학적 안정화
④ 최종 슬러지 부피의 감량화

17. 합류식 하수배제방식의 특징

오수와 우수를 1개의 관로로 배제하므로 분류식보다 건설비용이 적게 소요됨

18. 하수의 고도처리에서 질소와 인의 동시 제거공법

① 수정 Phostrip법, 수정 Bardenpho법
② SBR(Sequencing Batch Reactor)법, UCT(University of Cape Town)법, VIP(Virginia Initiative Plant)법
③ 혐기 무산소 호기조합법 [A^2/O process(Anaerobic Anoxic Oxic process)]
④ 응집제 병용형 생물학적 질소제거(질산화 탈질)법 등
※ 막분리 활성슬러지법 : 질소 제거공법

19. 부영양화의 판정지표가 되는 기준

총질소(T-N), 총인(T-P), Chlorophyll - a, 투명도 등으로 판단하나, 일반적으로 신속히 판단할 수 있는 지표기준은 투명도(Secchi disk depth)임

20. 염소요구량 계산

① 염소요구량 농도 = 염소주입농도 - 잔류염소농도
  = 5mg/L - 0.2mg/L = 4.8mg/L = 4.8g/m^3
② 염소요구량 = 염소요구량 농도(g/m^3)×유량(m^3/day)
  $\times \dfrac{1}{염소의 순도}$
  = 4.8(g/m^3) ×10,000(m^3/day)× $\dfrac{1}{0.80}$
  = 60,000(g/day) = 60(kg/day)

1. ①	2. ③	3. ②	4. ③	5. ①
6. ②	7. ③	8. ③	9. ②	10. ④
11. ②	12. ④	13. ④	14. ②	15. ③
16. ①	17. ③	18. ②	19. ④	20. ④

과년도 출제문제(CBT시험문제)

22 토목기사
3회 시행 출제문제

※ 본 기출문제는 수험자의 기억을 바탕으로 하여 복원한 문제이므로 실제 문제와 다를 수 있음을 미리 알려드립니다.

1. 수중 알칼리도가 부족한 원수에 적합하며 경도를 증가시키지 않는 응집제는?

① $Al_2(SO_4)_3$
② $Al_2(SO_4)_3 + Ca(OH)_2$
③ $Al_2(SO_4)_3 + Na_2CO_3$
④ $Al_2(SO_4)_3 + CaO$

2. 계획오수량 산정시 고려사항에 대한 설명으로 옳지 않은 것은?

① 지하수량은 1인1일 최대오수량의 10~20%로 한다.
② 계획1일 평균오수량은 계획1일 최대오수량의 70~80%를 표준으로 한다.
③ 계획시간 최대오수량은 계획1일 평균오수량의 1시간당 수량의 0.9~1.2배를 표준으로 한다.
④ 계획1일 최대오수량은 1인1일 최대오수량에 계획인구를 곱한 후 공장폐수량, 지하수량 및 기타 배수량을 더한 값으로 한다.

3. 취수장에서부터 가정의 수도꼭지까지에 이르는 상수도 계통을 올바르게 나열한 것은?

① 수원 – 취수 – 정수 – 도수 – 송수 – 배수 – 급수
② 수원 – 취수 – 도수 – 송수 – 정수 – 배수 – 급수
③ 수원 – 취수 – 도수 – 정수 – 송수 – 배수 – 급수
④ 수원 – 취수 – 도수 – 송수 – 배수 – 정수 – 급수

4. 정수 중 암모니아성 질소가 있으면 염소소독 처리시 클로라민이란 화합물이 생긴다. 이에 대한 설명으로 옳은 것은?

① 소독력이 떨어져 다량의 염소가 요구된다.
② 소독력이 증가하여 소량의 염소가 요구된다.
③ 소독력에는 거의 영향을 주지 않는다.
④ 경제적인 소독효과를 기대할 수 있다.

5. 관로별 계획하수량에 대한 설명으로 옳지 않은 것은?

① 우수관로는 계획우수량으로 한다.
② 차집관로는 우천시 계획오수량으로 한다.
③ 오수관로의 계획오수량은 계획1일 최대오수량으로 한다.
④ 합류식 관로에서는 계획시간 최대오수량에 계획우수량을 합한 것으로 한다.

6. 어느 유역의 강우강도는 $I = \dfrac{400}{t+20}$ (mm/min)로 표시할 수 있고, 유역면적 $0.8km^2$, 유입 시간 10분, 유출계수 0.7, 관내 유속이 20m/min이다. 1km의 하수관에서 흘러나오는 우수량은 얼마인가?

① $4.667 m^3/sec$ ② $46.67 m^3/sec$
③ $466.7 m^3/sec$ ④ $4,667 m^3/sec$

7. 하수의 염소요구량이 1mg/L이었다. 0.2mg/L의 잔류염소량을 유지하기 위하여 30,000m³/day의 하수에 주입하여야 할 염소량은 얼마인가?

① 12kg/day   ② 24kg/day
③ 36kg/day   ④ 48kg/day

8. 급수방식에 대한 설명으로 틀린 것은?

① 급수방식은 급수전의 높이, 수요자가 필요로 하는 수량 등을 고려하여 결정한다.
② 직결식은 직결직압식과 직결가압식으로 구분할 수 있다.
③ 저수조식은 수돗물을 일단 저수조에 받아서 급수하는 방식으로 단수나 감수시 물의 확보가 어렵다.
④ 직결식과 저수조식의 병용방식은 하나의 건물에 직결식과 저수조식의 양쪽 급수방식을 병용하는 것이다.

9. 활성슬러지법과 비교하여 생물막법의 특징으로 옳지 않은 것은?

① 운전조작이 간단하다.
② 다량의 슬러지 유출에 따른 처리수 수질악화가 발생하지 않는다.
③ 반응조를 다단화하여 반응효율과 처리안정성 향상이 도모된다.
④ 생물종 분포가 단순하여 처리효율을 높일 수 있다.

10. 하수고도처리에서 인을 제거하기 위한 방법이 아닌 것은?

① 응집제첨가 활성슬러지법
② 활성탄흡착법
③ 정석탈인법
④ 혐기호기조합법

11. 계획우수량 산정에 있어서 하수도 시설물별 최소설계빈도가 틀린 것은?

① 빗물펌프장 - 30년
② 간선관로 - 30년
③ 지선관로 - 10년
④ 배수펌프장 - 40년

12. 펌프의 비속도(N_s)에 대한 설명으로 옳은 것은?

① N_s가 작게 되면 사류형으로 되고 계속 작아지면 축류형으로 된다.
② N_s가 커지면 임펠러 외경에 대한 임펠러의 폭이 작아진다.
③ N_s가 작으면 일반적으로 토출량이 적은 고양정의 펌프를 의미한다.
④ 토출량과 전양정이 동일하면 회전속도가 클수록 N_s가 작아진다.

13. 도수 및 송수관을 자연유하식으로 설계할 때 평균유속의 허용최대한도는?

① 0.3m/s   ② 3.0m/s
③ 13.0m/s   ④ 30.0m/s

14. 하천을 수원으로 하는 경우의 취수시설과 가장 거리가 먼 것은?

① 취수탑   ② 취수틀
③ 집수매거   ④ 취수문

15. 하수배제방식의 합류식과 분류식에 관한 설명으로 옳지 않은 것은?

① 분류식이 합류식에 비하여 일반적으로 관거의 부설비가 적게 든다.
② 분류식은 강우초기에 비교적 오염된 노면배수가 직접 공공수역에 방류될 우려가 있다.
③ 하수관거내의 유속의 변화폭은 합류식이 분류식보다 크다.
④ 합류식 하수관거는 단면이 커서 관거내 유지관리가 분류식보다 쉽다.

16. 유량 50,000m³/day, BOD농도 200mg/L인 하수를 체류시간 6시간의 활성슬러지조에서 처리할 경우 슬러지 반송율이 20%라고 할 때, 포기조의 BOD 용적부하는?

① 0.31kg/m³·day   ② 0.54kg/m³·day
③ 0.67kg/m³·day   ④ 0.89kg/m³·day

17. 상수도의 도수 및 송수관로의 일부분이 동수경사선보다 높을 경우에 취할 수 있는 방법으로 옳은 것은?

① 접합정을 설치하는 방법
② 스크린을 설치하는 방법
③ 감압밸브를 설치하는 방법
④ 상류 측 관로의 관경을 작게 하는 방법

18. 상수 취수시설에 있어서 침사지의 유효수심은 얼마를 표준으로 하는가?

① 10 ~ 12m　　② 6 ~ 8m
③ 3 ~ 4m　　　④ 0.5 ~ 2m

19. 부영양화에 대한 설명으로 옳지 않은 것은?

① COD가 증가한다.
② 식물성 플랑크톤인 조류가 대량 번식한다.
③ 영양염류인 질소, 인 등의 감소로 발생한다.
④ 최종적으로 용존산소가 줄어든다.

20. 콘크리트 하수관의 내부 천장이 부식되는 현상에 대한 대응책이다. 틀린 것은?

① 하수 중의 유기물 농도를 낮춘다.
② 하수 중의 유황 함유량을 낮춘다.
③ 관내의 유속을 감소시킨다.
④ 하수에 염소를 주입한다.

해설 및 정답

1. $Al_2(SO_4)_3 + Na_2CO_3$(황산알루미늄+소다회)
 수중 알칼리도가 부족한 원수에 적합하며 경도를 증가시키지 않고 용해도를 증가시키는 응집제 및 응집보조제(알칼리제)

2. 계획시간 최대오수량
 계획1일 최대오수량의 1시간당 수량의 1.3~1.8배를 표준으로 함

3. 상수도 계통
 수원 – 취수 – 도수 – 정수 – 송수 – 배수 – 급수

4. 클로라민(Chloramine)의 특성
 정수 중 암모니아성 질소가 있으면 염소소독 처리시 생성되는 클로라민 화합물로 인해 소독력이 떨어져 다량의 염소가 요구됨

5. 오수관로의 계획하수량
 계획시간 최대오수량을 기준으로 계획함

6. 합리식의 우수량(Q)
 ① 유달시간(T)=유입시간(t_1)+유하시간(t_2)
 $= t_1 + \dfrac{L}{v} = 10 + \dfrac{1,000}{20} = 60(min)$
 ② $I = \dfrac{400}{t+20} = \dfrac{400}{60+20} = 5(mm/min)$
 $= 300(mm/hr)$
 ∴ $Q = \dfrac{1}{3.6}CIA = \dfrac{1}{3.6} \times 0.7 \times 300 \times 0.8$
 $= 46.67(m^3/sec)$

7. 염소주입량
 ① 염소 주입농도=염소요구량 농도+잔류염소 농도
 $=1+0.2=1.2(mg/L)=1.2(g/m^3)$
 ② 염소 주입량=염소 주입농도×유량
 $=1.2g/m^3 \times 30,000m^3/day$
 $=36,000g/day=36kg/day$

8. 저수조식 급수방식
 수돗물을 일단 저수조에 받아서 급수하는 방식으로, 단수나 감수시 물의 확보가 용이함

9. 생물막법의 특징
 생물종 분포가 다양하여 처리효율을 높일 수 있음

10. 하수고도처리에서 인(P)의 제거방법
 ① 응집제첨가 활성슬러지법
 ② Phostrip Process
 ③ 정석탈인법
 ④ 혐기호기조합법
 ※ 활성탄 흡착법 : 고도정수처리법

11. 계획우수량 산정 시 하수도 시설물별 최소설계빈도
 – 지선 하수관로 : 10년
 – 간선 하수관로, 빗물(배수)펌프장 : 30년

12. 펌프의 비속도(Ns)
 ① Ns가 크게 되면 사류형으로 되고 계속 커지면 축류형으로 됨
 ② Ns가 커지면 임펠러 외경에 대한 임펠러의 폭이 커짐
 ③ Ns가 작으면 일반적으로 토출량이 적은 고양정의 펌프를 의미함
 ④ 토출량과 전양정이 동일하면 회전속도가 클수록 Ns가 커짐

13. 도·송수관(자연유하식) 평균유속의 허용범위(최소~최대)
 0.3~3.0m/sec

14. 하천수의 취수시설
 취수탑, 취수틀, 취수관, 취수문, 취수보(언)
 ※ 집수매거 : 지하수(복류수)의 취수시설

15. 분류식 하수배제방식의 특징
 오수관과 우수관을 각각 설치하므로, 관거의 부설비가 합류식보다 많이 소요됨

16. 포기조의 BOD 용적부하

① 수리학적 체류시간(hr)

$$= \frac{\text{포기조 용적}(m^3)}{\text{유입유량}(m^3/day) \times (1+\text{반송율})} \times 24 \text{에서}$$

포기조 용적(m^3)
$= $ 수리학적 체류시간$(hr) \times$ 유입유량(m^3/day)
$\quad \times (1+\text{반송율}) \times \dfrac{1}{24}$

$= 6 \times 50,000 \times (1+0.2) \times \dfrac{1}{24} = 15,000(m^3)$

② BOD 용적부하$(kg BOD/m^3 \cdot day)$

$$= \frac{\text{BOD농도}(kg/m^3) \times \text{유입유량}(m^3/day)}{\text{포기조 용적}(m^3)}$$

$= \dfrac{200 \times 10^{-3} \times 50,000}{15,000} = 0.67(kg/m^3 \cdot day)$

17. 상수도 도수 및 송수관로의 동수경사선 상승방법

접합정(Junction well) 설치 또는 상류측 관로의 관경을 크게 함

18. 상수도 취수시설의 침사지 유효수심

3~4m (표준)

19. 부영양화의 특성

부영양화의 원인물질인 질소(N), 인(P) 등의 영양염류가 증가함

20. 관정부식의 대책

하수관내의 유속을 증가시켜 침전물 등의 유기물농도를 낮춤

1. ③	2. ③	3. ③	4. ①	5. ③
6. ②	7. ③	8. ③	9. ④	10. ②
11. ④	12. ③	13. ②	14. ③	15. ①
16. ③	17. ①	18. ③	19. ③	20. ③

과년도 출제문제(CBT시험문제)

23 토목기사
1회 시행 출제문제

※ 본 기출문제는 수험자의 기억을 바탕으로 하여 복원한 문제이므로 실제 문제와 다를 수 있음을 미리 알려드립니다.

1. 다음 중 여과과정에서 발생하는 현상이 아닌 것은?
① Cross connection ② Mud ball
③ Air binding ④ Break through

2. 지표수를 수원으로 하는 경우의 상수시설 배치순서 중 가장 올바른 것은?
① 취수탑→침사지→응집침전지→정수지→배수지
② 집수매거→응집침전지→침사지→정수지→배수지
③ 취수문→여과지→보통침전지→배수탑→배수관망
④ 취수구→약품침전지→혼화지→정수지→배수지

3. 펌프를 선택할 때에 반드시 고려해야 할 사항은?
① 양정 ② 지질
③ 무게 ④ 방향

4. 다음 그래프는 어떤 하천의 자정작용을 나타낸 용존산소 부족곡선이다. 다음 어떤 물질이 하천으로 유입되었다고 보는 것이 타당한가?

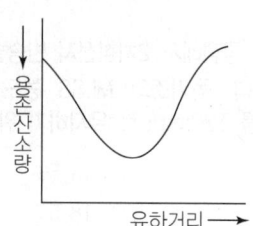

① 광산폐수
② 농도가 매우 낮은 폐산(廢酸)
③ 생활하수
④ 농도가 매우 낮은 폐알카리

5. 정수시설 내에서 조류를 제거하는 방법 중 약품으로 조류를 산화시켜 침전처리 등으로 제거하는 방법에 사용되는 것은?
① Zeolite ② 황산구리
③ 과망간산칼륨 ④ 수산화나트륨

6. 정수시설 중 응집지의 플록형성지에서 계획정수량에 대한 표준 플록형성시간(체류시간)은?
① 10~30분 ② 20~40분
③ 30~50분 ④ 1시간 이상

7. 하수관로의 접합 중에서 굴착깊이를 얕게 하여 공사비용을 줄일 수 있으며, 수위상승을 방지하고 양정고를 줄일 수 있어 펌프로 배수하는 지역에 적합한 방법은?
① 관정접합 ② 관저접합
③ 수면접합 ④ 관중심접합

8. 정수방법 선정 시의 고려사항(선정조건)으로 가장 거리가 먼 것은?
① 원수의 수질
② 도시발전 상황과 물 사용량
③ 정수수질의 관리목표
④ 정수시설의 규모

9. 하수슬러지 탈수성을 개선하기 위한 슬러지 개량방법으로 이용되지 않는 것은?

① 오존처리　　② 세정
③ 열처리　　　④ 약품첨가

10. 하수처리시설의 펌프장시설에 설치되는 침사지에 대한 설명 중 틀린 것은?

① 견고하고 수밀성 있는 철근콘크리트 구조로 한다.
② 유입부는 편류를 방지하도록 고려한다.
③ 침사지의 평균유속은 3.0m/s를 표준으로 한다.
④ 체류시간은 30~60초를 표준으로 한다.

11. 상수도 배수관망 중 격자식 배수관망에 대한 설명으로 틀린 것은?

① 물이 정체하지 않는다.
② 사고시 단수구역이 작아진다.
③ 수리계산이 복잡하다.
④ 제수밸브가 적게 소요되며 시공이 용이하다.

12. 양수량이 15.5m³/min이고 전양정이 24m일 때, 펌프의 축동력은? (단, 펌프의 효율은 80%로 가정한다.)

① 75.95kW　　② 7.58kW
③ 4.65kW　　　④ 46.57kW

13. 활성슬러지 변법 중 포기조 위치에 따른 산소요구의 변화에 적합하도록 포기하는 방법은?

① 점감식 포기법(tapered aeration)
② 계단식 포기법(step aeration)
③ 장기 포기법(extended aeration)
④ 수정식 포기법(modified aeration)

14. 하수의 배제방식 중 분류식 하수도에 대한 설명으로 틀린 것은?

① 우수관 및 오수관의 구별이 명확하지 않는 곳에서는 오접의 가능성이 있다.
② 우천시에 수세효과가 있다.
③ 우천시 월류의 우려가 없다.
④ 청천시 월류의 우려가 없다.

15. 유출계수가 0.60이고, 유역면적 4.6km²에 강우강도 80mm/hr의 강우가 있었다면 유출량은? (단, 합리식을 사용)

① 21.0m³/sec　　② 61.33m³/sec
③ 210m³/sec　　　④ 613.3m³/sec

16. 다음 관거별 계획 하수량에 대한 사항으로서 틀린 것은?

① 오수관거는 계획 시간 최대오수량으로 한다.
② 우수관거는 우천시 계획오수량으로 한다.
③ 합류식 관거는 계획 시간 최대오수량에 계획우수량을 합한 것으로 한다.
④ 차집관거는 우천시 계획오수량으로 한다.

17. 활성슬러지 공정에서 2차침전지 반송슬러지의 농도가 16,000mg/L였다. 폭기조의 MLSS 농도를 2,500mg/L, 유입수의 농도를 120mg/L로 유지하기 위한 반송율은?

① 13.6%　　② 15.5%
③ 17.6%　　④ 18.5%

18. 다음 중 부식성을 나타내는 지표가 아닌 것은?

① RSI ② SV
③ AI ④ LI

19. 다음 급수량 중 크기(양)가 제일 큰 것은?

① 1일 평균급수량 ② 1일 최대평균급수량
③ 1일 최대급수량 ④ 시간 최대급수량

20. 수격작용(water hammer)의 방지 또는 감소대책에 대한 설명으로 틀린 것은?

① 펌프의 토출구에 완만히 닫을 수 있는 역지밸브를 설치하여 압력상승을 적게 한다.
② 펌프 설치위치를 높게 하고 흡입양정을 크게 한다.
③ 펌프에 플라이휠(fly wheel)을 붙여 펌프의 관성을 증가시켜 급격한 압력강하를 완화한다.
④ 토출측 관로에 압력조절수조를 설치한다.

해설 및 정답

1. 여과과정에서의 발생현상
Mud ball(泥球)현상, Air binding(공기장애)현상, Break through(탁질누출)현상
※ Cross connection(교차연결) : 상수도관과 오염된 하수관이 서로 연결된 것

2. 상수시설의 배치순서(지표수를 수원으로 하는 경우)
수원→취수(취수탑, 침사지)→도수→정수(응집침전지, 정수지)→송수→배수(배수지)→급수

3. 펌프선택시 고려사항
펌프의 특성, 동력, 양정, 효율, 종류

4. 용존산소 부족곡선(DO Sag Curve)
하천의 용존산소(DO)를 소비하는 유입물질은 유기성 오수(汚水)로서 생활하수, 유기성 공장 폐수 등이 해당됨

5. 조류의 약품처리 제거방법
황산구리($CuSO_4$)나 염산구리($CuCl_2$)를 주입하여 처리한다.

6. 응집지 플록형성지의 플록형성시간(체류시간)
계획정수량의 20~40분(표준)

7. 관저접합
굴착깊이를 얕게 하여 공사비용을 줄일 수 있으며, 수위상승을 방지하고 양정고를 줄일 수 있어 펌프배수지역에 적합한 하수관로 접합방법

8. 정수방법 선정 시의 고려사항(선정조건)
원수의 수질, 정수수질의 관리목표, 정수시설의 규모, 운전제어 및 유지관리기술 수준

9. 하수슬러지의 개량방법
세정, 열처리, 약품첨가, 동결

10. 하수펌프장시설의 침사지 평균유속
0.3m/sec (표준)

11. 상수도의 격자식 배수관망 특징
제수밸브가 많이 필요하며 시공이 어렵다.

12. 펌프의 축동력(P_s)
$$P_s = \frac{9.8\,QH}{\eta} = \frac{9.8 \times 15.5/60\,(m^3/sec) \times 24m}{0.80}$$
$$= 75.95\,(kW)$$

13. 점감식 포기법(tapered aeration)
활성슬러지 변법 중 포기조 위치에 따른 산소요구의 변화에 적합하도록 포기하는 방법

14. 분류식 하수배제방식(하수도)
오수와 우수를 별개의 관로로 분리 유송하는 방식으로, 우천시 수세효과가 없음

15. 합리식의 유출량
$$Q = \frac{1}{3.6}CIA = \frac{1}{3.6} \times 0.6 \times 80 \times 4.6$$
$$= 61.33\,(m^3/sec)$$

16. 우수관거의 계획하수량
우천시 계획우수량

17. 슬러지의 반송율(r)
$$r = \frac{\text{폭기조의 } MLSS\text{농도(mg/L)} - \text{유입수의 농도(mg/L)}}{\text{반송슬러지의 농도(mg/L)} - \text{폭기조의 } MLSS\text{농도(mg/L)}}$$
$$= \frac{2,500mg/L - 120}{16,000mg/L - 2,500mg/L}$$
$$= 0.1763 \times 100\% = 17.63\%$$

18. 수도관의 부식성 지표
- RSI(Ryznar Stability Index)
- AI(Aggressiveness Index)
- LI(Langelier Saturation Index) : 수돗물에서 탄산칼슘의 포화상태를 표현하는 지수
  LI < 0 → 수도관 부식

19. 계획 시간 최대급수량
연평균 1일 사용수량에 대한 비율(225%)이 가장 큰 급수량

20. 수격작용(water hammer)의 방지 또는 감소대책
① 펌프의 토출구에 역지밸브(check valve)를 설치하여 압력상승을 적게 한다.
② 관내 유속을 감소시키고, 펌프의 급정지를 피한다.
③ 펌프에 플라이휠(fly wheel)을 붙여 펌프관성을 증가시켜 급격한 압력강하를 완화한다.
④ 토출측 관로에 압력조절수조(surge tank)를 설치한다.

1. ①	2. ①	3. ①	4. ③	5. ②
6. ②	7. ②	8. ②	9. ①	10. ③
11. ④	12. ①	13. ①	14. ②	15. ②
16. ②	17. ③	18. ②	19. ④	20. ②

과년도출제문제(CBT시험문제)

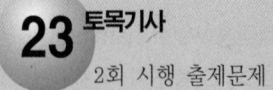
23 토목기사
2회 시행 출제문제

※ 본 기출문제는 수험자의 기억을 바탕으로 하여 복원한 문제이므로 실제 문제와 다를 수 있음을 미리 알려드립니다.

1. 한 도시의 인구자료가 다음 표와 같을 때 10년 후의 급수인구를 등비급수법을 이용하여 구하면 약 몇 명인가?

년도	인구(명)
2003	15,470
2004	17,130
2005	18,740
2006	20,450
2007	22,100

① 약 53,800 명 ② 약 54,200 명
③ 약 54,600 명 ④ 약 55,000 명

2. 다음 중 수원과 취수시설의 관계로 옳지 않은 것은?

① 하천수 - 취수탑
② 복류수 - 취수관로
③ 천층수 - 집수매거
④ 호소수 - 취수문

3. 다음 상수 취수시설인 집수매거에 관한 설명으로 틀린 것은?

① 철근콘크리트조의 유공관 또는 권선형 스크린관을 표준으로 한다.
② 집수매거는 수평 또는 흐름방향으로 향하여 완경사로 설치한다.
③ 집수매거의 유출단에서 매거내의 평균유속은 3m/s 이상으로 한다.
④ 집수매거는 가능한 직접 지표수의 영향을 받지 않도록 매설깊이는 5m 이상으로 하는 것이 바람직하다.

4. 다음 설명 중 옳지 않은 것은?

① BOD는 유기물에 의해서 호기성 상태에서 분해 안정화시키는 데 요구되는 산소량이다.
② BOD는 보통 20℃에서 5일간 시료를 배양했을 때 소비된 용존산소량으로 표시된다.
③ BOD가 과도하게 높으면 DO는 감소하며, 악취가 발생한다.
④ BOD와 COD는 오염의 지표로서, 하수 중의 용존산소량을 나타낸다.

5. 다음 상수도 시설에 관한 설명 중 틀린 설명은?

① 계획취수량은 1일 최대급수량을 기준으로 설계한다.
② 계획도수량은 1일 최대급수량을 기준으로 설계한다.
③ 계획정수량은 1일 최대급수량을 기준으로 설계한다.
④ 계획배수량은 1일 최대급수량을 기준으로 설계한다.

6. pH가 4와 pH가 5인 수질의 평균 pH는 얼마인가?

① 4.26 ② 4.36
③ 4.50 ④ 4.62

7. 다음은 상수의 도수 및 송수에 관한 설명이다. 틀린 것은?

① 도수 및 송수방식은 에너지의 공급원 및 지형에 따라 자연유하식과 펌프압송식으로 나누어진다.
② 송수관로는 수리학적으로 수압작용 여부에 따라 개수로식과 관수로식으로 분류가능하다.
③ 펌프압송식은 수원이 급수구역과 가까울 때와 지하수를 수원으로 할 때 적당하다.
④ 자연유하식은 평탄한 지형과 도수로가 짧을 때 이용된다.

8. 도수관에 대한 설명으로 틀린 것은?

① 자연유하식 도수관의 최소평균유속은 0.3m/s로 한다.
② 액상화의 우려가 있는 지반에서의 도수관 매설 시 필요에 따라 지반을 개량한다.
③ 자연유하식 도수관의 허용 최대한도 유속은 3.0m/s로 한다.
④ 도수관의 노선은 관로가 항상 동수경사선 이상이 되도록 설정한다.

9. 배수관의 수압에 관한 사항으로 ㉠, ㉡에 들어갈 적정한 값은?

1. 급수관을 분기하는 지점에서 배수관내의 최소 동수압은 (㉠)kPa 이상을 확보한다.
2. 급수관을 분기하는 지점에서 배수관내의 최대정수압은 (㉡)kPa를 초과하지 않아야 한다.

① ㉠ 150, ㉡ 700
② ㉠ 150, ㉡ 600
③ ㉠ 200, ㉡ 700
④ ㉠ 200, ㉡ 600

10. 유입수량 100m³/min, 침전지 용량 5,000m³, 침전지의 폭 4m, 길이 10m, 유효수심 5m일 때, 침전지의 수면적 부하는? (단, 단위는 m/day임.)

① 25
② 72
③ 144
④ 200

11. 정수시설 중 소독(살균)설비에 사용되는 염소제에 대한 설명으로 틀린 것은?

① 잔류효과가 있는 것이 장점이다.
② 트리할로메탄(THM) 등의 유기염소화합물을 생성한다.
③ pH가 낮아질수록 소독효과는 커진다.
④ 수온이 낮아질수록 염소의 살균력은 증대된다.

12. 1일 물 공급량은 5,000m³/day이다. 이 수량을 염소처리하고자 100kg/day의 염소를 주입한 후 잔류염소농도를 측정하였더니 0.5mg/L이었다. 염소요구량 농도는 얼마인가?

① 19mg/L
② 19.5mg/L
③ 20mg/L
④ 20.5mg/L

13. 하수도의 목적에 관한 설명으로 가장 거리가 먼 것은?

① 하수도는 도시의 건전한 발전을 도모하기 위한 필수시설이다.
② 하수도는 공중위생의 향상에 기여한다.
③ 하수도는 공공수역의 수질을 보전함으로써 국민의 건강보호에 기여한다.
④ 하수도는 경제발전과 산업기반의 정비를 위하여 건설된 시설이다.

14. 하수배제방식에 관한 설명 중 잘못된 것은?

① 합류식과 분류식은 각각의 장단점이 있으므로 도시의 실정을 충분히 고려하여 선정할 필요가 있다.
② 합류식은 우천시 오수가 우수에 섞여서 공공수역에 유출되기 때문에 수질보존 대책이 필요하다.
③ 분류식은 우천시 우수가 전부 공공수역에 방류되기 때문에 합류식에 비해 우천시 오탁의 문제는 없다.
④ 분류식의 처리장에서는 시간에 따라 오수 유입량의 변동이 크므로 조정지 등을 통하여 유입량을 조정하면 유지관리가 쉽다.

15. 하수도 기본계획에서 계획목표년도의 인구추정 방법이 아닌 것은?

① Logistic곡선식에 의한 방법
② 지수함수곡선식에 의한 방법
③ 생잔모형에 의한 조성법(Cohort method)
④ Stevens모형에 의한 방법

16. 관거별 계획 하수량에 대한 설명으로 틀린 것은?

① 우수관거는 계획우수량으로 한다.
② 오수관거는 계획시간 최대오수량으로 한다.
③ 차집관거는 우천시 계획우수량으로 한다.
④ 합류관거는 계획시간 최대오수량에 계획우수량을 합한 것으로 한다.

17. Marstoner 방법을 이용하여 직경 1,000mm의 하수관을 매설할 때 요구되는 폭(B)은?

① 150cm
② 180cm
③ 210cm
④ 250cm

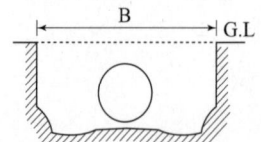

18. 다음 중 활성슬러지 변법이 아닌 것은?

① 계단식 폭기법
② 장기 폭기법
③ 산화지법
④ 접촉안정법

19. 호기성 처리방법에 비해 혐기성 처리방법이 갖고 있는 특징에 대한 설명으로 틀린 것은?

① 슬러지 발생량이 적다.
② 유용한 자원인 메탄이 생성된다.
③ 운전조건의 변화에 적응하는 시간이 짧다.
④ 동력비 및 유지관리비가 적게 든다.

20. 펌프의 분류 중 원심펌프의 특징에 대한 설명으로 옳은 것은?

① 일반적으로 효율이 높고, 적용범위가 넓으며, 적은 유량을 가감하는 경우 소요동력이 적어도 운전에 지장이 없다.
② 양정변화에 대하여 수량의 변동이 적고 또 수량변동에 대해 동력의 변화도 적으므로 우수용 펌프 등 수위변동이 큰 곳에 적합하다.
③ 회전수를 높게 할 수 있으므로, 소형으로 되며 전양정이 4m 이하인 경우에 경제적으로 유리하다.
④ 펌프와 전동기를 일체로 펌프흡입실내에 설치하며, 유입수량이 적은 경우 펌프장의 크기에 제한을 받는 경우 등에 사용한다.

해설 및 정답

1. 등비급수법에 의한 계획급수인구 추정
- 현재인구 $P_0 = 22{,}100$명, 과거($t=4$년)인구 $P_t = 15{,}470$명
- 계획년도 $n=10$년
- 연평균 인구증가율
$$r = \left(\frac{P_0}{P_t}\right)^{1/t} - 1 = \left(\frac{22{,}100}{15{,}470}\right)^{1/4} - 1$$
$$= 0.093$$
- 계획급수인구
$$P_n = P_o(1+r)^n = 22{,}100(1+0.093)^{10}$$
$$= 53{,}777명 ≒ 53{,}800명$$

2. 수원별 취수시설
복류수(지하수) : 집수매거

3. 집수매거(상수 취수시설)의 구조
집수매거내 유속 : 집수매거 유출단에서 1m/sec 이하가 되도록 함

4. BOD와 COD의 특성
- 생물화학적 산소요구량(BOD) : 수중의 유기물질이 호기성 미생물의 작용으로 분해될 때 소비되는 용존산소량, 도시하수의 오염지표
- 화학적 산소요구량(COD) : 유기물 및 무기물을 $KMnO_4$, $K_2Cr_2O_7$ 등의 산화제로 산화시킬 때 소요되는 산화제의 양을 산소량으로 치환한 것, 해양오염과 공장폐수의 오염지표

5. 배수시설(배수관)의 계획배수량
- 평상시의 계획배수량 : 계획 시간 최대급수량
- 화재시의 계획배수량 : 계획 1일 최대급수량의 1시간당 수량 + 소화용수량

6. 평균 pH
(pH 4 + pH 5) / 2 = pH 4.50

7. 상수의 도수 및 송수방식
자연유하식 : 수원의 위치가 높은 지형과 도수로가 길 때 적당한 방식

8. 도수관의 노선
관로가 항상 동수경사선 이하가 되도록 설정함

9. 배수관의 수압
- 배수관내의 최소동수압 : 150kPa (1.5kg/cm^2) 이상
- 배수관내의 최대정수압 : 700kPa (7.1kg/cm^2) 이하

10. 침전지의 수면적 부하(표면적 부하), $\dfrac{Q(유량)}{A(수면적)}$
$$\frac{Q}{A} = \frac{Q}{\dfrac{V}{h}} = \frac{Qh}{V}$$
$$= \frac{(100 \times 24 \times 60)\text{m}^3/\text{day} \times 5\text{m}}{5{,}000\text{m}^3}$$
$$= 144\,\text{m/day}$$

11. 정수시설 소독(살균)설비의 염소제 특징
수온이 높을수록 염소의 살균력은 증대됨

12. 염소요구량 농도
- 염소주입 농도 = $\dfrac{염소주입량}{유량}$
$$= \frac{100(\text{kg/day}) \times 10^3(\text{g/kg})}{5{,}000(\text{m}^3/\text{day})}$$
$$= 20(\text{g/m}^3) = 20(\text{mg/L})$$
- 염소요구량 농도 = 염소주입 농도 - 잔류염소 농도
= 20mg/L - 0.5mg/L
= 19.5(mg/L)

13. 하수도의 목적
① 도시의 건전한 발전 도모
② 공중위생의 향상
③ 공공수역의 수질보전과 국민건강 보호
④ 침수 등에 의한 재해방지

14. 분류식 하수배제방식
우천시 오염된 우수가 미처리되어 전부 공공수역으로 방류되기 때문에 합류식에 비해 우천시 수질오탁의 문제가 발생함

15. 하수도 기본계획에서 계획목표년도의 인구추정 방법
① Logistic곡선(이론곡선)식에 의한 방법
② 지수함수곡선식에 의한 방법
③ 생잔모형에 의한 조성법(Cohort method) ; 집단생잔법
④ 등차 및 등비급수에 의한 방법

16. 하수관거별 계획하수량
차집관거 : 우천시 계획오수량(계획시간 최대오수량의 3배 이상)

17. Marstoner방법에 의한 하수관의 매설폭(B)
$B = \frac{3}{2}d + 30(cm) = \frac{3}{2} \times 100 + 30 = 180(cm)$

18. 활성슬러지의 변법
표준활성슬러지법, 계단식 폭기법, 장기 폭기법, 접촉안정법, 산화구법, 점감식 폭기법, 수정식 폭기법, 호기성 소화법 등
※ 산화지법 : 호기성 생물학적 하수처리법

19. 혐기성 소화처리방법의 특징
미생물의 성장속도가 느리기 때문에 운전조건(초기운전, 온도, 부하량 등)의 변화에 적응하는 시간이 길어짐

20. 원심펌프의 특징
일반적으로 효율이 높고, 적용범위가 넓으며, 적은 유량을 가감하는 경우 소요동력이 적어도 운전에 지장이 없음

1. ①	2. ②	3. ③	4. ④	5. ④
6. ③	7. ④	8. ④	9. ①	10. ③
11. ④	12. ②	13. ④	14. ③	15. ④
16. ③	17. ②	18. ③	19. ③	20. ①

과년도출제문제(CBT시험문제)

23 토목기사
3회 시행 출제문제

※ 본 기출문제는 수험자의 기억을 바탕으로 하여 복원한 문제이므로 실제 문제와 다를 수 있음을 미리 알려드립니다.

1. 취수장에서부터 가정의 수도꼭지까지에 이르는 상수도 계통을 올바르게 나열한 것은?

① 수원 – 취수 – 정수 – 도수 – 송수 – 배수 – 급수
② 수원 – 취수 – 도수 – 송수 – 정수 – 배수 – 급수
③ 수원 – 취수 – 도수 – 정수 – 송수 – 배수 – 급수
④ 수원 – 취수 – 도수 – 송수 – 배수 – 정수 – 급수

2. 하천을 수원으로 하는 경우의 취수시설과 가장 거리가 먼 것은?

① 취수탑　　② 취수틀
③ 집수매거　④ 취수문

3. 상수 취수시설에 있어서 침사지의 유효수심은 얼마를 표준으로 하는가?

① 10 ~ 12m　② 6 ~ 8m
③ 3 ~ 4m　　④ 0.5 ~ 2m

4. 부영양화에 대한 설명으로 옳지 않은 것은?

① COD가 증가한다.
② 식물성 플랑크톤인 조류가 대량 번식한다.
③ 영양염류인 질소, 인 등의 감소로 발생한다.
④ 최종적으로 용존산소가 줄어든다.

5. 도수 및 송수관을 자연유하식으로 설계할 때 평균유속의 허용최대한도는?

① 0.3m/s　　② 3.0m/s
③ 13.0m/s　④ 30.0m/s

6. 급수방식에 대한 설명으로 틀린 것은?

① 급수방식은 급수전의 높이, 수요자가 필요로 하는 수량 등을 고려하여 결정한다.
② 직결식은 직결직압식과 직결가압식으로 구분할 수 있다.
③ 저수조식은 수돗물을 일단 저수조에 받아서 급수하는 방식으로 단수나 감수시 물의 확보가 어렵다.
④ 직결식과 저수조식의 병용방식은 하나의 건물에 직결식과 저수조식의 양쪽 급수방식을 병용하는 것이다.

7. 정수시설 중 응집용 약품에 대한 설명으로 틀린 것은?

① 응집제는 황산알루미늄과 철염 등이 있다.
② pH제는 산제와 알칼리제이다.
③ 첨가제는 염화 나트륨과 차아염소산 등이 있다.
④ 응집보조제는 활성규산과 알긴산 나트륨 등이 있다.

8. 정수 중 암모니아성 질소가 있으면 염소소독 처리시 클로라민이란 화합물이 생긴다. 이에 대한 설명으로 옳은 것은?

① 소독력이 떨어져 다량의 염소가 요구된다.
② 소독력이 증가하여 소량의 염소가 요구된다.
③ 소독력에는 거의 영향을 주지 않는다.
④ 경제적인 소독효과를 기대할 수 있다.

9. 하수의 염소요구량이 1mg/L이었다. 0.2mg/L의 잔류염소량을 유지하기 위하여 30,000m³/day의 하수에 주입하여야 할 염소량은 얼마인가?

① 12kg/day　② 24kg/day
③ 36kg/day　④ 48kg/day

10. 하수배제방식의 합류식과 분류식에 관한 설명으로 옳지 않은 것은?

① 분류식이 합류식에 비하여 일반적으로 관거의 부설비가 적게 든다.
② 분류식은 강우초기에 비교적 오염된 노면배수가 직접 공공수역에 방류될 우려가 있다.
③ 하수관거내의 유속의 변화폭은 합류식이 분류식보다 크다.
④ 합류식 하수관거는 단면이 커서 관거내 유지관리가 분류식보다 쉽다.

11. 계획우수량 산정에 있어서 하수도 시설물별 최소설계빈도가 틀린 것은?

① 빗물펌프장 – 30년
② 간선관로 – 30년
③ 지선관로 – 10년
④ 배수펌프장 – 40년

12. 어느 유역의 강우강도는 $I = \dfrac{400}{t+20}$ (mm/min)로 표시할 수 있고, 유역면적 0.8km², 유입시간 10분, 유출계수 0.7, 관내 유속이 20m/min이다. 1km의 하수관에서 흘러나오는 우수량은 얼마인가?

① 4.667m³/sec　② 46.67m³/sec
③ 466.7m³/sec　④ 4667m³/sec

13. 계획오수량 산정시 고려 사항에 대한 설명으로 옳지 않은 것은?

① 지하수량은 1인1일 최대오수량의 10~20%로 한다.
② 계획1일 평균오수량은 계획1일 최대오수량의 70~80%를 표준으로 한다.
③ 계획시간 최대오수량은 계획1일평균오수량의 1시간당 수량의 0.9~1.2배를 표준으로 한다.
④ 계획1일 최대오수량은 1인1일 최대오수량에 계획인구를 곱한 후 공장폐수량, 지하수량 및 기타 배수량을 더한 값으로 한다.

14. 관로별 계획하수량에 대한 설명으로 옳지 않은 것은?

① 우수관로는 계획우수량으로 한다.
② 차집관로는 우천시 계획오수량으로 한다.
③ 오수관로는 계획1일 최대오수량으로 한다.
④ 합류관로는 계획시간 최대오수량에 계획우수량을 합한 것으로 한다.

15. 콘크리트 하수관의 내부 천장이 부식되는 현상에 대한 대응책이다. 틀린 것은?

① 하수 중의 유기물 농도를 낮춘다.
② 하수 중의 유황 함유량을 낮춘다.
③ 관내의 유속을 감소시킨다.
④ 하수에 염소를 주입한다.

16. 유량 50,000m³/day, BOD농도 200mg/L인 하수를 체류시간 6시간의 활성슬러지조에서 처리할 경우 슬러지 반송율이 20%라고 할 때, 포기조의 BOD 용적부하는?

① 0.31kg/m³·day　② 0.54kg/m³·day
③ 0.67kg/m³·day　④ 0.89kg/m³·day

17. 활성슬러지법과 비교하여 생물막법의 특징으로 옳지 않은 것은?

① 운전조작이 간단하다.
② 다량의 슬러지 유출에 따른 처리수 수질악화가 발생하지 않는다.
③ 반응조를 다단화하여 반응효율과 처리안정성 향상이 도모된다.
④ 생물종 분포가 단순하여 처리효율을 높일 수 있다.

18. 하수고도처리에서 인을 제거하기 위한 방법이 아닌 것은?

① 응집제첨가 활성슬러지법
② 활성탄 흡착법
③ 정석 탈인법
④ 혐기호기 조합법

19. 펌프의 비속도(N_s)에 대한 설명으로 옳은 것은?

① N_s가 작게 되면 사류형으로 되고 계속 작아지면 축류형으로 된다.
② N_s가 커지면 임펠러 외경에 대한 임펠러의 폭이 작아진다.
③ N_s가 작으면 일반적으로 토출량이 적은 고양정의 펌프를 의미한다.
④ 토출량과 전양정이 동일하면 회전속도가 클수록 N_s가 작아진다.

20. 송수관로에 성능이 동일한 펌프 2대를 직렬로 연결할 경우에 대한 설명으로 옳은 것은?

① 직렬로 연결된 두 대의 펌프특성곡선의 토출량은 양정고가 일정한 경우 단일 펌프의 두 배이다.
② 직렬로 연결된 두 대의 펌프특성곡선의 양정고는 토출량이 일정한 경우 단일 펌프의 두 배이다.
③ 직렬로 연결된 두 대의 실제 토출량은 양정고가 일정한 경우 펌프 한 대의 두 배이다.
④ 직렬로 연결된 두 대의 실제 양정고는 토출량이 일정한 경우 펌프 한 대의 두 배이다.

해설 및 정답

1. 취수장에서 가정 수도꼭지까지의 상수도 계통
수원 – 취수 – 도수 – 정수 – 송수 – 배수 – 급수

2. 하천수의 취수시설
취수탑, 취수틀, 취수관, 취수문, 취수보(언)
※ 집수매거 : 지하수(복류수)의 취수시설

3. 상수도 취수시설의 침사지 유효수심
3 ~ 4m (표준)

4. 부영양화의 특성
부영양화의 원인물질인 질소(N), 인(P) 등의 영양염류가 증가함

5. 도수 및 송수관(자연유하식) 평균유속의 허용범위(최소~최대)
0.3~3.0m/sec

6. 저수조식 급수방식
수돗물을 일단 저수조에 받아서 급수하는 방식으로, 단수나 감수시 물의 확보가 용이함

7. 정수시설의 응집용 약품
- 응집제 : 명반(황산알루미늄), 폴리염화알루미늄(PAC), 황산제1철, 황산제2철, 유기고분자 응집제 등
- 알칼리제(pH조절제) : 소석회, 소다회, 액체 가성소다 등
- 응집보조제 : 활성규산, 알긴산소다 등

8. 클로라민(Chloramine)의 특성
정수 중 암모니아성 질소가 있으면 염소소독 처리시 생성되는 클로라민 화합물로 인해 소독력이 떨어져 다량의 염소가 요구됨

9. 염소주입량
- 염소주입 농도 = 염소요구량 농도 + 잔류염소 농도
$= 1 + 0.2 = 1.2 (\text{mg/L}) = 1.2 (\text{g/m}^3)$
- 염소 주입량 = 염소주입 농도 × 유량
$= 1.2 \text{g/m}^3 \times 30,000 \text{m}^3/\text{day}$
$= 36,000 \text{g/day} = 36 \text{kg/day}$

10. 분류식 하수배제방식의 특징
오수관과 우수관을 각각 설치하므로, 관거의 부설비가 합류식보다 많이 소요됨

11. 계획우수량 산정 시 하수도 시설물별 최소설계빈도
- 지선 하수관로 : 10년
- 간선 하수관로, 빗물(배수)펌프장 : 30년

12. 합리식의 우수량(Q)
- 유달시간(T) = 유입시간(t_1) + 유하시간(t_2)
$= t_1 + \dfrac{L}{v} = 10 + \dfrac{1000}{20} = 60 (\text{min})$
- $I = \dfrac{400}{t+20} = \dfrac{400}{60+20} = 5 (\text{mm/min}) = 300 (\text{mm/hr})$
∴ $Q = \dfrac{1}{3.6} CIA = \dfrac{1}{3.6} \times 0.7 \times 300 \times 0.8$
$= 46.67 (\text{m}^3/\text{sec})$

13. 계획시간 최대오수량
계획1일 최대오수량의 1시간당 수량의 1.3~1.8배를 표준으로 함

14. 하수관로별 계획하수량
오수관로 : 계획시간 최대오수량을 기준으로 계획함

15. 콘크리트 하수관의 관정부식 대책
하수관내의 유속을 증가시켜 침전물 등의 유기물농도를 낮춤

16. 포기조의 BOD 용적부하
① 수리학적 체류시간(hr)
$= \dfrac{\text{포기조 용적}(\text{m}^3)}{\text{유입유량}(\text{m}^3/\text{day}) \times (1+\text{반송율})} \times 24$ 에서
포기조 용적(m^3)
= 수리학적 체류시간(hr) × 유입유량(m^3/day)
$\times (1+\text{반송율}) \times \dfrac{1}{24}$
$= 6 \times 50,000 \times (1+0.2) \times \dfrac{1}{24} = 15,000 (\text{m}^3)$

② BOD 용적부하 ($\text{kg BOD/m}^3 \cdot \text{day}$)
$= \dfrac{\text{BOD농도}(\text{kg/m}^3) \times \text{유입유량}(\text{m}^3/\text{day})}{\text{포기조 용적}(\text{m}^3)}$
$= \dfrac{200 \times 10^{-3} \times 50,000}{15,000} = 0.67 (\text{kg/m}^3 \cdot \text{day})$

17. 생물막법의 특징

생물종 분포가 다양하여 처리효율을 높일 수 있음

18. 하수고도처리에서 인(P)의 제거방법

① 응집제첨가 활성슬러지법
② Phostrip Process
③ 정석탈인법
④ 혐기호기조합법
※ 활성탄 흡착법 : 고도정수처리법

19. 펌프의 비속도(Ns)

① Ns가 크게 되면 사류형으로 되고 계속 커지면 축류형으로 됨
② Ns가 커지면 임펠러 외경에 대한 임펠러의 폭이 커짐
③ Ns가 작으면 일반적으로 토출량이 적은 고양정의 펌프를 의미함
④ 토출량과 전양정이 동일하면 회전속도가 클수록 Ns가 커짐

20. 펌프의 운전(송수관로에 성능이 동일한 펌프 2대를 직렬로 연결할 경우)

직렬로 연결된 두 대의 실제 토출량은 양정고가 일정한 경우 펌프 한 대의 두 배이다.

1. ③	2. ③	3. ③	4. ③	5. ②
6. ③	7. ③	8. ①	9. ③	10. ①
11. ④	12. ②	13. ③	14. ③	15. ③
16. ③	17. ④	18. ②	19. ③	20. ③

과년도출제문제

24 토목기사
1회 시행 출제문제

※ 본 기출문제는 수험자의 기억을 바탕으로 하여 복원한 문제이므로 실제 문제와 다를 수 있음을 미리 알려드립니다.

1. 정수장으로부터 배수지까지 정수를 수송하는 시설은?

① 도수시설 ② 송수시설
③ 정수시설 ④ 배수시설

2. 어느 도시의 장래 인구증가 현황을 조사한 결과 현재 인구가 90,000명이고, 연평균 인구증가율이 2.5%일 때 25년 후의 예상인구는?

① 약 167,000명 ② 약 163,000명
③ 약 160,000명 ④ 약 156,000명

3. 알칼리도가 30mg/L의 물에 황산알루미늄을 첨가했더니 20mg/L의 알칼리도가 소비되었다. 여기에 $Ca(OH)_2$를 주입하여 알칼리도를 15mg/L로 유지하기 위해 필요한 $Ca(OH)_2$는? (단, $Ca(OH)_2$: 분자량 74, $CaCO_3$ 분자량 : 100)

① 1.2mg/L ② 3.7mg/L
③ 6.2mg/L ④ 7.4mg/L

4. 급수방식에 대한 설명으로 틀린 것은?

① 급수방식은 직결식과 저수조식으로 나누며 이를 병용하기도 한다.
② 저수조식은 급수관으로부터 수돗물을 일단 저수조에 받아서 급수하는 방식이다.
③ 배수관의 압력변동에 관계없이 상시 일정한 수량과 압력을 필요로 하는 경우는 저수조식으로 한다.
④ 재해시나 사고 등에 의한 수도의 단수나 감수시에도 물을 반드시 확보해야 할 경우는 직결식으로 한다.

5. 배수관망의 구성방식 중 격자식과 비교한 수지상식의 설명으로 틀린 것은?

① 수리계산이 간단하다.
② 사고 시 단수구간이 크다.
③ 제수밸브를 많이 설치해야 한다.
④ 관의 말단부에 물이 정체되기 쉽다.

6. 완속여과지와 비교할 때, 급속여과지에 대한 설명으로 틀린 것은?

① 대규모 처리에 적합하다.
② 세균처리에 있어 확실성이 적다.
③ 유입수가 고탁도인 경우에 적합하다.
④ 유지관리비가 적게 들고 특별한 관리기술이 필요치 않다.

7. 오수 및 우수의 배제방식인 분류식과 합류식에 대한 설명으로 틀린 것은?

① 합류식은 관의 단면적이 크기 때문에 폐쇄의 염려가 적다.
② 합류식은 일정량 이상이 되면 우천시 오수가 월류할 수 있다.
③ 분류식은 합류식에 비하여 일반적으로 관거의 부설비가 많이 든다.
④ 분류식은 별도의 시설 없이 오염도가 심한 초기 우수를 유입시켜 처리한다.

8. 어떤 지역의 강우지속시간(t)과 강우강도 역수($1/I$)와의 관계를 구해 보니 그림과 같이 기울기가 1/3,000, 절편이 1/150이 되었다. 이 지역의 강우강도(I)를 Talbot형 $\left(I = \dfrac{a}{t+b}\right)$으로 표시한 것으로 옳은 것은?

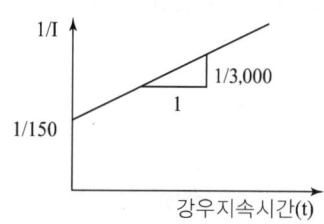

① $\dfrac{3,000}{t+20}$ ② $\dfrac{10}{t+1,500}$
③ $\dfrac{1,500}{t+10}$ ④ $\dfrac{20}{t+3,000}$

9. 계획우수량 산정에 있어서 하수관거의 확률년수는 원칙적으로 몇 년으로 하는가?

① 2~3년   ② 3~5년
③ 10~30년   ④ 30~50년

10. 혐기성 소화에서 탄산염 완충시스템의 관여하는 알칼리도의 종류가 아닌 것은?

① HCO_3^- ② CO_3^{2-}
③ OH^- ④ HPO_4^-

11. 우수가 하수관로로 유입하는 시간이 4분, 하수관로에서의 유하시간이 15분, 이 유역의 유역면적이 4km², 유출계수는 0.6, 강우강도식 $I = \dfrac{6,500}{t+40}$ mm/h일 때 첨두유량은? (단, t의 단위 : [분])

① 73.4m³/s   ② 78.8m³/s
③ 85.0m³/s   ④ 98.5m³/s

12. BOD_5(5일 BOD)가 155mg/L인 폐수에서 탈산소계수(k_1)가 0.2/day일 때, 4일 후에 남아 있는 BOD는? (단, 탈산소계수는 상용대수 기준)

① 27.3mg/L   ② 56.4mg/L
③ 127.5mg/L   ④ 172.2mg/L

13. 계획오수량 중 계획시간 최대오수량에 대한 설명으로 옳은 것은?

① 계획 1일 최대오수량의 1시간당 수량의 1.3~1.8배를 표준으로 한다.
② 계획 1일 최대오수량의 70~80%를 표준으로 한다.
③ 1인 1일 최대오수량의 10~20%로 한다.
④ 계획 1일 평균오수량의 3배 이상으로 한다.

14. 하수관거내에 황화수소(H_2S)가 존재하는 이유에 대한 설명으로 옳은 것은?

① 용존산소로 인해 유황이 산화하기 때문이다.
② 용존산소 결핍으로 박테리아가 메탄가스를 환원시키기 때문이다.
③ 용존산소 결핍으로 박테리아가 황산염을 환원시키기 때문이다.
④ 용존산소로 인해 박테리아가 메탄가스를 환원시키기 때문이다.

15. 원형하수관에서 유량이 최대가 되는 때는?

① 수심비가 72~78% 차서 흐를 때
② 수심비가 80~85% 차서 흐를 때
③ 수심비가 92~94% 차서 흐를 때
④ 가득 차서 흐를 때

16. 맨홀에 인버트(invert)를 설치하지 않았을 때의 문제점이 아닌 것은?

① 맨홀 내에 퇴적물이 쌓이게 된다.
② 환기가 되지 않아 냄새가 발생한다.
③ 퇴적물이 부패되어 악취가 발생한다.
④ 맨홀 내에 물기가 있어 작업이 불편하다.

17. BOD가 200mg/L인 하수를 1,000m³의 유효용량을 가진 포기조로 처리할 경우 유량이 20,000m³/day이면 BOD 용적부하량은?

① $2.0 kg/m^3 \cdot day$
② $4.0 kg/m^3 \cdot day$
③ $5.0 kg/m^3 \cdot day$
④ $8.0 kg/m^3 \cdot day$

18. 반송찌꺼기(슬러지)의 SS농도가 6,000mg/L이다. MLSS농도를 2,500mg/L로 유지하기 위한 찌꺼기(슬러지) 반송비는?

① 25%
② 55%
③ 71%
④ 100%

19. 활성슬러지법과 비교하여 생물막법의 특징으로 옳지 않은 것은?

① 운전조작이 간단하다.
② 다량의 슬러지 유출에 따른 처리수 수질악화가 발생하지 않는다.
③ 반응조를 다단화하여 반응효율과 처리안정성 향상이 도모된다.
④ 생물종 분포가 단순하여 처리효율을 높일 수 있다.

20. 고도처리를 도입하는 이유와 거리가 먼 것은?

① 잔류 용존유기물의 제거
② 잔류염소의 제거
③ 질소의 제거
④ 인의 제거

해설 및 정답

1. 송수시설
정수장으로부터 배수지까지 정수를 수송하는 시설

2. 등비급수법의 급수인구
현재인구 P_o = 90,000명, 계획년수 n = 25년,
연평균 인구증가율 r = 2.5%
$P_n = P_0(1+r)^n = 90,000(1+0.025)^{25} ≒ 167,000$명

3. 소석회[$Ca(OH)_2$]의 농도
① 잔존 알칼리도 농도 = 최초 알칼리도 농도 − 소비 알칼리도 농도
  = 30mg/L − 20mg/L = 10mg/L
② 알칼리도 15mg/L로 유지하기 위해 필요한 알칼리도 농도
  = 알칼리도 유지량 농도 − 잔존 알칼리도 농도
  = 15mg/L − 10mg/L = 5mg/L
③ 알칼리도 유지량 농도 5mg/L를 분자량 100인 $CaCO_3$으로 환산하면,
  5mg/L ÷ 100g = 0.005g/L ÷ 100g = 0.00005mol/L
④ 0.00005mol/L를 분자량 74인 소석회 [$Ca(OH)_2$]로 환산하여 농도를 구하면,
  0.00005mol/L = 0.00005 × 74g/L = 0.0037g/L
  = 3.7mg/L

4. 탱크식(저수조식) 급수방식의 적용경우
재해나 사고 등에 의한 수도의 단수나 감수 시에도 물을 반드시 확보해야 할 경우

5. 수지상식 배수관망의 특징
제수밸브가 적게 소요되며 시공이 용이함

6. 급속여과지의 특징
유지관리비가 많이 들고, 특별한 관리기술이 필요함

7. 분류식 하수배제방식
오염도가 높은 초기우수를 처리하지 못하고, 우수관에 의해 공공수역으로 방류처리함

8. Talbot형 강우강도공식
$I = \dfrac{a}{t+b}$ 에서

강우강도공식의 역수는 $\dfrac{1}{I} = \dfrac{t+b}{a} = \dfrac{t}{a} + \dfrac{b}{a}$

기울기 $\dfrac{1}{a} = \dfrac{1}{3,000}$ 이므로 $a = 3,000$

절편 $\dfrac{b}{a} = \dfrac{1}{150}$ 이므로 $\dfrac{b}{3,000} = \dfrac{1}{150}$ 에서 $b = 20$

∴ $I = \dfrac{a}{t+b} = \dfrac{3,000}{t+20}$

9. 계획우수량 산정시 하수관거의 확률년수
10~30년(원칙)

10. 혐기성 소화공정의 알칼리도 종류
HCO_3^-, CO_3^{2-}, OH^-

11. 하수관로의 첨두유량(Q)
① 유달시간, T = 유입시간(t_1) + 유하시간(t_2)
  = 4분 + 15분 = 19분
  ⇒ t (강우지속시간)
② 강우강도, $I = \dfrac{6,500}{t+40} = \dfrac{6,500}{19+40} = \dfrac{6,500}{59}$
  = 110.17(mm/hr)
③ 첨두유량, $Q = \dfrac{1}{3.6}CIA = 0.2778 × 0.6 × 110.17 × 4$
  ≒ 73.4(m^3/sec)

12. BOD 잔존량
① BOD 소비량 공식, $Y = L_a - L_t = L_a(1-10^{-k_1 t})$ 에서
  $Y = 155$mg/L, $k_1 = 0.2$/day, $t = 5$day
  ∴ $L_a = \dfrac{155}{1-10^{-0.2×5}} = 172$(mg/L)
② BOD 잔존량 공식, $L_t = L_a × 10^{-k_1 t}$ 에서
  4일 후에 남아있는 BOD는
  ∴ $L_4 = 172 × 10^{-0.2×4} = 27.3$(mg/L)

13. 계획시간 최대오수량
계획 1일 최대오수량의 1시간당 수량의 1.3~1.8배(표준)

14. 관정부식에서 황화수소(H_2S)의 발생이유
용존산소(DO)의 결핍으로 인한 박테리아(혐기성 세균)의 황산염 분해 및 환원

15. 원형 하수관의 최대유량 조건
수심(H)이 직경(D)의 90~95%일 때 발생
$[H = (90 \sim 95)\% \times D]$
➡ 수심비(H/D)가 92~94% 차서 흐를 때

16. 맨홀의 인버트(invert)
맨홀의 유지관리를 위해 작업원이 작업할 때 맨홀내의 퇴적물이 쌓이게 되면 상당히 불편하고 하수가 원활히 흐르지 못하며, 부패시 악취 발생을 방지하기 위해 설치한 반원형 수로

※ 맨홀 내의 환기 : 맨홀뚜껑에 있는 구멍을 통해 이루어짐

17. BOD용적부하량
$$\text{BOD용적부하량} = \frac{\text{BOD농도}(kg/m^3) \times \text{유량}(m^3/d)}{\text{포기조 용적}(m^3)}$$
$$= \frac{0.2 \times 20,000}{1,000} = 4.0 (kg/m^3 \cdot day)$$

18. 반송찌꺼기(슬러지)의 반송비(r)
$$r = \frac{\text{폭기조의 MLSS농도}(mg/L) - \text{유입수의 SS농도}(mg/L)}{\text{반송슬러지의 SS농도}(mg/L) - \text{폭기조의 MLSS농도}(mg/L)}$$
$$= \frac{2,500mg/L - 0}{6,000mg/L - 2,500mg/L}$$
$$= 0.7143 \times 100\% = 71.43\% ≒ 71\%$$

19. 생물막법의 특징
생물종 분포가 다양하여 처리효율을 높일 수 있음

20. 고도처리의 도입목적 및 이유
잔류 용존유기물의 제거, 질소의 제거, 인의 제거

1. ②	2. ①	3. ②	4. ④	5. ③
6. ④	7. ④	8. ①	9. ③	10. ④
11. ①	12. ①	13. ①	14. ③	15. ③
16. ②	17. ②	18. ③	19. ④	20. ②

과년도 출제문제

24 토목기사
2회 시행 출제문제

※ 본 기출문제는 수험자의 기억을 바탕으로 하여 복원한 문제이므로 실제 문제와 다를 수 있음을 미리 알려드립니다.

1. 계획 1일 최대급수량을 시설기준으로 하지 않는 것은?

① 배수시설
② 정수시설
③ 취수시설
④ 송수시설

2. 계획급수인구를 추정하는 이론곡선식이 $y = \dfrac{K}{1+e^{a-bx}}$ 로 표현될 때, 식 중의 K가 의미하는 것은? (단, y : x년 후의 인구, x : 기준년부터의 경과년수, e : 자연대수의 밑, a, b : 상수)

① 현재인구
② 포화인구
③ 증가인구
④ 상주인구

3. 하천에서의 용존산소의 값을 높이기 위한 공학적인 제어방법 중 옳지 못한 것은?

① 하천의 유량증가
② 수중의 폭기시설 설치
③ 유속감소에 따른 퇴적의 촉진
④ 비점원 오염원의 감소

4. 하천 및 저수지의 수질해석을 위한 수학적 모형을 구성하고자 할 때, 가장 기본이 되는 수학적 방정식은?

① 에너지보존의 식
② 질량보존의 식
③ 운동량보존의 식
④ 난류의 운동방정식

5. 도수 및 송수관로 중 일부분이 동수경사선보다 높은 경우 조치할 수 있는 방법으로 옳은 것은?

① 상류측에 대해서는 관경(관지름)을 작게 하고, 하류측에 대해서는 관경을 크게 한다.
② 상류측에 대해서는 관경을 작게 하고, 하류측에 대해서는 접합정을 설치한다.
③ 상류측에 대해서는 관경을 크게 하고, 하류측에 대해서는 관경을 작게 한다.
④ 상류측에 대해서는 접합정을 설치하고, 하류측에 대해서는 관경을 크게 한다.

6. 배수지의 유효수심은 얼마를 표준으로 하는가?

① 1~2m
② 2~3m
③ 3~6m
④ 6~8m

7. 하수배제방식의 분류식과 합류식에 대한 설명으로 옳지 않은 것은?

① 분류식은 오수만을 처리장으로 수송하는 방식으로 우천시에 오수를 수역으로 방류하는 일이 없으므로 수질오염 방지상 유리하다.
② 분류식의 오수관거는 소구경이기 때문에 합류식에 비해 경사가 완만하고 매설깊이가 적어지는 장점이 있다.
③ 합류식은 단일관거로 오수와 우수를 배제하기 때문에 침수피해의 다발지역이나 우수배제 시설이 정비되어 있지 않은 지역에서 유리하다.
④ 합류식은 분류식에 비해 시공이 용이하나 우천시에 관내내의 침전물이 일시에 유출되어 처리장에 큰 부담을 줄 수 있다.

8. 어느 지역에 비가 내려 배수구역내 가장 먼 지점에서 하수거의 입구까지 빗물이 유하하는 데 5분이 소요되었다. 하수거의 길이가 1,200m, 관내 유속이 2m/sec일 때 유달시간은?

① 5분　　　　　② 11분
③ 15분　　　　　④ 20분

9. 호기성 처리방법과 비교하여 혐기성 처리방법의 특징에 대한 설명으로 틀린 것은?

① 유용한 자원인 메탄이 생성된다.
② 동력비 및 유지관리비가 적게 든다.
③ 하수찌꺼기(슬러지) 발생량이 적다.
④ 운전조건의 변화에 적응하는 시간이 짧다.

10. 오수 및 우수관로의 설계에 대한 설명으로 옳지 않은 것은?

① 우수 관경(관지름)의 결정을 위해서는 합리식을 적용한다.
② 오수관로의 최소관경은 200mm를 표준으로 한다.
③ 우수관로 내의 유속은 가능한 사류상태가 되도록 한다.
④ 오수관로의 계획하수량은 계획시간 최대오수량으로 한다.

11. 상수도 배수관에 사용하는 관의 종류와 특징으로 옳지 않은 것은?

① 경질폴리염화비닐(PVC)관은 내식성이 크고 유기용제, 열 및 자외선에 강하다.
② 덕타일주철관은 강도가 커서 충격에 강하나 비교적 무겁다.
③ 강관은 내압 및 충격에 강하나 부식에 약하며 처짐이 크다.
④ 스테인리스강관은 강도가 크지만 다른 금속과의 절연처리가 필요하다.

12. 하천, 수로, 철도 및 이설이 불가능한 지하매설물의 아래에 하수관을 통과시킬 경우 필요한 하수관로 시설은?

① 간선　　　　　② 관정접합
③ 맨홀　　　　　④ 역사이펀

13. 우수조정지 설치에 대한 설명으로 옳지 않은 것은?

① 합류식 하수도에만 설치한다.
② 하류관거 유하능력이 부족한 곳에 설치한다.
③ 하류지역 펌프장 능력이 부족한 곳에 설치한다.
④ 우수조정지로부터의 우수방류방식은 자연유하를 원칙으로 한다.

14. 유입하수량 1,000m³/day, 유입하수의 BOD농도 200mg/l인 오수를 활성슬러지법으로 처리하기 위하여 설계하려고 한다. 폭기조의 MLSS농도를 2,000mg/l 유지하고, F/M비를 0.2로 운전할 경우 폭기조의 수리학적 체류시간은 얼마인가?

① 4hr　　　　　② 6hr
③ 8hr　　　　　④ 12hr

15. 슬러지 용적지수(SVI)에 관한 설명 중 옳지 않는 것은?

① 폭기조 내 혼합물을 30분간 정치한 후 침강한 1g의 슬러지가 차지하는 부피(ml)로 나타낸다.
② 정상적으로 운전되는 폭기조의 SVI는 50~150 범위이다.
③ SVI는 슬러지 밀도지수(SDI)에 100을 곱한 값을 의미한다.
④ SVI는 폭기시간, BOD농도, 수온 등에 영향을 받는다.

16. 하수의 슬러지처리 과정과 목적이 옳지 않은 것은?

① 소각 – 고형물의 감소, 슬러지 용적의 감소
② 소화 – 유기물과 분해하여 고형물 감소, 질적 안정화
③ 탈수 – 수분제거를 통해 함수율 85% 이하로 양의 감소
④ 농축 – 중간 슬러지 처리공정으로 고형물 농도의 감소

17. 하수도시설에서 펌프장시설의 계획하수량과 설치대수에 대한 설명으로 옳지 않은 것은?

① 오수펌프의 용량은 분류식의 경우, 계획시간 최대 오수량으로 계획한다.
② 펌프의 설치대수는 계획오수량과 계획우수량에 대하여 각 2대 이하를 표준으로 한다.
③ 합류식의 경우, 오수펌프의 용량은 우천시 계획오수량으로 계획한다.
④ 빗물펌프는 예비기를 설치하지 않는 것을 원칙으로 하지만, 필요에 따라 설치를 검토한다.

18. 어느 하수처리장에서 600m³/day의 하수를 처리한다. 펌프장 습정의 부피는 얼마 정도로 하면 적당한가? (단, 습정의 체류시간은 40분 정도로 가정)

① 16.7m³
② 25.0m³
③ 400m³
④ 600m³

19. 펌프의 비속도(비교회전도, Ns)에 대한 설명으로 틀린 것은?

① Ns가 작으면 유량이 많은 저양정의 펌프가 된다.
② 수량 및 전양정이 같다면 회전수가 클수록 Ns가 크게 된다.
③ 1m³/min의 유량을 1m 양수하는데 필요한 회전수를 의미한다.
④ Ns가 크게 되면 사류형으로 되고 계속 커지면 축류형으로 된다.

20. 깊이 3m, 폭(너비) 10m, 길이 50m인 어느 수평류 침전지에 1,000m³/hr의 유량이 유입된다. 이상적인 침전지임을 가정할 때, 표면부하율은?

① 0.5m/hr
② 1.0m/hr
③ 2.0m/hr
④ 2.5m/hr

해설 및 정답

1. 배수시설의 설계기준 수량
계획시간 최대급수량

2. 계획급수인구 추정의 이론곡선식(Logistic Curve)
$y = \dfrac{K}{1+e^{a-bx}}$ 에서 K : 포화인구

3. 하천의 용존산소 증가를 위한 공학적 제어방법
① 하천유량의 증가
② 수중의 폭기시설 설치
③ 하천의 유속증가에 따른 하상 퇴적물의 감소
④ 비점원 오염원의 감소

4. 질량보존의 식(법칙)
하천 및 저수지의 수질해석을 위한 수학적 모형을 구성할 때 적용되는 연속방정식의 가장 기본이 되는 수학적 방정식

5. 도·송수관로의 동수경사선 상승방법
상류측 관경의 증가, 하류측 관경의 감소

6. 배수지의 유효수심
3~6m (표준)

7. 분류식 하수배제방식의 오수관거
오수관거는 소구경이므로 합류식에 비해 경사가 급해지고, 매설깊이가 깊어지는 단점있음

8. 유달시간(도달시간), T
$T = $ 유입시간 + 유하시간 $= t_1 + \dfrac{L}{v}$
$= 5(\text{min}) + \dfrac{1,200(\text{m})}{2 \times 60(\text{m/min})} = 15(\text{min})$

9. 혐기성 소화처리방법의 특징
미생물의 성장속도가 느리기 때문에 운전조건(초기 운전, 온도, 부하량 등)의 변화에 적응하는 시간이 길어짐

10. 오수 및 우수관로의 설계
우수관로 내의 유속은 가능한 상류상태가 되도록 할 것

11. 상수도 배수관의 특징
경질폴리 염화비닐(PVC)관 : 내식성이 크고, 유기용제 열 및 자외선에 약함

12. 역사이펀(Inverted Siphon)
하천, 수로 철도 및 이설(移設)이 불가능한 지하매설물을 횡단하기 위해 동수경사선 아래에 매설한 장애물횡단공법의 하수관로(하수도 부대시설)

13. 우수조정지의 설치위치 및 방류방식
- 하류관거의 유하능력, 하류지역 펌프장 능력, 방류수역의 유하능력 부족한 곳에 설치
- 우수방류방식 : 자연유하식 (원칙)

14. 폭기조의 수리학적 체류시간(t)
① BOD농도 $= 200\,\text{mg/L} = 0.2\,\text{kg/m}^3$
   MLSS농도 $= 2,000\,\text{mg/L} = 2.0\,\text{kg/m}^3$
② F/M비 $(\text{kg BOD/kg MLSS} \cdot \text{day})$
   $= \dfrac{\text{BOD농도}(\text{kg/m}^3) \times \text{유입하수량}(\text{m}^3/\text{day})}{\text{MLSS농도}(\text{kg/m}^3) \times \text{폭기조 용적}(\text{m}^3)}$
   ∴ 폭기조 용적(m^3)
   $= \dfrac{\text{BOD농도}(\text{kg/m}^3) \times \text{유입하수량}(\text{m}^3/\text{day})}{\text{MLSS농도}(\text{kg/m}^3) \times \text{F/M비}}$
   $= \dfrac{0.2 \times 1,000}{2 \times 0.2} = 500\,(\text{m}^3)$
③ 수리학적 체류시간(t)
   $= \dfrac{\text{폭기조 용적}(\text{m}^3)}{\text{유입하수량}(\text{m}^3/\text{day}) \times (1+r)} \times 24$
   $= \dfrac{500}{1,000} \times 24 = 12\,(\text{hr})$
   여기서, $r(\text{반송율}) = \dfrac{\text{반송유량}(\text{m}^3/\text{day})}{\text{유입유량}(\text{m}^3/\text{day})}$
   $= \dfrac{Q'}{Q} = 0$

15. 슬러지 용적지수(Sludge Volume Index ; SVI)
100에 슬러지 밀도지수(SDI) 나눈 값
→ SVI = 100 / SDI

16. 하수 슬러지처리의 농축과정과 목적
- 최초단계의 슬러지 처리공정
- 고형물(슬러지)의 부피를 감소시켜, 후속 공정의 규모축소와 처리효율의 향상

17. 하수도 펌프장시설의 계획하수량과 설치대수
계획오수량과 계획우수량에 대하여 각가 2~6대(표준)

18. 펌프장의 습정(wet well) 부피(V)

체류시간$(t) = \dfrac{습정부피(V)}{하수량(Q)}$에서

$$\begin{aligned}
습정부피(V) &= 하수량(Q) \times 체류시간(t) \\
&= 600(\mathrm{m^3/day}) \times \dfrac{1}{24 \times 60}(\mathrm{day/min}) \times 40(\mathrm{min}) \\
&= 16.7(\mathrm{m^3})
\end{aligned}$$

19. 펌프의 비속도(비교회전도, Ns)
Ns가 작으면 유량이 적은 고양정의 대형펌프

20. 침전지의 표면부하율(Q/A)

$$\begin{aligned}
\dfrac{Q}{A} &= \dfrac{Q(유량)}{B(폭) \times L(길이)} \\
&= \dfrac{1,000}{10 \times 50} = 2.0(\mathrm{m/hr})
\end{aligned}$$

1. ①	2. ②	3. ③	4. ②	5. ③
6. ③	7. ②	8. ③	9. ④	10. ③
11. ①	12. ④	13. ①	14. ④	15. ③
16. ④	17. ②	18. ①	19. ①	20. ③

과년도출제문제

24 토목기사 3회 시행 출제문제

※ 본 기출문제는 수험자의 기억을 바탕으로 하여 복원한 문제이므로 실제 문제와 다를 수 있음을 미리 알려드립니다.

1. 보통 상수도의 기본계획에서 대상이 되는 기간인 계획(목표)년도는 계획수립 시부터 몇 년간을 표준으로 하는가?
① 3~5년간 ② 5~10년간
③ 15~20년간 ④ 25~30년간

2. 인구 30만의 도시에 급수계획을 하고자 한다. 계획 1인 1일 최대 급수량을 350L로 하고, 계획급수 보급률을 80%라 할 때 계획 1일 평균급수량은? (단, 이 도시는 중소도시로 계획 첨두율은 1.5로 가정한다.)
① 126,000m³/day ② 84,000m³/day
③ 73,500m³/day ④ 56,000m³/day

3. 다음 중 계획 급수인구의 추정법이 아닌 것은?
① 등차급수법 ② 등비급수법
③ 최소자승법 ④ 누가곡선법

4. 저수시설의 유효저수량 결정방법이 아닌 것은?
① 합리식
② 물수지계산
③ 유량도표에 의한 방법
④ 유량누가곡선도표에 의한 방법

5. 수질시험 항목에 관한 설명으로 옳지 않은 것은?
① DO(용존산소)는 물속에 용해되어 있는 분자상의 산소를 말하며 온도가 높을수록 DO 농도는 감소한다.
② COD(화학적 산소요구량)는 수중의 산화 가능한 유기물이 일정 조건에서 산화제에 의해 산화되는 데 요구되는 산소량을 말한다.
③ 잔류염소는 처리수를 염소소독하고 남은 염소로 차아염소산이온과 같은 유리잔류염소와 클로라민 같은 결합잔류염소를 말한다.
④ BOD(생물화학적 산소요구량)는 수중 유기물이 혐기성 미생물에 의해 3일간 분해될 때 소비되는 산소량을 ppm으로 표시한 것이다.

6. 호수나 저수지에 대한 설명으로 틀린 것은?
① 여름에는 성층을 이룬다.
② 가을에는 순환(turn over)을 한다.
③ 성층은 연직방향의 밀도차에 의해 구분된다.
④ 성층현상이 지속되면 하층부의 용존산소량이 증가한다.

7. 호수의 부영양화에 대한 설명으로 옳지 않은 것은?
① 부영양화의 주된 원인물질은 질소와 인이다.
② 조류의 이상증식으로 인하여 물의 투명도가 저하된다.
③ 조류의 발생이 과다하면 정수공정에서 여과지를 폐색시킨다.
④ 조류제거 약품으로는 일반적으로 황산알루미늄을 사용한다.

8. 다음 지형도의 상수계통도에 관한 사항 중 옳은 것은?

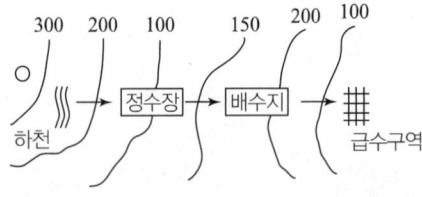

① 도수는 펌프가압식으로 해야 한다.
② 수질을 생각하여 도수로는 개수로를 택하여야 한다.
③ 정수장에서 배수지는 펌프가압식으로 송수한다.
④ 도수와 송수를 자연유하식으로 하여 동력비를 절감한다.

9. 부유물 농도 200mg/L, 유량 3,000m³/day인 하수가 침전지에서 70% 제거된다. 이때 슬러지의 함수율이 95%, 비중 1.1일 때 슬러지의 양은?

① 5.9m³/day
② 6.1m³/day
③ 7.6m³/day
④ 8.5m³/day

10. 침전지 내에서 비중이 0.7인 입자의 부상속도를 V라 할 때, 비중이 0.4인 입자의 부상속도는? (단, 기타의 모든 조건은 같다.)

① $0.5V$
② $1.25V$
③ $1.75V$
④ $2V$

11. 정수처리 시 생성되는 발암물질인 트리할로메탄(THM)에 대한 대책으로 적합하지 않은 것은?

① 오존, 이산화염소 등의 대체 소독제 사용
② 염소소독의 강화
③ 중간염소처리
④ 활성탄흡착

12. 합류식과 분류식에 대한 설명으로 옳지 않은 것은?

① 합류식의 경우 관경(관지름)이 커지기 때문에 2계통인 분류식보다 건설비용이 많이 든다.
② 분류식의 경우 오수와 우수를 별개의 관로로 배제하기 때문에 오수의 배제계획이 합리적이 된다.
③ 분류식의 경우 관거 내 퇴적은 적으나 수세효과는 기대할 수 없다.
④ 합류식의 경우 일정량 이상이 되면 우천 시 오수가 월류한다.

13. 하수도시설 설계시 우수유출량의 산정을 합리식으로 할 때, 토지이용도별 기초유출계수의 표준값이 가장 작은 것은?

① 지붕
② 수면
③ 경사가 급한 산지
④ 잔디, 수목이 많은 공원

14. $Q = \frac{1}{360} CIA$는 합리식으로서 첨두유량을 산정할 때 사용된다. 이 식에 대한 설명으로 옳지 않은 것은?

① C는 유출계수로 무차원이다.
② I는 도달시간 내의 강우강도로 단위는 mm/hr이다.
③ A는 유역면적으로 단위는 km²이다.
④ Q는 첨두유출량으로 단위는 m³/sec이다.

15. 관거별 계획하수량 선정시 고려해야 할 사항으로 적합하지 않은 것은?

① 오수관거는 계획시간 최대오수량을 기준으로 한다.
② 우수관거에서는 계획우수량을 기준으로 한다.
③ 합류식 관거는 계획시간 최대오수량에 계획우수량을 합한 것을 기준으로 한다.
④ 차집관거는 계획시간 최대오수량에 우천시 계획우수량을 합한 것을 기준으로 한다.

16. 생물학적 처리를 위한 영양조건으로 하수의 일반적인 BOD : N : P비는 다음 중 어느 것이 가장 적합한가?

① BOD : N : P = 100 : 50 : 10
② BOD : N : P = 100 : 10 : 1
③ BOD : N : P = 100 : 10 : 5
④ BOD : N : P = 100 : 5 : 1

17. 다음 중 활성 슬리지법의 변법이 아닌 것은?

① 호기성 산화지법(aerobic lagoon)
② 장시간 폭기법(extended aeration)
③ 산화구법(oxidation ditch)
④ 계단식 폭기법(step aeration)

18. 수분 97%의 슬러지 15m³를 수분 70%로 농축하면 그 부피는? (단, 비중은 모두 1.0으로 가정함)

① 0.5m³   ② 1.5m³
③ 2.5m³   ④ 3.5m³

19. 유입수량이 50m³/min, 침전지 용량이 3,000m³, 침전지 유효수심이 6m일 때 수면부하율($m^3/m^2 \cdot day$)은?

① 115.2   ② 125.2
③ 144.0   ④ 154.0

20. 수격작용을 방지하기 위한 방법으로 옳지 않은 것은?

① 펌프에 플라이휠(fly-wheel)을 붙여 펌프의 관성을 증가시킨다.
② 토출측 관로에 조압수조(surge tank)를 설치한다.
③ 압력수조 또는 공기실(air-chamber)을 설치한다.
④ 펌프 흡입측에 완폐형 역지밸브를 설치한다.

해설 및 정답

1. 상수도 기본계획의 계획(목표)년도
15~20년 (표준)

2. 계획 1일 평균급수량의 산정

계획첨두율 = $\dfrac{\text{계획1일최대급수량}}{\text{계획1일평균급수량}}$ 에서

계획1일 평균급수량 = $\dfrac{\text{계획1일 최대급수량}}{\text{계획첨두율}}$

$= \dfrac{\text{계획 1인1일 최대급수량} \times \text{계획급수인구} \times \text{계획급수보급률}}{\text{계획첨두율}}$

$= \dfrac{0.35\text{m}^3/\text{인}\cdot\text{일} \times 300{,}000\text{인} \times 0.80}{1.5} = 56{,}000\text{m}^3/\text{day}$

3. 계획급수인구 추정방법의 종류
등차급수법, 등비급수법, 최소자승법, 지수곡선식법, 감소증가율법, Logistic Curve법(논리곡선법), 비상관법, 타도시와의 비교법
※ 누가곡선법 : 저수지용량(유효저수량) 결정방법

4. 저수시설의 유효저수량 결정방법의 종류
물수지(Water Budget) 계산방법, 유량도표에 의한 방법, 유량누가곡선도표에 의한 방법(Ripple의 도해법), 가정법(假定法), 강우자료 이용법
※ 합리식 : 계획우수량(우수유출량) 산정공식

5. BOD(생물화학적 산소요구량)
수중 유기물이 호기성 미생물에 의해 5일간 분해될 때 소비되는 용존산소량을 ppm으로 표시한 수질시험항목

6. 성층현상
- 호수나 저수지의 물이 연직방향의 수온과 밀도차에 의해 여러 층으로 분리되는 현상
- 하층부(심층부)의 용존산소량은 감소함

7. 호수의 부영양화 방지약품 또는 조류의 제거약품
황산동(황산구리 ; $CuSO_4$)

8. 상수계통도
① 하천은 정수장보다 표고가 높아 도수는 자연유하식으로 함
② 도수로는 개수로가 원칙이나, 수질을 고려할 경우에는 관수로 선택함
③ 정수장은 배수지보다 표고가 낮아 송수는 펌프가압식으로 함
④ 도수는 자연유하식, 송수는 펌프가압식으로 함이 합리적임

9. 슬러지의 발생량(V)

$V(\text{m}^3/\text{day}) = \text{하수량}(\text{m}^3/\text{day})$
$\qquad \times \text{제거된 부유물 농도}(\text{kg}/\text{m}^3)$
$\qquad \times \dfrac{100}{100 - \text{함수율}} \times \dfrac{1}{\text{비중}}$

$= 3{,}000 \times \left(0.2 \times \dfrac{70}{100}\right) \times \dfrac{100}{100-95} \times \dfrac{1}{1.1}$

$= 7{,}636.4(\text{kg/day}) = 7.6364(\text{t/day})$

$\fallingdotseq 7.6(\text{m}^3/\text{day})$

10. 침전지 내 입자의 부상속도(V)

Stokes 법칙 $V_s = \dfrac{g(\rho_s - \rho)d^2}{18\mu}$ 에서

입자의 비중(밀도)을 제외한 다른 모든 조건이 동일하므로

$V_{s1} : (\rho_{s1} - \rho) = V_{s2} : (\rho_{s2} - \rho)$

$V_{s1} = V_{s2} \times \dfrac{(\rho_{s1} - \rho)}{(\rho_{s2} - \rho)} = V_{s2} \times \dfrac{(0.7-1)}{(0.4-1)}$

$\qquad = V_{s2} \times \dfrac{(-0.3)}{(-0.6)}$

$\therefore V_{s1} = 0.5 V_{s2}$ 이므로 $V_{s2} = 2V_{s1} = 2V$

11. 트리할로메탄(THM) 제거방법 및 대책
중간염소처리, 클로라민처리, 활성탄흡착처리, 오존(O_3)처리, 이산화염소(ClO_2)처리, 응집침전처리

12. 합류식 하수배제방식
관경(관지름)이 커지기 때문에 2계통인 분류식보다 건설비용이 적게 소요됨

13. 합리식의 토지이용도별 기초유출계수의 표준값
① 지붕 : 0.85~0.95
② 수면 : 1.00
③ 경사가 급한 산지 : 0.40~0.60
④ 잔디, 수목이 많은 공원 : 0.05~0.25

14. 합리식
$Q = \dfrac{1}{360} CIA$ 에서
A : 유역면적(배수면적)으로 단위는 ha

15. 차집관거의 계획하수량
우천시 계획오수량 또는 계획시간 최대오수량의 3배 이상

16. 하수의 생물학적 처리를 위한 영양조건
BOD : N : P = 100 : 5 : 1

17. 활성슬러지법의 변법
표준 활성슬러지법, 장시간 폭기법, 산화구법, 계단식 폭기법, 접촉안정법 등
※ 호기성 산화지법 : 호기성 생물학적 하수처리방법

18. 농축후 슬러지의 부피(V_2)
$\dfrac{V_1}{V_2} = \dfrac{100 - W_2}{100 - W_1}$

여기서, V_1 : 농축 전 슬러지 부피(m^3)
V_2 : 농축 후 슬러지 부피(m^3)
W_1 : 농축 전 슬러지 함수율(%)
W_2 : 농축 후 슬러지 함수율(%)

$\dfrac{15\,m^3}{V_2} = \dfrac{100 - 70}{100 - 97}$

$\therefore V_2 = \dfrac{100 - 97}{100 - 70} \times 15 = 1.5\,(m^3)$

19. 침전지의 수면부하율(Q/A)
$\dfrac{Q}{A} = \dfrac{Q}{\frac{V}{h}} = \dfrac{Qh}{V} = \dfrac{(50 \times 24 \times 60)\,m^3/day \times 6m}{3,000\,m^3}$

$= 144.0\,(m^3/m^2 \cdot day)$

20. 수격작용(Water Hammer) 방지방법
펌프 토출측 관로에 플라이휠(fly wheel), 조압수조(surge tank), 공기실(air chamber), 역지밸브, 안전밸브, 공기밸브 등을 설치함

1. ③	2. ④	3. ④	4. ①	5. ④
6. ④	7. ④	8. ③	9. ③	10. ④
11. ②	12. ①	13. ④	14. ③	15. ④
16. ④	17. ①	18. ②	19. ③	20. ④

과년도 출제문제

25 토목기사
1회 시행 출제문제

※ 본 기출문제는 수험자의 기억을 바탕으로 하여 복원한 문제이므로 실제 문제와 다를 수 있음을 미리 알려드립니다.

1. 상수도 계통의 도수시설에 관한 설명으로 옳은 것은?

① 적당한 수질의 물을 수원지에서 모아서 취수하는 시설을 말한다.
② 수원에서 취수한 물을 정수장까지 운반하는 시설을 말한다.
③ 정수 처리된 물을 수용가에서 공급하는 시설을 말한다.
④ 정수장에서 정수 처리된 물을 배수지까지 보내는 시설을 말한다.

2. 인구 30만의 도시에 급수계획을 하고자 한다. 계획 1인 1일 최대 급수량을 350L로 하고 계획급수 보급률을 80%라 할 때 계획 1일 평균급수량은?(단, 이 도시는 중소도시로 계획 첨두율은 1.5로 가정한다.)

① 126,000m³/day
② 84,000m³/day
③ 73,500m³/day
④ 56,000m³/day

3. 먹는 물에 대장균이 검출될 경우 오염수로 판정되는 이유로 옳은 것은?

① 대장균은 병원균이기 때문이다.
② 대장균은 반드시 병원균과 공존하기 때문이다.
③ 대장균은 번식 시 독소를 분비하여 인체에 해를 끼치기 때문이다.
④ 사람이나 동물의 체내에 서식하므로 병원성 세균의 존재 추정이 가능하기 때문이다.

4. 호소의 부영양화에 관한 설명으로 옳지 않은 것은?

① 부영양화의 원인물질은 질소와 인 성분이다.
② 부영양화는 수심이 낮은 호소에서도 잘 발생된다.
③ 조류의 영향으로 물에 맛과 냄새가 발생되어 정수에 어려움을 유발시킨다.
④ 부영양화된 호소에서는 조류의 성장이 왕성하여 수심이 깊은 곳까지 용존산소 농도가 높다.

5. 하천의 재포기(reaeration) 계수가 0.2/day, 탈산소 계수가 0.1/day이면 이 하천의 자정계수는?

① 0.1
② 0.2
③ 0.5
④ 2.0

6. 지름 300mm의 주철관을 설치할 때, 40kgf/cm²의 수압을 받는 부분에서는 주철관의 두께는 최소한 얼마로 하여야 하는가?(단, 허용인장응력 $\sigma_{ta} = 1,400$kgf/cm²이다.)

① 3.1mm
② 3.6mm
③ 4.3mm
④ 4.8mm

7. 일반적인 정수과정으로서 옳은 것은?

① 스크린 → 소독 → 여과 → 응집침전
② 스크린 → 응집침전 → 여과 → 소독
③ 여과 → 응집침전 → 스크린 → 소독
④ 응집침전 → 여과 → 소독 → 스크린

8. Jar-Test는 적정 응집제의 주입량과 적정 pH를 결정하기 위한 시험이다. Jar-Test 시 응집제를 주입한 후 급속교반 후 완속교반을 하는 이유는?

① 응집제를 용해시키기 위해서
② 응집제를 고르게 섞기 위해서
③ 플록이 고르게 퍼지게 하기 위해서
④ 플록을 깨뜨리지 않고 성장시키기 위해서

9. 활성탄처리를 적용하여 제거하기 위한 주요항목으로 거리가 먼 것은?

① 질산성 질소 ② 냄새유발물질
③ THM 전구물질 ④ 음이온 계면활성제

10. 고속 응집침전지를 선택할 때 고려하여야 할 사항으로 옳지 않은 것은?

① 처리수량의 변동이 적어야 한다.
② 탁도와 수온의 변동이 적어야 한다.
③ 원수 탁도는 10NTU 이상이어야 한다.
④ 최고 탁도는 10,000NTU 이하인 것이 바람직하다.

11. 정수시설에 관한 사항으로 틀린 것은?

① 착수정의 용량은 체류시간을 5분 이상으로 한다.
② 고속 응집침전지의 용량은 계획정수량의 1.5~2.0시간분으로 한다.
③ 정수지의 용량은 첨두수요 대처용량과 소독 접촉 시간용량을 고려하여 최소 2시간분 이상을 표준으로 한다.
④ 플록형성지에서 플록형성시간은 계획정수량에 대하여 20~40분간을 표준으로 한다.

12. 하수도의 효과에 대한 설명으로 적합하지 않은 것은?

① 도시환경의 개선
② 토지이용의 감소
③ 하천의 수질보전
④ 공중위생상의 효과

13. 하수배제방식에 대한 설명 중 틀린 것은?

① 분류식 하수관거는 청천 시 관로내 퇴적량이 합류식 하수관거에 비하여 많다.
② 합류식 하수배제방식은 폐쇄의 염려가 없고 검사 및 수리가 비교적 용이하다.
③ 합류식 하수관거에서는 우천 시 일정유량 이상이 되면 하수가 직접 수역으로 방류될 수 있다.
④ 분류식 하수배제방식은 강우초기에 도로 위의 오염물질이 직접 하천으로 유입되는 단점이 있다.

14. 수중의 질소화합물의 질산화 진행과정으로 옳은 것은?

① $NH_3-N \to NO_2-N \to NO_3-N$
② $NH_3-N \to NO_3-N \to NO_2-N$
③ $NO_2-N \to NO_3-N \to NH_3-N$
④ $NO_3-N \to NO_2-N \to NH_3-N$

15. 하수도 계획의 기본적 사항에 관한 설명으로 옳지 않은 것은?

① 계획구역은 계획목표년도까지 시가화 예상구역을 포함하여 광역적으로 정하는 것이 좋다.
② 하수도 계획의 목표년도는 시설의 내용년수, 건설기간 등을 고려하여 50년을 원칙으로 한다.
③ 신시가지 하수도 계획의 수립시에는 기존시가지를 포함하여 종합적으로 고려해야 한다.
④ 공공수역의 수질보전 및 자연환경보전을 위하여 하수도 정비를 필요로 하는 지역을 계획 구역으로 한다.

16. 혐기성 소화 공정의 영향인자가 아닌 것은?

① 체류시간 ② 메탄함량
③ 독성물질 ④ 알칼리도

17. 유량이 5000m³/day이고 BOD가 150mg/L인 하수를 500m³의 유효용량을 가진 폭기조에서 처리할 경우, BOD 용적부하량은?

① 1.0kg/(m³·day)
② 1.5kg/(m³·day)
③ 2.0kg/(m³·day)
④ 2.5kg/(m³·day)

18. 장기 폭기법에 관한 설명으로 옳은 것은?

① F/M비가 크다.
② 슬러지 발생량이 적다.
③ 부지가 적게 소요된다.
④ 대규모 처리장에 많이 이용된다.

19. 함수율 95%인 슬러지를 농축시켰더니 최초부피의 1/30이 되었다. 농축된 슬러지의 함수율은? (단, 농축 전후의 슬러지 비중은 1로 가정한다.)

① 65%
② 70%
③ 85%
④ 90%

20. 공동현상(Cavitation)의 방지책에 대한 설명으로 옳지 않은 것은?

① 마찰손실을 작게 한다.
② 흡입양정을 작게 한다.
③ 펌프의 흡입관경을 작게 한다.
④ 임펠러(Impeller) 속도를 작게 한다.

해설 및 정답

1. 상수도 계통의 도수시설
  수원에서 취수한 물(원수)을 정수장까지 운반하는 시설

2. 계획 1일 평균급수량의 산정

  계획첨두율 = $\dfrac{계획1일최대급수량}{계획1일평균급수량}$ 에서

  계획1일 평균급수량 = $\dfrac{계획1일 최대급수량}{계획첨두율}$

  = $\dfrac{계획1인1일최대급수량 \times 계획급수인구 \times 계획급수보급률}{계획첨두율}$

  = $\dfrac{0.35 \mathrm{m^3/인 \cdot 일} \times 300,000인 \times 0.80}{1.5}$ = $56,000 \mathrm{m^3/day}$

3. 먹는 물에 대장균이 검출될 경우 오염수로 판정되는 이유
  사람이나 동물의 체내에 서식하므로 병원성 세균의 존재 추정이 가능하기 때문임

4. 호소의 부영양화 특성
  수심이 깊은 곳 : 조류의 사체(死體) 등으로 인한 침전물로 용존산소의 농도가 감소함

5. 자정계수(f)의 산정

  자정 계수(f) = $\dfrac{재포기 계수(k_2)}{탈산소 계수(k_1)}$ = $\dfrac{0.2}{0.1}$ = 2.0

6. 주철관의 두께(t)

  $t = \dfrac{pD}{2\sigma_{ta}}$

  = $\dfrac{40 \mathrm{kgf/cm^2} \times 30 \mathrm{cm}}{2 \times 1,400 \mathrm{kgf/cm^2}}$ ≒ 0.43(cm) ≒ 4.3(mm)

7. 일반적인 정수과정
  스크린→응집침전→여과→소독(살균)

8. Jar-Test 시 완속교반의 이유
  응집반응 2단계에서 응집제 주입 후 플록을 깨뜨리지 않고 성장시키기 위함

9. 활성탄처리에 의한 제거물질(항목)
  맛과 냄새, 음이온 계면활성제(합성세제), 트리할로메탄(THM), 페놀, 유기물

10. 고속 응집침전지의 선택 시 고려사항
  최고 탁도 : 1,000NTU 이하

11. 착수정의 용량
  체류시간을 1.5분 이상으로 함

12. 하수도의 효과
  ① 도시환경의 개선
  ② 토지이용의 증대
  ③ 하천의 수질보전
  ④ 공중위생상의 효과

13. 분류식 하수관거의 특징
  청천 시 합류식에 비해 관내 유속이 비교적 빠르므로 관로내 오염물질의 퇴적량이 적음

14. 수중의 질소화합물의 질산화 진행과정
  NH_3-N(암모니아성 질소)→NO_2-N(아질산성 질소)→NO_3-N(질산성 질소)

15. 하수도 계획의 목표년도
  시설의 내용년수, 건설기간 등을 고려하여 20년을 원칙으로 함

16. 혐기성 소화공정의 영향인자
  체류시간, 독성물질(중금속, 유기용매) 없을 것, 알칼리도(HCO_3^-, CO_3^{2-}, OH^-), 온도(적합), pH(적합), 영양염류(충분),

17. BOD 용적부하량

  BOD 용적부하량 = $\dfrac{BOD농도(\mathrm{kg/m^3}) \times 유량(\mathrm{m^3/day})}{폭기조\ 용량(\mathrm{m^3})}$

  = $\dfrac{0.15 \mathrm{kg/m^3} \times 5,000 \mathrm{m^3/day}}{500 \mathrm{m^3}}$

  = $1.5 \mathrm{kg/(m^3 \cdot day)}$

18. 장기 포기법의 특징
 ① F/M비가 작다.
 ② 슬러지 발생량이 적다.
 ③ 부지가 크게 소요된다.
 ④ 소규모 하수처리장에 많이 이용된다.

19. 농축슬러지의 함수율(W_2)

$\dfrac{V_1}{V_2} = \dfrac{100-W_2}{100-W_1}$ 에서 $\dfrac{3}{1} = \dfrac{100-W_2}{100-95}$

∴ $W_2 = 100 - 15 = 85\%$

20. 공동현상(Cavitation)의 방지대책
 펌프의 흡입관경을 크게 할 것

1. ②	2. ④	3. ④	4. ④	5. ④
6. ③	7. ②	8. ④	9. ①	10. ④
11. ①	12. ②	13. ①	14. ①	15. ②
16. ②	17. ②	18. ②	19. ③	20. ③

과년도출제문제

25 토목기사
2회 시행 출제문제

※ 본 기출문제는 수험자의 기억을 바탕으로 하여 복원한 문제이므로 실제 문제와 다를 수 있음을 미리 알려드립니다.

1. 상수도 취수시설에 있어서 침사지의 유효수심은 얼마를 표준으로 하는가?

① 10~12m ② 6~8m
③ 3~4m ④ 0.5~2m

2. 합류식 하수도는 강우시에 처리되지 않은 오수의 일부가 하천 등의 공공수역에 방류 되는 문제점을 갖고 있다. 이에 대한 대책으로 적합하지 않은 것은?

① 차집관거의 축소
② 실시간 제어방법
③ 스월조절조(swirl regulator) 설치
④ 우수저류지 설치

3. 상수원수에 포함된 색도제거를 위한 단위조작으로 거리가 먼 것은?

① 폭기처리 ② 응집침전처리
③ 활성탄처리 ④ 오존처리

4. 하수관거 설계시 계획하수량에서 고려하여야 할 사항으로 옳은 것은?

① 오수관거에서는 계획최대오수량으로 한다.
② 우수관거에서는 계획시간 최대우수량으로 한다.
③ 합류식 관거에서는 계획시간 최대오수량에 계획우수량을 합한 것으로 한다.
④ 지역의 설정에 따른 계획하수량의 여유는 고려하지 않는다.

5. 하수관거 내에 황화수소(H_2S)가 통상 존재하는 이유에 대한 설명으로 옳은 것은?

① 용존산소로 인해 유황이 산화하기 때문이다.
② 용존산소 결핍으로 박테리아가 메탄가스를 환원시키기 때문이다.
③ 용존산소 결핍으로 박테리아가 황산염을 환원시키기 때문이다.
④ 용존산소로 인해 박테리아가 메탄가스를 환원시키기 때문이다.

6. 일반적인 상수도 계통도를 올바르게 나열한 것은?

① 수원 및 저수 시설 → 취수 → 배수 → 송수 → 정수 → 도수 → 급수
② 수원 및 저수 시설 → 취수 → 도수 → 정수 → 송수 → 배수 → 급수
③ 수원 및 저수 시설 → 취수 → 배수 → 정수 → 급수 → 도수 → 송수
④ 수원 및 저수 시설 → 취수 → 도수 → 정수 → 급수 → 배수 → 송수

7. 먹는 물에 대장균이 검출될 경우 오염수로 판정되는 이유로 옳은 것은?

① 대장균은 병원균이기 때문이다.
② 대장균은 반드시 병원균과 공존하기 때문이다.
③ 대장균은 번식 시 독소를 분비하여 인체에 해를 끼치기 때문이다.
④ 사람이나 동물의 체내에 서식하므로 병원성 세균의 존재 추정이 가능하기 때문이다.

8. 다음 상수도관의 관종 중 내식성이 크고 중량이 가벼우며 손실수두가 적으나 저온에서 강도가 낮고 열이나 유기용제에 약한 것은?

① 흄(Hume)관 ② 강관
③ PVC관 ④ 석면 시멘트관

9. MLSS 농도 2,000mg/L의 혼합액을 1L 시험관에 취해 30분간 정치시켰을 때 침강슬러지가 차지하는 부피가 200mL이었다. 이 슬러지의 SVI는?

① 120 ② 100
③ 80 ④ 60

10. 흡착에 의한 시설에서 활성탄을 사용하는 이유가 아닌 것은?

① 냄새 제거
② 오염물질 제거
③ 트리클로로에틸렌 제거
④ 암모니아성 질소 제거

11. 양수량이 15.5m^3/min이고, 전양정이 24m일 때, 펌프의 축동력은? (단, 펌프의 효율은 80%로 가정한다.)

① 75.88kW ② 7.58kW
③ 4.65kW ④ 46.57kW

12. 상수원수 중 색도가 높은 경우의 유효처리방법으로 가장 거리가 먼 것은?

① 응집침전처리 ② 활성탄처리
③ 오존처리 ④ 자외선처리

13. 오존을 사용하여 살균처리를 할 경우의 장점에 대한 설명 중 틀린 것은?

① 살균효과가 염소보다 뛰어나다.
② 유기물질의 생분해성을 증가시킨다.
③ 맛, 냄새물질과 색도 제거의 효과가 우수하다.
④ 오존이 수중 유기물과 작용하여 다른 물질로 잔류하게 되므로 잔류효과가 크다.

14. 상수의 도수 및 송수에 관한 설명 중 틀린 것은?

① 도수 및 송수방식은 에너지의 공급원 및 지형에 따라 자연유하식과 펌프가압식으로 나눌 수 있다.
② 송수관로는 개수로식과 관수로식으로 분류할 수 있다.
③ 수원이 급수구역과 가까울 때나 지하수를 수원으로 할 때는 펌프가압식이 더 효율적이다.
④ 자연유하식은 평탄한 지형에서 유리한 방식이다.

15. 동일한 조건에서 비중 2.5인 입자의 침전속도는 비중 2.0인 입자의 몇 배인가? (단, Stoke's 법칙 기준)

① 1.25배 ② 1.5배
③ 1.6배 ④ 2.5배

16. 하수관으로 폐수를 운반할 때 하수관의 직경이 0.5m에서 0.3m로 변환되었을 경우, 직경이 0.5m인 하수관내의 유속이 2m/s이었다면 직경이 0.3m인 하수관내의 유속은?

① 0.72m/s ② 1.20m/s
③ 3.33m/s ④ 5.56m/s

17. 정수처리 시 생성되는 발암물질인 트리할로메탄(THM)에 대한 대책으로 적합하지 않은 것은?

① 오존, 이산화염소 등의 대체 소독제 사용
② 염소소독의 강화
③ 중간염소처리
④ 활성탄흡착

18. 어떤 하수의 5일 BOD 농도가 300mg/L, 탈산소계수(상용 대수)값이 0.2/day일 때, 최종 BOD 농도는?

① 310.0mg/L   ② 333.3mg/L
③ 366.7mg/L   ④ 375.5mg/L

19. 슬러지의 처분에 관한 일반적인 계통도로 알맞은 것은?

① 생슬러지 – 개량 – 농축 – 소화 – 탈수 – 최종처분
② 생슬러지 – 농축 – 소화 – 개량 – 탈수 – 최종처분
③ 생슬러지 – 농축 – 탈수 – 개량 – 소각 – 최종처분
④ 생슬러지 – 농축 – 탈수 – 소각 – 개량 – 최종처분

20. 초기 강우시 도시의 우수유출량이 증가하여 하류시설 및 수로능력을 증대시키기 위해서 사용되는 시설물은?

① 유수지   ② 침사지
③ 토구   ④ 역사이폰

해설 및 정답

1. 상수도 취수시설의 침사지 유효수심
 3~4m (표준)

2. 합류식 하수도의 우수방류 부하량 조절 및 감소방법 (대책)
 ① 차집관거의 용량증대
 ② 실시간 제어
 ③ 스월조절조(swirl regulator) 설치
 ④ 우수저류지(우수체수지) 설치

3. 색도제거방법
 응집침전처리, 활성탄처리, 오존처리, 전염소처리

4. 하수관거 설계시 계획하수량
 ① 오수관거 : 계획시간 최대오수량
 ② 우수관거 : 계획우수량
 ③ 합류식 관거 : 계획시간 최대오수량 + 계획우수량
 ④ 지역의 설정에 따른 계획하수량의 여유는 고려할 것

5. 관정부식에서 황화수소(H_2S)의 발생이유
 용존산소(DO)의 결핍으로 인한 박테리아(혐기성 세균)의 황산염 분해 및 환원

6. 일반적인 상수도 계통도
 수원 및 저수시설 → 취수 → 도수 → 정수 → 송수 → 배수 → 급수

7. 먹는 물에 대장균이 검출될 경우 오염수로 판정되는 이유
 - 사람이나 동물의 체내에 서식하므로
 - 병원성 세균의 존재 추정이 가능하기 때문

8. PVC관(경질염화 비닐관)
 내식성이 크고 중량이 가벼우며 손실수두가 적으나, 저온에서 강도가 낮고 열이나 유기용제에 약한 상수도관

9. 슬러지 용적 지수(SVI)

$$SVI = \frac{SV(\text{mL/L})}{MLSS \ \text{농도}(\text{mg/L})} \times 10^3$$
$$= \frac{200}{2000} \times 10^3 = 100$$

10. 활성탄 처리법
 - 통상의 정수처리로 제거되지 않는 맛, 냄새, 색도, THM, 페놀,
 - 오염물질, 합성세제, 트리클로로에틸렌 유기물 등을 흡착반응에 의해
 - 제거하는 고도정수처리법

11. 펌프의 축동력(P_s)

$$P_s = \frac{9.8\,QH}{\eta} = \frac{9.8 \times 15.5/60(\text{m}^3/\text{sec}) \times 24\text{m}}{0.80}$$
$$= 75.9(\text{kW})$$

12. 색도제거방법
 응집침전처리, 활성탄처리, 오존처리, 전염소처리

13. 오존(O_3)살균의 특징
 염소보다 살균효과가 뛰어나지만, 물에 화학물질이 남지 않으므로 소독의 잔류효과가 없음

14. 자연유하식 도·송수방식
 수원의 위치가 높고, 도수로가 길 때 적당한 방식

15. 입자의 침전속도(v_s)
 Stoke's 법칙 $v_s = \dfrac{g(\rho_s - \rho)d^2}{18\mu}$ 에서 입자의 비중(밀도)을 제외한 다른 모든 조건이 동일하므로
$$V_{s1} : (\rho_{s1} - \rho) = V_{s2} : (\rho_{s2} - \rho)$$
$$V_{s1} = V_{s2} \times \frac{(\rho_{s1} - \rho)}{(\rho_{s2} - \rho)} = V_{s2} \times \frac{(2.5-1)}{(2.0-1)}$$
$$= V_{s2} \times \frac{1.5}{1.0}$$
$$\therefore V_{s1} = 1.5\,V_{s2}$$

16. 하수관의 유속

연속방정식,
$$Q = A_1 \cdot v_1 = A_2 \cdot v_2$$
$$= \frac{\pi D_1^2}{4} v_1 = \frac{\pi D_2^2}{4} v_2 \text{에서}$$
$$v_2 = \frac{A_1}{A_2} \cdot v_1 = \left(\frac{D_1}{D_2}\right)^2 \cdot v_1$$
$$\therefore v_2 = \left(\frac{0.5}{0.3}\right)^2 \times 2 = 5.56 (\text{m/sec})$$

17. 트리할로메탄(THM) 제거방법 및 대책

오존(O_3) 및 이산화염소(ClO_2) 등의 대체 소독제 사용, 중간염소처리, 활성탄흡착처리, 클로라민처리, 응집침전처리

18. 최종 BOD농도(L_a)

BOD 잔존량공식,
$Y = L_a(1 - 10^{-k_1 t})$에서
$Y = 300\text{mg/L}$, $k_1 = 0.2/\text{day}$, $t = 5$일이므로
$$L_a = \frac{300}{1 - 10^{-0.2 \times 5}} = 333.33 (\text{mg/L})$$

19. 하수슬러지의 처리(처분) 계통

생슬러지 → 농축 → 소화 → 개량 → 탈수 및 건조 → 소각(연소) → 최종 처분

20. 유수지(우수조정지)

초기 강우 시 증가한 도시의 우수유출량을 일시 저장하여 하류지역의 시설 및 방류수로의 유하능력을 증가시키기 위한 시설물

1. ③	2. ①	3. ①	4. ③	5. ③
6. ②	7. ④	8. ③	9. ②	10. ④
11. ①	12. ④	13. ④	14. ④	15. ②
16. ④	17. ②	18. ②	19. ②	20. ①

과년도출제문제

25 토목기사
3회 시행 출제문제

※ 본 기출문제는 수험자의 기억을 바탕으로 하여 복원한 문제이므로 실제 문제와 다를 수 있음을 미리 알려드립니다.

1. 상수도의 취수, 도수, 송수, 정수시설의 용량산정에 기준이 되는 수량은?

① 계획 1일 평균급수량
② 계획 1일 최대급수량
③ 계획 1인 1일 평균급수량
④ 계획 1인 1일 최대급수량

2. 상수 취수시설인 집수매거에 관한 설명으로 틀린 것은?

① 철근콘크리트조의 유공관 또는 권선형 스크린관을 표준으로 한다.
② 집수매거의 경사는 수평 또는 흐름방향으로 향하여 완경사로 설치한다.
③ 집수매거의 유출단에서 매거내의 평균유속은 3m/s 이상으로 한다.
④ 집수매거는 가능한 직접 지표수의 영향을 받지 않도록 매설깊이는 5m 이상으로 하는 것이 바람직하다.

3. 계획하수량을 수용하기 위한 관거의 단면과 경사를 결정함에 있어 고려할 사항으로 틀린 것은?

① 관거의 경사는 일반적으로 지표경사에 따라 결정하며, 경제성 등을 고려하여 적당한 경사를 정한다.
② 오수관거의 최소 관지름은 200mm를 표준으로 한다.
③ 관거의 단면은 수리학적으로 유리하도록 결정한다.
④ 경사는 하류로 갈수록 점차 급해지도록 한다.

4. MLSS농도 3000mg/L의 혼합액을 1L 매스실린더에 취해 30분간 정치했을 때 침강슬러지가 차지하는 용적이 440mL이었다면, 이 슬러지의 슬러지밀도지수(SDI)는?

① 0.68
② 0.97
③ 78.5
④ 89.8

5. 수분 97%의 슬러지 15m^3를 수분 70%로 농축하면 그 부피는? (단, 비중은 모두 1.0으로 가정한다.)

① 0.5m^3
② 1.5m^3
③ 2.5m^3
④ 3.5m^3

6. 어떤 상수원수의 Jar-test 실험결과 원수시료 200mL에 대해 0.1% PAC 용액 12mL를 첨가하는 것이 가장 응집효율이 좋았다. 이 경우 상수원수에 대해 PAC 용액 사용량은 몇 mg/L인가?

① 40mg/L
② 50mg/L
③ 60mg/L
④ 70mg/L

7. 5일의 BOD값이 100mg/L인 오수의 최종 BOD_u값은? (단, 탈산소계수(자연대수)=0.25day^{-1})

① 약 140mg/L
② 약 349mg/L
③ 약 240mg/L
④ 약 340mg/L

8. 1일 22,000m³을 정수처리를 하는 정수장에서 고형 황산알루미늄을 평균 25mg/L씩 주입할 때, 필요한 응집제의 양은?

① 250kg/day   ② 320kg/day
③ 480kg/day   ④ 550kg/day

9. 정수과정의 전염소처리 목적과 거리가 먼 것은?

① 철과 망간의 제거
② 맛과 냄새의 제거
③ 트리할로메탄의 제거
④ 암모니아성 질소와 유기물의 처리

10. 상수도의 펌프설비에서 캐비테이션(공동현상)의 대책에 대한 설명으로 옳은 것은?

① 펌프의 설치위치를 높게 한다.
② 펌프의 회전속도를 낮게 선정한다.
③ 펌프를 운전할 때 흡입측 밸브를 완전히 개방하지 않도록 한다.
④ 동일한 토출량과 회전속도이면 한쪽흡입펌프가 양쪽흡입펌프보다 유리하다.

11. 인구 200,000명인 도시에서 1인당 하루 300L를 급수할 경우, 급속여과지의 표면적은? (단, 여과속도는 150m/day이다.)

① 150m²   ② 300m²
③ 400m²   ④ 600m²

12. 장기폭기법에 관한 설명으로 옳은 것은?

① F/M비가 크다.
② 슬러지 발생량이 적다.
③ 부지가 적게 소요된다.
④ 대규모 처리장에 많이 이용된다.

13. 물의 흐름을 원활히 하고 관로의 수압을 조절할 목적으로 수로의 분기, 합류 및 관수로로 변하는 곳에 설치하는 것은?

① 맨홀   ② 우수토실
③ 접합정   ④ 여수토구

14. 상수도에서 배수지의 용량으로 기준이 되는 것은?

① 계획시간 최대급수량의 12시간분 이상
② 계획시간 최대급수량의 24시간분 이상
③ 계획 1일 최대급수량의 12시간분 이상
④ 계획 1일 최대급수량의 24시간분 이상

15. 하수도계획의 원칙적인 목표년도로 옳은 것은?

① 10년   ② 20년
③ 50년   ④ 100년

16. 용존산소 부족곡선(DO Sag Curve)에서 산소의 복귀율(회복속도)이 최대로 되었다가 감소하기 시작하는 점은?

① 임계점   ② 변곡점
③ 오염 직후 점   ④ 포화 직전 점

17. 하수관거의 접합 중에서 굴착깊이를 얕게 하므로 공사비용을 줄일 수 있으며, 수위상승을 방지하고 양정고를 줄일 수 있어 펌프로 배수하는 지역에 적합한 방법은?

① 관정접합   ② 관저접합
③ 수면접합   ④ 관중심접합

18. 펌프의 토출량이 0.94m³/min이고, 흡입구의 유속이 2m/s라 가정할 때 펌프의 흡입구경은?

① 100mm ② 200mm
③ 250mm ④ 300mm

19. 다음 중 일반적으로 적용되는 펌프의 특성곡선에 포함되지 않는 것은?

① 토출량 – 양정 곡선
② 토출량 – 효율 곡선
③ 토출량 – 축동력 곡선
④ 토출량 – 회전도 곡선

20. 지표수를 수원으로 하는 경우의 상수시설 배치순서로 가장 적합한 것은?

① 취수탑 – 침사지 – 응집침전지 – 여과지 – 배수지
② 집수매거 – 응집침전지 – 침사지 – 여과지 – 배수지
③ 취수문 – 여과지 – 보통침전지 – 배수탑 – 배수관망
④ 취수구 – 약품침전지 – 혼화지 – 여과지 – 배수지

해설 및 정답

1. 계획 1일 최대급수량
상수도의 취수, 도수, 송수, 정수시설의 용량산정에 기준이 되는 수량

2. 상수 취수시설의 집수매거 내 평균유속
집수매거의 유출단에서 1m/s 이하

3. 계획하수량을 수용하기 위한 하수관거의 경사
경사는 하류로 갈수록 점차 완만(감소)하도록 설계함

4. 슬러지 밀도지수(SDI)

슬러지 용적지수, $SVI = \dfrac{SV(\text{mL/L})}{MLSS \text{ 농도}(\text{mg/L})} \times 10^3$

$= \dfrac{440}{3,000} \times 10^3 = 146.67$

∴ 슬러지 밀도지수, $SDI = \dfrac{100}{SVI} = \dfrac{100}{146.67} = 0.68$

5. 농축후 슬러지의 부피(V_2)

$\dfrac{V_1}{V_2} = \dfrac{100 - W_2}{100 - W_1}$

여기서, V_1 : 농축 전 슬러지 부피(m^3)
V_2 : 농축 후 슬러지 부피(m^3)
W_1 : 농축 전 슬러지 함수율(%)
W_2 : 농축 후 슬러지 함수율(%)

$\dfrac{15\text{m}^3}{V_2} = \dfrac{100 - 70}{100 - 97}$

∴ $V_2 = \dfrac{100 - 97}{100 - 70} \times 15 = 1.5(\text{m}^3)$

6. PAC(Poly Aluminium Chloride) 용액 사용량 농도

PAC 용액 사용량 농도
$= \dfrac{\text{PAC주입량}}{\text{원수량}} = \dfrac{12\text{mL} \times 0.1\%}{200\text{mL}}$

$= \dfrac{12,000\text{mg} \times 0.001}{0.2L} = 60\text{mg/L}$

(여기서, 1mL = 1g → 12mL = 12g = 12,000mg)

7. 오수의 최종 $BOD_u(L_a)$
BOD소비량 공식,
$Y = L_a(1 - e^{-k_1 \times t})$ 에서

최종 BOD_u, $L_a = \dfrac{100}{1 - e^{-0.25 \times 5}} = 140.15(\text{mg/L})$

8. 응집제 주입량
응집제 주입량 = 황산알루미늄 주입량 농도 × 유량
$= 25\text{mg/L} \times 22,000\text{m}^3/\text{day}$
$= 25\text{g/m}^3 \times 22,000\text{m}^3/\text{day}$
$= 550,000\text{g/day} = 550\text{kg/day}$
(여기서, 1mg/L = 1g/m³)

9. 정수과정의 전염소처리 목적
철, 망간, 맛, 냄새, 세균, 조류, 암모니아성 질소, 유기물 등의 제거

10. 펌프의 공동현상(Cavitation) 방지대책
① 펌프의 설치위치를 낮게 한다.
② 펌프의 회전속도를 낮게 한다.
③ 펌프를 운전할 때 흡입측 밸브를 완전히 개방한다.
④ 동일한 토출량과 회전속도이면 양쪽흡입펌프가 한쪽 흡입펌프보다 유리하다.

11. 급속여과지의 표면적(A)

$A = \dfrac{\text{계획 1일최대급수량}(Q)}{\text{여과속도}(v)}$

$= \dfrac{\text{계획1인1일최대급수량} \times \text{계획급수인구}}{\text{여과속도}(v)}$

$= \dfrac{0.3(\text{m}^3/\text{인}\cdot\text{day}) \times 200,000(\text{인})}{150(\text{m/day})} = 400(\text{m}^2)$

12. 장기폭기법의 특징
① F/M비가 작다.
② 슬러지 발생량이 적다.
③ 부지가 크게 소요된다.
④ 소규모 처리장에 많이 이용된다.

13. 접합정(Junction Well)
물의 흐름을 원활히 하고, 관로의 수압을 조절할 목적으로 수로의 분기, 합류 및 관수로로 변하는 곳에 설치하는 관로 부속설비

14. 상수도 배수지의 용량
계획 1일 최대급수량의 12시간분 이상(표준)

15. 하수도계획의 목표년도
20년(원칙)

16. 변곡점
용존산소 부족곡선(DO Sag Curve)에서 산소의 복귀율(회복속도)이 최대로 되었다가 감소하기 시작하는 점

17. 관저접합
굴착깊이를 얕게 하므로 공사비용을 줄일 수 있으며, 수위상승을 방지하고 양정고를 줄일 수 있어, 펌프배수 지역에 적합한 하수관거 접합방법

18. 펌프의 흡입구경(D)

$$D(\text{mm}) = 146\sqrt{\frac{Q(\text{m}^3/\text{min})}{v(\text{m/sec})}} = 146\sqrt{\frac{0.94}{2}}$$
$$= 100(\text{mm})$$

19. 펌프 특성곡선
펌프회전속도를 일정하게 유지한 후 토출관의 밸브를 조절하여 펌프용량(토출량)을 변화시켰을 때 양정, 효율, 축동력의 변화를 나타내는 곡선

20. 지표수 수원의 경우 상수시설 배치순서
취수탑 → 침사지 → 응집침전지 → 여과지 → 배수지

1. ②	2. ③	3. ④	4. ①	5. ②
6. ③	7. ①	8. ④	9. ③	10. ②
11. ③	12. ②	13. ③	14. ③	15. ②
16. ②	17. ②	18. ①	19. ④	20. ①

과년도 출제문제(CBT시험문제)

23 토목산업기사
1회 시행 출제문제

※ 본 기출문제는 수험자의 기억을 바탕으로 하여 복원한 문제이므로 실제 문제와 다를 수 있음을 미리 알려드립니다.

1. 우리나라의 상수도 시설을 설계·계획할 때 그 계획년한은 통상 몇 년을 기준으로 하는가?

① 2~3년
② 5~15년
③ 15~20년
④ 30년 이상

2. 배수관을 망상(그물모양)으로 배치하는 방식의 특징이 아닌 것은?

① 고장인 경우 단수우려가 없다.
② 관내의 물이 정체하지 않는다.
③ 관로해석이 편리하고 정확하다.
④ 수압분포가 균등하고 화재시에 유리하다.

3. 다음의 소독방법 중 발암물질인 트리할로메탄(THM) 발생 가능성이 가장 높은 것은?

① 염소소독
② 오존소독
③ 이산화 염소소독
④ 자외선소독

4. 전염소처리의 목적으로 타당하지 않은 것은?

① 세균 제거
② 트리할로메탄(THM)의 제거
③ 철과 망간의 제거
④ 맛과 냄새의 제거

5. 하수의 배제방법 중 오수관과 우수관을 별도로 설치하는 방식을 무엇이라 하는가?

① 합류식
② 합리식
③ 분류식
④ 차집식

6. 하수처리장의 1차 처리시설인 침전지에서 BOD 부하의 30%가 처리되고 2차 처리시설에서 BOD 부하의 80%가 처리된다면 전체 BOD 제거율은?

① 24%
② 48%
③ 86%
④ 97%

7. 활성슬러지공법으로 하수를 처리할 때, 포기량을 결정하기 위한 조건으로서 반드시 고려해야 할 사항은?

① 하수의 중금속 제거
② 하수의 탁도
③ 하수의 BOD 농도
④ 하수의 pH

8. 지반이 낮은 지역의 배수구역내 우수를 펌프로 양수하여 배수하는 시설은?

① 상수 펌프장
② 중계 펌프장
③ 배수 펌프장
④ 처리장 펌프장

9. 펌프장 설계 시 검토하여야 할 비정상 현상으로 아래에서 설명하고 있는 것은?

> 만관 내에 흐르고 있는 물의 속도가 급격히 변화하여 압력변화가 발생하는 현상이다. 이에 의한 압력 상승 및 압력 강하의 크기는 유속의 변화정도, 관로 상황, 유속, 펌프의 성능 등에 따라 다르지만, 펌프, 밸브, 배관 등에 이상 압력이 걸려 진동, 소음을 유발하고, 펌프 및 전동기가 역회전하는 경우도 있으므로 충분한 검토가 필요하다.

① 서어징(surging)
② 캐비테이션(cavitation ; 공동현상)
③ 수격 작용(water hammer)
④ 팽화 현상(bulking)

10. 펌프의 캐비테이션(cavitation ; 공동현상) 방지대책으로 옳지 않은 것은?

① 펌프의 설치위치를 가능한 한 높게 한다.
② 흡입관의 손실을 가능한 작게 한다.
③ 펌프의 회전속도를 낮게 선정한다.
④ 한쪽 흡입펌프보다는 양쪽 흡입펌프를 적용한다.

해설 및 정답

1. 상수도시설의 설계·계획시 계획년도(계획년한)
  15~20년(표준)

2. 망상(그물모양 ; 격자식) 배수관의 배치방식
  관로의 해석과 수리계산이 복잡하고 시공이 어려움

3. 염소소독
  발암물질인 트리할로메탄(THM) 발생 가능성이 가장 높은 소독방법

4. 전염소처리의 목적
  ① 세균과 조류의 제거
  ② 황화수소, 페놀, 암모니아성 질소, 유기물의 제거
  ③ 철과 망간의 제거
  ④ 맛과 냄새의 제거

5. 분류식 하수배제방식
  오수관과 우수관을 각각 별도로 설치하는 방식

6. 하수처리장의 BOD 제거율
  ① 1차 처리시설 (제거율 30%)
    ㉠ input BOD : 1.0
    ㉡ 제거된 BOD : 0.3
    ㉢ output BOD : 1.0 - 0.3 = 0.7
  ② 2차 처리시설 (제거율 80%)
    ㉠ input BOD : 0.7
    ㉡ 제거된 BOD : 0.7 × 0.80 = 0.56
    ㉢ output BOD : 0.7 - 0.56 = 0.14
  ③ 전체 시설
    ㉠ input BOD : 1.0
    ㉡ 제거된 BOD : 0.3 + 0.56 = 0.86
    ㉢ output BOD : 1 - 0.86 = 0.14
  ∴ 전체 BOD제거율 = 0.86×100% = 86%

7. 활성슬러지공법의 하수처리시 포기량 결정조건으로서 고려사항
  하수의 BOD 농도

8. 배수(빗물) 펌프장
  지반이 낮은 지역의 배수구역내 우수를 펌프로 양수하는 배수시설

9. 수격 작용(water hammer)
  관로내 유속(유량)의 급변화에 따른 충격으로 압력변동(급상승 또는 급강하)이 발생하는 현상으로, 펌프장설계시 검토하여야 할 비정상현상

10. 펌프의 캐비테이션(cavitation ; 공동현상) 방지대책
  ① 펌프의 설치위치를 가능한 한 낮게 하여 흡입수두를 작게 함
  ② 흡입관의 손실을 가능한 작게 함
  ③ 펌프의 회전속도를 낮게 선정함.
  ④ 한쪽 흡입펌프보다는 양쪽 흡입펌프를 적용함

| 1. ③ | 2. ③ | 3. ① | 4. ② | 5. ③ |
| 6. ③ | 7. ③ | 8. ③ | 9. ③ | 10. ① |

과년도출제문제(CBT시험문제)

23 토목산업기사
2회 시행 출제문제

※ 본 기출문제는 수험자의 기억을 바탕으로 하여 복원한 문제이므로 실제 문제와 다를 수 있음을 미리 알려드립니다.

1. 다음은 수원 선정시 고려사항이다. 잘못된 것은?

① 수량이 풍부하여야 한다.
② 수질이 좋아야 한다.
③ 정수장보다 낮은 곳에 위치하여야 한다.
④ 상수 소비자에게 가까운 곳에 위치하여야 한다.

2. 하천에 오수가 유입될 때 최초의 분해지대에서 BOD가 감소하는 주요 원인은?

① 온도의 변화
② 탁도의 증가
③ 미생물의 번식
④ 유기물의 침전

3. 도수시설의 계획도수량에 대한 설명으로 옳은 것은?

① 계획1일 평균급수량에 10% 정도의 여유를 고려하여 결정한다.
② 계획1일 최대급수량에 10% 정도의 여유를 고려하여 결정한다.
③ 계획시간 최대급수량에 10% 정도의 여유를 고려하여 결정한다.
④ 계획소화용수량에 10% 정도의 여유를 고려하여 결정한다.

4. 다음 중 침전지에서 모래를 침전시키는 원리를 적용시킬 수 있는 침전형태는?

① 독립침전
② 응집침전
③ 지역침전
④ 압축침전

5. 완속여과와 급속여과에 대한 설명으로 옳지 않은 것은?

① 완속여과는 모래층과 모래층 표면에 증식하는 미생물막에 의해 수중의 불순물을 포착하여 산화분해하는 정수방법이다.
② 급속여과는 원수 중의 현탁물질을 약품침전 시킨 후 분리하는 방법이다.
③ 완속여과는 유입수의 수질이 비교적 양호한 경우에 사용할 수 있다.
④ 대규모 처리시에는 급속여과가 적당하나 완속여과에 비해 시설면적이 매우 넓다.

6. 하수관거의 접합방법 중에서 유수는 원활하지만 관거의 매설깊이가 증가하여 토공비가 많이 들고, 펌프배수시 펌프양정을 증가시키는 단점이 있는 것은?

① 수면접합
② 관저접합
③ 관중심접합
④ 관정접합

7. 유입하수량 2,500m³/day, 유입 BOD농도 150mg/L, BOD용적부하 0.5kg·BOD/m³·day일 때 폭기조의 용적은?

① 550m³
② 650m³
③ 750m³
④ 850m³

8. 하수처리 과정 중 3차 처리의 주요 제거대상이 되는 것은?

① 부유물질
② 유기물질
③ 발암물질
④ 영양염류

9. 펌프에서 시스템 수두곡선이란 무엇과 무엇의 관계를 나타낸 곡선인가?

① 총수두와 양수량 ② 총수두와 양정
③ 총수두와 효율   ④ 총수두와 동력

10. 펌프의 설비계획시 수격작용을 방지하기 위한 방법으로 타당하지 않은 것은?

① 펌프에 플라이 휠(Fly-wheel)을 붙인다.
② 토출측 관로에 표준형 조압수조(Surge tank)를 설치한다.
③ 공기실(Air chamber)을 설치한다.
④ 펌프의 흡입측 관로에 완만한 폐쇄 역지밸브(check valve)를 설치한다.

해설 및 정답

1. 수원선정 시 고려사항
정수장보다 높은 곳에 위치하여 자연유하에 필요한 높이를 확보할 것

2. 분해지대에서 BOD가 감소하는 주요 원인
활발한 미생물의 번식과 이에 따른 오염물질의 분해활동

3. 도수시설의 계획도수량
계획1일 최대급수량에 10% 정도의 여유를 고려하여 결정함

4. 독립침전(I형 침전)
침전지에서 모래를 침전시키는 원리를 적용시킬 수 있는 침전형태

5. 급속여과의 특징
대규모 처리시에는 급속여과가 적당하나 완속여과에 비해 시설면적이 작음

6. 관정접합
유수는 원활하지만 관거의 매설깊이가 증가하여 토공비가 많이 들고, 펌프배수시 펌프양정을 증가시키는 단점이 있는 하수관거 접합방법

7. 폭기조의 용적(V)
BOD 용적부하 $(kg \cdot BOD/m^3 \cdot day)$
$= \dfrac{BOD 농도(kg/m^3) \times 유입하수량(m^3/day)}{폭기조\ 용적(m^3)}$

∴ 폭기조 용적, $V(m^3)$
$= \dfrac{BOD 농도(kg/m^3) \times 유입하수량(m^3/day)}{BOD 용적부하(kg \cdot BOD/m^3 \cdot day)}$
$= \dfrac{0.15 \times 2,500}{0.5} = 750(m^3)$

8. 3차(고도) 하수처리의 주요 제거대상물질
부영양화의 원인물질인 질소(N), 인(P) 등의 영양염류

9. 펌프의 시스템 수두곡선
총동수두(total dynamic head, TDH)와 양수량(Q)간의 관계를 나타낸 곡선

10. 펌프의 설비계획시 수격작용(water hammer) 방지 방법
펌프의 토출측 관로에 역지밸브(check valve), 안전밸브(safety valve)를 설치함

1. ③	2. ③	3. ②	4. ①	5. ④
6. ④	7. ③	8. ④	9. ①	10. ④

과년도 출제문제(CBT시험문제)

23 토목산업기사 4회 시행 출제문제

※ 본 기출문제는 수험자의 기억을 바탕으로 하여 복원한 문제이므로 실제 문제와 다를 수 있음을 미리 알려드립니다.

1. 상수도 시설 중 도수시설에 대한 설명으로 옳은 것은?

① 취수 후의 원수를 정수시설까지 수송하는데 필요한 제반시설
② 물의 수요변동을 흡수하고, 정수를 일정이상의 압력으로 수요자에게 공급하는 시설
③ 급수관에서 분기하여 정수를 가정, 공장, 사업소 등에 끌어들여, 직접 수요자에게 물을 공급하는 시설로서 수요자가 부담하여 설치하는 시설
④ 정수를 후속의 배수시설까지 수송하기 위한 시설

2. 송수시설의 계획송수량은 원칙적으로 무엇을 기준으로 하는가?

① 1일 평균급수량
② 1일 최대급수량
③ 시간 최대급수량
④ 연 평균급수량

3. 정수시설의 설계기준이 되는 계획정수량은 어느 것인가?

① 계획 시간 최대급수량
② 계획 1일 최대급수량
③ 계획 시간 평균급수량
④ 계획 1일 평균급수량

4. 다음 중 상수의 일반적인 정수과정 순서로서 옳은 것은?

① 응집 → 침전 → 여과 → 소독
② 침전 → 여과 → 응집 → 소독
③ 응집 → 여과 → 침전 → 소독
④ 침전 → 응집 → 소독 → 여과

5. 다음의 정수처리 공정별 설명으로 틀린 것은?

① 침전지는 응집된 플록을 침전시키는 시설이다.
② 여과지는 침전지에서 처리된 물을 여재를 통하여 여과하는 시설이다.
③ 플록형성지는 플록형성을 위해 응집제를 주입하는 시설이다.
④ 소독의 주목적은 미생물의 사멸이다.

6. 다음 그림에서 간선 하수거 DA의 길이는 600m이고, 유역내 최원점 E에서 간선 하수거의 입구 D까지 우수가 유하하는데 요하는 시간은 5분이다. 간선 하수거내 유속이 1m/sec라면 유달시간은 얼마인가?

① 5분
② 11분
③ 15분
④ 20분

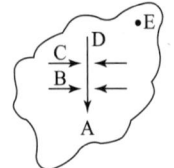

7. 하수관거에서 관정부식(crown corrosion)의 주된 원인물질은?

① 질소화합물 ② 황화합물
③ 철화합물 ④ 인화합물

8. 하수도의 관거시설 중 역사이펀에 관한 설명으로 틀린 것은?

① 역사이펀실에는 수문설비 및 이토실을 설치한다.
② 역사이펀 관거는 일반적으로 복수로 한다.
③ 역사이펀의 양측에 수직으로 역사이펀실을 설치한다.
④ 역사이펀 관거내의 유속은 상류측 관거 내의 유속보다 작게 한다.

9. 하수처리에 관한 설명으로 옳지 않은 것은?

① 하수처리 방법은 물리적, 화학적, 생물학적 공정으로 대별할 수 있다.
② 생물학적 처리공정은 호기성 분해와 혐기성 분해로 대별할 수 있다.
③ 보통침전은 응집제를 사용하는 화학적 처리 공정이다.
④ 소독은 화학적 처리공정이라 할 수 있다.

10. 슬러지의 혐기성 소화처리에서 달성될 수 있는 목표와 가장 거리가 먼 것은?

① 부피의 감소
② 소화시 메탄가스의 이용
③ 각종 유기물의 제거
④ 부패의 감소 및 제거

해설 및 정답

1. 도수시설
취수 후의 원수를 정수시설까지 수송하는데 필요한 제반시설

2. 계획송수량의 기준급수량
계획 1일 최대급수량

3. 계획정수량의 기준급수량
계획 1일 최대급수량

4. 상수의 일반적인 정수과정 순서
응집 → 침전 → 여과 → 소독

5. 정수처리 공정의 플록(floc)형성지
상수처리시 응집제가 투입되어 원수와 급속교반되는 혼화지의 후속설비로서 응결된 플록을 성장시키기 위해 완속교반을 행하는 정수시설

6. 하수관거 내의 유달시간(T)
$$\begin{aligned} 유달시간(T) &= 유입시간(t_1) + 유하시간(t_2) \\ &= t_1 + \frac{L(관거길이)}{v(관거내 유속)} \\ &= 5(\text{min}) + \frac{600(\text{m})}{1 \times 60(\text{m/min})} \\ &= 15(\text{min}) \end{aligned}$$

7. 하수관거 관정부식(crown corrosion)의 주된 원인물질
황(S)화합물 또는 황화수소(H_2S)

8. 하수도의 역사이펀 설계시 주의사항
역사이펀 관거내의 유속은 상류측 관거 내의 유속보다 20~30% 증가시킴

9. 하수처리의 보통침전
응집제를 사용하지 않는 물리적 하수처리공정

10. 슬러지의 혐기성 소화처리 목표
부피 감소, 각종 유기물의 제거, 부패의 감소 및 제거

| 1. ① | 2. ② | 3. ② | 4. ① | 5. ③ |
| 6. ③ | 7. ② | 8. ④ | 9. ③ | 10. ② |

CIVIL ENGINEER
상 하 수 도 공 학

- 제1편 공식파일요약
- 제2편 핵심120제(1~46)

제1편
공식파일요약

제1장 상수도시설 계획

1. 상수도 계통도
수원 → 취수 → 도수 → 정수 → 송수 → 배수 → 급수

2. 상수도 시설계획
1) 상수도 시설 계획년도 : 15~20년
2) 계획 급수인구 : 급수구역내 총인구 × 급수 보급률(%)
3) 급수보급율(%) = $\dfrac{급수인구}{급수구역내 총인구} \times 100$
   ① Goodrich 급수 보급율
   $P = 180\,t^{-0.10}$ 여기서, t : 일(day)

3. 장래급수인구추정
1) 등차급수 방법 : $P_n = P_0 + na$
   P_n : n년 후의 추정인구
   P_0 : 현재인구
   n : 현재부터 계획년차 까지의 경과년수
   P_t : 현재부터 t년전의 인구
   a : 연평균 인구 증가수 $\left(= \dfrac{P_0 - P_t}{t} \right)$

2) 등비급수 방법 : $P_n = P_0(1+r)^n$
   r : 연평균 인구증가율 $\left(= \left[\dfrac{P_0}{P_t}\right]^{1/t} - 1 \right)$

3) 최소자승법(最小自乘法) : $y = ax + b$
   y : 기준 년으로부터 x년 후의 인구,   a, b : 상수
   x : 기준 년으로부터의 경과년수
   n : 과거의 인구통계 자료 수
   $\left[a = \dfrac{n\Sigma xy - \Sigma x \Sigma y}{n\Sigma x^2 - \Sigma x \Sigma x},\quad b = \dfrac{\Sigma x^2 \Sigma y - \Sigma x \Sigma xy}{n\Sigma x^2 - \Sigma x \Sigma x} \right]$

4) Logistic Curve 방법

$$\therefore y = \frac{K}{1 + me^{-ax}} = \frac{K}{1 + e^{a-bx}}$$

여기서, y : 기준년으로부터 x 년 후의 인구
x : 기준년으로부터의 경과년수
K : 포화인구
m, a, b : 상수(최소자승법으로 구함)

4. 계획급수량

1) 계획 1일 평균급수량 $= \dfrac{1년간\ 총급수량}{365}$

2) 계획 1일 평균급수량 = 계획 1일 최대급수량× [0.7(중소도시), 0.85(대도시, 공업도시)]

3) 계획 1일 최대급수량 = 계획 1인 1일 최대급수량× 계획 급수인구
   = 계획 1일 평균급수량 × [1.3 (대도시, 공업도시), 1.5 (중소도시)]

4) 계획 시간 최대급수량 $= \dfrac{계획\ 1일\ 최대급수량}{24} \times C$ (급수량계수)

  여기서, $C = 1.3$(대도시, 공업도시), 1.5(중소도시), 2.0(농촌, 소도시)

제2장 수질관리

1. 먹는물(수돗물) 수질기준

1) 미생물에 관한 기준
   ① 일반세균 - 1mL중 100 CFU 이하
   ② 대장균군 - 100mL중 검출불가
2) 무기물질에 대한 기준
   ① 비소 - 0.01mg/L
   ② 암모니아성 질소 : 0.5mg/L이하
3) 유기물질에 관한 기준
   ① 페놀 - 0.005mg/L이하
4) 소독제 및 소독부산물질에 관한 기준
   ① 총트리할로메탄-0.1mg/L이하
5) 심미적 영향물질에 관한 기준
   ① 탁도 - 0.5NTU 이하(수돗물의 경우), 1NTU 이하(먹는 물의 경우)
   ② 색도 - 5도 이하
   ③ 경도 - 300mg/L이하

2. 물의 자정작용

1) 자정작용
   ① 자정작용인자 – 물리적 작용, 화학적 작용, 생물학적 작용(가장 큰 역할 담당)
   ② 자정계수 : $f = \dfrac{\text{재폭기계수}}{\text{탈산소계수}} = \dfrac{k_2(day^{-1})}{k_1(day^{-1})}$

3. 호소의 순환 및 부영양화

1) 호소의 순환
   ① 전도현상 – 봄, 가을
   ② 성층현상 – 여름(가장 두드러짐), 겨울

2) 부영양화
   ① 원인물질 : 질소, 인 등의 영양염류
   ② 방지약품 : 황산구리 ($CuSO_4$)

3) 수질관계식
   ① BOD 잔존량 공식

   $$L_t = L_a \cdot e^{-k_1 \cdot t} ≒ L_a \cdot 10^{-k_1 \cdot t}$$

   L_t : t일후 잔존하는 BOD(mg/L)
   L_a : 최초 BOD(mg/L) 또는 최종BOD(BOD_u)
   k_1 : 탈산소계수 (day^{-1})
   t : day
   e : 자연로그의 밑(2.71...)

   ② BOD 소비량 공식

   $$Y = L_a - L_t = L_a(1 - 10^{-k_1 \times t}) = L_a(1 - e^{-k_1 \times t})$$

   Y : t일 동안 소비된 BOD (mg/L)

   ③ 수소이온 농도 (pH)

   $$pH = \log \dfrac{1}{[H^+]} = -\log [H^+] = \log \dfrac{10^{-14}}{[OH^-]}$$

   pH < 7 : 산성, pH = 7 : 중성
   pH > 7 : 알칼리성

제3장 수원과 취수

1. 수원
1) 수원의 종류 : 지표수(상수원수 대부분 차지), 지하수, 천수

2. 취수
1) 계획취수량- ① 기준 : 계획1일 최대 급수량 ② 여유수량 : 10 % 정도
2) 취수방법- 취수관, 취수문, 취수탑, 취수문, 취수언 등
3) 저수지용량 결정방법
   ① 가정법 : $C = \dfrac{5,000}{\sqrt{0.8R}}$

   C : 저수지 용량(계획 1일 급수량의 배수)
   R : 연평균 강우량(mm)
   ② 유량누가곡선법 (Ripple의 도해법)
   ③ 강우자료이용법

제4장 상수관로 시설

1. 도수 및 송수계획
1) 계획 도·송수량
   ① 계획도수량 : 계획 취수량을 기준
   ② 계획송수량 : 계획 1일 최대급수량을 기준으로 하고 10%의 손실량 고려
                  하여 추가함
2) 도·송수방식
   ① 자연유하식 : 수원의 위치가 높고 도수로 길 때, 수압 신뢰성 좋다.
   ② 펌프압송식 : 지하수 수원일 경우, 수로를 짧게 할 수 있어 건설비 저렴하다.
3) 도·송수관로의 유속
   ① 최소유속 : 0.3m/sec이상
   ② 최대유속 : 3m/sec이하

2. 상수관로 설계공식
1) 평균유속 공식
   ① Hazen-Williams공식(관수로)

   $$v = 0.84935 \, C R^{0.63} I^{0.54}$$

   여기서, v : 평균유속 (m/sec) C : 유속계수
   R : 동수반경 (m) I : 동수경사

② Manning공식(개수로)

$$v = \frac{1}{n} R^{2/3} I^{1/2}$$

여기서 n : 조도계수(0.013~0.015)

③ Chezy공식(개수로, 관수로 공통)

$$v = C\sqrt{RI} \text{ , } C = \frac{1}{n} R^{1/6} = \sqrt{\frac{8g}{f}} \text{ , } f : \text{마찰손실계수}$$

2) 관수로의 손실수두

① 마찰손실수두(h_L)

$$h_L = f \cdot \frac{l}{D} \cdot \frac{v^2}{2g} \quad \text{(Darcy-Weisbach공식)}$$

여기서, h_L : 손실수두 (m), l : 관수로의 길이 (m)
D : 관의 직경 (m), v : 유속 (m/sec)
g : 중력가속도 (m/sec²), f : 마찰손실계수

② 미소손실수두(h_m)

$$h_m = f_m \cdot \frac{v^2}{2g}$$

여기서, f_m : 미소손실계수

3) 관두께 결정식(t)

$$t = \frac{pD}{2\sigma_{ta}}$$

여기서, t : 관의 두께(cm)

p : 관내 수압(kg/cm²)

D : 관의 내경(cm)

σ_{ta} : 관의 허용인장응력(kg/cm²)

3. 배수계획

1) 계획배수량

① 평상시 : 계획 시간 최대급수량

② 화재시 : 계획 1일 최대급수량의 1시간당 수량 + 소화 용수량

2) 배수시설

① 배수지 유효용량

㉠ 표준용량 : 계획 1일 최대 급수량의 12시간 분

㉡ 최소용량 : 계획 1일 최대 급수량의 6시간 분

② 배수지 위치 : 배수구역 중앙에 위치하여 관말에서 압력이 최소동수압 1.5kg/cm²이상 나타나는 곳

제5장 정수장시설

1. 정수장 계획
1) 계획정수량 : 계획1일 최대급수량 기준으로 하고 10%의 여유수량 고려
2) 정수처리 계통도
   ① 완속여과 : 취수 → 도수 → 착수정 → 보통침전지 → 완속여과지 → 염소소독지
   ② 급속여과 : 취수 → 도수 → 착수정 → 혼화지 → 플록형성지 → 약품침전지
   → 급속여과지 → 염소소독지

2. 응집시설
1) 플록형성지
   ① 용량 - 계획 정수량의 20~40분간 체류할 수 있는 용량
   ② 속도경사(G)

   $$G = \sqrt{\frac{P \cdot \eta}{\mu \cdot V}}$$

   여기서, P : 축동력($watt$) η : 효율
   μ : 점성계수 (kg/m·sec) V : 응집지 부피 (m^3)

3. 침전지 및 여과지

1) 침전속도(Stokes 법칙)

   $$v_s = \frac{g(\rho_s - \rho)d^2}{18\mu}$$

   여기서, v_s : 독립입자의 침강속도, g : 중력가속도
   ρs : 독립입자의 밀도, ρ : 액체의 밀도
   μ : 액체의 점성계수, d : 독립입자의 직경

2) 표(수)면적부하 $\dfrac{Q}{A} = \dfrac{h_o}{t} = v_o$

   여기서, t : 침전지 체류시간(침전시간)
   h_0 : 침전지 높이(유효수심)
   v_0 : 입자의 침전속도

3) 침전제거율 $E = \dfrac{h}{h_0} = \dfrac{v_s}{v_0} = \dfrac{v_s}{\frac{Q}{A}} = \dfrac{v_s \cdot A}{Q}$

4) 약품침전지
   ① 용량 : 계획 정수량의 3~5 시간 분
   ② 유효수심 : 3~5.5 m

5) 보통침전지
　① 용량 : 계획 정수량의 8시간 분
6) 여과지
　① 완속여과지
　　㉠ 여과속도 : 4~5m/day
　　㉡ 여과지면적 : A = Q / V
　　　　여기서, Q : 계획정수량 V : 여과속도
　　㉢ 모래층두께 : 70~90cm
　② 급속여과지
　　㉠ 여과지면적 : 150m²이하
　　㉡ 여과속도 : 120~150 m/day
　　㉢ 모래층두께 : 60~120cm

4. 염소소독(Chlorination)

1) 염소요구량 = 염소요구량농도 × 유량 × $\dfrac{1}{염소의\ 순도}$

　염소 요구량 농도 = 염소 주입량 농도 − 잔류 염소 농도
2) 결합 잔류 염소(클로라민) : NH_2Cl, $NHCl_2$, NCl_3
3) 유리 잔류 염소 : $HOCl$(차아염소산), OCl^-(차아염소산이온)

제6장 하수도시설 계획

1. 하수도 기본계획의 목표년도 : 20년

2. 하수도 배제방식
1) 분류식
　① 전 오수를 처리장으로 수송 시킬 수 있다.
　② 오수관, 우수관을 별도로 매설 하므로 관거 부설비가 많이 든다.
　③ 오염도가 심한 초기 우수를 처리할 수 없다.
2) 합류식
　① 관거의 단면적이 커서 관거 내의 검사에 편리하다.
　② 오수관과 우수관을 하나로 매설 하므로 관거의 부설비가 저렴하다.
　③ 사설 하수도에 연결하기가 쉽다.

3. 계획 우수량 산정

1) 우수유출량 산정식 (합리식)

$$Q = \frac{1}{360} C \cdot I \cdot A$$

여기서, Q : 우수유출량 (m³ / sec), C : 유출계수,
I : 강우강도 (mm / hr), A : 배수면적 (ha)

$$Q = \frac{1}{3.6} C \cdot I \cdot A \quad [\,A : 배수면적(km^2)일\ 경우\,]$$

2) 강우강도공식

① $Talbot$형 $I = \dfrac{a}{t+b}$ ② $Sherman$형 $I = \dfrac{a}{t^n}$

③ $Japanese$형 $I = \dfrac{a}{\sqrt{t}+b}$ ④ $Cleveland$형 $I = \dfrac{a}{t^n+b}$

여기서, t : 강우 지속시간(min) I : 강우강도(mm/hr)
a , b , n : 상수

3) 유달시간 T(min) = 유입시간(t_1) + 유하시간(t_2)

4. 계획오수량

1) 계획오수량=생활오수량+공장폐수량+지하수량
2) 계획 1일 최대오수량=(1인 1일 최대오수량×계획인구)+공장폐수량+지하수량
    +기타 배수량
3) 계획 1일 평균오수량=계획 1일 최대오수량× 0.7(중소도시) 또는 0.8(대도시,
    공업도시)
4) 계획 시간 최대 오수량 = 계획 1일 최대오수량 1시간당 수량의 1.3~1.8배

제7장 하수관로시설

1. 하수관로 계획

1) 하수관거의 계획 하수량, 유속, 관경
    ① 오수관거 : 계획시간 최대오수량, 0.6~3m/sec, 200mm
    ② 우수관거 : 계획우수량, 0.8~3m/sec, 250mm
    ③ 합류관거 : 계획시간 최대오수량 + 계획우수량, 0.8~3m/sec, 250mm
    ④ 차집관거 : 우천시 계획 오수량 (계획 시간 최대 오수량의 3배 이상)

2. 하수관거 수리공식
   1) 유량 : $Q = A \cdot v$
      A : 관의 유수 단면적(m^2) v : 유속(m/sec)
   2) 유속공식
      ① $Manning$공식 $v = \dfrac{1}{n} \cdot R^{2/3} \cdot I^{1/2}$

      n : 조도계수, R : 경심, I : 동수구배

      ② $Chezy$공식, $v = C\sqrt{RI}$
      $$C = \dfrac{1}{n}R^{1/6} = \sqrt{\dfrac{8g}{f}}$$
   3) 관거의 외압 산정식 (Marston식)
      $$W = C_1 \cdot r \cdot B^2$$
      여기서, r : 매설토의 단위중량(kN/m³, t/m³) C_1 : 상수

      B : 폭요소 $B = \dfrac{3}{2}d + 30$
   4) 유속과 구배
      ① 유속 : 증가   ② 구배 : 감소(완만)

제8장 하수 처리장 시설

1. 하수처리 개요
   1) 하수처리 흐름도
      침사지 → 스크린 → 최초 침전지 → 폭기조 → 최종침전지
   2) 침사지
      ① 평균유속 : 0.3 m/sec
      ② 체류시간 : 30~60 sec
   3) 최초침전지
      ① 유효수심 및 표면적부하 : 유효수심 2.5~4.0m,
         표면적부하 : 합류식은 25~50m³/m² · day,
                   분류식은 35~70m³/m² · day
      ② 체류시간 : 2~4시간
      ③ 바닥기울기 : 직사각형 1/100~1/50, 원형 및 정사각형 1/20~1/10
   4) 최종침전지
      ① 유효수심 및 표면부하 : 유효수심 2.5~4.0m, 표면부하 : 20~30m³/m² · day
      ② 체류시간 : 3~5시간
      ③ 바닥기울기 : 직사각형 1/100~1/50, 원형 및 정사각형 1/20~1/10

2. 활성슬러지법 설계공식

1) BOD 용적부하($kgBOD/m^3 \cdot day$)

$$\frac{BOD \cdot Q}{V} = \frac{BOD \cdot Q}{Q \cdot t} = \frac{BOD}{t}$$

2) BOD 슬러지부하($kgBOD/kgMLSS \cdot day$)

$$= \frac{\text{BOD} \cdot \text{Q}}{\text{MLSS} \cdot \text{V}} = \frac{\text{BOD}}{\text{MLSS} \cdot \text{t}}$$

3) 체류시간(t) = $\dfrac{\text{폭기조 부피}(m^3)}{\text{유입수량}(m^3/\text{day}) \times (1 + r)} = \dfrac{V}{Q(1 + r)}$

4) 슬러지 일령(SA) = $\dfrac{V \cdot X}{SS \cdot Q} = \dfrac{V \cdot X}{SS \cdot \dfrac{V}{Q}} = \dfrac{X \cdot t}{SS}$

5) 고형물체류시간(SRT) = $\dfrac{V \cdot X}{X_r Q_w + (Q - Q_w) X_e} \fallingdotseq \dfrac{V \cdot X}{X_r Q_w}$

6) 슬러지용적지수(SVI) = $\dfrac{SV(\%)}{MLSS \text{농도}(mg/L)} \times 10,000$

$$= \dfrac{SV(mL/L)}{MLSS \text{농도}(mg/L)} \times 1,000$$

7) 슬러지밀도지수(SDI) = $\dfrac{100}{SVI}$

3. 슬러지 처리시설

1) 슬러지 처리 계통도 : 농축 → 소화 → 개량 → 탈수 → 처분

2) 함수율과 슬러지 부피와의 관계

$$\frac{V_1}{V_2} = \frac{100 - W_2}{100 - W_1}$$

여기서, V_1 : 농축전 슬러지부피(m^3)
V_2 : 농축후 슬러지부피(m^3)
W_1 : 농축전 슬러지함수율(%)
W_2 : 농축후 슬러지함수율(%)

제9장 펌프장시설

1) 펌프의 전양정(H)

$$H = h_a + \Sigma h_f + h_o$$

여기서, h_a : 실양정(m)
Σh_f : 총손실수두(m)
h_o : 토출관 말단의 잔류 속도수두

2) 펌프의 흡입구경(D)

$$D = 146\sqrt{\frac{Q}{v}}$$

여기서, v : 흡입구 유속(m/sec) D : 펌프흡입구경(mm)
Q : 펌프의 토출유량(m³/min)

3) 펌프의 축동력 (P_s)

$$P_s = \frac{1,000\,QH}{75\eta} = \frac{13.33\,QH}{\eta}\ (HP)$$

$$P_s = \frac{1,000\,QH}{102\eta} = \frac{9.8\,QH}{\eta}\ (KW)$$

여기서, Q : 양수량(m³/sec)
H : 펌프의 전양정(m)
η : 펌프의 효율(0~1)

4) 비교회전도 (N_s)

$$N_s = N \times \frac{Q^{1/2}}{H^{3/4}}$$

여기서, N : 펌프의 회전수(rpm)
Q : 펌프 양수량(m³/min)
H : 전양정(m)

5) 펌프의 특성곡선 : 양수량과 양정, 효율, 동력과의 관계곡선

6) 펌프의 시스템 수두곡선 : 총수두와 양수량과의 관계곡선

7) 공동현상(Cavitation)의 방지법

8) 수격작용(Water hammer)의 방지법

제2편
핵심120제

핵심 1   상수도의 구성

***1.* 수도법에 따른 일반 수도의 종류는 ?**

🖙 일반수도의 종류
   ① 광역상수도   ② 지방상수도   ③ 마을(간이)상수도

***2.* 상수도의 목적을 달성하기 위한 기술적인 3요소는 ?**

🖙 상수도 구성의 3요소
   상수도 시설이 제대로 기능을 발휘하기 위해서는 수량, 수질, 수압이 반드시 필요하다.

***3.* 수원에서 취수한 원수를 정화하기 위해서 정수시설에 보내는 것을 무엇이라고 하는가 ?**

🖙 도수

***4.* 사용한 수도물을 생활용수, 공업용수 등으로 재활용할 수 있도록 다시 처리하는 시설은 ?**

🖙 중수도

***5.* 수원지에서부터 각 가정까지의 일반적인 상수계통도는 ?**

🖙 상수계통도
   수원 → 취수 → 도수 → 정수 → 송수 → 배수 → 급수

핵심 2   상수도의 시설계획

***1.* 새로운 수도시설 혹은 기존시설에 대한 확장을 하려는 경우에는 일반적으로 장래 몇 년간을 고려하여 계획하여야 하는가 ?**

🖙 5 ~ 15년

***2.* 상수도 계획 수립시 계획년차(計劃年次) 결정에 고려할 주요 사항은 ?**

🖙 계획년차 결정시 고려 사항
   ① 채용하는 구조물과 시설의 내용년수
   ② 시설확장의 난이도
   ③ 도시의 산업발전 정도와 인구증가에 대한 전망
   ④ 금융사정, 자금취득의 난이, 건설비
   ⑤ 수도수입의 연차별 예상

핵심 3   **계획 급수인구의 추정**

1. 어느 도시의 상하수도 계획을 수립하고 인구 추정을 하였다. 1986년부터 1990년 사이의 인구통계 자료를 이용하여 2001년의 인구를 등차급수법에 의하여 추정하면 얼마인가 ?

인구 통계 자료

연도	인구(인)
1986	20,483
1987	22,317
1988	22,891
1989	23,566
1990	24,272

답 ① $P_n = P_0 + n \cdot a$

② a (연평균 인구 증가수) $= \dfrac{P_0 - P_t}{t} = \dfrac{24,272 - 20,483}{4} = 947.25$ (명)

③ 1990년도를 기준년으로 해서 2001년의 인구를 구한다.
 $n = 2001 - 1990 = 11$ (년)
 ∴ $P_n = P_0 + n \cdot a = 24,272 + (11 \times 947.25) = 34,691.8$ (명)

2. 어느 도시의 인구자료가 다음 표와 같을 때 1995년도의 급수 인구를 등비증가법에 의해 구하면 몇 명인가 ?

년도	인구(명)
1980	7,200
1985	8,800
1990	10,200

답 ① 현재인구 Po=10,200명

② 계획년도 n=5년

③ 연평균 인구증가율
 $r = \left(\dfrac{P_0}{P_t} \right)^{1/t} - 1 = \left(\dfrac{10,200}{7,200} \right)^{1/10} - 1 = 0.035$

④ 계획 급수인구
 $P_n = P_o(1+r)^n = 10,200(1+0.035)^5 = 12,114 ≒ 12,000$ 명

3. 계획급수인구 추정법 중 논리곡선법(로지스틱곡선법)식은 ?

답 $P_n = \dfrac{K}{1 + e^{(a-bx)}}$ (K : 포화인구)

핵심 4 　계획급수량의 산정

1. **계획급수량을 산정함에 있어서 이용되는 필요한 항목은 ?**

답 ① 계획 급수구역내의 총인구
② 1인 1일당 급수량
③ 급수보급률

2. **상수도의 취수, 도수, 정수, 송수시설의 용량산정에 사용되는 기준 수량은 ?**

답 계획 1일 최대 급수량

3. **급수인구 20만명의 도시에 상수도 급수시설 계획을 하고자 한다. 계획 1인 1일 최대 급수량을 300L라 할 때, 계획 1일 평균 급수량은 ? (단, 이 도시의 급수 보급률은 85%, 급수량 산출계수는 0.7이다.)**

답 계획 1일 평균급수량
= 계획 1일 최대급수량×0.7(중소도시)
= 계획 1인 1일 최대급수량×계획 급수인구×급수보급률×0.7

∴ 계획 1일 평균급수량
= 200,000×300×0.85×0.7
= 35,700,000(L)
= 35,700(m^3)

4. **인구 10만의 도시에 계획 1인 1일 최대급수량 600L, 급수보급율 80%를 기준으로 상수도 시설을 계획하고자 한다. 이 도시의 계획 1일 최대급수량은 ?**

답 계획 1일 최대급수량
= 계획 1인 1일 최대급수량×급수인구×급수보급률
= 600×100,000×0.8
= 48,000,000L/일
= 48,000m^3/일

5. **계획 시간 최대급수량은 계획 1일 최대급수량의 1시간 양에 대도시와 공업도시에서는 몇 %를 증가시키는가 ?**

답 계획 시간 최대급수량
= $\dfrac{계획\ 1일\ 최대급수량}{24}$ × [1.3(대도시, 공업도시), 1.5(중소도시), 2.0(농촌, 주택단지, 소도시)]

∴ 30%를 증가시킨다.

핵심 5 먹는 물 수질기준

1. 우리나라 상수원수 1급의 BOD 기준치는 얼마인가?

답

상수원수	1급수	2급수	3급수
BOD	1mg/L 이하	3mg/L 이하	5mg/L 이하

2. 트리할로메탄(THM)은 발암물질로 알려져 있어서 먹는물 수질기준에 의하여 규제하고 있다. 먹는 물에서 트리할로메탄의 기준농도는 얼마인가?

답 0.1mg/L (ppm) 이하

3. 수도물에서 페놀류를 문제삼는 가장 큰 이유는 무엇인가?

답 인체에 해로운 맛과 냄새를 유발시키며, 또한 암을 유발시키는 요인이기도 하다.

핵심 6 물의 자정작용

1. 하천수의 자정작용에서 유기물의 분해과정에 가장 중요한 지위를 차지하는 작용은?

답 미생물에 의한 생물학적 작용

2. 하천의 재폭기(reaeration) 계수가 0.2/day, 탈산소 계수가 0.1/day이면 이 하천의 자정계수(f)는 얼마인가?

답 $f = \dfrac{재폭기계수}{탈산소계수} = \dfrac{k_2}{k_1} = \dfrac{0.2}{0.1} = 2.0$

3. 하천의 자정작용 중 최초의 분해지대에서 발생하는 BOD 감소는 주로 어떤 작용에 그 원인이 있는가?

답 활발한 미생물 번식과 이에 따른 오염물질 분해활동

4. 하천에서의 용존산소의 값을 높이기 위한 공학적인 제어방법은?

답 ① 하천의 유량 증가 ② 수중에 폭기시설 설치
③ 하천의 유속이 빠를 것 ④ 하상 퇴적물의 준설
⑤ 비점원 오염원의 감소

핵심 7 호소의 순환 및 부영양화

1. 호수나 저수지의 성층현상과 가장 관계가 깊은 요소는 ?

답 정체(성층)현상
① 호소의 물이 수심에 따라 여러 개의 층으로 분리되는 현상
② 물의 온도(수온)이 원인
③ 여름과 겨울에 발생

2. 깊은 호수에서 성층현상이 가장 두드러지게 나타나는 계절은 ?

답 여름, 겨울

3. 호소나 저수지의 부영양화 원인물질은 ?

답 질소(N), 인(P)

4. 저수지에서 식물성 플랑크톤의 과도성장에 따라 부영양화가 발생될 수 있는데 이에 대한 가장 일반적인 지표기준은 ?

답 총질소(T-N), 총인(T-P), Chlorophyll-a, 투명도 등이 있으나 이중 투명도가 가장 일반적임

5. 수원지에서 조류(algae)의 발생을 방지하기 위한 약품중 가장 많이 사용되는는 약품은 ?

답 황산동($CuSO_4$)과 염산동($CuCl_2$) 등

6. 저수지의 수원에서 부영양화를 방지하는데 대책은 ?

답 ① 질소(N), 인(P)등의 영양염류의 유입방지 ② 황산구리 또는 염산 동 투입
③ 고도(3차)처리 실시 등 ④ 합성세제, 비료의 사용절제

핵심 8 수질검사

1. 배수관으로부터 정수시료를 채수하여 수질시험을 해야 할 항목 중 일반적으로 우선 순위가 가장 높은 것은 ?

답 병원균의 부활 등에 대비하여 잔류염소를 우선 순위에 두고 검사하여야 한다.

2. 다음 설명은 어떤 수질오염지표에 대한 것인가 ?

- 유기물에 의해서 호기성 상태에서 분해 안정화시키는데 요구되는 산소량이다.
- 보통 20℃에서 5일간 시료를 배양했을 때 소비된 용존산소량으로 표시된다.
- 과도하게 높으면 DO는 감소하고 메탄, 암모니아 등이 생성되어 악취가 난다.

답 생물화학적 산소요구량(BOD)

3. 탈산소계수가 0.1/day인 하천의 어떤 지점에서의 평균 BOD가 30ppm이었다. 그 지점에서 3일 지난 후의 BOD는 ?

답 BOD 잔존량 산정
$$L_t = L_a \times 10^{-kt} = 30 \times 10^{-0.1 \cdot 3} = 15\,\text{ppm}$$

4. 경도가 높은 물을 보일러 용수로 사용할 때 발생되는 문제점은 ?

답 배관등에 Ca 및 Mg침전물 등이 발생하여 스케일(scale)이나 slime층이 형성된다.

5. 하천유량이 200,000m³/day이고 BOD가 1mg/L인 하천에 유량이 6,250m³/day이고 BOD가 100mg/L인 하수가 유입될 때, 혼합 후의 BOD는 ?

답 하천의 혼합후 BOD농도(C_m)
질량평형 방정식(Mass Balance)에 의해
$$C_m = \frac{(Q_1 \times C_1) + (Q_2 \times C_2)}{Q_1 + Q_2} = \frac{(200,000 \times 1) + (6,250 \times 100)}{200,000 + 6,250} = 4\,\text{mg/L}$$

핵심 9 수원

1. 수원 중 수질의 변화가 계절적인 요인에 의해 가장 크게 영향을 받는 것은 ?

답 하천수의 수질

2. 취수원으로서 하천이나 호수의 바닥 또는 측면부의 자갈 및 모래층에 포함되어 있는 물로서 지표수에 비해 수질이 양호하며 보통 침전지를 생략하는 지하수는 ?

답 복류수

3. 수원을 선택할 때 갖추어야 할 구비요건은 ?

답 ① 수량 풍부   ② 수질 양호
   ③ 가능한 한 높은 곳에 위치   ④ 상수 소비지에서 가까운 곳에 위치

4. 하천 표류수를 수원(水源)으로 할 경우 기준이 되는 하천수량은 ?

답 하천유량 상황이 좋지 않은 갈수량을 기준으로 수원을 결정한다.

5. 수원 선정시 고려하여야 할 사항은 ?

답 ① 갈수기의 수량과 수질   ② 장래의 수질변화
   ③ 수리권

핵심 10 취수

1. 상수도시설 계획시 계획취수량의 결정에 필요한 기준수량은?

답 계획 1일 최대 급수량

2. 상수도 시설 계획 중에서 하천표류수를 수원으로 하는 경우의 예정 취수지점에 대해서 장기적으로 조사되어야 할 사항은?

답 ① 수량과 수위 ② 수리권 ③ 수질

3. 얕은 호수나 저수지로부터 취수하는 경우 취수지점은 수면으로부터 몇 m 정도 떨어져 있어야 가장 좋은가?

답 수면으로부터 3~4m (중간층)

4. 하안에 직접 취수구를 설치하는 방식으로 일반적인 농업용수의 취수에 쓰여지는 구조와 유사한 취수시설은?

답 취수문

5. 급수인구가 5,000명인 도시에 1일 1인 최대급수량이 200L일 때 계획취수량은 얼마인가?

답 ① 계획 1일 최대급수량(Q) = 계획 1인 1일 최대급수량 × 급수인구
∴ Q = 200×5,000 = 1,000,000(L/day) = 1,000(m³/day)
② 계획취수량 = Q×(10%) = 1,100(m³/day)

핵심 11 저수지의 취수

1. 저수지 유효저수량의 결정에 이용되는 기준갈수면의 선정은 몇 년에 한번 정도의 빈도를 갖는 갈수년을 표준으로 하는가?

답 10년 빈도정도의 갈수년을 기준으로 정한다.

2. 급수용 저수지의 필요수량(용량)을 결정하기 위한 유량 누가곡선도이다. $\overline{DE}$ 구간의 수위는?

답 $\overline{DE}$ 구간에서는 하천유량이 감소하므로 저수지의 수위도 낮아진다.

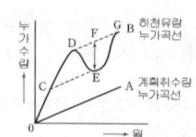

핵심 12   지하수 취수 및 침사지

1. 피압 지하수를 양수하는 우물은 ?

  답 굴착정(굴정호, Artesian Well)

2. 복류수(伏流水)를 취수할 때 가장 흔히 쓰이는 취수 시설은?

  답 집수매거

3. 우물의 수리에서 자유수면 우물의 평형공식은 ? (Q : 양수량, K : 투수계수)

  답 심정호(깊은 우물)

$$Q = \frac{\pi K(H^2 - h_0^2)}{\ln \frac{R}{r_0}} = \frac{\pi K(H^2 - h_0^2)}{2.3 \log \frac{R}{r_o}}$$

핵심 13   도수 및 송수계획

1. 다음 상수의 도수 및 송수에 관한 설명 중 틀린 것은 ?

  ㉮ 도수 및 송수방식은 에너지의 공급원 및 지형에 따라 자연 유하식과 펌프 압송식으로 나누어진다.
  ㉯ 송수관로는 수리학적으로 수압과의 관계로부터 개수로식과 관수로식으로 분류 가능하다.
  ㉰ 펌프 압송식은 수원이 급수구역과 가까울 때와 지하수를 수원으로 할 때 적당하다.
  ㉱ 자연 유하식은 평탄한 지형과 도수로가 짧을 때 이용되며, 송수작업이 간편하다.

  답 ㉱ 자연유하식은 수원의 위치가 높고 <u>도수로가 길 때</u> 적당함

2. 도수 및 송수관거 설계시에 평균유속의 최대 및 최소한도는 ?

  답 도·송수거의 평균유속
  ① 최대한도 : 수로내면의 모래 등에 의한 마모방지를 위하여 <u>3m/sec</u>
  ② 최소한도 : 도수거에서 모래의 침전방지를 위해서 <u>0.3m/sec</u>

3. 도수시설의 계획도수량은 결정시 기준급수량은 ?

  답 계획도수량

핵심 14   개수로 및 관수로

1. 관로를 개수로와 관수로를 구분하는 기준은 무엇인가?

  답 자유수면의 유무

2. 도수로의 일부가 최소 동수구배선 위로 매설되어 있다. 최소 동수구배선을 상승시키는 방법은 ?

답 ① 접합정을 설치한다.
② 이 지점을 경계로 하여 상류측의 관경을 크게 하고 하류측을 작게 하도록 한다.

3. 급수시설에 설치되는 각종 밸브들 중에서 역류를 방지하기 위한 밸브는 ?

답 역지밸브(check valve) : 관의 파열, 정전 등으로 대량의 물이 역류하는 것을 방지하기 위한 시설

4. 수격 작용이 일어나기 쉬운 곳에 설치하여 배수관의 파열을 방지하기 위하여 사용하는 밸브는 ?

답 안전 밸브(safety valve)

핵심 15   상수관로의 설계공식

1. 상수도 관로설계시 가장 많이 이용되고 있는 공식은 ?

답 Hazen-Williams 공식

2. 내경 300mm, 유량 0.09m³/sec인 급수관이 있다. 이 급수관의 직선거리 100m에서 생기는 손실수두는 얼마인가 ? (단, $v = 0.84935\,C \cdot R^{0.63} \cdot I^{0.54}$ 이고, C = 100 으로 가정함)

답 ① $Q = A \cdot v \Rightarrow v = \dfrac{Q}{A} = \dfrac{0.09}{\dfrac{\pi \times 0.3^2}{4}} = 1.273 \,(\text{m/sec})$

② $v = 0.84935\,C \cdot R^{0.63} \cdot I^{0.54} = 0.84935\,C \cdot \left(\dfrac{\text{관의 직경}}{4}\right)^{0.63} \cdot \left(\dfrac{\text{손실수두}}{\text{관의 길이}}\right)^{0.54}$ 에서

$1.273 = 0.84935 \times 100 \times \left(\dfrac{0.3}{4}\right)^{0.63} \times \left(\dfrac{\text{손실수두}}{100}\right)^{0.54}$

∴ 손실수두 ≒ 0.86 (m)

3. 폭 2m인 직사각형 상수도 도수로에 수심 1m로 물이 흐르고 있다. Manning의 조도계수는 0.015이고 관로의 경사가 1/1,000일 때 도수로에 흐르는 유량은 ?

답 ① $R = \dfrac{\text{단면적}}{\text{윤변}} = \dfrac{(\text{폭} \times \text{수심})}{(\text{폭} + 2 \times \text{수심})} = \dfrac{2 \times 1}{2 + 2 \times 1} = 0.5 \,(\text{m})$

② $v = \dfrac{1}{n} R^{2/3} I^{1/2}$

$= \dfrac{1}{0.015} \times (0.5)^{2/3} \times \left(\dfrac{1}{1,000}\right)^{1/2}$

$= 1.33 \,(\text{m/sec})$

∴ $Q = A \times v = (2 \times 1) \times 1.33 = 2.66 \,(\text{m}^3/\text{sec})$

4. 직경이 40cm인 주철관에 0.25m³/sec의 유량이 흐르고 있다. 이 관로 700m에서 생기는 손실수두를 Manning의 식에 의해 구하면 얼마인가 ? (단, n = 0.012 이다)

답 관수로의 손실수두(h_L)

$$h_L = f\frac{l}{D}\frac{v^2}{2g} = 0.0244 \times \frac{700\text{m}}{0.4\text{m}} \times \frac{(1.99\text{ m/sec})^2}{2\times 9.8\text{m/sec}^2} \fallingdotseq 8.63\text{ m}$$

여기서,

$$\begin{cases} f = \dfrac{124.6n^2}{D^{1/3}} = \dfrac{124.6\times 0.012^2}{0.4^{1/3}} \fallingdotseq 0.0244 \\ v = \dfrac{Q}{A} = \dfrac{0.25}{\pi D^2/4} = \dfrac{0.25}{\pi \times 0.4^2/4} \fallingdotseq 1.99\text{m/sec} \end{cases}$$

5. 내경 600mm인 원형 주철관에 수두 100m의 수압이 작용하고 주철관의 허용 인장응력 $\sigma_{ta} = 120\text{kg/cm}^2$ 일 때 강관의 소요두께는 ?

답 $t = \dfrac{pd}{2\sigma_{ta}} = \dfrac{10\times 60}{2\times 120} = 2.5\text{(cm)}$

($\because$ 수두 100m = 10kg/cm²)

여기서,

t : 관두께 (cm)　　　　　　　　p : 관내의 수압 (kg/cm²)
d : 관의 내경 (cm)　　　　　　σ_{ta} : 관의 허용응력 (kg/cm²)

6. 원형관에서 단면적당 최대 통수량은 어떤 조건에서 일어 나는가 ?

답 ① 수심이 직경의 90~95%

핵심 16　상수도관

1. 배수관(配水管)으로 이용되는 주철관의 특징 중에서 단점은 ??

답 재질이 약해서 파열되기 쉬우므로 보통 관의 두께를 크게 하여 내구성을 좋게 하지만 관의 중량이 무거워져 운반비가 많이 드는 단점이 있다.

2. 상수도 배수관의 최소 매설 깊이를 결정할 때에 고려할 사항은 ?

답 ① 수압
② 도로 하중의 크기(토압)
③ 차량에 의한 윤하중
④ 동결 깊이
⑤ 지하수에 의한 관거의 부상

핵심 17 배수계획

1. 상수도 배수관 설계시 계획 배수량은 평상시에는 무엇을 기준으로 하는가 ?

답 계획배수량
 ① 평상시 : 계획 1시간 최대급수량
 ② 화재시 : 계획 1일 최대급수량의 1시간당 수량 + 소화용수량

2. 상수도의 배수관 설계시에 사용하는 계획급수량은 ?

답 계획 시간 최대급수량

3. 상수도 시설중 배수관로 설계시 요구되는 최소와 최대동수압 기준은 얼마인가 ?

답 배수관의 수압
 ① 최소 동수압 : $1.53kg/cm^2$ → 수두 h=15m
 ② 최대 동수압 : $5.1kg/cm^2$ → 수두 h=50m

4. 배수관망의 계산시 Hazen-Williams 공식에 의해서 반복근사법으로 관망의 유량을 계산하는 방법은 ?

답 Hardy Cross법

5. 상수도 배수관망 중 격자식 배수관망에 대한 설명으로 틀린 것은?

 ㉮ 물이 정체하지 않는다.
 ㉯ 사고시 단수구역이 작아진다.
 ㉰ 수리계산이 복잡하다.
 ㉱ 제수밸브가 적게 소요되며 시공이 용이하다.

답 ㉱ 제수밸브가 많이 소요되며, 시공이 어렵다.

6. 다음 배수(配水)시설에 관한 사항으로 옳지 않은 것은 ?

 ㉮ 배수지의 유효수심은 3~6m 를 표준으로한다.
 ㉯ 배수탑의 총수심은 20m 정도를 한계로 하여야 한다.
 ㉰ 배수지의 유효용량은 급수구역의 계획 1일 최대급수량의 12시간분을 표준으로 한다.
 ㉱ 배수관의 계획배수량은 평상시에는 해당 배수구역의 계획 1일 최대급수량으로 하고 화재시에는 계획1일 최대급수량과 소화용수량을 합한 것으로 한다.

답 ㉱ 배수관의 계획배수량
 ① 평상시 : 계획 시간 최대급수량을 기준으로 한다.
 ② 화재시 : [계획 1일 최대급수량의 1시간당 수량+소화용수량]을 기준으로 한다.

핵심 18   급수계획

1. 급수방식에 대한 다음 설명중 옳지 않은 것은 ?

㉮ 급수방식은 직결식과 저수조식으로 나누며 이를 병행하기도 한다.
㉯ 배수관의 관경과 수압이 충분할 경우는 직결식을 사용한다.
㉰ 수압은 충분하나 수량이 부족할 경우는 직결식을 사용하는 것이 좋다.
㉱ 배수관의 수압이 부족할 경우 저수조식을 사용하는 것이 좋다.

[답] ㉰ <u>직결식</u> 급수방식
    배수관의 관경과 수압이 급수장치의 <u>사용수량에 대하여 충분</u>한 경우에 적용한다.

2. 저수탱크를 설치하여 급수하는 방식의 경우는?

[답] 탱크식 급수방식을 적용하는 경우
    ① 배수관의 수압이 소요수압에 비해 부족할 경우
    ② 일시에 많은 수량을 필요로 하는 경우
    ③ 항상 일정한 수량을 필요로 하는 경우
    ④ 급수관의 고장에 따른 단수시에도 어느 정도의 급수를 지속시킬 필요가 있을 경우
    ⑤ 배수관의 수압이 과대하여 급수장치에 고장을 일으킬 염려가 있을 경우

핵심 19   정수압 계획

1. 정수장시설의 계획정수량은 무엇을 기준으로 하여야 하는가 ?

[답] ① 기준수량 : 계획 1일 최대급수량
    ② 여유수량 ; 계획 1일 최대급수량의 10%정도를 추가한다.

2. 상수의 일반적인 정수과정 순서는 ?

[답] 침전 → 여과 → 소독(살균)

3. 정수장에서 가장 널리 사용되고 있는 정수방식인 급속여과 시스템은 ?

[답] 급속여과 처리
    수원 → 취수시설 → 착수정 → 혼화지(응결) → floc형성지 → 약품 침전지 → 급속여과지 →
    염소소독지 → 정수지 → 송수 → 배수 → 급수

핵심 20　착수정 및 응집시설

1. Jar-Test는 적정 응집제의 주입량과 적정 pH를 결정하기 위한 시험이다. Jar-Test시 응집제를 주입한 후 급속교반 후 완속교반을 하는 이유는 ?

답 Jar Test의 응집반응 2단계
　① 혼화단계 : 응집제를 투입한 후 급속교반에 의해 탁질성분을 미세한 플록으로 응결시킨다.
　② 플록형성단계 : 생성된 미세한플록을 완속교반으로 한층 큰 입자의 플록으로 응집 성장시킨다.

2. 다음 상수도에 널리 사용되는 응집제인 황산알루미늄($Al_2(SO_4)_3 \cdot 18H_2O$)에 대한 설명 중 옳지 않은 것은 ?

　㉮ 저렴, 무독성　　　　　　　㉯ 수중 탁질에 적합
　㉰ 부식성, 자극성이 없음　　　㉱ 적정 pH는 3.5~5.0

답 ㉱ 철염에 비해 생성된 플록이 가볍고, 적정 pH 의 폭이 좁은 것(pH 7 부근)이 단점이다.
$$\rightarrow \text{pH} = 5.5 \sim 8.5$$

핵심 21　침전이론

1. 폐수내의 입자들이 다른 입자들의 영향을 받지 않고 독립적으로 침전하는 유형은 ?

답 제 1형 침전(독립침전) : 비응집성 입자의 단독침전

2. Stokes 법칙이 가장 잘 적용되는 침전형태는 ?

답 독립(단독) 침전형태에서 적용하는 보통 침전지의 설계법칙

3. 유효수심 4.3m, 체류시간 4시간인 최종 침전지의 수면적 부하는 얼마인가 ?

답 　∴ $\dfrac{Q}{A} = \dfrac{H}{t} = \dfrac{4.3\,m}{4\,hr} \times 24\,(hr/day) = 25.8\,(\text{m/day}) = 25.8\,(\text{m}^3/\text{m}^2 \cdot \text{day})$

4. 침전지의 유효수심이 4m, 침전시간 8시간, 1일 최대사용수량이 500m³일 때 침전지의 소요 표면적은 얼마인가?

답 　v (침전속도) = 표면적 부하율 = $\dfrac{Q(유량)}{A(표면적)} = \dfrac{H(유효수심)}{t(침전시간)}$

　　∴ $A = \dfrac{Q \cdot t}{H} = \dfrac{500(\text{m}^3/\text{day}) \times 8(\text{hr})}{4(\text{m})} = 41.7\,\text{m}^2$

5. 지(池)의 제거율을 크게 하기 위한 방법은 ?

답 　$E = \dfrac{v_s}{Q/A} = \dfrac{v_s\,A}{Q}$ 에서
　① 침강면적 A와 Floc의 침강속도 v_s를 크게 한다.
　② 표면부하율 Q/A를 작게 한다.

핵심 22   침전지와 여과지

1. 완속여과에 대한 설명 중 틀린 것은 ?

㉮ 부유물질외에 세균도 제거가 가능하다.
㉯ 급속여과에 비해 일반적으로 수질이 좋다.
㉰ 여과속도는 4~5m/day를 표준으로 한다.
㉱ 전처리로서 응집침전과 같은 약품처리가 필수적이다.

답 ㉱ 완속여과는 일반적으로 응집제를 사용하지 않는 보통침전의 후속공정으로 많이 이용된다.

2. 급속여과지의 여과면적, 지수 및 형상에 대한 다음 설명 중 적합하지 않은 것은 ?

㉮ 여과면적은 계획정수량을 여과속도로 나누어 구한다.
㉯ 1지의 여과면적은 150m² 이하로 한다.
㉰ 지수는 예비지를 포함하여 2지 이상으로 한다.
㉱ 형상은 원형을 표준으로 한다.

답 ㉱ 완속 및 급속여과지의 형상 : 직사각형 (표준)

3. 모래여과시 여과지의 수두손실에 가장 영향을 미치는 인자는 ?

답 여과지의 손실수두 영향인자

① 여과층의 깊이가 클수록 수두손실은 크다.   ② 모래입자의 크기가 클수록 수두손실은 작다.
③ 여과속도가 클수록 수두손실은 크다.   ④ 물의 점성도가 클수록 수두손실은 크다.
⑤ 공극률이 클수록 수두손실은 작다.

4. 어떤 도시의 계획급수인구가 200,000명이며, 계획 1일 최대급수량이 60,000m³일 때 여과속도를 4m/day로 하려고 하는 여과지의 소요면적(A)와 여과지의 폭을 30m, 길이를 50m의 장방형으로 할 경우 지(池)의 수(N)는 ?

답 ① 여과지 소요면적(m²)

$$= \frac{\text{계획 1일 최대급수량}(m^3/day)}{\text{여과속도}(m/day)} = \frac{60,000(m^3/day)}{4(m/day)} = 15,000(m^2)$$

② 여과지 수(개)

$$= \frac{\text{필요면적}}{\text{1지당 면적}} = \frac{15,000(m^2)}{30(m) \times 50(m)} = 10(개)$$

5. 어떤 도시의 계획 급수인구가 4,600명이고 계획 1인 1일 최대급수량이 150 ℓ 이다. 정수장에서 급속여과지를 설치하려 할 때 소요면적은 ? (단, 여과속도는 급속여과 표준속도의 최소속도로 한다.)

답 ① 급속여과지의 여과속도는 120~150m/day   그러므로 $v = 120$m/day(최소속도)

② 유량(Q) = 4,600(명) × 150(L/명·day) × 10^{-3}(m³/L) = 690(m³/day)

③ 여과지 소요면적(A) = $\frac{\text{유량}(Q)}{\text{여과속도}(v)} = \frac{690(m^3/day)}{120(m/day)} = 5.75(m^2)$

핵심 23 염소소독

1. 정수 처리에서 염소소독을 실시할 경우 물이 산성일수록 살균력이 커지는 이유는 ?

답 염소소독의 성질
  낮은 pH(산성)의 경우 : 수중의 _HOCl_ (차아염소산)증가로 살균력이 커짐

2. 다음의 염소소독에 관한 사항 중 옳은 것은 ?

  ㉮ 살균능력은 클로라민 > OCl- > HOCl 이다.
  ㉯ 암모니아 질소가 많으면 클로라민이 형성된다.
  ㉰ 살균능력은 온도가 낮고 pH가 높을수록 강하다.
  ㉱ 배수지에서의 잔류염소는 0.2ppm이상을 유지하도록 한다.

답 ㉯ 암모니아와 반응하여 클로라민류를 형성한다.

  * 잔류염소는 급수관에서 0.2ppm이상 유지되어야 한다.

3. 처리 수량이 6,000m³/day인 정수장에서 염소를 6mg/L의 농도로 주입한다. 잔류 염소농도가 0.2mg/L이었다면 염소 요구량은 얼마인가 ? (단, 염소의 순도는 75%이다.)

답 ① 염소요구량 농도= 염소주입농도−잔류염소 농도= 6.0− 0.2=5.8(mg/L) = 5.8(g/m³)

  ② 염소요구량(kg/day)= 염소요구량 농도(g/m³) × 유량(m³/day) × $\frac{1}{순도}$ × 10^{-3} (kg/g)

  = 5.8(g/m³) × 6,000(m³/day) × $\frac{1}{0.75}$ × 10^{-3} (kg/g) = 46.4(kg/day)

4. 전염소처리의 목적은 ?

답 소독제의 산화력을 이용하여 철, 망간, 세균, 조류, 암모니아성 질소 및 각종 유기물을 제거하는 산화 및 분해작용이 주목적이다.

핵심 24 기타 정수 처리법

1. 상수의 정수방법 중 염소살균과 오존살균의 장단점을 잘못 설명한 것은 ?

  ㉮ 염소살균은 발암물질인 트리할로메탄(THM)을 생성시킬 가능성이 있다.
  ㉯ 오존살균은 염소살균에 비해 잔류성이 약하다.
  ㉰ 오존의 살균력은 염소보다 우수하다.
  ㉱ 오존살균은 염소살균에 비해 경제적이다.

답 ㉱ <u>오존살균</u> : 잔류효과(잔류성)가 약하기 때문에 염소살균에 비해 <u>비경제적이다.</u>

2. 흡착능력을 이용하여 물의 불쾌한 냄새와 맛을 제거하는 정수방법은 ?

답 활성탄(活性炭) 처리법 : 고도(3차) 처리법에 해당됨

핵심 25   정수장 배출수 처리

1. 정수장에서 배출수 처리의 대상은 ?

답 침전슬러지, 여과지 역세척수, 응집·침전된 플록(floc) 등

2. 정수장의 슬러지 처리 과정을 순서대로 열거하면?

답 정수장 배출수 처리계통
    조정 → 농축 → 탈수 → 건조 → 반출(처분)

3. 슬러지 처분방법 중 가장 경비가 적게 소요되고 바람직한 것은 ?

답 퇴비활용

핵심 26   하수도 계획

1. 일반적인 하수도의 설치 목적은 ?

답 ① 쾌적한 생활환경 도모   ② 하천 수질보호(수자원보호)   ③ 침수재해 방지

2. 하수도의 효과는 ?

답 ① 보건위생상의 효과   ② 하천의 수질보전
    ③ 우수에 의한 침수와 범람 방지 ④ 토지이용의 증대
    ⑤ 도로 및 하천유지비의 감소   ⑥ 분뇨처리의 해결
    ⑦ 도시미관의 증대

3. 하수도시설의 내용년수, 장기간의 건설기간, 관거 하수량의 증가에 따라 단계적으로 단면을 증가시키기가 곤란하다. 장기적인 관거계획을 수립할 필요가 있는 하수도 계획의 목표년도는 몇년 후를 원칙으로 하는가 ?

답 20년 (원칙)

핵심 27   하수의 배제방식

1. 오수관과 우수관거를 각각 별도로 설치하므로 관거의 부설비가 많이 소요되는 하수배제 방식은 ?

답 분류식

2. 하수배제방식에서 하수관의 점검 및 청소가 용이하고 관거단면이 크기 때문에 경사가 완만한 방식은 ?

답 합류식

핵심 28 　하수관거 배치방식

1. 하천유량이 풍부할 때 하수를 신속히 배제할 수 있는 가장 경제적인 배수계통방식은 ?

답 직각식(수직식)

2. 지형이 한쪽 방향으로 경사져 있을 때 그 고저에 따라 하수관을 배치하여 1개의 간선(幹線)으로 모아 배제하는 방식은 ?

답 선상식(선형식)

핵심 29 　계획우수량

1. 우리나라의 하수도 계획에 있어서 계획 우수량을 계산할 때 확률년수는 보통 얼마로 하는가 ?

답 10~30년(원칙)

2. $Q = \dfrac{1}{360} CIA$는 합리식으로서 첨두유량을 산정할 때 사용된다. A는 유역면적으로서 단위는?

답 ha

3. 유역면적이 5ha이고 유입시간이 8분, 유출계수가 0.75일 때 하수관거의 유량은 얼마인가 ? (단, 하수관거의 길이는 1km, 하수관내 유속은 40m/min, 이 지역의 강우강도 I = 3,970/(t+31)mm/hr)

답 ① $T = 유입시간 + 유하시간 = t_1 + \dfrac{L}{v} = 8 + \dfrac{1,000}{40} = 33(\text{min})$

② $I = \dfrac{3,970}{t+31} = \dfrac{3,970}{33+31} = 62.03(\text{mm/hr})$

∴ $Q = \dfrac{1}{360} CIA = \dfrac{1}{360} \times 0.75 \times 62.03 \times 5 = 0.65(\text{m}^3/\text{sec})$

핵심 30 계획오수량

1. 하수처리장의 설계기준이 되는 기본적 하수량은 일반적으로 무엇을 기준으로 하는가 ?
답 계획 1일 최대오수량

2. 하수도의 계획오수량에서 계획 1일 최대오수량 산정식은 ?
답 계획 1일 최대오수량
= (계획 배수인구×1인 1일 최대오수량) + 공장폐수량 + 지하수량 + 기타 배수량

3. 대도시나 공업도시에 있어서 계획 1일 평균오수량은 계획 1일 최대오수량의 몇%로 하는가?
답 80%

4. 지하수량은 1인 1일 최대오수량의 몇%를 원칙으로 하는가 ?
답 10~20%

핵심 31 하수관로 계획

1. 오수관거의 단면을 산정하는데 기준이 되는 오수량은 ?
답 계획 시간 최대오수량

2. 오수관거 내에서 부유물의 침전을 방지하기 위해서 요구되는 최소 유속은 얼마인가 ?
답 0.6m/sec이상

3. 하수관거의 유속과 경사는 하류로 갈수록 어떻게 되도록 설계하여야 하는가 ?
답 유속 : 증가, 경사 : 감소

핵심 32 하수도관

1. 하수도에 사용되는 하수관거의 요구조건에서 유량의 변동에 대해서 유속의 변동이 어떠한 수리특성을 가진 단면형이여야 하는가 ?
답 원형 단면형

2. 우수관거 및 합류식 관거의 경우 최소관경과 매설깊이는 어느 정도로 시공하는가 ?
답 최소관경 : 250mm , 매설깊이 : 1m

핵심 33 관거의 접합

1. 하수 관거의 접합 방법 중에서 수리학적으로 가장 유리한 방법은 ?

답 수면(수위)접합

2. 관거의 접합에서 관거내면의 상단부를 일치시키는 방법으로서 유수는 원활하지만 굴착깊이가 증가하고, 공사비가 증대되면서 펌프배수시 펌프양정을 증가시키는 방법은 ?

답 관정접합

3. 관거의 접합방법 중에서 관의 매설깊이가 얕게 되어서 공사비가 적어지고, 펌프의 배수에도 유리한 방법은 ?

답 관저접합

핵심 34 관거연결 및 우수조정지

1. 하수관거에서 관정부식의 주된 원인이 되는 물질은 무엇인가 ?

답 황(S)화합물 또는 H_2S (황화수소)

2. 콘크리트 하수관의 내부 천정이 부식되는 관정부식 현상에 대한 대책은 ?

답 ㉮ 하수 중의 유기물 농도를 낮춘다.   ㉯ 하수 중의 유황 함유량을 낮춘다.
　　㉰ 관내의 유속을 증가시킨다.   ㉱ 하수에 염소를 주입한다.

3. 우수 조정지의 목적으로 가장 타당한 것은 ?

답 침수방지

4. 우수조정지의 설치 위치로서 적당한 곳은 ?

답 ① 하수관거의 유하능력이 부족한 곳
　　② 하류지역의 펌프장 능력이 부족한 곳
　　③ 방류수역의 유하능력이 부족한 곳

핵심 35 기타 부대시설

1. 하수관거가 하천, 지하철, 기타 이설 불가능한 지하매설물을 횡단하는 경우에는 역사이펀(Invert Siphon)공법을 사용하는데 역사이펀 설계시 주의사항은 ?

답 상류관거의 유속보다 20~30% 정도 증가시킨다.

2. 하수관의 맨홀(man-hole)설치 장소는 ?

[답] ① 관거의 시점과 합류하는 장소
② 관거의 방향, 경사, 관경이 변화하는 장소
③ 단차가 발생하는 장소
④ 수량변화가 큰 장소
⑤ 관거의 유지관리상 필요한 장소

핵심 36 하수처리 개요

1. 하수처리 방법 중 물리적 처리방법 ?

[답] ① 물리적 처리방법 : 침전, 여과, 흡착, 스크리닝, 부상분리 등
② 화학적 처리방법 : 중화, 소독, 산화, 환원 등
③ 생물학적 처리방법 : 활성슬러지, 살수여상법, 회전원판법, 산화지법, 소화법 등

2. 일반적인 하수처리의 계통 및 공정은 ?

[답] 침사지 → 스크린 → 펌프(장) → 유량 조정조 → 최초침전지 → 폭기조 → 최종침전지 → 3차처리 → 소독 → 방류

핵심 37 예비처리 및 최초침전지

1. 최초 침전지의 표면적이 250m², 깊이가 3m인 직사각형 침전지가 있다. 하수 350m³/hr가 유입할 때 수면적 부하는 ?

[답] ① 수면(적) 부하 $= \dfrac{Q}{A}$ ② $Q = 350\,(\mathrm{m^3/hr}) = 8,400\,(\mathrm{m^3/day})$

$\therefore \ \dfrac{Q}{A} = \dfrac{8,400\,(\mathrm{m^3/day})}{250\,(\mathrm{m^2})} = 33.6\,(\mathrm{m^3/m^2 \cdot day})$

2. 인구가 100,000명인 A도시의 1일 1인당 오수량이 250L 이다. 하수를 처리하기 위해 유효수심 3m, 침전시간 2시간으로 설계하려면 침전지의 면적은 얼마가 적당한가 ?

[답] ① 하수량 $Q = 250 \times 10^{-3}\,(\mathrm{m^3/명 \cdot day}) \times 100,000\,(\text{명})$
$= 25,000\,(\mathrm{m^3/day}) = 1,041.7\,(\mathrm{m^3/hr})$

② 침전속도 $= \dfrac{\text{유효수심}}{\text{침전시간}} = \dfrac{3\,(\mathrm{m})}{2\,(\mathrm{hr})} = 1.5\,(\mathrm{m/hr})$

$\therefore$ 침전지 면적 $= \dfrac{\text{하수량}}{\text{침전속도}}$

$= \dfrac{1,041.7\,(\mathrm{m^3/hr})}{1.5\,(\mathrm{m/hr})} = 694.5\,(\mathrm{m^2})$

핵심 38   최종침전지와 활성슬러지법

1. 우리나라 하수 종말처리장에 가장 많이 이용되고 있는 하수처리 방법은 ?

답 활성슬러지법 : 호기성 생물학적 하수처리법

2. 하수 처리법 중 활성슬러지법은 어떤 원리를 이용한 것인가 ?

답 호기성 미생물에 의한 흡착, 산화, 동화작용에 의해 유기물을 제거하는 방식이다.

3. 활성슬러지법에서 MLSS란 무엇인가 ?

답 MLSS (Mixed Liquor Suspended Solids) : 폭기조내 부유물질

4. 하수처리장 침전지의 수심이 3m 이고, 표면부하율이 36m³/m²·day 일 때 침전지에서의 체류시간은 ?

답 표면부하율 $(\frac{Q}{A}) = \frac{H}{t}$ 에서   체류시간$(t) = \frac{수심(H)}{표면부하율(Q/A)} = \frac{3}{36}$
$= \frac{1}{12}(day) = 2(hr)$

핵심 39   활성슬러지법 설계공식

1. 유량 3,000m³/day, BOD 농도 200mg/L 하수를 용량 500m³인 폭기조(aeration tank)로 처리할 때 BOD용적 부하는 얼마인가 ?

답 $BOD = 200\,mg/L = 0.2\,kg/m^3$

BOD용적부하

$= \frac{1일\ BOD\ 유입량(kgBOD/day)}{폭기조\ 용적(m^3)} = \frac{BOD농도(kg/m^3) \times 유량(m^3/d)}{폭기조\ 용적(m^3)}$

$= \frac{0.2 \times 3,000}{500} = 1.20\,(kg\,BOD/m^3 \cdot day)$

2. 유입하수량 10,000m³/day, 유입 BOD농도 120mg/L, 폭기조내 MLSS농도 2,000mg/L, BOD부하 0.3 kgBOD/kgMLSS·day일 때 폭기조의 용적은 얼마인가 ?

답 ① $BOD = 120\,mg/L = 0.12\,kg/m^3, \quad MLSS = 2,000\,mg/L = 2.0\,kg/m^3$

② $BOD 슬러지부하(kg\ BOD/kg\ MLSS \cdot day)$

$= \frac{BOD농도\ (kg/m^3) \times 유입유량(m^3/day)}{MLSS농도\ (kg/m^3) \times 폭기조\ 용적(m^3)}$

∴ 폭기조 용적(m^3)

$= \frac{BOD농도\ (kg/m^3) \times 유입유량(m^3/day)}{MLSS농도\ (kg/m^3) \times BOD부하} = \frac{0.12 \times 10,000}{2.0 \times 0.3} = 2,000\,(m^3)$

3. MLSS가 2,000mg/L이고, 30분간 정치했을 때 침강용적이 30% (SV)일 때 SVI는 얼마인가?

답 $SVI = \dfrac{SV(mL/L) \times 10^3}{MLSS농도(mg/L)} = \dfrac{SV(\%) \times 10^4}{MLSS농도(mg/L)}$

∴ $SVI = \dfrac{30 \times 10^4}{2,000} = 150$

4. 1L의 매스실린더에 활성슬러지를 채우고 30분간 침전시킨 후 침전된 슬러지의 부피가 180mL이었다. 이 때 MLSS가 2,000mg/L이었다면 슬러지용적지표(SVI)는?

답 $SVI = \dfrac{SV(mL/L)}{MLSS \text{ 농도}(mg/L)} \times 10^3 = \dfrac{180}{2000} \times 10^3 = 90$

핵심 40 활성슬러지법의 특징

1. 활성슬러지법의 변법?

답 ① 표준 활성슬러지법　② 계단식 폭기법　③ 장시간 폭기법
　④ 접촉 안정법　　　　⑤ 고율 및 수정식 폭기법　⑥ 고속 폭기법
　⑦ 산화구법　　　　　 ⑧ 순산소 폭기법　　　　 ⑨ Kraus법

2. 활성슬러지의 SVI가 현저하게 증가되어 응집성이 나빠져 최종 침전지에서 처리수의 분리가 곤란하게 되었다. 이것은 활성 슬러지의 어떤 이상현상에 해당되는가?

답 슬러지의 팽화(bulking)현상

핵심 41 기타 생물학적 처리법

1. 여재상에 살수되는 하수가 여재사이를 통과하는 동안 여재표면에 부착되어 성장한 호기성 미생물의 생물학적 작용으로 하수 중의 유기물을 제거하는 하수처리방법은?

답 살수여상법

2. 생물학적 처리이지만 활성슬러지법과 같이 별도의 폭기장치 없이 공기중에서 폭기가 이루어져 하수를 처리하는 방법은?

답 회전원판법

핵심 42 슬러지 처리시설

1. 슬러지 처리의 목표는 ?

답 ① 슬러지중의 유기물을 무기물로 바꾸는 생화학적 안정화
② 병원균을 제거하여 위생적인 안정화
③ 슬러지 처리·처분량을 적게 하는 감량화
④ 처분의 확실성

2. 슬러지 처리공정을 순차적으로 나열하면 ?

답 생슬러지 → 농축 → 소화 → 개량 → 탈수 및 건조 → 소각(연소) → 최종 처분

3. 슬러지를 혐기성 소화법으로 처리할 경우의 특징은 ?

답 ㉮ 병원균의 사멸률이 높다.
㉯ 동력시설 없이 연속적인 처리가 가능하다.
㉰ 부산물로 유용한 <u>메탄가스</u>가 생산된다.
㉱ 유지관리비가 적게 소요된다.

4. 함수율이 99%인 슬러지 1,200m³/day를 탈수하여 300m³/day의 농축슬러지를 얻었을 때 농축슬러지의 함수율은 ?

답 $\dfrac{V_1}{V_2} = \dfrac{100 - W_2}{100 - W_1}$

여기서,
V_1 : 농축전 슬러지 부피 (m³) V_2 : 농축후 슬러지 부피 (m³)
W_1 : 농축전 슬러지 함수율(%) W_2 : 농축후 슬러지 함수율(%)

$\therefore \dfrac{1,200\,\mathrm{m}^3}{300\,\mathrm{m}^3} = \dfrac{100 - W_2}{100 - 99} \Rightarrow W_2 = 100 - \dfrac{1,200\,\mathrm{m}^3}{300\,\mathrm{m}^3} = 96\,(\%)$

핵심 43 펌프장 계획

1. 계획 오수량이 0.5~1.5m³/sec일 때 오수펌프의 설치대수는 ? (단, 예비 1대를 포함)

답 3~5대

2. 펌프대수를 결정할 때 고려하여야 할 사항은 ?

답 펌프대수 결정기준
① 최대효율점 부근에서 운전
② 펌프의 대수는 줄이고 동일 용량
③ 대용량
④ 수량이 적거나 수량변화 클 경우 : 용량이 다른 펌프를 설치하거나 동일용량은 펌프회전수 제어

핵심 44 펌프의 종류

1. 펌프 선정시의 고려사항에 해당되는 것은 ?

답 펌프의 특성, 펌프의 효율, 펌프의 동력, 펌프의 양정, 펌프의 종류

2. 일반적으로 상하수도의 양수용에 가장 많이 사용되는 펌프는 ?

답 원심력펌프

핵심 45 펌프의 관련식

1. 펌프로 유속 1.81m/sec 정도로 양수량 0.85m³/min을 양수할 때 토출관의 지름은 ?

답 펌프의 흡입구경

$$D = 146\sqrt{\frac{Q}{v}} = 146\sqrt{\frac{0.85}{1.81}} = 100(\text{mm})$$

2. 80%의 효율을 가진 모터에 의해서 가동되는 85%효율의 펌프가 300L/sec의 물을 25.0m 양수할 때 요구되는 마력수는 약 얼마인가 ?

답 ① 양수량(Q) = 300L/sec = 0.3m³/sec

② $P_s = \dfrac{1,000\,QH}{75\,\eta} = \dfrac{1,000 \times 0.3 \times 25.0}{75 \times 0.80 \times 0.85} = 147.1(\text{HP})$

여기서, Q : 양수량(m³/sec), H : 펌프의 전양정(m), η : 펌프의 효율

3. 구경 400mm인 모터의 직결펌프에서 양수량 10m³/min, 전양정 40m, 회전수 1,050rpm 일 때 비교회전도(N_s)는 얼마인가 ?

답 $N_s = N \cdot \dfrac{Q^{1/2}}{H^{3/4}} = 1,050 \times \dfrac{10^{1/2}}{40^{3/4}} = 208.8$

4. 1일 28,800m³의 물을 8.8m의 높이로 양수하려고 한다. 펌프의 효율을 80%, 축동력에 15%의 여유를 둘 때 원동기의 소요동력은 몇 kW인가 ?

답 펌프의 동력, P_s(kW)

① $P_s = \dfrac{9.8\,QH}{\eta} = \dfrac{9.8 \times 28,800/(24\times 60\times 60)\,\text{m}^3/\text{sec} \times 8.8\text{m}}{0.80} = 35.93\,\text{kW}$

② 15%의 여유동력을 고려하면,

∴ 소요동력 $P_s = 35.93 + (35.93 \times 0.15) = 41.32\text{kW}$

핵심 46   펌프의 특징

1. 펌프의 특성곡선(characteristic curve)은 펌프의 양수량과 무엇들과의 관계를 나타낸 것인가 ?

> 답 양정, 효율, 동력

2. 다음 그림은 펌프의 표준 특성곡선이다. 전양정을 나타내는 곡선은 어느 것인가 ? (단, N_S : 100~250)

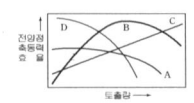

> 답 D곡선

3. 펌프의 공동현상을 방지하기 위한 흡입양정의 표준은 ?

> 답 −5m (5m 이하)

4. 펌프의 운전중 공동현상(cavitation)을 방지하는 방법으로서 흡입관 직경은 크게 하고 흡입수두는 어떻게 하여야 하는가 ?

> 답 흡입수두는 작게 함

5. 펌프에서 발생되는 수격작용을 방지하기 위한 방법은 ?

> 답
> ① 펌프에 fly wheel 부착시켜 관성증가
> ② 토출관에 압력조절수조(surge tank) 설치
> ③ 관내의 유속저하
> ④ 토출관로에 안전밸브 또는 공기 밸브(air valve) 설치
> ⑤ 펌프의 급정지 피함
> ⑥ 관거의 상황변경

1주일 완성! 핵심문제풀이
상하수도공학

發行處 **(주) 한솔아카데미**

(우)06775 서울시 서초구 마방로10길 25 트윈타워 A동 2002호
TEL : 575-6144/5   FAX : 529-1130
〈1998. 2. 19 登錄 第16-1608號〉
www.bestbook.co.kr/www.inup.co.kr

과년도 출제문제(CBT시험문제)

24 토목산업기사
2회 시행 출제문제

※ 본 기출문제는 수험자의 기억을 바탕으로 하여 복원한 문제이므로 실제 문제와 다를 수 있음을 미리 알려드립니다.

1. 다음은 수원 선정시 고려사항이다. 잘못된 것은?

① 수량이 풍부하여야 한다.
② 수질이 좋아야 한다.
③ 정수장보다 낮은 곳에 위치하여야 한다.
④ 상수 소비자에게 가까운 곳에 위치하여야 한다.

2. 원수조정지에 대한 설명으로 옳지 않은 것은?

① 정수시설과 배수시설 사이에 설치한다.
② 용량은 갈수시나 수질사고 등을 고려하여 적절한 용량으로 한다.
③ 필요에 따라 펌프 및 그 외의 부속설비를 설치한다.
④ 필요에 따라서 오염방지 및 위험방지를 위한 조치를 강구하도록 한다.

3. pH 및 수온이 어떠할 때 염소살균 효과가 높아지는가?

① pH가 낮고, 수온이 높을 때
② pH가 낮고, 수온이 낮을 때
③ pH가 높고, 수온이 낮을 때
④ pH가 높고, 수온이 높을 때

4. 정수장의 슬러지 처리과정을 순서대로 열거한 것은?

① 조정 → 농축 → 탈수 → 건조 → 반출
② 농축 → 조정 → 탈수 → 건조 → 반출
③ 탈수 → 조정 → 농축 → 건조 → 반출
④ 농축 → 탈수 → 조정 → 건조 → 반출

5. 합류식과 분류식 하수배제방식에 대한 설명으로 옳지 않은 것은?

① 합류식은 우천시 일정량 이상이 되면 월류현상이 발생한다.
② 분류식은 오수를 오수관으로 처분하므로 방류수역의 오염을 줄일 수 있다.
③ 도시의 여건상 분류식 채용이 어려우면 합류식으로 한다.
④ 합류식은 강우발생시 오수가 우수에 의해 희석되므로 하수처리장 운영에 도움이 된다.

6. 오수관거 설계시 계획시간 최대오수량에 대한 최소 및 최대유속은?

① 최소 : 0.6m/s, 최대 : 3.0m/s
② 최소 : 0.6m/s, 최대 : 5.0m/s
③ 최소 : 0.8m/s, 최대 : 3.0m/s
④ 최소 : 0.8m/s, 최대 : 5.0m/s

7. 하수처리에 있어 혐기성 소화법에 관한 설명 중 옳지 않은 것은?

① 슬러지 양을 감소시킨다.
② 슬러지를 분해하여 안정화시킨다.
③ 부하나 pH의 변동에 따른 운전이 쉽다.
④ 유효한 자원인 메탄을 얻을 수 있다.

8. 하수처리장의 침사지 설계에 기준이 되는 것은?

① 계획1일 최대오수량
② 계획1일 평균오수량
③ 계획시간 최대오수량
④ 계획시간 평균오수량

9. 펌프의 유출구 유량이 0.3m³/sec, 유속이 2m/sec인 경우 흡입구경은 얼마가 적당한가?

① 254mm ② 316mm
③ 382mm ④ 437mm

10. 펌프에 연결된 관로에서 압력강하에 따른 부압발생을 방지하기 위한 방법이 아닌 것은?

① 펌프에 플라이 휠(fly-wheel)을 설치한다.
② 토출측 관로에 조압수조(surge tank)를 설치한다.
③ 압력수조 또는 공기실(air-chamber)를 설치한다.
④ 펌프에 안전밸브를 설치한다.

해설 및 정답

1. 수원선정시 고려사항
정수장보다 높은 곳에 위치하여 자연유하에 필요한 높이를 확보할 것

2. 원수조정지
- 취수시설과 정수시설 사이에 설치함
- 비상 또는 갈수시 취수제한, 수질사고 또는 취수시설의 개량(갱신)을 위한 취수정지, 단수, 감수영향을 완화하기 위한 도수시설의 일부

3. 염소살균의 효과
pH가 낮고, 수온이 높을 때 가장 강함

4. 정수장의 슬러지 처리과정
조정 → 농축 → 탈수 → 건조 → 반출(처분)

5. 합류식 하수배제방식의 특징
강우발생시 오수가 우수에 의해 희석되어 공공수역에 방류되므로 수질보존대책이 필요하고, 하수처리장 운영에 문제점이 있음

6. 오수관거의 설계시 유속범위
0.6m/s(최소) ~ 3.0m/s(최대)

7. 혐기성 소화법의 특징
미생물의 성장속도가 느리고, 온도와 부하량 또는 PH의 변동에 따른 적응시간이 길어 운전이 어려움

8. 하수처리장의 침사지 설계기준
계획1일 최대오수량

9. 펌프의 흡입구경(D)

$$D(\text{mm}) = 146 \frac{\sqrt{Q(\text{m}^3/\text{min})}}{v(\text{m/sec})}$$

$$= 146 \sqrt{\frac{0.3 \times 60}{2}} ≒ 437$$

10. 펌프의 수격작용 방지방법
- 압력강하에 따른 부압(負壓)발생 방지 : 토출측 관로에 플라이 휠(fly wheel), 조압수조(surge tank), 공기밸브(air valve) 및 공기실(air chamber) 등 설치
- 압력상승 방지 : 토출측 관로에 역지밸브(check valve), 안전밸브(safety valve) 설치

1. ③	2. ①	3. ①	4. ①	5. ④
6. ①	7. ③	8. ①	9. ④	10. ④

과년도 출제문제 (CBT시험문제)

24 토목산업기사
3회 시행 출제문제

※ 본 기출문제는 수험자의 기억을 바탕으로 하여 복원한 문제이므로 실제 문제와 다를 수 있음을 미리 알려드립니다.

1. 우리나라의 상수도 시설을 설계·계획할 때 그 계획 년한은 통상 몇 년을 기준으로 하는가?

① 2~3년　　② 5~15년
③ 15~20년　　④ 30년 이상

2. 배수관을 망상(그물모양)으로 배치하는 방식의 특징이 아닌 것은?

① 고장인 경우 단수우려가 없다.
② 관내의 물이 정체하지 않는다.
③ 관로해석이 편리하고 정확하다.
④ 수압분포가 균등하고 화재시에 유리하다.

3. 다음의 소독방법 중 발암물질인 트리할로메탄(THM) 발생 가능성이 가장 높은 것은?

① 염소소독
② 오존소독
③ 이산화 염소소독
④ 자외선소독

4. 전염소처리의 목적으로 타당하지 않은 것은?

① 세균 제거
② 트리할로메탄(THM)의 제거
③ 철과 망간의 제거
④ 맛과 냄새의 제거

5. 하수의 배제방법 중 오수관과 우수관을 별도로 설치하는 방식을 무엇이라 하는가?

① 합류식　　② 합리식
③ 분류식　　④ 차집식

6. 하수처리장의 1차 처리시설인 침전지에서 BOD 부하의 30%가 처리되고 2차 처리시설에서 BOD 부하의 80%가 처리된다면 전체 BOD 제거율은?

① 24%　　② 48%
③ 86%　　④ 97%

7. 활성슬러지공법으로 하수를 처리할 때, 포기량을 결정하기 위한 조건으로서 반드시 고려해야 할 사항은?

① 하수의 중금속 제거
② 하수의 탁도
③ 하수의 BOD 농도
④ 하수의 pH

8. 지반이 낮은 지역의 배수구역내 우수를 펌프로 양수하여 배수하는 시설은?

① 상수 펌프장　　② 중계 펌프장
③ 배수 펌프장　　④ 처리장 펌프장

9. 펌프장 설계 시 검토하여야 할 비정상 현상으로 아래에서 설명하고 있는 것은?

> 만관 내에 흐르고 있는 물의 속도가 급격히 변화하여 압력변화가 발생하는 현상이다. 이에 의한 압력 상승 및 압력 강하의 크기는 유속의 변화정도, 관로 상황, 유속, 펌프의 성능 등에 따라 다르지만, 펌프, 밸브, 배관 등에 이상 압력이 걸려 진동, 소음을 유발하고, 펌프 및 전동기가 역회전하는 경우도 있으므로 충분한 검토가 필요하다.

① 서어징(surging)
② 캐비테이션(cavitation ; 공동현상)
③ 수격작용(water hammer)
④ 팽화현상(bulking)

10. 펌프의 캐비테이션(cavitation ; 공동현상) 방지대책으로 옳지 않은 것은?

① 펌프의 설치위치를 가능한 한 높게 한다.
② 흡입관의 손실을 가능한 작게 한다.
③ 펌프의 회전속도를 낮게 선정한다.
④ 한쪽 흡입펌프보다는 양쪽 흡입펌프를 적용한다.

해설 및 정답

1. 상수도시설의 설계 · 계획시 계획년도(계획년한)
15 ~ 20년(표준)

2. 망상(그물모양 ; 격자식) 배수관의 배치방식
관로의 해석과 수리계산이 복잡하고 시공이 어려움

3. 염소소독
발암물질인 트리할로메탄(THM) 발생 가능성이 가장 높은 소독방법

4. 전염소처리의 목적
① 세균과 조류의 제거
② 황화수소, 페놀, 암모니아성 질소, 유기물의 제거
③ 철과 망간의 제거
④ 맛과 냄새의 제거

5. 분류식 하수배제방식
오수관과 우수관을 각각 별도로 설치하는 방식

6. 하수처리장의 BOD 제거율
① 1차 처리시설 (제거율 30%)
　㉠ input BOD : 1.0
　㉡ 제거된 BOD : 0.3
　㉢ output BOD : 1.0 − 0.3 = 0.7
② 2차 처리시설 (제거율 80%)
　㉠ input BOD : 0.7
　㉡ 제거된 BOD : 0.7 × 0.80 = 0.56
　㉢ output BOD : 0.7 − 0.56 = 0.14
③ 전체 시설
　㉠ input BOD : 1.0
　㉡ 제거된 BOD : 0.3 + 0.56 = 0.86
　㉢ output BOD : 1 − 0.86 = 0.14
∴ 전체 BOD제거율 = 0.86 × 100% = 86%

7. 활성슬러지공법의 하수처리시 포기량 결정조건으로서 고려사항
하수의 BOD 농도

8. 배수(빗물) 펌프장
지반이 낮은 지역의 배수구역내 우수를 펌프로 양수하는 배수시설

9. 수격 작용(water hammer)
관로내 유속(유량)의 급변화에 따른 충격으로 압력변동(급상승 또는 급강하)이 발생하는 현상으로, 펌프장 설계시 검토하여야 할 비정상현상

10. 펌프의 캐비테이션(cavitation ; 공동현상) 방지대책
① 펌프의 설치위치를 가능한 한 낮게 하여 흡입수두를 작게 함
② 흡입관의 손실을 가능한 작게 함
③ 펌프의 회전속도를 낮게 선정함
④ 한쪽 흡입펌프보다는 양쪽 흡입펌프를 적용함

1. ③	2. ③	3. ①	4. ②	5. ③
6. ③	7. ③	8. ③	9. ③	10. ①

과년도 출제문제(CBT시험문제)

25 토목산업기사
1회 시행 출제문제

※ 본 기출문제는 수험자의 기억을 바탕으로 하여 복원한 문제이므로 실제 문제와 다를 수 있음을 미리 알려드립니다.

1. 다음 중 상수도 계통의 시설과 관련이 없는 것은?

① 취수시설　　　② 송수시설
③ 차집관거시설　④ 정수시설

2. 계획취수량의 기준이 되는 수량으로 옳은 것은?

① 계획1일 평균급수량
② 계획1일 최대급수량
③ 계획시간 최대급수량
④ 계획1일1인 평균급수량

3. 도시하수가 하천으로 유입할 때 하천내에서 발생하는 변화 중 틀린 것은?

① SS의 증가　　② 대장균 수의 증가
③ BOD의 증가　④ DO의 증가

4. 다음 중 급수방식의 종류가 아닌 것은?

① 역류식　　　　② 저수조식
③ 직결가압식　　④ 직결직압식

5. 정수시설 중 소독(살균)설비에 사용되는 염소제에 대한 설명으로 틀린 것은?

① 살균력 순서는 $HOCl > OCl^- > NH_2Cl$이다.
② pH가 낮고 수온이 높을 때 염소살균 효과가 높아진다.
③ 유리잔류염소는 결합잔류염소보다 소독효과가 우수하다.
④ THMs의 생성을 방지할 수 있다.

6. 하수의 염소요구량이 10.0mg/L일 때 0.6mg/L의 잔류염소량을 유지하기 위하여 3,000m³/day의 하수에 1일 주입하여야 할 염소량은?

① 31.8g/day　　② 31.8kg/day
③ 318kg/day　　④ 3.18kg/day

7. 하수관로에 대한 설명 중 적합하지 않은 것은?

① 관로의 경사는 하류로 갈수록 감소시켜야 한다.
② 유속이 너무 크면 관로를 손상시키고 내용연수를 줄어들게 한다.
③ 우수관로 및 합류식 관로의 최소관경은 250mm를 표준으로 한다.
④ 오수관로의 최소유속은 0.3m/s 이하로 한다.

8. SVI(Sludge Volume Index)에 대한 설명으로 옳지 않은 것은?

① 측정시료는 2차 침전지에서 채취한다.
② 활성슬러지의 침강성을 나타내는 지표이다.
③ SVI는 50~150의 범위가 적당하다.
④ 활성슬러지 팽화여부를 확인하는 지표로 사용한다.

9. 활성슬러지 변법 중 생물반응조의 체류시간(HRT)이 일반적으로 가장 긴 것은?

① 산화구법　　　② 장기 포기법
③ 계단식 포기법　④ 순환식 질산화탈질법

10. 펌프에서 실양정의 의미에 대한 설명 중 가장 옳은 것은?

① 저수위와 고수위의 차를 말한다.
② 전양정 자체를 말한다.
③ 전양정에서 각종 손실수두를 뺀 것을 말한다.
④ 전양정에서 각종 손실수두를 더한 것을 말한다.

해설 및 정답

1. 상수도 계통의 시설(종류)
수원·취수·도수·송수·배수·급수시설

2. 계획취수량의 기준수량
계획 1일 최대급수량

3. 도시하수의 하천유입 시 수질변화
① SS(부유물질)의 증가
② 대장균 수의 증가
③ BOD(생물화학적 산소요구량)와 COD(화학적 산소요구량)의 증가
④ DO(용존산소)의 감소

4. 급수방식의 종류
- 직결식(직결 직압식, 직결 가압식)
- 저수조식(고가 수조식, 압력 수조식, 펌프직송식),
- 직결·저수조 병용식

5. 염소소독제의 특성
발암물질인 THMs(트리할로메탄)이 생성됨

6. 염소주입량의 산정
① 염소 주입농도＝염소요구량 농도＋잔류염소 농도
　　　　　　　＝10＋0.6＝10.6mg/L＝10.6g/m³
② 염소 주입량＝염소 주입농도×유량
　　　　　　　＝10.6g/m³×3,000m³/day
　　　　　　　＝31,800g/day＝31.8kg/day

7. 오수관로의 유속범위
0.6m/sec(최소)~3.0m/sec(최대)

8. SVI(Sludge Volume Index ; 슬러지 용적지수)
활성슬러지의 침강성 농축성을 나타내는 지표로서, 측정시료는 폭기조 혼합액(MLSS)에서 채취함

9. 산화구법
생물반응조의 수리학적 체류시간(HRT)이 24~48hr으로 가장 장시간인 활성슬러지법의 변법

10. 펌프의 실양정
전양정에서 각종 손실수두를 뺀 것
(실양정 ＝ 전양정 － 총손실수두)

1. ③	2. ②	3. ④	4. ①	5. ④
6. ②	7. ④	8. ①	9. ①	10. ③

과년도 출제문제(CBT시험문제)

25 토목산업기사
2회 시행 출제문제

※ 본 기출문제는 수험자의 기억을 바탕으로 하여 복원한 문제이므로 실제 문제와 다를 수 있음을 미리 알려드립니다.

1. 수원에 대한 설명 중 틀린 것은?

① 천층수는 지표면에서 깊지 않은 곳에 위치함으로써 공기의 투과가 양호하므로 산화작용이 활발하게 진행된다.
② 심층수는 대지의 정화작용으로 무균 또는 거의 이에 가까운 것이 보통이다.
③ 용천수는 지하수가 자연적으로 지표로 솟아오른 것으로 그 성질은 대개 지표수와 비슷하다.
④ 복류수는 대체로 수질이 양호하며 정수공정에서 침전지를 생략하는 경우도 있다.

2. 하천이나 호소에서 부영양화(Eutrophication)의 주된 원인물질은?

① 질소 및 인
② 탄소 및 유황
③ 중금속
④ 염소 및 질산화물

3. 펌프에 대한 설명으로 옳지 않은 것은?

① 펌프는 가능한 한 최고효율점 부근에서 운전하도록 대수 및 용량을 정한다.
② 펌프의 설치대수는 유지관리상 편리하도록 될 수 있는 대로 적게 하고, 동일 용량의 것으로 한다.
③ 과잉운전방지와 과잉운전에 따른 에너지소비량이 절감될 수 있도록 한다.
④ 펌프의 용량이 작을수록 효율이 높으므로 가능한 소용량의 것으로 한다.

4. 하수관거내의 침전물에서 방출하는 가스 중 관정부식의 주요 원인이 되는 것은?

① CH_4
② H_2S
③ Cl^-
④ CO_2

5. 다음과 같은 조건에서의 급속여과지 면적은?

- 계획급수인구 : 5,000인
- 1인 1일 최대급수량 : 200L
- 여과속도 : 120m/일

① $5.0m^2$
② $8.33m^2$
③ $12.5m^2$
④ $14.58m^2$

6. 슬러지 반송비가 0.4, 반송슬러지의 농도가 1%일 때 포기조 내의 MLSS 농도는?

① 1,234mg/L
② 2,857mg/L
③ 3,325mg/L
④ 4,023mg/L

7. 취수탑에 대한 설명으로 옳지 않은 것은?

① 부대설비인 관리교, 조명설비, 유목제거기, 협잡물 제거설비 및 피뢰침을 설치한다.
② 하천의 경우 토사유입을 적게 하기 위하여 유입속도 15~30cm/s를 표준으로 한다.
③ 취수구 시설에 스크린, 수문 또는 수위조절판을 설치하여 일체가 되어 작동한다.
④ 취수탑의 설치 위치에서 갈수수심이 최소 2m 이상이 아니면, 계획 취수량의 취수에 필요한 취수구의 설치가 곤란하다.

8. 하수도 설계기준의 관로시설 설계기준에 따른 관로의 최소관경으로 옳은 것은?

① 오수관로 200mm, 우수관로 및 합류관로 250mm
② 오수관로 200mm, 우수관로 및 합류관로 400mm
③ 오수관로 300mm, 우수관로 및 합류관로 350mm
④ 오수관로 350mm, 우수관로 및 합류관로 400mm

9. 지름이 0.2m, 길이 50m의 주철관으로 하수유량 2.4m³/min을 15m의 높이까지 양수하기 위한 펌프의 축동력은? (단, 전체 손실수두는 1.0m이고, 펌프의 효율은 85%)

① 9.9kW ② 7.4kW
③ 6.3kW ④ 5.4kW

10. 수질검사에서 대장균을 검사하는 이유는?

① 대장균이 병원체이기 때문이다.
② 물을 부패시키는 세균이기 때문이다.
③ 수질오염을 가져오는 대표적인 세균이기 때문이다.
④ 대장균을 이용하여 다른 병원체의 존재를 추정할 수 있기 때문이다.

해설 및 정답

1. 용천수(湧泉水)
피압 지하수면이 지표면 상부에 있을 경우 지하수가 자연적으로 지표로 솟아나는 지하수로서, 그 성질은 대개 피압면 지하수와 비슷함

2. 부영양화의 원인물질
조류의 영양염류인 질소(N)와 인(P)

3. 펌프의 효율
펌프는 용량이 클수록 효율이 높으므로 가능한 한 대용량을 사용함

4. 관정부식의 원인물질
H_2S(황화수소) 또는 황(S)화합물

5. 급속여과지 면적(A)

$$A = \frac{계획 1일최대급수량(Q)}{여과속도(v)}$$

$$= \frac{계획·1인 1일 최대급수량 \times 급수인구}{여과속도}$$

$$= \frac{0.2(m^3/인·일) \times 5,000인}{120(m/일)} = 8.33(m^2)$$

6. MLSS 농도

슬러지 반송비

$$= \frac{포기조의 MLSS농도(mg/L) - 유입수의 SS농도(mg/L)}{반송슬러지의 SS농도(mg/L) - 포기조의 MLSS농도(mg/L)}$$

$$0.4 = \frac{포기조의 MLSS농도 - 0}{10,000mg/L - 포기조의 MLSS 농도}$$

$0.4(10,000mg/L - 포기조의 MLSS농도)$
$=$ 포기조의 MLSS농도

∴ 포기조의 MLSS농도 $= 4,000mg/L \div 1.4 = 2,857(mg/L)$
(여기서, 반송슬러지 SS농도, 1% = 10,000mg/L)

7. 취수탑의 특징
계획최고수위 또는 중간수위 등 각 층의 물을 취수할 수 있도록 다단식의 취수구 시설을 설치하는 것이 바람직함

8. 하수관로의 최소관경(하수도설계기준)
- 오수관로 : 200mm
- 우수관로 및 합류관로 : 250mm

9. 펌프의 축동력(P_s)

$$P_s(kW) = \frac{1,000\,QH}{102\eta} = \frac{1,000 \times 0.04 \times 16}{102 \times 0.85} = 7.4(kW)$$

여기서, 양수량$(Q) = 2.4\,m^3/min = 2.4 \times \frac{1}{60}$
$\qquad\qquad\qquad\quad = 0.04(m^3/sec)$

펌프의 전양정$(H) =$ 실양정 + 총손실수두
$\qquad\qquad\qquad = 15 + 1$
$\qquad\qquad\qquad = 16(m)$

10. 수질검사의 대장균
인체에 무해한 균으로, 사람이나 동물의 체내에 서식하므로 다른 병원성 세균의 유무(존재) 판단시 간접적 지표로 사용됨

1. ③	2. ①	3. ④	4. ②	5. ②
6. ②	7. ③	8. ①	9. ②	10. ④

과년도 출제문제(CBT시험문제)

25 토목산업기사 3회 시행 출제문제

※ 본 기출문제는 수험자의 기억을 바탕으로 하여 복원한 문제이므로 실제 문제와 다를 수 있음을 미리 알려드립니다.

1. 활성슬러지법에서 MLSS가 의미하는 것은?

① 폐수 중의 고형물
② 방류수 중의 부유물질
③ 폭기조 중의 부유물질
④ 침전지 상등수 중의 부유물질

2. 취수장에서부터 가정에 이르는 상수도계통을 옳게 나열한 것은?

① 취수시설-정수시설-도수시설-송수시설-배수시설-급수시설
② 취수시설-도수시설-송수시설-정수시설-배수시설-급수시설
③ 취수시설-도수시설-정수시설-송수시설-배수시설-급수시설
④ 취수시설-도수시설-송수시설-배수시설-정수시설-급수시설

3. 계획오수량 산정방법에 대한 설명으로 틀린 것은?

① 생활오수량의 1인1일 최대오수량은 상수도계획상의 1인1일 최대급수량을 감안하여 결정한다.
② 지하수량은 1인1일 평균오수량의 5~10%로 한다.
③ 계획시간 최대오수량은 계획1일 최대오수량의 1시간당 수량의 1.3~1.8배를 표준으로 한다.
④ 합류식에서 우천시 계획오수량은 원칙적으로 계획시간 최대오수량의 3배 이상으로 한다.

4. 하수도 계획의 기본적 사항에 대한 설명으로 틀린 것은?

① 하수도 계획의 목표년도는 원칙적으로 10년으로 한다.
② 하수의 배제방식에는 분류식과 합류식이 있으며, 지역특성과 방류수역의 여건 등을 고려하여 결정한다.
③ 하수도의 계획구역은 처리구역과 배수구역으로 구분하여 고려사항을 충분히 검토하여 결정한다.
④ 하수도 계획은 구상, 조사, 예측, 시설계획 등의 절차로 수립한다.

5. 호기성 소화와 혐기성 소화를 비교할 때, 혐기성 소화에 대한 설명으로 틀린 것은?

① 처리 후 슬러지 생성량이 적다.
② 유효한 자원인 메탄이 생성된다.
③ 높은 온도를 필요로 하지 않는다.
④ 공정의 영향인자에는 체류시간, 온도, pH, 독성물질, 알칼리도 등이 있다.

6. 응집제로서 가격이 저렴하고 탁도, 세균, 조류 등의 거의 모든 현탁성 물질 또는 부유물의 제거에 유효하며, 무독성 때문에 대량으로 주입할 수 있으며 부식성이 없는 결정을 갖는 응집제는?

① 황산알루미늄
② 암모늄 명반
③ 황산 제1철
④ 폴리염화 알루미늄

7. 유역면적 2km², 유출계수 0.6인 어느 지역에서 2시간 동안에 70mm의 호우가 내렸다. 합리식에 의한 이 지역의 우수유출량은?

① 10.5m³/s ② 11.7m³/s
③ 42.0m³/s ④ 70.0m³/s

8. 그림에서 간선하수거 DA의 길이는 600m이고, 유역 내 가장 먼 지점 E에서 간선하수거의 입구 D까지 우수가 유하하는데 걸리는 시간은 5분이다. 간선하수거 내 유속이 1m/s라면 유달시간은?

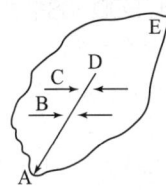

① 5분 ② 11분
③ 15분 ④ 20분

9. BOD 200mg/L, 유량 70,000m³/day의 오수가 하천에 방류될 때 합류지점의 BOD농도는? (단, 오수와 하천수는 완전 혼합된다고 가정하고, 오수유입 전 하천수의 BOD는 30mg/L, 유량은 3.6m³/s이다.)

① 43.6mg/L ② 57.3mg/L
③ 61.2mg/L ④ 79.3mg/L

10. 활성슬러지법에서 유입하수의 BOD_5가 180mg/L, SS가 200mg/L, 폭기조 체류시간 6시간, 폭기조의 MLSS가 2,000mg/L일 때 BOD-SS부하(F/M비)는?

① 0.02kg/kg·MLSS·d
② 0.36kg/kg·MLSS·d
③ 0.40kg/kg·MLSS·d
④ 0.76kg/kg·MLSS·d

해설 및 정답

1. 활성슬러지법의 MLSS(Mixed Liquor Suspended Solids)
폭기조 중의 부유물질로서, 미생물(활성슬러지) 농도를 나타내는 지표

2. 상수도시설의 계통
취수시설 → 도수시설 → 정수시설 → 송수시설 → 배수시설 → 급수시설

3. 계획오수량의 지하수량
1인1일 최대오수량의 20% 이하(10~20%) : 원칙

4. 하수도 계획의 목표년도
20년(원칙)

5. 혐기성 소화의 특징
온도나 pH의 영향을 받으며, 높은 온도를 필요로 함.

6. 황산알루미늄(황산반토 ; 명반)의 특성
- 가격 저렴
- 탁도, 세균, 조류 등의 거의 모든 현탁성 물질 또는 부유물 제거에 효과
- 부식성 없는 결정으로, 무독성으로 대량 주입가능
- 가장 널리 사용되는 응집제

7. 합리식에 의한 우수유출량(Q)
$Q = \dfrac{1}{3.6} CIA = \dfrac{1}{3.6} \times 0.6 \times 35 \times 2 = 11.7 (\text{m}^3/\text{sec})$

8. 유달시간(도달시간)
유달시간(T) = 유입시간(t_1) + 유하시간(t_2) = $t_1 + \dfrac{L}{v}$
$= 5(\text{min}) + \dfrac{600(\text{m})}{1 \times 60(\text{m/min})} = 15(\text{min})$

9. 하천 합류지점의 혼합 BOD농도(C_m)
① 하수처리장 유출수 :
 $Q_1 = 70,000\text{m}^3/\text{day}$, $C_1 = 200\text{mg/L}$
② 오수가 방류되기 전 하천수 :
 $Q_2 = 3.6\text{m}^3/\text{sec} = 311,040\text{m}^3/\text{day}$, $C_2 = 30\text{mg/L}$
③ Mass Balance에 의해 하천 합류지점의 혼합 BOD 농도
$C_m = \dfrac{Q_1 C_1 + Q_2 C_2}{Q_1 + Q_2}$
$= \dfrac{70,000 \times 200 + 311,040 \times 30}{70,000 + 311,040}$
$= 61.23 (\text{mg/L})$

10. 활성슬러지법의 BOD-SS부하(F/M비=BOD슬러지 부하)
$\text{BOD-SS}(\text{kg} \cdot \text{BOD/kg} \cdot \text{MLSS} \cdot \text{day})$
$= \dfrac{\text{BOD농도}(\text{kg/m}^3) \times \text{유입유량}(\text{m}^3/\text{day})}{\text{MLSS농도}(\text{kg/m}^3) \times \text{폭기조 용적}(\text{m}^3)}$
$= \dfrac{\text{BOD} \times Q}{\text{MLSS} \times V} = \dfrac{\text{BOD}}{\text{MLSS} \times t}$
$= \dfrac{0.18}{2 \times 6/24} = 0.36 (\text{kg/kg} \cdot \text{MLSS} \cdot \text{day})$

(여기서, 체류시간 $t(\text{day}) = \dfrac{V(\text{m}^3)}{Q(\text{m}^3/\text{day})}$)

1. ③	2. ③	3. ②	4. ①	5. ③
6. ①	7. ②	8. ③	9. ③	10. ②

토목기사 대비 **상하수도공학** 6

定價 28,000원

저 자	노재식 · 이상도	
	한웅규 · 정용욱	
발행인	이 종 권	

2001年 1月   8日 초판발행
2021年 1月   7日 20차개정1쇄발행
2022年 1月 10日 21차개정1쇄발행
2023年 1月 18日 22차개정1쇄발행
2024年 1月   9日 23차개정1쇄발행
2025年 1月 10日 24차개정1쇄발행
2026年 1月   7日 25차개정1쇄발행

發行處 **(주) 한솔아카데미**

(우)06775 서울시 서초구 마방로10길 25 트윈타워 A동 2002호
TEL : (02)575-6144/5   FAX : (02)529-1130
〈1998. 2. 19 登錄 第16-1608號〉

※ 본 교재의 내용 중에서 오타, 오류 등은 발견되는 대로 한솔아카데미 인터넷 홈페이지를 통해 공지하여 드리며 보다 완벽한 교재를 위해 끊임없이 최선의 노력을 다하겠습니다.

※ 파본은 구입하신 서점에서 교환해 드립니다.

www.inup.co.kr / www.bestbook.co.kr

ISBN 979-11-6654-753-9 13530

한솔아카데미 발행도서

건축기사시리즈 ①건축계획
이종석, 이병억 공저
432쪽 | 27,000원

건축기사시리즈 ②건축시공
김형중, 한규대, 이명철 공저
570쪽 | 27,000원

건축기사시리즈 ③건축구조
안광호, 홍태화, 고길용 공저
796쪽 | 27,000원

건축기사시리즈 ④건축설비
오병칠, 권영철, 오호영 공저
564쪽 | 27,000원

건축기사시리즈 ⑤건축법규
현정기, 조영호, 한웅규, 김주석 공저
622쪽 | 27,000원

건축기사 필기 10개년 핵심 과년도문제해설
안광호, 백종엽, 이병억 공저
1,028쪽 | 45,000원

건축기사 4주완성
남재호, 송우용 공저
1,412쪽 | 47,000원

건축산업기사 4주완성
남재호, 송우용 공저
1,136쪽 | 44,000원

7개년 기출문제 건축산업기사 필기
한솔아카데미 수험연구회
868쪽 | 38,000원

건축설비기사 4주완성
남재호 저
1,088쪽 | 46,000원

건축설비산업기사 4주완성
남재호 저
872쪽 | 40,000원

10개년 핵심 건축설비기사 과년도
남재호 저
1,148쪽 | 40,000원

건축기사 실기
한규대, 김형중, 안광호, 이병억 공저
1,708쪽 | 53,000원

건축기사 실기 (The Bible)
안광호, 백종엽, 이병억 공저
1,000쪽 | 41,000원

건축기사 실기 14개년 과년도
안광호, 백종엽, 이병억 공저
688쪽 | 34,000원

건축산업기사 실기
한규대, 김형중, 안광호, 이병억 공저
696쪽 | 33,000원

건축산업기사 실기 (The Bible)
안광호, 백종엽, 이병억 공저
300쪽 | 30,000원

실내건축기사 4주완성
남재호 저
1,320쪽 | 39,000원

실내건축산업기사 4주완성
남재호 저
1,096쪽 | 32,000원

시공실무 실내건축(산업)기사 실기
안동훈, 이병억 공저
422쪽 | 30,000원

Hansol Academy

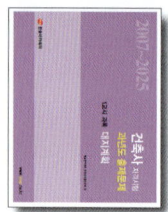
**건축사 과년도출제문제
1교시 대지계획**
한솔아카데미 건축사수험연구회
346쪽 | 33,000원

**건축사 과년도출제문제
2교시 건축설계1**
한솔아카데미 건축사수험연구회
192쪽 | 33,000원

**건축사 과년도출제문제
3교시 건축설계2**
한솔아카데미 건축사수험연구회
436쪽 | 33,000원

**건축물에너지평가사
①건물 에너지 관계법규**
건축물에너지평가사 수험연구회
852쪽 | 32,000원

**건축물에너지평가사
②건축환경계획**
건축물에너지평가사 수험연구회
516쪽 | 30,000원

**건축물에너지평가사
③건축설비시스템**
건축물에너지평가사 수험연구회
708쪽 | 32,000원

**건축물에너지평가사
④건물 에너지효율설계·평가**
건축물에너지평가사 수험연구회
648쪽 | 32,000원

**건축물에너지평가사
2차실기(상)**
건축물에너지평가사 수험연구회
940쪽 | 45,000원

**건축물에너지평가사
2차실기(하)**
건축물에너지평가사 수험연구회
905쪽 | 50,000원

**토목기사시리즈
①응용역학**
안광호, 김창원, 염창열, 정용욱 공저
540쪽 | 28,000원

**토목기사시리즈
②측량학**
남수영, 정경동, 고길용 공저
392쪽 | 28,000원

**토목기사시리즈
③수리학 및 수문학**
심기오, 노재식, 한웅규 공저
396쪽 | 28,000원

**토목기사시리즈
④철근콘크리트 및 강구조**
정경동, 정용욱, 고길용, 김지우 공저
464쪽 | 28,000원

**토목기사시리즈
⑤토질 및 기초**
안진수, 박광진, 김창원, 홍성협 공저
588쪽 | 28,000원

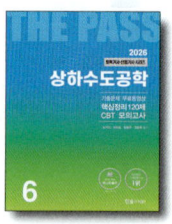
**토목기사시리즈
⑥상하수도공학**
노재식, 이상도, 한웅규, 정용욱 공저
544쪽 | 28,000원

**10개년 핵심 토목기사
과년도문제해설**
김창원 외 5인 공저
1,076쪽 | 46,000원

**토목기사 4주완성
핵심 및 과년도문제해설**
이상도, 고길용, 안광호, 한웅규,
홍성협, 김지우 공저
1,054쪽 | 45,000원

**토목산업기사 4주완성
과년도문제해설**
이상도, 정경동, 고길용, 안광호,
한웅규, 홍성협 공저
752쪽 | 42,000원

토목기사 실기
김태선, 박광진, 홍성협, 김창원,
김상욱, 이상도, 한웅규 공저
1,540쪽 | 52,000원

**토목기사 실기
과년도문제해설**
김태선, 이상도, 한웅규, 홍성협,
김상욱, 김지우 공저
892쪽 | 38,000원

 www.bestbook.co.kr

콘크리트기사·산업기사 4주완성(필기)
정용욱, 고길용, 전지현, 김지우 공저
856쪽 | 39,000원

콘크리트기사 과년도(필기)
정용욱, 고길용, 김지우 공저
684쪽 | 30,000원

콘크리트기사·산업기사 3주완성(실기)
정용욱, 한웅규, 홍성협, 전지현 공저
784쪽 | 33,000원

건설재료시험기사 4주완성(필기)
박광진, 이상도, 김지우, 전지현 공저
742쪽 | 39,000원

건설재료시험기사 과년도(필기)
고길용, 정용욱, 홍성협, 전지현 공저
692쪽 | 32,000원

건설재료시험기사 3주완성(실기)
고길용, 홍성협, 전지현, 김지우 공저
728쪽 | 33,000원

콘크리트기능사 3주완성(필기+실기)
정용욱, 고길용, 염창열, 전지현 공저
538쪽 | 27,000원

지적기능사(필기+실기) 3주완성
염창열, 정병노 공저
640쪽 | 30,000원

측량기능사 3주완성
염창열, 정병노, 고길용 공저
580쪽 | 29,000원

전산응용토목제도기능사 필기 3주완성
염창열, 김지우, 최진호 공저
644쪽 | 29,000원

건설안전기사 4주완성 필기
지준석, 조태연 공저
1,388쪽 | 38,000원

산업안전기사 4주완성 필기
지준석, 조태연 공저
1,560쪽 | 38,000원

공조냉동기계기사 필기
조성안, 이승원, 강희중 공저
1,358쪽 | 41,000원

공조냉동기계산업기사 필기
조성안, 이승원, 강희중 공저
1,236쪽 | 36,000원

공조냉동기계기사 실기
조성안, 강희중 공저
1,040쪽 | 38,000원

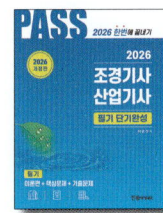
조경기사·산업기사 필기
이윤진 저
1,464쪽 | 49,000원

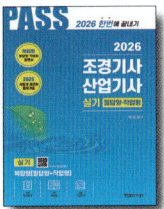
조경기사·산업기사 실기
이윤진 저
784쪽 | 45,000원

조경기능사 필기
이윤진 저
682쪽 | 29,000원

조경기능사 실기
이윤진 저
360쪽 | 29,000원

조경기능사 필기
한상엽 저
712쪽 | 28,000원

Hansol Academy

조경기능사 실기
한상엽 저
823쪽 | 30,000원

산림기사·산업기사 1권
이윤진 저
888쪽 | 27,000원

산림기사·산업기사 2권
이윤진 저
974쪽 | 27,000원

전기기사시리즈(전6권)
대산전기수험연구회
2,240쪽 | 131,000원

전기기사 5주완성
전기기사수험연구회
2,140쪽 | 43,000원

전기산업기사 5주완성
전기산업기사수험연구회
1,964쪽 | 43,000원

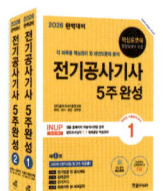
전기공사기사 5주완성
전기공사기사수험연구회
2,096쪽 | 43,000원

전기공사산업기사 5주완성
전기공사산업기사수험연구회
1,606쪽 | 43,000원

전기(산업)기사 실기
대산전기수험연구회
766쪽 | 43,000원

전기기사 실기 20개년 과년도문제해설
대산전기수험연구회
992쪽 | 38,000원

전기기사시리즈(전6권)
김대호 저
3,230쪽 | 136,000원

전기기사 실기 기본서
김대호 저
964쪽 | 39,000원

전기기사 실기 기출문제
김대호 저
1,340쪽 | 43,000원

전기산업기사 실기 기본서
김대호 저
920쪽 | 39,000원

전기산업기사 실기 기출문제
김대호 저
1,076쪽 | 41,000원

전기기사/전기산업기사 실기 마인드 맵
김대호 저
232 | 15,000원

CBT 전기기사 단기완성
이승원, 김승철, 윤종식 공저
1,244쪽 | 42,000원

전기기능사 3단계 핵심 및 과년도
김승철, 신면순, 오용환, 이승원 공저
876쪽 | 28,000원

전기기능사 3주완성
이승원, 김승철, 윤종식 공저
532쪽 | 27,000원

소방설비기사 기계분야 필기
김흥준, 윤중오 공저
1,212쪽 | 40,000원

www.bestbook.co.kr

소방설비기사 전기분야 필기
김흥준, 신면순 공저
1,148쪽 | 40,000원

공무원 건축계획
이병억 저
800쪽 | 37,000원

7·9급 토목직 응용역학
정경동 저
1,192쪽 | 42,000원

응용역학개론 기출문제
정경동 저
686쪽 | 40,000원

측량학(9급 기술직/ 서울시·지방직)
정병노, 염창열, 정경동 공저
756쪽 | 29,000원

응용역학(9급 기술직/ 서울시·지방직)
이국형 저
628쪽 | 23,000원

스마트 9급 물리 (서울시·지방직)
신용찬 저
422쪽 | 23,000원

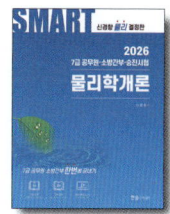
7급 공무원 스마트 물리학개론
신용찬 저
996쪽 | 45,000원

1종 운전면허
도로교통공단 저
110쪽 | 13,000원

2종 운전면허
도로교통공단 저
110쪽 | 13,000원

지게차 운전기능사
건설기계수험연구회 편
216쪽 | 15,000원

굴삭기 운전기능사
건설기계수험연구회 편
224쪽 | 15,000원

지게차 운전기능사 3주완성
건설기계수험연구회 편
338쪽 | 12,000원

굴삭기 운전기능사 3주완성
건설기계수험연구회 편
356쪽 | 12,000원

초경량 비행장치 무인멀티콥터
권희춘, 김병구 공저
258쪽 | 22,000원

시각디자인 산업기사 4주완성
김영애, 서정술, 이원범 공저
1,102쪽 | 36,000원

시각디자인 기사·산업기사 실기
김영애, 이원범 공저
508쪽 | 35,000원

토목 BIM 설계활용서
김영휘, 박형순, 송윤상, 신현준, 안서현, 박진훈, 노기태 공저
388쪽 | 30,000원

BIM 전문가 토목 2급자격(필기+실기)
BIM전문가 토목연구회 공저
324쪽 | 32,000원

BIM 구조편
(주)알피종합건축사사무소 (주)동양구조안전기술 공저
536쪽 | 32,000원

Hansol Academy

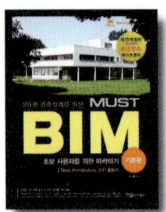
BIM 기본편
(주)알피종합건축사사무소
402쪽 | 32,000원

BIM 기본편 2탄
(주)알피종합건축사사무소
380쪽 | 28,000원

BIM 건축계획설계 Revit 실무지침서
BIMFACTORY
607쪽 | 35,000원

전통가옥에서 BIM을 보며
김요한, 함남혁, 유기찬 공저
548쪽 | 32,000원

BIM 주택설계편
(주)알피종합건축사사무소
박기백, 서창석, 함남혁, 유기찬 공저
514쪽 | 32,000원

BIM 활용편 2탄
(주)알피종합건축사사무소
380쪽 | 30,000원

BIM 건축전기설비설계
모델링스토어, 함남혁
572쪽 | 32,000원

BIM 토목편
송현혜, 김동욱, 임성순, 유자영, 심창수 공저
278쪽 | 25,000원

디지털모델링 방법론
이나래, 박기백, 함남혁, 유기찬 공저
380쪽 | 28,000원

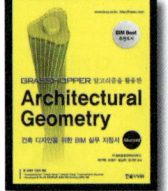
건축디자인을 위한 BIM 실무 지침서
(주)알피종합건축사사무소
박기백, 오정우, 함남혁, 유기찬 공저
516쪽 | 30,000원

BIM 전문가 건축 2급자격 (필기+실기)
모델링스토어
760쪽 | 36,000원

BIM 전문가 토목 2급 실무활용서
채재현, 김영휘, 박준오, 소광영, 김소희, 이기수, 조수연
614쪽 | 35,000원

BE Architect
유기찬, 김재준, 차성민, 신수진, 홍유찬 공저
282쪽 | 20,000원

BE Architect 라이노&그래스호퍼
유기찬, 김재준, 조준상, 오주연 공저
288쪽 | 22,000원

BE Architect AUTO CAD
유기찬, 김재준 공저
400쪽 | 25,000원

건축관계법규(전3권)
최한석, 김수영 공저
3,544쪽 | 110,000원

건축법령집
최한석, 김수영 공저
1,490쪽 | 60,000원

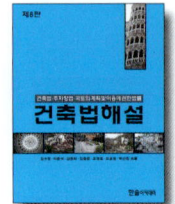
건축법해설
김수영, 이종석, 김동화, 김용환, 조영호, 오호영 공저
918쪽 | 32,000원

건축설비관계법규
김수영, 이종석, 박호준, 조영호, 오호영 공저
790쪽 | 34,000원

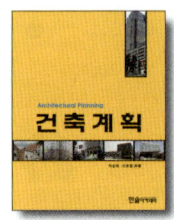
건축계획
이순희, 오호영 공저
422쪽 | 23,000원

www.bestbook.co.kr

건축시공학
이찬식, 김선국, 김예상, 고성석,
손보식, 유정호, 김태완 공저
776쪽 | 30,000원

**현장실무를 위한
토목시공학**
남기천,김상환,유광호,강보순,
김종민,최준성 공저
1,212쪽 | 45,000원

알기쉬운 토목시공
남기천, 유광호, 류명찬, 윤영철,
최준성, 고준영, 김연덕 공저
818쪽 | 28,000원

Auto CAD 오토캐드
김수영, 정기범 공저
364쪽 | 25,000원

친환경 업무매뉴얼
정보현, 장동원 공저
352쪽 | 30,000원

**건축시공기술사
기출문제**
배용환, 서갑성 공저
1,146쪽 | 69,000원

**합격의 정석
건축시공기술사**
조민수 저
904쪽 | 67,000원

**건축시공기술사
용어해설**
조민수 저
1,438쪽 | 70,000원

**건축전기설비기술사
(상,하)**
서학범 저
1,532쪽 | 65,000원(각권)

**디테일 기본서 PE
건축시공기술사**
백종엽 저
730쪽 | 62,000원

**디테일 마법지 PE
건축시공기술사**
백종엽 저
504쪽 | 50,000원

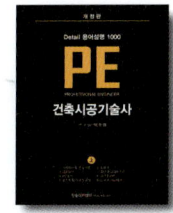
**용어설명1000 PE
건축시공기술사(상,하)**
백종엽 저
2,148쪽 | 70,000원(각권)

역학의 정석
김성민, 김성범 공저
788쪽 | 52,000원

**합격의 정석
토목시공기술사**
김무섭, 조민수 공저
874쪽 | 60,000원

건설안전기술사
이태엽 저
776쪽 | 60,000원

소방기술사 上
윤정득, 박견용 공저
656쪽 | 55,000원

소방기술사 下
윤정득, 박견용 공저
730쪽 | 55,000원

**소방시설관리사 1차
(상,하)**
김흥준 저
1,630쪽 | 63,000원

건축에너지관계법해설
조영호 저
614쪽 | 27,000원

ENERGYPULS
이광호 저
236쪽 | 25,000원

Hansol Academy

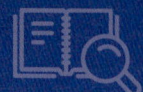

수학의 마술(2권)
아서 벤저민 저, 이경희, 윤미선,
김은현, 성지현 옮김
206쪽 | 24,000원

**스트레스,
과학으로 풀다**
그리고리 L. 프리키온, 애너이브
코비치, 앨버트 S.용 저
176쪽 | 20,000원

행복충전 50Lists
에드워드 호프만 저
272쪽 | 16,000원

지치지 않는 뇌 휴식법
이시카와 요시키 저
188쪽 | 12,800원

지능형홈관리사
김일진, 이의신, 송한춘, 황준호,
장우성 공저
500쪽 | 35,000원

**스마트 건설,
스마트 시티, 스마트 홈**
김선근 저
436쪽 | 19,500원

**e-Test 엑셀
ver.2016**
임창인, 조은경, 성대근, 강현권
공저
268쪽 | 17,000원

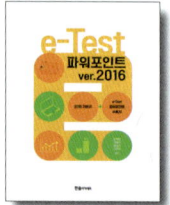

**e-Test 파워포인트
ver.2016**
임창인, 권영희, 성대근, 강현권
공저
206쪽 | 15,000원

**e-Test 한글
ver.2016**
임창인, 이권일, 성대근, 강현권
공저
198쪽 | 13,000원

**e-Test 엑셀
2010(영문판)**
Daegeun-Seong
188쪽 | 25,000원

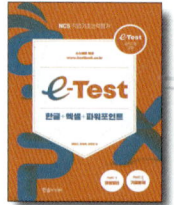

**e-Test
한글+엑셀+파워포인트**
성대근, 유재휘, 강현권 공저
412쪽 | 28,000원

**재미있고 쉽게 배우는
포토샵 CC2020**
이영주 저
320쪽 | 23,000원

토목기사 실기 (전 3권)

김태선, 박광진, 홍성협, 김창원, 김상욱, 이상도, 한웅규
1,540쪽 | 52,000원

토목기사 실기 12개년 과년도

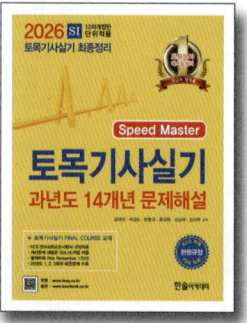

김태선, 이상도, 한웅규, 홍성협, 김상욱, 김지우
892쪽 | 38,000원

※ 구입처는 **전국대형서점**에서 구매하실 수 있습니다.